高等学校电子信息类专业配套教材

电磁场与电磁波

何姿　丁大志　李猛猛　包华广　樊振宏　编著

国防工業出版社
·北京·

内 容 简 介

本书主要介绍电磁场与电磁波的基本规律，包括矢量分析、静电场、恒定电场、恒定磁场、静态场分析、时变电磁场、均匀平面电磁波的传播，以及导行电磁波。每章均有相应的例题和习题，并给出工程实例，帮助读者理解相关的物理概念与原理。

本书对每章所涉及的基本物理量进行了归纳与总结，突出基本概念和基本规律的描述，注重将物理含义融入数学理论中，把必备的数学工具融入教学中，便于读者学习和掌握电磁场与电磁波的基本规律。

本书可作为高等学校电气信息类专业本科生的教材，同时也可供电子信息类及其相关专业研究生参考。

图书在版编目（CIP）数据

电磁场与电磁波 / 何姿等编著. -- 北京 : 国防工业出版社, 2025. 6. -- ISBN 978-7-118-13589-3

Ⅰ. O441.4

中国国家版本馆 CIP 数据核字第 20250HF745 号

※

国防工業出版社 出版发行

（北京市海淀区紫竹院南路 23 号　邮政编码 100048）

三河市天利华印刷装订有限公司印刷

新华书店经售

*

开本 787×1092　1/16　**印张** 21½　**字数** 492 千字

2025 年 6 月第 1 版第 1 次印刷　**印数** 1—2000 册　**定价** 69.00 元

（本书如有印装错误，我社负责调换）

国防书店：（010）88540777　书店传真：（010）88540776

发行业务：（010）88540717　发行传真：（010）88540762

前　言

“电磁场与电磁波”是高等院校电子信息类专业的一门理论性较强的必修专业基础课，适用于微波、通信、雷达、无线电技术、电子工程及无线电引信等专业的学生学习。电磁波技术广泛应用于通信、广播、电视、雷达测试、遥测遥控监测等领域，而且信息安全技术问题、电磁兼容、电子对抗和电磁屏蔽等技术的研究必须依赖电磁场理论。此外，一些重要的发现和发明都是以电磁场理论的研究为基础的，如指南针、电话、电报、电动机和发电机等，特别是无线电技术，完全是在电磁场理论研究的基础上发明、发展起来的。

随着我国信息科学技术的迅速发展，电磁场理论与微波技术在通信工程专业、信息工程专业、信息对抗专业和信息安全专业等人才的培养过程中显得尤为重要。从电磁场与微波专业对高等学校学生知识结构的要求来看，不仅需要高等数学和大学物理这两门基础课程的知识，还需要电磁场与电磁波及实际工程应用方面的知识。因此，“电磁场与电磁波”是电子、通信、微波、物理及生物医学等学科的理论基础和核心主干课程。2024 年南京理工大学“电磁场与电磁波”课程获江苏省一流本科课程线下一流课程立项。在本书的编写过程中，考虑这门课概念较为抽象，理论数学公式烦琐，所以每章前面部分对所涉及的基本物理量进行归纳与总结，将物理概念融入数学理论中，探究电磁场与电磁波理论中的基本概念和基本规律，形成一本以满足本科生学习需求为主，兼顾硕士研究生参考的教材。

由于时间仓促，水平有限，本书难免存在疏漏或不妥之处，欢迎读者批评指正。

作者

2025 年 1 月

目　　录

第1章　矢量分析

本章介绍电磁场与电磁波中所用到的数学矢量分析理论，包括标量、矢量及标量场、矢量场的概念，矢量的运算，坐标系，标量场的方向导数和梯度，矢量场的通量和散度，高斯定理，矢量场的环量和旋度，斯托克斯定理，场的分类，拉普拉斯的运算，格林定理，最后介绍亥姆霍兹定理。

1.1　标量场与矢量场

1.1.1　标量场

1. 标量

仅由数量确定的物理量，或由一个具有实数值的、空间一点的函数所确定的物理量，称为标量。若标量与坐标系的选择无关，则称为绝对标量，如任何实数、质量、长度、面积、时间、温度、电压、电荷量、电流、能量等。

2. 标量场

如果某个标量 u 是空间位置和时间的函数，即它可以用函数 $u(x,y,z,t)$ 表示，其中 x，y，z 表示空间位置，t 表示时间。若标量函数的值域是一个无穷集合，则这个无穷集合表示这个标量的场（简称：标量场）。例如：空间中温度分布是一个温度场 $T(x,y,z,t)$，电位分布是一个电位场 $\varphi(x,y,z,t)$。

如果标量场与时间无关，则 $u(x,y,z,t)$ 表示静态场或稳态场，如果标量场与时间有关，则 $\boldsymbol{u}(x,y,z,t)$ 表示动态场或时变场。

1.1.2　矢量场

1. 矢量

用数值（大小）和方向表示的物理量称为矢量（或向量）。矢量用黑体 $\boldsymbol{a}$ 表示（也可用有向线段 $\overrightarrow{OA}$ 来表示），数值大小用 a 表示，称为矢量 $\boldsymbol{a}$ 的模，记为

$$|\boldsymbol{a}| = a \tag{1.1.1}$$

式中：矢量 $\boldsymbol{a}$ 可以用三维空间中有方向的线段表示（图1-1），有向线段的长度表示矢量 $\boldsymbol{a}$ 的模，箭头指向表示矢量 $\boldsymbol{a}$ 的方向。

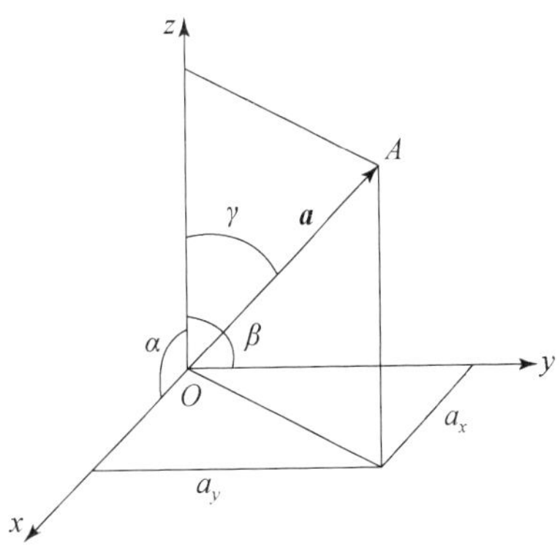

图1-1　直角坐标系中的矢量 $\boldsymbol{a}$

由图1-1可以看出，矢量 $\boldsymbol{a}$ 的模为

$$a = |\boldsymbol{a}| = \sqrt{a_x^2 + a_y^2 + a_z^2} \tag{1.1.2}$$

矢量 $\boldsymbol{a}$ 与 x 轴、y 轴、z 轴的正向所成的夹角 α、β、γ 称为矢量 $\boldsymbol{a}$ 的方向角，方向角的余弦 $\cos\alpha$、$\cos\beta$、$\cos\gamma$ 称为矢量 $\boldsymbol{a}$ 的方向余弦。由图 1－1 可见，

$$a_x = |\boldsymbol{a}|\cos\alpha,\ a_y = |\boldsymbol{a}|\cos\beta,\ a_z = |\boldsymbol{a}|\cos\gamma \tag{1.1.3}$$

因此方向余弦满足

$$\cos^2\alpha + \cos^2\beta + \cos^2\gamma = 1 \tag{1.1.4}$$

模为 1 的矢量称为单位矢量，单位矢量用 $\boldsymbol{e}$ 来表示。此处“1”含有 1 单位的意思，也就是说，给定单位（如米）后，“1”就是 1 单位（1 米）。当模 $a \neq 0$ 时，矢量 $\boldsymbol{a}$ 的方向相同的单位矢量记为

$$\boldsymbol{e} = \boldsymbol{a}/a \tag{1.1.5}$$

与直角坐标系中 x，y，z 轴的正方向一致的单位矢量称为基本单位矢量，分别用 $\boldsymbol{e}_x$、$\boldsymbol{e}_y$、$\boldsymbol{e}_z$ 表示。矢量 $\boldsymbol{a}$ 还可按基本单位矢量分解为

$$\boldsymbol{a} = \boldsymbol{e}_x a_x + \boldsymbol{e}_y a_y + \boldsymbol{e}_z a_z \tag{1.1.6}$$

起点和终点重合的矢量称为零矢量，零矢量长度为零，方向是任意的。如果两个矢量模相等方向相反，则这两个矢量互称相反矢量。矢量 $\boldsymbol{a}$ 的相反矢量记为 $-\boldsymbol{a}$。

两个矢量如果满足：①位于同一直线上或相互平行，并且方向相同；②模的大小相等，则这两个矢量为相等的矢量。

2. 矢量场

如果某个矢量 $\boldsymbol{F}$ 是空间位置和时间的函数，即它可以用函数 $\boldsymbol{F}(x,y,z,t)$ 表示，其中 x，y，z 表示空间位置矢量，t 表示时间。若矢量函数的值域是一个无穷集合，则这个无穷集合表示这个矢量的场（简称：矢量场）。例如：空间中电场强度分布是一个电场矢量 $\boldsymbol{E}(x,y,z,t)$。

在三维空间中一个矢量可以用三维坐标的三个分量表示，这三个分量去掉方向即为三个标量，因此一个矢量场可以分解为三个分量场（标量场）表示。矢量可以写为

$$\boldsymbol{F}(x,y,z) = \boldsymbol{e}_x F_x(x,y,z) + \boldsymbol{e}_y F_y(x,y,z) + \boldsymbol{e}_z F_z(x,y,z) \tag{1.1.7}$$

式中：$F_x(x,y,z)$，$F_y(x,y,z)$ 和 $F_z(x,y,z)$ 分别对应三个标量场。

1.2 矢量运算

1.2.1 矢量加法

在物理学中，两个力或两个速度均能合成，合成后得到合力或合速度，同时合力或合速度均遵循平行四边形法则，由此定义矢量加法如下：

设有两个矢量 $\boldsymbol{a}$ 和 $\boldsymbol{b}$（图 1－2），它们的起点为 O，以矢量 $\boldsymbol{a}$ 和 $\boldsymbol{b}$ 为邻边作平行四边形，平行四边形的对角线 OC 对应的矢量 $\boldsymbol{c}$ 称为矢量 $\boldsymbol{a}$ 和 $\boldsymbol{b}$ 的和，记为 $\boldsymbol{c} = \boldsymbol{a} + \boldsymbol{b}$。这个规则称为矢量相加的平行四边形法则。求矢量和的运算称为矢量的加法。

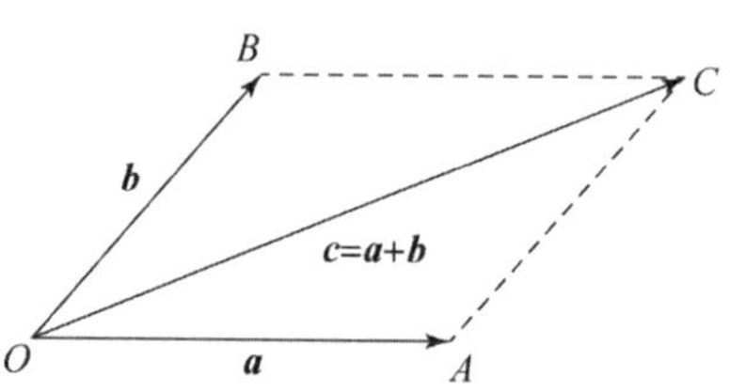

图 1－2　矢量加法的平行四边形法则

矢量的加法还可用基本单位矢量分解表达式表示。

若 $\boldsymbol{a}=\boldsymbol{e}_x a_x+\boldsymbol{e}_y a_y+\boldsymbol{e}_z a_z$，$\boldsymbol{b}=\boldsymbol{e}_x b_x+\boldsymbol{e}_y b_y+\boldsymbol{e}_z b_z$，则

$$\boldsymbol{a}+\boldsymbol{b}=\boldsymbol{e}_x(a_x+b_x)+\boldsymbol{e}_y(a_y+b_y)+\boldsymbol{e}_z(a_z+b_z) \tag{1.2.1}$$

由式（1.2.1）可见，矢量的加法的坐标分量是两矢量对应坐标分量之和。

矢量的减法是矢量加法的逆运算。设 $\boldsymbol{a}+\boldsymbol{b}=\boldsymbol{c}$，则

$$\boldsymbol{a}=\boldsymbol{c}-\boldsymbol{b}=\boldsymbol{c}+(-\boldsymbol{b}) \tag{1.2.2}$$

矢量的加法满足加法的交换律和结合律，即

$$\boldsymbol{a}+\boldsymbol{b}=\boldsymbol{b}+\boldsymbol{a} \tag{1.2.3}$$

$$\boldsymbol{a}+(\boldsymbol{b}+\boldsymbol{c})=(\boldsymbol{a}+\boldsymbol{b})+\boldsymbol{c} \tag{1.2.4}$$

1.2.2　矢量减法

矢量的减法是按矢量加法逆运算来定义的。如果 $\boldsymbol{B}$ 是一个矢量，则 $-\boldsymbol{B}$ 也是一个矢量，它的大小和 $\boldsymbol{B}$ 相等，但方向相反。定义另一个矢量 $\boldsymbol{D}$，记作 $\boldsymbol{D}=\boldsymbol{A}-\boldsymbol{B}$，它为两矢量 $\boldsymbol{A}$ 和 $\boldsymbol{B}$ 的减法（图 1－3）。

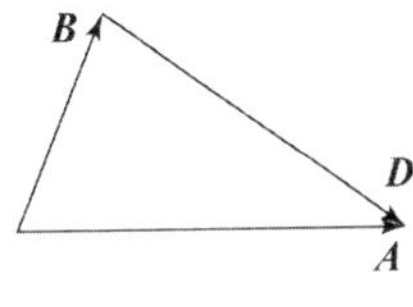

图 1－3　矢量减法

$\boldsymbol{A}-\boldsymbol{B}$ 等于由 $\boldsymbol{B}$ 的末端到达 $\boldsymbol{A}$ 的末端的矢量，则

$$\boldsymbol{D}=\boldsymbol{A}+(-\boldsymbol{B}) \tag{1.2.5}$$

1.2.3　矢量点乘

在物理学中，物体在力 $\boldsymbol{F}$ 的作用下产生位移 $\boldsymbol{l}$，若 $\boldsymbol{F}$ 与 $\boldsymbol{l}$ 的夹角为 θ，则力 $\boldsymbol{F}$ 对物体所做的功为

$$W=|\boldsymbol{F}||\boldsymbol{l}|\cos\theta \tag{1.2.6}$$

根据上述运算定义矢量的一种乘法运算：设有两个矢量 $\boldsymbol{a}$ 和 $\boldsymbol{b}$，它们的夹角为 θ，定义矢量 $\boldsymbol{a}$ 和 $\boldsymbol{b}$ 的标量积 $\boldsymbol{a}\cdot\boldsymbol{b}$，等于这两个矢量的模与其夹角余弦的乘积，即

$$\boldsymbol{a}\cdot\boldsymbol{b}=|\boldsymbol{a}||\boldsymbol{b}|\cos\theta \tag{1.2.7}$$

矢量的标量积又称为数量积、点积或内积。

根据以上定义，力 $\boldsymbol{F}$ 所做的功 W 可以表示为

$$W=\boldsymbol{F}\cdot\boldsymbol{l} \tag{1.2.8}$$

矢量 $\boldsymbol{a}$ 和 $\boldsymbol{b}$ 的标量积 $\boldsymbol{a}\cdot\boldsymbol{b}$，按基本单位矢量分解表达式表示为

$$\boldsymbol{a}\cdot\boldsymbol{b}=a_x b_x+a_y b_y+a_z b_z \tag{1.2.9}$$

由式（1.2.9）可见，矢量的标量积等于两矢量对应坐标分量的乘积之和。

根据 $\boldsymbol{a}\cdot\boldsymbol{b}=|\boldsymbol{a}||\boldsymbol{b}|\cos\theta$，所以有

$$\cos\theta=\frac{\boldsymbol{a}\cdot\boldsymbol{b}}{|\boldsymbol{a}||\boldsymbol{b}|} \tag{1.2.10}$$

考虑式 $\boldsymbol{a}\cdot\boldsymbol{b}=a_x b_x+a_y b_y+a_z b_z$，所以

$$\cos\theta=\frac{a_x b_x+a_y b_y+a_z b_z}{\sqrt{a_x^2+a_y^2+a_z^2}\sqrt{b_x^2+b_y^2+b_z^2}} \tag{1.2.11}$$

标量积满足如下关系：

$$\begin{cases}\boldsymbol{a}\cdot\boldsymbol{b}=\boldsymbol{b}\cdot\boldsymbol{a}\\ \boldsymbol{a}\cdot(\boldsymbol{b}+\boldsymbol{c})=\boldsymbol{a}\cdot\boldsymbol{b}+\boldsymbol{a}\cdot\boldsymbol{c}\\ \lambda_1(\boldsymbol{a}\cdot\boldsymbol{b})=(\lambda_1\boldsymbol{a})\cdot\boldsymbol{b}=\boldsymbol{a}\cdot(\lambda_1\boldsymbol{b})=(\boldsymbol{a}\cdot\boldsymbol{b})\lambda_1\end{cases} \tag{1.2.12}$$

1.2.4 矢量叉乘

1. 矢量的矢量积（叉乘、外积）

在研究物体的转动时，有一个经常用到的物理量是力矩。设力 $\boldsymbol{F}$ 作用于某物体的点 A，对于该物体上的支点 O 来说，力 $\boldsymbol{F}$ 产生了一个力矩 $\boldsymbol{T}$，其大小等于力 $\boldsymbol{F}$ 的大小乘以点 O 到 $\boldsymbol{F}$ 的作用线的距离，如图 1-4 所示。

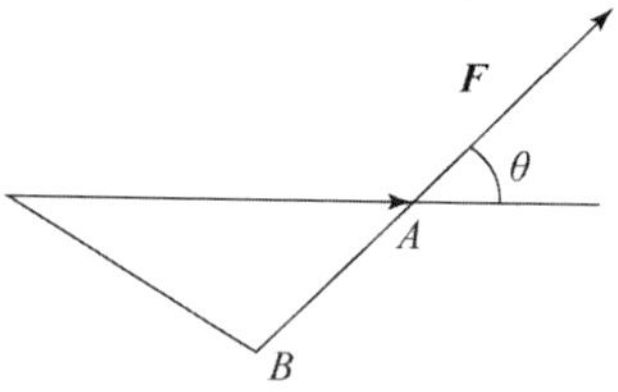

图 1-4　力与力矩

设力 $\boldsymbol{F}$ 与 $\boldsymbol{OA}$ 的夹角是 θ，所以力矩为

$$\boldsymbol{T}=\boldsymbol{OA}\times\boldsymbol{F} \tag{1.2.13}$$

力矩是一个矢量，它的方向垂直于 $\boldsymbol{F}$ 与 $\boldsymbol{OA}$ 所确定的平面，且 $\boldsymbol{OA}$、$\boldsymbol{F}$ 与 $\boldsymbol{T}$ 三者的方向遵循右手法则，即当右手的四指从 $\boldsymbol{OA}$ 朝手心方向以不超过 π 的转角转向 $\boldsymbol{F}$ 时，竖起的大拇指的指向即为 $\boldsymbol{T}$ 的方向。

根据上述运算，定义矢量的另一种乘法运算：设有两个矢量 $\boldsymbol{a}$ 和 $\boldsymbol{b}$，它们的夹角为 θ，定义矢量 $\boldsymbol{a}$ 和 $\boldsymbol{b}$ 的矢量积为一个矢量 $\boldsymbol{c}$，记为 $\boldsymbol{a}\times\boldsymbol{b}$，其大小等于这两个矢量的模与其夹角的正弦的乘积，即

$$|\boldsymbol{c}|=|\boldsymbol{a}\times\boldsymbol{b}|=|\boldsymbol{a}||\boldsymbol{b}|\sin\theta \tag{1.2.14}$$

式中：矢量 $\boldsymbol{c}$ 的方向同时垂直于矢量 $\boldsymbol{a}$ 和 $\boldsymbol{b}$，并且矢量 $\boldsymbol{a}$，$\boldsymbol{b}$，$\boldsymbol{c}$ 遵循右手法则。

矢量的矢量积又称为叉积或外积。

根据以上定义，力 $\boldsymbol{F}$ 产生的力矩 $\boldsymbol{T}$ 可以表示为

$$\boldsymbol{T}=\boldsymbol{OA}\times\boldsymbol{F} \tag{1.2.15}$$

由矢量积的定义可看出：

$$\begin{cases}\boldsymbol{a}\times\boldsymbol{a}=0\\ \boldsymbol{a}\times\boldsymbol{b}=-\boldsymbol{b}\times\boldsymbol{a}\\ (\boldsymbol{a}+\boldsymbol{b})\times\boldsymbol{c}=\boldsymbol{a}\times\boldsymbol{c}+\boldsymbol{b}\times\boldsymbol{c}\\ \lambda_1(\boldsymbol{a}\times\boldsymbol{b})=(\lambda_1\boldsymbol{a})\times\boldsymbol{b}=\boldsymbol{a}\times(\lambda_1\boldsymbol{b})=(\boldsymbol{a}\times\boldsymbol{b})\lambda_1\end{cases} \tag{1.2.16}$$

下面推导矢量积按基本单位矢量分解表达式：

按矢量的运算规律有

$$\boldsymbol{a}\times\boldsymbol{b}=(\boldsymbol{e}_x a_x+\boldsymbol{e}_y a_y+\boldsymbol{e}_z a_z)\times(\boldsymbol{e}_x b_x+\boldsymbol{e}_y b_y+\boldsymbol{e}_z b_z) \tag{1.2.17}$$

展开后得

$$\boldsymbol{a}\times\boldsymbol{b}=\boldsymbol{e}_x(a_y b_z-a_z b_y)+\boldsymbol{e}_y(a_z b_x-a_x b_z)+\boldsymbol{e}_z(a_x b_y-a_y b_x) \tag{1.2.18}$$

写成行列式

$$\boldsymbol{a}\times\boldsymbol{b}=\boldsymbol{e}_x\begin{vmatrix}a_y & a_z\\ b_y & b_z\end{vmatrix}+\boldsymbol{e}_y\begin{vmatrix}a_z & a_x\\ b_z & b_x\end{vmatrix}+\boldsymbol{e}_z\begin{vmatrix}a_x & a_y\\ b_x & b_y\end{vmatrix} \tag{1.2.19}$$

或

$$\boldsymbol{a}\times\boldsymbol{b}=\begin{vmatrix}\boldsymbol{e}_x & \boldsymbol{e}_y & \boldsymbol{e}_z\\ a_x & a_y & a_z\\ b_x & b_y & b_z\end{vmatrix} \tag{1.2.20}$$

例 1.2.1：矢量 $\boldsymbol{a}=\boldsymbol{e}_x 2-\boldsymbol{e}_y 6-\boldsymbol{e}_z 3$ 和矢量 $\boldsymbol{b}=\boldsymbol{e}_x 4+\boldsymbol{e}_y 3-\boldsymbol{e}_z$ 确定一个平面，求此平面

的法向单位矢量。

解：

方法 1：此平面的法向单位矢量与此平面垂直，因此该单位矢量与矢量 $\boldsymbol{a}$、$\boldsymbol{b}$ 垂直。设该单位矢量表示为 $\boldsymbol{c}=\boldsymbol{e}_x c_x+\boldsymbol{e}_y c_y+\boldsymbol{e}_z c_z$，所以

$$\boldsymbol{c}\cdot\boldsymbol{a}=2c_x-6c_y-3c_z=0$$

$$\boldsymbol{c}\cdot\boldsymbol{b}=4c_x+3c_y-c_z=0$$

同时考虑 $\boldsymbol{c}=\boldsymbol{e}_x c_x+\boldsymbol{e}_y c_y+\boldsymbol{e}_z c_z$ 是单位矢量，所以 $c_x^2+c_y^2+c_z^2=1$。

最后得单位矢量为

$$\boldsymbol{c}=\pm\left(\boldsymbol{e}_x\frac{3}{7}-\boldsymbol{e}_y\frac{2}{7}+\boldsymbol{e}_z\frac{6}{7}\right)$$

方法 2：由于 $\boldsymbol{a}\times\boldsymbol{b}$ 垂直于 $\boldsymbol{a}$ 和 $\boldsymbol{b}$ 确定的平面，而

$$\boldsymbol{a}\times\boldsymbol{b}=\begin{vmatrix}\boldsymbol{e}_x & \boldsymbol{e}_y & \boldsymbol{e}_z\\ 2 & -6 & -3\\ 4 & 3 & -1\end{vmatrix}=\boldsymbol{e}_x 15-\boldsymbol{e}_y 10+\boldsymbol{e}_z 30$$

由于单位矢量平行于 $\boldsymbol{a}\times\boldsymbol{b}$，所以单位矢量为

$$\boldsymbol{c}=\frac{\boldsymbol{a}\times\boldsymbol{b}}{|\boldsymbol{a}\times\boldsymbol{b}|}=\boldsymbol{e}_x\frac{3}{7}-\boldsymbol{e}_y\frac{2}{7}+\boldsymbol{e}_z\frac{6}{7}$$

方向相反的单位矢量为

$$\boldsymbol{c}=-\boldsymbol{e}_x\frac{3}{7}+\boldsymbol{e}_y\frac{2}{7}-\boldsymbol{e}_z\frac{6}{7}$$

根据 $|\boldsymbol{a}\times\boldsymbol{b}|=|\boldsymbol{a}||\boldsymbol{b}|\sin\theta$，所以有

$$\sin\theta=\frac{|\boldsymbol{a}\times\boldsymbol{b}|}{|\boldsymbol{a}||\boldsymbol{b}|}$$

考虑式 $\boldsymbol{a}\times\boldsymbol{b}=\boldsymbol{e}_x(a_y b_z-a_z b_y)+\boldsymbol{e}_y(a_z b_x-a_x b_z)+\boldsymbol{e}_z(a_x b_y-a_y b_x)$，所以

$$\sin\theta=\frac{\sqrt{(a_y b_z-a_z b_y)^2+(a_z b_x-a_x b_z)^2+(a_x b_y-a_y b_x)^2}}{\sqrt{a_x^2+a_y^2+a_z^2}\sqrt{b_x^2+b_y^2+b_z^2}}$$

2. 矢量的混合积

设三个矢量 $\boldsymbol{a}=\boldsymbol{e}_x a_x+\boldsymbol{e}_y a_y+\boldsymbol{e}_z a_z$、$\boldsymbol{b}=\boldsymbol{e}_x b_x+\boldsymbol{e}_y b_y+\boldsymbol{e}_z b_z$、$\boldsymbol{c}=\boldsymbol{e}_x c_x+\boldsymbol{e}_y c_y+\boldsymbol{e}_z c_z$，先做矢量积 $\boldsymbol{a}\times\boldsymbol{b}$，再做 $\boldsymbol{a}\times\boldsymbol{b}$ 与 $\boldsymbol{c}$ 的数量积，即 $(\boldsymbol{a}\times\boldsymbol{b})\cdot\boldsymbol{c}$ 称为矢量的混合积。根据定义，有

$$\boldsymbol{a}\times\boldsymbol{b}=\boldsymbol{e}_x\begin{vmatrix}a_y & a_z\\ b_y & b_z\end{vmatrix}+\boldsymbol{e}_y\begin{vmatrix}a_z & a_x\\ b_z & b_x\end{vmatrix}+\boldsymbol{e}_z\begin{vmatrix}a_x & a_y\\ b_x & b_y\end{vmatrix}\tag{1.2.21}$$

所以

$$(\boldsymbol{a}\times\boldsymbol{b})\cdot\boldsymbol{c}=\begin{vmatrix}a_y & a_z\\ b_y & b_z\end{vmatrix}c_x+\begin{vmatrix}a_z & a_x\\ b_z & b_x\end{vmatrix}c_y+\begin{vmatrix}a_x & a_y\\ b_x & b_y\end{vmatrix}c_z\tag{1.2.22}$$

写成三阶行列式有

$$(\boldsymbol{a}\times\boldsymbol{b})\cdot\boldsymbol{c}=\begin{vmatrix}c_x & c_y & c_z\\ a_x & a_y & a_z\\ b_x & b_y & b_z\end{vmatrix}\tag{1.2.23}$$

1.3 坐标系

为了考察物理量在空间的分布和变化规律，必须引入坐标系。在电磁场理论中，最常用的坐标系为直角坐标系、圆柱坐标系和球坐标系。

1.3.1 直角坐标系

如图 1－5 所示，直角坐标系中的三个坐标变量是 x、y 和 z，它们的变化范围分别是

$$-\infty < x < \infty, \quad -\infty < y < \infty, \quad -\infty < z < \infty$$

空间任一点 $P(x_0, y_0, z_0)$ 是三个坐标曲面 $x=x_0$、$y=y_0$ 和 $z=z_0$ 的交点。

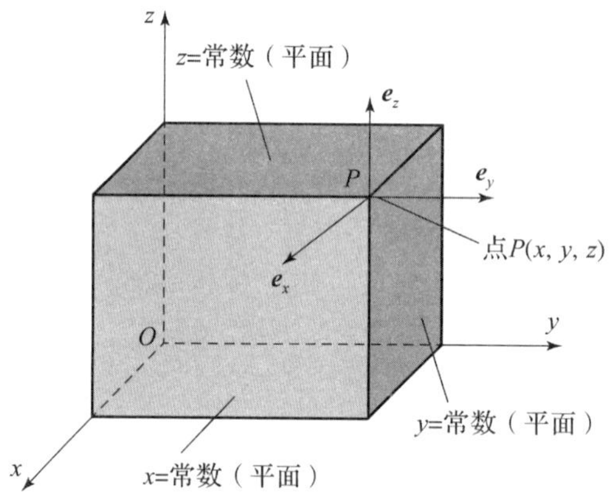

图 1－5 直角坐标系

在直角坐标系中，过空间任一点 $P(x_0, y_0, z_0)$ 的三个相互正交的坐标单位矢量 $\boldsymbol{e}_x$、$\boldsymbol{e}_y$ 和 $\boldsymbol{e}_z$ 分别是 x、y 和 z 增加的方向，且遵循右手螺旋法则：

$$\boldsymbol{e}_x \times \boldsymbol{e}_y = \boldsymbol{e}_z, \quad \boldsymbol{e}_y \times \boldsymbol{e}_z = \boldsymbol{e}_x, \quad \boldsymbol{e}_z \times \boldsymbol{e}_x = \boldsymbol{e}_y \tag{1.3.1}$$

任一矢量 $\boldsymbol{A}$ 在直角坐标系中可表示为

$$\boldsymbol{A} = \boldsymbol{e}_x A_x + \boldsymbol{e}_y A_y + \boldsymbol{e}_z A_z \tag{1.3.2}$$

式中：A_x、A_y 和 A_z 分别是矢量 $\boldsymbol{A}$ 在 $\boldsymbol{e}_x$、$\boldsymbol{e}_y$ 和 $\boldsymbol{e}_z$ 方向上的投影。

两个矢量 $\boldsymbol{A} = \boldsymbol{e}_x A_x + \boldsymbol{e}_y A_y + \boldsymbol{e}_z A_z$ 与 $\boldsymbol{B} = \boldsymbol{e}_x B_x + \boldsymbol{e}_y B_y + \boldsymbol{e}_z B_z$ 的和等于对应分量之和，即

$$\boldsymbol{A} + \boldsymbol{B} = \boldsymbol{e}_x(A_x + B_x) + \boldsymbol{e}_y(A_y + B_y) + \boldsymbol{e}_z(A_z + B_z) \tag{1.3.3}$$

$\boldsymbol{A}$ 与 $\boldsymbol{B}$ 的点积为

$$\begin{aligned}\boldsymbol{A} \cdot \boldsymbol{B} &= (\boldsymbol{e}_x A_x + \boldsymbol{e}_y A_y + \boldsymbol{e}_z A_z) \cdot (\boldsymbol{e}_x B_x + \boldsymbol{e}_y B_y + \boldsymbol{e}_z B_z) \\ &= A_x B_x + A_y B_y + A_z B_z\end{aligned} \tag{1.3.4}$$

$\boldsymbol{A}$ 与 $\boldsymbol{B}$ 的叉积为

$$\begin{aligned}\boldsymbol{A} \times \boldsymbol{B} &= (\boldsymbol{e}_x A_x + \boldsymbol{e}_y A_y + \boldsymbol{e}_z A_z) \times (\boldsymbol{e}_x B_x + \boldsymbol{e}_y B_y + \boldsymbol{e}_z B_z) \\ &= \boldsymbol{e}_x(A_y B_z - A_z B_y) + \boldsymbol{e}_y(A_z B_x - A_x B_z) + \boldsymbol{e}_z(A_x B_y - A_y B_x) \\ &= \begin{vmatrix} \boldsymbol{e}_x & \boldsymbol{e}_y & \boldsymbol{e}_z \\ A_x & A_y & A_z \\ B_x & B_y & B_z \end{vmatrix}\end{aligned} \tag{1.3.5}$$

在直角坐标系中，位置矢量为

$$\boldsymbol{r} = \boldsymbol{e}_x x + \boldsymbol{e}_y y + \boldsymbol{e}_z z \tag{1.3.6}$$

其微分为

$$\mathrm{d}\boldsymbol{r} = \boldsymbol{e}_x \mathrm{d}x + \boldsymbol{e}_y \mathrm{d}y + \boldsymbol{e}_z \mathrm{d}z \tag{1.3.7}$$

而与三个坐标单位矢量相垂直的三个面积元分别为

$$\mathrm{d}S_x = \mathrm{d}y\mathrm{d}z,\ \mathrm{d}S_y = \mathrm{d}x\mathrm{d}z,\ \mathrm{d}S_z = \mathrm{d}x\mathrm{d}y \tag{1.3.8}$$

体积元为

$$\mathrm{d}V = \mathrm{d}x\mathrm{d}y\mathrm{d}z \tag{1.3.9}$$

哈密顿微分算子∇的表示式为

$$\nabla = \boldsymbol{e}_x \frac{\partial}{\partial x} + \boldsymbol{e}_y \frac{\partial}{\partial y} + \boldsymbol{e}_z \frac{\partial}{\partial z} \tag{1.3.10}$$

1.3.2　圆柱坐标系

如图 1－6 所示，圆柱坐标系中的三个坐标变量是 ρ、ϕ 和 z，它们的变化范围分别是

$$0 \leqslant \rho < \infty,\ 0 \leqslant \phi < 2\pi,\ -\infty < z < \infty$$

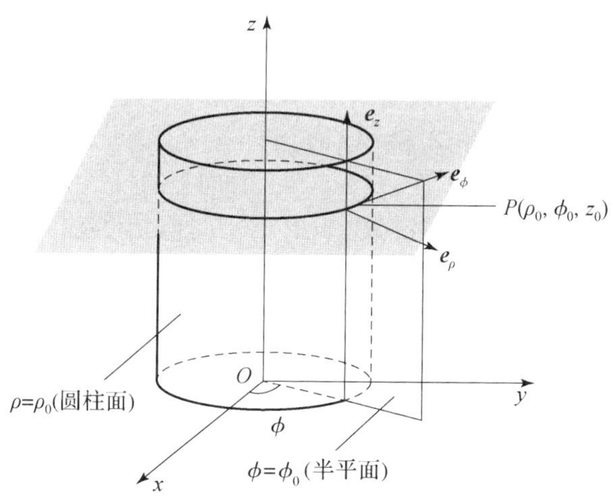

图 1－6　圆柱坐标系

空间任一点 $P(\rho_0, \phi_0, z_0)$ 是如下三个坐标曲面的交点：$\rho = \rho_0$ 的圆柱面、包含 z 轴并与 xz 平面构成夹角为 $\phi = \phi_0$ 的半平面、$z = z_0$ 的平面。

圆柱坐标系与直角坐标系之间的变换关系为

$$\rho = \sqrt{x^2 + y^2},\ \phi = \arctan(y/x), z = z \tag{1.3.11}$$

或

$$x = \rho\cos\phi,\ y = \rho\sin\phi,\ z = z \tag{1.3.12}$$

在圆柱坐标系中，过空间任一点 $P(\rho, \phi, z)$ 的三个相互正交的坐标单位矢量 $\boldsymbol{e}_\rho$、$\boldsymbol{e}_\phi$ 和 $\boldsymbol{e}_z$，分别是 ρ、ϕ 和 z 增加的方向，且遵循右手螺旋法则，即

$$\boldsymbol{e}_\rho \times \boldsymbol{e}_\phi = \boldsymbol{e}_z,\ \boldsymbol{e}_\phi \times \boldsymbol{e}_z = \boldsymbol{e}_\rho,\ \boldsymbol{e}_z \times \boldsymbol{e}_\rho = \boldsymbol{e}_\phi \tag{1.3.13}$$

必须指出：圆柱坐标系中的坐标单位矢量 $\boldsymbol{e}_\rho$ 和 $\boldsymbol{e}_\phi$ 都不是常矢量，因为它们的方向是随

空间坐标变化的。由图 1－7 可得到 $\boldsymbol{e}_\rho$、$\boldsymbol{e}_\phi$ 与 $\boldsymbol{e}_x$、$\boldsymbol{e}_y$ 之间的变换关系为

$$\boldsymbol{e}_\rho=\boldsymbol{e}_x\cos\phi+\boldsymbol{e}_y\sin\phi,\ \boldsymbol{e}_\phi=-\boldsymbol{e}_x\sin\phi+\boldsymbol{e}_y\cos\phi \tag{1.3.14}$$

或

$$\boldsymbol{e}_x=\boldsymbol{e}_\rho\cos\phi-\boldsymbol{e}_\phi\sin\phi,\ \boldsymbol{e}_y=\boldsymbol{e}_\rho\sin\phi+\boldsymbol{e}_\phi\cos\phi \tag{1.3.15}$$

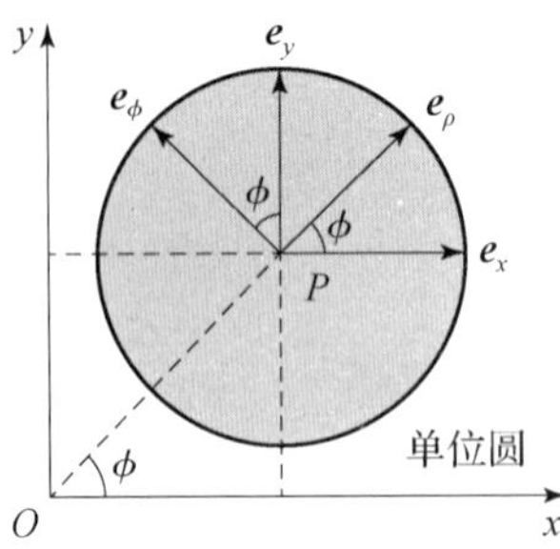

图 1－7　直角坐标系与圆柱坐标系的坐标单位矢量的关系

由式（1.3.14）可以看出 $\boldsymbol{e}_\rho$、$\boldsymbol{e}_\phi$ 是随 ϕ 变化的，且

$$\begin{cases}\dfrac{\partial \boldsymbol{e}_\rho}{\partial\phi}=-\boldsymbol{e}_x\sin\phi+\boldsymbol{e}_y\cos\phi=\boldsymbol{e}_\phi\\[2ex]\dfrac{\partial \boldsymbol{e}_\phi}{\partial\phi}=-\boldsymbol{e}_x\cos\phi-\boldsymbol{e}_y\sin\phi=-\boldsymbol{e}_\rho\end{cases} \tag{1.3.16}$$

任一矢量 $\boldsymbol{A}$ 在圆柱坐标系中可以表示为

$$\boldsymbol{A}=\boldsymbol{e}_\rho A_\rho+\boldsymbol{e}_\phi A_\phi+\boldsymbol{e}_z A_z \tag{1.3.17}$$

式中：A_ρ、A_ϕ 和 A_z 分别是矢量 $\boldsymbol{A}$ 在 $\boldsymbol{e}_\rho$、$\boldsymbol{e}_\phi$ 和 $\boldsymbol{e}_z$ 方向上的投影。

矢量 $\boldsymbol{A}=\boldsymbol{e}_\rho A_\rho+\boldsymbol{e}_\phi A_\phi+\boldsymbol{e}_z A_z$ 与矢量 $\boldsymbol{B}=\boldsymbol{e}_\rho B_\rho+\boldsymbol{e}_\phi B_\phi+\boldsymbol{e}_z B_z$ 的和为

$$\boldsymbol{A}+\boldsymbol{B}=\boldsymbol{e}_\rho(A_\rho+A_\rho)+\boldsymbol{e}_\phi(A_\phi+A_\phi)+\boldsymbol{e}_z(A_z+B_z) \tag{1.3.18}$$

$\boldsymbol{A}$ 与 $\boldsymbol{B}$ 的点积为

$$\begin{aligned}\boldsymbol{A}\cdot\boldsymbol{B}&=(\boldsymbol{e}_\rho A_\rho+\boldsymbol{e}_\phi A_\phi+\boldsymbol{e}_z A_z)\cdot(\boldsymbol{e}_\rho B_\rho+\boldsymbol{e}_\phi B_\phi+\boldsymbol{e}_z B_z)\\&=A_\rho B_\rho+A_\phi B_\phi+A_z B_z\end{aligned} \tag{1.3.19}$$

$\boldsymbol{A}$ 与 $\boldsymbol{B}$ 的叉积为

$$\begin{aligned}\boldsymbol{A}\times\boldsymbol{B}&=(\boldsymbol{e}_\rho A_\rho+\boldsymbol{e}_\phi A_\phi+\boldsymbol{e}_z A_z)\times(\boldsymbol{e}_\rho B_\rho+\boldsymbol{e}_\phi B_\phi+\boldsymbol{e}_z B_z)\\&=\boldsymbol{e}_\rho(A_\phi B_z-A_z B_\phi)+\boldsymbol{e}_\phi(A_z B_\rho-A_\rho B_z)+\boldsymbol{e}_z(A_\rho B_\phi-A_\phi B_\rho)\\&=\begin{vmatrix}\boldsymbol{e}_\rho & \boldsymbol{e}_\phi & \boldsymbol{e}_z\\ A_\rho & A_\phi & A_z\\ B_\rho & B_\phi & B_z\end{vmatrix}\end{aligned} \tag{1.3.20}$$

在圆柱坐标系中，位置矢量为

$$\boldsymbol{r}=\boldsymbol{e}_\rho\rho+\boldsymbol{e}_z z \tag{1.3.21}$$

其微分元是

$$\begin{aligned}\mathrm{d}\boldsymbol{r}&=\mathrm{d}(\boldsymbol{e}_\rho\rho)+\mathrm{d}(\boldsymbol{e}_z z)=\boldsymbol{e}_\rho\mathrm{d}\rho+\rho\mathrm{d}\boldsymbol{e}_\rho+\boldsymbol{e}_z\mathrm{d}z\\&=\boldsymbol{e}_\rho\mathrm{d}\rho+\boldsymbol{e}_\phi\rho\mathrm{d}\phi+\boldsymbol{e}_z\mathrm{d}z\end{aligned} \tag{1.3.22}$$

它在 ρ、ϕ 和 z 增加方向上的微分元分别是 $\mathrm{d}\rho$、$\rho\mathrm{d}\phi$ 和 $\mathrm{d}z$，如图 1－8 所示。

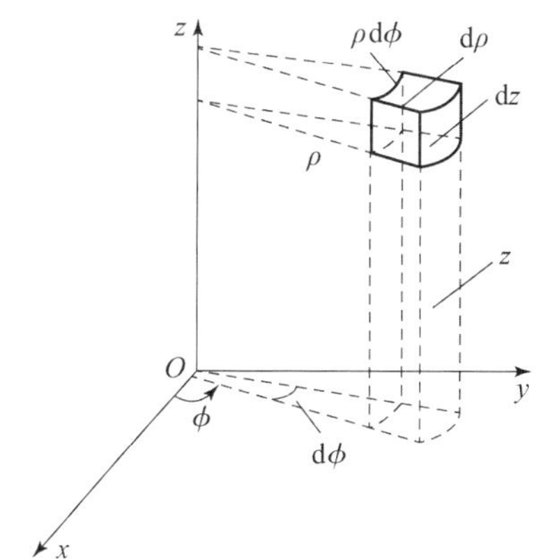

图 1-8　圆柱坐标系的长度元、面积元、体积元

$d\rho$、$\rho d\phi$ 和 dz 都是长度，它们同各自坐标的微分之比称为度量系数（或拉梅参量），即

$$h_\rho = \frac{d\rho}{d\rho} = 1,\ h_\phi = \frac{\rho d\phi}{d\phi} = \rho,\ h_z = \frac{dz}{dz} = 1 \tag{1.3.23}$$

在圆柱坐标系中，与三个坐标单位矢量相垂直的三个面积元分别为

$$dS_\rho = \rho d\phi dz,\ dS_\phi = d\rho dz,\ dS_z = \rho d\rho d\phi \tag{1.3.24}$$

体积元为

$$dV = \rho d\rho d\phi dz \tag{1.3.25}$$

哈密顿微分算子∇的表示式为

$$\nabla = \frac{\partial}{\partial \rho}\boldsymbol{e}_\rho + \frac{1}{\rho}\frac{\partial}{\partial \phi}\boldsymbol{e}_\phi + \frac{\partial}{\partial z}\boldsymbol{e}_z \tag{1.3.26}$$

拉普拉斯微分算子∇^2的表示式为

$$\nabla^2 = \frac{1}{\rho}\frac{\partial}{\partial \rho}\left(\rho\frac{\partial}{\partial \rho}\right) + \frac{1}{\rho^2}\frac{\partial^2}{\partial \phi^2} + \frac{\partial^2}{\partial z^2} \tag{1.3.27}$$

在圆柱坐标系中标量场的梯度、矢量场的散度和旋度的表示式，可以根据上面的关系自行导出，也可以从附录中查出。

1.3.3　球坐标系

如图 1-9 所示，球坐标系中的三个坐标变量是 r、θ 和 ϕ，它们的变化范围分别是

$$0 \leqslant r < \infty,\ 0 \leqslant \theta < \pi,\ 0 < \phi < 2\pi$$

空间任一点 $P(r_0, \theta_0, \phi_0)$ 是如下三个坐标曲面的交点：球心在原点、半径 $r = r_0$ 的球面；顶点在原点、轴线与 z 轴重合且半顶角 $\theta = \theta_0$ 的正圆锥面；包含 z 轴与 xz 平面构成夹角为 $\phi = \phi_0$ 的半平面。

球坐标系与直角坐标系之间的变换关系为

$$r = \sqrt{x^2 + y^2 + z^2},\ \theta = \arccos(z/\sqrt{x^2 + y^2 + z^2}),\ \phi = \arctan(y/x) \tag{1.3.28}$$

或

$$x = r\sin\theta\cos\phi,\ y = r\sin\theta\sin\phi,\ z = r\cos\theta \tag{1.3.29}$$

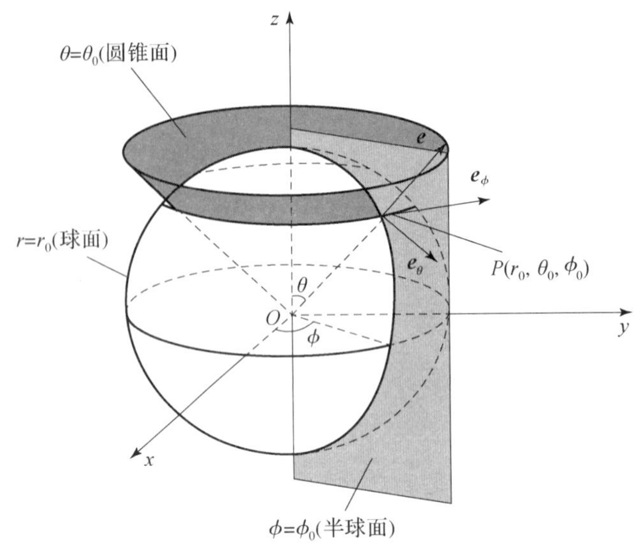

图 1-9　球坐标系

在球坐标系中，过空间任一点 $P(r,\theta,\phi)$ 的三个相互正交的坐标单位矢量 $\boldsymbol{e}_r$、$\boldsymbol{e}_\theta$ 和 $\boldsymbol{e}_\phi$ 分别是 r、θ 和 ϕ 增加的方向，且遵循右手螺旋法则，即

$$\boldsymbol{e}_r \times \boldsymbol{e}_\theta = \boldsymbol{e}_\phi,\ \boldsymbol{e}_\theta \times \boldsymbol{e}_\phi = \boldsymbol{e}_r,\ \boldsymbol{e}_\phi \times \boldsymbol{e}_r = \boldsymbol{e}_\theta \tag{1.3.30}$$

它们与 $\boldsymbol{e}_x$、$\boldsymbol{e}_y$ 和 $\boldsymbol{e}_z$ 之间的变换关系为

$$\begin{cases}\boldsymbol{e}_r = \boldsymbol{e}_x\sin\theta\cos\phi + \boldsymbol{e}_y\sin\theta\sin\phi + \boldsymbol{e}_z\cos\theta \\ \boldsymbol{e}_\theta = \boldsymbol{e}_x\cos\theta\cos\phi + \boldsymbol{e}_y\cos\theta\sin\phi - \boldsymbol{e}_z\sin\theta \\ \boldsymbol{e}_\phi = -\boldsymbol{e}_x\sin\phi + \boldsymbol{e}_y\cos\phi\end{cases} \tag{1.3.31}$$

或

$$\begin{cases}\boldsymbol{e}_x = \boldsymbol{e}_r\sin\theta\cos\phi + \boldsymbol{e}_\theta\cos\theta\cos\phi - \boldsymbol{e}_\phi\sin\phi \\ \boldsymbol{e}_y = \boldsymbol{e}_r\sin\theta\sin\phi + \boldsymbol{e}_\theta\cos\theta\sin\phi + \boldsymbol{e}_\phi\cos\phi \\ \boldsymbol{e}_z = \boldsymbol{e}_r\cos\theta - \boldsymbol{e}_\theta\sin\theta\end{cases} \tag{1.3.32}$$

球坐标系中的坐标单位矢量 $\boldsymbol{e}_r$、$\boldsymbol{e}_\theta$ 和 $\boldsymbol{e}_\phi$ 都不是常矢量，且

$$\begin{cases}\dfrac{\partial \boldsymbol{e}_r}{\partial\theta} = \boldsymbol{e}_\theta, \dfrac{\partial \boldsymbol{e}_r}{\partial\phi} = \boldsymbol{e}_\phi\sin\theta \\ \dfrac{\partial \boldsymbol{e}_\theta}{\partial\theta} = -\boldsymbol{e}_r, \dfrac{\partial \boldsymbol{e}_\theta}{\partial\phi} = \boldsymbol{e}_\phi\cos\theta \\ \dfrac{\partial \boldsymbol{e}_\phi}{\partial\theta} = 0, \dfrac{\partial \boldsymbol{e}_\phi}{\partial\phi} = -\boldsymbol{e}_r\sin\theta - \boldsymbol{e}_\phi\cos\theta\end{cases} \tag{1.3.33}$$

任一矢量 $\boldsymbol{A}$ 在球坐标系中可表示为

$$\boldsymbol{A} = \boldsymbol{e}_r A_r + \boldsymbol{e}_\theta A_\theta + \boldsymbol{e}_\phi A_\phi \tag{1.3.34}$$

式中：A_r、A_θ 和 A_ϕ 分别是矢量 $\boldsymbol{A}$ 在 $\boldsymbol{e}_r$、$\boldsymbol{e}_\theta$ 和 $\boldsymbol{e}_\phi$ 方向上的投影。

矢量 $\boldsymbol{A} = \boldsymbol{e}_r A_r + \boldsymbol{e}_\theta A_\theta + \boldsymbol{e}_\phi A_\phi$ 与矢量 $\boldsymbol{B} = \boldsymbol{e}_r B_r + \boldsymbol{e}_\theta B_\theta + \boldsymbol{e}_\phi B_\phi$ 的和为

$$\boldsymbol{A} + \boldsymbol{B} = \boldsymbol{e}_r(A_r + A_r) + \boldsymbol{e}_\theta(A_\theta + B_\theta) + \boldsymbol{e}_\phi(A_\phi + A_\phi) \tag{1.3.35}$$

$\boldsymbol{A}$ 与 $\boldsymbol{B}$ 的点积为

$$\boldsymbol{A}\cdot\boldsymbol{B}=A_rB_r+A_\theta B_\theta+A_\phi B_\phi \tag{1.3.36}$$

$\boldsymbol{A}$ 与 $\boldsymbol{B}$ 的叉积为

$$\begin{aligned}\boldsymbol{A}\times\boldsymbol{B}&=\boldsymbol{e}_r(A_\theta B_\phi-A_\phi B_\theta)+\boldsymbol{e}_\theta(A_\phi B_r-A_rB_\phi)+\boldsymbol{e}_\phi(A_rB_\theta-A_\theta B_r)\\&=\begin{vmatrix}\boldsymbol{e}_r & \boldsymbol{e}_\theta & \boldsymbol{e}_\phi\\ A_r & A_\theta & A_\phi\\ B_r & B_\theta & B_\phi\end{vmatrix}\end{aligned} \tag{1.3.37}$$

位置矢量为

$$\boldsymbol{r}=\boldsymbol{e}_r r \tag{1.3.38}$$

其微分元是

$$\mathrm{d}\boldsymbol{r}=\mathrm{d}(\boldsymbol{e}_r r)=\boldsymbol{e}_r\mathrm{d}r+r\mathrm{d}\boldsymbol{e}_r=\boldsymbol{e}_r\mathrm{d}r+\boldsymbol{e}_\theta r\mathrm{d}\theta+\boldsymbol{e}_\phi r\sin\theta\mathrm{d}\phi \tag{1.3.39}$$

即在球坐标系中沿三个坐标的长度元为 $\mathrm{d}r$、$r\mathrm{d}\theta$ 和 $r\sin\theta\mathrm{d}\phi$，如图 1－10 所示。度量系数分别为

$$h_r=1,\ h_\theta=r,\ h_\phi=r\sin\theta \tag{1.3.40}$$

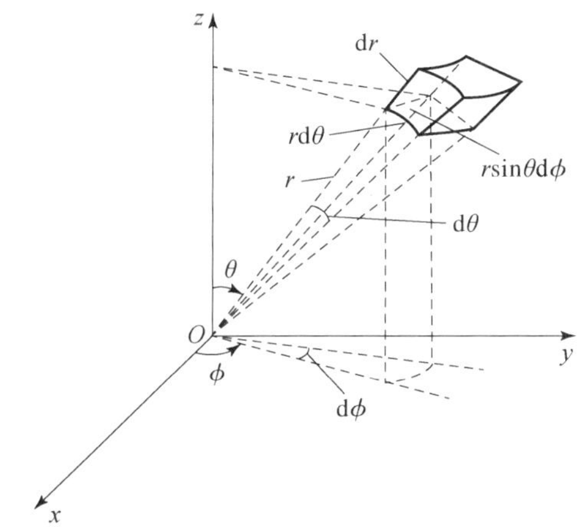

图 1－10　球坐标系的长度元、面积元和体积元

在球坐标系中，三个面积元分别为

$$\mathrm{d}S_r=r^2\sin\theta\mathrm{d}\theta\mathrm{d}\phi,\ \mathrm{d}S_\theta=r\sin\theta\mathrm{d}r\mathrm{d}\phi,\ \mathrm{d}S_\phi=r\mathrm{d}r\mathrm{d}\theta \tag{1.3.41}$$

体积元为

$$\mathrm{d}V=r^2\sin\theta\mathrm{d}r\mathrm{d}\theta\mathrm{d}\phi \tag{1.3.42}$$

哈密顿微分算子∇的表示式为

$$\nabla=\frac{\partial}{\partial r}\boldsymbol{e}_r+\frac{1}{r}\frac{\partial}{\partial\theta}\boldsymbol{e}_\theta+\frac{1}{r\sin\theta}\frac{\partial}{\partial\phi}\boldsymbol{e}_\phi \tag{1.3.43}$$

拉普拉斯微分算子∇^2的表示式为

$$\nabla^2=\frac{1}{r^2}\frac{\partial}{\partial r}\left(r^2\frac{\partial}{\partial r}\right)+\frac{1}{r^2\sin\theta}\frac{\partial}{\partial\theta}\left(\sin\theta\frac{\partial}{\partial\theta}\right)+\frac{1}{r^2\sin^2\theta}\frac{\partial^2}{\partial\phi^2} \tag{1.3.44}$$

在球面坐标系中标量场的梯度、矢量场的散度和旋度的表示式，可以根据上面的关系自行导出，也可以从附录中查出。

1.4 标量场的方向导数和梯度

1.4.1 方向导数

在标量场中，标量 $u=u(M)$ 的分布情况可以由等值面或等值线来描述，但这只能大致地了解标量 u 在场中的整体分布情况。若要详细地研究标量场，还必须对它的局部状态进行深入分析，即要考察标量 u 在场中各点处的邻域内沿每一方向的变化情况。为此，引入方向导数的概念。

设 M_0 是标量场 $u=u(M)$ 中的一个已知点，从 M_0 出发沿某一方向引一条射线 $\boldsymbol{l}$，在 $\boldsymbol{l}$ 上 M_0 的邻近取一点 M，$MM_0=\rho$，如图 1-11 所示。

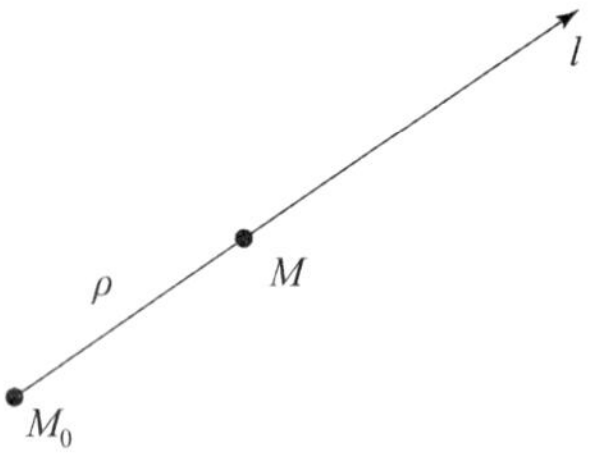

图 1-11 方向导数的定义

若当 M 趋于 M_0 时（当 ρ 趋于零时），

$$\frac{\Delta u}{\rho}=\frac{u(M)-u(M_0)}{\rho} \tag{1.4.1}$$

为极限存在，则称此极限为函数 $u(M)$ 在点 M_0 处沿 $\boldsymbol{l}$ 方向的方向导数，记为 $\left.\frac{\partial u}{\partial l}\right|_{M_0}$，即

$$\left.\frac{\partial u}{\partial l}\right|_{M_0}=\lim_{\rho\to 0}\frac{u(M)-u(M_0)}{\rho} \tag{1.4.2}$$

由此可见，方向导数 $\left.\frac{\partial u}{\partial l}\right|_{M_0}$ 是函数 $u(M)$ 在点 M_0 处沿 $\boldsymbol{l}$ 方向对距离的变化率。当 $\frac{\partial u}{\partial l}>0$ 时，表示在 M_0 处函数 u 沿 $\boldsymbol{l}$ 方向是增加的，反之就是减小的。

在直角坐标系中，方向导数可按下述公式进行计算。

若函数 $u=u(x,y,z)$ 在点 $M_0(x_0,y_0,z_0)$ 处可微，$\cos\alpha$、$\cos\beta$、$\cos\gamma$ 为 $\boldsymbol{l}$ 方向的方向余弦，则函数 u 在点 M_0 处沿 $\boldsymbol{l}$ 方向的方向导数必定存在，且为

$$\left.\frac{\partial u}{\partial l}\right|_{M_0}=\frac{\partial u}{\partial x}\cos\alpha+\frac{\partial u}{\partial y}\cos\beta+\frac{\partial us}{\partial z}\cos\gamma \tag{1.4.3}$$

证明：M 点的坐标为 $M(x_0+\Delta x,y_0+\Delta y,z_0+\Delta z)$，由于函数 u 在 M_0 处可微，即

$$\Delta u=u(M)-u(M_0)=\frac{\partial u}{\partial x}\Delta x+\frac{\partial u}{\partial y}\Delta y+\frac{\partial u}{\partial z}\Delta z+\omega\rho$$

式中：ω 比 ρ 高阶无穷小。

两边除以 ρ，可得

$$\begin{aligned}\frac{\Delta u}{\rho}&=\frac{\partial u}{\partial x}\frac{\Delta x}{\rho}+\frac{\partial u}{\partial y}\frac{\Delta y}{\rho}+\frac{\partial u}{\partial z}\frac{\Delta z}{\rho}+\omega\\&=\frac{\partial u}{\partial x}\cos\alpha+\frac{\partial u}{\partial y}\cos\beta+\frac{\partial u}{\partial z}\cos\gamma+\omega\end{aligned}$$

当 ρ 趋于零时对上式取极限，可得

$$\frac{\partial u}{\partial l}=\frac{\partial u}{\partial x}\cos\alpha+\frac{\partial u}{\partial y}\cos\beta+\frac{\partial u}{\partial z}\cos\gamma$$

证毕。

例 1.4.1：求数量场 $\boldsymbol{u}=\dfrac{x^2+y^2}{z}$ 在点 $M(1,1,2)$ 处沿 $\boldsymbol{l}=\boldsymbol{e}_x+\boldsymbol{e}_y2+\boldsymbol{e}_z2$ 方向的方向导数。

解：$\boldsymbol{l}$ 的方向余弦为

$$\cos\alpha=\frac{1}{\sqrt{1^2+2^2+2^2}}=\frac{1}{3}$$

$$\cos\beta=\frac{2}{\sqrt{1^2+2^2+2^2}}=\frac{2}{3}$$

$$\cos\gamma=\frac{2}{\sqrt{1^2+2^2+2^2}}=\frac{2}{3}$$

而

$$\frac{\partial u}{\partial x}=\frac{2x}{z},\ \frac{\partial u}{\partial y}=\frac{2y}{z},\ \frac{\partial u}{\partial z}=\frac{-(x^2+y^2)}{z^2}$$

数量场在 $\boldsymbol{l}$ 方向的方向导数为

$$\begin{aligned}\frac{\partial u}{\partial l}&=\frac{\partial u}{\partial x}\cos\alpha+\frac{\partial u}{\partial y}\cos\beta+\frac{\partial u}{\partial z}\cos\gamma\\&=\frac{1}{3}\frac{2x}{z}+\frac{2}{3}\frac{2y}{z}-\frac{2}{3}\frac{(x^2+y^2)}{z^2}\end{aligned}$$

在点 M 处沿 $\boldsymbol{l}$ 方向的方向导数为

$$\left.\frac{\partial u}{\partial l}\right|_M=\frac{1}{3}\cdot1+\frac{2}{3}\cdot1-\frac{2}{3}\cdot\frac{2}{4}=\frac{2}{3}$$

1.4.2　梯度

方向导数可以描述标量场中某点处标量沿某方向的变化率。但从场中沿任一点出发有无穷多个方向，所以通常不必要、不可能研究所有方向的变化率，而只关心沿哪一个方向变化率最大，此变化率是多少，从方向导数的计算公式来讨论这个问题。标量场 $u(x,y,z)$ 在 $\boldsymbol{l}$ 的方向上的方向导数为

$$\frac{\partial u}{\partial l}=\frac{\partial u}{\partial x}\cos\alpha+\frac{\partial u}{\partial y}\cos\beta+\frac{\partial u}{\partial z}\cos\gamma \tag{1.4.4}$$

在直角坐标系中，令

$$\begin{aligned}\boldsymbol{l}&=\boldsymbol{e}_x\cos\alpha+\boldsymbol{e}_y\cos\beta+\boldsymbol{e}_z\cos\gamma\\\boldsymbol{G}&=\boldsymbol{e}_x\frac{\partial u}{\partial x}+\boldsymbol{e}_y\frac{\partial u}{\partial y}+\boldsymbol{e}_z\frac{\partial u}{\partial z}\end{aligned} \tag{1.4.5}$$

则

$$\frac{\partial u}{\partial l}=\boldsymbol{G}\cdot\boldsymbol{l}=|\boldsymbol{G}|\cos(\boldsymbol{G},\boldsymbol{l}) \tag{1.4.6}$$

式中：矢量 $\boldsymbol{l}$ 是 $\boldsymbol{l}$ 方向的单位矢量；矢量 $\boldsymbol{G}$ 是在给定点处的一常矢量。由式（1.4.6）可见，当 $\boldsymbol{l}$ 与 $\boldsymbol{G}$ 的方向一致时，即 $\cos(\boldsymbol{G},\boldsymbol{l})=1$ 时，标量场在点 M 处的方向导数最大，也就是说沿矢量 $\boldsymbol{G}$ 方向的方向导数最大，此最大值为

$$\left.\frac{\partial u}{\partial l}\right|_{\max} = |\boldsymbol{G}| \tag{1.4.7}$$

这样就找到了一个矢量 $\boldsymbol{G}$，其方向是标量场在 M 点处变化率最大的方向，其模为最大的变化率。

在标量场 $u(M)$ 中的一点 M 处，其方向为函数 $u(M)$ 在 M 点处变化率最大的方向，恰好等于最大变化率的矢量 $\boldsymbol{G}$，称为标量场 $u(M)$ 在 M 点处的梯度，用 $\mathrm{grad}u(M)$ 表示。在直角坐标系中，梯度的表达式为

$$\mathrm{grad}u = \boldsymbol{e}_x\frac{\partial u}{\partial x} + \boldsymbol{e}_y\frac{\partial u}{\partial y} + \boldsymbol{e}_z\frac{\partial u}{\partial z} \tag{1.4.8}$$

梯度用哈密顿微分算子的表达式为

$$\nabla u = \mathrm{grad}u \tag{1.4.9}$$

由上面的分析可知：在某点 M 处沿任意方向的方向导数等于该点处的梯度在此方向上的投影；标量场 $u(M)$ 中每一点 M 处的梯度垂直于过该点的等值面，且指向函数 $u(M)$ 增大的方向。这是因为点 M 处梯度的坐标$\frac{\partial u}{\partial x}$、$\frac{\partial u}{\partial y}$、$\frac{\partial u}{\partial z}$恰好是过 M 点的等值面 $u(x,y,z)=c$ 的法线方向导数，即梯度为其法向矢量，因此梯度垂直于该等值面。

等值面和方向导数均与梯度存在一种比较特殊的关系，这使梯度成为研究标量场的一个极为重要的矢量。

设 c 为一常数，$u(M)$ 和 $v(M)$ 为数量场，很容易证明下面梯度运算法则的成立。

$$\mathrm{grad}c = 0 \text{ 或} \nabla c = 0 \tag{1.4.10}$$

$$\mathrm{grad}(cu) = c\,\mathrm{grad}u \text{ 或} \nabla(uc) = c\nabla u \tag{1.4.11}$$

$$\mathrm{grad}(u \pm v) = \mathrm{grad}u \pm \mathrm{grad}vv \text{ 或} \nabla(u \pm v) = \nabla u \pm \nabla v \tag{1.4.12}$$

$$\mathrm{grad}(uv) = v\,\mathrm{grad}u + u\,\mathrm{grad}v \text{ 或} \nabla(uv) = v\nabla u + u\nabla v \tag{1.4.13}$$

$$\mathrm{grad}\left(\frac{u}{v}\right) = \frac{1}{v^2}(v\,\mathrm{grad}u - u\,\mathrm{grad}v) \text{ 或} \nabla\left(\frac{u}{v}\right) = \frac{1}{v^2}(v\nabla u - u\nabla v) \tag{1.4.14}$$

$$\mathrm{grad}[f(u)] = f'(u)\,\mathrm{grad}v \text{ 或} \nabla[f(u)] = f'(u)\nabla v \tag{1.4.15}$$

例 1.4.2：标量函数 r 是动点 $M(x,y,z)$ 的矢量 $\boldsymbol{r} = \boldsymbol{e}_x x + \boldsymbol{e}_y y + \boldsymbol{e}_z z$ 的模，即 $r = \sqrt{x^2+y^2+z^2}$，证明：$\mathrm{grad}r = \frac{\boldsymbol{r}}{r} = \boldsymbol{r}^{\circ}$。

证：

$$\mathrm{grad}r = \nabla r = \boldsymbol{e}_x\frac{\partial r}{\partial x} + \boldsymbol{e}_y\frac{\partial r}{\partial y} + \boldsymbol{e}_z\frac{\partial r}{\partial z}$$

因为

$$\frac{\partial r}{\partial x} = \frac{\partial}{\partial x}\sqrt{x^2+y^2+z^2} = \frac{x}{\sqrt{x^2+y^2+z^2}} = \frac{x}{r}$$

$$\frac{\partial r}{\partial y} = \frac{\partial}{\partial y}\sqrt{x^2+y^2+z^2} = \frac{y}{\sqrt{x^2+y^2+z^2}} = \frac{y}{r}$$

$$\frac{\partial r}{\partial z} = \frac{\partial}{\partial z}\sqrt{x^2+y^2+z^2} = \frac{z}{\sqrt{x^2+y^2+z^2}} = \frac{z}{r}$$

所以

$$\text{grad}r = \nabla r = \boldsymbol{e}_x \frac{x}{r} + \boldsymbol{e}_y \frac{y}{r} + \boldsymbol{e}_z \frac{z}{r} = \frac{1}{r}(\boldsymbol{e}_x x + \boldsymbol{e}_y y + \boldsymbol{e}_z z) = \frac{\boldsymbol{r}}{r} = \boldsymbol{r}^0$$

例 1.4.3： 求 r 在 $M(1,0,1)$ 处沿 $\boldsymbol{l} = \boldsymbol{e}_x + \boldsymbol{e}_y 2 + \boldsymbol{e}_z 2$ 方向的方向导数。

解： r 的梯度为

$$\text{grad}r = \nabla r = \frac{1}{r}(x\boldsymbol{e}_x + y\boldsymbol{e}_y + z\boldsymbol{e}_z)$$

点 M 处的坐标为 $x=1$，$y=0$，$z=1$，$r=\sqrt{x^2+y^2+z^2}=\sqrt{2}$，所以 r 在 M 点处的梯度为

$$\text{grad}r = \nabla r = \boldsymbol{e}_x \frac{1}{\sqrt{2}} + \boldsymbol{e}_z \frac{1}{\sqrt{2}}$$

r 在 M 点处沿 $\boldsymbol{l}$ 方向的方向导数为

$$\left.\frac{\partial r}{\partial l}\right|_M = \nabla r \cdot \boldsymbol{l}^0$$

而

$$\boldsymbol{l}^0 = \frac{\boldsymbol{l}}{|\boldsymbol{l}|} = \boldsymbol{e}_x \frac{1}{3} + \boldsymbol{e}_y \frac{2}{3} + \boldsymbol{e}_z \frac{2}{3}$$

所以

$$\left.\frac{\partial r}{\partial l}\right|_M = \frac{1}{\sqrt{2}} \cdot \frac{1}{3} + \frac{0}{\sqrt{2}} \cdot \frac{2}{3} + \frac{1}{\sqrt{2}} \cdot \frac{2}{3} = \frac{1}{\sqrt{2}}$$

例 1.4.4： 已知位于原点处的点电荷 q 在点 $M(x,y,z)$ 处产生的电位为 $\varphi = \frac{q}{4\pi\varepsilon r}$，矢径 $\boldsymbol{r}$ 为 $\boldsymbol{r} = \boldsymbol{e}_x x + \boldsymbol{e}_y y + \boldsymbol{e}_z z$，且已知电场强度与电位的关系是 $\boldsymbol{E} = -\nabla\varphi$，求电场强度 $\boldsymbol{E}$。

解：

$$\boldsymbol{E} = -\nabla\varphi = -\nabla\left(\frac{q}{4\pi\varepsilon r}\right) = -\frac{q}{4\pi\varepsilon}\nabla\left(\frac{1}{r}\right)$$

根据 $\nabla f(u) = f'(u) \cdot \nabla u$ 的运算法则，得

$$\nabla\left(\frac{1}{r}\right) = \left(\frac{1}{r}\right)'\nabla r = -\frac{1}{r^2}\nabla r$$

由 $\nabla r = \frac{1}{r}\boldsymbol{r} = \boldsymbol{r}^0$，所以

$$\begin{aligned}\boldsymbol{E} &= -\nabla\varphi = -\frac{q}{4\pi\varepsilon}\nabla\left(\frac{1}{r}\right) = -\frac{q}{4\pi\varepsilon}\left(-\frac{1}{r^2}\right)\nabla r \\ &= \frac{q}{4\pi\varepsilon r^3}\boldsymbol{r} = \frac{q}{4\pi\varepsilon r^2}\boldsymbol{r}^0\end{aligned}$$

1.5　矢量场的通量和散度

1.5.1　通量

在分析和描绘矢量场的特性时，矢量穿过一个曲面的通量是一个很重要的基本概

念。将曲面的一个面元用矢量 d$\boldsymbol{S}$ 来表示，其方向取为面元的法线方向，其大小为 dS，即

$$\mathrm{d}\boldsymbol{S} = \boldsymbol{e}_n \mathrm{d}S \tag{1.5.1}$$

式中：$\boldsymbol{e}_n$是面元法线方向的单位矢量。$\boldsymbol{e}_n$的指向有两种情况：一是对开曲面上的面元，设这个开曲面是由封闭曲线 l 所围成的，则选定绕行的方向后，沿绕行方向按右手螺旋的拇指方向就是 $\boldsymbol{e}_n$ 的方向，如图 1－12（a）所示。二是对封闭曲面上的面元，$\boldsymbol{e}_n$ 取为封闭曲面的外法线方向，如图 1－12（b）所示。

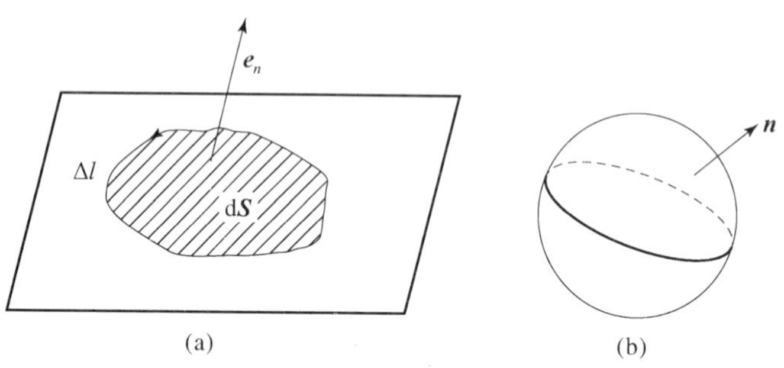

图 1－12　法线方向的取向

若面元 d$\boldsymbol{S}$ 位于矢量场 $\boldsymbol{F}$ 中，由于 d$\boldsymbol{S}$ 很小，其各点上的 $\boldsymbol{F}$ 值可以认为是相同的。矢量 $\boldsymbol{F}$ 和面元 d$\boldsymbol{S}$ 的标量积 $\boldsymbol{F}\cdot\mathrm{d}\boldsymbol{S}$ 称为矢量 $\boldsymbol{F}$ 穿过面元 d$\boldsymbol{S}$ 的通量。例如：在流速场中，流速 $\boldsymbol{v}$ 是一个矢量，$\boldsymbol{v}\cdot\mathrm{d}\boldsymbol{S}$ 就是每秒中通过 d$\boldsymbol{S}$ 的流量。通量是一个标量。

将曲面 S 各面元上的 $\boldsymbol{F}\cdot\mathrm{d}\boldsymbol{S}$ 相加，它表示矢量场 $\boldsymbol{F}$ 穿过整个曲面 S 的通量，也称为矢量 $\boldsymbol{F}$ 在曲面 S 上的面积分：

$$\Psi = \int_s \boldsymbol{F}\cdot\mathrm{d}\boldsymbol{S} = \int_s \boldsymbol{F}\cdot\boldsymbol{e}_n\mathrm{d}S \tag{1.5.2}$$

如果曲面是一个封闭曲面，则

$$\Psi = \int_s \boldsymbol{F}\cdot\mathrm{d}\boldsymbol{S} \tag{1.5.3}$$

表示矢量 $\boldsymbol{F}$ 穿过封闭曲面的通量。若 $\Psi>0$，表示有净通量流出，则说明封闭曲面 S 内必定有矢量场的源；若 $\Psi<0$，表示有净通量流入，则说明封闭曲面 S 内有洞（负的源）。在大学物理课程中已知，通过封闭曲面的电通量 Ψ 等于该封闭曲面所包围的自由电荷 Q。若电荷 Q 为正电荷、Ψ 为正，则有电通量流出；若电荷 Q 为负电荷、Ψ 为负，则表示有电通量流入。

1.5.2　散度

上述通量是一个大范围面积上的积分量，它反映了在某一空间内场源总的特性，但它没有反映出场源分布特性。为了研究矢量场 $\boldsymbol{F}$ 在某一点附近的通量特性，把包围某点的封闭曲面向该点无限收缩，使包含这个点在内的体积元 ΔV 趋于零，取如下极限：

$$\lim_{\Delta V\to 0}\frac{\int_s \boldsymbol{F}\cdot\mathrm{d}\boldsymbol{S}}{\Delta V} \tag{1.5.4}$$

称此极限为矢量场 $\boldsymbol{F}$ 在某点的散度，记为 div$\boldsymbol{F}$，即散度的定义式为

$$\mathrm{div}\boldsymbol{F} = \lim_{\Delta V \to 0} \frac{\int_s \boldsymbol{F} \cdot \mathrm{d}\boldsymbol{S}}{\Delta V} \tag{1.5.5}$$

此式表明，矢量场 $\boldsymbol{F}$ 的散度是一个标量，表示从该点单位体积内散发出来的矢量 $\boldsymbol{F}$ 的通量（通量密度）。它反映出矢量场 $\boldsymbol{F}$ 在该点通量源的强度。显然，在无源区域中，矢量场 $\boldsymbol{F}$ 在各点的散度均为零。

矢量场 $\boldsymbol{F}$ 的散度可表示为哈密顿微分算子∇与矢量 $\boldsymbol{F}$ 的标量积，即

$$\mathrm{div}\boldsymbol{F} = \nabla \cdot \boldsymbol{F} \tag{1.5.6}$$

计算$\nabla \cdot \boldsymbol{F}$时，先按标量积规则展开，再做微分运算。因而在直角坐标中有

$$\begin{aligned}\nabla \cdot \boldsymbol{F} &= \left(\boldsymbol{e}_x \frac{\partial}{\partial x} + \boldsymbol{e}_y \frac{\partial}{\partial y} + \boldsymbol{e}_z \frac{\partial}{\partial z}\right) \cdot (\boldsymbol{e}_x F_x + \boldsymbol{e}_y F_y + \boldsymbol{e}_z F_z) \\ &= \frac{\partial F_x}{\partial x} + \frac{\partial F_y}{\partial y} + \frac{\partial F_z}{\partial z}\end{aligned} \tag{1.5.7}$$

最后利用哈密顿微分算子，可以证明散度运算符合下列规则：

$$\nabla \cdot (\boldsymbol{A} \pm \boldsymbol{B}) = \nabla \boldsymbol{A} \pm \nabla \boldsymbol{B} \tag{1.5.8}$$

$$\nabla \cdot (\varphi \boldsymbol{A}) = \varphi \nabla \cdot \boldsymbol{A} + \boldsymbol{A} \cdot \nabla \varphi \tag{1.5.9}$$

1.5.3　散度定理

矢量 $\boldsymbol{F}$ 的散度代表其通量的体密度，因此可直观地知道，矢量场 $\boldsymbol{F}$ 散度的体积分等于该矢量穿过包围该体积的封闭曲面的总通量，即

$$\int_V \nabla \cdot \boldsymbol{F} \mathrm{d}V = \oint_S \boldsymbol{F} \cdot \mathrm{d}\boldsymbol{S} \tag{1.5.10}$$

称为散度定理，也称为高斯定理。证明这个定理时，将闭合面 S 包围的体积 V 分成许多体积元 $\mathrm{d}V_i(i=1\sim n)$，计算每个体积元的小封闭曲面 S_i 上穿过的通量，然后叠加。由散度的定理可得

$$\oint_{S_i} \boldsymbol{F} \cdot \mathrm{d}\boldsymbol{S}_i = (\nabla \cdot \boldsymbol{F})\Delta V_i \quad (i=1\sim n) \tag{1.5.11}$$

由于相邻两体积元有一个公共表面，这个公共表面上的通量对这两个体积元来说恰好是同值异号，求和时就互相抵消了。除了邻近 S 面的那些体积元外，所有体积元都是由几个邻体积元间的公共表面包围而成的，这些体积元的通量总和为零。而邻近 S 面的那些体积元，它们有部分表面是在 S 面上的面元 $\mathrm{d}S$，这部分表面的通量没有被抵消，其总和刚好等于从封闭曲面 S 穿出的通量。因此有

$$\sum_{i=1}^{n} \oint_{S_i} \boldsymbol{F} \cdot \mathrm{d}\boldsymbol{S}_i = \oint_S \boldsymbol{F} \cdot \mathrm{d}\boldsymbol{S} \tag{1.5.12}$$

故可得

$$\oint_S \boldsymbol{F} \cdot \mathrm{d}\boldsymbol{S} = \sum_{i=1}^{n} (\nabla \cdot \boldsymbol{F})\Delta V_i = \int_V \nabla \cdot \boldsymbol{F} \mathrm{d}V \tag{1.5.13}$$

例 1.5.1：已知矢量场 $\boldsymbol{r} = \boldsymbol{e}_x x + \boldsymbol{e}_y y + \boldsymbol{e}_z z$，求由内向外穿过圆锥面 $x^2 + y^2 = z^2$ 与平面 $z = H$ 所围封闭曲面的通量。

解：

$$\Psi = \oint_S \boldsymbol{r} \cdot \mathrm{d}\boldsymbol{S} = \iint_{S_1} \boldsymbol{r} \cdot \mathrm{d}\boldsymbol{S} + \iint_{S_2} \boldsymbol{r} \cdot \mathrm{d}\boldsymbol{S}$$

因为在圆锥侧面 S_2 上处处有 $\boldsymbol{r}$ 垂直于 $\mathrm{d}\boldsymbol{S}$，所以

$$\iint_{S_2} \boldsymbol{r} \cdot \mathrm{d}\boldsymbol{S} = \iint_{S_2} r\mathrm{d}S\cos\theta = 0$$

因此

$$\Psi = \iint_S \boldsymbol{r} \cdot \mathrm{d}\boldsymbol{S} = \iint_{S_1} x\mathrm{d}y\mathrm{d}z + \iint_{S_1} y\mathrm{d}x\mathrm{d}z + \iint_{S_1} z\mathrm{d}x\mathrm{d}y$$

$$= \iint_{S_1} H\mathrm{d}y\mathrm{d}z = H\iint \mathrm{d}x\mathrm{d}y = H \cdot \pi H^2 = \pi H^3$$

例 1.5.2：在坐标原点处，点电荷产生电场，在此电场中任一点处的电位移矢量为 $\boldsymbol{D} = \dfrac{q}{4\pi r^2}\boldsymbol{r}^{\circ}\left(\boldsymbol{r} = \boldsymbol{e}_x x + \boldsymbol{e}_y y + \boldsymbol{e}_z z,\ r = |\boldsymbol{r}|,\ \boldsymbol{r}^{\circ} = \dfrac{\boldsymbol{r}}{|\boldsymbol{r}|}\right)$，求穿过原点为球心，$R$ 为半径的球面的电通量（图 1－13）。

解：

$$\Psi = \oint_S \boldsymbol{D} \cdot \mathrm{d}\boldsymbol{S}$$

由于球面的法线方向与 $\boldsymbol{D}$ 的方向一致，所以

$$\Psi = \oint_S \boldsymbol{D} \cdot \mathrm{d}\boldsymbol{S} = \oint_S D\mathrm{d}S = \frac{q}{4\pi R^2}\oint_S \mathrm{d}S$$

$$= \frac{q}{4\pi R^2} \cdot 4\pi R^2 = q$$

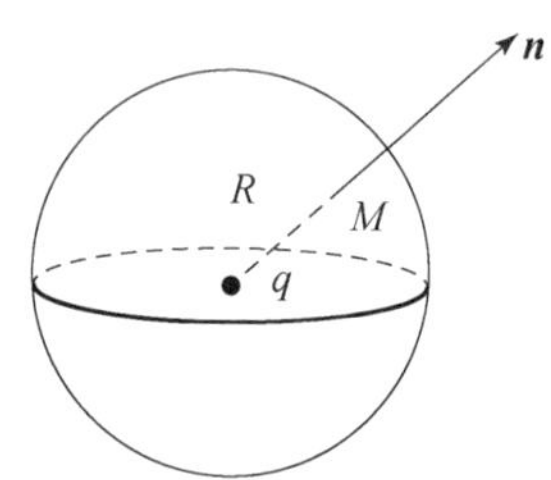

图 1－13　例 1.5.2 图

例 1.5.3：原点处点电荷 q 产生的电位移矢量 $\boldsymbol{D} = \dfrac{q}{4\pi r^2}\boldsymbol{r}^{\circ} = \boldsymbol{D} = \dfrac{q}{4\pi r^3}\boldsymbol{r}$，试求电位移矢量 $\boldsymbol{D}$ 的散度。

解：

$$\boldsymbol{D} = \frac{q}{4\pi}\left(\boldsymbol{e}_x \frac{x}{r^3} + \boldsymbol{e}_y \frac{y}{r^3} + \boldsymbol{e}_z \frac{z}{r^3}\right)$$

$$D_x = \frac{qx}{4\pi r^3},\quad D_y = \frac{qy}{4\pi r^3},\quad D_z = \frac{qz}{4\pi r^3}$$

$$\frac{\partial D_x}{\partial x} = \frac{q}{4\pi}\frac{r^2 - 3x^2}{r^5},\quad \frac{\partial D_y}{\partial y} = \frac{q}{4\pi}\frac{r^2 - 3y^2}{r^5},\quad \frac{\partial D_z}{\partial z} = \frac{q}{4\pi}\frac{r^2 - 3z^2}{r^5}$$

$$\mathrm{div}\boldsymbol{D} = \nabla \cdot \boldsymbol{D} = \frac{\partial D_x}{\partial x} + \frac{\partial D_y}{\partial y} + \frac{\partial D_z}{\partial z}$$

$$= \frac{q}{4\pi}\frac{3r^2 - 3(x^2 + y^2 + z^2)}{r^5} = 0$$

在 $r = 0$ 以外的空间，$\mathrm{div}\boldsymbol{D} = 0$，故在 $r = 0$ 以外的空间均为无源场。

例 1.5.4：球面 S 上任意点的位置矢量为 $\boldsymbol{r} = \boldsymbol{e}_x x + \boldsymbol{e}_y y + \boldsymbol{e}_z z$，求 $\oint_S \boldsymbol{r} \cdot \mathrm{d}\boldsymbol{S}$。

解：根据散度定理知

$$\oint_S \boldsymbol{r} \cdot \mathrm{d}\boldsymbol{S} = \iiint_V \nabla \cdot \boldsymbol{r} \mathrm{d}V$$

而 $\boldsymbol{r}$ 的散度为

$$\nabla \cdot \boldsymbol{r} = \frac{\partial x}{\partial x} + \frac{\partial y}{\partial y} + \frac{\partial z}{\partial z} = 3$$

所以

$$\oint_S \boldsymbol{r} \cdot \mathrm{d}\boldsymbol{S} = \iiint_V \nabla \cdot \boldsymbol{r} \mathrm{d}V = \iiint_V 3\mathrm{d}V = 3 \cdot \frac{4}{3}\pi R^3 = 4\pi R^3$$

式中：R 是球面的半径。

1.6　矢量场的环量和旋度

1.6.1　环量

在力场中，某一质点沿着指定的曲线 c 运动时，力场所做的功可表示为力场 $\boldsymbol{F}$ 沿曲线 c 的线积分，即

$$W = \int_c \boldsymbol{F} \cdot \mathrm{d}\boldsymbol{l} = \int F\cos\theta \mathrm{d}l \tag{1.6.1}$$

式中：$\mathrm{d}\boldsymbol{l}$ 是曲线 c 的线元矢量，方向是该线元的切线方向；θ 角为力场 $\boldsymbol{F}$ 与线元矢量 $\mathrm{d}\boldsymbol{l}$ 的夹角。在矢量场 $\boldsymbol{A}$ 中，若曲线 c 是一闭合曲线，其矢量场 $\boldsymbol{A}$ 沿闭合曲线 c 的线积分可表示为

$$\oint_c \boldsymbol{A} \cdot \mathrm{d}\boldsymbol{l} = \oint_c A\cos\theta \mathrm{d}l \tag{1.6.2}$$

此线积分称为矢量场 $\boldsymbol{A}$ 的环量（或称旋涡量），如图 1－14 所示。

矢量场的环量与矢量场的通量一样都是描述矢量场特性的重要参量。若矢量穿过封闭曲面的通量不为零，则表示该封闭曲面内存在通量源。同样，若矢量沿闭合曲线的环量不为零，则表示闭合曲线内存在另一种源——旋涡源。例如：在磁场中，在环绕电流的闭合曲线上的环量不等于零，其电流就是产生该磁场的旋涡源。

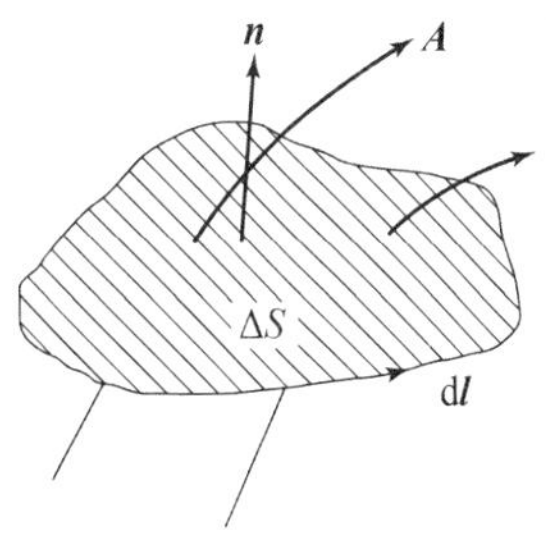

图 1－14　矢量场的环量

1.6.2　旋度

从式（1.6.2）可以看出，环量是矢量 $\boldsymbol{A}$ 在大范围闭合曲线上的线积分，反映了闭合曲线内旋涡源分布的情况，而从矢量场分析的要求来看，我们希望知道每个点附近的旋涡源分布的情况。为此，把闭合曲线收缩，使它包围的面积元 ΔS 趋于零，并求其极限值：

$$\lim_{\Delta S \to 0} \frac{\oint_c \boldsymbol{A} \cdot \mathrm{d}\boldsymbol{l}}{\Delta S} \tag{1.6.3}$$

极限值的意义就是环量的面密度，或称为环量强度。由于面元是有方向的，它与闭合曲线 c 的绕行方向成右手螺旋关系，因此在给定点上，上述极限对于不同的面元是不同的。为此，引入如下定义，称为矢量场 $\boldsymbol{A}$ 的旋度，记为 $\mathrm{rot}\boldsymbol{A}$：

$$\mathrm{rot}\boldsymbol{A} = \boldsymbol{n}\lim_{\Delta S\to 0}\frac{\left[\oint_c \boldsymbol{A}\cdot \mathrm{d}\boldsymbol{l}\right]_{\max}}{\Delta S} \tag{1.6.4}$$

由式（1.6.4）可以看出，矢量场 $\boldsymbol{A}$ 的旋度是一个矢量，其大小是矢量 $\boldsymbol{A}$ 在给定处的最大环量面密度，其方向就是当面元的取向使环量面密度最大时，该面元的方向 $\boldsymbol{n}$。矢量场 $\boldsymbol{A}$ 的旋度描述了矢量 $\boldsymbol{A}$ 在该点的旋涡源强度。若在某区域中各点的 $\mathrm{rot}\boldsymbol{A}=0$，则称矢量场为无旋场或保守场。

矢量场 $\boldsymbol{A}$ 的旋度可用哈密顿微分算子∇与矢量 $\boldsymbol{A}$ 的矢量积来表示，即

$$\mathrm{rot}\boldsymbol{A} = \nabla\times\boldsymbol{A} \tag{1.6.5}$$

计算时，可先按矢量积规则展开，再作微分运算。在直角坐标系中，可得

$$\begin{aligned}\nabla\times\boldsymbol{A} &= \left(\boldsymbol{e}_x\frac{\partial}{\partial x}+\boldsymbol{e}_y\frac{\partial}{\partial y}+\boldsymbol{e}_z\frac{\partial}{\partial z}\right)\times(\boldsymbol{e}_xA_x+\boldsymbol{e}_yA_y+\boldsymbol{e}_zA_z)\\ &= \boldsymbol{e}_x\left(\frac{\partial A_z}{\partial y}-\frac{\partial A_y}{\partial x}\right)+\boldsymbol{e}_y\left(\frac{\partial A_z}{\partial x}-\frac{\partial A_x}{\partial z}\right)+\boldsymbol{e}_z\left(\frac{\partial A_y}{\partial x}-\frac{\partial A_x}{\partial y}\right)\end{aligned} \tag{1.6.6}$$

即

$$\nabla\times\boldsymbol{A} = \begin{vmatrix}\boldsymbol{e}_x & \boldsymbol{e}_y & \boldsymbol{e}_z\\ \dfrac{\partial}{\partial x} & \dfrac{\partial}{\partial y} & \dfrac{\partial}{\partial z}\\ A_x & A_y & A_z\end{vmatrix} \tag{1.6.7}$$

利用哈密顿微分算子，可以证明旋度运算符合如下规则：

$$\nabla\times(\boldsymbol{A}\pm\boldsymbol{B}) = \nabla\times\boldsymbol{A}\pm\nabla\times\boldsymbol{B} \tag{1.6.8}$$

$$\nabla\times(\varphi\boldsymbol{A}) = \varphi\,\nabla\times\boldsymbol{A}+\nabla\varphi\times\boldsymbol{A} \tag{1.6.9}$$

$$\nabla\cdot(\boldsymbol{A}\times\boldsymbol{B}) = \boldsymbol{B}\cdot\nabla\times\boldsymbol{A}-\boldsymbol{A}\cdot\nabla\times\boldsymbol{B} \tag{1.6.10}$$

$$\nabla\cdot(\nabla\times\boldsymbol{A}) = 0 \tag{1.6.11}$$

$$\nabla\times(\nabla\cdot\varphi) = 0 \tag{1.6.12}$$

$$\nabla\times\nabla\times\boldsymbol{A} = \nabla\cdot(\nabla\cdot\boldsymbol{A})-\nabla^2\boldsymbol{A} \tag{1.6.13}$$

式（1.6.11）说明任何一矢量场的旋度的散度恒等于零。式（1.6.12）说明任一标量场梯度的旋度恒等于零矢量。式（1.6.13）中∇^2称为拉普拉斯算子，在直角坐标系中

$$\nabla^2 = \frac{\partial^2}{\partial x^2}+\frac{\partial^2}{\partial y^2}+\frac{\partial^2}{\partial z^2} \tag{1.6.14}$$

$$\nabla^2\boldsymbol{A} = \boldsymbol{e}_x\nabla^2 F_x+\boldsymbol{e}_y\nabla^2 A_y+\boldsymbol{e}_z\,\nabla^2 A_z \tag{1.6.15}$$

1.6.3 斯托克斯定理

因为旋度代表单位面积的环量，因此矢量场在闭合曲线 c 上的环量等于闭合曲线 c 所包围曲面 S 上旋度的总和，即

$$\int_S(\nabla\times\boldsymbol{A})\cdot \mathrm{d}\boldsymbol{S} = \oint_c\boldsymbol{A}\cdot \mathrm{d}\boldsymbol{l} \tag{1.6.16}$$

称为斯托克斯定理或斯托克斯公式。它将矢量旋度的面积分变换成该矢量的线积分，或

将矢量 $\boldsymbol{A}$ 的线积分转换为该矢量旋度的面积分。式中 $\mathrm{d}\boldsymbol{S}$ 的方向与 $\mathrm{d}\boldsymbol{l}$ 的方向成右手螺旋关系。斯托克斯定理的证明与散度定理的证明相类似，这里就不再叙述了。

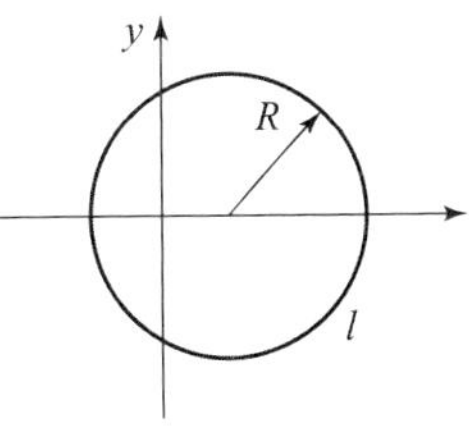

图 1－15　例 1.6.1 图

例 1.6.1：求矢量 $\boldsymbol{A}=-\boldsymbol{e}_x y+\boldsymbol{e}_y x+\boldsymbol{e}_z c$（$c$ 是常数）沿曲线 $(x-2)^2+y^2=R^2$、$z=0$ 的环量（图 1－15）。

解：由于在曲线 l 上 $z=0$，所以 $\mathrm{d}z=0$。

$$
\begin{aligned}
\Gamma &= \oint \boldsymbol{A}\cdot \mathrm{d}\boldsymbol{l}\\
&= \oint_l (-y\mathrm{d}x + x\mathrm{d}y)\\
&= \int_0^{2\pi} -R\sin\theta \mathrm{d}(2+R\cos\theta) + \int_0^{2\pi}(2+R\cos\theta)\mathrm{d}(R\sin\theta)\\
&= \int_0^{2\pi} R^2\sin^2\theta\mathrm{d}\theta + \int_0^{2\pi}(2+R\cos\theta)R\cos\theta\mathrm{d}\theta\\
&= \int_0^{2\pi}[R^2(\sin^2\theta+\cos^2\theta)+2R\cos\theta]\mathrm{d}\theta\\
&= \int_0^{2\pi}[R^2+2R\cos\theta]\mathrm{d}\theta\\
&= 2\pi R^2
\end{aligned}
$$

例 1.6.2：求矢量场 $\boldsymbol{A}=\boldsymbol{e}_x x(z-y)+\boldsymbol{e}_y y(x-z)+\boldsymbol{e}_z z(y-x)$ 在点 $M(1,0,1)$ 处的旋度以及沿方向 $\boldsymbol{n}=\boldsymbol{e}_x 2+\boldsymbol{e}_y 6+\boldsymbol{e}_z 3$ 环量面密度。

解：矢量场 $\boldsymbol{A}$ 的旋度为

$$
\mathrm{rot}\boldsymbol{A}=\nabla\times\boldsymbol{A}=\begin{vmatrix}\boldsymbol{e}_x & \boldsymbol{e}_y & \boldsymbol{e}_z\\ \dfrac{\partial}{\partial x} & \dfrac{\partial}{\partial y} & \dfrac{\partial}{\partial z}\\ x(z-y) & y(x-z) & z(y-x)\end{vmatrix}
$$

$$
=\boldsymbol{e}_x(z+y)+\boldsymbol{e}_y(x+z)+\boldsymbol{e}_z(y+x)
$$

在点 $M(1,0,1)$ 处的旋度为

$$
\nabla\times\boldsymbol{A}\big|_M=\boldsymbol{e}_x+\boldsymbol{e}_y 2+\boldsymbol{e}_z
$$

$\boldsymbol{n}$ 方向的单位矢量为

$$
\boldsymbol{n}=\frac{1}{\sqrt{2^2+6^2+3^2}}(\boldsymbol{e}_x 2+\boldsymbol{e}_y 6+\boldsymbol{e}_z 3)=\boldsymbol{e}_x\frac{2}{7}+\boldsymbol{e}_y\frac{6}{7}+\boldsymbol{e}_z\frac{3}{7}
$$

在点 $M(1,0,1)$ 处沿 $\boldsymbol{n}$ 方向的环量面密度为

$$
\mu=\nabla\times\boldsymbol{A}\big|_M\cdot\boldsymbol{n}=\frac{2}{7}+\frac{6}{7}\cdot 2+\frac{3}{7}=\frac{17}{7}
$$

例 1.6.3：在原坐标处放置一点电荷 q，在自由空间产生的电场强度为

$$
\boldsymbol{E}=\frac{q}{4\pi\varepsilon r^3}\boldsymbol{r}=\frac{q}{4\pi\varepsilon r^3}(\boldsymbol{e}_x x+\boldsymbol{e}_y y+\boldsymbol{e}_z z)
$$

求自由空间任意点（$r\neq 0$）电场强度的旋度 $\nabla\times\boldsymbol{E}$。

解：

$$
\nabla\times\boldsymbol{E}=\frac{q}{4\pi\varepsilon}\begin{vmatrix}\boldsymbol{e}_x & \boldsymbol{e}_y & \boldsymbol{e}_z\\ \dfrac{\partial}{\partial x} & \dfrac{\partial}{\partial y} & \dfrac{\partial}{\partial z}\\ \dfrac{x}{r^3} & \dfrac{y}{r^3} & \dfrac{z}{r^3}\end{vmatrix}
$$

$$
=\frac{q}{4\pi\varepsilon_0}\left\{\boldsymbol{e}_x\left[\frac{\partial}{\partial y}\left(\frac{z}{r^3}\right)-\frac{\partial}{\partial z}\left(\frac{y}{r^3}\right)\right]+\boldsymbol{e}_y\left[\frac{\partial}{\partial z}\left(\frac{x}{r^3}\right)-\frac{\partial}{\partial x}\left(\frac{z}{r^3}\right)\right]\right.
$$

$$
\left.+\boldsymbol{e}_z\left[\frac{\partial}{\partial x}\left(\frac{y}{r^3}\right)-\frac{\partial}{\partial y}\left(\frac{x}{r^3}\right)\right]\right\}
$$

$$
=0
$$

这说明点电荷产生的电场为无旋场。

1.7 场的分类

矢量场散度和旋度反映了产生矢量场的两种不同性质的源，相应的，不同性质的源产生的矢量场也具有不同的性质。

1.7.1 无散场

如果一个矢量场 $\boldsymbol{F}$ 的散度处处为 0，即

$$
\nabla\cdot\boldsymbol{F}\equiv 0 \tag{1.7.1}
$$

则称该矢量场为无散场，它是由旋涡源所产生的。例如：恒定磁场就是散度处处为 0 的无散场。

矢量场的旋度有一个重要性质，就是旋度的散度恒等于 0，即

$$
\nabla\cdot(\nabla\times\boldsymbol{A})=0 \tag{1.7.2}
$$

在直角坐标系中证明这一结论时，直接取 $\nabla\times\boldsymbol{A}$ 的散度，有

$$
\begin{aligned}
\nabla\cdot(\nabla\times\boldsymbol{A})&=\left(\boldsymbol{e}_x\frac{\partial}{\partial x}+\boldsymbol{e}_y\frac{\partial}{\partial y}+\boldsymbol{e}_z\frac{\partial}{\partial z}\right)\cdot\\
&\quad\left[\boldsymbol{e}_x\left(\frac{\partial A_z}{\partial y}-\frac{\partial A_y}{\partial x}\right)+\boldsymbol{e}_y\left(\frac{\partial A_z}{\partial x}-\frac{\partial A_x}{\partial z}\right)+\boldsymbol{e}_z\left(\frac{\partial A_y}{\partial x}-\frac{\partial A_x}{\partial y}\right)\right]\\
&=\frac{\partial}{\partial x}\left(\frac{\partial A_z}{\partial y}-\frac{\partial A_y}{\partial x}\right)+\frac{\partial}{\partial y}\left(\frac{\partial A_z}{\partial x}-\frac{\partial A_x}{\partial z}\right)+\frac{\partial}{\partial z}\left(\frac{\partial A_y}{\partial x}-\frac{\partial A_x}{\partial y}\right)\\
&=0
\end{aligned} \tag{1.7.3}
$$

根据这个性质，对于一个散度处处为 0 的矢量场 $\boldsymbol{F}$，总可以把它表示为某一矢量场的旋度，即如果 $\nabla\times\boldsymbol{F}\equiv 0$，则存在矢量函数 $\boldsymbol{A}$，使得

$$
\boldsymbol{F}=\nabla\times\boldsymbol{A} \tag{1.7.4}
$$

函数 $\boldsymbol{A}$ 称为无散场 $\boldsymbol{F}$ 的矢量位函数，简称矢量位。

由散度定理可知，无散场 $\boldsymbol{F}$ 通过任何闭合曲面 S 的通量等于 0，即

$$
\oint_S\boldsymbol{F}\cdot\mathrm{d}\boldsymbol{S}=0 \tag{1.7.5}
$$

1.7.2　无旋场

如果一个矢量场 $\boldsymbol{F}$ 的旋度处处为 0，即

$$\nabla \times \boldsymbol{F} \equiv 0 \tag{1.7.6}$$

则称该矢量场为无旋场，它是由散度源所产生的。例如：静电场就是旋度处处为 0 的无旋场。

标量场的梯度有一个重要性质，就是它的旋度恒等于 0，即

$$\nabla \times (\nabla u) \equiv 0 \tag{1.7.7}$$

在直角坐标系中很容易证明这个结论，直接取∇u 的旋度，有

$$\begin{aligned}
\nabla \times (\nabla u) &= \left(\boldsymbol{e}_x \frac{\partial}{\partial x} + \boldsymbol{e}_y \frac{\partial}{\partial y} + \boldsymbol{e}_z \frac{\partial}{\partial z}\right) \times \left(\boldsymbol{e}_x \frac{\partial u}{\partial x} + \boldsymbol{e}_y \frac{\partial u}{\partial y} + \boldsymbol{e}_z \frac{\partial u}{\partial z}\right) \\
&= \boldsymbol{e}_x \left(\frac{\partial}{\partial y}\frac{\partial u}{\partial z} - \frac{\partial}{\partial x}\frac{\partial u}{\partial y}\right) + \boldsymbol{e}_y \left(\frac{\partial}{\partial z}\frac{\partial u}{\partial x} - \frac{\partial}{\partial x}\frac{\partial u}{\partial z}\right) + \boldsymbol{e}_z \left(\frac{\partial}{\partial x}\frac{\partial u}{\partial y} - \frac{\partial}{\partial y}\frac{\partial}{\partial x}\right) \\
&= 0
\end{aligned} \tag{1.7.8}$$

因为梯度和旋度的定义都与坐标系无关，所以式（1.7.7）是普遍的结论。

根据式（1.7.7），对于一个旋度处处为 0 的矢量场 $\boldsymbol{F}$，总可以把它表示为某一标量场的梯度，即如果$\nabla \times \boldsymbol{F} \equiv 0$，存在标量函数 u，使得

$$\boldsymbol{F} = -\nabla u \tag{1.7.9}$$

函数 u 称为无旋场 $\boldsymbol{F}$ 的标量位函数，简称标量位。式（1.7.9）中有一负号，是使其与电磁场中电场强度 $\boldsymbol{E}$ 和标量电位 φ 的关系相一致。

由斯托克斯定理可知，无旋场 $\boldsymbol{F}$ 沿闭合路径 C 的环流等于 0，即

$$\oint_C \boldsymbol{F} \cdot \mathrm{d}\boldsymbol{l} = 0 \tag{1.7.10}$$

这个结论等价于无旋场 $\boldsymbol{F}$ 的曲线积分 $\int_P^Q \boldsymbol{F} \cdot \mathrm{d}\boldsymbol{l}$，与路径无关，只与起点 P 和终点 Q 有关。由式（1.7.9），有

$$\int_P^Q \boldsymbol{F} \cdot \mathrm{d}\boldsymbol{l} = -\int_P^Q \nabla u \cdot \mathrm{d}\boldsymbol{l} = -\int_P^Q \frac{\partial u}{\partial l}\mathrm{d}l = -\int_P^Q \mathrm{d}u = u(P) - u(Q) \tag{1.7.11}$$

若选定点 Q 为不动的固定点，则式（1.7.11）可看作是点 P 的函数，即

$$u(P) = \int_P^Q \boldsymbol{F} \cdot \mathrm{d}\boldsymbol{l} + C \tag{1.7.12}$$

这就是标量位 u 的积分表达式，任意常数 C 取决于固定点 Q 的选择。

将式（1.7.9）代入式（1.7.12），有

$$u(P) = -\int_P^Q \nabla u \cdot \mathrm{d}\boldsymbol{l} + C \tag{1.7.13}$$

这表明，一个标量场可由它的梯度完全确定。

1.8　拉普拉斯的运算

标量场 u 的梯度∇u 是一个矢量场，如果再对∇u 求散度，即$\nabla \cdot (\nabla u)$，称为标量场 $\boldsymbol{u}$ 的拉普拉斯运算，记为

$$\nabla \cdot (\nabla u) = \nabla^2 u \tag{1.8.1}$$

这里“∇^2”称为拉普拉斯算符。

在直角坐标系中，由式（1.3.10）得到：

$$\nabla^2 u = \nabla \cdot \left(\boldsymbol{e}_x \frac{\partial u}{\partial x} + \boldsymbol{e}_y \frac{\partial u}{\partial y} + \boldsymbol{e}_z \frac{\partial u}{\partial z} \right) = \frac{\partial^2 u}{\partial x^2} + \frac{\partial^2 u}{\partial y^2} + \frac{\partial^2 u}{\partial z^2} \tag{1.8.2}$$

由式（1.3.27）得到圆柱坐标系中的拉普拉斯运算

$$\nabla^2 u = \frac{1}{\rho} \frac{\partial}{\partial \rho}\left(\rho \frac{\partial u}{\partial \rho} \right) + \frac{1}{\rho^2} \frac{\partial^2 u}{\partial \phi^2} + \frac{\partial^2 u}{\partial z^2} \tag{1.8.3}$$

由式（1.3.44）得到球坐标系中的拉普拉斯运算

$$\nabla^2 u = \frac{1}{r^2} \frac{\partial}{\partial r}\left(r^2 \frac{\partial u}{\partial r} \right) + \frac{1}{r^2 \sin\theta} \frac{\partial}{\partial \theta}\left(\sin\theta \frac{\partial u}{\partial \theta} \right) + \frac{1}{r^2 \sin^2\theta} \frac{\partial^2 u}{\partial \phi^2} \tag{1.8.4}$$

对于矢量场 $\boldsymbol{F}$，由于算符∇^2对矢量进行运算时已失去梯度的散度的概念，因此将矢量场 $\boldsymbol{F}$ 的拉普拉斯运算$\nabla^2 \boldsymbol{F}$ 定义为

$$\nabla^2 \boldsymbol{F} = \nabla(\nabla \cdot \boldsymbol{F}) - \nabla \times (\nabla \times \boldsymbol{F}) \tag{1.8.5}$$

在直角坐标系中

$$\begin{cases} [\nabla(\nabla \cdot \boldsymbol{F})]_x = \dfrac{\partial}{\partial x}(\nabla \cdot \boldsymbol{F}) = \dfrac{\partial}{\partial x}\left(\dfrac{\partial F_x}{\partial x} + \dfrac{\partial F_y}{\partial y} + \dfrac{\partial F_z}{\partial z} \right) \\ \qquad = \dfrac{\partial^2 F_x}{\partial x^2} + \dfrac{\partial^2 F_y}{\partial x \partial y} + \dfrac{\partial^2 F_z}{\partial x \partial z} \\ [\nabla \times (\nabla \times \boldsymbol{F})]_x = \dfrac{\partial}{\partial y}[(\nabla \times \boldsymbol{F})_z] - \dfrac{\partial}{\partial z}[(\nabla \times \boldsymbol{F})_y] \\ \qquad = \dfrac{\partial}{\partial y}\left[\dfrac{\partial F_y}{\partial x} - \dfrac{\partial F_x}{\partial y} \right] - \dfrac{\partial}{\partial z}\left[\dfrac{\partial F_x}{\partial z} - \dfrac{\partial F_z}{\partial x} \right] \\ \qquad = \dfrac{\partial^2 F_y}{\partial y \partial x} - \dfrac{\partial^2 F_x}{\partial y^2} - \dfrac{\partial^2 F_x}{\partial z^2} + \dfrac{\partial^2 F_z}{\partial z \partial x} \end{cases} \tag{1.8.6}$$

将式（1.8.6）代入（1.8.5），可得

$$\begin{aligned} (\nabla^2 \boldsymbol{F})_x &= [\nabla(\nabla \cdot \boldsymbol{F})]_x - [\nabla \times (\nabla \times \boldsymbol{F})]_x \\ &= \frac{\partial^2 F_x}{\partial x^2} + \frac{\partial^2 F_x}{\partial y^2} + \frac{\partial^2 F_x}{\partial z^2} = \nabla^2 F_x \end{aligned} \tag{1.8.7}$$

同理，可得

$$(\nabla^2 \boldsymbol{F})_y = \nabla^2 F_y \text{ 和 } (\nabla^2 \boldsymbol{F})_z = \nabla^2 F_z \tag{1.8.8}$$

于是得到：

$$\nabla^2 \boldsymbol{F} = \boldsymbol{e}_x \nabla^2 F_x + \boldsymbol{e}_y \nabla^2 F_y + \boldsymbol{e}_z \nabla^2 F_z \tag{1.8.9}$$

注意：只有对直角分量才有$(\nabla^2 \boldsymbol{F})_i = \nabla^2 F_i (i = x, y, z)$。

1.9 格林定理

格林定理又称格林恒等式，是由散度定理导出的重要数学恒等式。在散度定理：

$$\int_V \nabla \cdot \boldsymbol{F} \mathrm{d}V = \oint_S \boldsymbol{F} \cdot \boldsymbol{e}_n \mathrm{d}S \tag{1.9.1}$$

中，令 $\boldsymbol{F}=\varphi\nabla\psi$，其中 φ 和 ψ 是体积 V 内的两个任意标量函数，则有

$$\int_V \nabla\cdot(\varphi\nabla\psi)\mathrm{d}V=\oint_S(\varphi\nabla\psi)\cdot\mathrm{d}\boldsymbol{S} \tag{1.9.2}$$

由于

$$\nabla\cdot(\varphi\nabla\psi)=\varphi\nabla^2\psi+\nabla\varphi\cdot\nabla\psi,\ \varphi\nabla\psi\cdot\boldsymbol{e}_n=\psi\frac{\partial\psi}{\partial n} \tag{1.9.3}$$

于是得到格林第一恒等式：

$$\int_V(\varphi\nabla^2\psi+\nabla\varphi\cdot\nabla\psi)\mathrm{d}V=\oint_S\varphi\frac{\partial\psi}{\partial n}\mathrm{d}S \tag{1.9.4}$$

式中：$\partial\psi/\partial n$ 是闭合曲面 S 上的外法向导数。

将式（1.9.4）中的 φ 和 ψ 对调一下，则有

$$\int_V(\psi\nabla^2\varphi+\nabla\psi\cdot\nabla\varphi)\mathrm{d}V=\oint_S\psi\frac{\partial\varphi}{\partial n}\mathrm{d}S \tag{1.9.5}$$

将式（1.9.4）与式（1.9.5）相减，即得到格林第二恒等式：

$$\int_V(\varphi\nabla^2\psi-\nabla\psi\cdot\nabla\varphi)\mathrm{d}V=\oint_S\left(\varphi\frac{\partial\psi}{\partial n}-\psi\frac{\partial\varphi}{\partial n}\right)\mathrm{d}S \tag{1.9.6}$$

格林定理描述了两个标量场之间满足的关系，如果已知其中一个场的分布，可以利用格林定理求解另一个场的分布。因此，格林定理在电磁场中有广泛的应用。

1.10　亥姆霍兹定理

在上面的分析中，对于标量引入了梯度。梯度是一个矢量，给出了标量场中某点最大变化率的方向，是由标量场 u 对各坐标偏微分所决定的。对于矢量场，引入散度和旋度。矢量场的散度是一个标量函数，表示场中某点的通量密度，是场中某点通量源强度的度量。它取决于场的各坐标分量对各自坐标的偏微分，所以散度是由场分量沿各自方向上的变化率来决定的。矢量场的旋度是一个矢量函数，表示场中某点的最大环量强度，是场中某点处旋涡源强度的度量。它取决于矢量场各坐标分量分别对与之垂直方向坐标的偏微分，所以旋度是由各场分量在与之正交方向上的变化率来决定的。

以上的分析表明，散度表示矢量场中各点场与通量源的关系，而旋度表示场中各点场与旋涡源的关系。故场的散度和旋度一旦确定，就意味着场的通量源和旋涡源也就确定了。既然场是由源所激发的，通量源和旋涡源的确定，意味着场也确定，因此必然导致下述亥姆霍兹定理的成立。

亥姆霍兹定理的简单表达：若矢量场 $\boldsymbol{F}$ 在无限空间中处处单值，且其导数连续有界，而源分布在有限空间区域中，则矢量场由其散度和旋度唯一确定，并且可以表示为一个标量函数的梯度和一个矢量函数的旋度之和，即

$$\boldsymbol{F}=-\nabla u+\nabla\times\boldsymbol{A} \tag{1.10.1}$$

亥姆霍兹定理的严格的表述和证明这里不再给出，可参考其他文献。其简化的证明如下：

$$\boldsymbol{F}=\boldsymbol{G}+\boldsymbol{g} \tag{1.10.2}$$

假设在无限空间中有两个矢量函数 $\boldsymbol{F}$ 和 $\boldsymbol{G}$，它们具有相同的散度和旋度。但这两

个矢量函数不等，可令由于矢量 $\boldsymbol{F}$ 和矢量 $\boldsymbol{G}$ 具有相同的散度和旋度，根据矢量场由其散度和旋度唯一确定，那么矢量 $\boldsymbol{g}$ 应该为零矢量，也就是矢量 $\boldsymbol{F}$ 与矢量 $\boldsymbol{G}$ 是同一个矢量。

现在证明矢量 $\boldsymbol{g}$ 为零矢量。对式（1.10.2）两边取散度，得

$$\nabla\cdot\boldsymbol{F}=\nabla\cdot(\boldsymbol{G}+\boldsymbol{g})=\nabla\cdot\boldsymbol{G}+\nabla\cdot\boldsymbol{g} \tag{1.10.3}$$

因为$\nabla\cdot\boldsymbol{F}=\nabla\cdot\boldsymbol{G}$，所以

$$\nabla\cdot\boldsymbol{g}=0 \tag{1.10.4}$$

对式（1.10.2）两边取旋度，得

$$\nabla\times\boldsymbol{F}=\nabla\times(\boldsymbol{G}+\boldsymbol{g})=\nabla\times\boldsymbol{G}+\nabla\times\boldsymbol{g} \tag{1.10.5}$$

同样由于$\nabla\times\boldsymbol{F}=\nabla\times\boldsymbol{G}$，所以

$$\nabla\times\boldsymbol{g}=0$$

由矢量恒等式$\nabla\times\nabla u=0$，可令

$$\boldsymbol{g}=\nabla u \tag{1.10.6}$$

u 是在无限空间取值的任意标量函数，将式（1.10.6）代入式（1.10.4），可得

$$\nabla\cdot\nabla u=\nabla^2 u=0 \tag{1.10.7}$$

已知满足拉普拉斯方程的函数不会出现极值，而 u 是无限空间上取值的任意函数，因此它只能是一个常数（$u=c$），从而求得 $\boldsymbol{g}=\nabla u=0$，于是式（1.10.2）变成 $\boldsymbol{F}=\boldsymbol{G}$。由此可以得出，已知矢量的散度和旋度所决定的矢量是唯一的。因此，亥姆霍兹定理得证。

在无限空间中一个既有散度又有旋度的矢量场，可表示为一个无旋场 $\boldsymbol{F}_l$（有散度）和一个无散场 $\boldsymbol{F}_c$（有旋度）之和：

$$\boldsymbol{F}=\boldsymbol{F}_l+\boldsymbol{F}_c \tag{1.10.8}$$

对于无旋场 $\boldsymbol{F}_l$ 来说，$\nabla\times\boldsymbol{F}_l=0$，但这个场的散度不会处处为零。因为任何一个物理场必然有源来激发它，若这个场的旋涡源和通量源都为零，那么这个场就不存在了。因此无旋场必然对应于有散场，根据矢量恒等式$\nabla\times\nabla u=0$，可令

$$\boldsymbol{F}_l=-\nabla u \tag{1.10.9}$$

对于无散场 $\boldsymbol{F}_c$，$\nabla\cdot\boldsymbol{F}_c=0$，但这个场的旋度不会处处为零，根据矢量恒等式$\nabla\cdot(\nabla\times\boldsymbol{A})=0$，可令

$$\boldsymbol{F}_c=\nabla\times\boldsymbol{A} \tag{1.10.10}$$

将式（1.10.9）和式（1.10.10）代入式（1.10.8），便可得到式（1.10.1），即

$$\boldsymbol{F}=-\nabla u+\nabla\times\boldsymbol{A} \tag{1.10.11}$$

也就是，矢量场 $\boldsymbol{F}$ 可表示为一个标量场的梯度加上一个矢量场的旋度。

亥姆霍兹定理告诉我们，研究一个矢量场必须从它的散度和旋度两方面着手。因为，矢量场的散度应满足的关系和矢量场的旋度应满足的关系，决定了矢量的基本性质，故将矢量场的旋度和矢量场的散度称为矢量场的基本方程。例如：以后将学到静电场的基本方程是

$$\nabla\times\boldsymbol{E}=0 \tag{1.10.12}$$

$$\nabla\cdot\boldsymbol{D}=\rho \tag{1.10.13}$$

对于各向同性的媒质，电通量密度和电场强度的关系为 $\boldsymbol{D}=\varepsilon\boldsymbol{E}$，因而式（1.10.13）

可改写为

$$\nabla \cdot \boldsymbol{E} = \frac{\rho}{\varepsilon} \tag{1.10.14}$$

上述的基本方程唯一地决定了 $\boldsymbol{E}$ 的旋度和散度。同时，式（1.10.12）表明，$\boldsymbol{E}$ 是一个无旋场，但它必然是一个有散场，如式（1.10.14）所示。该式右边的 ρ/ε 代表该有散场的通量源强度（ρ 为电荷的体密度）。

习　题

1-1　给定三个矢量 $\boldsymbol{A}$、$\boldsymbol{B}$ 和 $\boldsymbol{C}$ 如下：

$$\boldsymbol{A} = \boldsymbol{e}_x + \boldsymbol{e}_y 2 - \boldsymbol{e}_z 3$$

$$\boldsymbol{B} = -\boldsymbol{e}_y 4 + \boldsymbol{e}_z$$

$$\boldsymbol{C} = \boldsymbol{e}_x 5 - \boldsymbol{e}_z 2$$

求（1）$\boldsymbol{e}_A$；（2）$|\boldsymbol{A}-\boldsymbol{B}|$；（3）$\boldsymbol{A}\cdot\boldsymbol{B}$；（4）$\theta_{AB}$；（5）$\boldsymbol{A}$ 在 $\boldsymbol{B}$ 上的分量；（6）$\boldsymbol{A}\times\boldsymbol{C}$；（7）$\boldsymbol{A}\cdot(\boldsymbol{B}\times\boldsymbol{C})$ 和 $(\boldsymbol{A}\times\boldsymbol{B})\cdot\boldsymbol{C}$；（8）$(\boldsymbol{A}\times\boldsymbol{B})\times\boldsymbol{C}$ 和 $\boldsymbol{A}\times(\boldsymbol{B}\times\boldsymbol{C})$。

1-2　三角形的三个顶点为 $P_1(0,1,-2)$、$P_2(4,1,-3)$ 和 $P_3(6,2,5)$。

（1）判断 $\triangle P_1P_2P_3$ 是否为一直角三角形；

（2）求三角形面积。

1-3　给定两矢量 $\boldsymbol{A} = \boldsymbol{e}_x 2 + \boldsymbol{e}_y 3 - \boldsymbol{e}_z 4$ 和 $\boldsymbol{B} = -\boldsymbol{e}_x 6 - \boldsymbol{e}_y 4 + \boldsymbol{e}_z$，求 $\boldsymbol{A}\times\boldsymbol{B}$ 在 $\boldsymbol{C} = \boldsymbol{e}_x - \boldsymbol{e}_y + \boldsymbol{e}_z$ 上的分量。

1-4　证明：如果 $\boldsymbol{A}\cdot\boldsymbol{B} = \boldsymbol{A}\cdot\boldsymbol{C}$ 和 $\boldsymbol{A}\times\boldsymbol{B} = \boldsymbol{A}\times\boldsymbol{C}$，则 $\boldsymbol{B} = \boldsymbol{C}$。

1-5　在圆柱坐标中，一点的位置由 $\left(4,\frac{2}{3\pi},3\right)$ 定出，求该点在（1）直角坐标系中的坐标，（2）球坐标系中的坐标。

1-6　球坐标系表示的场 $\boldsymbol{E} = \boldsymbol{e}_r \frac{25}{r^2}$。

（1）求在直角坐标中点 $(-3,4,-5)$ 处的 $|\boldsymbol{E}|$ 和 E_x；

（2）求在直角坐标中点 $(-3,4,-5)$ 处 $\boldsymbol{E}$ 与矢量 $\boldsymbol{B} = \boldsymbol{e}_x 2 - \boldsymbol{e}_y 2 + \boldsymbol{e}_z$ 构成的夹角。

1-7　已知标量函数 $u = x^2yz$，求 u 在点 $(2,3,1)$ 处沿指定方向 $\boldsymbol{e}_l = \boldsymbol{e}_x \frac{3}{\sqrt{50}} + \boldsymbol{e}_y \frac{4}{\sqrt{50}} + \boldsymbol{e}_z \frac{5}{\sqrt{50}}$ 的方向导数。

1-8　一球面 S 的半径为 5，球心在原点上，计算 $\oint_S (\boldsymbol{e}_r 3\sin\theta)\cdot \mathrm{d}\boldsymbol{S}$ 的值。

1-9　在由 $\rho = 5$、$z = 0$ 和 $z = 4$ 围成的圆柱形区域，对矢量 $\boldsymbol{A} = \boldsymbol{e}_\rho \rho^2 + \boldsymbol{e}_z 2z$ 验证散度定理。

1-10　求矢量 $\boldsymbol{A} = \boldsymbol{e}_x x + \boldsymbol{e}_y x^2 + \boldsymbol{e}_z y^2 z$ 沿 xy 平面上的一个边长为 2 的正方形回路的线积分，此正方形的两边分别是与 x 轴和 y 轴相重合。求 $\nabla\times\boldsymbol{A}$ 对此回路所包围的曲面的面积分，验证斯托克斯定理。

1-11　证明：（1）$\nabla\cdot\boldsymbol{r} = 3$；（2）$\nabla\times\boldsymbol{r} = 0$；（3）$\nabla(\boldsymbol{k}\cdot\boldsymbol{r}) = \boldsymbol{k}$。其中 $\boldsymbol{r} = \boldsymbol{e}_x x + \boldsymbol{e}_y y + \boldsymbol{e}_z z$，$\boldsymbol{k}$ 为一常矢量。

1-12　给定矢量函数 $\boldsymbol{E} = \boldsymbol{e}_x y + \boldsymbol{e}_y x$，试求从点 $P_1(2,1,-1)$ 到点 $P_2(8,2,-1)$ 的线积分 $\int_l \boldsymbol{E}\cdot \mathrm{d}\boldsymbol{l}$：（1）沿抛物线 $x = y^2$；（2）沿连接该两点的直线。这个 $\boldsymbol{E}$ 是保守场吗？

1-13　试采用与推导直角坐标中 $\nabla\cdot\boldsymbol{A} = \frac{\partial A_x}{\partial x} + \frac{\partial A_y}{\partial y} + \frac{\partial A_z}{\partial z}$ 相似的方法推导圆柱坐标下的公式 $\nabla\cdot\boldsymbol{A} = \frac{1}{\rho}\frac{\partial}{\partial \rho}(\rho A_\rho) + \frac{\partial A_\phi}{\rho\,\partial \phi} + \frac{\partial A_z}{\partial z}$。

1-14　现有三个矢量矢量 $\boldsymbol{A}$、$\boldsymbol{B}$ 和 $\boldsymbol{C}$ 分别为

$$\boldsymbol{A}=\boldsymbol{e}_r\sin\theta\cos\phi+\boldsymbol{e}_\theta\cos\theta\cos\phi-\boldsymbol{e}_\phi\sin\phi$$

$$\boldsymbol{B}=\boldsymbol{e}_\rho z^2\sin\phi+\boldsymbol{e}_\phi z^2\cos\phi+\boldsymbol{e}_z 2\rho z\sin\phi$$

$$\boldsymbol{C}=\boldsymbol{e}_x(3y^2-2x)+\boldsymbol{e}_y x^2+\boldsymbol{e}_z 2z$$

（1）哪些矢量可以由一个标量函数的梯度表示？哪些矢量可以由一个矢量函数的旋度表示？

（2）求出这些矢量的源分布。

1-15　矢量 $\boldsymbol{r}=\boldsymbol{e}_x x+\boldsymbol{e}_y y+\boldsymbol{e}_z z$ 与各坐标轴正向的夹角为 α、β、γ。请用坐标 (x,y,z) 表示 α、β、γ，并证明：

$$\cos^2\alpha+\cos^2\beta+\cos^2\gamma=1$$

1-16　u、v 都是 x、y、z 的函数，u、v 各偏导数都存在且连续，证明：

（1）$\mathrm{grad}(u+v)=\mathrm{grad}u+\mathrm{grad}v$；

（2）$\mathrm{grad}(uv)=v\mathrm{grad}u+u\mathrm{grad}v$；

（3）$\mathrm{grad}(u^2)=2u\mathrm{grad}u$。

1-17　应用散度定理计算下述积分：

$$\boldsymbol{I}=\oint_S[\boldsymbol{e}_x xz^2+\boldsymbol{e}_y(x^2y-z^3)+\boldsymbol{e}_z(2x^2y+y^2z)]\cdot\mathrm{d}\boldsymbol{S}$$

式中：S 是 $z=0$ 和 $z=(a^2-x^2-y^2)^{1/2}$ 所围成的半球区域的外表面。

1-18　证明：

（1）$\nabla\times(c\boldsymbol{A})=c\nabla\times\boldsymbol{A}$（$c$ 为常数）；

（2）$\nabla\times(\varphi\boldsymbol{A})=\varphi\nabla\times\boldsymbol{A}+\nabla\varphi\times\boldsymbol{A}$。

1-19　设 $\boldsymbol{E}(x,y,z,t)$ 和 $\boldsymbol{H}(x,y,z,t)$ 是具有二阶连续偏导数的两个矢量函数，它们又满足方程：

$$\nabla\cdot\boldsymbol{E}=0,\nabla\times\boldsymbol{E}=-\frac{1}{c}\frac{\partial\boldsymbol{H}}{\partial t}$$

$$\nabla\cdot\boldsymbol{H}=0,\nabla\times\boldsymbol{H}=\frac{1}{c}\frac{\partial\boldsymbol{E}}{\partial t}$$

试证明 $\boldsymbol{E}$ 和 $\boldsymbol{H}$ 均满足：

$$\nabla^2\boldsymbol{A}=\frac{1}{c}\frac{\partial^2\boldsymbol{A}}{\partial t^2}(\boldsymbol{A}\text{ 等于 }\boldsymbol{E}\text{ 或 }\boldsymbol{H})$$

1-20　试证明：

$$\nabla^2(uv)=u\nabla^2v+v\nabla u+2\nabla u\cdot\nabla v$$

1-21　试证明下列函数满足拉普拉斯方程：

（1）$\varphi(x,y,z)=\sin\alpha x\sin\beta ye^{-\gamma z}(\gamma^2=\alpha^2+\beta^2)$；

（2）$\varphi(\rho,\phi,z)=\rho^{-n}\cos n\phi$；

（3）$\varphi(r,\theta,\phi)=r\cos\theta$。

1-22　试求 $\nabla\cdot\boldsymbol{A}$ 和 $\nabla\times\boldsymbol{A}$：

（1）$\boldsymbol{A}(x,y,z)=\boldsymbol{e}_x xy^2z^3+\boldsymbol{e}_y x^3z+\boldsymbol{e}_z x^2y^2$；

（2）$\boldsymbol{A}(\rho,\phi,z)=\boldsymbol{e}_\rho\rho^2\cos\phi+\boldsymbol{e}_z\rho^2\sin\phi$；

（3）$\boldsymbol{A}(r,\theta,\phi)=\boldsymbol{e}_r r\sin\theta+\boldsymbol{e}_\theta\frac{1}{r}\sin\theta+\boldsymbol{e}_\phi\frac{1}{r^2}\cos\theta$。

第 2 章　静电场

静电场是静止电荷产生的电场，本章首先介绍静电场中的一些基本物理量，然后讨论静电场的基本规律包括电荷守恒定律、库仑定律、高斯定律，分析静电场的散度与旋度，并给出静电场的基本方程及边界条件。

2.1　基本物理量

2.1.1　电荷及电荷密度

自然界中存在两种电荷：正电荷和负电荷。带电体所带电量的多少称为电荷量。迄今为止能检测到的最小电荷量是质子与电子的电荷量，称为基本电荷的电量，其值为 $e = 1.602 \times 10^{-19}$C（库仑）。质子带正电，其电量为 e；电子带负电，其电荷量为 $-e$。任何带电体的电荷量都只能是一个基本电荷量的整数倍，也就是说，带电体上的电荷是以离散的方式分布的。

在研究宏观电磁现象时，人们所观察到的是带电体上大量微观带电粒子的总体效应，而带电粒子的尺寸远小于带电体的尺寸。因此，可以认为电荷是以一定形式连续分布在带电体上，并用电荷密度来描述这种分布。

1. 电荷体密度

电荷连续分布于体积 V'内，用电荷体密度 $\rho(\boldsymbol{r}')$ 描述其分布。设体积元 $\Delta V'$内电荷量为 Δq，则该体积内任一源点处的电荷体密度为

$$\rho(\boldsymbol{r}') = \lim_{\Delta V' \to 0} \frac{\Delta q}{\Delta V'} = \frac{\mathrm{d}q}{\mathrm{d}V'} \tag{2.1.1}$$

式中：$\boldsymbol{r}'$是源点的位置矢量，电荷体密度的单位为 $\mathrm{C/m^3}$。利用电荷体密度 $\rho(\boldsymbol{r}')$ 可求出体积内 V'的总电荷量为

$$q = \int_V \rho(\boldsymbol{r}')\,\mathrm{d}V' \tag{2.1.2}$$

2. 电荷面密度

电荷连续分布于厚度可以忽略的曲面 S'上，用电荷面密度 $\rho_s(\boldsymbol{r}')$ 描述其分布。设面积元 $\Delta S'$上的电荷量为 Δq，则该曲面上任一源点处的电荷面密度为

$$\rho_s(\boldsymbol{r}') = \lim_{\Delta S' \to 0} \frac{\Delta q}{\Delta S'} = \frac{\mathrm{d}q}{\mathrm{d}S'} \tag{2.1.3}$$

面积 S'上总电量为

$$q = \int_S \rho_S(\boldsymbol{r}')\,\mathrm{d}S' \tag{2.1.4}$$

3. 电荷线密度

电荷连续分布于可以忽略横截面积的细线 l' 上，用电荷线密度 $\rho_l(\boldsymbol{r}')$ 描述其分布。设长度元 $\Delta l'$ 上的电荷量为 Δq，则该细线上任一源点处的电荷线密度为

$$\rho_l(\boldsymbol{r}') = \lim_{\Delta l' \to 0} \frac{\Delta q}{\Delta l'} = \frac{\mathrm{d}q}{\mathrm{d}l'} \tag{2.1.5}$$

细线 l' 上的总电量为

$$q = \int_l \rho_l(\boldsymbol{r}') \mathrm{d}l' \tag{2.1.6}$$

4. 点电荷

点电荷是电荷分布的一种极限情况，可将其视为一个体积很小而电荷密度很大的带电小球的极限。当带电体的尺寸远小于观察点至带电体的距离时，带电体的形状及其中的电荷分布已无关紧要，就可将带电体所带电荷看成集中在带电体的中心上，并且将带电体抽象为一个几何点模型，称为点电荷。

设电荷 q 分布在以坐标原点为中心、半径为 a 的小球体 ΔV 内。在 $r>a$ 的球外区域，电荷密度为0；在 $r<a$ 的球内区域，电荷密度为很大的数值。当 a 趋于 $0(\Delta V \to 0)$ 时，电荷密度为无穷大，但对整个空间而言，电荷的总电量仍为 q。点电荷的这种密度分布可用数学上的 δ 函数来描述。位于坐标原点的点电荷 q 的电荷密度可用 $\delta(r)$ 函数表示为

$$\rho(\boldsymbol{r}) = q\delta(\boldsymbol{r}) \tag{2.1.7}$$

式中：$\boldsymbol{r}$ 是位置矢量，而

$$\delta(\boldsymbol{r}) = \begin{cases} 0, \boldsymbol{r} \neq 0 \\ \infty, \boldsymbol{r} = 0 \end{cases} \tag{2.1.8}$$

且

$$\int_V \delta(\boldsymbol{r}) \mathrm{d}V = \begin{cases} 0, \text{积分区域不包含 } \boldsymbol{r} = 0 \text{ 的点} \\ 1, \text{积分区域包含 } \boldsymbol{r} = 0 \text{ 的点} \end{cases} \tag{2.1.9}$$

若点电荷 q 的位置矢量为 $\boldsymbol{r}'$，则其电荷密度为

$$\rho(\boldsymbol{r}) = q\delta(\boldsymbol{r} - \boldsymbol{r}') \tag{2.1.10}$$

式中

$$\delta(\boldsymbol{r} - \boldsymbol{r}') = \begin{cases} 0, \boldsymbol{r} \neq \boldsymbol{r}' \\ \infty, \boldsymbol{r} = \boldsymbol{r}' \end{cases} \tag{2.1.11}$$

且

$$\int_V \delta(\boldsymbol{r} - \boldsymbol{r}') \mathrm{d}V = \begin{cases} 0, \text{积分区域不包含 } \boldsymbol{r} = \boldsymbol{r}' \text{ 的点} \\ 1, \text{积分区域包含 } \boldsymbol{r} = \boldsymbol{r}' \text{ 的点} \end{cases} \tag{2.1.12}$$

应该指出：在这里只是将 δ 函数作为点电荷密度分布的一种形式，并从极限的意义来理解它。点电荷的概念在电磁理论中占有很重要的地位。

2.1.2 电场强度

场是一种特殊的物质，这种物质形式和常见的由原子和分子组成的实物形式不同，它一般不能凭人们的感官直接感觉到它的存在，因此它的物质性往往比较抽象。其实物

质的任何一种属性，总是通过它和其他物质的相互作用表现出来的。在电荷周围存在着的一种特殊形式的物质——电场，是统一的电磁场的一个方面，它的属性也是通过它和其他物质的作用表现出来的。它的表现是对于被引入场中的电荷有力的作用，于是人们引入物理量——电场强度来描述电场的这一重要特性。

把一个体积很小、电量足够小的实验电荷 q 静止地放在电场中的某点 P，电场对它的作用力为 $\boldsymbol{F}$，则电场强度 $\boldsymbol{E}$（简称：场强）定义为

$$\boldsymbol{E}=\lim_{q\to 0}\frac{\boldsymbol{F}}{q}(\mathrm{V/m}) \tag{2.1.13}$$

式中：电场强度 $\boldsymbol{E}$ 是一个随着空间位置变化的矢量函数，仅与该点的电场有关，而与试验电荷量无关。在国际单位制中，$\boldsymbol{E}$ 的单位是 V/m（伏/米）。电场强度是矢量，具有明确的物理意义：其大小为单位正电荷在该点所受的电场力，其方向为正电荷在该点受力的方向。

2.1.3　电偶极子

首先定义电偶极子（electric dipole）为一对极性相反但非常靠近的等量电荷。在本小节末，将给出一个更准确的定义。现在，假设每个带电体的电量为 q，它们之间的距离为 d，如图 2-1 所示；目的是求出电偶极子固定的空间任意一点 $P(x,y,z)$ 的电位于电场强度。假设两电荷之间的间隔相对于到观测点的距离非常小，则 P 点总电位为

$$V=\frac{q}{4\pi\varepsilon_0}\left(\frac{1}{r_1}-\frac{1}{r_2}\right)=\frac{q}{4\pi\varepsilon_0}\left(\frac{r_2-r_1}{r_1r_2}\right) \tag{2.1.14}$$

式中：r_1 和 r_2 为从两电荷到 P 的距离，如图 2-1 所示。

如果两电荷沿 z 轴对称分布，而且距观测点很远 $r\gg d$（图 2-2），则能够把 r_1、r_2 近似表示为

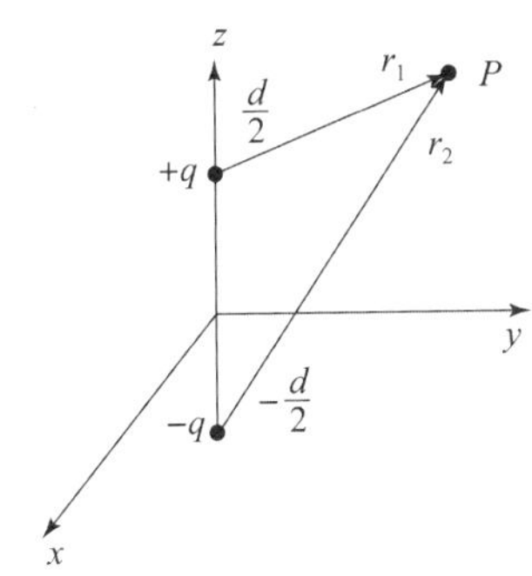

图 2-1　电偶极子

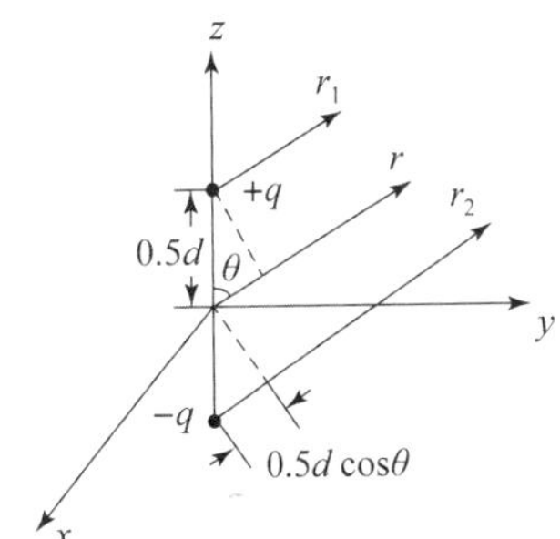

图 2-2　当 p 点远离电偶极子（$r\gg d$）时距离的近似值

$$r_1\approx r-0.5d\cos\theta,\quad r_2\approx r+0.5d\cos\theta \tag{2.1.15}$$

且

$$r_1r_2=r^2-(0.5d\cos\theta)^2\approx r^2 \tag{2.1.16}$$

P 点电位现在便能够写成

$$V=\frac{q}{4\pi\varepsilon_0}\left(\frac{d\cos\theta}{r^2}\right) \tag{2.1.17}$$

可以看出当 $\theta=90°$时，在电偶极子平分面上的任意点，电位 V 都为零。因此，在这个平面上如果电荷从一点移动到另一点是没有能量损耗的。

定义电偶极矩矢量（dipole moment vector）$\boldsymbol{p}$ 的大小为 $\boldsymbol{p}=qd$，方向由负电荷指向正电荷，即

$$\boldsymbol{p}=\boldsymbol{e}_z qd \tag{2.1.18}$$

则 P 点的电位可写成

$$V=\frac{\boldsymbol{p}\cos\theta}{4\pi\varepsilon_0 r^2}=\frac{\boldsymbol{p}\cdot\boldsymbol{e}_r}{4\pi\varepsilon_0 r^2} \tag{2.1.19}$$

注意：电偶极子在一点的电位随着距离的平方下降，但是对单个点电荷却是与距离的一次方成反比。

为了得到等位面，设式（2.1.19）中的 V 取一系列定值。考虑到式（2.1.19）中仅有的变量是 θ 和 r，于是等位面方程为

$$\frac{\cos\theta}{r^2}=\text{常数} \tag{2.1.20}$$

所得电偶极子的等位面如图 2－3 中虚线所示。

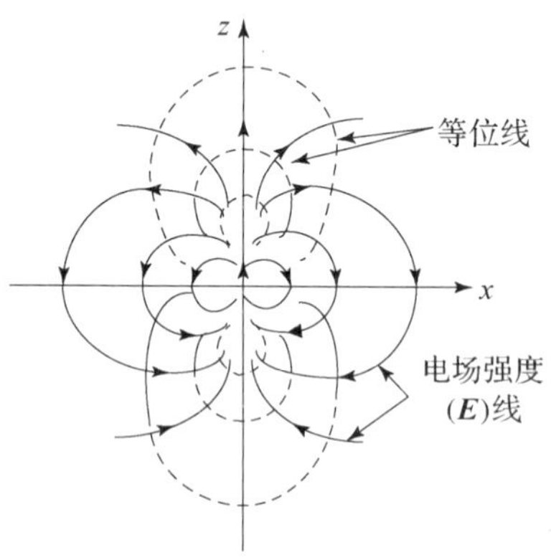

图 2－3　电偶极子的电场线和等位线

现在，可采用式（2.1.14）计算 P 点的电场强度。对标量单位 V 求负梯度并变换到球形坐标系，得

$$\boldsymbol{E}=\frac{\boldsymbol{p}}{4\pi\varepsilon_0 r^3}(\boldsymbol{e}_r 2\cos\theta+\boldsymbol{e}_\theta\sin\theta) \tag{2.1.21}$$

因为

$$\boldsymbol{e}_r 2\cos\theta+\boldsymbol{e}_\theta\sin\theta=\boldsymbol{e}_r 3\cos\theta-(\boldsymbol{e}_r\cos\theta-\boldsymbol{e}_\theta\sin\theta)=\boldsymbol{e}_r 3\cos\theta-\boldsymbol{e}_z \tag{2.1.22}$$

所以又可以把 P 点的电场强度写成

$$\boldsymbol{E}=\frac{3(\boldsymbol{p}\cdot\boldsymbol{r})\boldsymbol{r}-r^2\boldsymbol{p}}{4\pi\varepsilon_0 r^5} \tag{2.1.23}$$

电场强度按照距离的立方成反比下降。在电偶极子的平分面上，$\theta=\pm\pi/2$，电场线沿 $\boldsymbol{e}_0=-\boldsymbol{e}_z$ 方向，即

$$\boldsymbol{E}=-\frac{\boldsymbol{p}}{4\pi\varepsilon_0 r^3}(\theta=\pm\pi/2) \tag{2.1.24}$$

然而，当 $\theta=0$ 或 π 时电场线与偶极矩 $\boldsymbol{p}$ 平行。电偶极子的电场图如图 2-3 所示的实线。

电偶极子的概念用来解释放入电场中的绝缘（介质）体所表现出的现象是十分有用的，因此需要给它下一个准确的定义。

一个电偶极子就是两个等量但异极性且相距很近的电荷。与每个电偶极子相关联的一个矢量称为电偶极矩。如果 q 为每个电荷的带电量，$\boldsymbol{d}$ 为从负电荷到正电荷的距离矢量，则电偶极矩为 $\boldsymbol{p}=q\boldsymbol{d}$。

例 2.1.1： 一个电子与一个质子相距 10^{-11}m，沿 z 轴对称安置以 $z=0$ 为它们的平分面。求点 $P(3,4,12)$ 的电位和电场强度。

解： 位置矢量：$\boldsymbol{r}=3\boldsymbol{e}_x+4\boldsymbol{e}_y+12\boldsymbol{e}_z$，$r=13$m

电偶极矩：$\boldsymbol{p}=1.6\times10^{-19}\times10^{-11}\boldsymbol{e}_z=1.6\times10^{-30}\boldsymbol{e}_z$

由式（2.1.19）可知 P 点电位为

$$V=\frac{\boldsymbol{p}\cdot\boldsymbol{r}}{4\pi\varepsilon_0 r^3}=\frac{9\times10^9\times1.6\times10^{-30}\times12}{13^3}=7.865\times10^{-23}\text{V}$$

由式（2.1.23）可知 P 点电场强度为

$$\begin{aligned}\boldsymbol{E}&=\frac{9\times10^9}{13^5}(1.6\times10^{-30})[3\times12(3\boldsymbol{e}_x+4\boldsymbol{e}_y+12\boldsymbol{e}_z)-13^2\boldsymbol{e}_z]\\&=[4.189\boldsymbol{e}_x+5.585\boldsymbol{e}_y+10.2\boldsymbol{e}_z]\times10^{-24}\text{V/m}\end{aligned}$$

2.1.4　电介质的极化

由物理学知识可知，任何物质都是由分别带正电荷（原子核）和负电荷（电子）的粒子组成的，这些带电粒子之间存在相互作用力。当物质被引入电磁场中时，它们将和电磁场产生相互作用而改变其状态。从宏观效应看，物质对电磁场的响应可分为极化、磁化和传导三种现象。不同物质，其带电粒子之间的相互作用力往往差异很大。在讨论物质的电效应时，将物质称为电介质。电介质的主要特征是电子和原子核结合得相当紧密，电子被原子核紧紧地束缚住，所以把电介质中的电荷称为束缚电荷。在外电场作用下，束缚电荷只能做微小位移，在这里，极化是主要现象。

根据电介质中束缚电荷的分布特征，把电介质的分子分为无极分子和有极分子两类。无极分子的正、负电荷中心重合，因此对外产生的合成电场0，不显示电特性。有极分子的正、负电荷中心不重合，构成一个电偶极子。但由于许许多多电偶极子杂乱无章地排列，使得合成电偶极矩相抵消，因而对外产生的合成电场为0，即不显示电性。需指出的是，此处引入“电荷中心”的概念是为了形象地说明电介质极化的过程。物质分子中的正、负电荷并不集中在一个点，将分子中的全部负电荷用一个单独的负电荷等效，这个等数负电荷的位置，就称为这个分子的“负电荷中心”。同样，该分子中的正电荷也可定义一个“正电荷中心”。

在外电场的作用下，无极分子中的正电荷沿电场方向移动，负电荷逆电场方向移动，导致正负电荷中心不再重合形成许多排列方向与外电场大体一致的电偶极子，它们对外产生的电场不再为0。对于有极分子，它的每个电偶极子在外电场的作用下要产生转动，最终使每个电偶极子的排列方向大体与外电场方向一致，它们对外产生的电场也不再为0。这种电介质中的束缚电荷在外电场作用下发生位移的现象称为电介质的极化，束缚电荷也称为极化电荷。电介质极化的结果是电介质内部出现许许多多顺着外电场方向排列的电偶极子，这些电偶极子产生的电场将改变原来的电场分布。也就是说，电介质对电场的影响可归结为极化电荷产生的附加电场的影响。因此，电介质内的电场强度 $\boldsymbol{E}$ 可视为自由电荷产生的外电场 $\boldsymbol{E}_0$ 与极化电荷产生的附加电场 $\boldsymbol{E}'$ 的叠加，即

$$\boldsymbol{E} = \boldsymbol{E}_0 + \boldsymbol{E}' \tag{2.1.25}$$

为了分析计算极化电荷产生的附加电场 $\boldsymbol{E}'$，需了解电介质的极化特性。不同电介质的极化程度是不一样的，引入极化强度描述电介质的极化程度。将单位体积中的电偶极矩的矢量和称为极化强度，即

$$\boldsymbol{P} = \lim_{\Delta V \to 0} \frac{\sum_i \boldsymbol{p}_i}{\Delta V} \tag{2.1.26}$$

式中：$\boldsymbol{p}_i = q_i \boldsymbol{d}_i$ 为体积 ΔV 中第 i 个分子的平均电矩；$\boldsymbol{P}$ 是一个宏观矢量函数。若电介质的某区域内各点的 $\boldsymbol{P}$ 相同，则称该区域是均匀极化的，否则就是非均匀极化的。

对于线性和各向同性电介质，其极化强度 $\boldsymbol{P}$ 与电介质中的合成电场强度 $\boldsymbol{E}$ 成正比，即

$$\boldsymbol{P}(\boldsymbol{r}) = \chi_e \varepsilon_0 \boldsymbol{E}(\boldsymbol{r}) \tag{2.1.27}$$

式中：χ_e 称为电介质的电极化率，是一个正实数。

现在来找出极化电荷与极化强度的关系。图 2－4（a）所示为一块极化电介质模型，每个分子用一个电偶极子表示，它的电偶极矩等于该分子的平均电偶极矩。

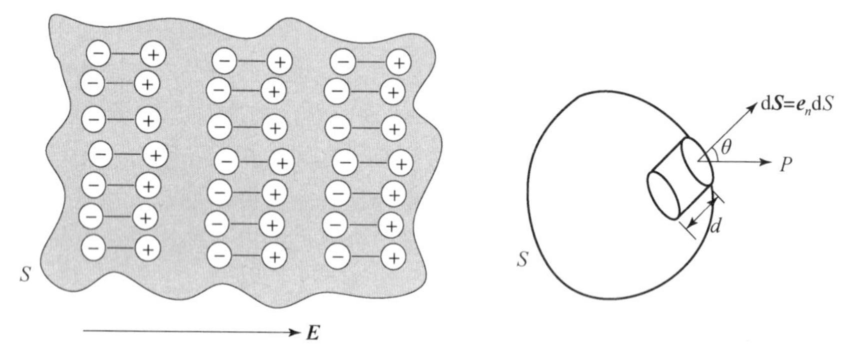

(a) 极化电荷的排列　　(b) 求闭合面S包围的极化电荷

图 2－4　电介质的极化模型

在均匀极化的状态下，闭合面 S 内的电偶极子的净极化电荷为0，不会出现极化电荷的体密度分布。对于非均匀极化状态，电介质内部的净极化电荷就不为0。但在电介质的表面上，无论是均匀极化，还是非均匀极化，总是要出现面密度分布的极化电荷。图 2－4（a）表示电介质左表面上有负的极化电荷，右表面上有正的极化电荷。

为求得极化电荷与极化强度的关系式，在电介质中的任意闭合曲面 S 上取一个面积元 $\mathrm{d}\boldsymbol{S}$，其法向单位矢量为 $\boldsymbol{e}_n$，并近似认为 $\mathrm{d}\boldsymbol{S}$ 上的 $\boldsymbol{P}$ 不变。在电介质极化时，设每个分子的正、负电荷的平均相对位移为 $\boldsymbol{d}$，则分子电偶极矩为 $\boldsymbol{p} = q\boldsymbol{d}$，其中 $\boldsymbol{d}$ 由负电荷指向正电荷。以 $\mathrm{d}\boldsymbol{S}$ 为底、$\boldsymbol{d}$ 为斜高构成一个体积元 $\Delta V = \mathrm{d}\boldsymbol{S} \cdot \boldsymbol{d}$，如图 2－4（b）所示。显然，只有电偶极子中心在 ΔV 内的分子的正电荷才穿出面积元 $\mathrm{d}\boldsymbol{S}$。设电介质单位体积中

的分子数为 N，则穿出面积元 d$\boldsymbol{S}$ 的正电荷为

$$Nq\boldsymbol{d}\cdot \mathrm{d}\boldsymbol{S}=\boldsymbol{P}\cdot \mathrm{d}\boldsymbol{S}=\boldsymbol{P}\cdot \boldsymbol{e}_n\mathrm{d}S \tag{2.1.28}$$

因此，从闭合面 S 穿出的正电荷为 $\oint_S \boldsymbol{P}\cdot \mathrm{d}\boldsymbol{S}$。与之对应，留在闭合面 S 内的极化电荷量为

$$q_p=-\oint_S \boldsymbol{P}\cdot \mathrm{d}\boldsymbol{S}=-\int_V \nabla\cdot \boldsymbol{P}\mathrm{d}V \tag{2.1.29}$$

式中：应用了散度定理 $\oint_S \boldsymbol{P}\cdot \mathrm{d}\boldsymbol{S}=\int_V \nabla\cdot \boldsymbol{P}\mathrm{d}V$。因闭合面 S 是任意取的，故 S 限定的体积 V 内的极化电荷体密度应为

$$\rho_P=-\nabla\cdot \boldsymbol{P} \tag{2.1.30}$$

为了计算电介质表面上出现的极化电荷面密度，可在电介质内紧贴表面取一个闭合面，从该闭合面穿出的极化电荷就是电介质表面上的极化电荷。由式（2.1.28）可知，从面积元 d$\boldsymbol{S}$ 穿出的极化电荷量是 $\boldsymbol{P}\cdot \boldsymbol{e}_n\mathrm{d}S$，故电介质表面上的极化电荷面密度为

$$\rho_{SP}=\boldsymbol{P}\cdot \boldsymbol{e}_n \tag{2.1.31}$$

2.1.5　静电力

如前面所述，静电场对电荷的作用力，即所谓的电场力或库仑力，是静电场具有能量的一种表现。对于电场力的计算，原则上可以用电场强度的定义公式，即

$$\boldsymbol{F}=q\boldsymbol{E} \tag{2.1.32}$$

式中：$\boldsymbol{E}$ 是除电荷 q' 外其余电荷在该电荷所在处产生的场强。而对于连续分布的电荷 q，如果用式（2.1.32）计算一般是相当复杂的。由于力和能量之间是有密切联系的，所以根据能量求力就要方便得多。为此，引入虚位移法，就是通过假设带电体发生一定的位移，由位移过程中电场能量的变化与外力及电场力做功之间的关系计算电场力。

为了应用虚位移法，首先要介绍广义坐标和广义力两个概念。广义坐标是确定系统中各带电体形状、尺寸和位置的一组独立几何量，而企图改变某一广义坐标的力，就称为对应于广义坐标的广义力。广义力和广义坐标之间的关系，应满足一个共同的条件，即广义力乘上由它引起的广义坐标的增量应等于功。例如：如果广义坐标是长度（m），那么广义力就为一般的牛顿力（N）；如果广义坐标是面积（m^2），那么广义力为表面张力（N/m）；再如：体积（m^3）对应压强（$\mathrm{N/m}^2$）；角度（无量纲）对应力矩（N · m）等。

现在研究（$n+1$）个导体组成的系统，对导体依次编号，并以 0 号导体为参考导体，假定除 p 号导体外其余导体都不动，且 p 号导体也只有一个广义坐标 g 发生所设想的位移（虚位移）dg。这时，该系统发生的功能过程如下：

$$\mathrm{d}W=\mathrm{d}W_e+F_k\mathrm{d}g \tag{2.1.33}$$

式中：$\mathrm{d}W(=\sum \varphi_k\mathrm{d}q_k)$ 表示与各带电体相连接的电源提供的能量，等号右边两项分别表示静电能量的增量和电场力所做的功。对应于系统设定的求解条件，有以下两类电场力计算关系式。

（1）常电位系统。假设各带电体的电位维持不变。当 p 号导体位移时，所有导体都接电源即可。这时 φ_k 为常量。则

$$dW_e = d\left(\frac{1}{2}\sum q_k\varphi_k\right) = \frac{1}{2}\sum \varphi_k dq_k \tag{2.1.34}$$

即静电能量的增加等于外源所提供的能量的一半。也就是说，外源提供的能量，有一半作为电场储能的增量，另一半用于机械功。

$$F_k dg = dW_e \big|_{\varphi_k=常量} \tag{2.1.35}$$

由此得广义力为

$$F_k = \frac{dW_e}{dg}\Big|_{\varphi_k=常量} = \frac{\partial W_e}{\partial g}\Big|_{\varphi_k=常量} \tag{2.1.36}$$

（2）常电荷系统。假设各带电体的总电荷维持不变，也就是说，当 p 号导体发生虚位移时，所有带电体都不和外源相连，因而 $dq_k=0$，即 $dW=0$。功能关系可写成

$$0 = dW_e + F_k dg \tag{2.1.37}$$

从而得

$$F_k = -\frac{dW_e}{dg}\Big|_{\varphi_k=常量} = -\frac{\partial W_e}{\partial g}\Big|_{\varphi_k=常量} \tag{2.1.38}$$

在这种情况下，外源被隔绝，电场力做功所需的能量只有取自于系统内电场能量的减少值。

以上两种情况所得的结果应该是相等的。因为实际上带电体并没有发生位移（虚位移），电场的分布当然也没有变化，求得的是所论系统对应于同一状态的电荷和电位情况下的力。

2.1.6 电容

电容是导体系统的一种基本属性，它是描述导体系统储存电荷能力的物理量。定义两导体系统的电容为任一导体上的总电荷与两导体之间的电位差之比，即

$$C = \frac{q}{U} \tag{2.1.39}$$

式中：C 的单位是 F（法拉）。电容的大小与电荷量、电位差无关，因为该比值为常数。电容的大小只是导体系统的物理尺度及周围电介质的特性参数的函数。

本小节介绍双导体系统的电容计算及多导体系统的部分电容的概念。

1. 双导体的电容计算

在电子与电气工程中常用的传输线，如平行板线、平行双线、同轴线都属于双导体系统。通常，这类传输线的纵向尺寸远大于横向尺寸。因而可作为平行平面电场（二维场）来研究，只需计算传输线单位长度的电容。给出两种计算方法，其步骤如下：

1）方法一

（1）假定两导体上分别带电荷 $+q$ 和 $-q$；

（2）计算两导体间的电场强度 $\boldsymbol{E}$；

（3）由 $U = \int_1^2 \boldsymbol{E}\cdot d\boldsymbol{l}$，求出两导体间的电位差；

（4）求比值 $C = \dfrac{q}{U}$，即得出所求电容。

2）方法二

（1）假定两电极间的电位差为 U；

（2）计算两电极间的电位分布 φ；

（3）由 $\boldsymbol{E}=-\nabla\varphi$ 得到 $\boldsymbol{E}$；

（4）由 $\rho_S=\varepsilon E_n$ 得到 ρ_S；

（5）由 $q=\oint_S\rho_S\mathrm{d}S$，求出导体的电荷 q；

（6）求比值 $C=\dfrac{q}{U}$，即得出所求电容。

例 2.1.2：平行双线传输线的结构如图 2－5 所示，导线的半径为 a，两导线轴线距离为 D，且 $D\gg a$，设周围介质为空气。试求传输线单位长度的电容。

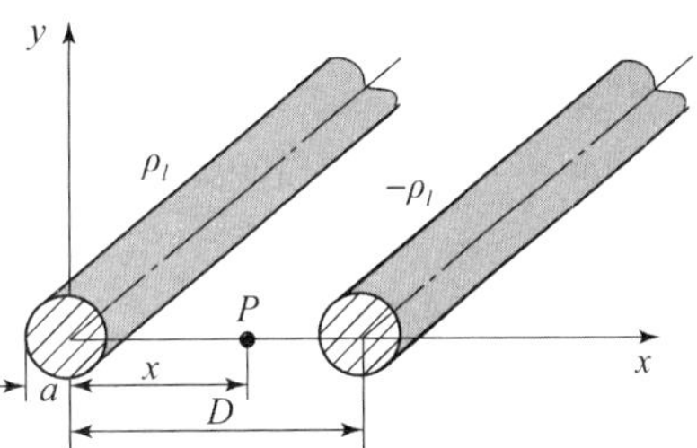

图 2－5　平行双线传输线

解：设两导线单位长度带电量分别为 $+\rho_l$ 和 $-\rho_l$。由于 $D\gg a$，故可近似地认为电荷分别均匀分布在两导线的表面上。应用高斯定律和叠加原理，可得到两导线之间的平面上任意一点 P 的电场强度为

$$\boldsymbol{E}(x)=\boldsymbol{e}_x\frac{\rho_l}{2\pi\varepsilon_0}\left(\frac{1}{x}+\frac{1}{D-x}\right)$$

两导线间的电位差为

$$U=\int_1^2\boldsymbol{E}\cdot\mathrm{d}\boldsymbol{l}=\int_a^{D-a}\boldsymbol{E}(x)\cdot\boldsymbol{e}_x\mathrm{d}x=\frac{\rho_l}{2\pi\varepsilon_0}\int_a^{D-a}\left(\frac{1}{x}+\frac{1}{D-x}\right)\mathrm{d}x$$

$$=\frac{\rho_l}{\pi\varepsilon_0}\ln\frac{D-a}{a}$$

故得平行双线传输线单位长度的电容为

$$C_1=\frac{\rho_l}{U}=\frac{\pi\varepsilon_0}{\ln[(D-a)/a]}\approx\frac{\pi\varepsilon_0}{\ln(D/a)}(\mathrm{F/m})$$

例 2.1.3：同轴线的内导体半径为 a，外导体的内半径为 b，内外导体间填充介电常数为 ε 的均匀电介质，如图 2－6 所示。试求同轴线单位长度的电容。

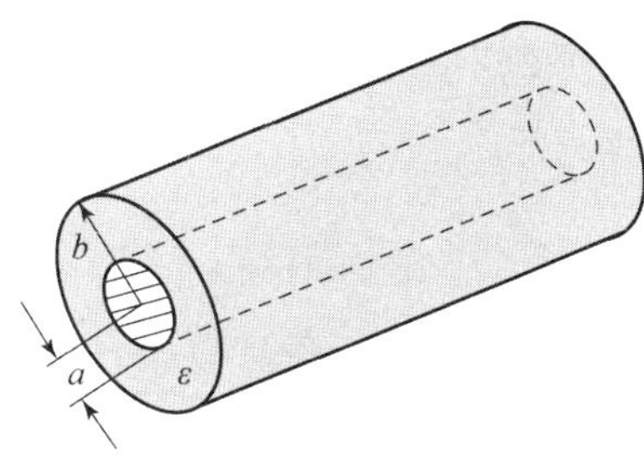

图 2－6　同轴线

解：设同轴线的内、外导体单位长度带电量分别为 ρ_l 和 $-\rho_l$，应用高斯定律求得内外导体间任意点电场强度为

$$\boldsymbol{E}(\rho)=\boldsymbol{e}_\rho\frac{\rho_l}{2\pi\varepsilon\rho}$$

内、外导体间的电压为

$$U=\int_a^b\boldsymbol{E}(\rho)\cdot\boldsymbol{e}_\rho\mathrm{d}\rho=\frac{\rho_l}{2\pi\varepsilon}\int_a^b\frac{1}{\rho}\mathrm{d}\rho=\frac{\rho_l}{2\pi\varepsilon}\ln\frac{b}{a}$$

同轴线单位长度的电容为

$$C_1=\frac{\rho_l}{U}=\frac{2\pi\varepsilon}{\ln(b/a)}(\mathrm{F/m})$$

2. 部分电容

在工程应用中，经常遇到由三个或更多的导体组成的多导体系统。例如：计及大地作用的架空平行双线传输线、耦合带状线、屏蔽多芯电缆等。在多导体系统中，任何两个导体间的电压都要受到其余导体上的电荷的影响。因此，研究多导体系统时，必须将电容的概念推广，引入部分电容的概念。所谓部分电容，指多导体系统中，一个导体在其余导体的影响下，与另一个导体构成的电容。

1）电位系数

图 2－7 所示为 N 个导体和大地构成的多导体系统，各导体的位置、形状及周围介质均是固定的，取大地为电位参考点（零电位点）。当这个导体系统中的任何一个导体上充以电荷时，它将以一定的方式使所有导体（包括充以电荷的导体本身）具有一定的电位。由于电位与各导体所带电荷量之间成线性关系，所以各导体的电位为

$$\begin{cases}\varphi_1=\alpha_{11}q_1+\alpha_{12}q_2+\cdots+\alpha_{1N}q_N\\\varphi_2=\alpha_{21}q_1+\alpha_{22}q_2+\cdots+\alpha_{2N}q_N\\\vdots\\\varphi_N=\alpha_{N1}q_1+\alpha_{N2}q_2+\cdots+\alpha_{NN}q_N\end{cases}\tag{2.1.40a}$$

或表示为

$$\varphi_i=\sum_{j=1}^{N}\alpha_{ij}q_j\quad(i=1,2,\cdots,N)\tag{2.1.40b}$$

式中：α_{ij}称为电位系数。下标相同的 α_{ii}称为自电位系数，下标不同的 $\alpha_{ij}(i\neq j)$ 称为互电位系数。电位系数 α_{ij}有以下特点：

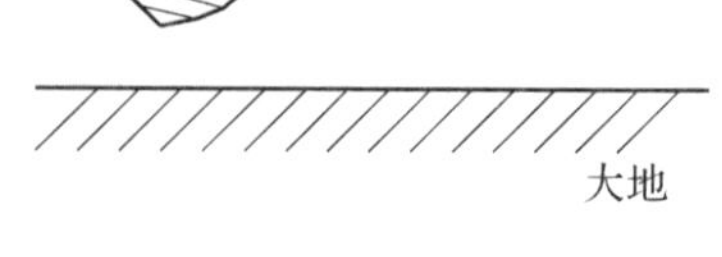

图 2－7　多导体系统

（1）α_{ij}在数值上等于第 j 个导体上的总电量为一个单位而其余导体上的总电量都为零时，第 i 个导体上的电位，即

$$\alpha_{ij}=\frac{\varphi_i}{q_j}\bigg|_{q_1=\cdots=q_{j-1}=q_{j+1}=\cdots=q_N=0}\tag{2.1.41}$$

（2）α_{ij}只与各导体的形状、尺寸、相互位置以及导体周围的介质参数有关，而与各导体的电位和带电量无关；

（3）所有电位系数 $\alpha_{ij}>0$，且具有对称性，即 $\alpha_{ij}=\alpha_{ji}$。

2）电容系数

对方程式（2.1.40a）求解，可得各导体上的电荷量

$$\begin{cases} q_1 = \beta_{11}\varphi_1 + \beta_{12}\varphi_2 + \cdots + \beta_{1N}\varphi_N \\ q_2 = \beta_{21}\varphi_1 + \beta_{22}\varphi_2 + \cdots + \beta_{2N}\varphi_N \\ \vdots \\ q_N = \beta_{N1}\varphi_1 + \beta_{N2}\varphi_2 + \cdots + \beta_{NN}\varphi_N \end{cases} \tag{2.1.42a}$$

或表示为

$$q_i = \sum_{j=1}^{N} \beta_{ij}\varphi_j \quad (i = 1,2,\cdots,N) \tag{2.1.42b}$$

式中：β_{ij}称为电容系数或感应系数。下标相同的系数β_{ii}称为自电容系数或自感应系数，下标不同的系数$\beta_{ij}(i \neq j)$称为互电容系数或互感应系数。电容系数β_{ij}具有以下特点：

（1）β_{ij}在数值上等于第 j 个导体的电位为一个单位而其余导体接地时，第 i 个导体上的电量，即

$$\beta_{ij} = \frac{q_i}{\varphi_j}\bigg|_{\varphi_1 = \cdots = \varphi_{j-1} = \varphi_{j+1} = \cdots = \varphi_N = 0} \tag{2.1.43}$$

（2）β_{ij}只与各导体的形状、尺寸、相互位置以及导体周围的介质参数有关，而与各导体的电位和带电量无关；

（3）β_{ij}具有对称性，即$\beta_{ij} = \beta_{ji}$；互电容系数$\beta_{ij} \leqslant 0 (i \neq j)$，自电容系数$\beta_{jj} > 0$；

（4）电容系数β_{ij}与电位系数 α_{ij}的关系为

$$\beta_{ij} = (-1)^{i+j}\frac{M_{ij}}{\Delta} \tag{2.1.44}$$

式中：Δ 是方程组（2.1.40）的电位系数 α_{ij}组成的行列式$|\alpha_{ij}|$；M_{ij}是行列式$|\alpha_{ij}|$的余子式。

3）部分电容

引入符号 $C_{ij} = -\beta_{ij}(i \neq j)$ 和 $C_{ii} = \beta_{i1} + \beta_{i2} + \cdots + \beta_{iN} = \sum_{j=1}^{N}\beta_{ij}$，则方程组（2.1.42a）可改写为

$$\begin{cases} q_1 = (\beta_{11} + \beta_{12} + \cdots + \beta_{1N})\varphi_1 + \beta_{12}(\varphi_1 + \varphi_2) - \cdots - \beta_{1N}(\varphi_1 - \varphi_N) \\ \quad = C_{11}(\varphi_1 - 0) + C_{12}(\varphi_1 - \varphi_2) + \cdots + C_{1N}(\varphi_1 - \varphi_N) \\ q_2 = C_{21}(\varphi_2 - \varphi_1) + C_{22}(\varphi_2 - 0) + \cdots + C_{2N}(\varphi_2 - \varphi_N) \\ \vdots \\ q_N = C_{N1}(\varphi_N - \varphi_1) + C_{N2}(\varphi_N - \varphi_2) + \cdots + C_{NN}(\varphi_N - 0) \end{cases} \tag{2.1.45a}$$

或表示为

$$q_i = \sum_{j \neq i}^{N} C_{ij}(\varphi_i - \varphi_j) + C_{ii}\varphi_i \quad (i = 1,2,\cdots,N) \tag{2.1.45b}$$

式中：表明多导体系统中的任何一个导体的电荷是由 N 部分电荷组成。例如：导体 1 的电荷 q_1的第一部分 $q_{11} = C_{11}(\varphi_1 - 0)$与导体 1 的电位 φ_1（导体 1 与地之间的电压）成正比，比值 $C_{11} = \dfrac{q_{11}}{\varphi_1 - 0}$是导体 1 与地之间的部分电容；第二部分 $q_{12} = C_{12}(\varphi_1 - \varphi_2) = C_{12}U_{12}$与导体 1、2 间的电压成正比，比值 $C_{12} = \dfrac{q_{12}}{U_{12}}$则为导体 1、2 间的部分电容……

在多导体系统中，每一导体与地之间以及与其它导体之间都存在部分电容。$C_{ii}=\frac{q_{ii}}{\varphi_i}$是导体 i 与地之间的部分电容，称为导体 i 的自有部分电容。$C_{ij}=\frac{q_{ij}}{\varphi_i-\varphi_j}(i\neq j)$是导体 i 与导体 j 之间的部分电容，称为导体 i 与导体 j 之间互有部分电容。部分电容有以下特点：

（1）C_{ii}在数值上等于全部导体的电位都为一个单位时，第 i 个导体上总电荷量的值；

（2）$C_{ij}(i\neq j)$在数值上等于第 j 个导体上的电位为一个单位、其余导体都接地时，第 i 个导体上感应电荷的大小；

（3）所有部分电容都大于零，即 $C_{ij}>0$；

（4）部分电容具有对称性，即 $C_{ij}=C_{ji}$。

由 $N+1$ 个导体构成的系统共有$\frac{N(N+1)}{2}$个部分电容，这些部分电容形成一个电容网络。以大地影响的平行双线传输线为例，如图 2-8 所示，有三个部分电容 C_{11}、C_{22}、C_{12}。导线 1、2 间的等效输入电容为 $C_1=C_{12}+\frac{C_{11}C_{22}}{C_{11}+C_{22}}$；导线 1 和大地间的等效输入电容为 $C_2=C_{11}+\frac{C_{12}C_{22}}{C_{12}+C_{22}}$；导线 2 和大地间的等效输入电容为 $C_3=C_{22}+\frac{C_{12}C_{11}}{C_{12}+C_{11}}$；通过实验测得 C_1、C_2和 C_3，就可计算出各个部分电容。多数实际的多导体系统的各个部分电容只能通过实验测量得到。

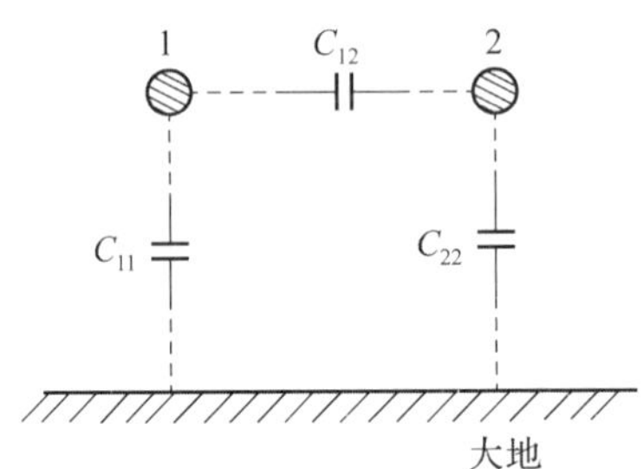

图 2-8　大地上空的平行双导线

2.1.7　电场能量与能量密度

1. 电场能量

一个带电系统的建立，都要经过其电荷从零到终值的变化过程，在此过程中，外力必须对系统作功。由能量守恒定律可知，带电系统的能量等于外力所做的功。下面计算 n 个带电体组成的系统的静电能量。设每个带电体的最终电位为 φ_1，φ_2，…，φ_n，最终电荷为 q_1，q_2，…，q_n。带电系统的能量与建立系统的过程无关，仅与系统的最终状态有关。假设在建立系统过程中的任一时刻，各个带电体的电量均是各自终值的 α 倍（$\alpha<1$），即带电量为 αq_i，电位为 $\alpha\varphi_i$，经过一段时间，带电体 i 的电量增量为 $d(\alpha q_i)$，外源对它所作的功为 $\alpha\varphi_i d(\alpha q_i)$。外源对 n 个带电体做功为

$$\mathrm{d}A=\sum_{i=1}^{n}q_i\varphi_i\alpha\mathrm{d}\alpha \tag{2.1.46}$$

因而，电场能量的增量为

$$dW_e = \sum_{i=1}^{n} q_i\varphi_i\alpha d\alpha \tag{2.1.47}$$

在整个过程中，电场的储能为

$$W_e = \int dW_e = \sum_{i=1}^{n} q_i\varphi_i \int_0^1 \alpha d\alpha = \frac{1}{2}\sum_{i=1}^{n} q_i\varphi_i \tag{2.1.48}$$

电场能量的表达式可以推广到分布电荷的情形。对于体分布电荷，可将其分割为一系列体积元 ΔV，每一体积元的电量为 $\rho\Delta V$，当 ΔV 趋于零时，得到体分布电荷的能量为

$$W_e = \int_V \frac{1}{2}\rho(\boldsymbol{r})\varphi(\boldsymbol{r})dV \tag{2.1.49}$$

式中：φ 为电荷所在点的电位。同理，面电荷和线电荷的电场能量分别为

$$W_e = \int_S \frac{1}{2}\rho_S(\boldsymbol{r})\varphi(\boldsymbol{r})dS \tag{2.1.50}$$

$$W_e = \int_l \frac{1}{2}\rho_l(\boldsymbol{r})\varphi(\boldsymbol{r})dl \tag{2.1.51}$$

式（2.1.51）也适用于计算带电导体系统的能量。带电导体系统的能量也可以用电位系数或电容系数来表示：

$$W_e = \sum_{i=1}^{n}\sum_{j=1}^{n} \frac{1}{2}p_{ij}q_iq_j \tag{2.1.52}$$

$$W_e = \sum_{i=1}^{n}\sum_{j=1}^{n} \frac{1}{2}\beta_{ij}\varphi_i\varphi_j \tag{2.1.53}$$

如果电容器极板上的电量为 $\pm q$、电压为 U，则电容器内储存的静电能量为

$$W_e = \frac{1}{2}qU = \frac{1}{2}CU^2 = \frac{q^2}{2C} \tag{2.1.54}$$

2. 能量密度

电场能量的计算公式（2.1.54）是计算静电场的总能量。这个公式容易造成电场能量储存在电荷分布空间的印象。事实上，只要有电场的地方，移动带电体都要做功。这说明电场能量储存于电场所在的空间。以下分析电场能量的分布并引入能量密度的概念。

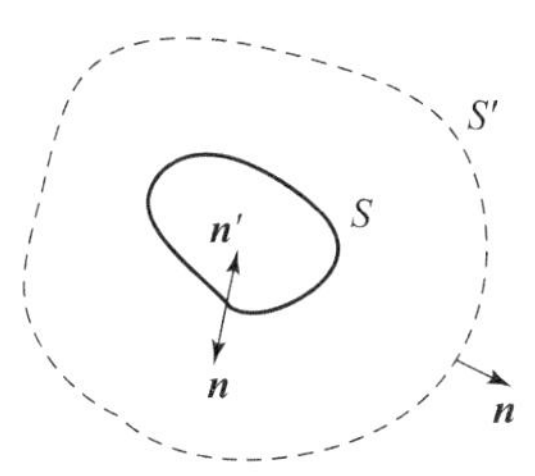

图 2－9　能量密度

设在空间某区域有体电荷分布和面电荷分布，体电荷分布在 S 和 S' 限定的区域 V 内，面电荷分布在导体表面 S 上（图 2－9），该系统的能量为

$$W_e = \frac{1}{2}\int_V \rho\varphi dV + \frac{1}{2}\int_S \rho_S\varphi dS \tag{2.1.55}$$

将 $\nabla\cdot\boldsymbol{D} = \rho$ 和 $\boldsymbol{D}\cdot\boldsymbol{n} = \rho_S$ 代入式（2.1.55），有

$$W_e = \frac{1}{2}\int_V \varphi\,\nabla\cdot\boldsymbol{D}dV + \frac{1}{2}\int_S \varphi\boldsymbol{D}\cdot\boldsymbol{n}dS \tag{2.1.56}$$

考虑到区域 V 以外没有电荷，故可以将体积分扩展到整个空间，而面积分仍在导体表面进行。利用矢量恒等式：

$$\varphi\nabla\cdot\boldsymbol{D}=\nabla\cdot(\varphi\boldsymbol{D})-\nabla\varphi\cdot\boldsymbol{D}=\nabla\cdot(\varphi\boldsymbol{D})+\boldsymbol{E}\cdot\boldsymbol{D} \tag{2.1.57}$$

则

$$\begin{aligned}\frac{1}{2}\int_V\varphi\nabla\cdot\boldsymbol{D}\mathrm{d}V&=\frac{1}{2}\int_V\nabla\cdot(\varphi\boldsymbol{D})\mathrm{d}V+\frac{1}{2}\int_V\boldsymbol{E}\cdot\boldsymbol{D}\mathrm{d}V\\&=\frac{1}{2}\int_{S+S'}\varphi\boldsymbol{D}\cdot\mathrm{d}\boldsymbol{S}+\frac{1}{2}\int_V\boldsymbol{E}\cdot\boldsymbol{D}\mathrm{d}V\\&=\frac{1}{2}\int_{S'}\varphi\boldsymbol{D}\cdot\boldsymbol{n}\mathrm{d}S+\frac{1}{2}\int_S\varphi\boldsymbol{D}\cdot\boldsymbol{n}'\mathrm{d}S+\frac{1}{2}\int_V\boldsymbol{E}\cdot\boldsymbol{D}\mathrm{d}V\end{aligned} \tag{2.1.58}$$

将式（2.1.58）代入式（2.1.56），并且注意在导体表面 S 上 $\boldsymbol{n}=-\boldsymbol{n}'$，得

$$W_e=\frac{1}{2}\int_V\boldsymbol{E}\cdot\boldsymbol{D}\mathrm{d}V+\frac{1}{2}\int_{S'}\varphi\boldsymbol{D}\cdot\boldsymbol{n}\mathrm{d}S \tag{2.1.59}$$

式中：V 已经扩展到无穷大，故 S' 在无穷远处。对于分布在有限区域的电荷，$\varphi\propto 1/R$、$D\propto 1/R^2$、$S'\propto R^2$，因此当 $R\to\infty$ 时，式（2.1.59）中的面积分为零，于是

$$W_e=\frac{1}{2}\int_V\boldsymbol{E}\cdot\boldsymbol{D}\mathrm{d}V \tag{2.1.60}$$

式中：积分在电场分布的空间进行，被积函数 $\frac{1}{2}\boldsymbol{E}\cdot\boldsymbol{D}$ 从物理概念上可以理解为电场中某一点单位体积储存的静电能量，称为静电场的能量密度，以 w_e 表示，即

$$w_e=\frac{1}{2}\boldsymbol{E}\cdot\boldsymbol{D} \tag{2.1.61}$$

对于各向同性介质：

$$w_e=\frac{1}{2}\varepsilon E^2 \tag{2.1.62}$$

例 2.1.4：若真空中电荷 q 均匀分布在半径为 a 的球体内，计算电场能量。

解：用高斯定理可以得到电场为

$$\begin{cases}\boldsymbol{E}=\boldsymbol{e}_r\dfrac{qr}{4\pi\varepsilon_0 a^3} & (r<a)\\[2ex]\boldsymbol{E}=\boldsymbol{e}_r\dfrac{q}{4\pi\varepsilon_0 r^2} & (r>a)\end{cases}$$

所以

$$W_e=\frac{1}{2}\int\varepsilon_0E^2\mathrm{d}V=\frac{1}{2}\varepsilon_0\left(\frac{q}{4\pi\varepsilon_0}\right)^2\left[\int_0^a\left(\frac{r}{a^3}\right)^2 4\pi r^2\mathrm{d}r+\int_a^\infty\frac{1}{r^4}4\pi r^2\mathrm{d}r\right]=\frac{3q^2}{20\pi\varepsilon_0 a}$$

如果用式（2.1.60）在电荷分布空间积分，其结果与此一致。

例 2.1.5：若一同轴线内导体的半径为 a，外导体的内半径为 b，它们之间填充介电常数为 ε 的介质，当内、外导体间的电压为 U（外导体的单位为零）时，求单位长度的电场能量。

解：设内、外导体间电压为 U 时，内导体单位长度带电量为 ρ_l，则导体间的电场强度为

$$\boldsymbol{E}=\boldsymbol{e}_r\frac{\rho_l}{2\pi\varepsilon r}\quad(a<r<b)$$

两导体间的电压为

$$U = \frac{\rho_l}{2\pi\varepsilon}\ln\frac{b}{a}$$

即

$$\rho_l = \frac{2\pi\varepsilon U}{\ln\frac{b}{a}}$$

$$\boldsymbol{E} = \boldsymbol{e}_r\frac{U}{r\ln\frac{b}{a}}\quad(a<r<b)$$

单位长度的电场能量为

$$W_e = \frac{1}{2}\int \varepsilon E^2 \mathrm{d}V = \int_a^b \frac{\varepsilon U^2}{2r^2\ln^2\frac{b}{a}}2\pi r\mathrm{d}r$$

$$= \frac{\pi\varepsilon U^2}{\ln\frac{b}{a}}$$

2.2　基本规律

2.2.1　静电场的散度与旋度

亥姆霍兹定理指出：任一矢量场由它的散度、旋度和边界条件唯一地确定，因此要确定静电场，需先讨论它的散度和旋度。

1. 静电场的散度和高斯定理

高斯定理是静电场的基本定理，它是平方反比定律（库仑定律）的必然结果。将式 $\boldsymbol{E}(\boldsymbol{r}) = \frac{1}{4\pi\varepsilon_0}\int_V \frac{\boldsymbol{r}-\boldsymbol{r}'}{|\boldsymbol{r}-\boldsymbol{r}'|^3}\rho(\boldsymbol{r}')\mathrm{d}V'$ 写为

$$\boldsymbol{E}(\boldsymbol{r}) = \frac{1}{4\pi\varepsilon_0}\int_V \frac{\boldsymbol{R}}{R^3}\rho(\boldsymbol{r}')\mathrm{d}V' \tag{2.2.1}$$

式中

$$\boldsymbol{R} = \boldsymbol{r}-\boldsymbol{r}',\ R = |\boldsymbol{r}-\boldsymbol{r}'| \tag{2.2.2}$$

先利用$\nabla\left(\frac{1}{R}\right) = -\frac{\boldsymbol{R}}{R^3}$，可将 $\boldsymbol{E}(\boldsymbol{r})$写为

$$\boldsymbol{E}(\boldsymbol{r}) = -\frac{1}{4\pi\varepsilon_0}\int_V \rho(\boldsymbol{r}')\nabla\left(\frac{1}{R}\right)\mathrm{d}V' \tag{2.2.3}$$

对式（2.2.3）两边取散度，得

$$\nabla\cdot\boldsymbol{E}(\boldsymbol{r}) = -\frac{1}{4\pi\varepsilon_0}\int_V \rho(\boldsymbol{r}')\nabla^2\left(\frac{1}{R}\right)\mathrm{d}V' \tag{2.2.4}$$

再利用关系式$\nabla^2\left(\frac{1}{R}\right) = -4\pi\delta(\boldsymbol{r}-\boldsymbol{r}')$，式（2.2.4）变为

$$\nabla\cdot\boldsymbol{E}(\boldsymbol{r}) = \frac{1}{\varepsilon_0}\int_V \rho(\boldsymbol{r}')\delta(\boldsymbol{r}-\boldsymbol{r}')\mathrm{d}V' \tag{2.2.5}$$

最后利用δ函数的挑选性，有

$$\int_V \rho(\boldsymbol{r}')\delta(\boldsymbol{r}-\boldsymbol{r}')\mathrm{d}V' = \begin{cases}0,\text{积分区域不包含 } \boldsymbol{r}' = \boldsymbol{r} \text{ 的点}\\ \rho(\boldsymbol{r}),\text{积分区域包含 } \boldsymbol{r}' = \boldsymbol{r} \text{ 的点}\end{cases} \tag{2.2.6}$$

则由式（2.2.5）得

$$\nabla \cdot \boldsymbol{E}(\boldsymbol{r}) = \begin{cases}0,\boldsymbol{r}\text{ 位于区域 } V \text{ 外}\\ \dfrac{1}{\varepsilon_0}\rho(\boldsymbol{r}),\boldsymbol{r}\text{ 位于区域 } V \text{ 内}\end{cases} \tag{2.2.7}$$

因已假设电荷分布在区域 V 内，故可将式（2.2.7）写为

$$\nabla \cdot \boldsymbol{E} = \frac{\rho}{\varepsilon_0} \tag{2.2.8}$$

这就是高斯定理的微分形式，它表明空间任意一点电场强度的散度与该处的电荷密度有关，静电荷是静电场的通量源。电荷密度为正，称为发散源；电荷密度为负，称为汇聚源。

对$\nabla \cdot \boldsymbol{E} = \dfrac{\rho}{\varepsilon_0}$的两边取体积分，有

$$\int_V \nabla\cdot \boldsymbol{E}\mathrm{d}V = \int_V \frac{\rho}{\varepsilon_0}\mathrm{d}V \tag{2.2.9}$$

而$\int_V \nabla\cdot \boldsymbol{E}\mathrm{d}V = \oint_S \boldsymbol{E}\cdot \mathrm{d}S$，故得

$$\oint_S \boldsymbol{E}\cdot \mathrm{d}\boldsymbol{S} = \frac{1}{\varepsilon_0}\int_V \rho\mathrm{d}V \tag{2.2.10}$$

这就是高斯定理的积分形式。它表明电场强度矢量穿过闭合曲面 $\boldsymbol{S}$ 的通量等于该闭合面所包围的总电荷与 ε_0 之比。

如果电荷分布有一定的对称性，则可利用高斯定理的积分形式很方便地计算电场强度。

2. 静电场的旋度和斯托克斯定理

在式（2.1.3）中，微分算符∇是对场点坐标 $\boldsymbol{r}$ 求导，与源点坐标 $\boldsymbol{r}'$无关，故可将算符∇从积分号移出，即

$$\boldsymbol{E}(\boldsymbol{r}) = -\nabla\left[\frac{1}{4\pi\varepsilon_0}\int_V \frac{\rho(\boldsymbol{r}')}{R}\mathrm{d}V'\right] \tag{2.2.11}$$

对式（2.2.11）两边取旋度，即

$$\nabla\times \boldsymbol{E}(\boldsymbol{r}) = -\nabla\times\nabla\left[\frac{1}{4\pi\varepsilon_0}\int_V \frac{\rho(\boldsymbol{r}')}{R}\mathrm{d}V'\right] \tag{2.2.12}$$

右边括号内是一个连续标量函数，而任何一个标量函数的梯度再求旋度时恒等于0，故右边恒等于0，可得

$$\nabla\times\boldsymbol{E} = 0 \tag{2.2.13}$$

此结果表明静电场是无旋场。

将式（2.2.13）对任意曲面 S 求积分，并利用斯托克斯定理$\int_S \nabla\times\boldsymbol{E}\cdot\mathrm{d}\boldsymbol{S} = \oint_C \boldsymbol{E}\cdot\mathrm{d}\boldsymbol{l}$，得

$$\oint_C \boldsymbol{E}\cdot\mathrm{d}\boldsymbol{l} = 0 \tag{2.2.14}$$

式（2.2.14）表明：在静电场 $\boldsymbol{E}$ 中，沿任意闭合路径 C 的积分恒等于 0。其物理含义是将单位正电荷沿静电场中的任一个闭合路径移动一周，电场力不做功。

2.2.2　电荷守恒定律

实验表明：电荷是守恒的，它既不能被创造，也不能被消灭，只能从物体的一部分转移到另一部分，或者从一个物体转移到另一个物体。也就是说，在一个与外界没有电荷交换的系统内，正、负电荷的代数和在任何物理过程中始终保持不变，这就是电荷守恒定律。

根据电荷守恒定律，单位时间内从闭合面 $\boldsymbol{S}$ 内流出的电荷量应等于闭合面 $\boldsymbol{S}$ 所限定的体积 V 内的电荷减少量，即

$$\oint_S \boldsymbol{J} \cdot \mathrm{d}\boldsymbol{S} = -\frac{\mathrm{d}q}{\mathrm{d}t} = -\frac{\mathrm{d}}{\mathrm{d}t}\int_V \rho \mathrm{d}V \tag{2.2.15}$$

即电流连续性方程的积分形式。设定闭合面 S 所限定的体积 V 不随时间变化，则将全导数写成偏导数，式（2.2.15）变为

$$\oint_S \boldsymbol{J} \cdot \mathrm{d}\boldsymbol{S} = -\int_V \frac{\partial \rho}{\partial t} \mathrm{d}V \tag{2.2.16}$$

应用散度定理，得 $\oint_S \boldsymbol{J} \cdot \mathrm{d}\boldsymbol{S} = \int_V \nabla \cdot \boldsymbol{J} \mathrm{d}V$，式（2.2.16）可写为

$$\int_V \left(\nabla \cdot \boldsymbol{J} + \frac{\partial \rho}{\partial t}\right) \mathrm{d}V = 0 \tag{2.2.17}$$

因闭合面 $\boldsymbol{S}$ 是任意取的，因此它所限定的体积 V 也是任意的。故从式（2.2.17），可得

$$\nabla \cdot \boldsymbol{J} + \frac{\partial \rho}{\partial t} = 0 \tag{2.2.18}$$

称为电流连续性方程的微分形式。

当研究恒定电流场时，要维持电流不随时间改变，就要求电荷在空间的分布也不随时间改变。因此，对于恒定电流场必然有

$$\oint_S \boldsymbol{J} \cdot \mathrm{d}\boldsymbol{S} = 0,\ \nabla \cdot \boldsymbol{J} = 0 \tag{2.2.19}$$

表明从任意闭合面穿出的恒定电流为 0，或恒定电流场是一个无散度的场。

2.2.3　库仑定律

库仑定律（Coulomb's law）是关于一个带电粒子与另一个带电粒子之间作用力的定量描述，经实验证明是正确的，并且是静电学的基础。查利·奥古斯丁·库仑（Charles－Augustin de Coulomb）是一位法国物理学家，他假设两个带电粒子之间的电场力：

（1）正比于它们的电荷量的乘积；

（2）反比于它们之间距离的平方；

（3）力的方向沿它们之间的连接线；

（4）同性电荷相斥，异性电荷相吸。

设 q_1 和 q_2 为位于 $P(x,y,z)$ 和 $S(x',y',z')$ 两点的带电粒子如图 2－10 所示，则 q_2

对 q_1 产生的电场力为

$$\boldsymbol{F}_{12}=\boldsymbol{e}_{12}K\frac{q_1q_2}{R_{12}^2} \tag{2.2.20}$$

式中：$\boldsymbol{F}_{12}$——q_2 对 q_1 的作用力；

$\boldsymbol{K}$——比例常数，与所选用的单位制有关；

R_{12}——P、S 两点之间的距离；

$\boldsymbol{e}_{12}$——由 S 指向 P 的单位矢量。

S 点到 P 点的距离矢量为

$$\boldsymbol{R}_{12}=\boldsymbol{e}_{12}R_{12}=\boldsymbol{r}_1-\boldsymbol{r}_2 \tag{2.2.21}$$

式中：$\boldsymbol{r}_1$ 和 $\boldsymbol{r}_2$ 分别为 P 点和 S 点的位置矢量（位矢）。

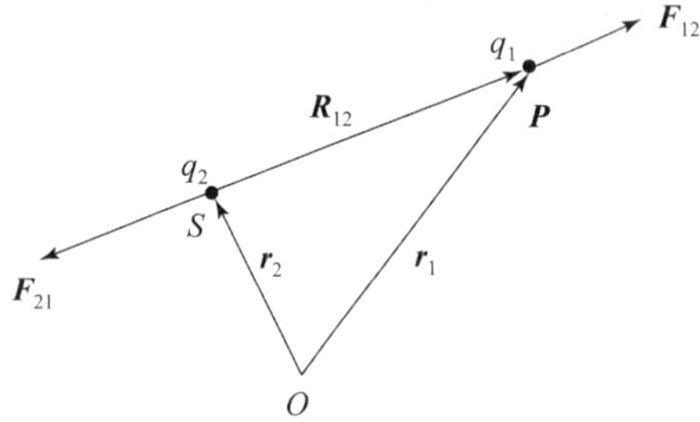

图 2-10　两点电荷之间的电场力

采用国际单位制，比例常数 K 为

$$K=\frac{1}{4\pi\varepsilon_0} \tag{2.2.22}$$

式中：$\varepsilon_0=8.85\times10^{-12}\approx10^{-9}/36\pi(\text{F/m})$ 为自由空间（真空）电容率。

把式（2.2.21）、式（2.2.22）代入式（2.2.20）得

$$\boldsymbol{F}_{12}=\boldsymbol{e}_{12}\frac{q_1q_2}{4\pi\varepsilon_0R_{12}^2} \tag{2.2.23}$$

或

$$\boldsymbol{F}_{12}=\frac{q_1q_2(\boldsymbol{r}_1-\boldsymbol{r}_2)}{4\pi\varepsilon_0\,|\boldsymbol{r}_1-\boldsymbol{r}_2|^3} \tag{2.2.24}$$

这个等式不仅对电子、质子那样的带电粒子有效，而且对可以看成为点电荷的带电体也是适用的。当带电体的大小远远小于它们之间的距离时，就可以看作为点电荷。

若两个各带 1C 电量的点电荷相距 1m，则由式（2.2.23），在自由空间中每个电荷受的力为 9×10^9N。

式（2.2.23）还表明：q_1 对 q_2 的作用力与 q_2 对 q_1 的作用力在大小上是相等的，但方向相反，可列式为

$$\boldsymbol{F}_{21}=-\boldsymbol{F}_{12} \tag{2.2.25}$$

式（2.2.25）与牛顿第三定律是一致的。应当指出，库仑定律在距离小到 10^{-14}m（原子核之间的距离）时已被验证是有效的。可是，当距离小于 10^{-14}m 时，核力有趋势超出电场力。

本书中，若非特别说明，通常假设距离的单位为 m。

例 2.2.1： 有两个带电量分别为 0.7mC 和 4.9μC 的点电荷位于自由空间的点(2,3,6)和(0,0,0)，试计算作用在 0.7mC 点电荷上的电场力。

解： 从 4.9μC 的点电荷到 0.7mC 点电荷的距离矢量为

$$\boldsymbol{R}_{12}=\boldsymbol{r}_1-\boldsymbol{r}_2=2\boldsymbol{e}_x+3\boldsymbol{e}_y+6\boldsymbol{e}_z$$

因而，$\boldsymbol{R}_{12}=\sqrt{2^2+3^2+6^2}=7\text{m}$，系数 $\dfrac{1}{4\pi\varepsilon_0}=9\times10^9$。由式（2.2.24）可知，作用在 0.7mC 点电荷上的电场力为

$$\boldsymbol{F}_{0.7\text{mC}}=\frac{9\times10^9\times0.7\times10^{-3}\times4.9\times10^{-6}}{7^3}[2\boldsymbol{e}_x+3\boldsymbol{e}_y+6\boldsymbol{e}_z]=0.18\boldsymbol{e}_x+0.27\boldsymbol{e}_y+0.54\boldsymbol{e}_z$$

因此，每个电荷经受的力的大小为 0.63N。

关于库仑力的另一个经实验证明的事实是它服从叠加原理。也就是说，n 个点电荷作用在一个电荷 q 上的合力是每个点电荷分别作用在 q 上的电场力的矢量和（图 2-11），即

$$\boldsymbol{F}_t=\sum_{i=1}^{n}\frac{q_i(\boldsymbol{r}-\boldsymbol{r}_i)}{4\pi\varepsilon_0|\boldsymbol{r}-\boldsymbol{r}_i|^3}\tag{2.2.26}$$

式中：$\boldsymbol{r}$ 和 $\boldsymbol{r}_i$ 分别为点电荷 q 和 q_i 的位矢。

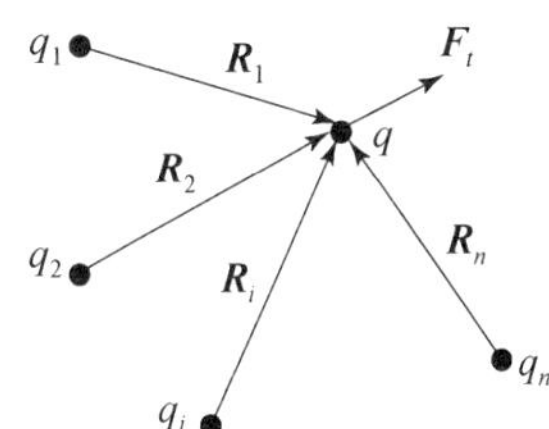

图 2-11　n 个点电荷作用于电荷 q 的电场力

例 2.2.2： 自由空间中有三个带电量都为 200nC 的电荷，分别位于点(0,0,0)，(2,0,0)和(0,2,0)，试决定作用在位于点(2,2,0)一个 500nC 点电荷的合力。

解： 如图 2-12 所示，距离矢量为

$$\begin{cases}\boldsymbol{R}_1=\boldsymbol{r}-\boldsymbol{r}_1=2\boldsymbol{e}_y\Rightarrow R_1=2\text{m}\\ \boldsymbol{R}_2=\boldsymbol{r}-\boldsymbol{r}_2=2\boldsymbol{e}_x\Rightarrow R_2=2\text{m}\\ \boldsymbol{R}_3=\boldsymbol{r}-\boldsymbol{r}_3=2\boldsymbol{e}_x+2\boldsymbol{e}_y\Rightarrow R_3=2.828\text{m}\end{cases}$$

q_1 对 q 的作用力为

$$\boldsymbol{F}_1=\frac{9\times10^9\times200\times10^{-9}\times500\times10^{-9}}{2^3}[2\boldsymbol{e}_y]=225\boldsymbol{e}_y\mu\text{N}$$

同理，可算出 q_2、q_3 分别作用于 q 的作用力

$$\boldsymbol{F}_2=225\boldsymbol{e}_x\mu\text{N}\ 和\ \boldsymbol{F}_3=79.6[\boldsymbol{e}_x+\boldsymbol{e}_y]\mu\text{N}$$

从式（2.2.26）可知，作用于 q 的合力为

$$\boldsymbol{F}_t=\boldsymbol{F}_1+\boldsymbol{F}_2+\boldsymbol{F}_3=304.6[\boldsymbol{e}_x+\boldsymbol{e}_y]\mu\text{N}$$

因此，三个电荷对 q 的净推斥力是 430.8μN，其方向与 x 轴成 45°角。

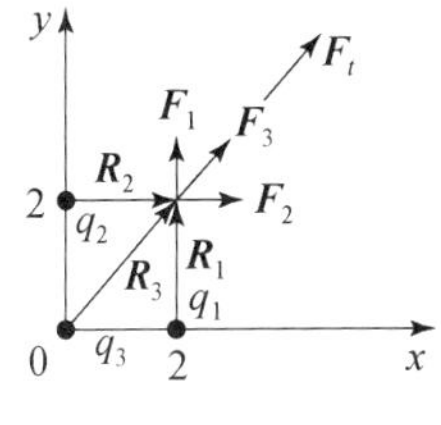

图 2-12　例 2.2.2 附图

2.2.4　电介质的本构关系

1. 电位移矢量和电介质中的高斯定律

前面已提到，电介质在外电场作用下发生的极化现象归结为电介质内出现极化电荷。电介质内的电场可视为自由电荷和极化电荷在真空中产生的电场的叠加，即 $\boldsymbol{E}=\boldsymbol{E}_0+\boldsymbol{E}'$。将真空中的高斯定律推广到电介质中，得

$$\nabla \cdot \boldsymbol{E}(\boldsymbol{r}) = \frac{\rho + \rho_P}{\varepsilon_0} \tag{2.2.27}$$

即极化电荷 ρ_P 也是产生电场的通量源。将式（2.1.30）代入式（2.2.27）中，得

$$\nabla \cdot [\varepsilon_0 \boldsymbol{E}(\boldsymbol{r}) + \boldsymbol{P}(\boldsymbol{r})] = \rho \tag{2.2.28}$$

可见，矢量 $[\varepsilon_0 \boldsymbol{E}(\boldsymbol{r}) + \boldsymbol{P}(\boldsymbol{r})]$ 的散度仅与自由电荷体密度 ρ 有关。把这一矢量称为电位移矢量，可表示为

$$\boldsymbol{D}(\boldsymbol{r}) = \varepsilon_0 \boldsymbol{E}(\boldsymbol{r}) + \boldsymbol{P}(\boldsymbol{r}) \tag{2.2.29}$$

这样，式（2.2.28）变为

$$\nabla \cdot \boldsymbol{D}(\boldsymbol{r}) = \rho \tag{2.2.30}$$

这就是电介质中高斯定律的微分形式。它表明电介质内任一点的电位移矢量的散度等于该点的自由电荷体密度，即 $\boldsymbol{D}$ 的通量源是自由电荷，电位移线从正的自由电荷出发而终止于负的自由电荷。

对式（2.2.30）两端取体积分并应用散度定理，得

$$\oint_S \boldsymbol{D} \cdot \mathrm{d}\boldsymbol{S} = \int_V \rho \mathrm{d}V \tag{2.2.31}$$

或

$$\oint_S \boldsymbol{D} \cdot \mathrm{d}\boldsymbol{S} = q \tag{2.2.32}$$

这就是电介质中的高斯定律的积分形式。它表明电位移矢量穿过任一闭合面的通量等于该闭合面内的自由电荷的代数和。由此式还可以看出，电位移矢量 $\boldsymbol{D}$ 的单位是 $\mathrm{C/m^2}$。

2. 电介质的本构关系

对于所有电介质，式（2.2.29）都是成立的。若是线性和各向同性的电介质，将式（2.1.27）代入式（2.2.29），则得

$$\boldsymbol{D}(\boldsymbol{r}) = \varepsilon_0 \boldsymbol{E}(\boldsymbol{r}) + \chi_e \varepsilon_0 \boldsymbol{E}(\boldsymbol{r}) = (1 + \chi_e)\varepsilon_0 \boldsymbol{E}(\boldsymbol{r}) = \varepsilon_r \varepsilon_0 \boldsymbol{E}(\boldsymbol{r}) = \varepsilon \boldsymbol{E}(\boldsymbol{r}) \tag{2.2.33}$$

式中：$\varepsilon = \varepsilon_0 \varepsilon_r$ 称为电介质的介电常数，单位为 F/m。$\varepsilon_r = 1 + \chi_e$ 称为电介质的相对介电常数，无量纲。表 2－1 列出部分电介质的相对介电常数的近似值。

表 2－1　部分电介质的相对介电常数的近似值

电介质	ε_r	电介质	ε_r
空气	1.0006	尼龙（固态）	3.8
聚苯乙烯泡沫塑料	1.03	石英	5
干燥木头	2～4	胶木	5
石蜡	2.1	铅玻璃	6
胶合板	2.1	云母	6
聚乙烯	2.26	氯丁橡胶	7
聚苯乙烯	2.6	大理石	8
PVC	2.7	硅	12

续表

电介质	ε_r	电介质	ε_r
琥珀	3	酒精	25
橡胶	3	甘油	50
纸	3	蒸馏水	81
有机玻璃	3.4	二氧化钛	89～173
干燥沙质土壤	3.4	钛酸钡	1200

式（2.2.33）称为线性和各向同性电介质的本构关系。此关系方程表明，在线性和各向同性电介质中，$\boldsymbol{D}$ 和 $\boldsymbol{E}$ 的方向相同，大小成正比。

前面所说的均匀电介质是指其介电常数 ε 处处相等，不是空间坐标的函数；若是非均匀电介质，则 ε 是空间坐标的标量函数。线性电介质是指 ε 与 $\boldsymbol{E}$ 的大小无关；反之，则是非线性电介质。各向同性电介质，是指 ε 与 $\boldsymbol{E}$ 的方向无关，ε 是标量，$\boldsymbol{D}$ 和 $\boldsymbol{E}$ 的方向相同。另有一类电介质称为各向异性电介质，在这类电介质中，$\boldsymbol{D}$ 和 $\boldsymbol{E}$ 的方向不同，介电常数 ε 是一个张量，表示为 $\overline{\overline{\varepsilon}}$。这时，$\boldsymbol{D}$ 和 $\boldsymbol{E}$ 的关系式可写为

$$\boldsymbol{D}=\overline{\overline{\varepsilon}}\cdot\boldsymbol{E} \tag{2.2.34}$$

$$\begin{bmatrix} D_x \\ D_y \\ D_z \end{bmatrix}=\begin{bmatrix} \varepsilon_{xx} & \varepsilon_{xy} & \varepsilon_{xz} \\ \varepsilon_{yx} & \varepsilon_{yy} & \varepsilon_{yz} \\ \varepsilon_{zx} & \varepsilon_{zy} & \varepsilon_{zz} \end{bmatrix}\begin{bmatrix} E_x \\ E_y \\ E_z \end{bmatrix} \tag{2.2.35}$$

例 2.2.3：半径为 a 的球形区域内充满分布不均匀的体密度电荷，设其体密度为 $\rho(\boldsymbol{r})$。若已知电场分布为

$$\boldsymbol{E}=\begin{cases} \boldsymbol{e}_r(r^3+Ar^2), & r\leqslant a \\ \boldsymbol{e}_r(a^5+Aa^4)r^{-2}, & r>a \end{cases}$$

式中：A 为常数，试求电荷体密度 $\rho(\boldsymbol{r})$。

解：由高斯定律的微分形式 $\nabla\cdot\boldsymbol{D}(\boldsymbol{r})=\rho(\boldsymbol{r})$，得

$$\rho(\boldsymbol{r})=\varepsilon_0\nabla\cdot\boldsymbol{E}(\boldsymbol{r})$$

对于所给定的 $\boldsymbol{E}$，将 $\nabla\cdot\boldsymbol{E}(\boldsymbol{r})$ 在球坐标系中展开，得

$$\rho(\boldsymbol{r})=\varepsilon_0\frac{1}{r^2}\frac{\mathrm{d}}{\mathrm{d}r}(r^2E_r)$$

在 $\boldsymbol{r}\leqslant a$ 的区域内

$$\rho(\boldsymbol{r})=\varepsilon_0\frac{1}{r^2}\frac{\mathrm{d}}{\mathrm{d}r}[r^2(r^3+Ar^2)]=\varepsilon_0(5r^2+4Ar)$$

在 $r>a$ 的区域内

$$\rho(\boldsymbol{r})=\varepsilon_0\frac{1}{r^2}\frac{\mathrm{d}}{\mathrm{d}r}[r^2(a^5+Aa^4)r^{-2}]=0$$

可见，体密度电荷只分布在 $r=a$ 的球形区域内，球外无电荷分布。

例 2.2.4：半径为 a、介电常数为 ε 的球形电介质内的极化强度为 $\boldsymbol{P}=\boldsymbol{e}_r\dfrac{k}{r}$，式中：

k 为常数。(1) 计算极化电荷体密度和面密度；(2) 计算电介质球内自由电荷体密度。

解：(1) 电介质球内的极化电荷体密度为

$$\rho_P = -\nabla \cdot \boldsymbol{P} = -\frac{1}{r^2}\frac{\mathrm{d}}{\mathrm{d}r}(r^2 P_r) = -\frac{1}{r^2}\frac{\mathrm{d}}{\mathrm{d}r}\left(r^2 \frac{k}{r}\right) = -\frac{k}{r^2}$$

在 $r=a$ 处的极化电荷面密度为

$$\rho_{SP} = \boldsymbol{P} \cdot \boldsymbol{e} = \boldsymbol{e}_r \frac{k}{r} \cdot \boldsymbol{e}_r \big|_{r=a} = \frac{k}{a}$$

(2) 因 $\boldsymbol{D} = \varepsilon_0 \boldsymbol{E} + \boldsymbol{P}$，故

$$\nabla \cdot \boldsymbol{D} = \nabla \cdot (\varepsilon_0 \boldsymbol{E} + \boldsymbol{P}) = \varepsilon_0 \nabla \cdot \boldsymbol{E} + \nabla \cdot \boldsymbol{P} = \varepsilon_0 \nabla \cdot \frac{\boldsymbol{D}}{\varepsilon} + \nabla \cdot \boldsymbol{P}$$

即

$$\left(1 - \frac{\varepsilon_0}{\varepsilon}\right)\nabla \cdot \boldsymbol{D} = \nabla \cdot \boldsymbol{P}$$

而$\nabla \cdot \boldsymbol{D} = \rho$，故电介质球内的自由电荷体密度为

$$\rho = \nabla \cdot \boldsymbol{D} = \frac{\varepsilon}{\varepsilon - \varepsilon_0}\nabla \cdot \boldsymbol{P} = \frac{\varepsilon}{\varepsilon - \varepsilon_0}\frac{k}{r^2}$$

例 2.2.5：用高斯定律求孤立点电荷 q 在任意 P 点产生的电场强度 $\boldsymbol{E}$。

解：如图 2-13 所示，以点电荷 q 为球心，构造一个经过 P 点半径为 R 的球形高斯面。电通量线沿径向从正电荷发出，电场强度与球面垂直（唯一的方向），有

$$\boldsymbol{E} = \boldsymbol{e}_r E_r$$

因为球面上每一点到 q 所在的球心都是等距的，在 $r=R$ 球面上的每一点，E_r 应该有相同的值，所以

$$\oint_S \boldsymbol{E} \cdot \mathrm{d}\boldsymbol{S} = E_r \int_0^{\pi} R^2 \sin\theta \mathrm{d}\theta \int_0^{2\pi} \mathrm{d}\phi = 4\pi R^2 E_r$$

被球面包围的总电荷为 q，所以 P 点的电场强度为

$$E_r = \frac{q}{4\pi\varepsilon_0 R^2}$$

这与用库仑定律求得的结果完全相同。

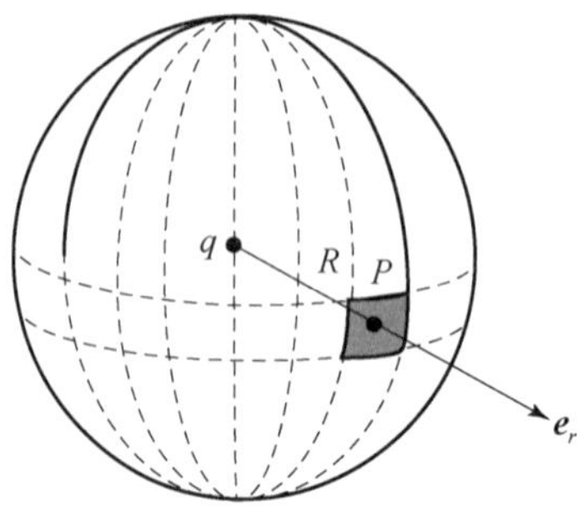

图 2-13　半径为 R 的球形（高斯）面包围一个在原点的电荷 q

例 2.2.6：如图 2-14 所示，电荷均匀分布在半径为 a 的球形表面上，求空间各处的电场强度。

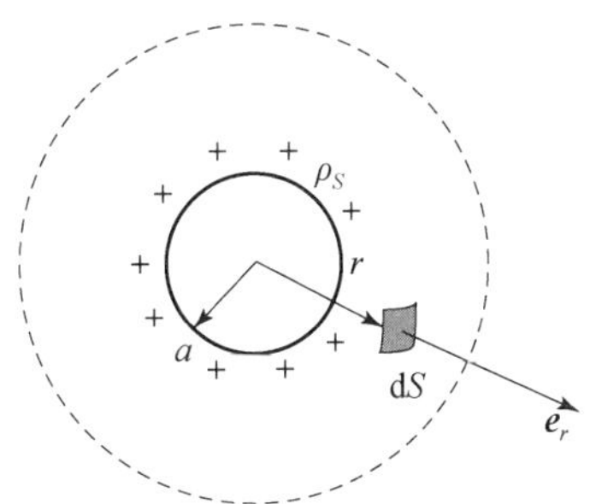

图 2－14 半径为 a，面电荷密度为 ρ_S 的球，被半径为 r 的球形高斯面包围

解：一个球形电荷分布暗示半径为 r 的球形高斯面上的电场强度是常数。如果球面半径，$r<a$ 电场强度应该是零，因为没有包围电荷。然而，当高斯面半径 $r>a$ 时，包围的总电荷为

$$Q = 4\pi a^2 \rho_S$$

式中：ρ_S 为均匀面电荷密度。由于

$$\oint_S \boldsymbol{E} \cdot \mathrm{d}\boldsymbol{S} = 4\pi r^2 E_r$$

故由高斯定律得

$$E_r = \frac{Q}{4\pi\varepsilon_0 r^2} = \frac{\rho_S a^2}{\varepsilon_0 r^2} \quad (r \geqslant a)$$

2.3 静电场的基本方程和边界条件

2.3.1 静电场的基本方程

前面已经得到下面的两组方程：

$$\oint_S \boldsymbol{D} \cdot \mathrm{d}\boldsymbol{S} = \int_V \rho \mathrm{d}V \tag{2.3.1}$$

$$\oint_l \boldsymbol{E} \cdot \mathrm{d}\boldsymbol{l} = 0 \tag{2.3.2}$$

和

$$\nabla \cdot \boldsymbol{D} = \rho \tag{2.3.3}$$

$$\nabla \times \boldsymbol{E} = 0 \tag{2.3.4}$$

且有

$$\boldsymbol{D} = \varepsilon \boldsymbol{E} \tag{2.3.5}$$

式（2.3.1）和式（2.3.2）都是用积分形式来表达的，称为积分形式的静电场基本方程；式（2.3.3）和式（2.3.4）称为微分形式的静电场基本方程。

高斯通量定理的积分形式式（2.3.1）说明：电通量密度 $\boldsymbol{D}$ 的闭合面积分等于面内所包围的总自由电荷，是静电场的一个基本性质。静电场的环路定理式（2.3.2）说明：电场强度 $\boldsymbol{E}$ 的环路线积分恒等于零，即静电场是一个守恒场。虽然式（2.3.2）是根据真空中的电场得到的，但在有电介质时，依然是成立的。这是因为有电介质时，可

以用极化电荷来考虑其附加作用。就产生电场而言，极化电荷与自由电荷一样，遵守库仑的平方反比定律，引起的静电场都属于守恒场。高斯通量定理的微分形式式（2.3.3）表明，静电场是有散场。式（2.3.4）是静电场环路定理的微分形式，它表明静电场是无旋场。积分形式的基本方程描述的是每一条回路和每一个闭合面上场量的整体情况；微分形式描述了各点及其相邻区域的场量的具体情况，即反映了从一点到另一点场量的变化，从而可以更深刻、更精确地反映场的分布。

例 2.3.1：设真空中有半径为 a 的球内分布着电荷体密度为 $\rho(\boldsymbol{r})$ 的电荷。已知球内场强 $\boldsymbol{E}=\boldsymbol{e}_r(r^3+Ar^2)$，式中：$A$ 为常数。求 $\rho(\boldsymbol{r})$ 及球外的电场强度。

解：采用球坐标系，此时电场强度 $\boldsymbol{E}$ 和 $\boldsymbol{r}$ 方向相同，且与 θ、ϕ 无关，可得

$$\rho=\nabla\cdot\boldsymbol{D}=\nabla\cdot(\varepsilon\boldsymbol{E})=\varepsilon_0\frac{1}{r^2}\frac{\partial}{\partial r}(r^2\boldsymbol{E}_r)=\varepsilon_0(5r^2+4Ar)$$

因球内的电荷分布是对称性的，故球外的电场必定也是球对称的，因此可得

$$\oint_S\boldsymbol{D}\cdot\mathrm{d}\boldsymbol{S}=\varepsilon_0\oint_S\boldsymbol{E}\cdot\mathrm{d}\boldsymbol{S}=4\pi\varepsilon_0r^2E$$

球内的总电荷为

$$\int_V\rho\mathrm{d}V=\int_0^a\rho4\pi r^2\mathrm{d}r=4\pi\varepsilon_0(a^5+Aa^4)$$

由高斯通量定理，可得

$$\boldsymbol{E}=\boldsymbol{e}_r\frac{a^5+Aa^4}{r^2}(r\geqslant a)$$

2.3.2 静电场的边界条件

不同的电介质的极化性质一般不同，因而在不同介质的分界面上静电场的场分量一般不连续。场分量在界面上的变化规律称为边界条件，下面由介质中场方程的积分形式推导出边界条件。

如图 2－15 所示，分界面两侧的介电常数分别为 ε_1、ε_2，用 $\boldsymbol{n}$ 表示界面的法向，并规定其方向由介质 1 指向介质 2。可以将 $\boldsymbol{D}$ 和 $\boldsymbol{E}$ 在界面上分解为法向分量和切向分量，法向分量沿 $\boldsymbol{n}$ 方向，切向分量与 $\boldsymbol{n}$ 垂直。先推导法向分量的边界条件。在分界面两侧作一个圆柱形闭合曲面，顶面和底面分别位于分界面两侧且都与分界面平行，其面积为 ΔS。将介质中积分形式的高斯定理应用于这个闭合面。然后令圆柱的高度趋于零，此时在侧面的积分为零，于是有

$$\boldsymbol{D}_2\cdot\boldsymbol{n}\Delta S-\boldsymbol{D}_1\cdot\boldsymbol{n}\Delta S=q=\rho_S\Delta S \tag{2.3.6}$$

即

$$\boldsymbol{n}\cdot(\boldsymbol{D}_2-\boldsymbol{D}_1)=\rho_S \tag{2.3.7}$$

或

$$\boldsymbol{D}_{2n}-\boldsymbol{D}_{1n}=\rho_S \tag{2.3.8}$$

式中：ρ_S 表示分界面上的自由面电荷密度。式（2.3.8）说明，电位移矢量的法向分量在通过界面时一般不连续。如果界面上无自由电荷分布，即在 $\rho_S=0$ 时，边界条件变为

$$\boldsymbol{n}\cdot(\boldsymbol{D}_2-\boldsymbol{D}_1)=0 \tag{2.3.9}$$

或

$$D_{2n}-D_{1n}=0 \tag{2.3.10}$$

说明在无自由电荷分布的界面上，电位移矢量的法向分量是连续的。

现在推导电场强度切向分量的边界条件，设分界面两侧的电场强度分别为 $\boldsymbol{E}_1$、$\boldsymbol{E}_2$，如图 2-16 所示。在界面上作一狭长矩形回路，两条长边分别在分界面两侧，且都与分界面平行。作电场强度沿该矩形回路的积分，并令矩形的短边趋于零，有

$$\oint_l \boldsymbol{E}\cdot \mathrm{d}\boldsymbol{l}=\boldsymbol{E}_1\cdot\Delta\boldsymbol{l}_1+\boldsymbol{E}_2\cdot\Delta\boldsymbol{l}_2=0 \tag{2.3.11}$$

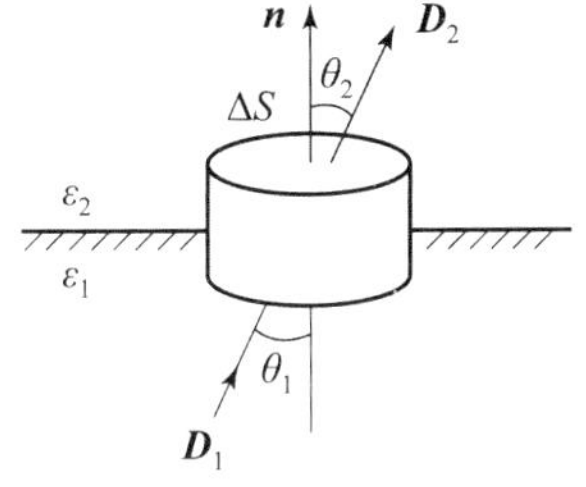

图 2-15　法向边界条件

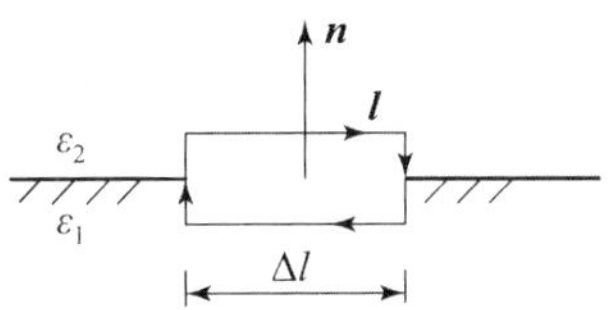

图 2-16　切向边界条件

因为 $\Delta\boldsymbol{l}_2=\boldsymbol{l}\Delta l$，$\Delta\boldsymbol{l}_1=-\boldsymbol{l}\Delta l$，$\boldsymbol{l}$ 是单位矢量，式（2.3.11）变为

$$(\boldsymbol{E}_2-\boldsymbol{E}_1)\cdot\boldsymbol{l}=0 \tag{2.3.12}$$

由于 $\boldsymbol{n}\perp\boldsymbol{l}$，故有

$$\boldsymbol{n}\times(\boldsymbol{E}_2-\boldsymbol{E}_1)=0 \tag{2.3.13}$$

或

$$\boldsymbol{E}_{2t}=\boldsymbol{E}_{1t} \tag{2.3.14}$$

这表明电场强度的切向分量在边界面两侧是连续的。

边界条件式（2.3.10）和式（2.3.14）可以用电位来表示。电场强度的切向分量连续，意味着电位是连续的，即

$$\varphi_1=\varphi_2 \tag{2.3.15}$$

由于

$$\boldsymbol{D}_{1n}=\varepsilon_1\boldsymbol{E}_{1n}=-\varepsilon_1\frac{\partial\varphi_1}{\partial n} \tag{2.3.16}$$

$$\boldsymbol{D}_{2n}=\varepsilon_2\boldsymbol{E}_{2n}=-\varepsilon_2\frac{\partial\varphi_2}{\partial n} \tag{2.3.17}$$

因此，法向分量的边界条件用电位表示为

$$\varepsilon_1\frac{\partial\varphi_1}{\partial n}-\varepsilon_2\frac{\partial\varphi_2}{\partial n}=\rho_S \tag{2.3.18}$$

在 $\rho_S=0$ 时

$$\varepsilon_1\frac{\partial\varphi_1}{\partial n}-\varepsilon_2\frac{\partial\varphi_2}{\partial n}=0 \tag{2.3.19}$$

分析电场强度矢量经过两种电介质界面时，其方向的改变情况。设区域 1 和区域 2 内电场矢量与法向的夹角分别为 θ_1、θ_2，由式（2.3.10）和式（2.3.14）得

$$\frac{\tan\theta_1}{\tan\theta_2}=\frac{\varepsilon_1}{\varepsilon_2} \tag{2.3.20}$$

另外，在导体表面，边界条件可以简化。导体内的静电场在静电平衡时为零。设导体外部的场为 $\boldsymbol{E}$、$\boldsymbol{D}$，导体的外法向为 $\boldsymbol{n}$，则导体表面的边界条件简化为

$$\boldsymbol{E}_t = 0 \tag{2.3.21}$$

$$\boldsymbol{D}_n = \rho_S \tag{2.3.22}$$

例 2.3.2：同心球电容器的内导体半径为 a，外导体的内半径为 b，其间填充两种介质，上半部分的介电常数为 ε_1，下半部分的介电常数为 ε_2，如图 2－17 所示。设内、外导体带电分别为 q 和 $-q$，求各部分的电位移矢量和电场强度。

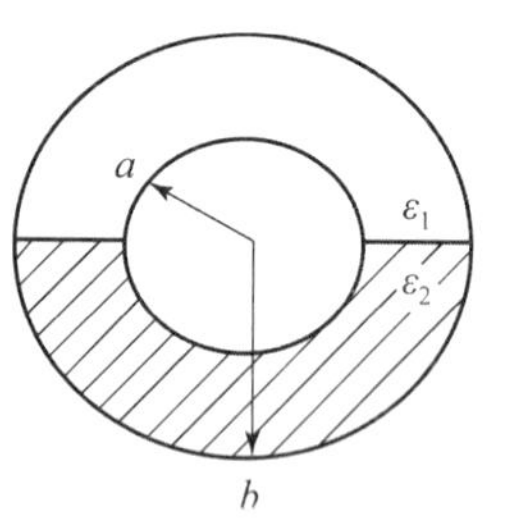

图 2－17　例 2.3.2 用图

解：两个极板间的场分布要同时满足介质分界面和导体表面的边界条件。因为内、外导体均是一个等位面，可以假设电场沿径向方向，然后验证这样的假设满足所有的边界条件。

要满足介质分界面上电场强度切向分量连续，上下两部分的电场强度应满足

$$\boldsymbol{E}_1 = \boldsymbol{E}_2 = \boldsymbol{e}_r E$$

在半径为 r 的球面上作电位移矢量的面积分，有

$$2\pi\varepsilon_1 r^2 \boldsymbol{E}_1 + 2\pi\varepsilon_2 r^2 \boldsymbol{E}_2 = 2\pi(\varepsilon_1 + \varepsilon_2) r^2 E = q$$

$$E = \boldsymbol{e}_r \frac{q}{2\pi(\varepsilon_1 + \varepsilon_2) r^2}$$

$$\boldsymbol{D}_1 = \boldsymbol{e}_r \frac{\varepsilon_1 q}{2\pi(\varepsilon_1 + \varepsilon_2) r^2}$$

$$\boldsymbol{D}_2 = \boldsymbol{e}_r \frac{\varepsilon_2 q}{2\pi(\varepsilon_1 + \varepsilon_2) r^2}$$

可以验证，这样的场分布也满足介质分界面上的法向分量和导体表面上的边界条件。

2.3.3　电位函数及方程

1. 电位和电位差

由静电场的基本方程 $\nabla \times \boldsymbol{E} = 0$ 和矢量恒等式 $\nabla \times \nabla u = 0$ 可知，电场强度矢量 $\boldsymbol{E}$ 可以表示为标量函数 φ 的梯度，即

$$\boldsymbol{E}(\boldsymbol{r}) = -\nabla\varphi(\boldsymbol{r}) \tag{2.3.23}$$

式中：标量函数 $\varphi(\boldsymbol{r})$ 称为静电场的电位函数，简称为电位，单位为 V。此式适用于任何静止电荷产生的静电场，即静电场的电场强度矢量等于负的电位梯度。

对于点电荷的电场：

$$\boldsymbol{E}(\boldsymbol{r}) = \frac{q}{4\pi\varepsilon} \cdot \frac{\boldsymbol{r} - \boldsymbol{r}'}{|\boldsymbol{r} - \boldsymbol{r}'|^3} \tag{2.3.24}$$

考虑到以下梯度运算结果：

$$\nabla\left(\frac{1}{|\boldsymbol{r} - \boldsymbol{r}'|}\right) = -\frac{\boldsymbol{r} - \boldsymbol{r}'}{|\boldsymbol{r} - \boldsymbol{r}'|^3} \tag{2.3.25}$$

则有

$$\boldsymbol{E}(\boldsymbol{r}) = -\nabla\left(\frac{q}{4\pi\varepsilon}\cdot\frac{1}{|\boldsymbol{r}-\boldsymbol{r}'|}\right) \tag{2.3.26}$$

与式（2.3.23）比较，可得到点电荷 q 产生的电场的电位函数为

$$\varphi(\boldsymbol{r}) = \frac{q}{4\pi\varepsilon|\boldsymbol{r}-\boldsymbol{r}'|} + C \tag{2.3.27}$$

式中：C 为任意常数。

应用叠加原理，根据式（2.3.27）可得到点电荷、线电荷、面电荷，以及体电荷产生的电场的电位函数分别为

$$\varphi(\boldsymbol{r}) = \frac{1}{4\pi\varepsilon}\sum_{i=1}^{N}\frac{q_i}{|\boldsymbol{r}-\boldsymbol{r}_i'|} + C \tag{2.3.28}$$

$$\varphi(\boldsymbol{r}) = \frac{1}{4\pi\varepsilon}\int_{l'}\frac{\rho_l(\boldsymbol{r}')}{|\boldsymbol{r}-\boldsymbol{r}'|}\mathrm{d}l' + C \tag{2.3.29}$$

$$\varphi(\boldsymbol{r}) = \frac{1}{4\pi\varepsilon}\int_{S'}\frac{\rho_S(\boldsymbol{r}')}{|\boldsymbol{r}-\boldsymbol{r}'|}\mathrm{d}S' + C \tag{2.3.30}$$

$$\varphi(\boldsymbol{r}) = \frac{1}{4\pi\varepsilon}\int_{V'}\frac{\rho(\boldsymbol{r}')}{|\boldsymbol{r}-\boldsymbol{r}'|}\mathrm{d}V' + C \tag{2.3.31}$$

通常用等位面形象地描述电位的空间分布。例如：点电荷电场的等位面是同心球面族。根据 $\boldsymbol{E}(\boldsymbol{r}) = -\nabla\varphi(\boldsymbol{r})$ 和标量函数梯度的性质可知，$\boldsymbol{E}$ 线垂直于等位面，且总是指向电位下降最快的方向。

若已知电荷分布，则可利用式（2.3.28）~式（2.3.31）求得电位函数 $\varphi(\boldsymbol{r})$，再利用 $\boldsymbol{E}(\boldsymbol{r}) = -\nabla\varphi(\boldsymbol{r})$ 求得电场强度 $\boldsymbol{E}(\boldsymbol{r})$。这样比直接求 $\boldsymbol{E}(\boldsymbol{r})$ 要简单些。

在 $\boldsymbol{E}(\boldsymbol{r}) = -\nabla\varphi(\boldsymbol{r})$ 的两端点乘 $\mathrm{d}\boldsymbol{l}$，得

$$\boldsymbol{E}(\boldsymbol{r})\cdot\mathrm{d}\boldsymbol{l} = -\nabla\varphi(\boldsymbol{r})\cdot\mathrm{d}\boldsymbol{l} = -\frac{\partial\varphi(\boldsymbol{r})}{\partial l}\mathrm{d}\boldsymbol{l} = -\mathrm{d}\varphi(\boldsymbol{r}) \tag{2.3.32}$$

对式（2.3.32）两边从点 P 到点 Q 沿任意路径进行积分，得

$$\int_P^Q \boldsymbol{E}(\boldsymbol{r})\cdot\mathrm{d}\boldsymbol{l} = -\int_P^Q \mathrm{d}\varphi(\boldsymbol{r}) = \varphi(P) - \varphi(Q) \tag{2.3.33}$$

可见，点 P、Q 之间的电位差 $\varphi(P)-\varphi(Q)$ 的物理意义是把一个单位正电荷从点 P 沿任意路径移动到点的 Q 过程中电场力所做的功。

为了使电场中每一点的电位具有确定的值，必须选定场中某一固定点作为电位参考点，即规定该固定点的电位为零。例如：若选定 Q 点为电位参考点，即规定 $\varphi(Q)=0$，则 P 点的电位为

$$\varphi(P) = \int_P^Q \boldsymbol{E}\cdot\mathrm{d}\boldsymbol{l} \tag{2.3.34}$$

若场源电荷分布在有限区域，通常选定无限远处为电位参考点，则

$$\varphi(P) = \int_P^\infty \boldsymbol{E}\cdot\mathrm{d}\boldsymbol{l} \tag{2.3.35}$$

2. 静电位的微分方程

在均匀、线性和各向同性的电介质中，ε 是一个常数。因此将 $\boldsymbol{E}(\boldsymbol{r}) = -\nabla\varphi(\boldsymbol{r})$ 代入 $\nabla\cdot\boldsymbol{D}(\boldsymbol{r}) = \rho(\boldsymbol{r})$ 中，得

$$\nabla\cdot\boldsymbol{D}(\boldsymbol{r}) = \nabla\cdot\varepsilon\boldsymbol{E}(\boldsymbol{r}) = -\varepsilon\nabla\cdot\nabla\varphi(\boldsymbol{r}) = \rho(\boldsymbol{r}) \tag{2.3.36}$$

故得

$$\nabla^2\varphi(\boldsymbol{r}) = -\frac{\rho(\boldsymbol{r})}{\varepsilon} \tag{2.3.37}$$

即静电位满足标量泊松方程。若空间内无自由电荷分布，即 $\rho=0$，则 $\varphi(\boldsymbol{r})$满足拉普拉斯方程：

$$\nabla^2\varphi(\boldsymbol{r}) = 0 \tag{2.3.38}$$

在通过解泊松方程或拉普拉斯方程求 $\varphi(\boldsymbol{r})$时，需应用边界条件来确定常数。下面介绍电位的边界条件。

设 P_1 和 P_2 是介质分界面两侧、紧贴分界面的相邻两点，其电位分别为 φ_1 和 φ_2。由于在两种介质中 E 均为有限值，当 P_1 和 P_2 都无限贴近分界面，即其间距 $\Delta l\to 0$ 时，$\varphi_1-\varphi_2=\boldsymbol{E}\cdot\Delta\boldsymbol{l}\to 0$，因此分界面两侧的电位是相等的，即

$$\varphi_1=\varphi_2 \tag{2.3.39}$$

又由 $\boldsymbol{e}_n\cdot(\boldsymbol{D}_1-\boldsymbol{D}_2)=\rho_S$，$\boldsymbol{D}=\varepsilon\boldsymbol{E}=-\varepsilon\nabla\varphi$ 可导出

$$\varepsilon_1\frac{\partial\varphi_1}{\partial n}-\varepsilon_2\frac{\partial\varphi_2}{\partial n}=-\rho_S \tag{2.3.40}$$

若分界面上不存在自由面电荷，即 $\rho_S=0$，则式（2.3.40）变为

$$\varepsilon_1\frac{\partial\varphi_1}{\partial n}=\varepsilon_2\frac{\partial\varphi_2}{\partial n} \tag{2.3.41}$$

若第二种媒质为导体，因达到静电平衡后导体内部的电场为零，导体为等位体，故导体表面上，电位的边界条件为

$$\begin{cases}\varphi=\text{常数}\\ \varepsilon\dfrac{\partial\varphi}{\partial n}=-\rho_S\end{cases} \tag{2.3.42}$$

例 2.3.3：求图 2-18 所示电偶极子的电位。

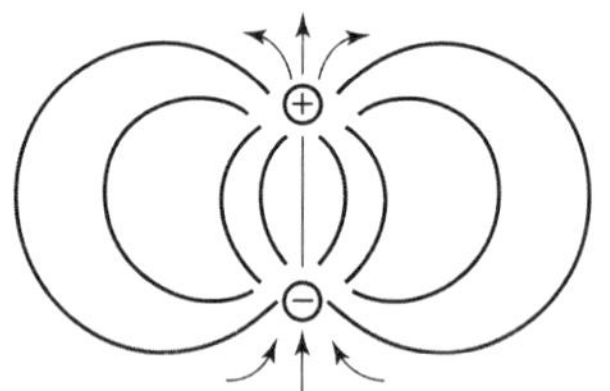

图 2-18　电偶极子

解：空间任意一点 $P(r,\theta,\phi)$处的电位等于两个点电荷的电位叠加，即

$$\varphi(\boldsymbol{r})=\frac{q}{4\pi\varepsilon_0}\left(\frac{1}{r_1}-\frac{1}{r_2}\right)=\frac{q}{4\pi\varepsilon_0}\frac{r_2-r_1}{r_1r_2}$$

式中

$$r_1=\sqrt{r^2+(d/2)^2-rd\cos\theta},\quad r_2=\sqrt{r^2+(d/2)^2+rd\cos\theta}$$

对于远离电偶极子的场点，$r\gg d$，则

$$r_1\approx r-\frac{d}{2}\cos\theta,\quad r_2\approx r+\frac{d}{2}\cos\theta$$

$$r_2-r_1\approx d\cos\theta,\quad r_2r_1\approx r^2$$

故得

$$\varphi(\boldsymbol{r})=\frac{qd\cos\theta}{4\pi\varepsilon_0 r^2}=\frac{\boldsymbol{p}\cdot\boldsymbol{r}}{4\pi\varepsilon_0 r^3} \tag{2.3.43}$$

应用球面坐标系中的梯度公式，可得到电偶极子的远区电场强度：

$$\boldsymbol{E}(\boldsymbol{r})=-\nabla\varphi(\boldsymbol{r})=-\left(\boldsymbol{e}_r\frac{\partial\varphi}{\partial r}+\boldsymbol{e}_\theta\frac{1}{r}\frac{\partial\varphi}{\partial\theta}+\boldsymbol{e}_\phi\frac{1}{r\sin\theta}\frac{\partial\varphi}{\partial\phi}\right)$$

$$=\frac{p}{4\pi\varepsilon_0 r^3}(\boldsymbol{e}_r 2\cos\theta+\boldsymbol{e}_\theta\sin\theta) \tag{2.3.44}$$

显然，此处的运算要比直接计算电场强度 $\boldsymbol{E}$ 要简单得多。

例 2.3.4：求均匀电场 $\boldsymbol{E}_0$ 的电位分布。

解：选定均匀电场空间中的一点 O 为坐标原点，而任意点 P 的位置矢量为 $\boldsymbol{r}$，则

$$\varphi(P)-\varphi(O)=\int_P^O\boldsymbol{E}_0\cdot\mathrm{d}\boldsymbol{l}=-\int_O^P\boldsymbol{E}_0\cdot\mathrm{d}\boldsymbol{r}=-\boldsymbol{E}_0\cdot\boldsymbol{r}$$

若选择点 O 为电位参考点，即 $\varphi(O)=0$，则

$$\varphi(P)=-\boldsymbol{E}_0\cdot\boldsymbol{r}$$

在球坐标系中，取极轴与 $\boldsymbol{E}_0$ 的方向一致，即 $\boldsymbol{E}_0=\boldsymbol{e}_zE_0$，有

$$\varphi(P)=-\boldsymbol{E}_0\cdot\boldsymbol{r}=-\boldsymbol{e}_z\cdot\boldsymbol{r}E_0=-E_0r\cos\theta$$

在圆柱坐标系中，取 $\boldsymbol{E}_0$ 与 x 轴方向一致，即 $\boldsymbol{E}_0=\boldsymbol{e}_xE_0$，而 $\boldsymbol{r}=\boldsymbol{e}_\rho\rho+\boldsymbol{e}_zz$，有

$$\varphi(P)=-\boldsymbol{E}_0\cdot\boldsymbol{r}=-\boldsymbol{e}_x\cdot E_0(\boldsymbol{e}_\rho\rho+\boldsymbol{e}_zz)=-E_0\rho\cos\phi$$

例 2.3.5：两块无限大接地导体平板分别置于 $x=0$ 和 $x=a$ 处，在两板之间的 $x=b$ 处有一面密度为 ρ_{S0} 的均匀电荷分布，如图 2-19 所示。求两导体平板之间的电位和电场。

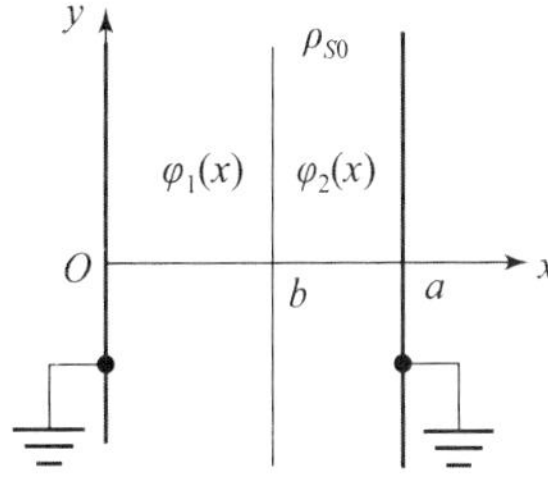

图 2-19　两块无限大平行板

解：在两块无限大接地导体平板之间，除 $x=b$ 处有均匀面电荷分布外，其余空间均无电荷分布，故电位函数满足一维拉普拉斯方程：

$$\begin{cases}\dfrac{\mathrm{d}^2\varphi_1(x)}{\mathrm{d}x^2}=0,0<x<b\\[2ex]\dfrac{\mathrm{d}^2\varphi_2(x)}{\mathrm{d}x^2}=0,b<x<a\end{cases}$$

可得

$$\varphi_1(x)=C_1x+D_1$$
$$\varphi_2(x)=C_2x+D_2$$

利用边界条件，得

$$\begin{cases}x=0\text{ 处},\varphi_1(0)=0\\ x=a\text{ 处},\varphi_2(a)=0\\ x=b\text{ 处},\varphi_1(b)=\varphi_2(b)\\ \left[\dfrac{\partial\varphi_2(x)}{\partial x}-\dfrac{\partial\varphi_1(x)}{\partial x}\right]_{x=b}=-\dfrac{\rho_{S0}}{\varepsilon_0}\end{cases}$$

于是有

$$\begin{cases} D_1=0, C_2a+D_2=0 \\ C_1b+D_1=C_2b+D_2, C_2-C_1=-\dfrac{\rho_{S0}}{\varepsilon_0} \end{cases}$$

由此解得

$$\begin{cases} C_1=-\dfrac{\rho_{S0}(b-a)}{\varepsilon_0 a}, D_1=0 \\ C_2=-\dfrac{\rho_{S0}b}{\varepsilon_0 a}, D_2=\dfrac{\rho_{S0}b}{\varepsilon_0} \end{cases}$$

最后得

$$\begin{cases} \varphi_1(x)=\dfrac{\rho_{S0}(a-b)}{\varepsilon_0 a}x, 0\leqslant x\leqslant b \\ \varphi_2(x)=\dfrac{\rho_{S0}b}{\varepsilon_0 a}(a-x), b\leqslant x\leqslant a \end{cases}$$

$$\begin{cases} \boldsymbol{E}_1(x)=-\nabla\varphi_1(x)=-\boldsymbol{e}_x\dfrac{\mathrm{d}\varphi_1(x)}{\mathrm{d}x}=-\boldsymbol{e}_x\dfrac{\rho_{S0}(a-b)}{\varepsilon_0 a} \\ \boldsymbol{E}_2(x)=-\nabla\varphi_2(x)=-\boldsymbol{e}_x\dfrac{\mathrm{d}\varphi_2(x)}{\mathrm{d}x}=\boldsymbol{e}_x\dfrac{\rho_{S0}b}{\varepsilon_0 a} \end{cases}$$

习　题

2-1　已知半径为 a 的导体球面上分布着面电荷密度为 $\rho_S=\rho_{S0}\cos\theta$ 的电荷，式中：ρ_{S0} 为常数。试计算球面上的总电荷量。

2-2　半径为 a 的一个半圆环上均匀分布着线电荷 ρ_l，如题图 2-2 所示。试求垂直于半圆环所在平面的轴线上 $z=a$ 处的电场强度 $\boldsymbol{E}(0,0,a)$。

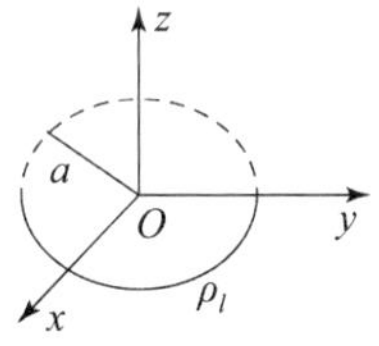

题图 2-2

2-3　在下列条件下，对给定点求 $\mathrm{div}\boldsymbol{E}$ 的值：

（1）$\boldsymbol{E}=[\boldsymbol{e}_x(2xyz-y^2)+\boldsymbol{e}_y(x^2z-2xy)+\boldsymbol{e}_z x^2 y]$（V/m），求点 $P_1(2,3,-1)$ 处 $\mathrm{div}\boldsymbol{E}$ 的值；

（2）$\boldsymbol{E}=[\boldsymbol{e}_\rho 2\rho z^2\sin^2\phi+\boldsymbol{e}_\phi \rho z^2\sin 2\phi+\boldsymbol{e}_z 2\rho^2 z\sin^2\phi]$（V/m）；

求点 $P_2(\rho=2,\phi=110°,z=-1)$ 处 $\mathrm{div}\boldsymbol{E}$ 的值。

（3）$\boldsymbol{E}=[\boldsymbol{e}_r 2r\sin\theta\cos\phi+\boldsymbol{e}_\theta r\cos\theta\cos\phi-\boldsymbol{e}_\phi r\sin\phi]$（V/m），求点 $P(r=1.5,\theta=30°,\phi=50°)$ 处 $\mathrm{div}\boldsymbol{E}$ 的值。

2-4　长度为 L 的线电荷，电荷密度为常数 ρ_{l0}。（1）计算线电荷平分面上的电位函数 φ；（2）利用直接积分法计算平分面上的 $\boldsymbol{E}$，并 $\boldsymbol{E}=-\nabla\varphi$ 由（1）验证（2）所得结果。

2-5　点电荷 $q_1=q$ 位于点 $P_1(-a,0,0)$，另一点电荷 $q_2=-2q$ 位于点 $P_2(a,0,0)$，求空间的零电位面。

2-6　已知 $y>0$ 的空间中没有电荷，试判断下列函数中哪些是可能的电位解？（1）$\mathrm{e}^{-y}\cosh x$；（2）$\mathrm{e}^{-y}\cos x$；（3）$\mathrm{e}^{-\sqrt{2}y}\sin x\cos x$；（4）$\sin x\sin y\sin z$。

2-7　一半径为 R_0 的介质球，介电常数为 $\varepsilon=\varepsilon_r\varepsilon_0$，其内均匀地分布着体密度为 ρ 的自由电荷，试证明该介质球中心点的电位为 $\dfrac{2\varepsilon_r+1}{2\varepsilon_r}\dfrac{\rho}{3\varepsilon_0}R_0^2$。

2-8　电场中有一半径为 a，介电常数为 ε 的介质球，已知球内、外的电位函数分别为

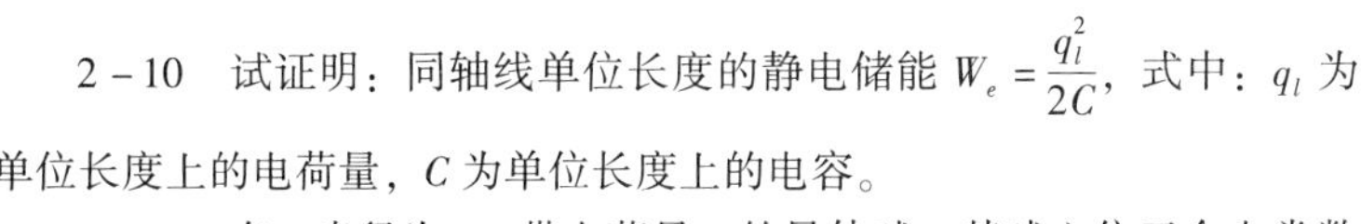

$$\varphi_1 = -E_0 r\cos\theta + \frac{\varepsilon - \varepsilon_0}{\varepsilon + 2\varepsilon_0} a^3 E_0 \frac{\cos\theta}{r^2} (r \geqslant a)$$

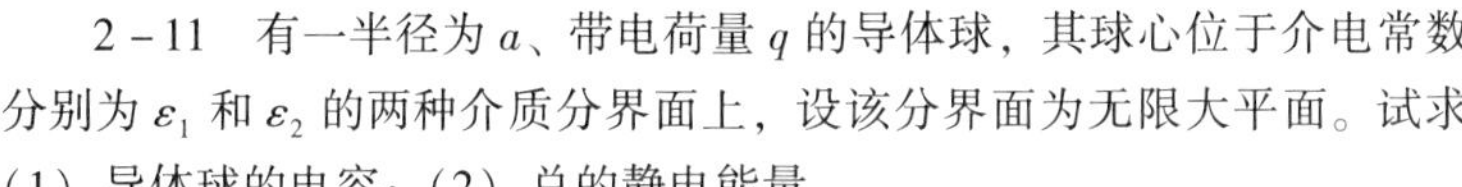

$$\varphi_2 = -\frac{3\varepsilon_0}{\varepsilon + 2\varepsilon_0} E_0 r\cos\theta (r \leqslant a)$$

试验证介质球表面上的边界条件，并计算介质球表面上的束缚电荷密度。

2-9　两块无限大导体平板分别置于 $x=0$ 和 $x=d$ 处，板间充满电荷，其体电荷密度为 $\rho = \frac{\rho_0 x}{d}$，极板的电位分别设为 0 和 U_0，如题图 2.9 所示，求两导体板之间的电位和电场强度。

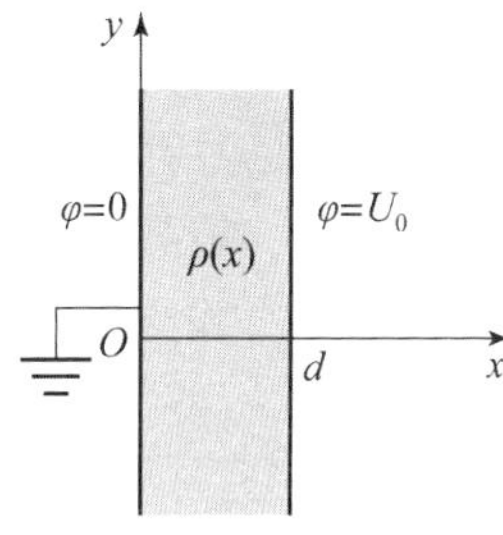

题图 2-9

2-10　试证明：同轴线单位长度的静电储能 $W_e = \frac{q_l^2}{2C}$，式中：q_l 为单位长度上的电荷量，C 为单位长度上的电容。

2-11　有一半径为 a、带电荷量 q 的导体球，其球心位于介电常数分别为 ε_1 和 ε_2 的两种介质分界面上，设该分界面为无限大平面。试求（1）导体球的电容；（2）总的静电能量。

2-12　两平行的金属板，板间距离为 d，竖直地插入介电常数为 ε 的液态介质中，两板间加电压 U_0，试证明液面升高：

$$h = \frac{1}{2\rho g}(\varepsilon - \varepsilon_0)\left(\frac{U_0}{d}\right)^2$$

式中：ρ 为液体的质量密度，g 为重力加速度。

2-13　一半径为 b 的薄圆筒上均匀分布的面电荷密度为 ρ_s，若圆筒从 $Q(0,0,-L/2)$ 延伸到 $S(0,0,L/2)$，求 $P(0,0,h)$ 点的 $\boldsymbol{E}$，并计算 $h=0$，$h=L/2$，$h=-L/2$ 的 $\boldsymbol{E}$ 值。

2-14　四同心球壳，半径分别为 0.2m、0.4m、0.6m、0.8m，均匀分布面电荷密度分别为 $10\mu C/m^2$、$-2\mu C/m^2$、$-0.5\mu C/m^2$ 和 $0.5\mu C/m^2$。求半径为 0.1m、0.3m、0.5m、0.7m 和 1m 五点处的电场强度 $\boldsymbol{E}$。

2-15　给定电场 $\boldsymbol{E} = \boldsymbol{e}_x 10 + \boldsymbol{e}_y 20 + \boldsymbol{e}_z 20 \text{kV/m}$，求 0.1nC 的电荷沿下列路径移动所需做的功：（1）从原点到(3,0,0)，（2）从(3,0,0)到(3,4,0)，（3）从原点直接到(3,4,0)。

2-16　一半径为 b 的金属球表面电荷均匀分布，周围介质的电容率为 $\varepsilon = \varepsilon_0(1 + a/r)$，求（1）空间处处的 $\boldsymbol{D}$、$\boldsymbol{E}$ 和 $\boldsymbol{P}$，（2）束缚电荷密度，（3）能量密度，（4）证明介质区域内的电位为

$$V = \frac{Q}{4\pi\varepsilon_0 a}\ln\left(1 + \frac{a}{r}\right)$$

式中：Q 为金属球的总电荷。

第 3 章　恒定电场

恒定电场是由运动但空间分布不随时间改变的电荷系统产生的电场，因此恒定电场与恒定电流场并存。本章介绍恒定电场中的基本物理量和基本规律，包括媒质的传导特性及电导率、传导电流及电流密度、电阻及电导、电流连续性方程等，分析恒定电场的散度与旋度，并给出恒定电场的基本方程和边界条件。

3.1　基本物理量

3.1.1　媒质的传导特性及电导率

导电媒质内部有许多能自由运动的带电粒子（自由电子或正、负粒子），它们在外电场的作用下可以做宏观定向运动而形成电流。

对于线性和各向同性的导电媒质，媒质内任意一点的电流密度矢量 $\boldsymbol{J}$ 和该点的电场强度 $\boldsymbol{E}$ 成正比，即

$$\boldsymbol{J}=\sigma\boldsymbol{E} \tag{3.1.1}$$

这就是欧姆定律的微分形式，式中：比例系数 σ 称为媒质的电导率，单位是 S/m。电导率 σ 的值与媒质构成有关，表 3－1 所列为部分材料的相对电导率。欧姆定律是对某些材料电特性的表述，满足式（3.1.1）的材料称为欧姆材料。

另外，在导电媒质中，设体密度为 ρ 的电荷在电场力的作用下以平均速度 $\boldsymbol{v}$ 运动，则作用于体积元 $\mathrm{d}V$ 内的电荷的电场力为 $\mathrm{d}\boldsymbol{F}=\rho\mathrm{d}V\boldsymbol{E}$。若在 $\mathrm{d}t$ 时间内，电荷的移动距离为 $\mathrm{d}\boldsymbol{l}$，则电场力所做的功为

$$\mathrm{d}W=\mathrm{d}\boldsymbol{F}\cdot\mathrm{d}\boldsymbol{l}=\rho\mathrm{d}V\boldsymbol{E}\cdot\boldsymbol{v}\mathrm{d}t=\boldsymbol{J}\cdot\boldsymbol{E}\mathrm{d}V\mathrm{d}t \tag{3.1.2}$$

式中：$\boldsymbol{J}=\rho\boldsymbol{v}$。故电场对体积元 $\mathrm{d}V$ 内的电荷提供的功率为

$$\mathrm{d}p=\frac{\mathrm{d}W}{\mathrm{d}t}=\boldsymbol{J}\cdot\boldsymbol{E}\mathrm{d}V \tag{3.1.3}$$

则电场对单位体积内的电荷提供的功率为

$$p=\frac{\mathrm{d}p}{\mathrm{d}V}=\boldsymbol{J}\cdot\boldsymbol{E} \tag{3.1.4}$$

电场提供的功率以热的形式作为焦耳热消耗在导电媒质的电阻上。式（3.1.4）称为焦耳定律的微分形式。

表 3－1　部分材料的相对电导率

材料	电导率/(S/m)	材料	电导率/(S/m)
海水	4	铅	5×10^{6}

续表

材料	电导率/(S/m)	材料	电导率/(S/m)
铁氧体	10^2	锡	9×10^6
硅	2.6×10^3	黄铜	1.46×10^7
石墨	10^5	锌	1.7×10^7
铸铁	10^6	钨	1.8×10^7
汞	1.04×10^6	铝	3.53×10^7
不锈钢	10^6	金	4.1×10^7
康铜	2.04×10^6	铜	5.8×10^7
硅钢	2×10^6	银	6.2×10^7

整个体积 V 中的导电媒质消耗的功率为

$$P = \int_V p\mathrm{d}V = \int_V \boldsymbol{J}\cdot\boldsymbol{E}\mathrm{d}V \tag{3.1.5}$$

称为焦耳定律的积分形式。

对于线性和各向同性的导体，$\boldsymbol{J}$ 和 $\boldsymbol{E}$ 的关系满足式（3.1.1），则式（3.1.4）和式（3.1.5）可分别表示为

$$p = \sigma\boldsymbol{E}\cdot\boldsymbol{E} = \sigma E^2 \tag{3.1.6}$$

$$P = \int_V \sigma E^2\mathrm{d}V \tag{3.1.7}$$

媒质的极化特性、磁化特性和导电特性，可以分别用介电常数 ε、磁导率 μ 和电导率 σ 来描述。

3.1.2　传导电流及电流密度

电流是由电荷做定向运动形成的，通常用电流强度来描述大小。设在 Δt 时间内通过某一截面 S 的电荷量为 Δq，则通过该截面 S 的电流强度定义为

$$i = \lim_{\Delta t\to 0}\frac{\Delta q}{\Delta t} = \frac{\mathrm{d}q}{\mathrm{d}t} \tag{3.1.8}$$

电流强度一般简称为电流，它的单位为 A。若电荷的运动速度不随时间改变，则为恒定电流，用 I 表示。

在电磁理论研究中，常用到体电流模型、面电流模型和线电流模型。

1. 体电流

电荷在某一体积内定向运动所形成的电流称为体电流。一般情况下，在导体内某一截面上不同的点，电流的大小和方向往往是不同的。为了描述该截面上电流的分布，引入电流密度矢量 $\boldsymbol{J}$，其定义：空间任一点 $\boldsymbol{J}$ 的方向是该点上正电荷运动的方向，$\boldsymbol{J}$ 的大小等于在该点与 $\boldsymbol{J}$ 垂直的单位面积上的电流大小，即

$$\boldsymbol{J} = \boldsymbol{e}_n\lim_{\Delta S\to 0}\frac{\Delta i}{\Delta S} = \boldsymbol{e}_n\frac{\mathrm{d}i}{\mathrm{d}S} \tag{3.1.9}$$

体电流密度的单位是 A/m^2，式中：$\boldsymbol{e}_n$ 为电流密度 $\boldsymbol{J}$ 的方向，也是面积元 ΔS 的正法线单位矢量如图 3－1 所示，$\boldsymbol{J}$ 也称为体电流密度矢量。通过任意截面 $\boldsymbol{S}$ 的电流为

$$i = \int_S \boldsymbol{J} \cdot \mathrm{d}\boldsymbol{S} \tag{3.1.10}$$

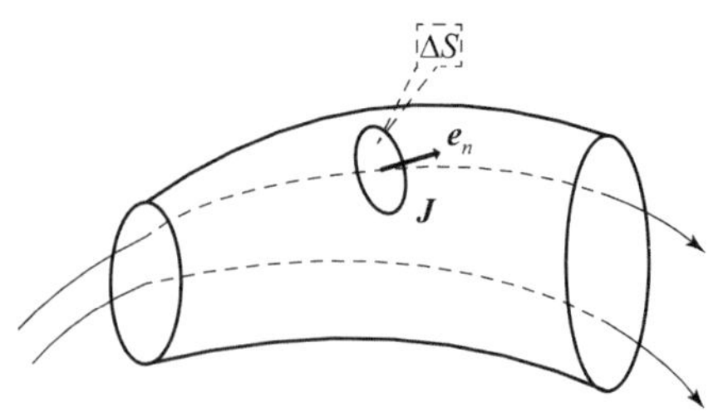

图 3－1　体电流密度矢量

2. 面电流

电荷在一个厚度可以忽略的薄层内定向运动所形成的电流称为面电流，用面电流密度矢量 $\boldsymbol{J}_S$ 来描述其分布，如图 3－2 所示。与电流方向垂直的横截面厚度趋于 0，面积元 ΔS 变为线元 Δl，则面电流密度矢量为

$$\boldsymbol{J}_S = \boldsymbol{e}_n \lim_{\Delta l \to 0} \frac{\Delta i}{\Delta l} = \boldsymbol{e}_n \frac{\mathrm{d}i}{\mathrm{d}l} \tag{3.1.11}$$

面电流密度的单位是 A/m，式中：$\boldsymbol{e}_n$ 为面电流方向单位矢量。通过薄导体层上任意有向曲线 $\boldsymbol{l}$ 的电流为

$$i = \int_l \boldsymbol{J}_s \cdot (\boldsymbol{n}_1 \times \mathrm{d}\boldsymbol{l}) \tag{3.1.12}$$

式中：$\boldsymbol{n}_1$ 为薄导体层的法向单位矢量。

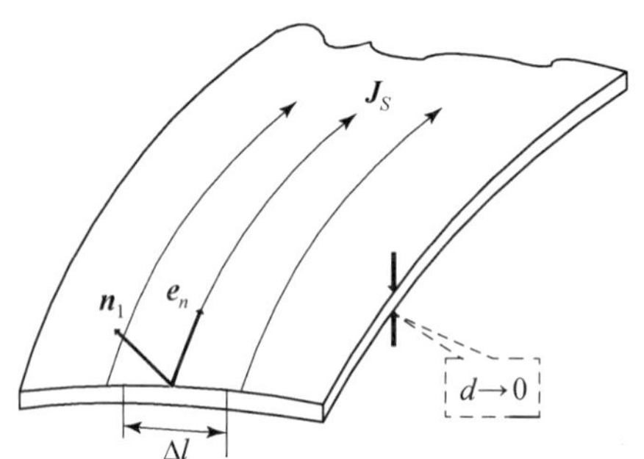

图 3－2　面电流密度矢量

3. 线电流

电荷在一个横截面积可以忽略的细线中做定向流动所形成的电流称为线电流，可以认为电流是集中在细导线的轴线上。长度元 $\mathrm{d}\boldsymbol{l}$ 中流过电流 I，将 $I\mathrm{d}\boldsymbol{l}$ 称为电流元。线电流也是电磁理论中的重要概念。

3.1.3　电阻及电导

1. 电阻

导体对电流的阻碍作用称为该导体的电阻。电阻（通常用“R”表示）是一个物理量，在物理学中表示导体对电流阻碍作用的大小。导体的电阻越大，表示导体对电流的阻碍作用越大。不同的导体，电阻一般不同，电阻是导体本身的一种性质。电阻的单位是欧姆，简称欧、符号为 Ω。

电阻由导体两端的电压 U 与通过导体的电流 I 的比值来定义，即

$$R=\frac{U}{I} \tag{3.1.13}$$

所以，当导体两端的电压一定时，电阻越大，通过的电流就越小；反之，电阻越小，通过的电流就越大。因此，电阻的大小可以用来衡量导体对电流阻碍作用的强弱，即导电性能的好坏。电阻的量值与导体的材料、形状、体积以及周围环境等因素有关。

电阻率是描述导体导电性能的参数。对于由某种材料制成的柱形均匀导体，其电阻 R 与长度 L 成正比，与横截面积 S 成反比，即

$$R=\rho\frac{L}{S} \tag{3.1.14}$$

式中：ρ 为比例系数，由导体的材料和周围温度所决定，称为电阻率。它的国际单位制 SI 是 $\Omega\cdot\mathrm{m}$。常温下一般金属的电阻率与温度的关系为

$$\rho=\rho_0(1+\alpha t) \tag{3.1.15}$$

式中：ρ_0 为 0℃时的电阻率；α 为电阻的温度系数；温度 t 的单位为摄氏度。半导体和绝缘体的电阻率与金属不同，它们与温度之间不是按线性规律变化的。当温度升高时，它们的电阻率会急剧地减小，呈现出非线性变化的性质。

2. 电导

导体的导电能力可以用电导（符号是 G）来表示，电导为电阻的倒数。

电导是描述导体导电性能的物理量，即对于某一种导体允许电流通过它的容易性的量度。电导单位是西门子，简称为西，符号为 S。导体的电阻越小，电导就越大。

对于纯电阻线路，电导与电阻的关系方程为

$$G=\frac{1}{R} \tag{3.1.16}$$

下面给出三种常用的计算电导的方法，其步骤分别如下：

方法一：

（1）假定两电极间的电流为 I；

（2）计算两电极间的电流密度矢量 $\boldsymbol{J}$；

（3）由 $\boldsymbol{J}=\sigma\boldsymbol{E}$ 得到 $\boldsymbol{E}$；

（4）由 $U=\int_1^2\boldsymbol{E}\cdot\mathrm{d}\boldsymbol{l}$，求出两导体间的电位差；

（5）求比值 $G=\frac{I}{U}$，即得出所求电导。

方法二：

（1）假定两电极间的电位差为 U；

（2）计算两电极间的电位分布 φ；

（3）由 $\boldsymbol{E}=-\nabla\varphi$ 得到 $\boldsymbol{E}$；

（4）由 $I=\int_S\boldsymbol{J}\cdot\mathrm{d}\boldsymbol{S}$，求出两导体间的电流；

（5）求比值 $G=\frac{I}{U}$，即得出所求电导。

方法三：

静电比拟法，由$\dfrac{G}{C}=\dfrac{\sigma}{\varepsilon}$得 $G=\dfrac{\sigma}{\varepsilon}C$。

3.2 基本规律

3.2.1 电流连续性方程

根据电荷守恒定律，单位时间内从闭合面 $\boldsymbol{S}$ 内流出的电荷量应等于闭合面 $\boldsymbol{S}$ 所限定的体积 V 内电荷的减少量，即

$$\oint_S \boldsymbol{J}\cdot \mathrm{d}\boldsymbol{S} = -\frac{\mathrm{d}q}{\mathrm{d}t} = -\frac{\mathrm{d}}{\mathrm{d}t}\int_V \rho \mathrm{d}V \tag{3.2.1}$$

即电流连续性方程的积分形式。设定闭合面 $\boldsymbol{S}$ 所限定的体积 V 不随时间变化，则将全导数写成偏导数，式（3.2.1）变为

$$\oint_S \boldsymbol{J}\cdot \mathrm{d}\boldsymbol{S} = -\int_V \frac{\partial \rho}{\partial t}\mathrm{d}V \tag{3.2.2}$$

应用散度定理可知，$\oint_S \boldsymbol{J}\cdot \mathrm{d}\boldsymbol{S} = \int_V \nabla\cdot \boldsymbol{J}\mathrm{d}V$，式（3.2.2）可写为

$$\int_V \left(\nabla\cdot \boldsymbol{J} + \frac{\partial \rho}{\partial t}\right)\mathrm{d}V = 0 \tag{3.2.3}$$

因闭合面 $\boldsymbol{S}$ 是任意取的，因此它所限定的体积 V 也是任意的。故从式（3.2.3），得

$$\nabla\cdot \boldsymbol{J} + \frac{\partial \rho}{\partial t} = 0 \tag{3.2.4}$$

称为电流连续性方程的微分形式。

当研究恒定电流场时，要维持电流不随时间改变，就要求电荷在空间的分布也不随时间改变。因此，对于恒定电流场必然有

$$\oint_S \boldsymbol{J}\cdot \mathrm{d}\boldsymbol{S} = 0,\quad \nabla\cdot \boldsymbol{J} = 0 \tag{3.2.5}$$

这表明从任意闭合面穿出的恒定电流为 0，或恒定电流场是一个无散度的场。

3.2.2 恒定电场的散度与旋度

1. 恒定电场的散度

在导电媒质中实验证明：电流密度与电场强度成正比关系，即

$$\boldsymbol{J} = \sigma \boldsymbol{E} \tag{3.2.6}$$

根据电流连续性方程的微分形式，可得到恒定电场的散度满足

$$\nabla\cdot \boldsymbol{E} = 0 \tag{3.2.7}$$

2. 恒定电场的旋度

由式（3.2.5）表明从闭合面 $\boldsymbol{S}$ 穿出的电流恒为零，因而闭合面包围的体积内的电量也不随时间变化。故可以得出结论：尽管电流是电荷的运动，但在恒定电流的状态下电荷分布并不随时间改变。由此可以认定恒定电场也是保守场，电场强度沿任一闭合路径的线积分恒为零，即

$$\oint_C \boldsymbol{E} \cdot \mathrm{d}\boldsymbol{l} = 0 \tag{3.2.8}$$

式（3.2.8）的微分形式可写为

$$\nabla \times \boldsymbol{E} = 0 \tag{3.2.9}$$

3.3　恒定电场的基本方程和边界条件

3.3.1　恒定电场的基本方程

电流密度 $\boldsymbol{J}(\boldsymbol{r})$ 和电场强度 $\boldsymbol{E}(\boldsymbol{r})$ 是恒定电场的基本场矢量。恒定电流，若要维持电流不随时间变化，则空间的电场也必须是恒定不变的。这就要求电荷的空间分布也不随时间变化，所以有 $\frac{\partial \rho}{\partial t} = 0$。根据电流连续性方程 $\int_V \left(\nabla \cdot \boldsymbol{J} + \frac{\partial \rho}{\partial t}\right) \mathrm{d}V = 0$，得

$$\oint_S \boldsymbol{J} \cdot \mathrm{d}\boldsymbol{S} = 0 \tag{3.3.1}$$

相应的微分形式为

$$\nabla \cdot \boldsymbol{J} = 0 \tag{3.3.2}$$

式（3.3.1）表明从闭合面 $\boldsymbol{S}$ 穿出的电流恒为零，因而闭合面包围的体积内的电量也不随时间改变。故可以得出结论：尽管电流是电荷的运动，但在恒定电流的状态下电荷分布并不随时间改变。由此可以认定恒定电场也是保守场，电场强度沿任一闭合路径的线积分恒为零，即

$$\oint_C \boldsymbol{E} \cdot \mathrm{d}\boldsymbol{l} = 0 \tag{3.3.3}$$

相应的微分形式为

$$\nabla \times \boldsymbol{E} = 0 \tag{3.3.4}$$

因而，恒定电场也可用电位梯度表示

$$\boldsymbol{E} = -\nabla \varphi \tag{3.3.5}$$

式（3.3.1）和式（3.3.3）是恒定电场基本方程的积分形式；式（3.3.2）和式（3.3.4）是对应的微分形式。

将 $\boldsymbol{J} = \sigma \boldsymbol{E} = -\sigma \nabla \varphi$ 代入 $\nabla \cdot \boldsymbol{J} = 0$，可以导出均匀导电媒质（$\sigma =$ 常数）中的电位满足拉普拉斯方程，即

$$\nabla^2 \varphi = 0 \tag{3.3.6}$$

3.3.2　恒定电场的边界条件

将恒定电场基本方程的积分形式（3.3.1）和式（3.3.3）应用到两种不同导电媒质的分界面上，可导出恒定电场的边界条件为

$$\boldsymbol{e}_n \cdot (\boldsymbol{J}_1 - \boldsymbol{J}_2) = 0 \quad 或 \quad J_{1n} = J_{2n} \tag{3.3.7}$$

$$\boldsymbol{e}_n \times (\boldsymbol{E}_1 - \boldsymbol{E}_2) = 0 \quad 或 \quad E_{1t} = E_{2t} \tag{3.3.8}$$

由于 $\boldsymbol{J} = \sigma \boldsymbol{E} = -\sigma \nabla \varphi$，因此，电位函数的边界条件为

$$\sigma_1 \frac{\partial \varphi_1}{\partial n} = \sigma_2 \frac{\partial \varphi_2}{\partial n} \tag{3.3.9}$$

$$\varphi_1 = \varphi_2 \tag{3.3.10}$$

应该注意：由于导体内存在恒定电场，根据边界条件可知，在导体表面上的电场既有法向分量，又有切向分量，电场矢量 $\boldsymbol{E}$ 并不垂直于导体表面，因而此时的导体表面不是等位面。由式（3.3.7）和式（3.3.8）可推导出场矢量在分界面上的折射关系为

$$\frac{\tan\theta_1}{\tan\theta_2} = \frac{\sigma_1}{\sigma_2} \tag{3.3.11}$$

3.3.3 恒定电场与静电场的比较

根据前面的讨论，可以看到均匀导电媒质中的恒定电场（电源外部）和均匀电介质中的静电场（电荷密度 $\rho = 0$ 的区域）有很多相似之处，表 3－2 所列为两种场的基本方程和边界条件。

表 3－2 恒定电场与静电场的比拟

—	均匀导电媒质中的恒定电场（电源外部）	均匀电介质中的静电场（$\rho = 0$ 的区域）
基本方程	$\oint_C \boldsymbol{E} \cdot \mathrm{d}\boldsymbol{l} = 0$ $\oint_S \boldsymbol{J} \cdot \mathrm{d}\boldsymbol{S} = 0$	$\oint_C \boldsymbol{E} \cdot \mathrm{d}\boldsymbol{l} = 0$ $\oint_S \boldsymbol{D} \cdot \mathrm{d}\boldsymbol{S} = 0$
	$\nabla \times \boldsymbol{E} = 0$ $\nabla \cdot \boldsymbol{J} = 0$	$\nabla \times \boldsymbol{E} = 0$ $\nabla \cdot \boldsymbol{D} = 0$
本构关系	$\boldsymbol{J} = \sigma \boldsymbol{E}$	$\boldsymbol{D} = \varepsilon \boldsymbol{E}$
位函数方程	$\nabla^2 \varphi = 0$	$\nabla^2 \varphi = 0$
边界条件	$E_{1t} = E_{2t}$ $J_{1n} = J_{2n}$	$E_{1t} = E_{2t}$ $D_{1n} = D_{2n}$
	$\varphi_1 = \varphi_2$ $\sigma_1 \frac{\partial \varphi_1}{\partial n} = \sigma_2 \frac{\partial \varphi_2}{\partial n}$	$\varphi_1 = \varphi_2$ $\varepsilon_1 \frac{\partial \varphi_1}{\partial n} = \varepsilon_2 \frac{\partial \varphi_2}{\partial n}$

从表 3－2 可看出，两种场的各个物理量之间有以下一一对应关系：$\boldsymbol{E}_{恒} \leftrightarrow \boldsymbol{E}_{静}$、$\boldsymbol{J} \leftrightarrow \boldsymbol{D}$、$\sigma \leftrightarrow \varepsilon$、$\varphi_{恒} \leftrightarrow \varphi_{静}$。因为两种场的电位都是拉普拉斯方程的解，所以当两种场用电位表示的边界条件相同时，则两种场的解的形式必定是相同的。因此，对于求解的恒定电场问题，如果对应的具有相同边界形状的静电场问题的解为已知，则恒定电场的解便可利用上面的对偶关系直接写出，无需重新求解，这个方法也称为静电比拟法。

在静电场中，两导体间充满介电常数为 ε 的均匀电介质时的电容为

$$C = \frac{q}{U} = \frac{\oint_S \boldsymbol{D} \cdot \mathrm{d}\boldsymbol{S}}{\int_1^2 \boldsymbol{E} \cdot \mathrm{d}\boldsymbol{l}} = \frac{\varepsilon \oint_S \boldsymbol{E} \cdot \mathrm{d}\boldsymbol{S}}{\int_1^2 \boldsymbol{E} \cdot \mathrm{d}\boldsymbol{l}} \tag{3.3.12}$$

式中：q 是带正电荷的导体上的电量；U 是两导体间的电压。

在恒定电场中两个电极间充满电导率为 σ 的均匀导电媒质时的电导为

$$G=\frac{I}{U}=\frac{\oint_S \boldsymbol{J}\cdot \mathrm{d}\boldsymbol{S}}{\int_1^2 \boldsymbol{E}\cdot \mathrm{d}\boldsymbol{l}}=\frac{\sigma\oint_S \boldsymbol{E}\cdot \mathrm{d}\boldsymbol{S}}{\int_1^2 \boldsymbol{E}\cdot \mathrm{d}\boldsymbol{l}} \tag{3.3.13}$$

式中：I 是从导体（电极）表面流出的电流。注意：电极是由良导体构成，电极内的电场可视为零，电极表面可视为等位面，从而导出式（3.3.13）。比较式（3.3.12）和式（3.3.13）可看出，如果在静电场中两导体的电容为已知，则用同样的两个导体作电极时，填充均匀导电媒质的电导就可直接从电容的表达式中将 ε 换成 σ 而得到。

静电比拟法也在实验中得到了应用，为了用实验研究静电场，常采用恒定电流来模拟静电场，因为在恒定电场中进行测量要比在静电场中测量容易得多。

例 3.3.1：同轴线的内导体半径为 a，外导体的内半径为 b，内外导体之间填充一种非理想介质（设其介电常数为 ε，电导率为 σ）。试计算同轴线单位长度的绝缘电阻。

解：方法一：用恒定电场的基本关系式求解。

假设同轴线的内外导体间加恒定电压 U_0，由于填充介质的 $\sigma\neq 0$，介质中的漏电流沿径向从内导体流到外导体。另外，内外导体中有轴向电流，导体中存在很小的轴向电场 E_z，因而漏电介质中也存在切向电场，但 $E_z \ll E_\rho$，故可忽略 E_z。介质中任一点处的漏电流密度为

$$\boldsymbol{J}=\boldsymbol{e}_\rho \frac{I}{2\pi\rho}$$

式中：I 是通过半径为 ρ 的单位长度同轴圆柱面的漏电流。电场强度为

$$\boldsymbol{E}=\frac{\boldsymbol{J}}{\sigma}=\boldsymbol{e}_\rho \frac{I}{2\pi\sigma\rho}$$

而内外导体间的电压为

$$U_0=\int_a^b \boldsymbol{E}\cdot \mathrm{d}\boldsymbol{\rho}=\int_a^b \frac{I}{2\pi\sigma\rho}\mathrm{d}\rho=\frac{I}{2\pi\sigma}\ln\frac{b}{a}$$

则得同轴线单位长度的绝缘电阻（漏电阻）为

$$R_1=\frac{U_0}{I}=\frac{1}{2\pi\sigma}\ln\frac{b}{a}(\Omega/\mathrm{m})$$

方法二：用静电比拟法求解。

由例 2.1.3 得到同轴线单位长度的电容为

$$C_1=\frac{2\pi\varepsilon}{\ln(b/a)}(\mathrm{F/m})$$

因此，同轴线单位长度的漏电导为

$$G_1=\frac{2\pi\sigma}{\ln(b/a)}(\mathrm{S/m})$$

则绝缘电阻为

$$R_1=\frac{1}{G_1}=\frac{1}{2\pi\sigma}\ln\frac{b}{a}(\Omega/\mathrm{m})$$

例 3.3.2：计算半球形接地器的接地电阻。

解：通常要求电子、电气设备与大地有良好的连接，将金属物体埋入地内，并将需接地的设备与该物体连接就构成接地器。当接地器埋藏不深时可近似用半球形接地器代

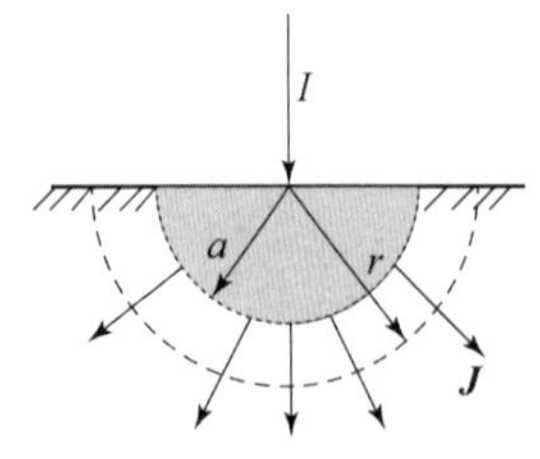

图 3-3　半球形接地器

替，如图 3-3 所示。

接地电阻是指电流由接地器流入大地再向无限远处扩散所遇到的电阻，主要是接地器附近的大地电阻。

设大地的电导率为 σ、流过接地器的电流为 I、则大地中的电流密度为

$$\boldsymbol{J} = \boldsymbol{e}_r \frac{I}{2\pi r^2}$$

故

$$\begin{cases} \boldsymbol{E} = \dfrac{\boldsymbol{J}}{\sigma} = \boldsymbol{e}_r \dfrac{I}{2\pi\sigma r^2} \\ U = \displaystyle\int_a^{\infty} E\mathrm{d}r = \dfrac{I}{2\pi\sigma}\int_a^{\infty}\dfrac{1}{r^2}\mathrm{d}r = \dfrac{I}{2\pi\sigma a} \end{cases}$$

则接地电阻为

$$R = \frac{U}{I} = \frac{1}{2\pi\sigma a}$$

也可用静电比拟法求得接地电阻，如下：

均匀介质中的孤立球的电容为 $C = 4\pi\varepsilon a$，故均匀导电媒质中孤立球的电导为 $G = 4\pi\sigma a$，半球的电导为 $G_{半球} = 2\pi\sigma a$，故半球形接地器的接地电阻为

$$R = \frac{1}{G_{半球}} = \frac{1}{2\pi\sigma a}$$

习　题

3-1　一直径为 2mm 的导线，流过它的电流为 20A，且电流密度均匀，导线的电导率为 $\frac{1}{\pi} \times 10^8$S/m，试求导线内部的电场强度。

3-2　电荷 q 均匀分布在半径为 a 的导体球面上，当导体球以角速度 ω 绕通道球心的 z 轴旋转时，试计算导体球面上的面电流密度。

3-3　宽度为 5cm 的无限薄导电平面置于 $z=0$ 平面内，若有 10A 电流沿从原点向点 P(2cm, 3cm, 0) 的方向流动，如题图 3-3 所示。试写出面电流密度的表示式。

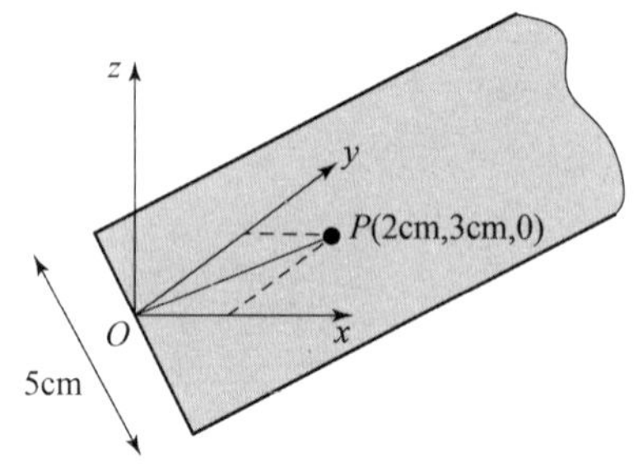

题图 3-3

3-4　一个半径为 a 的球形体积内均匀分布着总电荷量为 q 的电荷，当球体以均匀角速度 ω 绕一条直径旋转时，试计算球内的电流密度。

3-5　同轴电缆的内导体半径为 a，外导体半径为 c；内、外导体之间填充两层损耗介质，其介质常数分别为 ε_1 和 ε_2，电导率分布为 σ_1 和 σ_2，两层介质的分界面为同轴圆柱面，分界面半径为 b。当外加电压为 U_0 时，试求：（1）介质中的电流密度和电场强度分布；（2）同轴电缆单位长度的电容及漏电阻。

3-6　在一块厚度为 d 的导体板上，由两个半径分别为 r_1 和 r_2 的圆弧和夹角为 α 的两半径割出一块扇形体，如题图 3-6 所示。设导电板的电导率为 σ，试求：（1）沿导体板厚度方向的电阻；（2）两圆弧面之间的电阻；（3）沿 α 方向的两电极间的电阻。

3 - 7　在电导率为 σ 的无限大均匀电介质内，有两个半径分别为 R_1 和 R_2 的理想导体小球，两球之间的距离为 $d(d \gg R_1, d \gg R_2)$，试求两个小导体球面间的电阻。

3 - 8　一个有两层介质的平行板电容器，其参数分别为 σ_1、ε_1 和 σ_2、ε_2，外加电压 U。如题图 3 - 8 所示。求介质面上的自由电荷密度。

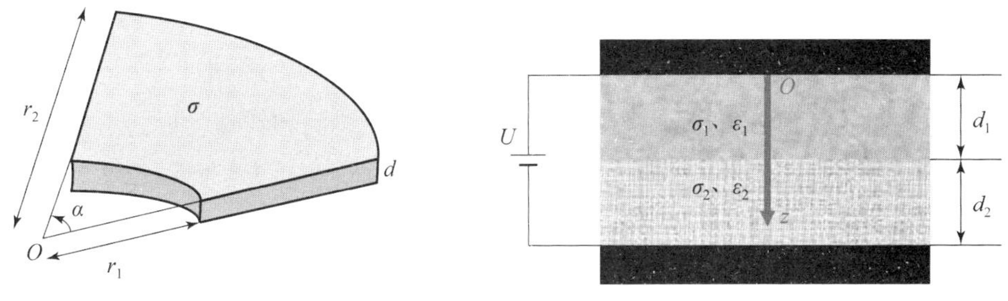

题图 3 - 6　　　　**题图 3 - 8　平行板电容器**

3 - 9　一厚度为 d 的法拉第感应盘的外径为 R_2，中心孔的半径为 R_1，试求解孔与圆盘边缘的电阻。

3 - 10　填充有两层介质的同轴电缆，内导体半径为 a，外导体半径为 c，介质的分界面半径为 b。两层介质的介电常数为 ε_1 和 ε_2、电导率为 σ_1 和 σ_2。设内导体的电压为 U_0，外导体接地，如题图 3 - 10 所示。求：(1) 两导体之间的电流密度和电场强度分布；(2) 介质分界面上的自由电荷密度。

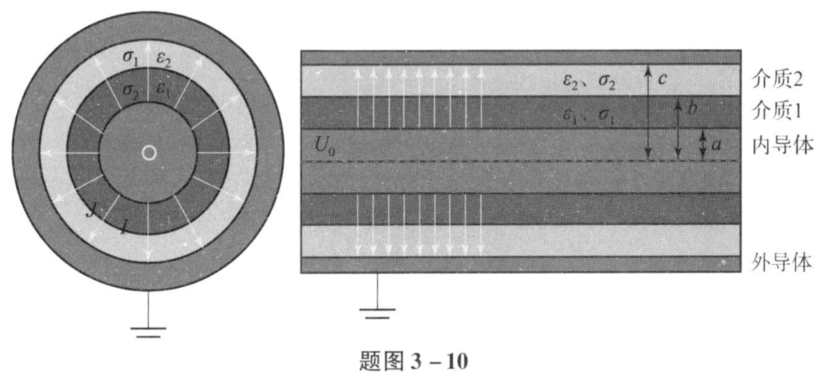

题图 3 - 10

3 - 11　半径为 R_1 和 $R_2(R_1 < R_2)$ 的两个同心的理想导体球面间充满了介电常数为 $\sigma = \sigma_0(1 + K/r)$ 的导电媒质（K 为常数）。若内导体球面的电位为 U_0，外导体球面接地。试求：两个理想导体球面间的电阻。

第 4 章　恒定磁场

恒定磁场是由恒定电流激发的，是电磁场的一种重要的和特殊的形式。前面已经讨论了静电场、恒定电场的一些规律，本章将讨论恒定磁场。其主要内容包括恒定磁场中的基本物理量和基本规律，恒定磁场的基本方程和边界条件。

4.1　基本物理量

4.1.1　磁感应强度

按照宏观电磁场理论的观点，载流回路 C_1 对载流回路 C_2 的作用力是回路 C_1 的磁场对回路 C_2 中的电流的作用力，即电流 I_1 在其周围产生磁场，这个磁场对 I_2 的作用力为 $\boldsymbol{F}_{12}$。同样，$\boldsymbol{F}_{21}$ 是电流 I_2 产生的磁场对 I_1 的作用力。

$$\boldsymbol{F}_{12} = \oint_{C_2} I_2 \mathrm{d}\boldsymbol{l}_2 \times \left[\frac{\mu_0}{4\pi}\oint_{C_1} \frac{I_1 \mathrm{d}\boldsymbol{l}_1 \times (\boldsymbol{r}_2 - \boldsymbol{r}_1)}{|\boldsymbol{r}_2 - \boldsymbol{r}_1|^3}\right] \tag{4.1.1}$$

式中：将括号内的被积函数视为电流 I_1 在电流元 $I_2\mathrm{d}\boldsymbol{l}_2$ 所在点产生的磁场，称为磁感应强度，即

$$\boldsymbol{B}_{12} = \frac{\mu_0}{4\pi}\oint_{C_1} \frac{I_1 \mathrm{d}\boldsymbol{l}_1 \times (\boldsymbol{r}_2 - \boldsymbol{r}_1)}{|\boldsymbol{r}_2 - \boldsymbol{r}_1|^3} \tag{4.1.2}$$

这是一个矢量函数，它与回路 C_1 的位置和形状，以及电流的大小和方向有关。

将此定义应用到任意电流回路 C，回路上任一电流元 $I\mathrm{d}\boldsymbol{l}'$所在的点称为源点，其位置矢量用 $\boldsymbol{r}'$表示；需要计算磁感应强度 $\boldsymbol{B}$ 的点称为场点，其位置矢量用 $\boldsymbol{r}$ 表示，得

$$\boldsymbol{B}(\boldsymbol{r}) = \frac{\mu_0}{4\pi}\oint_{C} \frac{I_1 \mathrm{d}\boldsymbol{l}' \times (\boldsymbol{r} - \boldsymbol{r}')}{|\boldsymbol{r} - \boldsymbol{r}'|^3} \tag{4.1.3}$$

回路 C 上的任一电流元 $I\mathrm{d}\boldsymbol{l}'$所产生的磁感应强度可表示为

$$\mathrm{d}\boldsymbol{B}(\boldsymbol{r}) = \frac{\mu_0}{4\pi} \frac{I \mathrm{d}\boldsymbol{l}' \times (\boldsymbol{r} - \boldsymbol{r}')}{|\boldsymbol{r} - \boldsymbol{r}'|^3} \tag{4.1.4}$$

式（4.1.3）和式（4.1.4）都称为毕奥 - 萨伐尔定律，它是根据闭合回路的实验结果，通过理论上的分析总结出来的，应该说是与安培力定律在同一时期各自独立提出来的。

磁感应强度 $\boldsymbol{B}$ 的单位是 T，或 $\mathrm{Wb/m^2}$。

对于体电流密度 $\boldsymbol{J}(\boldsymbol{r}')$的体分布电流，电流元为 $\boldsymbol{J}(\boldsymbol{r}')\mathrm{d}V'$，则分布于体积 V 内的体电流产生的磁感应强度为

$$\boldsymbol{B}(\boldsymbol{r}) = \frac{\mu_0}{4\pi}\int_{V} \frac{\boldsymbol{J}(\boldsymbol{r}') \times (\boldsymbol{r} - \boldsymbol{r}')}{|\boldsymbol{r} - \boldsymbol{r}'|^3}\mathrm{d}V' \tag{4.1.5}$$

同样，对于面电流密度为 $\boldsymbol{J}_s(\boldsymbol{r}')$ 的面分布电流，电流元为 $\boldsymbol{J}_s\mathrm{d}S'$，则分布于曲面 S 上的面电流产生的磁感应强度为

$$\boldsymbol{B}(\boldsymbol{r}) = \frac{\mu_0}{4\pi}\int_S \frac{\boldsymbol{J}_S(\boldsymbol{r}') \times (\boldsymbol{r} - \boldsymbol{r}')}{|\boldsymbol{r} - \boldsymbol{r}'|^3}\mathrm{d}S' \tag{4.1.6}$$

磁感应强度 $\boldsymbol{B}$ 是描述磁场的基本物理量，它是一个矢量函数。式（4.1.3）、式（4.1.5）和式（4.1.6）都是由已知电流分布计算磁感应强度的公式，它们都是矢量积分，只有形状较简单的载流体才能利用这些公式得到解析结果。

例 4.1.1：计算线电流圆环轴线上任意一点的磁感应强度。

解：设圆环的半径为 a，流过的电流为 I。为计算方便，取线电流圆环位 xy 平面上，则所求场点为 $P(0,0,z)$，如图 4-1 所示。采用圆柱坐标系，圆环上的电流元为 $I\mathrm{d}\boldsymbol{l}' = \boldsymbol{e}_\phi Ia\mathrm{d}\phi'$，其位置矢量为 $\boldsymbol{r}' = \boldsymbol{e}_\rho a$，而场点 P 的位置矢量为 $\boldsymbol{r} = \boldsymbol{e}_z z$，故得

$$\boldsymbol{r} - \boldsymbol{r}' = \boldsymbol{e}_z z - \boldsymbol{e}_\rho a,\quad |\boldsymbol{r} - \boldsymbol{r}'| = (z^2 + a^2)^{1/2}$$

$$I\mathrm{d}\boldsymbol{l}' \times (\boldsymbol{r} - \boldsymbol{r}') = \boldsymbol{e}_\phi Ia\mathrm{d}\phi' \times (\boldsymbol{e}_z z - \boldsymbol{e}_\rho a) = \boldsymbol{e}_\rho Iaz\mathrm{d}\phi' + \boldsymbol{e}_z Ia^2\mathrm{d}\phi'$$

由式（4.1.3），得轴线上任一点 $P(0,0,z)$ 的磁感应强度为

$$\boldsymbol{B}(z) = \frac{\mu_0 Ia}{4\pi}\int_0^{2\pi} \frac{\boldsymbol{e}_\rho z + \boldsymbol{e}_z a}{(z^2 + a^2)^{3/2}}\mathrm{d}\phi' = \boldsymbol{e}_z \frac{\mu_0 Ia^2}{2(z^2 + a^2)^{3/2}}$$

可见，线电流圆环轴线上的磁感应强度只有轴向分量，这是因为圆环上各对称点处的电流元在场点 P 产生的磁场强度的径向分量相互抵消。

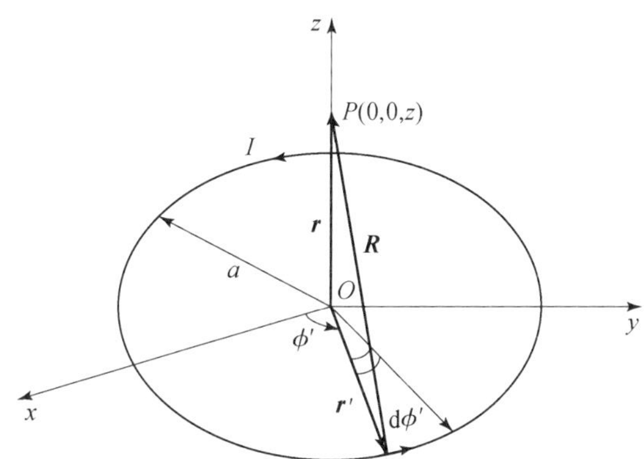

图 4-1　线电流圆环轴线上的磁感应强度 $\boldsymbol{B}$

在圆环的中心点上，$z=0$，磁感应强度最大，即

$$\boldsymbol{B}(0) = \boldsymbol{e}_z \frac{\mu_0 I}{2a}$$

当场点 P 远离圆环，即 $z \gg a$ 时，因 $(z^2 + a^2)^{3/2} \approx z^3$，故

$$\boldsymbol{B}(z) = \boldsymbol{e}_z \frac{\mu_0 Ia^2}{2z^3}$$

4.1.2　磁介质的磁化

研究物质的磁效应时，将物质称为磁介质。在物理学中，通常用一个简单的原子模型来解释物质的磁性。电子在自己的轨道上以恒定速度绕原子核运动，形成一个环形电

流，它相当于一个磁偶极子，将其磁偶极矩称为轨道磁矩。另外，电子和原子核本身还要自旋，这种自旋形成的电流也相当于一个磁偶极子，将其磁偶极矩称为自旋磁矩。通常可以忽略原子的自旋，将每个磁介质分子（或原子）等效于一个环形电流，称为分子电流（或束缚电流）。分子电流的磁偶极矩称为分子磁矩，即

$$\boldsymbol{p}_m = i\Delta\boldsymbol{S} \tag{4.1.7}$$

式中：i 为分子电流；$\Delta\boldsymbol{S} = \boldsymbol{e}_n\Delta S$ 为分子电流所围的面积元矢量，其方向与 i 流动的方向成右手螺旋关系，如图 4－2 所示。

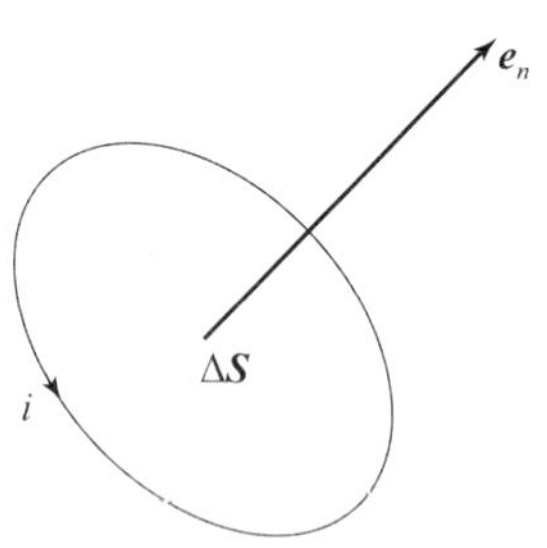

图 4－2　分子电流模型

不存在外磁场时，磁介质中的各个分子磁矩的取向是杂乱无章的，其合成磁矩几乎为 0，即 $\sum\boldsymbol{p}_m = 0$，对外不显磁性，如图 4－3（a）所示。当有外磁场作用时，分子磁矩沿外磁场取向，其合成磁矩不为 0，即 $\sum\boldsymbol{p}_m \neq 0$，对外显示磁性，这就是磁介质的磁化，如图 4－3（b）所示。

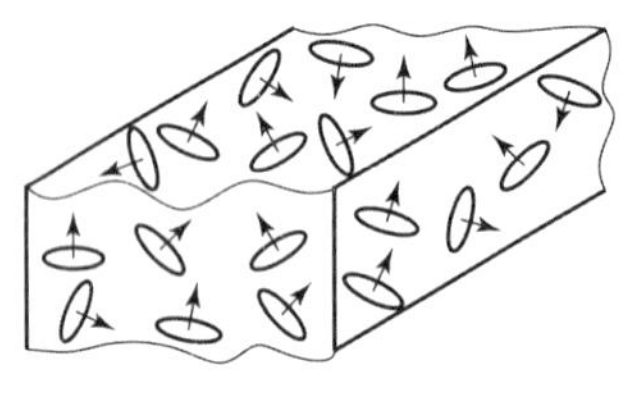

(a) 合成磁矩为0

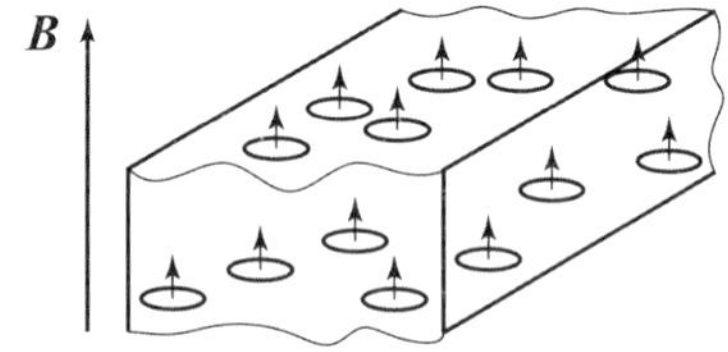

(b) 存在外磁场时，合成磁矩不为0

图 4－3　磁介质的磁化模型

将以上讨论归纳可以看出，磁介质与磁场的相互作用表现在两个方面：第一，外加磁场使磁介质中的分子磁矩沿外磁场取向，磁介质被磁化；第二，被磁化的磁介质要产生附加磁场，从而使原来的磁场分布发生变化。

如同将电介质中的电场强度 $\boldsymbol{E}$ 看作是在真空中自由电荷产生的电场强度 $\boldsymbol{E}_0$ 和极化电荷产生的电场强度 $\boldsymbol{E}'$ 的叠加那样，磁介质中的磁感应强度 $\boldsymbol{B}$ 也可看作是在真空中传导电流产生的磁感应强度 $\boldsymbol{B}_0$ 和磁化电流产生的磁感应强度 $\boldsymbol{B}'$ 的叠加，即

$$\boldsymbol{B} = \boldsymbol{B}_0 + \boldsymbol{B}' \tag{4.1.8}$$

引入磁化强度 $\boldsymbol{M}$，用它来描述磁介质磁化的程度。把单位体积中的分子磁矩的矢量和称为磁化强度，即

$$\boldsymbol{M} = \lim_{\Delta V\to 0}\frac{\sum_i \boldsymbol{p}_{mi}}{\Delta V} \tag{4.1.9}$$

式中：$\boldsymbol{p}_{mi}$ 表示体积 ΔV 内第 i 个分子的磁矩；$\boldsymbol{M}$ 是一个宏观的矢量点函数，它的单位是 A/m。若磁介质的某区域内各点的 $\boldsymbol{M}$ 相同，则称为均匀磁化，否则称为非均匀磁化。

磁介质被磁化后，其内部和表面可能出现宏观电流分布，这就是磁化电流。正如电介质被磁化后的极化电荷与极化强度密切相关那样，磁介质的磁化电流也和磁化强度密切相关。下面就讨论这种关系。

在磁介质中任意取一个边界回路 C 限定的曲面 S，使 S 面的法线方向与回路 C 的绕行方向构成右手螺旋关系，如图 4－4（a）所示。现在计算穿过曲面 S 的磁化电流 I_M，

显然，只有那些环绕周界曲线 C 的分子电流才对磁化电流 I_M 有贡献。这是因为其余的分子电流或者不穿过曲面 S，或者是与曲面 S 沿相反方向穿越两次而使其作用相抵消。为了求得 I_M 与 $\boldsymbol{M}$ 的关系，在周界曲线 C 上取长度元 $\mathrm{d}\boldsymbol{l}$，其方向与分子磁矩 $\boldsymbol{p}_{mi}$ 的方向成 θ 角。以分子电流环面积 $\Delta\boldsymbol{S}$ 为底、$\mathrm{d}\boldsymbol{l}$ 为斜高作一个圆柱体，如图 4－4（b）所示。此时只有分子电流中心在圆柱体内的分子电流才对此圆柱体内的磁化电流有贡献。设磁介质单位体积中的分子数为 N，每个分子的磁矩为 $\boldsymbol{p}_{\mathrm{m}} = i\Delta\boldsymbol{S}$，则与长度元 $\mathrm{d}\boldsymbol{l}$ 交链的磁化电流为

$$\mathrm{d}I_M = Ni\Delta\boldsymbol{S}\cdot\mathrm{d}\boldsymbol{l} = N\boldsymbol{p}_{\mathrm{m}}\cdot\mathrm{d}\boldsymbol{l} = \boldsymbol{M}\cdot\mathrm{d}\boldsymbol{l} \tag{4.1.10}$$

穿过整个曲面 S 的磁化电流为

$$I_M = \oint_C \mathrm{d}I_M = \oint_C \boldsymbol{M}\cdot\mathrm{d}\boldsymbol{l} = \int_S \nabla\times\boldsymbol{M}\cdot\mathrm{d}\boldsymbol{S} \tag{4.1.11}$$

式中：应用了矢量分析中的斯托克斯定理 $\int_S \nabla\times\boldsymbol{F}\cdot\mathrm{d}\boldsymbol{S} = \oint_C \boldsymbol{F}\cdot\mathrm{d}\boldsymbol{l}$。

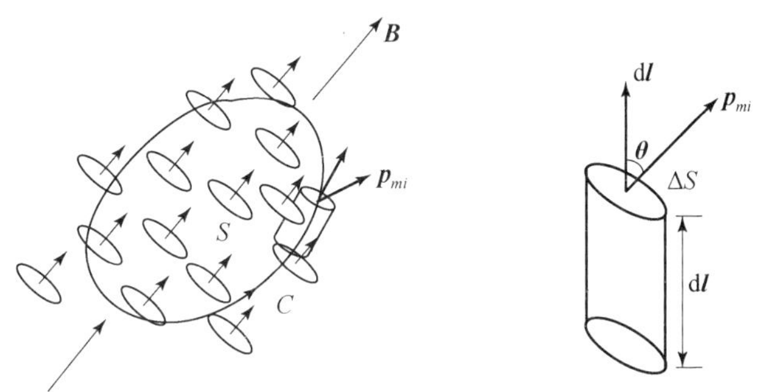

(a) 环绕曲线C的分子电流　　(b) 周界曲线C上的圆柱形体积元

图 4－4　穿过 S 面的磁化电流 I_M 与磁化强度的关系

将磁化电流 I_M 表示为磁化电流密度 $\boldsymbol{J}_M$ 的积分，即

$$I_M = \int_S \boldsymbol{J}_M\cdot\mathrm{d}\boldsymbol{S} \tag{4.1.12}$$

比较式（4.1.11）和式（4.1.12），得

$$\boldsymbol{J}_M = \nabla\times\boldsymbol{M} \tag{4.1.13}$$

这就是磁介质内磁化电流体密度与磁化强度的关系式，可用来计算磁介质内部的磁化电流分布。

为了求得磁介质表面上的磁化电流面密度，在磁介质内紧贴表面取一长度元 $\mathrm{d}\boldsymbol{l} = \boldsymbol{e}_t\mathrm{d}l$，此处的 $\boldsymbol{e}_t$ 表示磁介质表面的切向单位矢量。与此长度元交链的磁化电流为 $\mathrm{d}I_M = \boldsymbol{M}\cdot\mathrm{d}\boldsymbol{l} = \boldsymbol{M}\cdot\boldsymbol{e}_t\mathrm{d}l$，故磁化电流面密度为 $\boldsymbol{J}_{SM} = \boldsymbol{M}_t$，式中的 $\boldsymbol{M}_t$ 是磁化强度矢量 $\boldsymbol{M}$ 的切向分量，磁化电流面密度可表示为

$$\boldsymbol{J}_{SM} = \boldsymbol{M}\times\boldsymbol{e}_n \tag{4.1.14}$$

式中：$\boldsymbol{e}_n$ 为磁介质表面的法向单位矢量。

4.1.3　矢量磁位和标量磁位

1. 矢量磁位

为了简化磁场的求解，常用间接求解方法。利用磁场的无散度特性，用一个矢量 $\boldsymbol{A}$

的旋度（$\nabla\times\boldsymbol{A}$）来替代磁场变量 $\boldsymbol{B}$，因为一个矢量旋度的散度恒等于零，即 $\nabla\cdot(\nabla\times\boldsymbol{A})=0$，而 $\nabla\cdot\boldsymbol{B}=0$，所以令

$$\boldsymbol{B}=\nabla\times\boldsymbol{A} \tag{4.1.15}$$

式中：$\boldsymbol{A}$ 称为矢量磁位，简称为磁矢位，单位为 T · m 或 Wb/m。它是一个辅助性质的矢量。

磁矢位的定义式（4.1.15）给定了 $\boldsymbol{A}$ 的旋度方程。但从确定一个矢量场来说，只知道 $\nabla\times\boldsymbol{A}=\boldsymbol{B}$ 一个方程是不够的，还需要知道 $\boldsymbol{A}$ 的散度方程才能唯一确定 $\boldsymbol{A}$。若 $\nabla\times\boldsymbol{A}=\boldsymbol{B}$，而另外一矢量 $\boldsymbol{A}'=\boldsymbol{A}+\nabla\psi$，其中：$\psi$ 为任意标量函数，则有

$$\nabla\times\boldsymbol{A}'=\nabla\times(\boldsymbol{A}+\nabla\psi)=\nabla\times\boldsymbol{A}+\nabla\times\nabla\psi=\boldsymbol{B} \tag{4.1.16}$$

由于 $\nabla\times\nabla\psi=0$，所以 $\boldsymbol{A}'$ 和 $\boldsymbol{A}$ 都满足其旋度等于 $\boldsymbol{B}$，但 $\boldsymbol{A}'$ 和 $\boldsymbol{A}$ 具有不同的散度，即

$$\nabla\cdot\boldsymbol{A}'=\nabla\cdot\boldsymbol{A}+\nabla\cdot\nabla\psi=\nabla\cdot\boldsymbol{A}+\nabla^2\psi \tag{4.1.17}$$

所以为了唯一地确定磁矢位 $\boldsymbol{A}$，必须对 $\boldsymbol{A}$ 的散度作一个规定，即在恒定磁场的情形下，一般总是规定：

$$\nabla\cdot\boldsymbol{A}=0 \tag{4.1.18}$$

这种规定称为库仑规范。在这规范下，磁矢位就被唯一确定。

因为 $\boldsymbol{B}=\nabla\times\boldsymbol{A}$，$\boldsymbol{H}=\dfrac{\boldsymbol{B}}{\mu_0}=\dfrac{1}{\mu_0}\nabla\times\boldsymbol{A}$，再将 $\boldsymbol{H}$ 代入基本方程 $\nabla\times\boldsymbol{H}=\boldsymbol{J}$ 中，得

$$\nabla\times\nabla\times\boldsymbol{A}=\mu_0\boldsymbol{J} \tag{4.1.19}$$

又利用矢量恒等式 $\nabla\times\nabla\times\boldsymbol{A}=\nabla(\nabla\cdot\boldsymbol{A})-\nabla^2\boldsymbol{A}$，和库仑规范 $\nabla\cdot\boldsymbol{A}=0$，得

$$\nabla^2\boldsymbol{A}=-\mu_0\boldsymbol{J} \tag{4.1.20}$$

称为磁矢位的泊松方程式。对于无源区域（$\boldsymbol{J}=0$），有

$$\nabla^2\boldsymbol{A}=0 \tag{4.1.21}$$

称为磁矢位的拉普拉斯方程。

必须指出：这里的 ∇^2 是矢量的拉普拉斯算符（$\nabla^2\boldsymbol{A}=\nabla(\nabla\cdot\boldsymbol{A})-\nabla\times\nabla\times\boldsymbol{A}$），同标量拉普拉斯方程中的 ∇^2 算符完全不同（虽然是同一形式的算符 ∇^2，后面是矢量时称矢量算符，后面是标量时称标量算符，在具体运算时是不一样的）。除直角坐标系外，其他坐标系中的 $\nabla^2\boldsymbol{A}$ 都有更为复杂的运算和形式。

在直角坐标系中，$\boldsymbol{A}=\boldsymbol{e}_xA_x+\boldsymbol{e}_yA_y+\boldsymbol{e}_zA_z$，$\boldsymbol{J}=\boldsymbol{e}_xJ_x+\boldsymbol{e}_yJ_y+\boldsymbol{e}_zJ_z$ 代入式（4.1.20）中得

$$\nabla^2(\boldsymbol{e}_xA_x+\boldsymbol{e}_yA_y+\boldsymbol{e}_zA_z)=-\mu_0(\boldsymbol{e}_xJ_x+\boldsymbol{e}_yJ_y+\boldsymbol{e}_zJ_z) \tag{4.1.22}$$

因为 $\nabla^2(\boldsymbol{e}_xA_x)=(\nabla^2\boldsymbol{e}_x)A_x+(\nabla^2A_x)\boldsymbol{e}_x=(\nabla^2A_x)\boldsymbol{e}_x$，上面 $\boldsymbol{e}_x$、$\boldsymbol{e}_y$ 和 $\boldsymbol{e}_z$ 都为常矢量，故式（4.1.22）可分解为三个分量的泊松方程：

$$\begin{cases}\nabla^2A_x=-\mu_0J_x\\ \nabla^2A_y=-\mu_0J_y\\ \nabla^2A_z=-\mu_0J_z\end{cases} \tag{4.1.23}$$

分量函数就是标量，这时 ∇^2 算符是标量算符，即 $\nabla^2=\dfrac{\partial^2}{\partial x^2}+\dfrac{\partial^2}{\partial y^2}+\dfrac{\partial^2}{\partial z^2}$。式（4.1.23）的三个分量泊松方程和静电场的电位泊松方程形式相同，可以断定它们的求解方法和所得的解同 φ 的形式相同，可以直接写为

$$\begin{cases} A_x = \dfrac{\mu_0}{4\pi}\displaystyle\int_\tau \dfrac{J_x}{R}\mathrm{d}\tau + C_x \\ A_y = \dfrac{\mu_0}{4\pi}\displaystyle\int_\tau \dfrac{J_y}{R}\mathrm{d}\tau + C_y \\ A_z = \dfrac{\mu_0}{4\pi}\displaystyle\int_\tau \dfrac{J_z}{R}\mathrm{d}\tau + C_z \end{cases} \tag{4.1.24}$$

式中：C_x、C_y、C_z 为任取的常数。

再将上面三个分量合并得出矢量泊松方程的特解为

$$\boldsymbol{A} = \frac{\mu_0}{4\pi}\int_\tau \frac{\boldsymbol{J}}{R}\mathrm{d}\tau + \boldsymbol{C} \tag{4.1.25}$$

式中：$\boldsymbol{C}$ 为任取常矢量，它们的出现将不会影响磁场变量 $\boldsymbol{B}$ 的计算，因为 $\boldsymbol{B} = \nabla\times(\boldsymbol{A} + \boldsymbol{C}) = \nabla\times\boldsymbol{A}$。

电流元 $\boldsymbol{J}\mathrm{d}\tau$、$\boldsymbol{J}_S\mathrm{d}S$ 和 $I\mathrm{d}\boldsymbol{l}$ 产生的磁矢位分别为

$$\mathrm{d}\boldsymbol{A} = \frac{\mu_0\boldsymbol{J}\mathrm{d}\tau}{4\pi R},\ \mathrm{d}\boldsymbol{A} = \frac{\mu_0\boldsymbol{J}_S\mathrm{d}S}{4\pi R},\ \mathrm{d}\boldsymbol{A} = \frac{\mu_0 I\mathrm{d}\boldsymbol{l}}{4\pi R} \tag{4.1.26}$$

进行体积分、面积分和线积分，得到式（4.1.25）和

$$\boldsymbol{A} = \frac{\mu_0}{4\pi}\int_S \frac{\boldsymbol{J}_S}{R}\mathrm{d}S + \boldsymbol{C},\ \boldsymbol{A} = \frac{\mu_0}{4\pi}\int_l \frac{I\mathrm{d}\boldsymbol{l}}{R} + \boldsymbol{C} \tag{4.1.27}$$

特别指出：电流元产生的磁矢位 $\mathrm{d}\boldsymbol{A}$ 是同电流元矢量平行的矢量，这是引入磁矢位的优点之一。为什么引入磁矢位能够简化磁场的分析和计算呢？引入矢量位后，通过磁矢位求 $\boldsymbol{B}$ 虽然还是一个矢量场问题，但是它的计算要比直接计算 $\boldsymbol{B}$ 容易。由 $\boldsymbol{B}$ 的积分公式和 $\boldsymbol{A}$ 的积分公式对比可以看出，首先只有一个分量的场源变量 J_x 仅产生与它方向相同的矢量位分量；但直接产生三个分量的磁场 $\boldsymbol{B}$。其次如果利用微分方程法求解 $\boldsymbol{A}$，根据磁矢位 $\boldsymbol{A}$ 的特点，可以引入标量函数，而把矢量拉普拉斯方程变为标量拉普拉斯方程，这比直接求解磁场的矢量微分方程要简单。最后当求得 $\boldsymbol{A}$ 后，通过偏微分计算求出 $\boldsymbol{B}$ 就比较容易了。

例 4.1.2：求无限长直线电流的磁矢位 $\boldsymbol{A}$ 和磁感应强度 $\boldsymbol{B}$。

解：先计算一根有限长度为 l 的长直线电流 I 产生的矢量位。如图 4-5 所示，利用式（4.1.26）可以写出

$$\mathrm{d}\boldsymbol{A} = \boldsymbol{e}_z\frac{\mu_0 I}{4\pi}\left\{\frac{\mathrm{d}z'}{[r^2 + (z - z')^2]^{1/2}}\right\}$$

积分可得

$$\begin{aligned}\boldsymbol{A} &= \boldsymbol{e}_z\frac{\mu_0 I}{4\pi}\int_{-\frac{l}{2}}^{+\frac{l}{2}} \frac{\mathrm{d}z'}{[r^2 + (z - z')^2]^{1/2}} \\ &= \boldsymbol{e}_z\frac{\mu_0 I}{4\pi}\ln\left[(z' - z) + \sqrt{(z' - z)^2 + r^2}\right]\Big|_{-\frac{l}{2}}^{+\frac{l}{2}}\end{aligned}$$

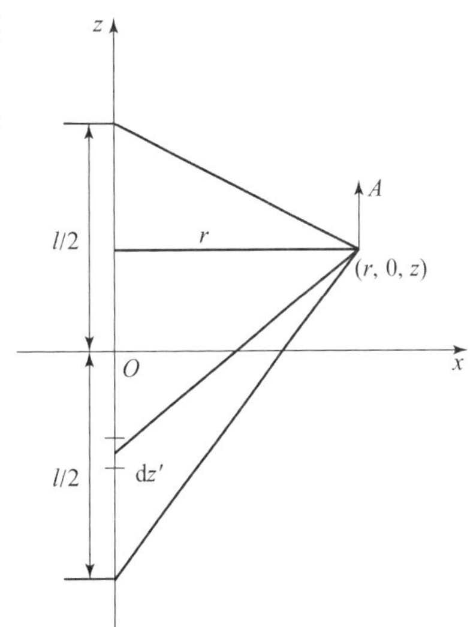

图 4-5　直线电流产生的矢量位

$$= \boldsymbol{e}_z \frac{\mu_0 I}{4\pi} \ln \left\{ \frac{\left(\frac{l}{2} - z\right) + \left[\left(\frac{l}{2} - z\right)^2 + r^2\right]^{1/2}}{-\left(\frac{l}{2} + z\right) + \left[\left(\frac{l}{2} + z\right)^2 + r^2\right]^{1/2}} \right\}$$

当 $l \to \infty$ 时

$$\boldsymbol{A} \approx \boldsymbol{e}_z \frac{\mu_0 I}{4\pi} \ln \left\{ \frac{\frac{l}{2} + \left[\left(\frac{l}{2}\right)^2 + r^2\right]^{1/2}}{\left(-\frac{l}{2}\right) + \left[\left(\frac{l}{2}\right)^2 + r^2\right]^{1/2}} \right\} \approx \boldsymbol{e}_z \frac{\mu_0 I}{4\pi} \ln \left(\frac{l}{r}\right)^2 = \boldsymbol{e}_z \frac{\mu_0 I}{2\pi} \ln \frac{l}{r}$$

若 $l \to \infty$，则 $\boldsymbol{A} \to \infty$。但如果在 $\boldsymbol{A}$ 的式中附加一个常数矢量 $\boldsymbol{C} = \boldsymbol{e}_z \frac{\mu_0 I}{2\pi} \ln \frac{r_0}{l}$，式中：$r_0$ 为有限值，则

$$\boldsymbol{A} = \boldsymbol{e}_z \frac{\mu_0 I}{2\pi} \left(\ln \frac{l}{r} + \ln \frac{r_0}{l} \right) = \boldsymbol{e}_z \frac{\mu_0 I}{2\pi} \ln \frac{r_0}{r} \tag{4.1.28}$$

注意：这样做是允许的，并不影响计算 $\boldsymbol{B}$，显然 $\boldsymbol{B}$ 等于

$$\boldsymbol{B} = \nabla \times \boldsymbol{A} = -\boldsymbol{e}_\varphi \frac{\partial A_z}{\partial r} = \boldsymbol{e}_\varphi \frac{\mu_0 I}{2\pi r}$$

上式的结果和直接积分所得的 $\boldsymbol{B}$ 值相同。

例 4.1.3：双导线传输线中的电流可以视为方向相反的无限长平行直线电流，设线间距离为 $2a$，求它的 $\boldsymbol{A}$ 和 $\boldsymbol{B}$。

解：利用例 4.1.2 中的式（4.1.28）和图 4－6 所示，可得

$$\boldsymbol{A} = \boldsymbol{e}_z \frac{\mu_0 I}{2\pi} \left(\ln \frac{r_0}{r_1} - \ln \frac{r_0}{r_2} \right) = \boldsymbol{e}_z \frac{\mu_0 I}{2\pi} \ln \frac{r_2}{r_1} = \boldsymbol{e}_z \frac{\mu_0 I}{4\pi} \ln \left(\frac{a^2 + r^2 + 2ar\cos\varphi}{a^2 + r^2 - 2ar\cos\varphi} \right) \tag{4.1.29}$$

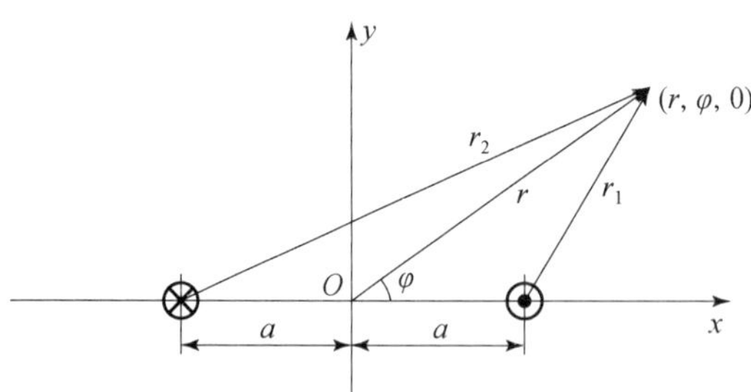

图 4－6　双线传输线的场

根据

$$\boldsymbol{B} = \nabla \times \boldsymbol{A} = \nabla \times (\boldsymbol{e}_z A_z) = \nabla A(r, \varphi) \times \boldsymbol{e}_z = -\boldsymbol{e}_\varphi \frac{\partial A}{\partial r} + \boldsymbol{e}_r \frac{1}{r} \frac{\partial A}{\partial \varphi}$$

则有

$$B_r = \frac{1}{r} \frac{\partial A}{\partial \varphi} = -\frac{\mu_0 I a (a^2 + r^2) \sin\varphi}{\pi r_1^2 r_2^2}$$

$$B_\varphi = -\frac{\partial A}{\partial r} = \frac{\mu_0 I a (r^2 - a^2) \cos\varphi}{\pi r_1^2 r_2^2}$$

$$B_z = 0$$

下面是用微分方程法求解的一个例子，如例题 4.1.3 那样，一个无限长圆柱腔表面有面电流分布 $\boldsymbol{J}_S=(K\cos\varphi)\boldsymbol{e}_z$，$K$ 为常数，如图 4－7 所示。求圆柱腔内外的磁矢位和磁感应强度 $\boldsymbol{B}$。根据电流与所产生的磁矢位具有相同方向的特点，本问题的磁矢位只有 z 方向分量。使用圆柱坐标系来求解时，管外的 $A_{z1}(r,\varphi)$ 和管内的 $A_{z2}(r,\varphi)$ 都是 r 和 φ 的函数。矢量的拉普拉斯方程可转化为标量 $A_z(r,\varphi)$ 的拉普拉斯方程，则

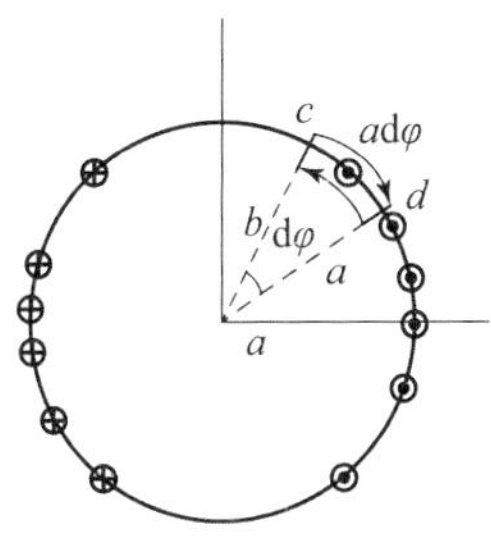

图 4－7　确定 D_1，E_1 时取闭合回路

$$\nabla^2 A_z(r,\varphi)=\frac{1}{r}\frac{\partial}{\partial r}\left(r\frac{\partial A_z}{\partial r}\right)+\frac{1}{r^2}\frac{\partial^2 A_z}{\partial\varphi^2}=0$$

用分离变量法，其通解为

$$A_z(r,\varphi)=\sum_{n=1}^{\infty}\{r^n[K_n\sin(n\varphi)+E_n\cos(n\varphi)]+r^{-n}[C_n\sin(n\varphi)+D_n\cos(n\varphi)]\}$$

又从本问题的特点可知：对 $r>a$ 的区域，$r\to\infty$ 时 A_{z1} 不能为无限大，应趋向零值；又因 φ 方向的变化关系应正比源函数 $J_S=K\cos\varphi$，所以 n 必须为 1，故有

$$A_{z1}(r,\varphi)=\frac{1}{r}D_1\cos\varphi$$

对于 $r<a$ 的管内区域，$r=0$ 时 A_{z2} 应为有限值，所以 A_{z2} 只能是

$$A_{z2}(r,\varphi)=rE_1\cos\varphi$$

若待定常数 D_1 和 E_1 能够确定，则磁感应强度为

$$\begin{aligned}\boldsymbol{B}_1&=\nabla\times\boldsymbol{e}_zA_{z1}(r,\varphi)\\&=\boldsymbol{e}_r\left(\frac{1}{r}\frac{\partial A_{z1}}{\partial\varphi}\right)-\boldsymbol{e}_\varphi\frac{\partial A_{z1}}{\partial r}\\&=\boldsymbol{e}_r\left(\frac{-1}{r^2}D_1\sin\varphi\right)+\boldsymbol{e}_\varphi\left(\frac{1}{r^2}D_1\cos\varphi\right)\end{aligned}$$

$$\boldsymbol{B}_2=E_1\sin\varphi(-\boldsymbol{e}_r)-\boldsymbol{e}_\varphi(E_1\cos\varphi)=\boldsymbol{e}_y(-E_1)$$

如何确定常数呢？可以应用积分形式的基本方程 $\oint_l\boldsymbol{H}\cdot\mathrm{d}\boldsymbol{l}=I$，如图 4－7 所示，$r=a$ 表面附近取一个回路 $abcda$，则有

$$\oint_l\boldsymbol{H}\cdot\mathrm{d}\boldsymbol{l}=\int_{ab}\boldsymbol{H}_2\cdot\mathrm{d}\boldsymbol{l}+\int_{bc}\boldsymbol{H}\cdot\mathrm{d}\boldsymbol{l}+\int_{cd}\boldsymbol{H}\cdot\mathrm{d}\boldsymbol{l}+\int_{da}\boldsymbol{H}\cdot\mathrm{d}\boldsymbol{l}=(K\cos\varphi)(a\mathrm{d}\varphi)$$

在回路的 ab 和 cd 两边无限地迫近 $r=a$ 的表面时 da 和 bc 必然无限小，故 $\int_{bc}\boldsymbol{H}\cdot\mathrm{d}\boldsymbol{l}=\int_{cd}\boldsymbol{H}\cdot\mathrm{d}\boldsymbol{l}=0$，而

$$\begin{aligned}&\int_{ab}H_{\varphi2}a\mathrm{d}\varphi+\int_{bc}H_{\varphi1}(-a\mathrm{d}\varphi)\\&=\frac{1}{\mu_0}\left[(-E_1\cos\varphi)a\mathrm{d}\varphi-\frac{D_1}{a^2}\cos\varphi a\mathrm{d}\varphi\right]\\&=K\cos\varphi(a\mathrm{d}\varphi)\end{aligned}$$

故有

$$E_1+\frac{D_1}{a^2}=-\mu_0K\tag{4.1.30}$$

利用磁通连续性的积分形式，取一个闭合面如图 4－8 所示，闭合面上底和下底面积 ΔS，分别平行并迫近圆柱表面，高 h 趋于零，$\boldsymbol{n}$ 为曲面的外法线方向 $\boldsymbol{n}=\boldsymbol{e}_r$，因此有

$$\oint_S \boldsymbol{B}\cdot \mathrm{d}\boldsymbol{S} = B_{1r}\Delta S - B_{2r}\Delta S = 0$$

得

$$B_{1r} = B_{2r}$$

即

$$E_1\sin\varphi = \frac{1}{a^2}D_1\sin\varphi \tag{4.1.31}$$

联立式（4.1.30）和式(4.1.31)，可知 $D_1 = -\mu_0 a^2\dfrac{K}{2}$，$E_1 = -\mu_0\dfrac{K}{2}$，所以得

$$\boldsymbol{A} = \boldsymbol{e}_z A_z = \begin{cases} -\boldsymbol{e}_z\mu_0 a^2\dfrac{K}{2}\left(\dfrac{\cos\varphi}{r^2}\right), & r\geqslant a \\ -\boldsymbol{e}_z\mu_0\dfrac{K}{2}r\cos\varphi, & r\geqslant a \end{cases}$$

$$\boldsymbol{B}_1 = \boldsymbol{e}_r\mu_0 a^2\frac{K}{2}\left(\frac{\sin\varphi}{r^2}\right) - \boldsymbol{e}_\varphi\mu_0 a^2\left(\frac{K}{2}\right)\frac{\cos\varphi}{r^2},\quad r>a$$

$$\boldsymbol{B}_2 = \boldsymbol{e}_y\mu_0\frac{K}{2},\quad r<a$$

证实 $r<a$ 区域是均匀磁场。并与例 4.1.1 所得的结论相同。事实上，例 4.1.1 中月牙状面积的两条弧线迫近时便可等效成本例中的面电流分布。

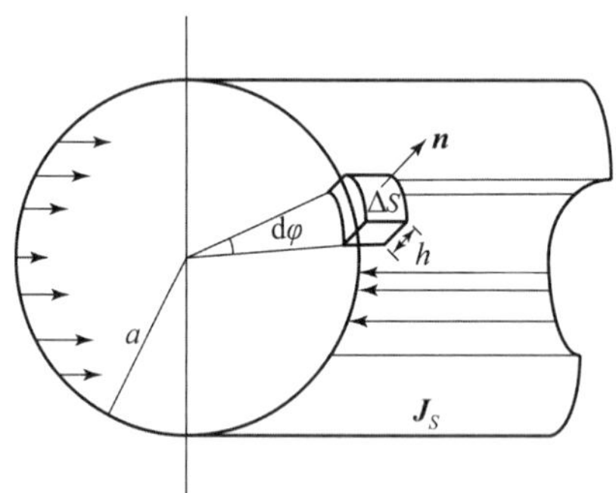

图 4－8　确定 $\boldsymbol{D}_1$ 和 $\boldsymbol{E}_1$ 的闭合面

在实际应用中，经常要计算通过某一曲面的磁通 Φ，它也可以由磁矢位来计算，即

$$\Phi = \int_S \boldsymbol{B}\cdot\mathrm{d}\boldsymbol{S} = \int_S \nabla\times\boldsymbol{A}\cdot\mathrm{d}\boldsymbol{S} = \oint_C \boldsymbol{A}\cdot\mathrm{d}\boldsymbol{l} \tag{4.1.32}$$

式中：C 为曲面 S 的周界。

2. 标量磁位

在无自由电流的空间($\boldsymbol{J}=0$)$\boldsymbol{H}$ 是无旋的，$\nabla\times\boldsymbol{H}=0$，因而 $\boldsymbol{H}$ 可以用一个标量函数的负梯度表示，令

$$\boldsymbol{H} = -\nabla\varphi_{\mathrm{m}} \tag{4.1.33}$$

式中：φ_m 称为标量磁位，单位为 A；“ - ”是为了与电位的定义相对应而人为附加的。

在实际问题中标量磁位 φ_m 主要用来分析磁介质的磁化等问题。为了与静电场中电介质极化问题相对应，都采用静磁模型，磁介质体积内磁化出现束缚磁荷 ρ_m，介质表面必然出现束缚磁荷的面分布 σ_m。

事实上，在磁介质内

$$\nabla \cdot \boldsymbol{B} = \mu_0(\nabla \cdot \boldsymbol{H} + \nabla \cdot \boldsymbol{M}) = 0$$

$$\nabla \cdot \boldsymbol{M} = -\nabla \cdot \boldsymbol{H}$$

即在静磁模型的分析下 $\boldsymbol{H}$ 是一个有散度的场，令 $\rho_m = -\nabla \cdot \boldsymbol{M}$，则

$$\nabla \cdot \boldsymbol{H} = \rho_m \tag{4.1.34}$$

将 $\boldsymbol{H} = -\nabla\varphi_m$ 代入式（4.1.34），得到磁位的泊松方程：$\nabla^2\varphi_m = -\rho_m$。另外，在介质表面的面磁荷定义为 $\sigma_m = \boldsymbol{M} \cdot \boldsymbol{n}$。在均匀介质（$\mu$ 为常数，即 χ_m 为常数）内 $\nabla \cdot \boldsymbol{B} = \nabla \cdot \mu\boldsymbol{H} = \mu\nabla \cdot \boldsymbol{H} = 0$，$\rho_m = 0$，故只有介质表面的 σ_m 产生标量磁位，且 φ_m 满足拉普拉斯方程：

$$\nabla^2\varphi_m = 0 \tag{4.1.35}$$

而它的边界条件为

$$\varphi_{m1} = \varphi_{m2},\ \mu_1\frac{\partial\varphi_{m1}}{\partial n} = \mu_2\frac{\partial\varphi_{m2}}{\partial n} \tag{4.1.36}$$

所以，无自由电流区域的磁场边值问题和无自由电荷区域的静电场边值问题完全相似，求解方法也相同。

例 4.1.4：求一个半径为 a 的磁介质球置于均匀磁场 $\boldsymbol{H}_0 = \boldsymbol{e}_z H_0$ 中被磁化后的磁场，如图 4-9 所示。

解：设磁介质球的磁导率 $\mu > \mu_0$，球心置于球坐标的原点。令球外的标量磁位为 φ_{m1}，球内为 φ_{m2}，场问题的边界为

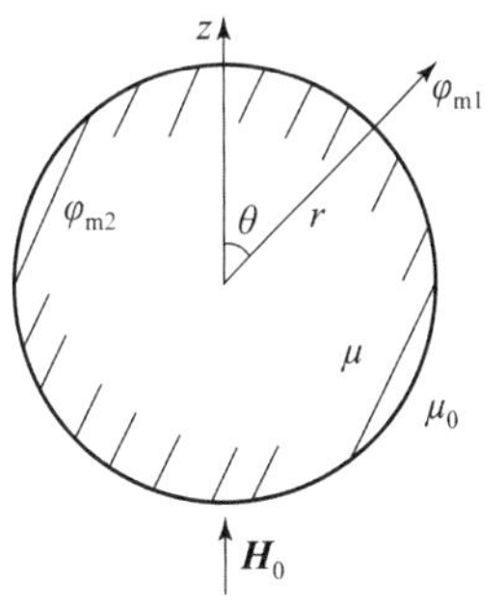

图 4-9　均匀磁场中的铁球

$$\begin{cases} r\to\infty, \varphi_{m1} = -H_0 r\cos\theta \\ r = a, \varphi_{m1} = \varphi_{m2}, \mu_0\dfrac{\partial\varphi_{m1}}{\partial r} = \mu\dfrac{\partial\varphi_{m2}}{\partial r} \\ r = 0, \varphi_{m2} = 0 \end{cases}$$

可得到磁场为

$$\begin{cases} \varphi_{m1} = \left(-r + A_1\dfrac{a^3}{r^2}\right)H_0\cos\theta \\ \varphi_{m2} = (-A_2 r)H_0\cos\theta \end{cases}$$

式中

$$A_1 = \frac{\mu - \mu_0}{\mu + 2\mu_0},\ A_2 = \frac{3\mu_0}{\mu + 2\mu_0}$$

则磁场强度为

$$\boldsymbol{H} = -\nabla\varphi_m$$

故有

$$\boldsymbol{H}_1 = \boldsymbol{e}_r\left[1 + 2A_1\left(\frac{a}{r}\right)^3\right]H_0\cos\theta + \boldsymbol{e}_\theta\left[A_1\left(\frac{a}{r}\right)^3 - 1\right]H_0\sin\theta$$

$$= (\boldsymbol{e}_r\cos\theta - \boldsymbol{e}_\theta\sin\theta)H_0 + (\boldsymbol{e}_r 2A_1\cos\theta + \boldsymbol{e}_\theta A_1\sin\theta)\left[\left(\frac{a}{r}\right)^3 H_0\right]$$

$$= \boldsymbol{e}_z H_0 + (\boldsymbol{e}_r 2\cos\theta + \boldsymbol{e}_\theta\sin\theta)\left[\left(\frac{a}{r}\right)^3 A_1 H_0\right], r > a$$

式中：第一项为原外磁场 $\boldsymbol{e}_z H_0$；第二项为磁介质球磁化后产生的磁场，它等效于磁偶极子产生的磁场强度。而球内的磁场强度为

$$\boldsymbol{H}_2 = (\boldsymbol{e}_r\cos\theta - \boldsymbol{e}_\theta\sin\theta)A_2 H_0 = \boldsymbol{e}_z \frac{3\mu_0}{\mu + 2\mu_0}H_0$$

$$= \boldsymbol{e}_z\left[H_0 - \frac{\mu - \mu_0}{\mu + 2\mu_0}H_0\right] = \boldsymbol{H}_0 + \boldsymbol{H}_{\mathrm{m}}, r < a$$

式中：$\boldsymbol{H}_m = \boldsymbol{e}_z(+H_{\mathrm{m}}) = -\boldsymbol{e}_z \frac{\mu - \mu_0}{\mu + 2\mu_0}H_0$ 是磁化介质球在球内产生的一个反向磁场。下面计算这一个反向场，由 $\boldsymbol{B}_2 = \mu\boldsymbol{H}_2, \boldsymbol{M} = \frac{\boldsymbol{B}}{\mu_0} - \boldsymbol{H}_2 = \left(\frac{\mu}{\mu_0} - 1\right)\boldsymbol{H}_2 = \boldsymbol{e}_z \frac{3(\mu - \mu_0)}{\mu + 2\mu_0}H_0$，磁化后球表面等效的面磁荷 σ_m 为

$$\sigma_m = \boldsymbol{M} \cdot \boldsymbol{n} = \frac{3(\mu - \mu_0)}{\mu + 2\mu_0}H_0$$

所以，球内的磁场强度 $\boldsymbol{H}_2$ 可写成

$$\boldsymbol{H}_2 = \boldsymbol{H}_0 + \boldsymbol{H}_m = \boldsymbol{e}_z\left(H_0 - \frac{M}{3}\right) \tag{4.1.37}$$

而球外的磁场强度 $\boldsymbol{H}_1$ 可写成

$$\boldsymbol{H}_1 = \boldsymbol{e}_z H_0 + (\boldsymbol{e}_r 2\cos\theta + \boldsymbol{e}_\theta\sin\theta)\frac{M}{3}\left(\frac{a}{r}\right)^3 \tag{4.1.38}$$

以上证明了球表面磁化面磁荷 σ_m 在球外产生的场相当于在球心处设一个等效磁偶极子在球外产生磁场，而在球内产生一个反向的均匀磁场 $\boldsymbol{H}_m$。无论是 $\boldsymbol{H}_1$，还是 $\boldsymbol{H}_2$ 均与 $\boldsymbol{H}_0$ 和 $\boldsymbol{M}$ 有关系，其中 $\boldsymbol{M}$ 又与 $\boldsymbol{H}_0$ 有关系。

上述例题是求解软磁性材料的磁化问题。均匀软磁材料中 $\boldsymbol{B}$ 和 $\boldsymbol{H}$ 的关系是非线性的，但外磁场 $\boldsymbol{H}_0$ 等于零时，其他场变量都为零，不会有磁化现象存在。实际中有一类硬磁性材料，$\boldsymbol{B}$ 和 $\boldsymbol{H}$ 之间的关系也是非线性的，实验得到的曲线关系如图 4－10 所示，ab 称为磁化曲线，而 $bcdefgb$ 曲线称为磁滞回线。如果一个没有磁化的硬磁材料球，在外加磁场 $\boldsymbol{H}_0$ 中磁化，则 $\boldsymbol{B}$ 沿着磁化曲线 ab 上升到 b 点。样品球在工作点 b 处受到磁化。将 $\boldsymbol{H}_0$ 逐步减小，$\boldsymbol{B}$ 又沿着磁滞回线 bcd 下降。到达 c 点时的 $\boldsymbol{B}$ 称为剩磁（注意并不是 $\boldsymbol{H}_0=0$，磁化工作点到达 c 点），当 $\boldsymbol{H}_0$ 降至零又反向增加，则 $\boldsymbol{B}$ 沿着 cde 下降。在外磁场 $\boldsymbol{H}_0=0$ 时工作点位于磁滞回线的第二象限，如在 P 点。这点上样品球内的 $\boldsymbol{B}$ 和 $\boldsymbol{H}$ 均不为零，而且 $\boldsymbol{H}$ 为负值，从例 4.1.4 的 $\boldsymbol{H}_2$ 表达式（4.1.37）中可知，$\boldsymbol{H}_0=0$，$\boldsymbol{H}_2 = -\boldsymbol{e}_z\frac{M}{3}$，证明外磁场 $\boldsymbol{H}_0$ 为零，工作点位于 P 点。这时

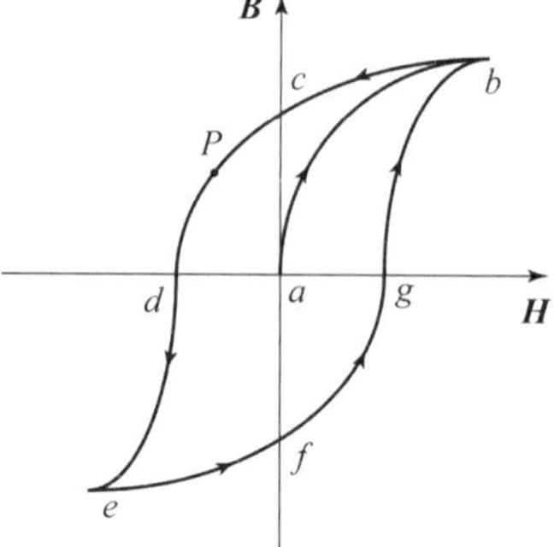

图 4－10　磁化曲线和磁滞回线

材料样品球称为人造的永久磁球。只要已知工作点的位置，求得 M 值，便可用例 4.1.4 的分析方法分析永久磁铁的磁场问题。

4.1.4　磁场能量及能量密度

1. 磁场能量

电流回路在恒定磁场中要受到磁场力的作用而发生运动，表明恒定磁场储存着能量。磁场能量就是在建立电流的过程中由电源供给的，因为当电流从零开始增加时，回路中感应电动势要阻止电流的增加，因而必须有外加电压克服回路中的感应电动势。假设所有的电流回路都固定不动，即没有机械功，同时假定导线中流过电流时产生的焦耳热损耗可以忽略不计。这样，外电源所加的功将全部转换为系统的磁场能量。此时，回路上的外加电压和回路中的感应电动势是大小相等而方向相反的。

法拉第电磁感应定律指出：回路中的感应电动势等于与回路交链的磁链的时间变化率，即回路 j 中的感应电动势为

$$\varepsilon_j = -\frac{\mathrm{d}\psi_j}{\mathrm{d}t} \tag{4.1.39}$$

而外加电压等于

$$u_j = -\varepsilon_j = \frac{\mathrm{d}\psi_j}{\mathrm{d}t} \tag{4.1.40}$$

$\mathrm{d}t$ 时间内与回路 j 相连接的电源所做的功为

$$\mathrm{d}W_j = u_j\mathrm{d}q_j = \frac{\mathrm{d}\psi_j}{\mathrm{d}t}i_j\mathrm{d}t = i_j\mathrm{d}\psi_j \tag{4.1.41}$$

如果系统包括 N 个回路，增加的磁能就为

$$\mathrm{d}W_\mathrm{m} = \sum_{j=1}^{N} i_j\mathrm{d}\psi_j \tag{4.1.42}$$

则回路 j 的磁链为

$$\psi_j = \sum_{k=1}^{N} M_{kj}i_k \tag{4.1.43}$$

式中：M_{kj}是互感系数。当 $k=j$ 时，$M_{jj}=L_j$ 是回路 j 的自感系数。将式（4.1.43）代入式（4.1.42）得

$$\mathrm{d}W_\mathrm{m} = \sum_{j=1}^{N}\sum_{k=1}^{N} i_jM_{kj}\mathrm{d}i_k \tag{4.1.44}$$

假设各回路中的电流同时从零开始以相同的百分比 α 上升，即 $i_j(t)=\alpha(t)I_j$，则 $\mathrm{d}i_k = I_k\mathrm{d}\alpha$，于是

$$\mathrm{d}W_\mathrm{m} = \sum_{j=1}^{N}\sum_{k=1}^{N} M_{kj}I_jI_k\alpha\mathrm{d}\alpha \tag{4.1.45}$$

$$W_\mathrm{m} = \sum_{j=1}^{N}\sum_{k=1}^{N} M_{kj}I_jI_k\int_0^1\alpha\mathrm{d}\alpha = \frac{1}{2}\sum_{j=1}^{N}\sum_{k=1}^{N} M_{kj}I_jI_k \tag{4.1.46}$$

例如：当 $N=1$ 时，$M_{11}=L_1$、$W_\mathrm{m}=\dfrac{1}{2}L_1I_1^2$；当 $N=2$ 时，$M_{11}=L_1$、$M_{22}=L_2$、$M_{21}=M_{12}=M$，故

$$W_m = \frac{1}{2}L_1I_1^2 + \frac{1}{2}L_2I_2^2 + MI_1I_2 \tag{4.1.47}$$

将式（4.1.43）代入式（4.1.46）得

$$W_m = \frac{1}{2}\sum_{j=1}^{N} I_j\psi_j = \frac{1}{2}\sum_{j=1}^{N} I_j\oint_{C_j}\boldsymbol{A}\cdot \mathrm{d}\boldsymbol{l}_j \tag{4.1.48}$$

式中：$\boldsymbol{A}$ 是 N 个回路在 $\mathrm{d}\boldsymbol{l}_j$ 上的合成矢量磁位。上面的结果适用于细导线回路的情况，对于分布电流的情形，在式（4.1.48）中代入 $I_j\mathrm{d}\boldsymbol{l}_j = \boldsymbol{J}\mathrm{d}V$ 得

$$W_m = \frac{1}{2}\int_V \boldsymbol{J}\cdot\boldsymbol{A}\mathrm{d}V \tag{4.1.49}$$

式中：积分是对所有 $\boldsymbol{J}\neq 0$ 的空间进行的。当然，可以把积分区域扩大到整个空间，也不会影响到积分的值。

2. 能量密度

前面推导出的计算磁场能量公式（4.1.48）、式（4.1.49）似乎会使人们认为磁场能量只存在于有电流的导体内。实际上，磁场能量储存在整个磁场存在的空间。下面导出用磁场矢量表示磁能的公式。将 $\boldsymbol{J} = \nabla\times\boldsymbol{H}$ 代入式（4.1.49）中得

$$\begin{aligned} W_m &= \frac{1}{2}\int_V \boldsymbol{A}\cdot(\nabla\times\boldsymbol{H})\mathrm{d}V = \frac{1}{2}\int_V [\boldsymbol{H}\cdot(\nabla\times\boldsymbol{A}) - \nabla\cdot(\boldsymbol{A}\times\boldsymbol{H})]\mathrm{d}V \\ &= \frac{1}{2}\int_V \boldsymbol{H}\cdot\boldsymbol{B}\mathrm{d}V - \frac{1}{2}\oint_S(\boldsymbol{A}\times\boldsymbol{H})\cdot\mathrm{d}\boldsymbol{S} \end{aligned} \tag{4.1.50}$$

注意：当令体积 V 趋于无限大时，式（4.1.50）右边第二项积分变为零。因为 $A\sim\frac{1}{R}$、$H\sim\frac{1}{R^2}$、$|\boldsymbol{A}\times\boldsymbol{H}|\sim\frac{1}{R^3}$，故被积函数至少按 R^3 反比变化，而面积按 R^2 变化，当 $R\to\infty$ 时，积分变为零，于是可得

$$W_m = \frac{1}{2}\int_V \boldsymbol{H}\cdot\boldsymbol{B}\mathrm{d}V \tag{4.1.51}$$

式中：积分是对整个空间取的，当然只有磁场不等于零的那部分空间才对积分有贡献。此结果表明磁场能量储存于场空间，被积函数可视为磁场能量密度，即

$$w_m = \frac{1}{2}\boldsymbol{B}\cdot\boldsymbol{H} = \frac{1}{2}\frac{B^2}{\mu} = \frac{1}{2}\mu H^2 \tag{4.1.52}$$

能量密度的单位为 $\mathrm{J/m^3}$。

例 4.1.5：求同轴线单位长度内储存的磁场能量，如图 4－11 所示。

解：同轴线的内导体半径为 a，外导体的内半径为 b，外导体的外半径为 c。内、外导体之间填充的介质以及导体的磁导率均为 μ_0。设电流为 I，根据安培环路定律求出磁场分布：

$$\begin{cases} \boldsymbol{H}_1 = \boldsymbol{e}_\phi\dfrac{Ir}{2\pi a^2}(0\leqslant r\leqslant a) \\ \boldsymbol{H}_2 = \boldsymbol{e}_\phi\dfrac{I}{2\pi r}(a\leqslant r\leqslant b) \\ \boldsymbol{H}_3 = \boldsymbol{e}_\phi\dfrac{I}{2\pi r}\dfrac{c^2-r^2}{c^2-b^2}(b\leqslant r\leqslant c) \end{cases}$$

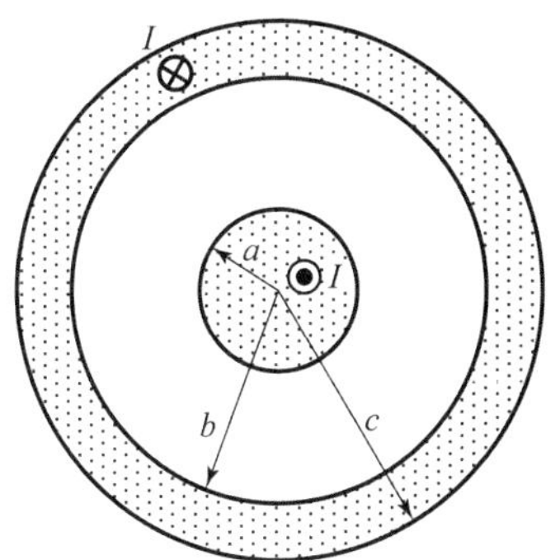

图 4 – 11　同轴线横截面图

由此可求出三个区域单位长度内的磁场能量分别为

$$\begin{cases} W_{m1} = \dfrac{\mu_0}{2}\displaystyle\int_0^a H_1^2 2\pi r\mathrm{d}r = \dfrac{\mu_0}{2}\displaystyle\int_0^a \left(\dfrac{Ir}{2\pi a^2}\right)^2 2\pi r\mathrm{d}r = \dfrac{\mu_0 I^2}{16\pi}(\mathrm{J/m}) \\ W_{m2} = \dfrac{\mu_0}{2}\displaystyle\int_a^b H_2^2 2\pi r\mathrm{d}r = \dfrac{\mu_0}{2}\displaystyle\int_a^b \left(\dfrac{I}{2\pi r}\right)^2 2\pi r\mathrm{d}r = \dfrac{\mu_0 I^2}{4\pi}\ln\dfrac{b}{a}(\mathrm{J/m}) \\ W_{m3} = \dfrac{\mu_0}{2}\displaystyle\int_b^c H_3^2 2\pi r\mathrm{d}r = \dfrac{\mu_0}{2}\displaystyle\int_b^c \left(\dfrac{I}{2\pi r}\dfrac{c^2 - r^2}{c^2 - b^2}\right)^2 2\pi r\mathrm{d}r = \\ \qquad \dfrac{\mu_0 I^2}{4\pi}\left[\dfrac{c^4}{(c^2 - b^2)^2}\ln\dfrac{c}{b} - \dfrac{3c^2 - b^2}{4(c^2 - b^2)}\right](\mathrm{J/m}) \end{cases}$$

同轴线单位长度储存的总磁场能量为

$$W_m = W_{m1} + W_{m2} + W_{m3} = \frac{\mu_0 I^2}{16\pi} + \frac{\mu_0 I^2}{4\pi}\ln\frac{b}{a} + \frac{\mu_0 I^2}{4\pi}\left[\frac{c^4}{(c^2 - b^2)^2}\ln\frac{c}{b} - \frac{3c^2 - b^2}{4(c^2 - b^2)}\right](\mathrm{J/m})$$

4.1.5　自电感和互电感

在线性介质中，一个电流回路在空间任意点的 $\boldsymbol{B}$ 与电流成正比，因而穿过任意固定回路的磁通 Φ 也与电流成正比。如果一个回路是由 N 匝导线绕成的，则总磁通是各匝磁通之和，称为磁链，用 ψ 表示。若各匝导线紧挨着，可以近似认为处于同一位置，则 $\psi = N\Phi$。

若磁场是由回路本身的电流产生的，则回路的磁链与电流的比值为

$$L = \frac{\psi}{I} \tag{4.1.53}$$

式中：L 称为自感系数，简称为自感，单位为 H。如果第一回路电流 I_1 产生的磁场与第二回路相交链的磁链为 ψ_{12}，则比值为

$$M_{12} = \frac{\psi_{12}}{I_1} \tag{4.1.54}$$

式中：M_{12} 称为互感系数，简称为互感，单位为 H。同样，第二回路电流 I_2 的磁场与第一回路相交链的磁链 ψ_{21} 与 I_2 的比值定出互感 M_{21}，即

$$M_{21} = \frac{\psi_{21}}{I_2} \tag{4.1.55}$$

自感和互感都仅决定于回路的形状、尺寸、匝数和介质的磁导率。互感还与两个回路的

相互位置有关，回路固定时它们都是与电流无关的常数。

首先，列出两个单回路的互感计算方法。如图 4－12 所示，设两个线圈回路都只有一匝。当回路 1 通过电流 I_1 时

$$\psi_{12} = \Phi_{12} = \oint_{C_2} \boldsymbol{A}_{12} \cdot \mathrm{d}\boldsymbol{l}_2 \tag{4.1.56}$$

式中：$\boldsymbol{A}_{12}$是回路 1 在 $\mathrm{d}\boldsymbol{l}$ 上的矢量位，它等于

$$\boldsymbol{A}_{12} = \frac{\mu_0 I_1}{4\pi}\oint_{C_1} \frac{\mathrm{d}\boldsymbol{l}_1}{R} \tag{4.1.57}$$

故

$$\psi_{12} = \Phi_{12} = \frac{\mu_0 I_1}{4\pi}\oint_{C_2}\oint_{C_1} \frac{\mathrm{d}\boldsymbol{l}_1 \cdot \mathrm{d}\boldsymbol{l}_2}{R} \tag{4.1.58}$$

$$M_{12} = \frac{\Phi_{12}}{I_1} = \frac{\mu_0}{4\pi}\oint_{C_2}\oint_{C_1} \frac{\mathrm{d}\boldsymbol{l}_1 \cdot \mathrm{d}\boldsymbol{l}_2}{R} \tag{4.1.59}$$

称为诺伊曼公式。

同理，可得

$$M_{21} = \frac{\Phi_{21}}{I_2} = \frac{\mu_0}{4\pi}\oint_{C_1}\oint_{C_2} \frac{\mathrm{d}\boldsymbol{l}_2 \cdot \mathrm{d}\boldsymbol{l}_1}{R} \tag{4.1.60}$$

可见

$$M_{12} = M_{21} = M \tag{4.1.61}$$

对于自感的计算，如图 4－13 所示的一个单匝回路，可把电流看作集中于导线的轴线回路 C_1 上，而把计算磁通的回路取作导线边沿的回路 C_2，则可用诺伊曼公式（4.1.59）计算自感为

$$L = \frac{\Phi}{I} = \frac{\mu_0}{4\pi}\oint_{C_2}\oint_{C_1} \frac{\mathrm{d}\boldsymbol{l}_1 \cdot \mathrm{d}\boldsymbol{l}_2}{R} \tag{4.1.62}$$

若绕的线圈匝数为 N，则产生的磁通为单匝时的 N 倍，而磁链又为 $\psi = N\Phi$，自感为单匝的 N^2 倍，故自感与匝数平方成比例，互感与两线圈的匝数积 N_1N_2 成比例。

以上计算的自感系数只是考虑了导线外部的磁通，故称为外自感。在导线内部的磁线同样套链着电流，其磁链与电流的比值定义为导线的内自感。

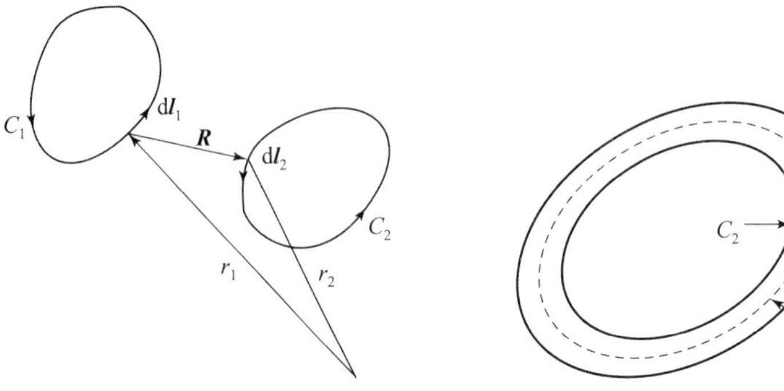

图 4－12　回路间互感的计算　　**图 4－13　自感的计算**

设回路的尺寸比导线截面尺寸大得多且导线横截面为圆形，则导线内部的磁场可近似地认为同无限长直圆柱导体内部的场相同。若导线截面半径为 a，磁导率为 μ，如

图 4-14 所示，则导线内的场为

$$\boldsymbol{B}=\boldsymbol{e}_{\phi}\frac{\mu}{2}Jr=\boldsymbol{e}_{\phi}\frac{\mu}{2}\left(\frac{I}{\pi a^{2}}\right)r \tag{4.1.63}$$

取一段导线长为 l，穿过图中宽度为 $\mathrm{d}r$ 的截面磁通为

$$\mathrm{d}\Phi=\boldsymbol{B}\mathrm{d}\boldsymbol{S}=Bl\mathrm{d}r \tag{4.1.64}$$

式中：$\mathrm{d}\Phi$ 并没有和全部电流 I 相交链，而是仅与电流的一部分（半径 r 的圆截面内的电流）相交链，因而在计算与 I 相交链的磁链时，要乘上一个比值$\frac{r^2}{a^2}$，即它所交链的电流占全部电流的百分数，有

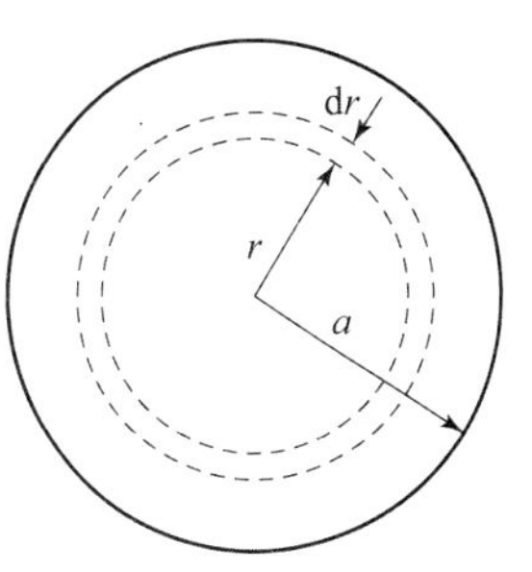

图 4-14　内自感的计算

$$\mathrm{d}\psi=\frac{r^{2}}{a^{2}}\mathrm{d}\Phi=\frac{r^{2}}{a^{2}}\left(\frac{\mu I}{2\pi a^{2}}\right)lr\mathrm{d}r=\frac{\mu Il}{2\pi a^{4}}r^{3}\mathrm{d}r \tag{4.1.65}$$

而磁链为

$$\psi=\int_{0}^{a}\frac{\mu Il}{2\pi a^{4}}r^{3}\mathrm{d}r=\frac{\mu l}{8\pi}I \tag{4.1.66}$$

故得到长度为 l 的一段圆截面导线的内自感为

$$L=\frac{\mu l}{8\pi} \tag{4.1.67}$$

例 4.1.6：求双线传输线单位长度的自感，导线半径为 a，导线间距离 $D\gg a$，如图 4-15 所示。

解：设导线电流为 I，在两导线所成的平面上的磁感应强度 $\boldsymbol{B}=\boldsymbol{B}_1+\boldsymbol{B}_2$，在导线间平面内 $\boldsymbol{B}_1$ 和 $\boldsymbol{B}_2$ 的方向一致，且与平面垂直：

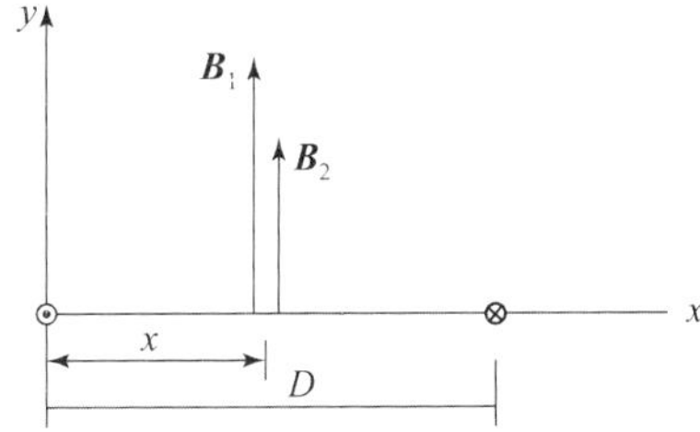

图 4-15　双线传输线

$$\boldsymbol{B}(x)=\frac{\mu_0 I}{2\pi}\left(\frac{1}{x}+\frac{1}{D-x}\right)\boldsymbol{e}_y$$

单位长度传输线交链的磁通为

$$\Phi_0=\int_{a}^{D-a}\frac{\mu_0 I}{2\pi}\left(\frac{1}{x}+\frac{1}{D-x}\right)\mathrm{d}x=\frac{\mu_0 I}{\pi}\ln\left(\frac{D-a}{a}\right)$$

因此单位长度的自感为

$$L_0=\frac{\mu_0}{\pi}\ln\left(\frac{D-a}{a}\right)\approx\frac{\mu_0}{\pi}\ln\frac{D}{a} \tag{4.1.68}$$

例 4.1.7：两个互相平行且共轴的圆线圈，其中一个圆的半径 a 远小于距离 d，另一个圆的半径 b 不受此限制，两者都只有一匝，求互感。

解：如图 4-16 所示，一个小圆线圈在远区的矢量位 $\boldsymbol{A}_1$ 为

$$\boldsymbol{A}_1=\boldsymbol{e}_{\phi}\frac{\mu_0}{4\pi}\left(\frac{\pi a^2 I}{r^2}\right)\sin\theta$$

$\boldsymbol{A}_1$ 在第二个大圆周界的线积分为

$$\Phi_{12}=\oint_{C_2}\boldsymbol{A}_1\cdot\mathrm{d}\boldsymbol{l}_2=A_1 2\pi b$$

$$\Phi_{12}=\frac{\mu_0}{4\pi}\left(\frac{\pi a^2 I}{r^2}\right)(\sin\theta)2\pi b$$

式中

$$r=\sqrt{b^2+d^2},\ \sin\theta=\frac{b}{\sqrt{b^2+d^2}}$$

所以

$$M=\frac{\mu_0\pi a^2b^2}{2(b^2+d^2)^{3/2}}$$

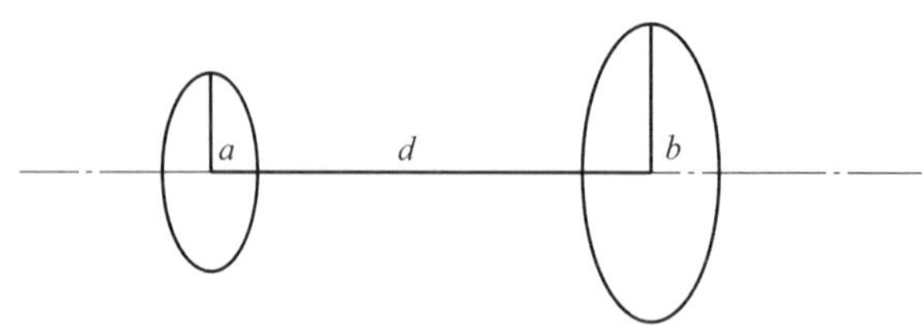

图 4-16　两圆线圈的互感

4.1.6　磁偶极子

小的载流闭合圆环称为磁偶极子。磁偶极子在研究介质中的磁场，以及辐射问题时都非常重要。

计算一个半径为 a，电流为 I 的磁偶极子在空间任一点产生的矢量磁位 $\boldsymbol{A}$ 及磁感应强度 $\boldsymbol{B}$。如图 4-17 所示，选择球坐标系，圆环与 xOy 平面重合，圆心位于球坐标原点。根据圆环结构的对称性，圆环上的电流在空间任一点产生的矢量磁位 $\boldsymbol{A}$ 应具有轴对称性，即与坐标 ϕ 无关。因此，计算电流圆环在空间 P 点$(r、\theta、0)$产生的矢量磁位 $\boldsymbol{A}$，其 x 分量等值反向，互相抵消，而 y 分量二者是相加的，即 P 点仅有 A_y 分量。因为选用的是球坐标系，所以仅有 A_ϕ 分量。电流元 $I\mathrm{d}\boldsymbol{l}$ 所产生的 A_ϕ 为

$$\mathrm{d}A_\phi=\mathrm{d}\boldsymbol{A}\cos\phi=\frac{\mu_0 I(ad\phi)}{4\pi R}\cos\phi \tag{4.1.69}$$

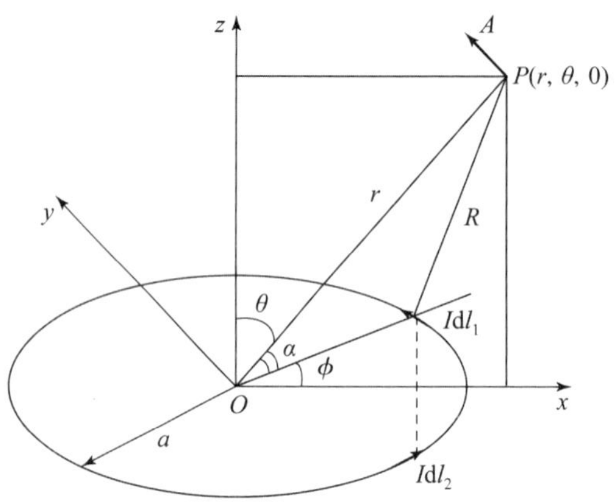

图 4-17　磁偶极子示意

圆环电流在空间任一点产生的总的 $\boldsymbol{A}$ 为

$$\boldsymbol{A} = \boldsymbol{e}_\phi A_\phi = \boldsymbol{e}_\phi \int \mathrm{d}A_\phi = \boldsymbol{e}_\phi \int_0^{2\pi} \frac{\mu_0 I a \mathrm{d}\phi}{4\pi R}\cos\phi \tag{4.1.70}$$

现在的问题是，如何将 R 用球坐标变量来表示？如图 4－17 所示，由余弦定理可知

$$R^2 = r^2 + a^2 - 2ra\cos\alpha \tag{4.1.71}$$

还需要把式（4.1.71）中的 $\cos\alpha$ 用球坐标变量来表示，可以引入 $\boldsymbol{r}\cdot\boldsymbol{a}$，并用它的两种表示形式来解决，即

$$\boldsymbol{r}\cdot\boldsymbol{a} = ra\cos\alpha \tag{4.1.72}$$

$$\boldsymbol{r}\cdot\boldsymbol{a} = (\boldsymbol{e}_x x + \boldsymbol{e}_z z)\cdot(\boldsymbol{e}_x a\cos\phi + \boldsymbol{e}_y a\sin\phi) = xa\cos\phi \tag{4.1.73}$$

式（4.1.72）、式（4.1.73）相比较可知

$$\cos\alpha = \frac{x}{r}\cos\phi = \sin\theta\cos\phi \tag{4.1.74}$$

将此式代入式（4.1.71）得

$$R = (r^2 + a^2 - 2ra\sin\theta\cos\phi)^{\frac{1}{2}} \tag{4.1.75}$$

当 $r \gg a$ 时，利用二项式展开，略去高阶小项，得

$$\frac{1}{R} = \frac{1}{r}\left(1 + \frac{a^2}{r^2} - 2\frac{a}{r}\sin\theta\cos\phi\right)^{-\frac{1}{2}} \approx \frac{1}{r}\left(1 + \frac{a}{r}\sin\theta\cos\phi\right) \tag{4.1.76}$$

将此式代入式（4.1.70）得

$$\begin{aligned} A_\phi &= \frac{\mu_0 I a}{4\pi r} \times 2\int_0^{\pi}\left(1 + \frac{a}{r}\sin\theta\cos\phi\right)\cos\phi \mathrm{d}\phi \\ &= \frac{\mu_0 I a^2}{2\pi r^2}\cdot\sin\theta\int_0^{\pi}\cos^2\phi \mathrm{d}\phi \\ &= \frac{\mu_0 P_{\mathrm{m}}}{4\pi r^2}\sin\theta \end{aligned} \tag{4.1.77}$$

式中：P_{m} 称为磁偶极矩。如果把它表示为矢量，其方向垂直于圆环所构成的平面，并与电流方向成右手螺旋关系，得

$$\boldsymbol{P}_{\mathrm{m}} = I\boldsymbol{S} = I(\pi a^2)\boldsymbol{e}_n \tag{4.1.78}$$

磁偶极子的矢量磁位 $\boldsymbol{A}$ 还可表示为

$$\boldsymbol{A} = \boldsymbol{e}_\phi \frac{\mu_0 P_{\mathrm{m}}}{4\pi r^2}\sin\theta = \frac{\mu_0 \boldsymbol{P}_{\mathrm{m}} \times \boldsymbol{e}_r}{4\pi r^2} \tag{4.1.79}$$

有了矢量磁位 $\boldsymbol{A}$，可以很方便的求出磁感应强度 $\boldsymbol{B}$ 在球坐标里的表达式为

$$\boldsymbol{B} = \nabla \times \boldsymbol{A} = \frac{\mu_0 P_{\mathrm{m}}}{4\pi r^3}(\boldsymbol{e}_r 2\cos\theta + \boldsymbol{e}_\theta \sin\theta) \tag{4.1.80}$$

即

$$\boldsymbol{B} = \boldsymbol{e}_r \frac{\mu_0 P_{\mathrm{m}}}{2\pi r^3}\cos\theta + \boldsymbol{e}_\theta \frac{\mu_0 P_{\mathrm{m}}}{4\pi r^3}\sin\theta (r \gg a) \tag{4.1.81}$$

而在静电场中已经得到电偶极子的电场表示式为

$$\boldsymbol{E} = \boldsymbol{e}_r \frac{P}{2\pi\varepsilon_0 r^3}\cos\theta + \boldsymbol{e}_\theta \frac{P}{4\pi\varepsilon_0 r^3}\sin\theta (r \gg l) \tag{4.1.82}$$

可以看到，磁偶极子的磁感应强度 $\boldsymbol{B}$ 式（4.1.81）与电偶极子的电场强度 $\boldsymbol{E}$ 式（4.1.82）互为对偶关系。

4.1.7 磁性材料

现在将磁场理论扩展至包含磁性材料的领域。在某些方面，这些讨论与在电介质材料中的电场讨论同时进行，但也有一些重要区别，这将在后面介绍。

用长度为 L，通常称为螺线管的圆柱形线圈做实验，它所通过的电流为 I，如图 4-18（a）所示。假定线圈为均匀密绕，在螺线管中心的磁通密度为两端的二倍，如图 4-18（b）所示。如果将不同物质的样品放在这磁场中，可以发现在螺线管近末端处所感受到的磁力最大，此处的梯度 $\mathrm{d}B_z/\mathrm{d}z$ 很大。为了继续试验，假定总是将样品放在螺线管上端，并观察它所感受的力。如果样品不是太大，则它所受的力与它的质量成比例，而与它的形状无关。有些样品被吸向较强的场，另一些样品被排斥。

感受轻微推斥力的物质称为抗磁体。所有的有机化合物和大部分无机化合物是抗磁体。事实上，可以认为每一个原子与分子都有抗磁性。

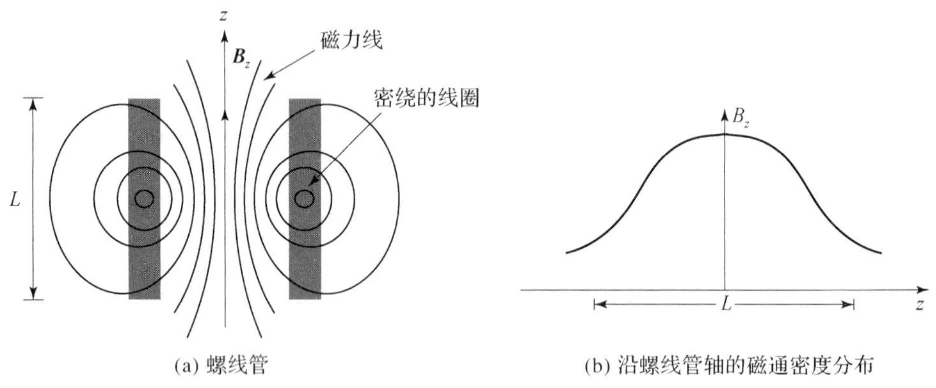

(a) 螺线管　　(b) 沿螺线管轴的磁通密度分布

图 4-18　螺线管的磁通密度

有两种不同类型的物质感受到吸引力。受到轻微力量拉向中心的物质称为顺磁体。如铝、铜等金属的顺磁性并不比抗磁性大多少。但是某些物质，如铁、磁铁矿等，则确实被磁力吸进去，这些物质称为铁磁体。铁磁物质所受到的磁力可能是顺磁物质所受磁力的 5000 倍。

由于顺磁物质与抗磁物质所受的力很弱，因此实际上可将它们归并在一起，统称为非磁性物质。此外，还假设所有非磁性物质的磁导率与自由空间的相同。

为全面论述物质的磁性，需用量子力学的概念（超出本书范围），可用一个简单而且容易想象的原子模型，来解释某些磁的性质。电子以恒速围绕原子核作圆周运动，如图 4-19（a）所示。由于电流是每秒通过一点的电荷量，一个轨道电子产生的环流为

$$I = \frac{ev_e}{2\pi\rho} \tag{4.1.83}$$

式中：e 为电子电荷量；v_e 为它的速度；ρ 为半径。轨道电子产生的轨道磁矩（图 4-19（b））为

$$\boldsymbol{m} = \frac{ev_e\rho}{2}\boldsymbol{e}_z \tag{4.1.84}$$

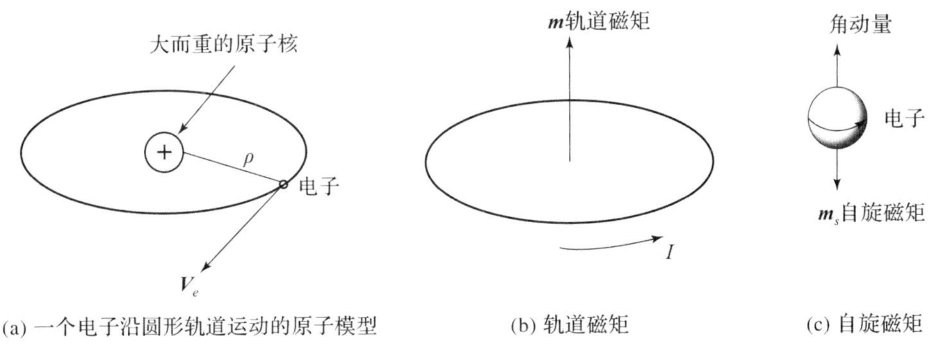

(a) 一个电子沿圆形轨道运动的原子模型　　(b) 轨道磁矩　　(c) 自旋磁矩

图 4－19　原子模型及电子的磁矩

量子力学的一条基本原理是轨道角动量永远等于 $h/2\pi$ 的整数倍，其中 h 为普朗克常数（$h=6.63\times10^{-34}\mathrm{J\cdot s}$）。电子还具有对它的轨道运动无影响的角动量。设想电子以恒速不断地围绕它自己的轴线转动（自旋运动）。自旋运动包括电荷环流，它产生自旋磁矩，如图 4－19（c）所示。自旋磁矩为固定值

$$\boldsymbol{m}_s=\frac{he}{8\pi m_e}=9.27\times10^{-24}(\mathrm{A\cdot m^2}) \tag{4.1.85}$$

式中：m_e 为电子质量。

原子的净磁矩由所有电子的轨道磁矩和自旋磁矩所组成，但要考虑这些磁矩的方向。净磁矩产生一个类似于电流（磁偶极子）产生的远方场，在没有外磁场时，物质中的磁偶极子是随机排列的，如图 4－20（a）所示，因而净磁矩几乎为零。当有外磁场时，每一个磁偶极子感受到一个转动力矩，使它们沿磁场方向排列，如图 4－20（b）所示。此图表示完整排列的理想情形，但实际上只能有部分排列好。磁偶极子的对准排列类似于电偶极子在介质中的对准排列，但有显著的区别。电偶极子的对准排列总是减弱原来的电场，而顺磁体和铁磁体中磁极的对准排列则是加强原来的磁场。材料内部磁偶极子的对准排列，相当于沿材料表面流动的电流，如图 4－20（c）所示。此电流在材料内部产生一个附加场。现在用定量来证明。

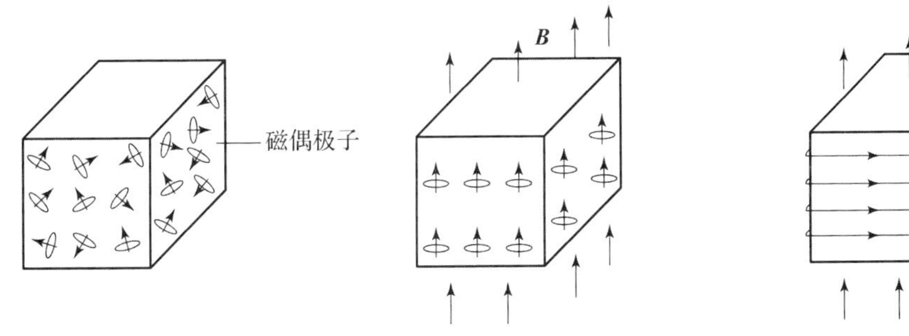

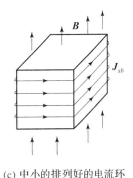

(a) 磁偶极子随机排列的磁性物质　　(b) 外场**B**使磁偶极子沿它排列　　(c) 中小的排列好的电流环等效于沿物质表面的电流

图 4－20　磁偶极子的排列

若在体积元 ΔV 里有 n 个原子，$\boldsymbol{m}_i$ 是第 i 个原子的磁矩，于是单位体积的磁矩定义为

$$\boldsymbol{M}=\lim_{\Delta V'\to 0}\frac{\sum_{i=1}^{n}\boldsymbol{m}_i}{\Delta V} \tag{4.1.86}$$

如 $\boldsymbol{M}\neq 0$，则该物体是已经磁化的。一个体积元 $\mathrm{d}V'$ 的磁矩 $\mathrm{d}\boldsymbol{m}$ 为 $\mathrm{d}\boldsymbol{m}=\boldsymbol{M}\mathrm{d}V'$。由 $\mathrm{d}\boldsymbol{m}$ 所产生的磁矢位为

$$\mathrm{d}\boldsymbol{A}=\frac{\mu_0\boldsymbol{M}\times\boldsymbol{e}_R}{4\pi R^2}\mathrm{d}V' \tag{4.1.87}$$

用矢量恒等式，有

$$\nabla'\left[\frac{1}{R}\right]=\frac{\boldsymbol{e}_R}{R^2} \tag{4.1.88}$$

则式（4.1.87）可表示为

$$\mathrm{d}\boldsymbol{A}=\frac{\mu_0\boldsymbol{M}}{4\pi}\times\nabla'\left[\frac{1}{R}\right]\mathrm{d}V' \tag{4.1.89}$$

若 V' 为已经磁化材料的体积，则它所产生的磁矢位为

$$\boldsymbol{A}=\frac{\mu_0}{4\pi}\int_{V'}\boldsymbol{M}\times\nabla'\left[\frac{1}{R}\right]\mathrm{d}V' \tag{4.1.90}$$

用矢量恒等式，有

$$\boldsymbol{M}\times\nabla'\left[\frac{1}{R}\right]=\frac{1}{R}\nabla'\times\boldsymbol{M}-\nabla'\times\left[\frac{\boldsymbol{M}}{R}\right] \tag{4.1.91}$$

则磁矢位可写成

$$\boldsymbol{A}=\frac{\mu_0}{4\pi}\int_{V'}\frac{\nabla'\times\boldsymbol{M}}{R}\mathrm{d}V'-\frac{\mu_0}{4\pi}\int_{V'}\nabla'\times\left[\frac{\boldsymbol{M}}{R}\right]\mathrm{d}V' \tag{4.1.92}$$

用矢量恒等式，有

$$\int_{V'}\nabla'\times\left[\frac{\boldsymbol{M}}{R}\right]\mathrm{d}V'=-\oint_{S'}\left[\frac{\boldsymbol{M}}{R}\right]\times\mathrm{d}\boldsymbol{S}' \tag{4.1.93}$$

则 $\boldsymbol{A}$ 可重写为

$$\begin{aligned}\boldsymbol{A}&=\frac{\mu_0}{4\pi}\int_{V'}\frac{\nabla'\times\boldsymbol{M}}{R}\mathrm{d}V'+\frac{\mu_0}{4\pi}\oint_{S'}\frac{\boldsymbol{M}\times\boldsymbol{e}_n}{R}\mathrm{d}S'\\ \boldsymbol{A}&=\frac{\mu_0}{4\pi}\int_{V'}\frac{\boldsymbol{J}_{vb}}{R}\mathrm{d}V'+\frac{\mu_0}{4\pi}\int_{S'}\frac{\boldsymbol{J}_{sb}}{R}\mathrm{d}S'\end{aligned} \tag{4.1.94}$$

式中

$$\boldsymbol{J}_{vb}=\nabla\times\boldsymbol{M} \tag{4.1.95}$$

为束缚体电流密度，而

$$\boldsymbol{J}_{sb}=\boldsymbol{M}\times\boldsymbol{e}_n \tag{4.1.96}$$

为束缚面电流密度。

在式（4.1.95）与（4.1.96）中，虽然忽略了上面的撇，但必须理解旋度与叉乘运算都是对源点坐标而言的。式（4.1.94）说明：磁化材料内部的束缚体电流密度和它表面的束缚面电流密度可以用于确定由磁化体所产生的磁矢位。另外，可能还有自由体电流密度 $\boldsymbol{J}_{vf}$ 与自由面电流密度 $\boldsymbol{J}_{sf}$ 也产生磁矢位。总的体电流密度为 $\boldsymbol{J}_v=\boldsymbol{J}_{vf}+\boldsymbol{J}_{sf}$，式中：$\boldsymbol{J}_{vf}=\nabla\times\boldsymbol{H}$。在自由空间的磁通密度为 $\boldsymbol{B}=\mu_0\boldsymbol{H}$ 或 $\boldsymbol{H}=\boldsymbol{B}/\mu_0$。因而在自由空间，有

$$\nabla \times \left[\frac{\boldsymbol{B}}{\mu_0}\right] = \boldsymbol{J}_{vf} \tag{4.1.97}$$

若考虑到 $\boldsymbol{J}_{vb}$ 的作用，在磁介质中增强了的 $\boldsymbol{B}$ 场为

$$\nabla \times \left[\frac{\boldsymbol{B}}{\mu_0}\right] = \boldsymbol{J}_{vf} + \boldsymbol{J}_{vb} = \nabla \times \boldsymbol{H} + \nabla \times \boldsymbol{M} \tag{4.1.98}$$

或

$$\boldsymbol{B} = \mu_0 [\boldsymbol{H} + \boldsymbol{M}] \tag{4.1.99}$$

式（4.1.99）适用于任何线性的或非线性的媒质。对于线性、均匀、各向同性的媒质，可将 $\boldsymbol{M}$ 用 $\boldsymbol{H}$ 表示为

$$\boldsymbol{M} = \chi_m \boldsymbol{H} \tag{4.1.100}$$

式中：χ_m 为一比例常数，称为磁化率。将式（4.1.100）代入式（4.1.99），得

$$\boldsymbol{B} = \mu_0 [1 + \chi_m] \boldsymbol{H} = \mu_0 \mu_r \boldsymbol{H} = \mu \boldsymbol{H} \tag{4.1.101}$$

式中：$\mu = \mu_0 \mu_r$ 为媒质的磁导率，参数 μ_r 称为媒质的相对磁导率。对于线性、各向同性、均匀的媒质而言，χ_m 和 μ_r 都是常数。

对于顺磁体和抗磁体（以前称它们为非磁性物质），实用上常假定 $\mu_r = 1$。但是，对于铁磁体，在磁通密度为 1T 时，它的相对磁导率可高达 5000。注意：式（4.1.100）仅适用于线性、均匀、各向同性的物质。对于各向异性的物质，$\boldsymbol{B}$、$\boldsymbol{H}$ 和 $\boldsymbol{M}$ 可能不再平行。

对于铁磁材料如铁、钴、镍等的特性，用磁畴来解释。磁畴是非常小的区域，它所有的磁偶极子完全排列好，如图 4－21 所示。每个磁畴中的磁偶极子排列方向都与相邻的另一磁畴不同，这时材料处于非磁化状态。

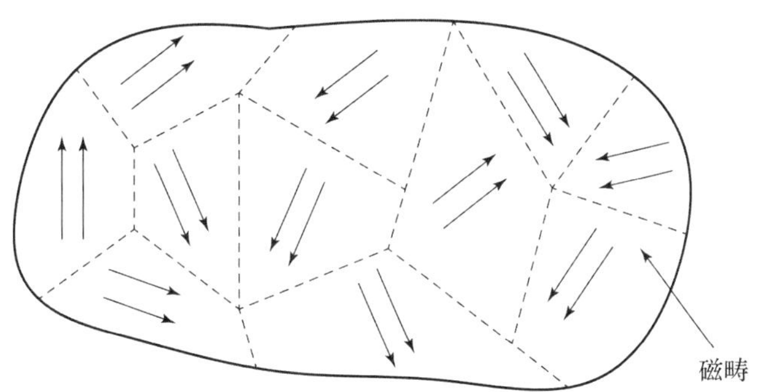

图 4－21　在未磁化铁磁材料中的磁畴是随机排列的

当磁性材料置于外磁场时，所有的磁偶极子都可能沿着磁场方向排列。一种使磁性材料置于外磁场中的方法是缠绕一个线圈通以电流，如图 4－22 所示。可以预期磁性材料中的某些磁畴或多或少已经沿磁场方向排列，这些磁畴有趋势在压缩邻近磁畴的情况下增大。磁畴的增大改变了它的边界。磁畴界面的运动视材料晶粒结构而定。由于某些磁畴将它们的偶极子旋转至外加磁场方向，因此其结果使材料内部的磁通密度增加。

线圈中的电流在磁性材料（媒质）中产生的 $\boldsymbol{H}$ 场可视为独立变量。外加的 $\boldsymbol{H}$ 场在媒质中产生 $\boldsymbol{B}$ 场。当 $\boldsymbol{B}$ 场弱时，磁畴边界的运动是可逆的。当通过线圈的电流增加时，

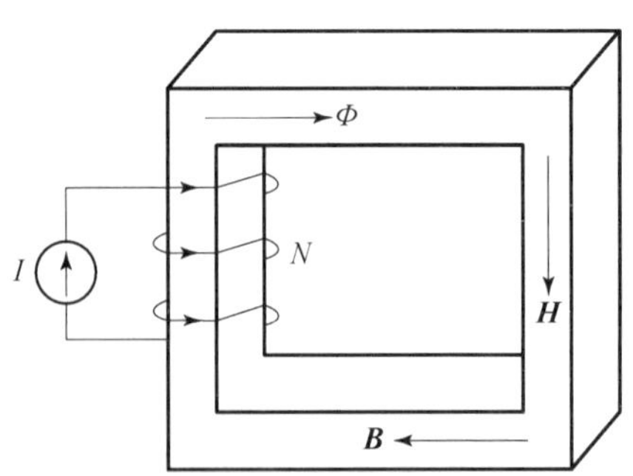

图 4－22　缠绕的线圈在磁性材料内产生磁通

H 增加，因而媒质内的 **B** 将不断增强，越来越多的磁偶极子将沿 **B** 排列。如果测量磁性材料内部的磁场，则可以发现，最初 **B** 增加缓慢，继而快速增长，然后越来越慢，直至最后变成平坦的，如图 4－23 所示。在图 4－23 中的实曲线通常称为磁性材料的磁化特性曲线。每种磁性材料有不同的磁化特性。**B** 的变化是由 **M** 变化引起的。曲线的平坦部分显示磁性材料中的磁偶极子已几乎全部沿 **B** 场的方向排列。知道 **B** 与 **H** 后，即可由 $\boldsymbol{M}=\boldsymbol{B}/\mu_0-\boldsymbol{H}$ 来确定 **M**。

如果现在开始减小线圈内的电流，以降低 **H** 场，则可以发现，**B** 场的下降并不那么快，如图 4－23 虚线所示。这种不可逆性称为磁滞作用。虚线显示即使当 **H** 降为零时，材料中仍然有一定磁通密度，将它称为剩余磁通密度 $\boldsymbol{B}_r$。磁性材料已被磁化，作用就像永久磁铁，因为一旦磁畴按外加磁场沿一定方向排列，有些磁畴将停留在该状态。若剩余磁通密度越高，则越好作为永久磁铁的材料。直流电机就属于这一范畴。具有高剩余磁通密度的磁性材料称为硬磁材料。

若将图 4－22 中线圈的电流方向逆转，则当 **H** 在相反方向为某值时，材料中的磁通密度降为零。这时的 **H** 场值称为矫顽磁力 $\boldsymbol{H}_c$（或称为矫顽磁场强度）。在两个方向增加和减小 **H**，可以描出一个回线，称为磁滞回线，如图 4－24 所示。磁滞回线的面积确定每周的能量损耗（磁滞损耗）。这些能量用以使磁畴在每一周期内，先沿一个方向排列，然后在反方向重新排列。对于交流电应用，如变压器、感应电机等，要求磁滞损耗尽可能低。换句话说，材料中的剩余磁通密度应尽可能地小。具有这种性质的材料，称为软磁材料。

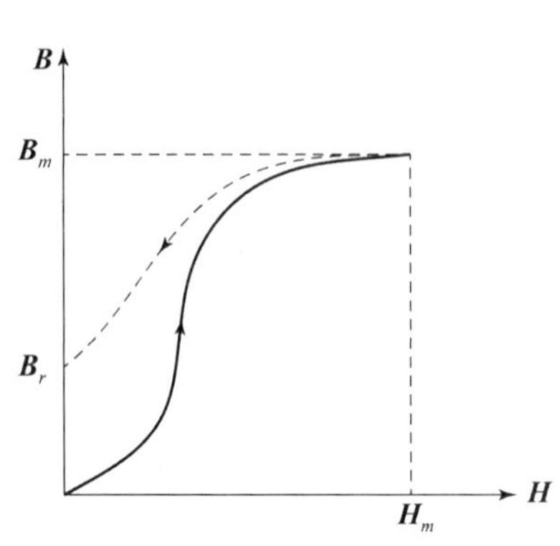

图 4－23　磁性材料的磁化特性曲线

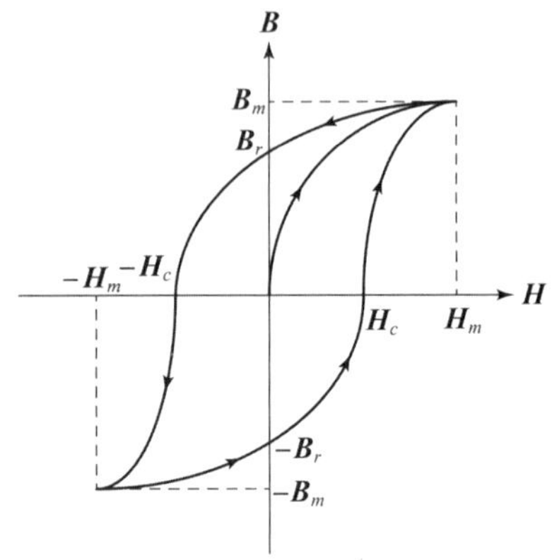

图 4－24　磁滞回线

例 4.1.8：设例 4.1.7 的线圈绕在相对磁导率为 μ_r 的磁性材料上。试求（1）每单位体积的磁矩，（2）束缚面电流密度。

解：磁化率可用相对磁导率表示如下：

$$\chi_m = \mu_r - 1$$

因而每单位体积的磁矩，或称为磁极化矢量也称磁化强度，为

$$\boldsymbol{M} = \frac{(\mu_r - 1)NI}{2\pi\rho}\boldsymbol{e}_\phi$$

由式（4.1.95）可得，束缚体电流密度为

$$\boldsymbol{J}_{vb} = \nabla \times \boldsymbol{M} = 0$$

体积由四个表面所限制，现在分别计算每一表面的束缚面电流密度。

由式（4.1.96）可得，上方表面的束缚面电流密度为

$$\boldsymbol{J}_{sb}\big|_{\text{顶面}} = \boldsymbol{M} \times \boldsymbol{e}_z = \frac{(\mu_r - 1)NI}{2\pi\rho}\boldsymbol{e}_\rho$$

下方表面的束缚面电流密度为

$$\boldsymbol{J}_{sb}\big|_{\text{底面}} = \boldsymbol{M} \times (-\boldsymbol{e}_z) = -\frac{(\mu_r - 1)NI}{2\pi\rho}\boldsymbol{e}_\rho$$

当 $\rho = a$ 时表面的束缚面电流密度为

$$\boldsymbol{J}_{sb}\big|_{\rho = a} = \boldsymbol{M} \times (-\boldsymbol{e}_\rho)\big|_{\rho = a} = -\frac{(\mu_r - 1)NI}{2\pi a}\boldsymbol{e}_z$$

当 $\rho = b$ 时表面的束缚面电流密度为

$$\boldsymbol{J}_{sb}\big|_{\rho = b} = -\frac{(\mu_r - 1)NI}{2\pi b}\boldsymbol{e}_z$$

4.1.8　磁场力

原则上讲，一个回路在磁场中受到的力，可以用安培定律来计算，但是许多问题用虚位移法较为方便。用虚位移法求磁场力时，先假设某一个电流回路在磁场力的作用下发生了一个虚位移，这时回路的互感要产生变化，磁场能量也要产生变化；然后根据能量守恒定律，求出磁场力。

为了便于分析，以下仅讨论两个回路的情形，但得到的结果可以推广到一般情形。假设回路 C_1 在磁场力的作用下发生了一个小位移 $\Delta\boldsymbol{r}$，回路 C_2 不动。下面分磁链不变和电流不变两种情形讨论。

1. 磁链不变

当磁链不变时，各个回路中的感应电势为零，所以电源不作功。磁场力做的功必来自磁场能量的减少。如将回路 C_1 受到的磁场力记为 $\boldsymbol{F}$，则它做的功为 $\boldsymbol{F} \cdot \Delta\boldsymbol{r}$，即

$$\boldsymbol{F} \cdot \Delta\boldsymbol{r} = -\Delta W_{\mathrm{m}} \tag{4.1.102}$$

$$F_r = -\frac{\partial W_{\mathrm{m}}}{\partial r}\bigg|_\psi \tag{4.1.103}$$

写成矢量形式，有

$$\boldsymbol{F} = -\nabla W_{\mathrm{m}}\big|_\psi \tag{4.1.104}$$

2. 电流不变

当各个回路的电流不变时，各回路的磁链要发生变化，在各回路中会产生感应电势，电源要作功。在回路 $\Delta\boldsymbol{r}$ 产生位移时，做功为

$$\Delta W_{\mathrm{b}} = I_1 \Delta\psi_1 + I_2 \Delta\psi_2 \tag{4.1.105}$$

由式（4.1.48）得磁场能量的变化为

$$\Delta W_{\mathrm{m}} = \frac{1}{2}(I_1 \Delta\psi_1 + I_2 \Delta\psi_2) \tag{4.1.106}$$

根据能量守恒定律，电源作的功等于磁场能量的增量与磁场力对外做功之和，即

$$\Delta W_{\mathrm{b}} = \Delta W_{\mathrm{m}} + \boldsymbol{F} \cdot \Delta\boldsymbol{r} \tag{4.1.107}$$

$$\boldsymbol{F} \cdot \Delta\boldsymbol{r} = \Delta W_{\mathrm{m}} \tag{4.1.108}$$

$$\boldsymbol{F} = \Delta W_{\mathrm{m}} \big|_{I} \tag{4.1.109}$$

例 4.1.9：设两导体平面的长为 l，宽为 b，间隔为 d，上、下面分别有方向相反的面电流 J_{so}（图 4－25）。设 $b \gg z$，$l \gg z$，求上面一片导体板面电流所受的力。

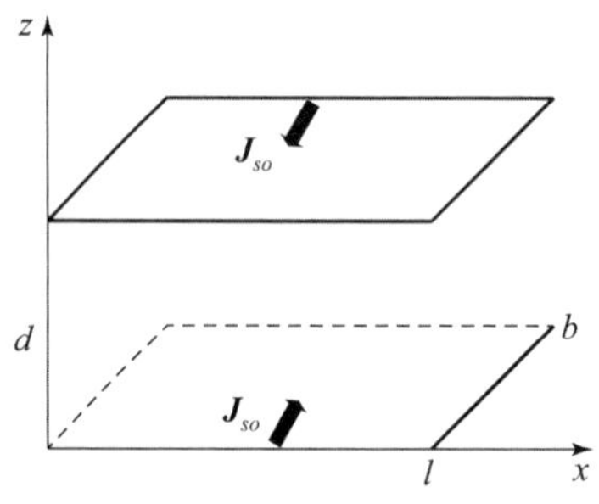

图 4－25　平行面电流磁力

解：考虑到间隔远小于其尺寸，故可以看成无限大面电流。由安培回路定律可以求出两导体板之间磁场为 $\boldsymbol{B} = \boldsymbol{e}_x \mu_0 J_{so}$，导体外磁场为零。当用虚位移法计算上面的导体板受力时，假设两板间隔为一变量 z，则磁场能为

$$W_{\mathrm{m}} = \frac{1}{2}\mu_0 \boldsymbol{BH}V = \frac{1}{2}\mu_0 J_{so}^2 lbz$$

假定上导体板位移时，电流不变，由式（4.1.103）得

$$\boldsymbol{F} = \boldsymbol{e}_z \frac{\partial W_{\mathrm{m}}}{\partial z} = \boldsymbol{e}_z \frac{1}{2}\mu_0 J_{so}^2 lb$$

这个力为斥力。

4.1.9　磁路

由于磁力线形成闭合路径，在交界面处磁通进入和流出的量相等，因而可将磁通与闭合电路的电流相比较。在传导电路中，电流完全在导线内流动，在导线外部没有任何泄漏。磁性材料中的磁通不能完全局限在给定的路径内。但如果磁性材料的磁导率远高于包围它的物质的磁导率，则磁通的绝大部分将集中在磁性材料内，泄漏到它外围物质的磁通数量几乎可以忽略不计。磁屏蔽就是建立在磁通这一特性的基础上。磁通在高导磁性材料中流通与电流在导体内流通非常相似。为此，将磁通在磁性材料流动的闭合路径称为磁路。磁路是构成如电动机、变压器、电磁铁与继电器等器件的组成部分。

前面讨论过由紧密缠绕的线圈所组成的螺线管形成简单的磁路，并已说明磁通仅存在于螺线管的芯内。现将这观点推广并普遍化。当螺线管芯是极高磁导率的材料，线圈仅集中在它的一小部分区域时（图 4－26），磁通的大部分仍在螺线管中环流。由线圈所产生的总磁通的一小部分经由磁路周围的空间完成闭合路径，称为漏磁通。在设计磁路时，总是力求使漏磁通量最小，这是可能的，也是符合经济原则的。为此，在分析磁路时，不考虑漏磁通。

前面已求得螺线管中的磁场强度，以及由此而定的磁通密度，与总路径的半径成反比。换句话说，在螺线管内径处的磁通密度最大，外径处最小。在分析磁路时，通常假设在磁性材料内的磁通密度是均匀的，其值等于平均半径处的磁通密度。

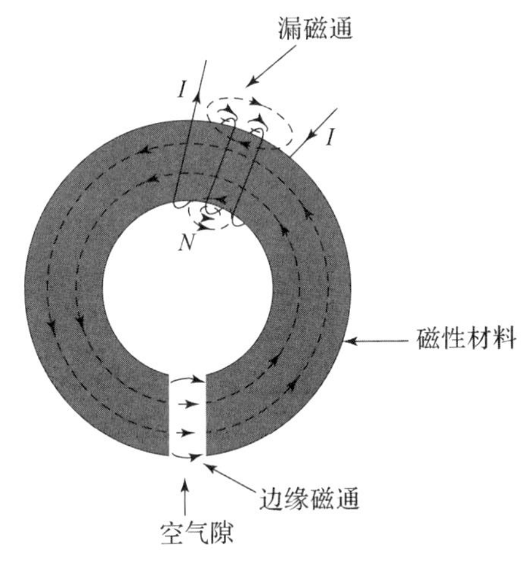

图 4－26　有空气隙的磁路

现在所研究的螺线管形成一个闭合磁路，但在旋转电机的应用中，闭合路径被一个空气隙裂开，因此磁路由一个高磁导率的磁性材料与空气隙串联而成，如图 4－26 所示。由于它是一个串联回路，因而高磁导率磁性材料内的磁通量应等于空气隙内的磁通量。如图 4－26 所示，空气隙内磁通的扩散是不可避免的，称为边缘效应。但是，如果空气隙的长度相对于其他尺寸很小，则绝大部分磁通线将集中在空气隙处磁芯的两侧表面，边缘效应可以忽略不计。

总起来说，可以假设如下：

（1）磁通限在磁性材料内流动，没有漏磁。

（2）在空气隙区磁通没有扩散或边缘效应。

（3）在磁性材料内的磁通密度是均匀的。

如图 4－27（a）所示的磁路，若线圈为 N 匝，载有电流 I，则外加的磁动势为 NI。即使在国际单位制中，匝数也是无量纲的量，但现在仍然用 A・t 作为磁动势（magnetomotive force，MMF）的单位，以便与电流的基本单位相区别，因而

$$\mathcal{F} = NI = \oint_c \boldsymbol{H} \cdot \mathrm{d}\boldsymbol{l} \tag{4.1.110}$$

若磁场强度在磁性材料内认为是均匀的，则式（4.1.110）成为

$$HL = NI \tag{4.1.111}$$

式中：L 为磁路的平均长度，如图 4－27（a）所示。磁性材料内的磁通密度为

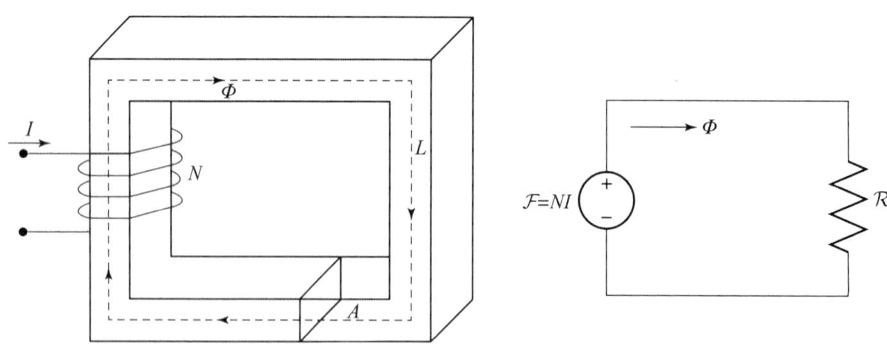

(a) 具有平均长度为L和截面积为A的磁路　　(b) 它的等效回路

图 4－27　磁路示例及其等效回路

$$B = \mu H = \frac{\mu NI}{L} \tag{4.1.112}$$

式中：μ 为磁性材料的磁导率。磁性材料内的磁通量为

$$\Phi = \int_S \boldsymbol{B} \cdot \mathrm{d}\boldsymbol{S} = BA = \frac{\mu NIA}{L} \tag{4.1.113}$$

式中：A 为磁性材料的截面积。式（4.1.113）也可写成

$$\boldsymbol{\Phi} = \frac{NI}{L/\mu A} = \frac{\mathcal{F}}{L/\mu A} \tag{4.1.114}$$

考虑磁路中的磁通和所加的磁动势类似于电路中的电流和所加的电动势，则式（4.1.114）中的分母也相似于电路中的电阻。这个量定义为磁路的磁阻，用 $\mathcal{R}$ 表示，单位为 A · t/Wb。因此

$$\mathcal{R} = \frac{L}{\mu A} \tag{4.1.115}$$

式（4.1.114）可用磁阻 $\mathcal{R}$ 形式重新写为

$$\Phi\mathcal{R} = NI \tag{4.1.116}$$

式（4.1.116）称为磁路中的欧姆定律。

由于导体中的电阻为

$$R = L/\sigma A \tag{4.1.117}$$

因而磁性材料的磁导率类似于导体的电导率。磁性材料的磁导率越高，它的磁阻就越低。当外加 MMF 相同时，高磁导率材料中的磁通量高于低磁导率材料的磁通量。这一个结果并不令人惊奇，因为它与假设相吻合。现在可用一个等效回路来表示磁路，如图 4－27（b）所示。

当磁路含有两个或多个部分的磁性材料，如图 4－28（a）所示，它们可用磁阻表示如图 4－28（b）所示。总磁阻可由各部分磁阻串联与并联求得，因为磁阻遵从与电阻一样的规则。

若 H_i 为第 i 部分的磁场强度，L_i 是其平均长度，则磁路中总的磁位降应等于所加的 MMF，即

$$\sum_{i=1}^{n} H_i L_i = NI \tag{4.1.118}$$

式（4.1.118）类似于电路中的基尔霍夫电压定律。

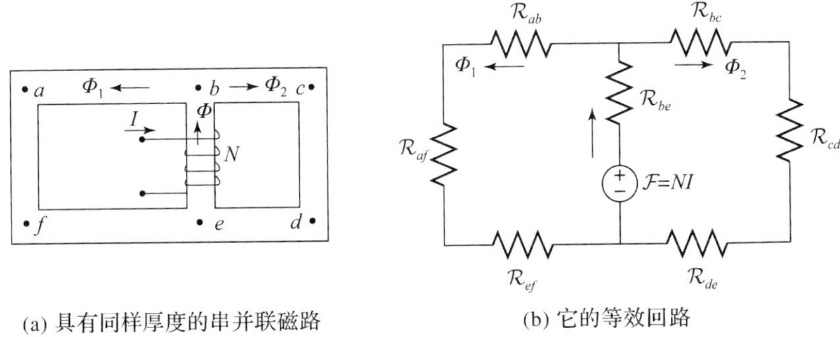

(a) 具有同样厚度的串并联磁路　　(b) 它的等效回路

图 4－28　串并联磁路示例及其等效回路

式（4.1.118）显示，每一磁路总可用一个相应的回路来分析，但这仅对于磁导率为常数的线性磁性材料才是准确的。对于铁磁材料，它的磁导率是磁通密度的函数，如图 4－29 所示。这曲线描绘出磁性材料由所加的 $\boldsymbol{H}$ 与磁通密度的关系。它就是磁化特性曲线或简称为 $\boldsymbol{B}-\boldsymbol{H}$ 曲线。当磁导率随磁通密度而变化时，磁路称为非线性的。所有用铁磁材料的器件都形成非线性磁路。

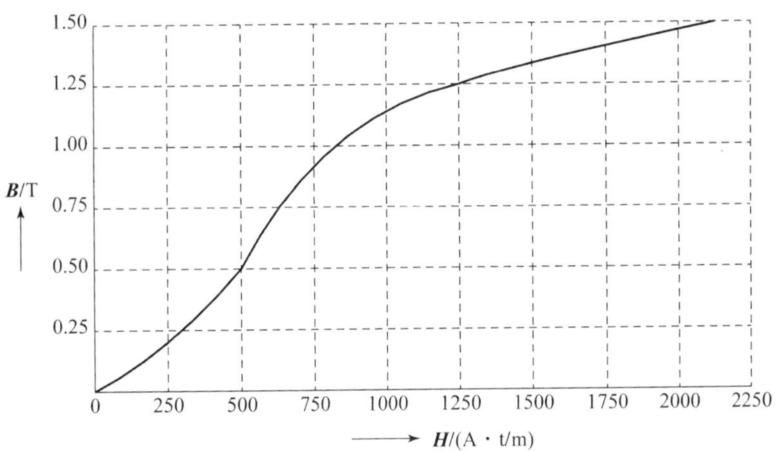

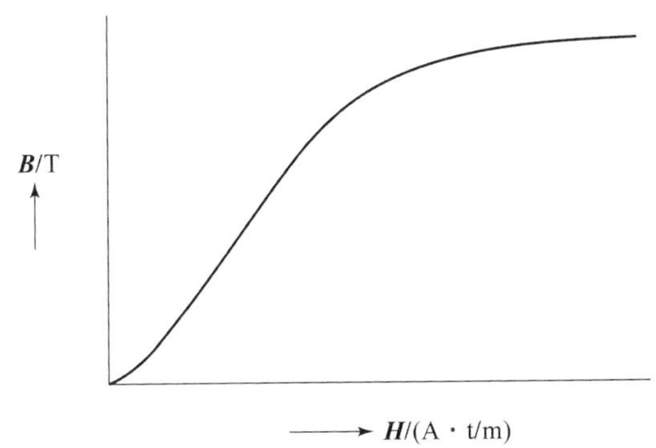

图 4－29　磁性材料的磁化特性曲线（$\boldsymbol{B}-\boldsymbol{H}$ 曲线）

磁路分析基本上是两种问题。第一种问题是要确定外加的 MMF，以在磁路中产生某定值的磁通密度。另一种问题是当 MMF 已知时，计算磁路内的磁通密度，从而求出磁通量。

对于线性磁路，磁性材料的磁导率是常数，因而可以用等效回路来求上述两种问题的解。在非线性磁路中，第一种问题的求解：确定磁路中维持一定磁通密度所需的 MMF 是比较简单的，可以先分别计算每部分磁截面的磁通密度，然后由 $\boldsymbol{B}-\boldsymbol{H}$ 曲线得出 $\boldsymbol{H}$。最后，即可确定每部分磁路的磁位降，所需的 MMF 可由式（4.1.118）求各部分的磁位降总和得到。

在非线性磁路中第二类问题可用迭代法来解决。这时可以估计一个磁区的磁位降，然后得出所需总的 MMF。将此结果与给定的 MMF 对比，如果差别大，则另做一次估计。如此迭代下去，就可以很快得出计算的 MMF 与外加 MMF 之间的误差在允许范围内的结果。什么是允许范围是一个可讨论的问题。如果无特别规定，就用 ±2% 作为允许的误差范围，进一步可用计算机程序来减小误差。

4.2 基本规律

4.2.1 毕奥－萨伐尔定律

由实验求得，图 4－30 中载有恒定电流 I 的导线，每一线元 $\mathrm{d}\boldsymbol{l}$ 在点 P 所产生的磁通密度为

$$\mathrm{d}\boldsymbol{B}=k\frac{I\mathrm{d}\boldsymbol{l}\times\boldsymbol{e}_R}{R^2} \tag{4.2.1}$$

式中：$\mathrm{d}\boldsymbol{B}$ 为磁通密度元（T），$1\mathrm{T}=1\mathrm{Wb/m^2}$；$\mathrm{d}\boldsymbol{l}$ 为电流方向的导线线元；$\boldsymbol{e}_R$ 为由 $\mathrm{d}\boldsymbol{l}$ 指向点 P 的单位矢量；R 为从电流元 $\mathrm{d}\boldsymbol{l}$ 到点 P 的距离；k 为比例常数。

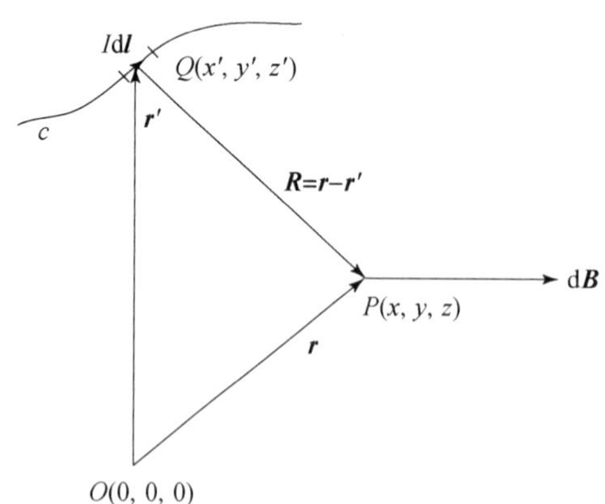

图 4－30　由 Q 点电流元在 P 点产生的磁通密度

$Q(x',y',z')$ 至 $P(x,y,z)$ 的距离矢量 $\boldsymbol{R}$ 为

$$\boldsymbol{R}=\boldsymbol{r}-\boldsymbol{r}' \tag{4.2.2}$$

在国际单位制中，k 为

$$k = \frac{\mu_0}{4\pi} \tag{4.2.3}$$

式中：$\mu_0 = 4\pi \times 10^{-7}$ H/m 为自由空间（真空）的磁导率。将 k 代入，d$\boldsymbol{B}$ 可表示为

$$\mathrm{d}\boldsymbol{B} = \frac{\mu_0 I\mathrm{d}\boldsymbol{l} \times \boldsymbol{R}}{4\pi R^3} \tag{4.2.4}$$

对式（4.2.4）积分可得

$$\boldsymbol{B} = \frac{\mu_0}{4\pi}\int_C \frac{I\mathrm{d}\boldsymbol{l} \times \boldsymbol{R}}{R^3} \tag{4.2.5}$$

式中：$\boldsymbol{B}$ 为载有恒定电流 I 的导线在 $P(x,y,z)$ 点所产生的磁通密度。注意：$\boldsymbol{B}$ 的指向垂直于包含 d$\boldsymbol{l}$ 与 $\boldsymbol{R}$ 的平面。

式（4.2.5）中的被积函数包含6个变量：x、y、z、x'、y'和 z'。没有加撇的 x、y 和 z 是 P 点的坐标（图4－30），加撇的变数（也称为虚设变数）x'、y'和 z'是 Q 点的坐标。点 $P(x,y,z)$ 称为场点，而点 $Q(x',y',z')$ 称为源点。只当需要分清有撇与无撇的变数时，才用加撇的坐标。

可以将电流元 Id$\boldsymbol{l}$ 用体电流密度 $\boldsymbol{J}_v$ 表示如下：

$$I\mathrm{d}\boldsymbol{l} = \boldsymbol{J}_v \mathrm{d}V \tag{4.2.6}$$

可得出以 $\boldsymbol{J}_v$ 表示 $\boldsymbol{B}$ 的表达式（图4－31）为

$$\boldsymbol{B} = \frac{\mu_0}{4\pi}\int_V \frac{\boldsymbol{J}_v \times \boldsymbol{R}}{R^3}\mathrm{d}V \tag{4.2.7}$$

也可用面电流密度 $\boldsymbol{J}_s$(A/m)获得相似的表达式，即当导体表面流过的电流如图4－32所示，则

$$\boldsymbol{B} = \frac{\mu_0}{4\pi}\int_S \frac{\boldsymbol{J}_s \times \boldsymbol{R}}{R^3}\mathrm{d}S \tag{4.2.8}$$

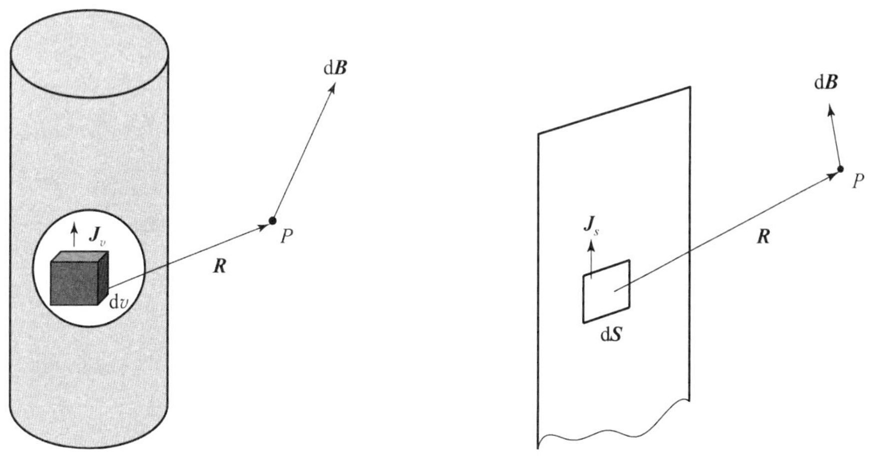

图4－31　体电流密度在 P 点产生的磁通密度　　图4－32　面电流分布在 P 点产生的磁通密度

由于电流只是电荷的流动，因而式（4.2.7）也可由电荷 q 以平均速度 $\boldsymbol{v}$ 移动来表示。若设 ρ_v 为体电荷密度，A 为导线截面积，dl 为线元长度，则 d$q = \rho_v A$dl 和 $\boldsymbol{J}_v$dV = d$q\boldsymbol{v}$。于是，由式（4.2.7）可得

$$B = \frac{\mu_0}{4\pi}\left[\frac{q\boldsymbol{v} \times \boldsymbol{R}}{R^3}\right] \tag{4.2.9}$$

给出以平均速度 $\boldsymbol{v}$ 移动的电荷 q 在相隔距离 R 处所产生的磁通密度。

下面的例题给出用毕奥－萨伐尔定律求出某点由载流导线所产生的磁通密度。

例 4.2.1：一根由 $z=a$ 至 $z=b$ 的有限长细导线，如图 4－33（a）所示。求在 xy 平面上 P 点的磁通密度。若 $a\to-\infty$ 和 $b\to\infty$，则 P 点的磁通密度为若干？

解：由于 $I\mathrm{d}\boldsymbol{l}=I\mathrm{d}z\boldsymbol{e}_z$，$\boldsymbol{R}=\rho\boldsymbol{e}_\rho-z\boldsymbol{e}_z$，因而

$$I\mathrm{d}\boldsymbol{l}\times\boldsymbol{R}=I\rho\mathrm{d}z\boldsymbol{e}_\phi$$

代入式（4.2.5）可得

$$\boldsymbol{B}=\frac{\mu_0 I\rho}{4\pi}\int_a^b\frac{\mathrm{d}z}{[\rho^2+z^2]^{3/2}}\boldsymbol{e}_\phi=\frac{\mu_0 I}{4\pi\rho}\left[\frac{b}{\sqrt{\rho^2+b^2}}-\frac{a}{\sqrt{\rho^2+a^2}}\right]\boldsymbol{e}_\phi$$

结果说明 $\boldsymbol{B}$ 只在 $\boldsymbol{e}_\phi$ 方向有一个非零分量。这正是所预期的，因为电流在 z 方向，而 $\boldsymbol{B}$ 必须垂直于它。

将 $a=-\infty$ 和 $b=\infty$ 代入上式，可得当导线为无限长时，在一点产生的 $\boldsymbol{B}$ 场为

$$\boldsymbol{B}=\frac{\mu_0 I}{2\pi\rho}\boldsymbol{e}_\phi \tag{4.2.10}$$

由式（4.2.10）可知，磁通密度与 ρ 成反比函数。在与导线垂直的平面中，磁力线是围绕它的圆，如图 4－33（b）所示。为便于记忆，可以设想用右手握载流导线，大拇指伸向电流方向，则弯曲的手指为磁力线的方向。

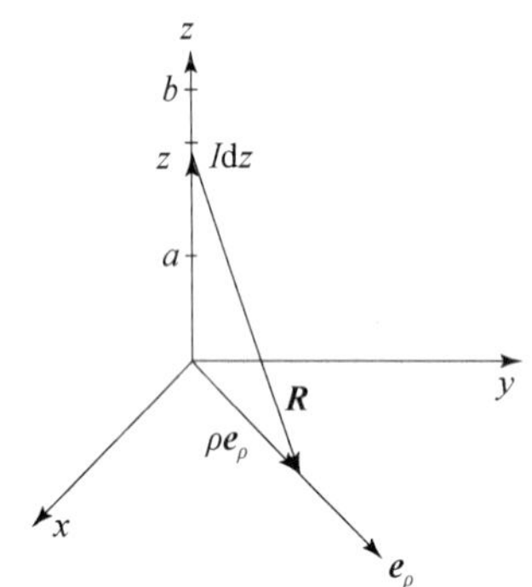

(a) 有限长载流导线所产生的磁通密度

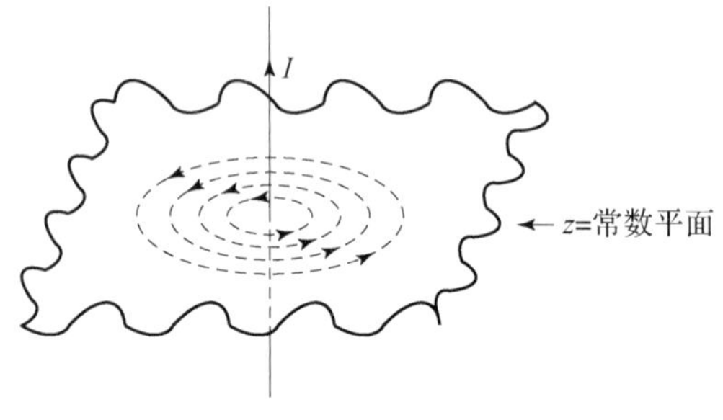

(b) 无限长载流导线在与它垂直的平面上产生的磁通线为同心圆

图 4－33　例 4.2.1 图

注意：$\boldsymbol{B}$ 的大小随 ρ 的变化与由带均匀电荷的长线所产生的电场 $\boldsymbol{E}$ 的变化方式相同。这说明在一定条件下，静电场与静磁场虽然二者的方向不同，但它们之间有某种相似之处。后面将较详细地讨论这个相似性。

例 4.2.2：如图 4－34 所示为一个位于 xy 平面，载有电流 I 的圆环，其半径为 b。求在正 z 轴上一点的磁通密度。当某点远离此圆环时，求出此处磁通密度的近似表达式。

解：因为 $\mathrm{d}\boldsymbol{l}=b\mathrm{d}\phi\boldsymbol{e}_\phi$ 和 $\boldsymbol{R}=-b\boldsymbol{e}_\rho+z\boldsymbol{e}_z$，于是

$$\mathrm{d}\boldsymbol{l}\times\boldsymbol{R}=(b^2\boldsymbol{e}_z+bz\boldsymbol{e}_\rho)\mathrm{d}\phi$$

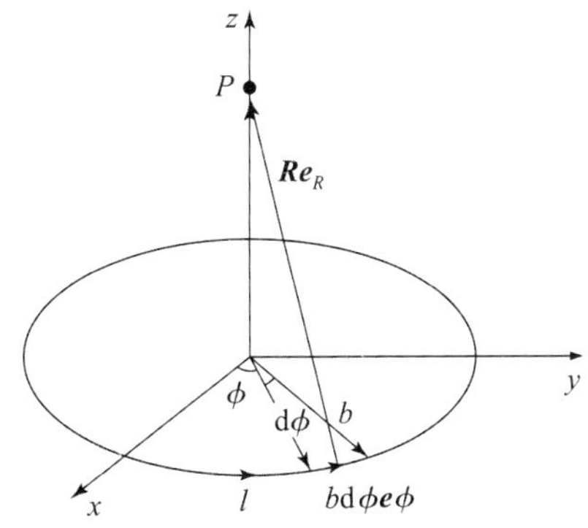

图 4－34　带电流圆环在 z 轴上 P 点产生的磁通密度

由式（4.2.5），磁通密度为

$$\boldsymbol{B}=\frac{\mu_0 I b^2}{4\pi}\int_0^{2\pi}\frac{\boldsymbol{e}_z \mathrm{d}\phi}{[b^2+z^2]^{3/2}}+\frac{\mu_0 I b z}{4\pi}\int_0^{2\pi}\frac{\boldsymbol{e}_\rho \mathrm{d}\phi}{[b^2+z^2]^{3/2}}=\frac{\mu_0 I b^2}{2(b^2+z^2)^{3/2}}\boldsymbol{e}_z \tag{4.2.11}$$

这样，在带电流圆环的轴上只有 z 方向的磁通密度分量。令 $z=0$，则在圆环中心的磁通密度为

$$\boldsymbol{B}=\frac{\mu_0 I}{2b}\boldsymbol{e}_z \tag{4.2.12}$$

当观测点离圆环很远时，式（4.2.11）的分母可近似写为

$$(b^2+z^2)^{3/2}\approx z^3$$

因此，可得磁通密度表达式为

$$\boldsymbol{B}=\frac{\mu_0 I b^2}{2z^3}\boldsymbol{e}_z \tag{4.2.13}$$

当观测点离圆环很远时，圆环尺寸远小于距离 z，此时可将载流圆环看成一个磁偶极子。如果定义磁偶极矩为

$$\boldsymbol{m}=I\pi b^2\boldsymbol{e}_z=IA\boldsymbol{e}_z \tag{4.2.14}$$

式中：A 为圆环面积，则由式（4.2.13）可得 $\boldsymbol{B}$ 场为

$$\boldsymbol{B}=\frac{\mu_0 \boldsymbol{m}}{2\pi z^3}$$

在例 4.2.2 中，求在 z 轴上 P 点的 $\boldsymbol{B}$ 场。对于空间任意点的 $\boldsymbol{B}$ 场计算是十分复杂的。然而载流圆环所产生的磁力线一般形式如图 4－35 所示。由磁力线的指向可知，圆环上方为北极，下方则为南极。因此，载流圆环即形成通常所说的电磁体。

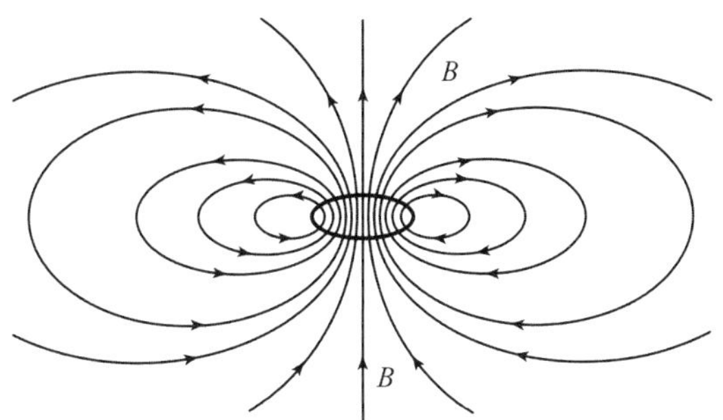

图 4－35　带电流圆环所产生的磁力线

4.2.2 安培力定律

安培所进行的绝大多数实验是确定一个载流导体所受到另一个载流导体的作用力。由实验可得，当两个电流元 $I_1\mathrm{d}\boldsymbol{l}_1$ 与 $I_2\mathrm{d}\boldsymbol{l}_2$ 相互作用时，单元 1 对单元 2 所产生的单元磁力为

$$\mathrm{d}\boldsymbol{F}_2 = \frac{\mu_0 I_2 \mathrm{d}\boldsymbol{l}_2}{4\pi} \times \left[\frac{I_1 \mathrm{d}\boldsymbol{l}_1 \times \boldsymbol{R}_{21}}{R_{21}^3}\right] \tag{4.2.15}$$

式中：$\boldsymbol{R}_{21}$ 为矢量 $I_1\mathrm{d}\boldsymbol{l}_1$ 至 $I_2\mathrm{d}\boldsymbol{l}_2$ 的距离矢量（可简称为距矢），如图 4 - 36 所示。若每一个电流元是载流导体的一部分（图 4 - 37），则载流导体 1 对载流导体 2 所产生的磁力为

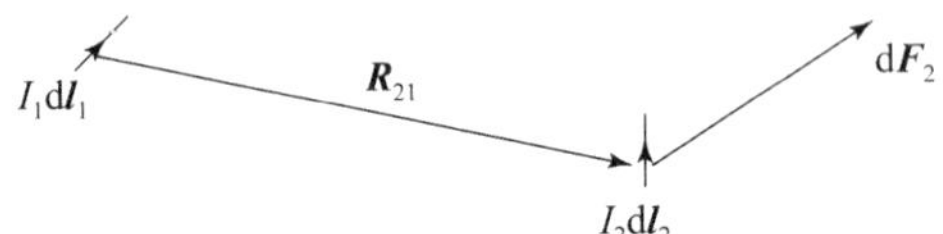

图 4 - 36　由电流元 1 对电流元 2 所产生的单元磁力

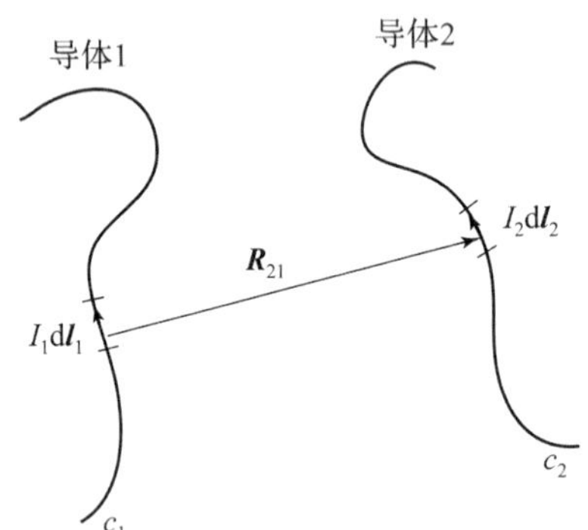

图 4 - 37　导体 1 对导体 2 所产生的磁力

$$\boldsymbol{F}_2 = \frac{\mu_0}{4\pi}\int_{C_2} I_2 \mathrm{d}\boldsymbol{l}_2 \times \int_{C_1} \frac{I_1 \mathrm{d}\boldsymbol{l}_1 \times \boldsymbol{R}_{21}}{R_{21}^3} \tag{4.2.16}$$

称为安培力定律。

应用式（4.2.5）可将式（4.2.16）写成

$$\boldsymbol{F}_2 = \int_{C_2} I_2 \mathrm{d}\boldsymbol{l}_2 \times \boldsymbol{B}_1 \tag{4.2.17}$$

式中：$\boldsymbol{B}_1$ 为载流导体 1 在载流元 $I_2\mathrm{d}\boldsymbol{l}_2$ 处产生的磁通密度，即

$$\boldsymbol{B}_1 = \frac{\mu_0}{4\pi}\int_{C_1} \frac{I_1 \mathrm{d}\boldsymbol{l}_1 \times \boldsymbol{R}_{21}}{R_{21}^3} \tag{4.2.18}$$

在一般情况下，当载流导体置于外磁场 $\boldsymbol{B}$ 时，导体所受的磁力为

$$\boldsymbol{F} = \int_C I \mathrm{d}\boldsymbol{l} \times \boldsymbol{B} \tag{4.2.19}$$

用体电流密度来表示，式（4.2.19）可表示为

$$\boldsymbol{F} = \int_V \boldsymbol{J}_v \times \boldsymbol{B} \mathrm{d}V \tag{4.2.20}$$

式（4.2.20）可作为安培力定律的一般形式。用 $\boldsymbol{J}_s \mathrm{d}S$ 代替 $\boldsymbol{J}_v \mathrm{d}V$，可得出面电流分布在外磁场下所受的磁力表示式。

若 ρ_{v1} 是体电荷密度，$\boldsymbol{v}_1$ 是电荷的平均速度，A_1 是载流导体 1 的截面积，则 $\mathrm{d}q_1 = \rho_{v1} A_1 \mathrm{d}l_1$，$\boldsymbol{J}_{v1} \mathrm{d}V_1 = \mathrm{d}q_1 \boldsymbol{v}_1$。若 $\boldsymbol{B}$ 为此区域的磁通密度，则电荷 q_1 所受的磁力为

$$\boldsymbol{F}_1 = q_1 \boldsymbol{v}_1 \times \boldsymbol{B} \tag{4.2.21}$$

如果 $\boldsymbol{B}$ 也是由电荷移动所产生，则由式（4.2.9）可得以平均速度 v_2 移动的电荷 q_2 所产生的磁场对 q_1 所产生的磁力为

$$\boldsymbol{F}_1 = \frac{\mu_0}{4\pi R_{21}^3}[q_1 \boldsymbol{v}_1 \times q_2 \boldsymbol{v}_2 \times \boldsymbol{R}_{12}] \tag{4.2.22}$$

可将式（4.2.22）作为磁力的基本定律，由它可得出安培力定律和毕奥－萨伐尔定律的表达式，并且能看出，如同静电力和万有引力一样，两个运动电荷之间的磁力与二者之间的距离平方成反比。

例 4.2.3：如图 4－38 所示一根在 xy 平面上载有电流 I 的弯曲导线。若此处的磁通密度为 $\boldsymbol{B} = B\boldsymbol{e}_z$，求线所受的磁力。

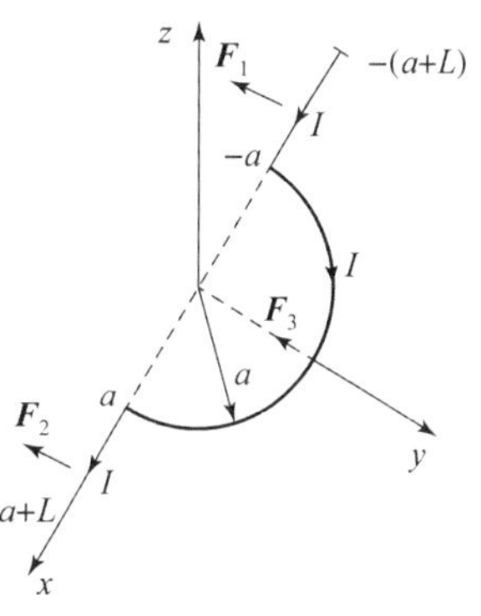

图 4－38　例 4.2.3 图

解：由式（4.2.19），自 $x = -(a+L)$ 至 $x = -a$ 线段所受的磁力为

$$\boldsymbol{F}_1 = \int_{-(a+L)}^{-a} I\boldsymbol{B}(\boldsymbol{e}_x \times \boldsymbol{e}_z)\mathrm{d}x = -\boldsymbol{B}IL\boldsymbol{e}_y$$

同样，由 $x = a$ 至 $x = a + L$ 线段所受的磁力为

$$\boldsymbol{F}_2 = -\boldsymbol{B}IL\boldsymbol{e}_y$$

半径为 a 的半圆形部分所受的磁力为

$$\begin{aligned}\boldsymbol{F}_3 &= \int_{\pi}^{0} I\boldsymbol{B}(-\boldsymbol{e}_\phi \times \boldsymbol{e}_z)a\mathrm{d}\phi \\ &= \boldsymbol{B}Ia\int_0^{\pi}[\boldsymbol{e}_x\cos\phi + \boldsymbol{e}_y\sin\phi]\mathrm{d}\phi = -2I\boldsymbol{B}a\boldsymbol{e}_y\end{aligned}$$

因而整个线段所受的磁力为

$$\boldsymbol{F} = \boldsymbol{F}_1 + \boldsymbol{F}_2 + \boldsymbol{F}_3 = -2I\boldsymbol{B}(a+L)\boldsymbol{e}_y$$

注意：弯曲的导线与长度为 $2(L+a)$ 的直导线所受的总磁力完全相同。

例 4.2.4：如图 4－39 所示一条有限长为 L 的载流导线与另一条无限长载流导线相距为 b。求这有限长导线每单位长度所受的磁力。

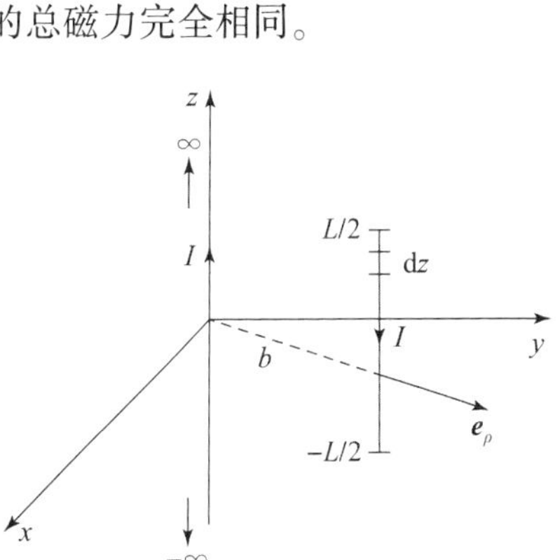

图 4－39　例 4.2.4 图

解：由例 4.2.1 可知，在距离为 b 处，由无限长载流导线 I 所产生的磁通密度为

$$\boldsymbol{B} = \frac{\mu_0 I}{2\pi b}\boldsymbol{e}_\phi$$

由式（4.2.19）可得，作用于有限长导线上的磁力为

$$\boldsymbol{F} = -\frac{\mu_0 I^2}{2\pi b}\int_{-L/2}^{L/2}(\boldsymbol{e}_z \times \boldsymbol{e}_\phi)\mathrm{d}z$$

$$= \frac{\mu_0}{2\pi b} I^2 L \boldsymbol{e}_\rho$$

因此，有限长导线每单位长导线上的磁力为

$$\boldsymbol{F}_{\text{每单位长度}} = \frac{\boldsymbol{F}}{L} = \frac{\mu_0}{2\pi b} I^2 \boldsymbol{e}_\rho \tag{4.2.23}$$

由于磁力 $\boldsymbol{F}$ 沿 $\boldsymbol{e}_\rho$ 指向，是离开无限长导线的方向，所以是排斥力。如果两条导线上的电流方向相同，则二者间的磁力为吸引力。

实际上，式（4.2.23）是用来定义电流的单位——安培。当两条长度均为 1m 的平行导线相距为 1m 时，所产生的力为 2×10^{-7}N，则每一导线的电流为 1A。

对于两条载流导线，式（4.2.16）也可写成

$$\boldsymbol{F}_2 = \frac{\mu_0 I_1 I_2}{4\pi} \int_{C_2} \int_{C_1} \frac{1}{R_{21}^3} [\mathrm{d}\boldsymbol{l}_2 \times \mathrm{d}\boldsymbol{l}_1 \times \boldsymbol{R}_{21}]$$

由矢量恒等式

$$\boldsymbol{A} \times (\boldsymbol{B} \times \boldsymbol{C}) = \boldsymbol{B}(\boldsymbol{A} \cdot \boldsymbol{C}) - \boldsymbol{C}(\boldsymbol{A} \cdot \boldsymbol{B})$$

上式可写成

$$\boldsymbol{F}_2 = \frac{\mu_0 I_1 I_2}{4\pi} \left[\int_{C_2} \int_{C_1} \frac{\mathrm{d}\boldsymbol{l}_2 \cdot \boldsymbol{R}_{21}}{R_{21}^3} \mathrm{d}\boldsymbol{l}_1 - \int_{C_2} \int_{C_1} \frac{\mathrm{d}\boldsymbol{l}_1 \cdot \mathrm{d}\boldsymbol{l}_2}{R_{21}^3} \boldsymbol{R}_{21} \right]$$

由于 $\boldsymbol{R}_{21}/R_{21}^3 = -\nabla(1/R_{21})$，因此右边积分式第一项可写为

$$-\int_{C_2} \int_{C_1} \left[\nabla\left(\frac{1}{R_{21}}\right) \cdot \mathrm{d}\boldsymbol{l}_2 \right] \mathrm{d}\boldsymbol{l}_1$$

如果载有电流 I_2 的导线形成闭合环路，则可用斯托克斯定理，将上式的线积分变为面积分为

$$-\int_{C_1} \int_{S_2} \left[\nabla \times \nabla\left(\frac{1}{R_{21}}\right) \cdot \mathrm{d}\boldsymbol{S}_2 \right] \mathrm{d}\boldsymbol{l}_1$$

积分结果为零，因为一个标量函数的梯度的旋度恒为零。

因而任意形状的载流闭合环路所受的磁力为

$$\boldsymbol{F}_2 = -\frac{\mu_0 I_1 I_2}{4\pi} \int_{C_1} \oint_{C_2} \frac{\mathrm{d}\boldsymbol{l}_1 \cdot \mathrm{d}\boldsymbol{l}_2}{R_{21}^3} \boldsymbol{R}_{21}$$

下面的例题是利用上式求在载流闭合环路所受的磁力。

例 4.2.5：如图 4－40 所示一个载有电流 I_2 的矩形环路置于载有电流 I_1 的直导线旁（同在 yz 平面）。求这环路所受磁力的表达式。

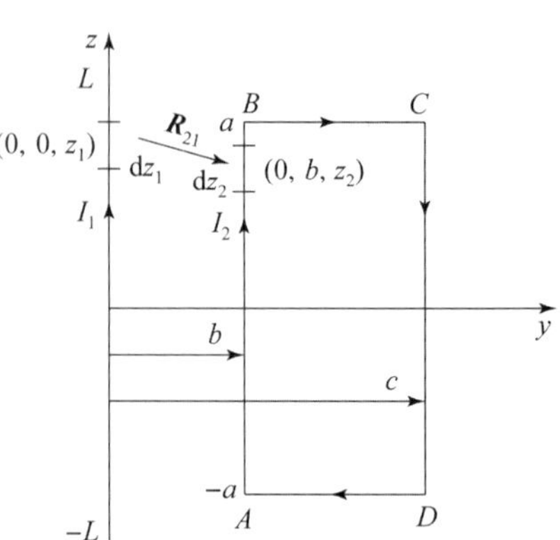

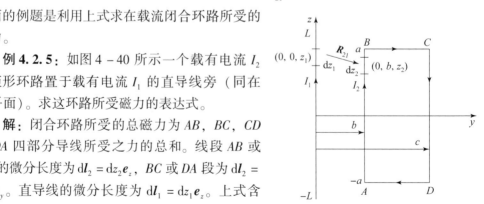

图 4－40　一个载流矩形环置于有源长载流直导线所产生的磁场内

解：闭合环路所受的总磁力为 AB，BC，CD 和 DA 四部分导线所受之力的总和。线段 AB 或 CD 的微分长度为 $\mathrm{d}\boldsymbol{l}_2 = \mathrm{d}z_2 \boldsymbol{e}_z$，$BC$ 或 DA 段为 $\mathrm{d}\boldsymbol{l}_2 = \mathrm{d}y_2 \boldsymbol{e}_y$。直导线的微分长度为 $\mathrm{d}\boldsymbol{l}_1 = \mathrm{d}z_1 \boldsymbol{e}_z$。上式含有微分长度 $\mathrm{d}\boldsymbol{l}_1$ 与 $\mathrm{d}\boldsymbol{l}_2$ 的点乘积。对于环的 BC 和 DA 段，其点乘积为零。因而只有 AB 与 CD 两段

产生作用于闭合环上的总磁力。

首先确定 AB 段所受的磁力。距离矢量为

$$\boldsymbol{R}_{21} = b\boldsymbol{e}_y + (z_2 - z_1)\boldsymbol{e}_z$$

可得 AB 段所受的磁力为

$$\begin{aligned}\boldsymbol{F}_{AB} &= -\frac{\mu_0 I_1 I_2}{4\pi}\int_{-L}^{L}\mathrm{d}z_1\int_{-a}^{a}\frac{b\boldsymbol{e}_y + (z_2 - z_1)\boldsymbol{e}_z}{[b^2 + (z_2 - z_1)^2]^{3/2}}\mathrm{d}z_2 \\ &= -\frac{\mu_0 I_1 I_2}{2\pi b}\left[\sqrt{(L+a)^2 + b^2} - \sqrt{(L-a)^2 + b^2}\right]\boldsymbol{e}_y \end{aligned} \tag{4.2.24}$$

方括号内的值为正，因而负号表示 AB 段所受的磁力为吸引力。

同样，可得 CD 段所受磁力的表达式为

$$\boldsymbol{F}_{CD} = \frac{\mu_0 I_1 I_2}{2\pi c}\left[\sqrt{(L+a)^2 + c^2} - \sqrt{(L-a)^2 + c^2}\right]\boldsymbol{e}_y \tag{4.2.25}$$

显然，$\boldsymbol{F}_{CD}$ 为排斥力。因而矩形环所受的总磁力为

$$\boldsymbol{F} = -\boldsymbol{e}_y\frac{\mu_0 I_1 I_2}{2\pi}\left\{\frac{1}{b}\left[\sqrt{(L+a)^2 + b^2} - \sqrt{(L-a)^2 + b^2}\right] - \frac{1}{c}\left[\sqrt{(L+a)^2 + c^2} - \sqrt{(L-a)^2 + c^2}\right]\right\}$$

由于 $c > b$，因此载流直导线与载流矩形环之间的磁力为吸引力。

4.2.3　恒定磁场的散度与磁通连续性原理

恒定磁场的性质也由它的散度和旋度确定，与库仑定律是静电场理论的基础相同，毕奥－萨伐尔定律是恒定磁场的理论基础。下面直接根据毕奥－萨伐尔定律来分析恒定磁场的散度和旋度。

先利用 $\frac{\boldsymbol{r} - \boldsymbol{r}'}{|\boldsymbol{r} - \boldsymbol{r}'|^3} = -\nabla\left(\frac{1}{|\boldsymbol{r} - \boldsymbol{r}'|}\right)$，将式（4.1.5）改写为

$$\boldsymbol{B}(\boldsymbol{r}) = -\frac{\mu_0}{4\pi}\int_V \boldsymbol{J}(\boldsymbol{r}') \times \nabla\left(\frac{1}{|\boldsymbol{r} - \boldsymbol{r}'|}\right)\mathrm{d}V' \tag{4.2.26}$$

再利用矢量恒等式 $\nabla \times (\mu\boldsymbol{F}) = \nabla\mu \times \boldsymbol{F} + \mu\nabla \times \boldsymbol{F}$，式（4.2.26）可写为

$$\boldsymbol{B}(\boldsymbol{r}) = \frac{\mu_0}{4\pi}\int_V\left[\nabla \times \frac{\boldsymbol{J}(\boldsymbol{r}')}{|\boldsymbol{r} - \boldsymbol{r}'|} - \frac{1}{|\boldsymbol{r} - \boldsymbol{r}'|}\nabla \times \boldsymbol{J}(\boldsymbol{r}')\right]\mathrm{d}V' \tag{4.2.27}$$

又因算符“∇”是对场点坐标进行微分，而 $\boldsymbol{J}(\boldsymbol{r}')$ 仅是源点坐标的函数，故有 $\nabla \times \boldsymbol{J}(\boldsymbol{r}') = 0$，于是有

$$\boldsymbol{B}(\boldsymbol{r}) = \frac{\mu_0}{4\pi}\int_V \nabla \times \frac{\boldsymbol{J}(\boldsymbol{r}')}{|\boldsymbol{r} - \boldsymbol{r}'|}\mathrm{d}V' = \nabla \times \frac{\mu_0}{4\pi}\int_V \frac{\boldsymbol{J}(\boldsymbol{r}')}{|\boldsymbol{r} - \boldsymbol{r}'|}\mathrm{d}V' \tag{4.2.28}$$

对式（4.2.28）两端取散度，由于对任意矢量函数 $\boldsymbol{F}$ 有 $\nabla \cdot (\nabla \times \boldsymbol{F}) \equiv 0$，故得到：

$$\nabla \cdot \boldsymbol{B}(\boldsymbol{r}) = 0 \tag{4.2.29}$$

结果表明磁感应强度 $\boldsymbol{B}$ 的散度恒为 0，即磁场是一个无通量源的矢量场。

利用散度定理 $\int_V \nabla \cdot \boldsymbol{F}\mathrm{d}V = \oint_S \boldsymbol{F} \cdot \mathrm{d}\boldsymbol{S}$，由式（4.2.29），得

$$\oint_S \boldsymbol{B}(\boldsymbol{r}) \cdot \mathrm{d}\boldsymbol{S} = \int_V \nabla \cdot \boldsymbol{B}(\boldsymbol{r})\mathrm{d}V = 0 \tag{4.2.30}$$

结果表明，穿过任意闭合面的磁感应强度的通量等于 0，磁感应线（磁力线）是无头无

尾的闭合线。将式（4.2.30）称为磁通连续性原理的积分形式，相应地将式（4.2.29）称为磁通连续性原理的微分形式。磁通连续性原理表明自然界中无孤立磁荷存在。

4.2.4 恒定磁场的旋度与安培环路定律

对式（4.2.28）两端取旋度，并利用矢量恒等式$\nabla\times\nabla\times\boldsymbol{F}=\nabla(\nabla\cdot\boldsymbol{F})-\nabla^2\boldsymbol{F}$，得

$$
\begin{aligned}
\nabla\times\boldsymbol{B}(\boldsymbol{r}) &= \frac{\mu_0}{4\pi}\int_V \nabla\times\nabla\times\frac{\boldsymbol{J}(\boldsymbol{r}')}{|\boldsymbol{r}-\boldsymbol{r}'|}\mathrm{d}V' \\
&= \frac{\mu_0}{4\pi}\nabla\int_V \nabla\cdot\frac{\boldsymbol{J}(\boldsymbol{r}')}{|\boldsymbol{r}-\boldsymbol{r}'|}\mathrm{d}V' - \frac{\mu_0}{4\pi}\int_V \boldsymbol{J}(\boldsymbol{r}')\nabla^2\left(\frac{1}{|\boldsymbol{r}-\boldsymbol{r}'|}\right)\mathrm{d}V'
\end{aligned}
\tag{4.2.31}
$$

应用$\nabla^2\left(\frac{1}{|\boldsymbol{r}-\boldsymbol{r}'|}\right)=-4\pi\delta(\boldsymbol{r}-\boldsymbol{r}')$和 δ 函数的挑选性，式（4.2.31）右边第二项可表示为

$$
-\frac{\mu_0}{4\pi}\int_V \boldsymbol{J}(\boldsymbol{r}')\nabla^2\left(\frac{1}{|\boldsymbol{r}-\boldsymbol{r}'|}\right)\mathrm{d}V' = \mu_0\int_V \boldsymbol{J}(\boldsymbol{r}')\delta(|\boldsymbol{r}-\boldsymbol{r}'|)\mathrm{d}V' = \mu_0\boldsymbol{J}(\boldsymbol{r}) \tag{4.2.32}
$$

利用恒等式$\nabla\cdot(\mu\boldsymbol{F})=\mu\nabla\cdot\boldsymbol{F}+\boldsymbol{F}\cdot\nabla\mu$、$\nabla\left(\frac{1}{|\boldsymbol{r}-\boldsymbol{r}'|}\right)=-\nabla'\left(\frac{1}{|\boldsymbol{r}-\boldsymbol{r}'|}\right)$以及$\nabla\cdot\boldsymbol{J}(\boldsymbol{r}')=0$、$\nabla'\cdot\boldsymbol{J}(\boldsymbol{r}')=0$，可得

$$
\begin{aligned}
\nabla\cdot\left[\frac{\boldsymbol{J}(\boldsymbol{r}')}{|\boldsymbol{r}-\boldsymbol{r}'|}\right] &= \boldsymbol{J}(\boldsymbol{r}')\cdot\nabla\left(\frac{1}{|\boldsymbol{r}-\boldsymbol{r}'|}\right)+\frac{1}{|\boldsymbol{r}-\boldsymbol{r}'|}\nabla\cdot\boldsymbol{J}(\boldsymbol{r}') \\
&= -\boldsymbol{J}(\boldsymbol{r}')\cdot\nabla'\left(\frac{1}{|\boldsymbol{r}-\boldsymbol{r}'|}\right) \\
&= \frac{1}{|\boldsymbol{r}-\boldsymbol{r}'|}\nabla'\cdot\boldsymbol{J}(\boldsymbol{r}')-\nabla'\cdot\left[\frac{\boldsymbol{J}(\boldsymbol{r}')}{|\boldsymbol{r}-\boldsymbol{r}'|}\right] \\
&= -\nabla'\cdot\left[\frac{\boldsymbol{J}(\boldsymbol{r}')}{|\boldsymbol{r}-\boldsymbol{r}'|}\right]
\end{aligned}
\tag{4.2.33}
$$

将式（4.2.33）代入式（4.2.31）右边第一项，并应用散度定理，得

$$
\begin{aligned}
\frac{\mu_0}{4\pi}\nabla\int_V \nabla\cdot\left[\frac{\boldsymbol{J}(\boldsymbol{r}')}{|\boldsymbol{r}-\boldsymbol{r}'|}\right]\mathrm{d}V' &= -\frac{\mu_0}{4\pi}\nabla\int_V \nabla'\cdot\left[\frac{\boldsymbol{J}(\boldsymbol{r}')}{|\boldsymbol{r}-\boldsymbol{r}'|}\right]\mathrm{d}V' \\
&= -\frac{\mu_0}{4\pi}\nabla\oint_S \frac{\boldsymbol{J}(\boldsymbol{r}')}{|\boldsymbol{r}-\boldsymbol{r}'|}\cdot\mathrm{d}\boldsymbol{S}' = 0
\end{aligned}
\tag{4.2.34}
$$

式中：S 是区域 V 的边界面。由于电流分布在区域 V 内，在边界面 S 上，电流没有法向分量，故$\boldsymbol{J}(\boldsymbol{r}')\cdot\mathrm{d}\boldsymbol{S}'=0$。

将式（4.2.32）和式（4.2.34）代入式（4.2.31），得

$$
\nabla\times\boldsymbol{B}(\boldsymbol{r})=\mu_0\boldsymbol{J}(\boldsymbol{r}) \tag{4.2.35}
$$

结果表明：恒定磁场是有旋场，恒定电流是产生恒定磁场的旋涡源。式（4.2.35）称为安培环路定理的微分形式。

对式（4.2.35）两端取面积分为

$$
\int_S \nabla\times\boldsymbol{B}(\boldsymbol{r})\cdot\mathrm{d}\boldsymbol{S} = \mu_0\int_S \boldsymbol{J}(\boldsymbol{r})\cdot\mathrm{d}\boldsymbol{S} = \mu_0 I \tag{4.2.36}
$$

应用斯托克斯定理$\int_S \nabla\times\boldsymbol{B}(\boldsymbol{r})\cdot\mathrm{d}\boldsymbol{S}=\oint_C \boldsymbol{B}(\boldsymbol{r})\cdot\mathrm{d}\boldsymbol{l}$，式（4.2.36）为

$$\oint_C \boldsymbol{B}(\boldsymbol{r}) \cdot \mathrm{d}\boldsymbol{l} = \mu_0 I \tag{4.2.37}$$

结果表明：静磁场的磁感应强度在任意闭合曲线上的环量等于闭合曲线交链的恒定电流的代数和与 μ_0 的乘积。式（4.2.37）称为安培环路定理的积分形式。

4.2.5　磁介质的本构关系

1. 磁场强度和磁介质中的安培环路定理

前面分析了磁介质的磁化，以及磁化后的磁介质产生宏观磁效应这两个方面的问题，磁化电流就是把这两个方面的问题联系起来的物理量。因此，在无界的磁介质内的磁场相当于传导电流 I 和磁化电流 I_M 在无界的真空中产生的磁场的叠加。将真空中的安培环路定理推广到磁介质中，得

$$\nabla \times \boldsymbol{B} = \mu_0 (\boldsymbol{J} + \boldsymbol{J}_M) \tag{4.2.38}$$

即考虑磁化电流也是产生磁场的漩涡源。将式（4.1.13）代入式（4.2.38），可得

$$\nabla \times \left[\frac{\boldsymbol{B}(\boldsymbol{r})}{\mu_0} - \boldsymbol{M}(\boldsymbol{r})\right] = \boldsymbol{J} \tag{4.2.39}$$

引入包含磁化效应的物理量——磁场强度 $\boldsymbol{H}$，令

$$\boldsymbol{H} = \frac{\boldsymbol{B}}{\mu_0} - \boldsymbol{M}(\mathrm{A/m}) \tag{4.2.40}$$

则式（4.2.39）变为

$$\nabla \times \boldsymbol{H}(\boldsymbol{r}) = \boldsymbol{J} \tag{4.2.41}$$

这是安培环路定理的微分形式。它表明磁介质内某点的磁场强度 $\boldsymbol{H}$ 的旋度等于该点的传导电流密度。

对式（4.2.41）取面积分并应用斯托克斯定理，得

$$\oint_C \boldsymbol{H}(\boldsymbol{r}) \cdot \mathrm{d}\boldsymbol{l} = \int_S \boldsymbol{J}(\boldsymbol{r}) \cdot \mathrm{d}\boldsymbol{S} = I \tag{4.2.42}$$

这是磁介质中的安培环路定理的积分形式。它表明磁场强度沿磁介质内任意闭合路径的环量，等于与该闭合路径交链的传导电流。

2. 磁介质的本构关系

对所有的磁介质，式（4.2.40）都是成立的。实验表明，对于线性和各向同性磁介质，磁化强度 $\boldsymbol{M}$ 和磁场强度 $\boldsymbol{H}$ 成正比，即

$$\boldsymbol{M} = \chi_{\mathrm{m}} \boldsymbol{H} \tag{4.2.43}$$

式中：χ_{m} 称为磁介质的磁化率，是一个无量纲的常数，不同的磁介质有不同的磁化率。

将式（4.2.43）代入式（4.2.40），得 $\boldsymbol{H} = \dfrac{\boldsymbol{B}}{\mu_0} - \chi_{\mathrm{m}} \boldsymbol{H}$，即

$$\boldsymbol{B} = (1 + \chi_{\mathrm{m}}) \mu_0 \boldsymbol{H} = \mu_r \mu_0 \boldsymbol{H} = \mu \boldsymbol{H} \tag{4.2.44}$$

称为各向同性磁介质的本构关系。式中：$\mu = \mu_r \mu_0$ 称为磁介质的磁导率（H/m）；$\mu_r = (1 + \chi_{\mathrm{m}})$ 称为磁介质的相对磁导率，无量纲。真空中 $\chi_{\mathrm{m}} = 0$、$\mu_r = 1$，无磁化效应，$\boldsymbol{M} = 0$、$\boldsymbol{B} = \mu_0 \boldsymbol{H}$。

$\chi_{\mathrm{m}} > 0$ 的磁介质称为顺磁体，此时 $\mu_r > 1$；$\chi_{\mathrm{m}} < 0$ 的磁介质称为抗磁体，此时 $\mu_r < 1$。但无论是顺磁体，还是抗磁体，它们的磁化效应都很弱，通常都将其称为非铁磁性物

质，认为$\mu_r \approx 1$。还有一类磁介质称为铁磁性物质，$\boldsymbol{B}$ 和 $\boldsymbol{H}$ 的关系是非线性的，μ 是 $\boldsymbol{H}$ 的函数，且与原始的磁化状态有关。μ_r 值可达几百、几千，甚至更大。表 4－1 所列为部分材料的相对磁导率的近似值。

表 4－1　部分材料的相对磁导率

材料	种类	μ_r	材料	种类	μ_r
铋	抗磁体	0.99983	2－81 坡莫合金	铁磁体	130
金	抗磁体	0.99996	钴	铁磁体	250
银	抗磁体	0.99998	镍	铁磁体	600
铜	抗磁体	0.99999	锰锌铁氧体	铁磁体	1500
水	抗磁体	0.99999	低碳钢	铁磁体	2000
空气	顺磁体	1.0000004	坡莫合金 45	铁磁体	2500
铝	顺磁体	1.000021	纯铁	铁磁体	4000
钯	顺磁体	1.00082	铁镍合金	铁磁体	100000

对于各向异性磁介质，$\boldsymbol{\mu}$ 是张量，表示为$\bar{\bar{\mu}}$。此时 $\boldsymbol{B}$ 和 $\boldsymbol{H}$ 的关系式可写为

$$\boldsymbol{B} = \bar{\bar{\mu}} \cdot \boldsymbol{H} \tag{4.2.45}$$

$$\begin{bmatrix} B_x \\ B_y \\ B_z \end{bmatrix} = \begin{bmatrix} \mu_{xx} & \mu_{xy} & \mu_{xz} \\ \mu_{yx} & \mu_{yy} & \mu_{yz} \\ \mu_{zx} & \mu_{zy} & \mu_{zz} \end{bmatrix} \begin{bmatrix} H_x \\ H_y \\ H_z \end{bmatrix} \tag{4.2.46}$$

例 4.2.6：半径 $r = a$ 的球形磁介质的磁化强度为 $\boldsymbol{M} = \boldsymbol{e}_z(Az^2 + B)$，式中：$A$、$B$ 为常数，如图 4－41 所示，求磁化电流密度。

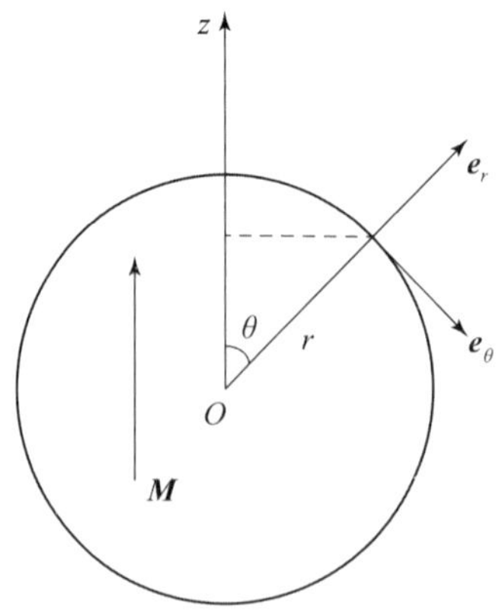

图 4－41　球形磁介质的磁化强度

解：磁化电流体密度为

$$\begin{aligned} \boldsymbol{J}_M &= \nabla \times \boldsymbol{M} \\ &= \left(\boldsymbol{e}_x \frac{\partial}{\partial x} + \boldsymbol{e}_y \frac{\partial}{\partial y} + \boldsymbol{e}_z \frac{\partial}{\partial z}\right) \times \boldsymbol{e}_z(Az^2 + B) = 0 \end{aligned}$$

在 $r=a$ 处的磁化电流面密度为

$$\boldsymbol{J}_{SM}=\boldsymbol{M}\times\boldsymbol{e}_n\big|_{r=a}$$

式中：$\boldsymbol{e}_n=\boldsymbol{e}_r$。在球面上任一点，有 $z=a\cos\theta$，而直角坐标系中的单位矢量 $\boldsymbol{e}_z$ 换成球坐标系中的单位矢量为

$$\boldsymbol{e}_z=\boldsymbol{e}_r\cos\theta-\boldsymbol{e}_\theta\sin\theta$$

所以例题所给的磁化强度换成球坐标系为

$$\boldsymbol{M}=(\boldsymbol{e}_r\cos\theta-\boldsymbol{e}_\theta\sin\theta)(Aa^2\cos^2\theta+B)$$

故

$$\begin{aligned}\boldsymbol{J}_{SM}&=(\boldsymbol{e}_r\cos\theta-\boldsymbol{e}_\theta\sin\theta)(Aa^2\cos^2\theta+B)\times\boldsymbol{e}_r\\&=\boldsymbol{e}_\phi(Aa^2\cos^2\theta+B)\sin\theta\end{aligned}$$

例 4.2.7：内外半径分别为 $\rho_{内}=a$ 和 $\rho_{外}=b$ 的圆筒形磁介质中，沿轴向有电流密度为 $\boldsymbol{J}=\boldsymbol{e}_zJ_0$ 的传导电流，如图 4-42 所示。设磁介质的磁导率为 μ，求磁化电流分布。

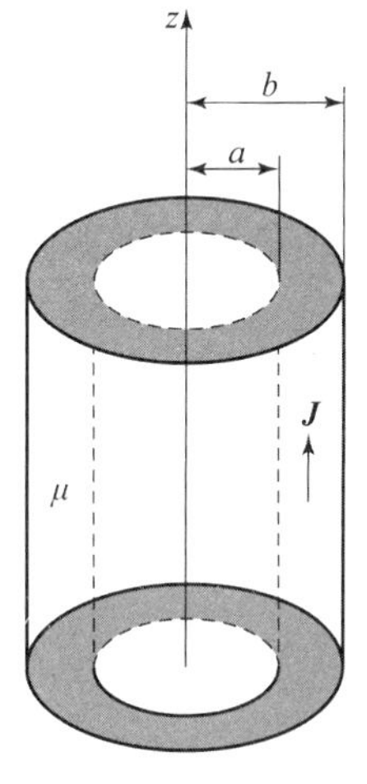

图 4-42　圆筒形磁介质

解：设圆筒形磁介质为无限长，则其磁场分布具有轴对称性，可利用安培环路定理求各个区域内由传导电流 $\boldsymbol{J}$ 产生的磁场分布。

在 $\rho<a$ 的区域，根据式（4.2.42），得

$$2\pi\rho H_{1\phi}=0$$

故

$$\boldsymbol{H}_1=0,\ \boldsymbol{B}_1=0$$

在 $a<\rho<b$ 的区域，得

$$2\pi\rho H_{2\phi}=J_0\pi(\rho^2-a^2)$$

故

$$\boldsymbol{H}_2=\boldsymbol{e}_\phi H_{2\phi}=\boldsymbol{e}_\phi\frac{J_0}{2\rho}(\rho^2-a^2)$$

$$\boldsymbol{B}_2=\mu\boldsymbol{H}_2=\boldsymbol{e}_\phi\frac{\mu J_0}{2\rho}(\rho^2-a^2)$$

在 $\rho>b$ 的区域，得

$$2\pi\rho H_{3\phi}=J_0\pi(b^2-a^2)$$

故

$$\boldsymbol{H}_3=\boldsymbol{e}_\phi H_{3\phi}=\boldsymbol{e}_\phi\frac{J_0}{2\rho}(b^2-a^2)$$

$$\boldsymbol{B}_3=\mu_0\boldsymbol{H}_3=\boldsymbol{e}_\phi\frac{\mu_0J_0}{2\rho}(b^2-a^2)$$

所以磁介质的磁化强度为

$$\boldsymbol{M}=\frac{\boldsymbol{B}_2}{\mu_0}-\boldsymbol{H}_2=\left(\frac{\mu}{\mu_0}-1\right)\boldsymbol{H}_2=\boldsymbol{e}_\phi\frac{\mu-\mu_0}{2\mu_0\rho}J_0(\rho^2-a^2)\ (a<\rho<b)$$

则磁介质圆筒内的磁化电流密度为

$$\boldsymbol{J}_M = \nabla \times \boldsymbol{M} = \frac{1}{\rho}\begin{vmatrix} \boldsymbol{e}_\rho & \rho \boldsymbol{e}_\phi & \boldsymbol{e}_z \\ \dfrac{\partial}{\partial \rho} & \dfrac{\partial}{\partial \phi} & \dfrac{\partial}{\partial z} \\ M_\rho & \rho M_\phi & M_z \end{vmatrix} = \frac{1}{\rho}\boldsymbol{e}_z \frac{\mathrm{d}}{\mathrm{d}\rho}(\rho M_\phi) = \boldsymbol{e}_z \frac{\mu - \mu_0}{\mu_0} J_0 (a < \rho < b)$$

在磁介质圆筒内表面 $\rho = a$ 上，

$$\boldsymbol{J}_{SM} = \boldsymbol{M} \times \boldsymbol{e}_n \big|_{\rho = a} = \boldsymbol{M} \times (-\boldsymbol{e}_\rho) \big|_{\rho = a} = \boldsymbol{e}_z \frac{\mu - \mu_0}{2\mu_0 a} J_0 (a^2 - a^2) = 0$$

在磁介质圆筒内表面 $\rho = b$ 上，

$$\boldsymbol{J}_{SM} = \boldsymbol{M} \times \boldsymbol{e}_n \big|_{\rho = b} = \boldsymbol{M} \times \boldsymbol{e}_\rho \big|_{\rho = b} = -\boldsymbol{e}_z \frac{\mu - \mu_0}{2\mu_0 b} J_0 (b^2 - a^2)$$

4.3 恒定磁场的基本方程和边界条件

4.3.1 恒定磁场的基本方程

磁通的高斯定理和安培环路定理表征了恒定磁场的基本性质。无论导磁媒质分布情况如何，都具有这两个基本特性。将其表达式重新列出：

$$\oint_S \boldsymbol{B} \cdot \mathrm{d}\boldsymbol{S} = 0 \tag{4.3.1}$$

$$\oint_l \boldsymbol{H} \cdot \mathrm{d}\boldsymbol{l} = I \tag{4.3.2}$$

式（4.3.1）和式（4.3.2）并称为恒定磁场的（积分形式的）基本方程。

将式（4.3.2）应用斯托克斯定理，并用 $\boldsymbol{J}$ 的面积分表示自由电流，得

$$\oint_l \boldsymbol{H} \cdot \mathrm{d}\boldsymbol{l} = \int_S (\nabla \times \boldsymbol{H}) \cdot \mathrm{d}\boldsymbol{S} = \int_S \boldsymbol{J} \cdot \mathrm{d}\boldsymbol{S} \tag{4.3.3}$$

对以 l 为边界的任何面积上式均成立，所以有

$$\nabla \times \boldsymbol{H} = \boldsymbol{J} \tag{4.3.4}$$

式（4.3.4）就是安培环路定理的微分形式。

式（4.3.5），即

$$\nabla \cdot \boldsymbol{B} = 0 \tag{4.3.5}$$

和式（4.3.4）并称为恒定磁场基本方程的微分形式，可知恒定磁场是无源有旋场。

4.3.2 恒定磁场的边界条件

在分析磁路和讨论磁场的应用之前，必须首先知道在不同磁导率的两种媒质边界间的磁场性质。边界也就是分界面，表示一个区域终端和另一个区域起端之间，厚度为无限小的面。这小节主要推导磁感应强度和磁场强度在两种不同媒质分界面上必须满足的衔接条件。

首先分析在两个区域分界面处磁感应强度法向分量的边界条件，作一个很小的扁平圆柱体，如图 4－43 所示，且令 $\Delta h \to 0$。由磁通连续性原理可得 $\oint_S \boldsymbol{B} \cdot \mathrm{d}\boldsymbol{S} = 0$，其中：$S$ 为小圆柱体的总面积。

忽略穿过小圆柱体边缘面的磁通量，则可变为

$$\int_{S_1} \boldsymbol{B} \cdot \mathrm{d}\boldsymbol{S} + \int_{S_2} \boldsymbol{B} \cdot \mathrm{d}\boldsymbol{S} = 0 \tag{4.3.6}$$

若 $\boldsymbol{e}_n$ 是分界面处指向区域 1 的法线分量，则 $B_{n1} = \boldsymbol{e}_n \cdot \boldsymbol{B}_1$ 和 $B_{n2} = \boldsymbol{e}_n \cdot \boldsymbol{B}_1$ 为两个区域分界面处磁感应强度的法向分量，$\mathrm{d}\boldsymbol{S}_1 = \boldsymbol{e}_n \mathrm{d}\boldsymbol{S}_1$ 和 $\mathrm{d}\boldsymbol{S}_2 = -\boldsymbol{e}_n \mathrm{d}\boldsymbol{S}_2$ 为微分面，于是式（4.3.6）可变为

$$\int_{S_1} B_{n1} \mathrm{d}S_1 - \int_{S_2} B_{n2} \mathrm{d}S_2 = 0 \tag{4.3.7}$$

而对于圆柱体，其上、下表面相等，因此有

$$\int_{S_1} (B_{n1} - B_{n2}) \mathrm{d}S = 0 \tag{4.3.8}$$

因为所考虑的表面是任意的，所以可用标量形式表示如下：

$$B_{n1} = B_{n2} \tag{4.3.9}$$

还可写成

$$\mu_1 H_{n1} = \mu_2 H_{n2} \tag{4.3.10}$$

式（4.3.9）也可用矢量形式表示为

$$(\boldsymbol{B}_1 - \boldsymbol{B}_2) \cdot \boldsymbol{e}_n = 0 \tag{4.3.11}$$

由上面这些相关式可知，磁感应强度的法向分量是连续的，而磁场强度的切向分量不连续。

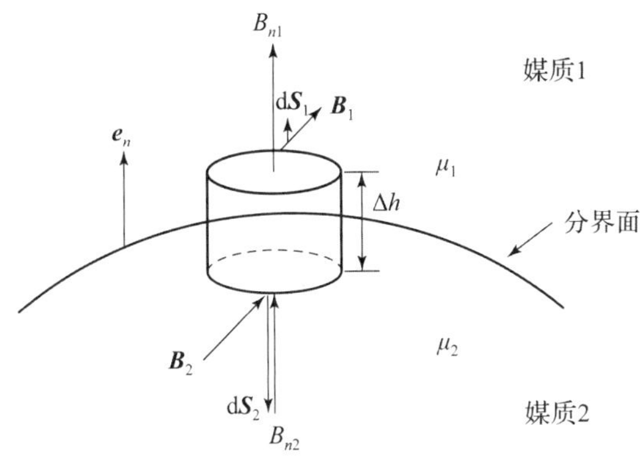

图 4－43　磁感应强度法向分量

为了确定在两个区域分界面处磁场强度切向分量的边界条件，在媒质分界面上取一闭合路径，如图 4－44 所示。令 $\Delta l \to 0$，对这个矩形回路应用安培定律可得 $\oint_l \boldsymbol{H} \cdot \mathrm{d}\boldsymbol{l} = I$。如果分界面上存在自由面电流，则有

$$H_{t1} \Delta l_1 - H_{t2} \Delta l_1 = K \Delta l_1 \tag{4.3.12}$$

即

$$H_{t1} - H_{t2} = K \tag{4.3.13}$$

还可以写为

$$\frac{B_{t1}}{\mu_1} - \frac{B_{t2}}{\mu_2} = K \tag{4.3.14}$$

式（4.3.13）也可用矢量形式表示为

$$(\boldsymbol{H}_1 - \boldsymbol{H}_2) \times \boldsymbol{e}_n = \boldsymbol{K} \tag{4.3.15}$$

式（4.3.15）表明，磁场强度在分界面处的切向分量是不连续的。当分界面上无面电流时，即 $K=0$，此时有

$$H_{t1} = H_{t2} \tag{4.3.16}$$

上式表明，当两种媒质的分界面上没有电流时，磁场强度的切向分量连续。

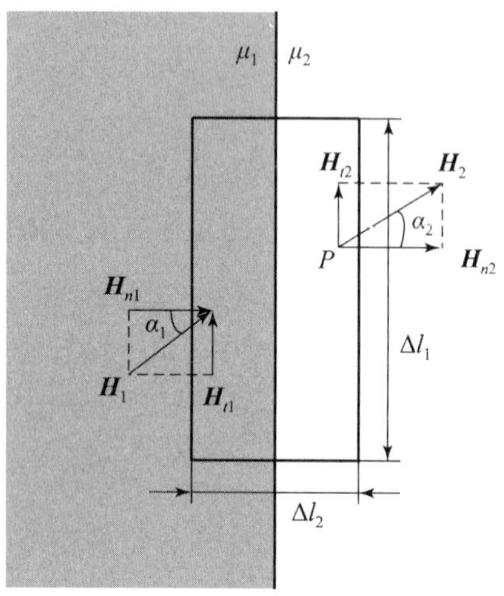

图 4-44　磁场强度的切向分量

例 4.3.1：试证明在电导率有限的两种媒质的分界面处$\dfrac{\tan\alpha_1}{\tan\alpha_2}=\dfrac{\mu_1}{\mu_2}$，其中：$\alpha_1$ 和 α_2 为磁场与法线所成的夹角，如图 4-45 所示

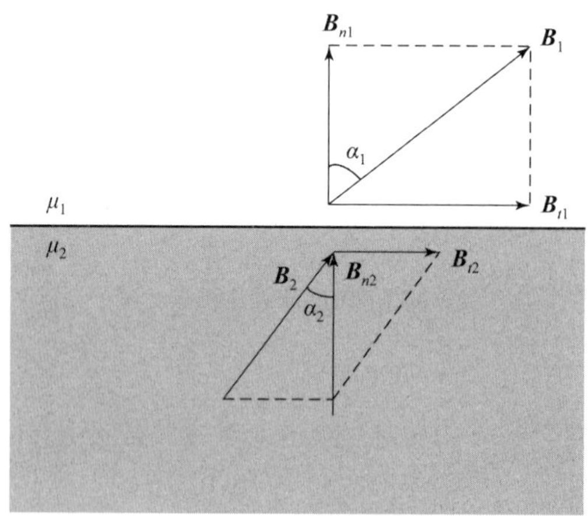

图 4-45　例 4.3.1

解：根据磁感应强度法向分量的连续性，可得

$$B_1\cos\alpha_1 = B_2\cos\alpha_2 \tag{4.3.17}$$

由于分界面上无电流密度，因此

$$H_{t1} = H_{t2}$$

即

$$B_1 \sin\alpha_1 = \frac{\mu_1}{\mu_2} B_2 \sin\alpha_2 \tag{4.3.18}$$

由式（4.3.17）和式（4.3.18）可得到

$$\frac{\tan\alpha_1}{\tan\alpha_2} = \frac{\mu_1}{\mu_2} \tag{4.3.19}$$

式（4.3.19）表明，磁场从一种媒质进入另一种媒质时，它的方向要发生折射。

习　题

4－1　有用圆柱坐标系表示的电流分布 $\boldsymbol{J}(\rho) = \boldsymbol{e}_z \rho J_0 (\rho \leqslant a)$，试求矢量磁位 $\boldsymbol{A}$ 和磁感应强度 $\boldsymbol{B}$。

4－2　无限长直线电流 I 垂直于磁导率分别为 μ_1 和 μ_2 的两种磁介质的分界面，如题图 4－2 所示，试求：(1) 两种磁介质中的磁感应强度 $\boldsymbol{B}_1$ 和 $\boldsymbol{B}_2$；(2) 磁化电流分布。

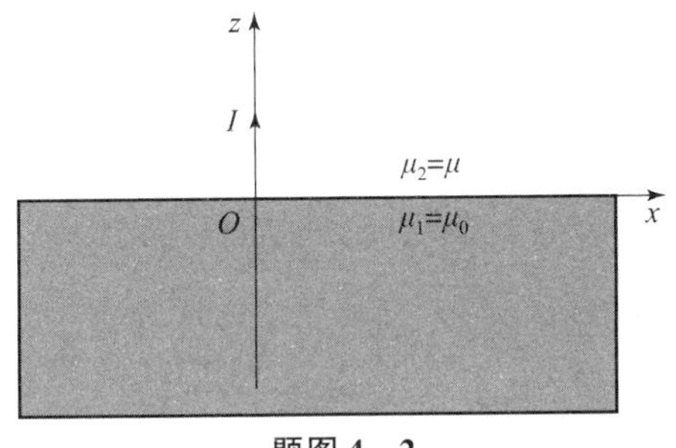

题图 4－2

4－3　已知一个平面电流回路在真空中产生的磁场强度为 $\boldsymbol{H}_0$，若此平面电流回路位于磁导率分别为 μ_1 和 μ_2 的两种均匀磁介质的分界面上，试求两种磁介质中的磁场强度 $\boldsymbol{H}_1$ 和 $\boldsymbol{H}_2$。

4－4　证明：在不同磁介质的分界面上，矢量磁位 $\boldsymbol{A}$ 的切向分量是连续的。

4－5　同轴线的内导体是半径为 a 的圆柱，外导体是半径为 b 的薄圆柱面，其厚度可忽略不计。内、外导体间填充磁导率分别为 μ_1 和 μ_2 的两种磁介质，如题图 4－5 所示。设同轴线中通过的电流为 I，试求：(1) 同轴线中单位长度所储存的磁场能量；(2) 同轴线单位长度的自感。

4－6　如题图 4－6 所示的长螺线管，单位长度上密绕 N 匝线圈，通过电流 I，铁芯的磁导率为 μ、截面积为 S，求作用在它上面的磁场力。

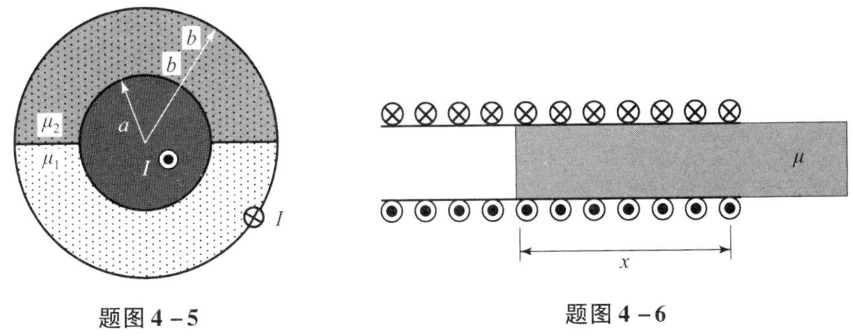

题图 4－5　　**题图 4－6**

4－7　一个载有 10A 电流半径为 2cm 的圆环。用严格和近似的表达式，求下列情形的磁通密度：(1) 在环的中心；(2) 在环的轴上 10cm；(3) 在环的轴上 10m。此环的磁偶极矩是什么？

4－8　一个螺线管长 1.2cm，半径为 2mm。若每单位长度的线匝数为 200，电流为 12A。计算下列磁通密度：(1) 在中心处；(2) 在螺线管的尾端。

4－9　一个长螺线管每毫米为 2 匝。试求要在它内部产生 0.5T 的磁场时，线圈内应通过的电流值。

4－10　求题图 4－10 中 P 点的磁通密度。

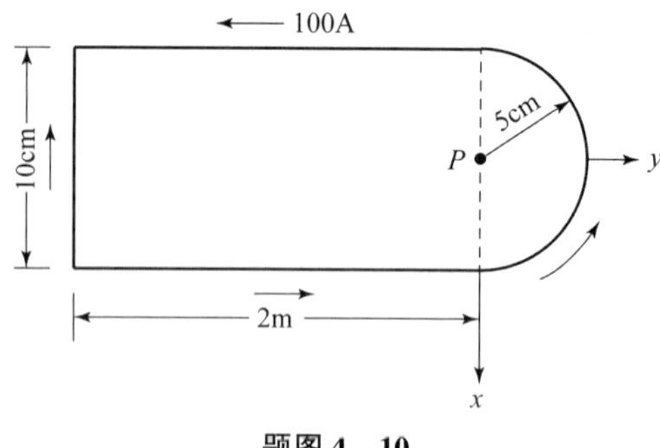

题图 4－10

4－11　一个 500nC 的电荷以$(500\boldsymbol{a}_x+2000\boldsymbol{a}_y)$m/s 的速度，在某瞬间通过磁场为 $1.2\boldsymbol{a}_z$T 的自由空间的点(3,4,5)m。求此电荷所受的磁力。

4－12　两根长直导线载有同方向、同数值 15A 的电流，相距为 15mm。每根导线 0.5m 一段所感受到由另一导线全长所产生的磁力是多少？

4－13　试证明点电荷 q 以速度 $\boldsymbol{U}$ 运动时，在空间某点产生 $\boldsymbol{B}=\mu_0\varepsilon_0\boldsymbol{U}\times\boldsymbol{E}$，此处 $\boldsymbol{E}$ 为该点电荷产生的电场。

4－14　两根无限长的平行导线载有反方向电流 10A 和 20A。若导线相距为 10cm，计算每根导线单位长度所受到另一导线电流磁场产生的力。

4－15　一根非常长的直导线载有 500A 的电流。一个 80cm×20cm 的矩形环载有 20A 的电流。若此环的 80cm 的边平行于导线，如题图 4－15 所示，则作用于环的磁力为多少？

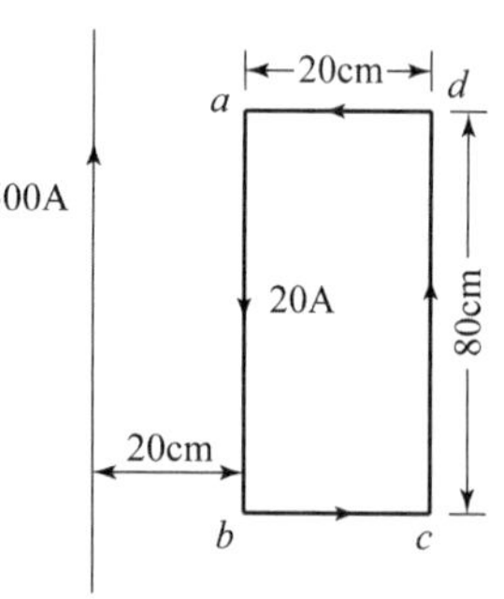

题图 4－15

4－16　围绕一个半径为 10cm 的完全导体圆柱的磁场强度为 $\dfrac{10}{\rho}\boldsymbol{a}_\phi$A/m。导体表面的面电流密度是什么？导体表面的电流值是多少？

第 5 章　静态场的分析方法

静态电磁场是电磁场的一种特殊形式。当场源（电荷、电流）不随时间变化时，激发的电场、磁场也不随时间变化，称为静态电磁场。前面章节所讨论的静电场、恒定电场、静磁场均属于静态电磁场。本章介绍静态场的分析方法。首先给出了静态场的基本方程和边界条件；然后介绍了常用的分析方法，包括直接积分方法、镜像法、分离变量法以及数值法。

5.1　静态场的基本方程和边值问题

5.1.1　静态场的基本方程

前面的内容已经讨论过媒质中各处电荷分布在已知情况下的静电场问题。然而，实际遇到的许多情况却并非如此，常见的是要在能够计算电荷分布之前必须先确定电场。此外，还遇到一些边界上面电荷密度或电位给定的问题。此类问题通称为边界值问题（boundary value problem）。所以，在这一节里计划推导出解决此类静电场问题的一种方法。

考虑到 $\boldsymbol{D}=\varepsilon\boldsymbol{E}$，在线性媒质中高斯定律可表示为

$$\nabla\cdot(\varepsilon\boldsymbol{E})=\rho_V \tag{5.1.1}$$

式中：ρ_V 为自由体电荷密度。将 $\boldsymbol{E}=-\nabla V$ 代入式（5.1.1），可得

$$\nabla\cdot(-\varepsilon\nabla V)=\rho_V \tag{5.1.2}$$

利用矢量恒等式 $\nabla\cdot(f\boldsymbol{A})=f\nabla\cdot\boldsymbol{A}+\boldsymbol{A}\cdot\nabla f$，可把式（5.1.2）表示为

$$\varepsilon\nabla\cdot(\nabla V)+\nabla V\cdot\nabla\varepsilon=-\rho_V \tag{5.1.3}$$

或

$$\varepsilon\nabla^2 V+\nabla V\cdot\nabla\varepsilon=-\rho_V \tag{5.1.4}$$

这是一个关于电位函数 V 和体电荷密度 ρ_V 的二阶偏微分方程。如果 ε 是位置的函数，则方程式（5.1.4）仍然成立。在边界条件和 ρ_V 及 ε 的函数关系已知时，方程可以求解。

特别的，若首先对均匀媒质的情况求解，即 ε 为常数，则由 $\nabla\varepsilon=0$，方程式（5.1.4）便可简化为

$$\nabla^2 V=-\frac{\rho_V}{\varepsilon} \tag{5.1.5}$$

即静电场的泊松方程，它表示求解域内的电位分布决定于当地的电荷分布。事实上，方程式（5.1.5）的解已由式（2.3.31）给出。

对于那些电荷分布在导体表面的静电场问题。在感兴趣的区域内多数点的体电荷密

度为零。于是，在 $\rho_V=0$ 的区域，方程式（5.1.5）简化为

$$\nabla^2 V=0 \tag{5.1.6}$$

这就是拉普拉斯方程。

在无电荷区，将寻求一个既满足拉普拉斯方程又符合边界条件的电位函数 V。一旦这个函数求出来，电场强度 $\boldsymbol{E}$ 即可用 $\boldsymbol{E}=-\nabla V$ 确定。在线性、均匀、无电荷区：$\nabla\cdot\boldsymbol{E}=0$。这是矢量分析中的 I 类场，因此拉普拉斯方程的解是唯一的。而其他有关的量，如电容、导体表面电荷、能量密度和系统总储能等也就随之可以确定。

例 5.1.1：两块面积为 A、间距为 d 的金属板组成一平板电容器，如图 5-1 所示。上板电位为 V_0，下板接地。求：（1）电位分布，（2）电场强度，（3）每块板上的电荷分布，（4）平板电容器的电容。

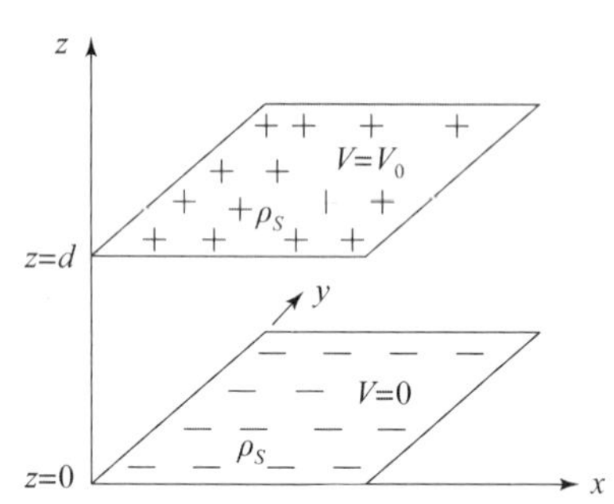

图 5-1　带电平板电容器

解：因为这两块在 xy 平面 $z=0$ 和 $z=d$ 的金属板均为等位面，电位 V 就只是 z 的函数。于是，对两板间的无电荷区域，拉普拉斯方程为

$$\frac{\partial^2 V}{\partial z^2}=0$$

其解为

$$V=az+b$$

式中：常数 a、b 可由边界条件确定。

当 $z=0$、$V=0$ 时，故 $b=0$，两板间电位分布为

$$V=az$$

而 $z=d$ 时有 $V=V_0$，即 $a=V_0/d$。故平板电容器内电位按线性变化为

$$V=\frac{V_0}{d}z$$

电场强度为

$$\boldsymbol{E}=-\nabla V=-\boldsymbol{e}_z\frac{\partial V}{\partial z}=-\boldsymbol{e}_z\frac{V_0}{d}$$

电通密度为

$$\boldsymbol{D}=\varepsilon\boldsymbol{E}=-\boldsymbol{e}_z\frac{\varepsilon V_0}{d}$$

因为 $\boldsymbol{D}$ 的法向分量等于导体表面电荷密度，故下板的表面电荷密度为

$$\rho_S\big|_{z=0}=\boldsymbol{e}_n\cdot\boldsymbol{D}\big|_{z=0}=\boldsymbol{e}_z\cdot\boldsymbol{D}\big|_{z=0}=-\frac{\varepsilon V_0}{d}$$

上板表面电荷密度则为

$$\rho_S\big|_{z=d}=\boldsymbol{e}_n\cdot\boldsymbol{D}\big|_{z=d}=-\boldsymbol{e}_z\cdot\boldsymbol{D}\big|_{z=d}=\frac{\varepsilon V_0}{d}$$

上板总电荷为

$$Q=\frac{\varepsilon V_0 A}{d}$$

平板电容器的电容为

$$C=\frac{Q}{V_0}=\frac{\varepsilon A}{d}$$

例 5.1.2：同轴电缆的内导体半径为 a，电压为 V_0，外导体半径为 b，接地，如图 5－2 所示。试求：(1) 导体间的电位分布，(2) 内导体的表面电荷密度，(3) 单位长度的电容。

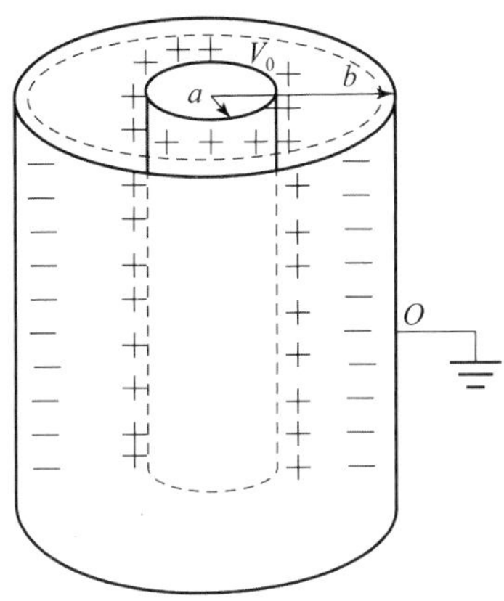

图 5－2　同轴电缆示意图

解：因为半径分别为 a、b 的内外导体组成了两个等位面，所以电位 V 就只是 ρ 的函数。因此，拉普拉斯方程简化为

$$\frac{1}{\rho}\frac{\mathrm{d}}{\mathrm{d}\rho}\left(\rho\frac{\mathrm{d}V}{\mathrm{d}\rho}\right)=0$$

积分两次后，可得

$$V=c_1\ln\rho+d_1$$

式中：c_1 和 d_1 为积分常数。

当 $\rho=b$，$V=0$，故 $d_1=-c_1\ln b$，因而

$$V=c_1\ln\frac{\rho}{b}$$

当 $\rho=a$，$V=V_0$，故 $c_1=V_0/\ln(a/b)$，因而在 $a\leqslant\rho\leqslant b$ 区域内的电位分布为

$$V=V_0\frac{\ln\frac{\rho}{b}}{\ln\frac{a}{b}}$$

电场强度为

$$\boldsymbol{E}=-\nabla V=-\boldsymbol{e}_\rho\frac{\partial V}{\partial\rho}=\frac{\boldsymbol{e}_\rho V_0}{\rho\ln\frac{b}{a}}$$

电通密度为

$$\boldsymbol{D}=\varepsilon\boldsymbol{E}=\frac{\boldsymbol{e}_\rho\varepsilon V_0}{\rho\ln\frac{b}{a}}$$

在 $\rho=a$ 时，$\boldsymbol{D}$ 的法向分量产生内导体表面电荷密度为

$$\rho_S=\frac{\varepsilon V_0}{a\ln\dfrac{b}{a}}$$

内导体单位长度上的电荷为

$$Q=\frac{2\pi\varepsilon V_0}{\ln\dfrac{b}{a}}$$

则单位长度的电容为

$$C=\frac{2\pi\varepsilon}{\ln\dfrac{b}{a}}$$

5.1.2 静态场的边值问题

静态场的基本方程表明：在静态场情况下，电场可用一个标量电位来描述，磁场可用一个矢量磁位来描述。在无源（$\boldsymbol{J}=0$）的区域内，磁场也可用一个标量磁位来描述。在均匀媒质中，位函数满足泊松方程或拉普拉斯方程。同时，在场域的边界面上位函数还应该满足一定的边界条件。位函数方程和位函数的边界条件一起构成位函数的边值问题。因此，静态场问题的求解，都可归纳为在给定的边界条件下，求解位函数的泊松方程或拉普拉斯方程。位函数方程是偏微分方程，位函数的边界条件保证了方程的解是唯一的。从数学本质上看，位函数的边值问题就是偏微分方程的定解问题。

在场域 V 的边界面 S 上的给定的边界条件有以下三种类型，相应地把边值问题分为三类：

（1）第一类边界条件是已知位函数在场域边界面 S 上各点的值，即给定

$$\varphi|_S=f_1(S) \tag{5.1.7}$$

这类问题称为第一类边值问题或狄里赫利问题。

（2）第二类边界条件是已知位函数在场域边界面 S 上各点的法向导数值，即给定

$$\frac{\partial\varphi}{\partial n}\Big|_S=f_2(S) \tag{5.1.8}$$

这类问题称为第二类边值问题或纽曼问题。

（3）第三类边界条件是已知一部分边界面 S_1 上位函数的值，而在另一部分边界面 S_2 上已知位函数的法向导数值，即给定

$$\varphi|_{S_1}=f_1(S_1)；\frac{\partial\varphi}{\partial n}\Big|_{S_2}=f_2(S_2) \tag{5.1.9}$$

式中：$S_1+S_2=S$。这类问题称为第三类边值问题或混合边值问题。

如果场域延伸到无限远处，还必须给出无限远处的边界条件。对于源分布在有限区域的情况，在无限远处的位函数应为有限值，即给出

$$\lim_{r\to\infty} r\varphi=\text{有限值} \tag{5.1.10}$$

称为自然边界条件。

此外，若在整个场域内同时存在几种不同的均匀介质，则位函数还应满足不同介质分界面上的边界条件。

5.2　静态场的唯一性定理

唯一性定理是边值问题的一个重要定理，即若在场域 V 的边界面 S 上给定 φ 或$\dfrac{\partial\varphi}{\partial n}$的值，则泊松方程或拉普拉斯方程在场域 V 内具有唯一解。

下面采用反证法对唯一性定理做出证明。设在边界面 S 包围的场域 V 内有两个位函数 φ_1 和 φ_2 都满足泊松方程，即

$$\nabla^2\varphi_1 = -\frac{1}{\varepsilon}\rho \quad 和 \quad \nabla^2\varphi_2 = -\frac{1}{\varepsilon}\rho \tag{5.2.1}$$

令 $\varphi_0=\varphi_1-\varphi_2$，则在场域 V 内

$$\nabla^2\varphi_0 = \nabla^2\varphi_1 - \nabla^2\varphi_2 = -\frac{1}{\varepsilon}\rho + \frac{1}{\varepsilon}\rho = 0 \tag{5.2.2}$$

由于

$$\nabla\cdot(\varphi_0\nabla\varphi_0) = \varphi_0\nabla^2\varphi_0 + (\nabla\varphi_0)^2 = (\nabla\varphi_0)^2 \tag{5.2.3}$$

将式（5.2.3）在整个场域 V 上积分并利用散度定理，有

$$\oint_S \varphi_0\nabla\varphi_0\cdot d\boldsymbol{S} = \int_V (\nabla\varphi_0)^2 dV \tag{5.2.4}$$

对于第一类边值问题，在整个边界面 S 上 $\varphi_0|_S=\varphi_1|_S-\varphi_2|_S=0$；对于第二类边值问题，在整个边界面 S 上$\dfrac{\partial\varphi_0}{\partial n}\Big|_S=\dfrac{\partial\varphi_1}{\partial n}\Big|_S-\dfrac{\partial\varphi_2}{\partial n}\Big|_S=0$；对于第三类边值问题，在边界面 S_1 部分上 $\varphi_0|_{S_1}=\varphi_1|_{S_1}-\varphi_2|_{S_1}=0$，在边界面的 S_2 部分上$\dfrac{\partial\varphi_0}{\partial n}\Big|_{S_2}=\dfrac{\partial\varphi_1}{\partial n}\Big|_{S_2}-\dfrac{\partial\varphi_2}{\partial n}\Big|_{S_2}=0$。因此，无论是哪一类边值问题，由式（5.2.4）都可得

$$\int_V (\nabla\varphi_0)^2 dV = \oint_S \varphi_0\frac{\partial\varphi_0}{\partial n}dS = 0 \tag{5.2.5}$$

由于$(\nabla\varphi_0)^2$ 是非负的，要使式（5.2.5）成立，则必须在场域 V 内处处有$\nabla\varphi_0=0$。这表明在整个场域 V 内 φ_0 恒为常数，即

$$\varphi_0 = \varphi_1 - \varphi_2 \equiv C \tag{5.2.6}$$

对于第一类边值问题，由于在边界面 S 上 $\varphi_0|_S=0$，所以 $C=0$。故在整个场域 V 内有 $\varphi_0=\varphi_1-\varphi_2=0$，即 $\varphi_1=\varphi_2$。

对于第二类边值问题，若 φ_1 与 φ_2 取同一个参考点，则在参考点处 $\varphi_1-\varphi_2=0$，所以 $C=0$。故在整个场域 V 内有 $\varphi_1=\varphi_2$。

对于第三类边值问题，由于 $\varphi_0|_{S_1}=\varphi_1|_{S_1}-\varphi_2|_{S_1}=0$，所以 $C=0$。故在整个场域 V 内有 $\varphi_1=\varphi_2$。

唯一性定理具有非常重要的意义。第一，它指出了静态场边值问题具有唯一解的条件，在边界面 S 上任一点只需给定 φ 或$\dfrac{\partial\varphi}{\partial n}$的值，而不能同时给定两者的值。第二，唯

一性定理也为静态场边值问题的各种求解方法提供了理论依据，为求解结果的正确性提供了判据。根据唯一性定理，在求解边值问题时，无论采用什么方法，只要求出的位函数既满足相应的泊松方程（或拉普拉斯方程），又满足给定的边界条件，则此函数就是所求出的唯一正确解。

5.3　直接积分方法

在某些电磁问题中，电位仅为一个坐标变量的函数，这时的电位微分方程就成为一维方程。对这种一维边值问题，可以用直接积分法求解。下面给出几个实例来介绍这种方法的应用。

例 5.3.1：有一平行板电容器，设极板之间的距离 d 远小于极板平面的尺寸，极板之间充满着介电常数为 ε 的电介质和均匀分布着体电荷密度为 ρ 的电荷，极板之间的电压为 U_0，如图 5－3 所示。试求极板之间的电位和电场强度。

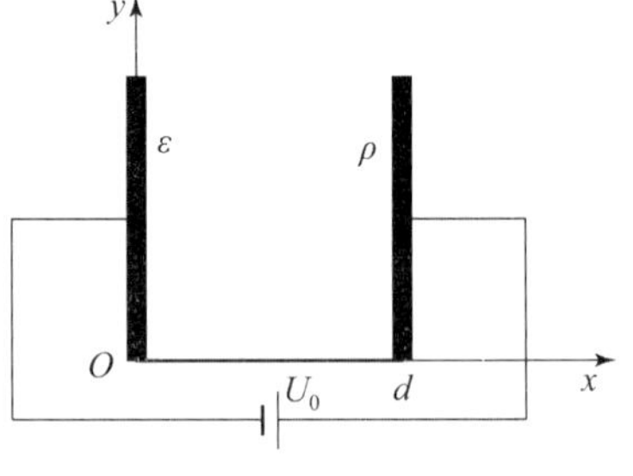

图 5－3　平行板电容器

解：取直角坐标系，使 yOz 平面与左极板平面重合。

因为极板平面的尺寸远大于板间距离 d，则可以忽略边缘效应，板间电位 Φ 近似认为仅与坐标 x 有关，它应满足下列一维泊松方程：

$$\nabla^2\Phi = \frac{d^2\Phi}{dx^2} = -\frac{\rho}{\varepsilon}$$

将上式直接积分，得出电位的通解表示式为

$$\Phi = -\frac{\rho x^2}{2\varepsilon} + C_1 x + C_2$$

式中：C_1 和 C_2 为积分常数，它可以通过下列边界条件来确定

$$\Phi = \begin{cases} 0, \text{当 } x = 0 \text{ 时} \\ U_0, \text{当 } x = d \text{ 时} \end{cases}$$

将上列边界条件代入电位的通解表示式，得

$$\begin{cases} C_1 = \dfrac{U_0}{d} + \dfrac{\rho d}{2\varepsilon} \\ C_2 = 0 \end{cases}$$

从而求得极板平面之间的电位和电场强度分别为

$$\Phi = -\frac{\rho x^2}{2\varepsilon} + \left(\frac{U_0}{d} + \frac{\rho d}{2\varepsilon}\right)x$$

$$\boldsymbol{E} = -\nabla\Phi = -\boldsymbol{e}_x\frac{d\Phi}{dx} = \boldsymbol{e}_x\left(\frac{\rho x}{\varepsilon} - \frac{U_0}{d} - \frac{\rho d}{2\varepsilon}\right)$$

例 5.3.2：设有一根长直的同轴电缆，内外导体的半径分别为 r 和 R，它们之间填充着介电常数为 ε 的电介质，其截面如图 5－4 所示。已知内外导体之间的电压为 U_0，

试求内外导体之间的电位和电场强度分布。

解：取定圆柱坐标系，使 z 轴与电缆的中心轴线相重合，则内外导体之间的电位仅随 ρ 坐标而变化。内外导体之间的电位 Φ 应满足下列形式的一维拉普拉斯方程：

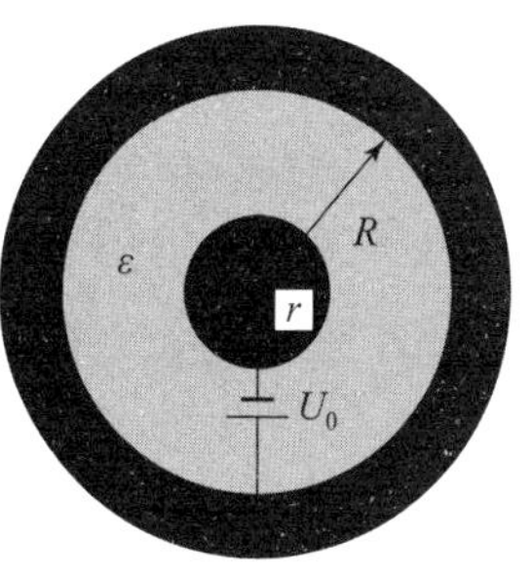

图 5－4　同轴电缆截面

$$\nabla^2\Phi = \frac{1}{\rho}\frac{\partial}{\partial\rho}\left(\rho\frac{\partial\Phi}{\partial\rho}\right) = 0$$

对上式直接积分，得出通解表示式为

$$\Phi = C_1\ln\rho + C_2$$

上式中的积分常数 C_1 和 C_2 可通过下列边界条件来确定

$$\Phi = \begin{cases} 0, 当\ \rho = r\ 时 \\ U_0, 当\ \rho = R\ 时 \end{cases}$$

从而求出内外导体之间的电位及其电场强度分布分别为

$$\Phi = \frac{U_0\ln(\rho/r)}{\ln(R/r)}$$

$$\boldsymbol{E} = -\nabla\Phi = -\boldsymbol{e}_\rho\frac{\mathrm{d}\Phi}{\mathrm{d}\rho} = -\boldsymbol{e}_\rho\frac{U_0}{\rho\ln(R/r)}$$

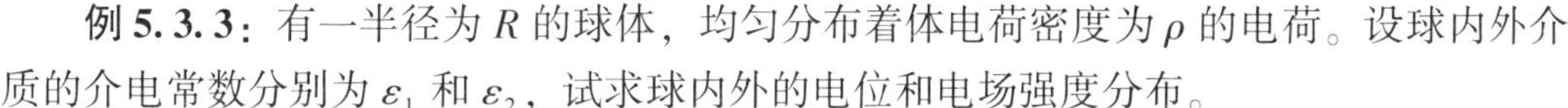

例 5.3.3：有一半径为 R 的球体，均匀分布着体电荷密度为 ρ 的电荷。设球内外介质的介电常数分别为 ε_1 和 ε_2，试求球内外的电位和电场强度分布。

解：取定球面坐标系，使坐标原点位于带电体的球心。

设球内的电位和电场强度分别表示为 Φ_1 和 $\boldsymbol{E}_1$，球外的电位和电场强度分别表示为 Φ_2 和 $\boldsymbol{E}_2$，它们均仅为坐标 r 的函数，则有

$$\begin{cases} \nabla^2\Phi_1 = \dfrac{1}{r^2}\dfrac{\partial}{\partial r}\left(r^2\dfrac{\partial\Phi_1}{\partial r}\right) = -\dfrac{\rho}{\varepsilon_1}\quad (r\leqslant R) \\ \nabla^2\Phi_2 = \dfrac{1}{r^2}\dfrac{\partial}{\partial r}\left(r^2\dfrac{\partial\Phi_2}{\partial r}\right) = 0\quad (r\geqslant R) \end{cases}$$

将上面两方程分别直接积分两次，得出通解为

$$\begin{cases} \Phi_1 = -\dfrac{\rho r^2}{6\varepsilon_1} - \dfrac{C_1'}{r} + C_1'' \\ \Phi_2 = -\dfrac{C_2'}{r} + C_2'' \end{cases}$$

在球体表面上，依据不同介质的分界面上的边界条件，有

$$\begin{cases} \Phi_1 = \Phi_2，当\ r = R\ 时 \\ \varepsilon_1\dfrac{\partial\Phi_1}{\partial r} = \varepsilon_2\dfrac{\partial\Phi_2}{\partial r}，当\ r = R\ 时 \end{cases}$$

除此之外还有另外两个定解条件。一个是设定无限远为零电位参考点，即

$$\Phi_2 = 0，当\ r = \infty\ 时$$

另一个是

$$\frac{\partial\Phi_1}{\partial r} = 0, 当\ r = 0\ 时$$

后面这一定解条件可以借助积分形式的高斯定理直接求出。在求算中，取高斯面为一个以 $r=0$ 为球心，半径趋于零的球面。由于这一无限小高斯面所包围的电荷趋于零，因此使球心处的电场强度 $\boldsymbol{E}_1$ 及电位变化率$\dfrac{\partial \Phi_1}{\partial r}$均为零。

将上面这四个定解条件代入电位的通解表达式，就可以确定四个积分常数 C_1'，C_1''，C_2'和 C_2''，结果为 $C_1'=0$，$C_1''=\dfrac{\rho R^2}{6}\left(\dfrac{1}{\varepsilon_1}+\dfrac{2}{\varepsilon_2}\right)$，$C_2'=-\dfrac{\rho R^3}{3\varepsilon_2}$，$C_2''=0$。最终得出球内外的电位和电场强度分布分别为

$$\Phi_1=-\frac{\rho r^2}{6\varepsilon_1}+\frac{\rho R^2}{6}\left(\frac{1}{\varepsilon_1}+\frac{2}{\varepsilon_2}\right)\ (r\leqslant R)$$

$$\Phi_2=\frac{\rho R^3}{3\varepsilon_2 r}\ (r\geqslant R)$$

$$\boldsymbol{E}_1=-\nabla\Phi_1=-\boldsymbol{e}_r\frac{\partial \Phi_1}{\partial r}=\boldsymbol{e}_r\frac{\rho r}{3\varepsilon_1}\ (r<R)$$

$$\boldsymbol{E}_2=-\nabla\Phi_2=-\boldsymbol{e}_r\frac{\partial \Phi_2}{\partial r}=\boldsymbol{e}_r\frac{\rho R^3}{3\varepsilon_2 r^2}\ (r>R)$$

5.4 镜像法

5.4.1 接地导体平面的镜像

1. 点电荷对无限大接地导体平面的镜像

如图 5-5 所示，有一个点电荷 q 位于无限大接地导体平面上方，与导体平面距离为 h。在 $z>0$ 的上半空间，总电场是由原电荷 q 和导体平面上的感应电荷共同产生的。除点电荷 q 所在点$(0,0,h)$外，电位函数 φ 还满足拉普拉斯方程$\nabla^2\varphi=0$。又由导体平面接地，因此在 $z=0$ 处，电位函数 $\varphi=0$。

设想将导体平面抽去，使整个空间变为充满介电常数为 ε 的均匀电介质，并在点电荷 q 的对称点$(0,0,-h)$上放置镜像电荷 $q'=-q$，如图 5-6 所示。此时，$z>0$ 的空间中任意一点 $P(x,y,z)$的电位函数就等于原电荷 q 与镜像电荷 $-q$ 所产生的电位之和。选无限远点为电位参考点，该电位函数为

$$\varphi(x,y,z)=\frac{q}{4\pi\varepsilon}\left[\frac{1}{\sqrt{x^2+y^2+(z-h)^2}}-\frac{1}{\sqrt{x^2+y^2+(z+h)^2}}\right]\ (z\geqslant 0) \tag{5.4.1}$$

容易证明：电位函数 $\varphi(x,y,z)$在 $z=0$ 处满足 $\varphi=0$；在 $z>0$ 的空间，满足$\nabla^2\varphi=0$（除点电荷 q 所在点之处）。根据唯一性定理，式（5.4.1）就是位于无限大接地导体平面上方的点电荷 q 产生的电位函数。

根据导体与介质分界面上的边界条件可求出导体平面上的感应电荷密度为

$$\rho_S=-\varepsilon\frac{\partial\varphi}{\partial z}\Big|_{z=0}=-\frac{qh}{2\pi(x^2+y^2+h^2)^{3/2}} \tag{5.4.2}$$

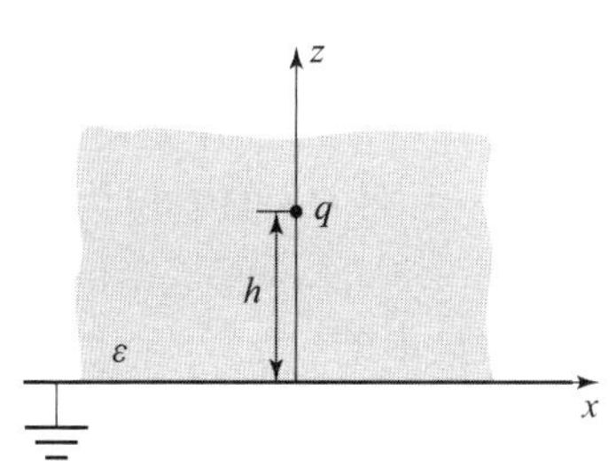

图 5-5　点电荷与无限大接地导体平面

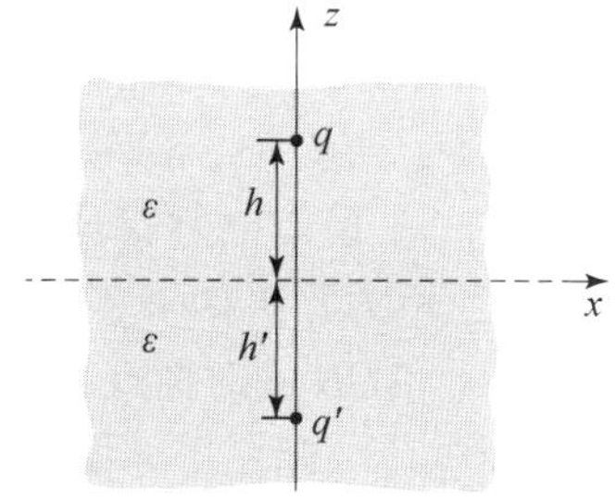

图 5-6　点电荷与无限大接地导体平面的镜像

导体平面上的总感应电荷为

$$
\begin{aligned}
q_{in} &= \int_S \rho_S \mathrm{d}S = -\frac{qh}{2\pi}\int_{-\infty}^{\infty}\int_{-\infty}^{\infty}\frac{\mathrm{d}x\mathrm{d}y}{(x^2+y^2+h^2)^{3/2}} \\
&= -\frac{qh}{2\pi}\int_0^{2\pi}\int_0^{\infty}\frac{\rho\mathrm{d}\rho\mathrm{d}\phi}{(\rho^2+h^2)^{3/2}} = -q
\end{aligned}
\tag{5.4.3}
$$

可见，导体平面上的总感应电荷恰好与所设置的镜像电荷相等。接地导体平面好像一面镜子，电荷 $-q$ 就是原电荷 q 的镜像，故称为镜像电荷。

2. 线电荷对无限大接地导体平面的镜像

如图 5-7 所示，沿 y 轴方向的无限长直线电荷位于无限大接地导体平面上方，相距为 h，单位长度带电量为 ρ_l，与点电荷对无限大接地导体平面镜像类似分析，可知其镜像电荷仍是无限长线电荷，如图 5-8 所示。镜像电荷的密度和位置分别为

$$\rho_l' = -\rho_l,\ z' = -h \tag{5.4.4}$$

在 $z>0$ 的上半空间中，电位函数为

$$\varphi(x,y,z) = \frac{\rho_l}{2\pi\varepsilon}\ln\frac{\sqrt{x^2+(z+h)^2}}{\sqrt{x^2+(z-h)^2}}\ (z\geqslant 0) \tag{5.4.5}$$

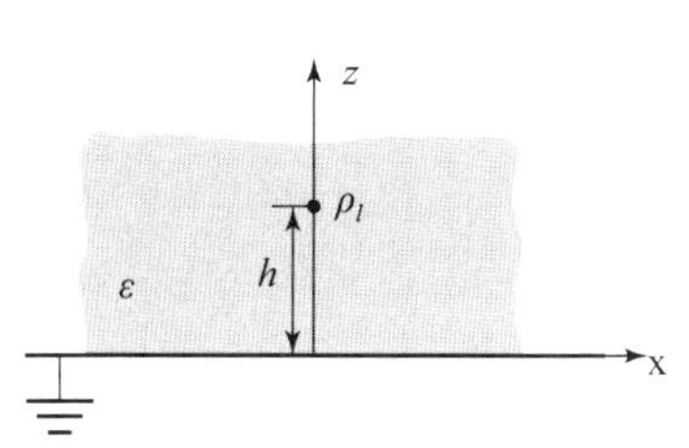

图 5-7　线电荷与无限大接地导体平面

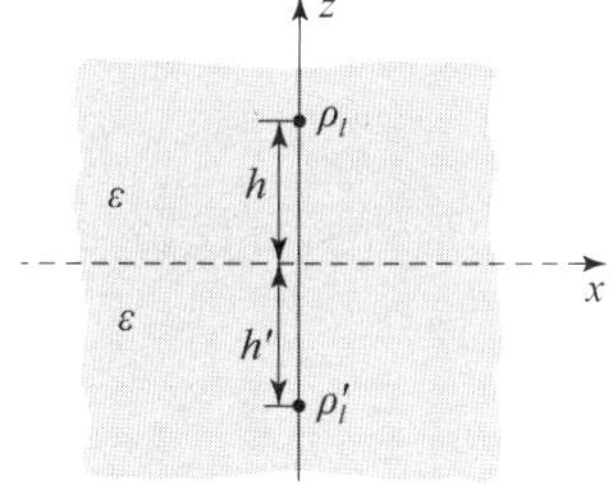

图 5-8　线电荷与无限大接地导体平面的镜像

3. 点电荷对相交半无限大接地导体平面的镜像

点电荷对无限大导体平面的镜像，可推广应用到点电荷与相交的两块半无限大导体平面的情况。此时仅用一个镜像电荷就不能满足边界条件了。

图 5-9 表示相互垂直的两块半无限大接地导体平面，点电荷 q 与两导体平面的距离分别为 d_1 和 d_2。需要求解的是第一象限内的场分布。用镜像法来求解这类问题时，

设想把两导体板抽去，在第二象限内的位置“1”（点电荷 q 关于导体平面 OA 的对称点）处放置一个镜像电荷 $q_1'=-q$，这将使导体平面 OA 的电位为零，但此时的导体平面 OB 的电位不为零。类似地，在第四象限内的位置“2”（点电荷 q 关于导体平面 OB 的对称点）处放置一个镜像电荷 $q_2'=-q$，这将使导体平面 OB 的电位为零，但此时的导体平面 OA 的电位不为零。如果在第三象限内的位置“3”（恰好是镜像电荷 q_1' 和 q_2' 分别关于导体平面 OA 和 OB 的对称点）处再放置一个镜像电荷 $q_3'=q$，根据对称性，这三个镜像电荷将于原电荷一起使得导体平面 OA 和 OB 的电位都为零，从而保证满足给定边界条件。这说明，点电荷 q 对相互垂直的两块接地半无限大导体平面有三个镜像电荷，如图 5 - 10 所示。

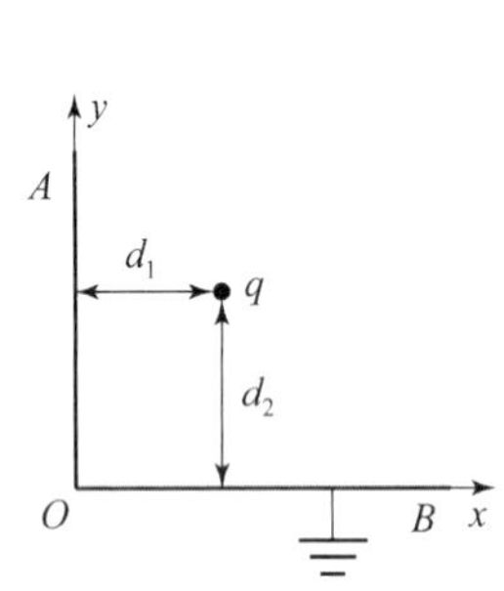

图 5 - 9　点电荷与正交导体平面

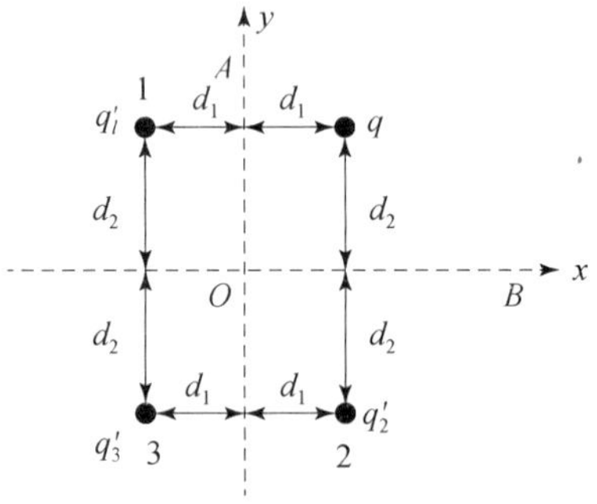

图 5 - 10　点电荷与正交导体平面的镜像

如果两导体平面不是相互垂直，而是相交成 α 角，只要 $\alpha=\dfrac{\pi}{n}$，则这里的 n 为整数，就能用镜像法求解，其镜像电荷数为有限的（$2n-1$）个。

例 5.4.1：真空中，电量为 $1\mu C$ 的点电荷位于点 $P(0,0,1)$ 处，xOy 平面是一个无限大的接地导体板。（1）求 z 轴上电位为 10^4V 的点的坐标；（2）计算该点的电场强度。

解：（1）根据镜像法可知上半空间的电位为

$$\varphi(x,y,z)=\frac{q}{4\pi\varepsilon_0}\left[\frac{1}{\sqrt{x^2+y^2+(z-1)^2}}-\frac{1}{\sqrt{x^2+y^2+(z+1)^2}}\right]$$

由

$$\varphi(0,0,z)=\frac{10^{-6}}{4\pi\varepsilon_0}\left[\frac{1}{|z-1|}-\frac{1}{|z+1|}\right]=10^4$$

可得

$$z_1=1.67\text{m},\ z_2=0.45\text{m}$$

即在 z 轴上的 $z_1=1.67$m、$z_2=0.45$m 两个点的电位皆为 10^4V。

（2）当 $z>1$ 时，z 轴上的电场强度为

$$\boldsymbol{E}(0,0,z)=\boldsymbol{e}_z\frac{10^{-6}}{4\pi\varepsilon_0}\left[\frac{1}{(z-1)^2}-\frac{1}{(z+1)^2}\right]$$

将 $z_1=1.67$m 代入上式，得

$$\boldsymbol{E}(0,0,z_1)=\boldsymbol{e}_z\frac{10^{-6}}{4\pi\varepsilon_0}\left[\frac{1}{(1.67-1)^2}-\frac{1}{(1.67+1)^2}\right]=\boldsymbol{e}_z1.88\times10^4\text{V/m}$$

当 $z<1$ 时，z 轴上任意一点的电场强度为

$$\boldsymbol{E}(0,0,z) = -\boldsymbol{e}_z \frac{10^{-6}}{4\pi\varepsilon_0}\left[\frac{1}{(z-1)^2}+\frac{1}{(z+1)^2}\right]$$

将 $z_2 = 0.45\text{m}$ 代入上式，得

$$\boldsymbol{E}(0,0,z_2) = -\boldsymbol{e}_z \frac{10^{-6}}{4\pi\varepsilon_0}\left[\frac{1}{(0.45-1)^2}+\frac{1}{(0.45+1)^2}\right] = -\boldsymbol{e}_z 3.41\times10^4\text{V/m}$$

例 5.4.2：线电荷密度为 $\rho_l = 30\text{nC/m}$ 的无限长直导线位于无限大导体平板（$z=0$ 处）的上方 $z=3\text{m}$ 处，沿 y 轴方向，如图 5－11 所示。试求该导体板上的点 $P(2,5,0)$ 处的感应电荷密度。

解：去掉导体平板，在 $z=-3\text{m}$ 处放置线电荷密度为 $\rho_l' = -30\text{nC/m}$ 的镜像线电荷替代其作用，如图 5－12 所示。这样，点 P 的电场强度为

$$\boldsymbol{E} = \boldsymbol{E}_+ + \boldsymbol{E}_-$$

式中

$$\boldsymbol{E}_+ = \boldsymbol{e}_R^+ \frac{\rho_l}{2\pi\varepsilon_0 R^+} = \frac{30\times10^{-9}}{2\pi\varepsilon_0\sqrt{2^2+3^2}}\left(\boldsymbol{e}_x\frac{2}{\sqrt{2^2+3^2}} - \boldsymbol{e}_z\frac{3}{\sqrt{2^2+3^2}}\right) = \frac{30\times10^{-9}}{2\pi\varepsilon_0\times13}(\boldsymbol{e}_x 2 - \boldsymbol{e}_z 3)(\text{V/m})$$

$$\boldsymbol{E}_- = \boldsymbol{e}_R^- \frac{\rho_l'}{2\pi\varepsilon_0 R^-} = \frac{-30\times10^{-9}}{2\pi\varepsilon_0\sqrt{2^2+3^2}}\left(\boldsymbol{e}_x\frac{2}{\sqrt{2^2+3^2}} + \boldsymbol{e}_z\frac{3}{\sqrt{2^2+3^2}}\right) = \frac{30\times10^{-9}}{2\pi\varepsilon_0\times13}(-\boldsymbol{e}_x 2 - \boldsymbol{e}_z 3)(\text{V/m})$$

故

$$\boldsymbol{E} = -\boldsymbol{e}_z\frac{30\times10^{-9}\times6}{2\pi\varepsilon_0\times13}(\text{V/m})$$

点 P 处的应电荷面密度为

$$\rho_S = \boldsymbol{e}_n\cdot\boldsymbol{D}\big|_{(2,5,0)} = \boldsymbol{e}_z\cdot(-\boldsymbol{e}_z\varepsilon_0 E) = -\frac{180\times10^{-9}}{2\pi\times13} = -2.2(\text{nC/m}^2)$$

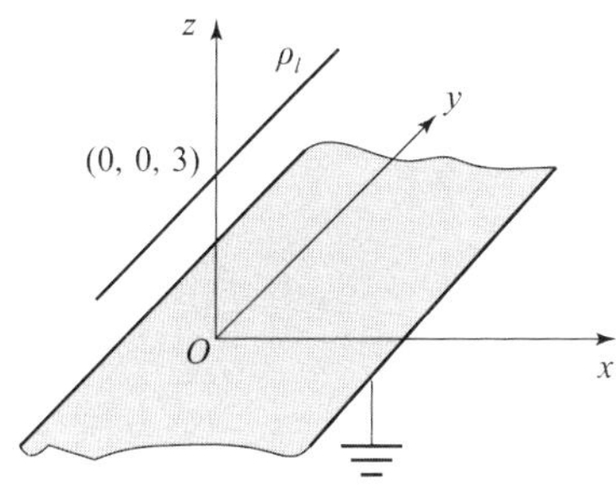

图 5－11　导体平板上方的线电荷

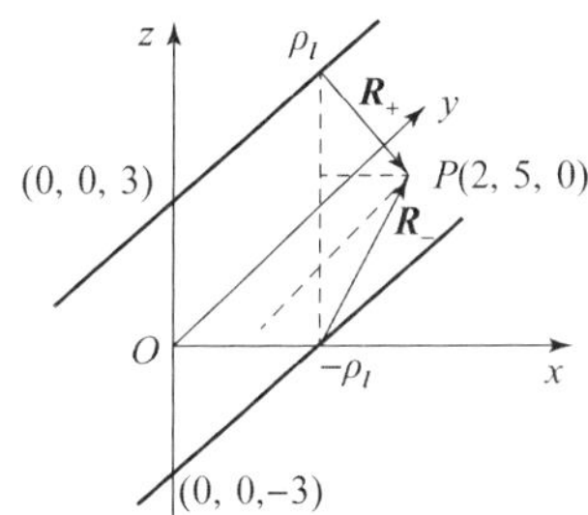

图 5－12　线电荷对导体平板的镜像

5.4.2　导体球面的镜像

1. 点电荷对接地导体球面的镜像

如图 5－13 所示，点电荷 q 位于一个半径为 a 的接地导体球外，与球心距离为 d。点电荷 q 将在导体球面上产生感应电荷，导体球外的电位就由点电荷和感应电荷共同产生。这类问题可用镜像法计算。

把导体球面移去，用一个镜像电荷来等效球面上的感应电荷。为了不改变球外的电

荷分布，镜像电荷必须放置在导体球面内。又由于对称性，镜像电荷应位于球心与点电荷 q 的连线上，如图 5－14 所示。设镜像电荷为 q'，与球心距离为 d'，则由 q 和 q'产生的电位函数为

$$\varphi=\frac{1}{4\pi\varepsilon}\left[\frac{q}{\sqrt{r^2+d^2-2rd\cos\theta}}+\frac{q'}{\sqrt{r^2+d'^2-2rd'\cos\theta}}\right] \tag{5.4.6}$$

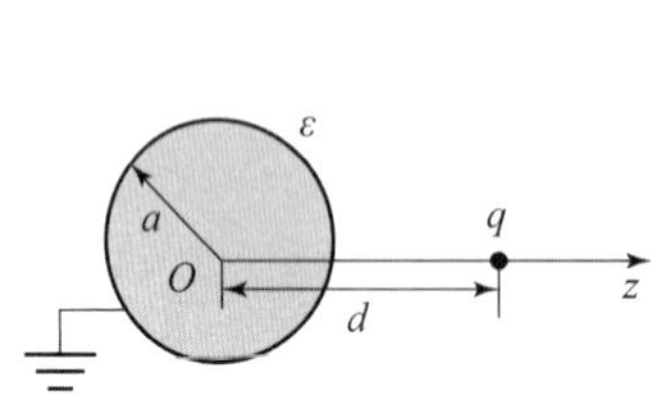

图 5－13　点电荷与接地导体球面

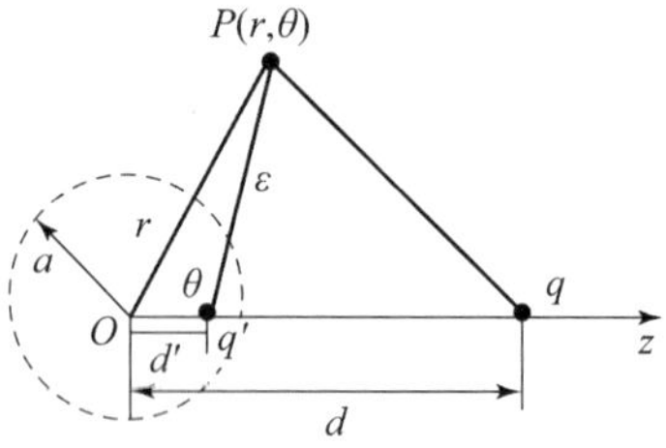

图 5－14　点电荷与接地导体球面的镜像

由于导体球接地，在球面 $r=a$ 处，$\varphi=0$，于是有

$$\frac{1}{4\pi\varepsilon}\left[\frac{q}{\sqrt{a^2+d^2-2ad\cos\theta}}+\frac{q'}{\sqrt{a^2+d'^2-2ad'\cos\theta}}\right]=0 \tag{5.4.7}$$

由此得

$$(a^2+d^2)q'^2-(a^2+d'^2)q^2-2a\cos\theta(dq'^2-d'q^2)=0 \tag{5.4.8}$$

因上式对任意的 θ 都成立，所以

$$\begin{cases}(a^2+d^2)q'^2-(a^2+d'^2)q^2=0\\ dq'^2-d'q^2=0\end{cases} \tag{5.4.9}$$

由此解得

$$q'=-\frac{a}{d}q,\quad d'=\frac{a^2}{d} \tag{5.4.10}$$

和

$$q'=-q,\quad d'=d(\text{无意义,舍去}) \tag{5.4.11}$$

根据唯一性定理，得到球外的电位函数为

$$\varphi=\frac{q}{4\pi\varepsilon}\left[\frac{1}{\sqrt{r^2+d^2-2rd\cos\theta}}-\frac{a}{d\sqrt{r^2+(a^2/d)^2-2r(a^2/d)\cos\theta}}\right]\ (r\geqslant a) \tag{5.4.12}$$

球面上的感应电荷面密度为

$$\rho_S=-\varepsilon\frac{\partial\varphi}{\partial r}\bigg|_{r=a}=-\frac{q(d^2-a^2)}{4\pi a\ (a^2+d^2-2ad\cos\theta)^{3/2}} \tag{5.4.13}$$

导体球面上的总感应电荷为

$$q_{in}=\int_S\rho_S\mathrm{d}S=-\frac{q(d^2-a^2)}{4\pi a}\int_0^{2\pi}\int_0^{\pi}\frac{a^2\sin\theta\mathrm{d}\theta\mathrm{d}\phi}{(a^2+d^2-2ad\cos\theta)^{3/2}}=-\frac{a}{d}q \tag{5.4.14}$$

从式（5.4.13）看出，接地导体球面上的感应电荷的分布是不均匀的，靠近点电荷 q 的一侧密度较大；从式（5.4.14）看出，球面上的总感应电荷等于所设置的镜像电荷。

如果点电荷 q 位于半径为 a 的接地导体球壳内，与球心距离为 $d(d<a)$，求球壳内的电位分布，则也可用镜像法求解。此时，镜像电荷应放置在球外，且在球心与点电荷

q 的连接线的延长线上。设镜像电荷为 q'，与球心距离为 d'。仿照上面的做法，可得

$$q' = -\frac{a}{d}q,\ d' = \frac{a^2}{d} \tag{5.4.15}$$

式中：$d < a$，所以 $|q'| > |q|$。也就是说，这种情况下，镜像电荷的电荷量大于点电荷 q 的电荷量。

当点电荷位于接地导体球壳内时，球壳外的电位 $\varphi = 0$，球壳内的电位函数表达式与式（5.4.12）相同，感应电荷分布在导体球壳的内表面上，其电荷面密度为

$$\rho_S = \varepsilon \frac{\partial \varphi}{\partial r}\bigg|_{r=a} = -\frac{q(a^2 - d^2)}{4\pi a\,(a^2 + d^2 - 2ad\cos\theta)^{3/2}} \tag{5.4.16}$$

导体球壳上的总感应电荷为

$$q_{in} = \int_S \rho_S \mathrm{d}S = \frac{q(a^2 - d^2)}{4\pi a}\int_0^{2\pi}\int_0^{\pi} \frac{a^2 \sin\theta \mathrm{d}\theta \mathrm{d}\phi}{(a^2 + d^2 - 2ad\cos\theta)^{3/2}} = -q \tag{5.4.17}$$

此结果表明，在这种情况下镜像电荷并不等于感应电荷。

2. 点电荷对不接地导体球面的镜像

设点电荷 q 位于一个半径为 a 的不接地导体球外，与球心距离为 d。此时只要注意到：①导体球面是一个电位不为零的等位面；②由于导体球未接地，在点电荷的作用下，球上总的感应电荷为零。因此，就可用镜像法计算球外的电位函数。

先设想导体球是接地的，此时导体球面上只有总电荷量为 q' 的感应电荷分布，其镜像电荷大小和位置由式（5.4.10）确定。在这种情况下，点电荷 q 和镜像电荷 q' 使得导体球的电位为零，不满足上述的电位条件，且球上的总感应电荷也不为零。断开接地线，并将电荷 $-q'$ 加于导体球上，从而保证了球上的总感应电荷为零。为使导体球面为等位面，所加的电荷 $-q'$ 应均匀分布在导体球面上，这样可以用一个位于球心的镜像电荷 $q'' = -q'$ 来替代，如图 5-15 所示。因此，球外任一点 P 的电位函数为

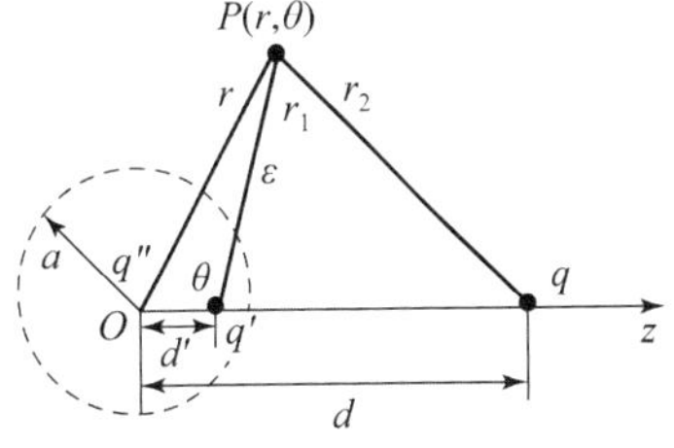

图 5-15　点电荷与不接地导体球面的镜像

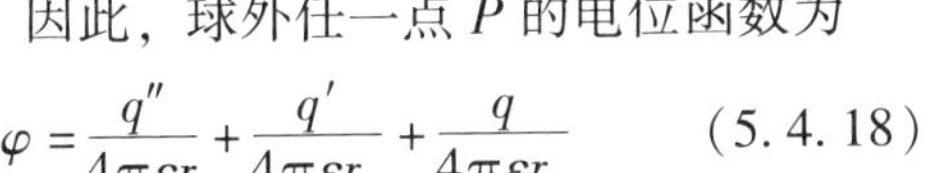

$$\varphi = \frac{q''}{4\pi\varepsilon r} + \frac{q'}{4\pi\varepsilon r_1} + \frac{q}{4\pi\varepsilon r_2} \tag{5.4.18}$$

式中

$$\begin{cases} q' = -\dfrac{a}{d}q, d' = \dfrac{a^2}{d} \\ q'' = -q' = \dfrac{a}{d}q \end{cases} \tag{5.4.19}$$

5.4.3　导体圆柱面的镜像

1. 线电荷对导体圆柱面的镜像

一根电荷线密度为 ρ_l 的无限长线电荷位于半径为 a 的无限长接地导体圆柱面外，且与圆柱的轴线平行，线电荷到轴线的距离为 d，如图 5-16 所示。

在用镜像法解此问题时，为使导体圆柱面成为电位为零的等位面，镜像电荷应是位于圆柱面内部且与轴线平行的无限长线电荷。设其线密度为 ρ_l'，由于对称性，因此镜像

电荷必定位于线电荷 ρ_l 与圆柱轴线所决定的平面上；设镜像电荷 ρ_l' 距圆柱的轴线为 d'，如图 5－17 所示。这样，空间任意一点 P 的电位函数应为 ρ_l 和 ρ_l' 在该点产生的电位之和，即

$$\varphi = \frac{\rho_l}{2\pi\varepsilon}\ln\frac{1}{\sqrt{\rho^2+d^2-2\rho d\cos\phi}} + \frac{\rho_l'}{2\pi\varepsilon}\ln\frac{1}{\sqrt{\rho^2+d'^2-2\rho d'\cos\phi}} + C \tag{5.4.20}$$

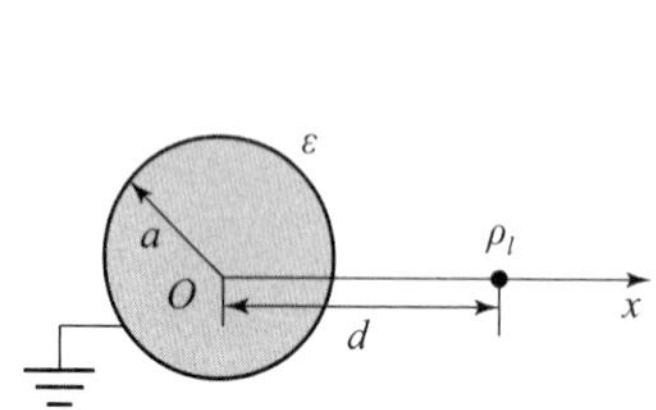

图 5－16　线电荷与接地导体圆柱

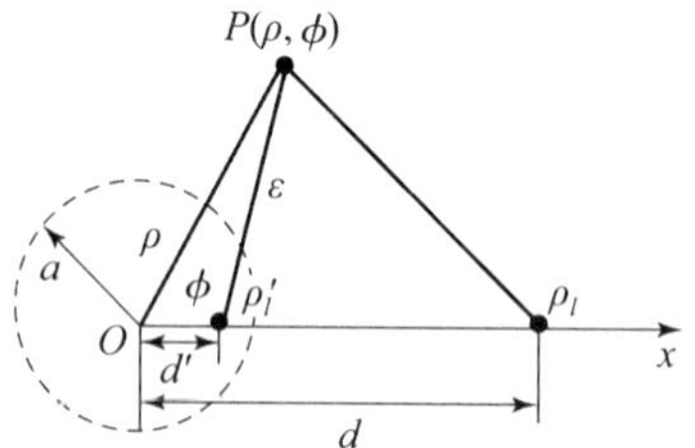

图 5－17　线电荷与导体圆柱的镜像

由于导体圆柱接地，所以当 $\rho = a$ 时，电位应为零，即

$$\frac{\rho_l}{2\pi\varepsilon}\ln\frac{1}{\sqrt{a^2+d^2-2ad\cos\phi}} + \frac{\rho_l'}{2\pi\varepsilon}\ln\frac{1}{\sqrt{a^2+d'^2-2ad'\cos\phi}} + C = 0 \tag{5.4.21}$$

式（5.4.21）对任意的 ϕ 都成立，因此将式（5.4.21）对 ϕ 求导，可得

$$\rho_l d(a^2+d'^2) + \rho_l' d'(a^2+d^2) - 2add'(\rho_l+\rho_l')\cos\phi = 0 \tag{5.4.22}$$

所以有

$$\begin{cases}\rho_l d(a^2+d'^2) + \rho_l' d'(a^2+d^2) = 0 \\ \rho_l + \rho_l' = 0\end{cases} \tag{5.4.23}$$

由式（5.4.23）可求得关于镜像电荷的两组解

$$\rho_l' = -\rho_l,\ d' = \frac{a^2}{d} \tag{5.4.24}$$

和

$$\rho_l' = -\rho_l,\ d' = d\ （无意义，舍去） \tag{5.4.25}$$

根据唯一性定理，导体圆柱面外的电位函数为

$$\varphi = \frac{\rho_l}{2\pi\varepsilon}\ln\frac{\sqrt{d^2\rho^2+a^4-2\rho da^2\cos\phi}}{d\sqrt{\rho^2+d^2-2\rho d\cos\phi}} + C(\rho \geqslant a) \tag{5.4.26}$$

由 $\rho = a$ 时 $\varphi = 0$，可得到 $C = \frac{\rho_l}{2\pi\varepsilon}\ln\frac{d}{a}$，故

$$\varphi = \frac{\rho_l}{2\pi\varepsilon}\ln\frac{\sqrt{d^2\rho^2+a^4-2\rho da^2\cos\phi}}{\sqrt{a^2\rho^2+a^2d^2-2\rho da^2\cos\phi}}(\rho \geqslant a) \tag{5.4.27}$$

导体圆柱面上的感应电荷面密度为

$$\rho_S = -\varepsilon\frac{\partial\varphi}{\partial\rho}\bigg|_{\rho=a} = -\frac{\rho_l(d^2-a^2)}{2\pi a(a^2+d^2-2ad\cos\phi)} \tag{5.4.28}$$

导体圆柱面上单位长度的感应电荷为

$$q_{in} = \int_S \rho_S \mathrm{d}S = -\frac{\rho_l(d^2-a^2)}{2\pi a}\int_0^{2\pi}\frac{a\mathrm{d}\phi}{a^2+d^2-2ad\cos\phi} = -\rho_l \tag{5.4.29}$$

可见，导体圆柱面上单位长度的感应电荷也与所设置的镜像电荷相等。

如果遇到的问题是在一半径为 a 的无限长接地圆柱形导体壳内有一条与之平行的无限长线电荷 ρ_l，则该线电荷与圆柱轴的距离为 d，同样可以用镜像法求解圆柱壳内的电位函数。此时的镜像电荷置于圆柱壳外，其电荷密度和位置为

$$\rho_l' = -\rho_l,\ d' = \frac{a^2}{d} \tag{5.4.30}$$

2. 两平行圆柱导体的电轴

上述线电荷对接地导体圆柱面的镜像法，可以用来分析两半径相同、带有等量异号电荷的平行无限长直导体圆柱周围的电场问题。这种情况在电力传输及通信工程中有着广泛的应用。

图 5－18 所示半径都为 a 的两个平行导体圆柱的横截面，它们的轴线间距为 $2h$，单位长度分别带电荷 ρ_l 和 $-\rho_l$。由于两圆柱带电导体的电场互相影响，使导体表面上的电荷分布不均匀，相对的一侧电荷密度较大，而相背的一侧电荷密度较小。根据线电荷对导体圆柱的镜像法，可以设想将两导体圆柱撤去，其表面上的电荷用线密度分别为 ρ_l 和 $-\rho_l$ 且相距为 $2b$ 的两根无限长带电细线来等效替代，如图 5－19 所示。实际上是将 ρ_l 和 $-\rho_l$ 看成是互为镜像。带电细导线所在的位置称为带电圆柱导体的电轴，因而这种方法又称为电轴法。

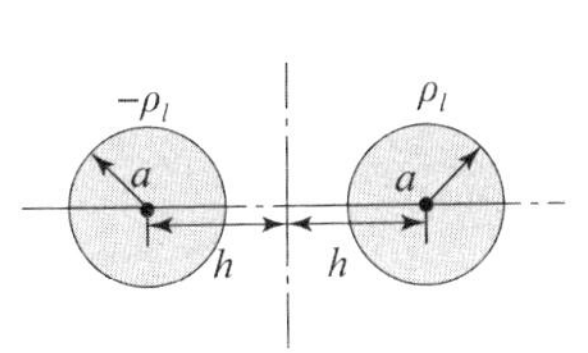

图 5－18　两平行圆柱导体

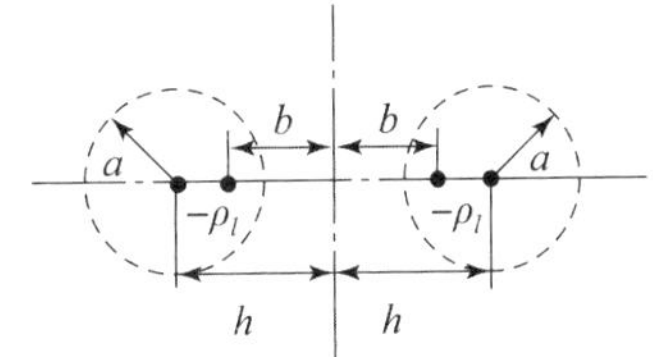

图 5－19　电轴法

电轴的位置由式（5.4.24）确定。在此 $d' = h - b$，$d = h + b$，故有

$$(h-b)(h+b) = a^2 \tag{5.4.31}$$

由此解得

$$b = \sqrt{h^2 - a^2} \tag{5.4.32}$$

这样，导体圆柱外空间任意一点的电位函数就等于线电荷密度分别为 ρ_l 和 $-\rho_l$ 的两平行双线产生的电位叠加，即

$$\varphi = \frac{\rho_l}{2\pi\varepsilon}\ln\frac{R_-}{R_+} \tag{5.4.33}$$

需要指出：电轴法的基本原理也可应用到两个带有等量异号电荷但不同半径的平行无限长圆柱导体间的电位函数求解问题。

例 5.4.3：一根与地面平行架设的圆柱导体，半径为 a，悬挂高度为 h，如图 5－20 所示。（1）证明：单位长度上圆柱导线与地面间的电容为 $C_0 = \dfrac{2\pi\varepsilon_0}{\operatorname{arccosh}(h/a)}$；（2）若导线与地面间的电压为 U_0，证明：地面对单位长度导线的作用力 $F_0 = \dfrac{\pi\varepsilon_0 U_0^2}{[\operatorname{arccosh}(h/a)]^2 (h^2-a^2)^{1/2}}$。

解：(1) 设地面为理想导体，地面的影响可用一个镜像圆柱来等效。设圆柱导线单位长度带电荷为 q_l，则镜像圆柱单位长度带电荷为 $-q_l$。根据电轴法，电荷 q_l 和 $-q_l$ 可用位于电轴上的线电荷来等效代替，如图 5-21 所示。在图 5-21 中的 $b=\sqrt{h^2-a^2}$。因此，圆柱导线与地面间的电位差为

$$\begin{aligned}\varphi_0&=\frac{q_l}{2\pi\varepsilon_0}\ln\frac{1}{a-(h-b)}-\frac{q_l}{2\pi\varepsilon_0}\ln\frac{1}{b+(h-a)}\\&=\frac{q_l}{2\pi\varepsilon_0}\ln\frac{\sqrt{h^2-a^2}+(h-a)}{\sqrt{h^2-a^2}-(h-a)}\\&=\frac{q_l}{2\pi\varepsilon_0}\ln\frac{\sqrt{h^2-a^2}+h}{a}\\&=\frac{q_l}{2\pi\varepsilon_0}\ln\left[\sqrt{\left(\frac{h}{a}\right)^2-1}+\frac{h}{a}\right]\end{aligned}$$

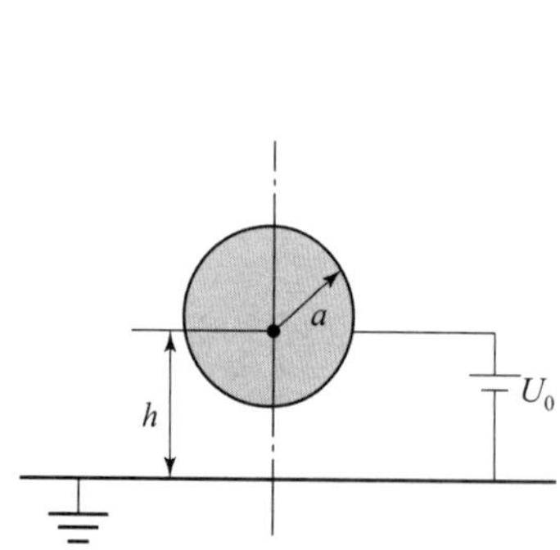

图 5-20　平行于地面的圆柱导线

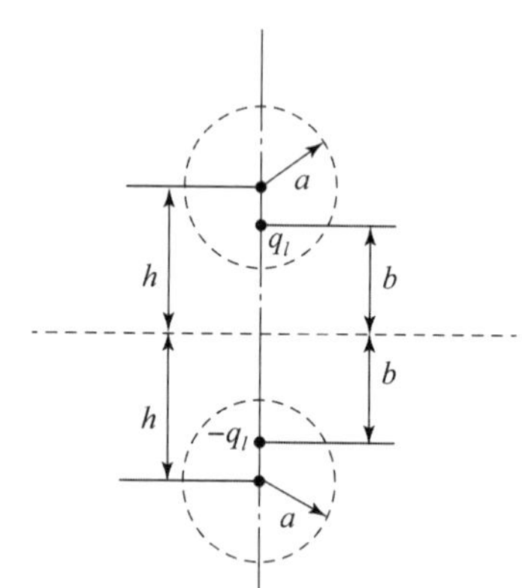

图 5-21　平行于地面的圆柱导线的镜像

因当 $x>1$ 时，有 $\ln(\sqrt{x^2-1}+x)=\operatorname{arccosh}(x)$，故上式可改写为

$$\varphi_0=\frac{q_l}{2\pi\varepsilon_0}\operatorname{arccosh}\left(\frac{h}{a}\right)$$

则单位长度圆柱导线与地面间的电容为

$$C_0=\frac{q_l}{\varphi_0}=\frac{2\pi\varepsilon_0}{\operatorname{arccosh}(h/a)}$$

(2) 导线单位长度上的电场能量为

$$W_e=\frac{1}{2}C_0U_0^2=\frac{\pi\varepsilon_0U_0^2}{\operatorname{arccosh}(h/a)}$$

利用虚位移法，可得地面对导线单位长度的作用力为

$$F_0=\left.\frac{\partial W_e}{\partial h}\right|_{U_0\text{不变}}=\frac{\partial}{\partial h}\left[\frac{\pi\varepsilon_0U_0^2}{\operatorname{arccosh}(h/a)}\right]=\frac{\pi\varepsilon_0U_0^2}{[\operatorname{arccosh}(h/a)]^2(h^2-a^2)^{1/2}}$$

5.4.4　介质平面的镜像

含有无限大介质分界平面的问题，也可采用镜像法求解。

1. 点电荷对电介质分界平面的镜像

如图 5－22 所示，介电常数分别为 ε_1 和 ε_2 的两种不同介质，各均匀充满上、下无限大空间，其分界面是无限大平面；在电介质 1 中有一个点电荷 q，与分界平面距离为 h。

在点电荷 q 的电场作用下，电介质被极化，在介质分界面上形成极化电荷分布。此时，空间中任意一点的电场由点电荷 q 与极化电荷共同产生。依据镜像法的基本思想，在计算电介质 1 中的电位时，用置于介质 2 中的镜像电荷 q' 来代替分界面上的极化电荷，并把整个空间看作充满介电常数为 ε_1 的均匀介质，如图 5－23 所示。在计算电介质 2 中的电位时，用置于介质 1 中的镜像电荷 q'' 来代替分界面上的极化电荷，并把整个空间看作充满介电常数为 ε_2 的均匀介质，如图 5－24 所示。于是，介质 1 和介质 2 中任意一点 P 的电位函数分别为

$$\varphi_1(x,y,z)=\frac{1}{4\pi\varepsilon_1}\left[\frac{q}{\sqrt{x^2+y^2+(z-h)^2}}+\frac{q'}{\sqrt{x^2+y^2+(z+h)^2}}\right]\ (z\geqslant 0) \tag{5.4.34}$$

$$\varphi_2(x,y,z)=\frac{1}{4\pi\varepsilon_2}\frac{q+q''}{\sqrt{x^2+y^2+(z-h)^2}}\ (z\leqslant 0) \tag{5.4.35}$$

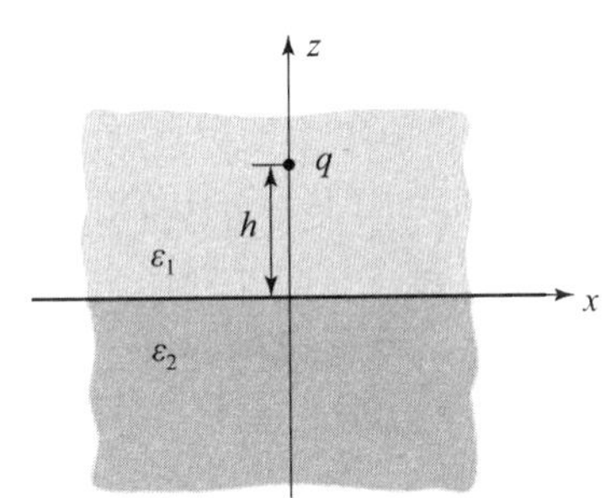

图 5－22　点电荷与电介质分界平面

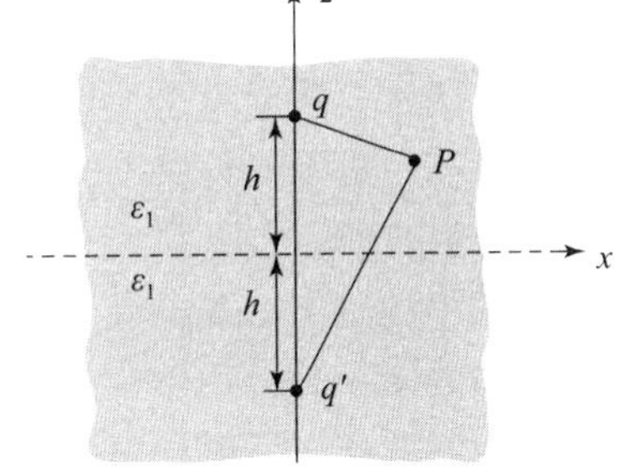

图 5－23　介质 1 的镜像电荷

所设置的镜像 q' 和 q'' 的量值，需通过介质分界面上的边界条件来确定。

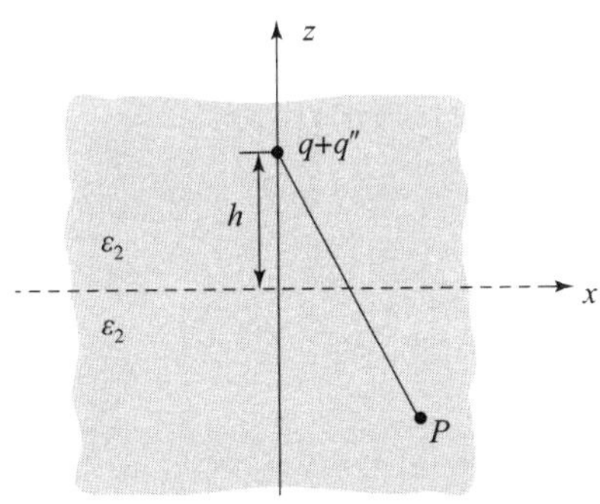

图 5－24　介质 2 的镜像电荷

在介质分界平面 $z=0$ 处，电位应满足边界条件为

$$\varphi_1\big|_{z=0}=\varphi_2\big|_{z=0},\quad \varepsilon_1\frac{\partial\varphi_1}{\partial z}\Big|_{z=0}=\varepsilon_2\frac{\partial\varphi_2}{\partial z}\Big|_{z=0} \tag{5.4.36}$$

将式（5.4.34）和式（5.4.35）代入式（5.4.36），得

$$\begin{cases}\dfrac{1}{\varepsilon_1}(q+q')=\dfrac{1}{\varepsilon_2}(q+q'')\\ q-q'=q+q''\end{cases} \tag{5.4.37}$$

由此解得镜像电荷 q' 和 q'' 分别为

$$q'=\frac{\varepsilon_1-\varepsilon_2}{\varepsilon_1+\varepsilon_2}q,\quad q''=-\frac{\varepsilon_1-\varepsilon_2}{\varepsilon_1+\varepsilon_2}q \tag{5.4.38}$$

将式（5.4.38）分别代入式（5.4.34）和式（5.4.35），可得

$$\varphi_1(x,y,z)=\frac{1}{4\pi\varepsilon_1}\left[\frac{q}{\sqrt{x^2+y^2+(z-h)^2}}+\frac{(\varepsilon_1-\varepsilon_2)q}{(\varepsilon_1+\varepsilon_2)}\frac{1}{\sqrt{x^2+y^2+(z+h)^2}}\right]\ (z\geqslant 0) \tag{5.4.39}$$

$$\varphi_2(x,y,z)=\frac{2q}{4\pi(\varepsilon_1+\varepsilon_2)}\cdot\frac{1}{\sqrt{x^2+y^2+(z-h)^2}}\ (z\leqslant 0) \tag{5.4.40}$$

以上分析方法可推广应用到线电荷对无限大电介质分界平面的镜像，计算镜像电荷的公式可类似地导出。

2. 线电流对磁介质分界平面的镜像

与静电问题类似，当线电流位于两种不同磁介质分界平面附近时，也可用镜像法求解磁场分布问题。

如图 5-25 所示，磁导率分别为 μ_1 和 μ_2 的两种均匀磁介质的分界面是无限大平面，在介质 1 中有一根无限长直线电流 I 平行于分界平面，且与分界平面相距 h。此时，在直线电流 I 产生的磁场作用下，磁介质被磁化，在不同磁介质的分界面上有磁化电流分布。这样空间中的磁场由线电流 I 和磁化电流共同产生。依据镜像法的基本思想，在计算磁介质 1 中的磁场时，用置于介质 2 中的镜像线电流 I' 来代替分界面上的磁化电流，并把整个空间看作充满磁导率为 μ_1 的均匀介质，如图 5-26 所示。在计算磁介质 2 中的磁场时，用置于磁介质 1 中的镜像线电流 I'' 来代替分界面上的磁化电流，并把整个空间看作充满磁导率为 μ_2 的均匀介质，如图 5-27 所示。

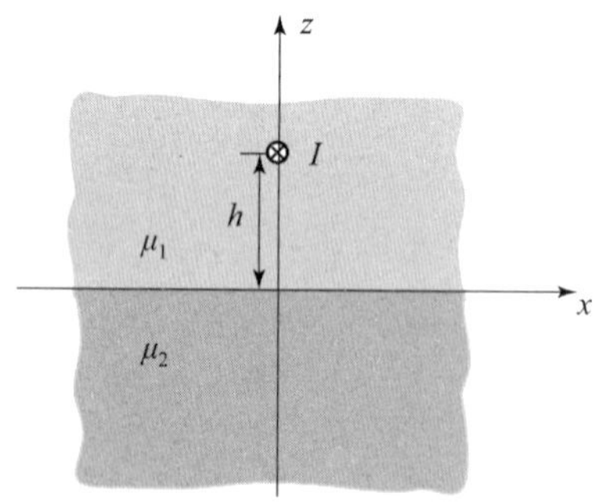

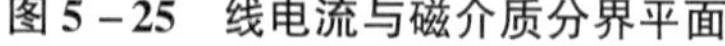

图 5-25　线电流与磁介质分界平面

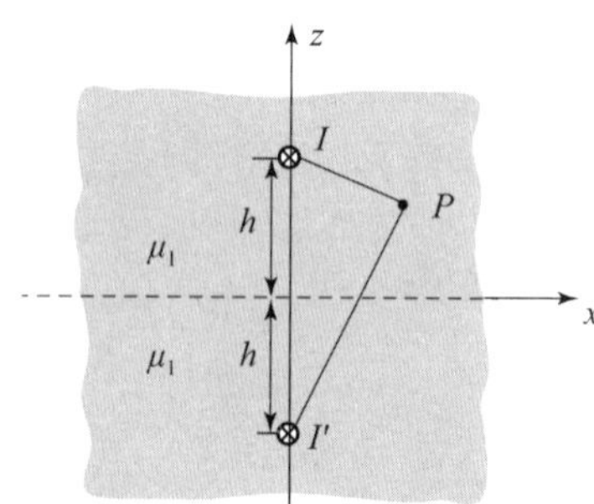

图 5-26　磁介质 1 的镜像线电流

因为设定电流沿 y 轴方向流动，所以矢量磁位只有 y 分量，即 $\boldsymbol{A}=\boldsymbol{e}_yA$。则磁介质 1 和磁介质 2 中任意一点 $P(x,z)$ 的矢量磁位分别为

$$A_1=\frac{\mu_1 I}{2\pi}\ln\frac{1}{\sqrt{x^2+(z-h)^2}}+\frac{\mu_1 I'}{2\pi}\ln\frac{1}{\sqrt{x^2+(z+h)^2}}\ (z\geqslant 0) \tag{5.4.41}$$

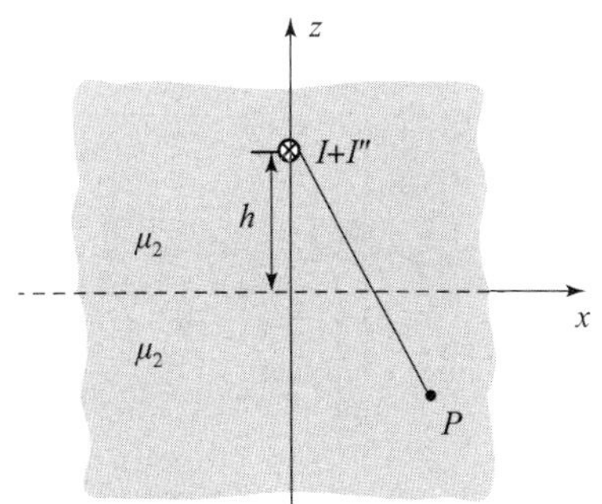

图 5 – 27　磁介质 2 的镜像线电流

$$A_2=\frac{\mu_2(I'+I'')}{2\pi}\ln\frac{1}{\sqrt{x^2+(z-h)^2}}\quad(z\leqslant 0)\tag{5.4.42}$$

所设置的镜像线电流 I' 和 I'' 的量值，需通过磁介质分界面上的边界条件来确定。

在磁介质分界平面 $z=0$ 处，矢量磁位应满足边界条件为

$$A_1\big|_{z=0}=A_2\big|_{z=0},\ \frac{1}{\mu_1}\frac{\partial A_1}{\partial z}\Big|_{z=0}=\frac{1}{\mu_2}\frac{\partial A_2}{\partial z}\Big|_{z=0}\tag{5.4.43}$$

将式（5.4.41）和式（5.4.42）代入式（5.4.43），可得

$$\begin{cases}\mu_1(I+I')=\mu_2(I+I'')\\ I-I'=I+I''\end{cases}\tag{5.4.44}$$

由此解得镜像电流 I' 和 I'' 分别为

$$I'=\frac{\mu_2-\mu_1}{\mu_2+\mu_1}I,\ I''=-\frac{\mu_2-\mu_1}{\mu_2+\mu_1}I\tag{5.4.45}$$

将式（5.4.45）分别代入式（5.4.41）和式（5.4.42），可得

$$\boldsymbol{A}_1=\boldsymbol{e}_y\left[\frac{\mu_1 I}{2\pi}\ln\frac{1}{\sqrt{x^2+(z-h)^2}}+\frac{\mu_1(\mu_2-\mu_1)I}{2\pi(\mu_2+\mu_1)}\ln\frac{1}{\sqrt{x^2+(z+h)^2}}\right]\ (z\geqslant 0)\tag{5.4.46}$$

$$\boldsymbol{A}_2=\boldsymbol{e}_y\frac{\mu_1\mu_2 I}{\pi(\mu_2+\mu_1)}\ln\frac{1}{\sqrt{x^2+(z-h)^2}}\quad(z\leqslant 0)\tag{5.4.47}$$

相应的磁场可由 $\boldsymbol{B}=\nabla\times\boldsymbol{A}$ 求得。

例 5.4.4：空气中有一根通有电流 I 的直导线平行于铁板平面，与铁表面距离为 h，如图 5 – 28 所示。求空气中任意一点的磁场。

解：设铁板的磁导率 $\mu_2=\infty$，则铁板内的磁场 $\boldsymbol{H}_2=0$，由 $H_{1t}=H_{2t}=0$ 说明磁感应线垂直于铁板平面。根据镜像法的基本思想，原场问题可以用直线电流 I 和它的镜像电流 I' 来求得。将 $\mu_2=\infty$ 代入式（5.4.45）求得镜像电流 $I'=I$，如图 5 – 29 所示。这样，上半空间任意一点 $P(x,y)$ 的磁场可以直接将两根直线电流的磁场相加求得；也可以通过矢量磁位来计算，但需注意 $y=0$ 的平面不是等矢位面。

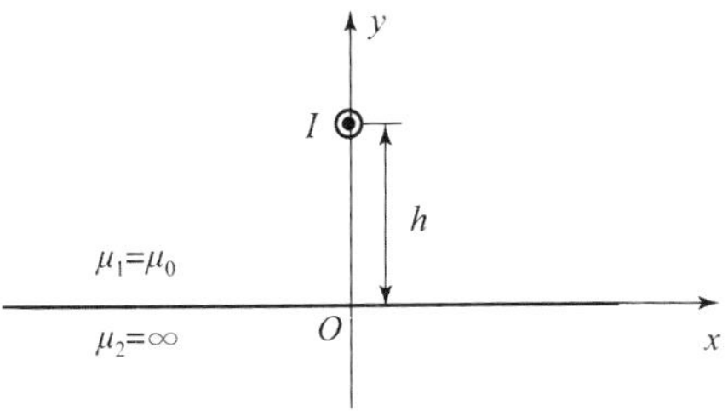

图 5 – 28　直线电流与铁板平面

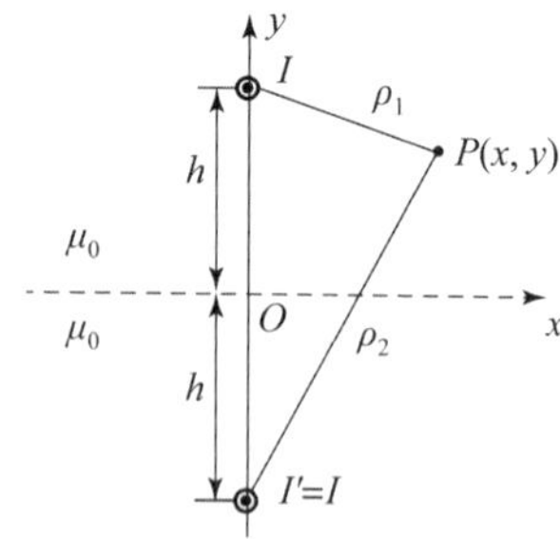

图 5-29　直线电流对无限大铁板平面的镜像

利用一根无限长直线电流的矢量磁位计算公式 $\boldsymbol{A}=\boldsymbol{e}_z\dfrac{\mu_0 I}{2\pi}\ln\left(\dfrac{\rho_0}{\rho}\right)$，得到任意一点 $P(x,y)$ 的矢量磁位为

$$\boldsymbol{A}=\boldsymbol{e}_z\frac{\mu_0 I}{2\pi}\ln\frac{\rho_0}{\rho_1}+\boldsymbol{e}_z\frac{\mu_0 I}{2\pi}\ln\frac{\rho_0}{\rho_2}=\boldsymbol{e}_z\frac{\mu_0 I}{2\pi}\ln\frac{\rho_0^2}{\rho_1\rho_2}$$

式中

$$\rho_1=[x^2+(y-h)^2]^{1/2},\ \rho_2=[x^2+(y+h)^2]^{1/2}$$

因此，点 $P(x,y)$ 的磁感应强度为

$$\begin{aligned}\boldsymbol{B}&=\nabla\times\boldsymbol{A}=\boldsymbol{e}_x\frac{\partial A_z}{\partial y}-\boldsymbol{e}_y\frac{\partial A_z}{\partial x}\\&=-\boldsymbol{e}_x\frac{\mu_0 I}{2\pi}\left[\frac{y+h}{x^2+(y+h)^2}+\frac{y-h}{x^2+(y-h)^2}\right]+\boldsymbol{e}_y\frac{\mu_0 I}{2\pi}\left[\frac{x}{x^2+(y+h)^2}+\frac{x}{x^2+(y-h)^2}\right]\end{aligned}$$

5.5　分离变量法

5.5.1　直角坐标系中的分离变量法

设位函数只是 x、y 的函数，而沿 z 坐标方向没有变化，则拉普拉斯方程为

$$\frac{\partial^2\varphi}{\partial x^2}+\frac{\partial^2\varphi}{\partial y^2}=0 \tag{5.5.1}$$

将 $\varphi(x,y)$ 表示为两个一维函数 $X(x)$ 和 $Y(y)$ 的乘积，即

$$\varphi(x,y)=X(x)Y(y) \tag{5.5.2}$$

将其代入式（5.5.1），有

$$Y(y)\frac{\mathrm{d}^2X(x)}{\mathrm{d}x^2}+X(x)\frac{\mathrm{d}^2Y(y)}{\mathrm{d}y^2}=0 \tag{5.5.3}$$

用 $X(x)Y(y)$ 除以式（5.5.3）各项，得

$$\frac{1}{X(x)}\frac{\mathrm{d}^2X(x)}{\mathrm{d}x^2}=-\frac{1}{Y(y)}\frac{\mathrm{d}^2Y(y)}{\mathrm{d}y^2} \tag{5.5.4}$$

式中：左边仅为 x 的函数，右边仅为 y 的函数，而对 x、y 取任意值时，它们又是恒等的。所以，式中的每一项都须等于常数。将此常数写成 $-k^2$，即

$$\frac{1}{X(x)}\frac{\mathrm{d}^2X(x)}{\mathrm{d}x^2} = -\frac{1}{Y(y)}\frac{\mathrm{d}^2Y(y)}{\mathrm{d}y^2} = -k^2 \tag{5.5.5}$$

由此得

$$\frac{\mathrm{d}^2X(x)}{\mathrm{d}x^2} + k^2X(x) = 0 \tag{5.5.6}$$

$$\frac{\mathrm{d}^2Y(y)}{\mathrm{d}y^2} - k^2Y(y) = 0 \tag{5.5.7}$$

这样就把二维拉普拉斯方程式（5.5.1）分离成了两个常微分方程。k 称为分离常数，它的取值不同时，方程式（5.5.6）和方程式（5.5.7）的解也有不同的形式。

当 $k=0$ 时，方程式（5.5.6）和方程式（5.5.7）的解为

$$X(x) = A_0x + B_0 \tag{5.5.8}$$

$$Y(y) = C_0y + D_0 \tag{5.5.9}$$

于是

$$\varphi(x,y) = (A_0x + B_0)(C_0y + D_0) \tag{5.5.10}$$

当 $k\neq0$ 时，方程式（5.5.6）和方程式（5.5.7）的解为

$$X(x) = A\sin kx + B\cos kx \tag{5.5.11}$$

$$Y(y) = C\sinh ky + D\cosh ky \tag{5.5.12}$$

于是

$$\varphi(x,y) = (A\sin kx + B\cos kx)(C\sinh ky + D\cosh ky) \tag{5.5.13}$$

由于拉普拉斯方程式（5.5.1）是线性的，所以式（5.5.10）和式（5.5.13）的线性组合也是方程式（5.5.1）的解。在求解边值问题时，为了满足给定的边界条件，分离常数 k 通常取一系列特定的值 $k_n(n=1,2,\cdots)$，而待求位函数 $\varphi(x,y)$ 则由所有可能的解的线性组合构成，称为位函数的通解，即

$$\varphi(x,y) = (A_0x + B_0)(C_0y + D_0) + \sum_{n=1}^{\infty}(A_n\sin k_nx + B_n\cos k_nx)(C_n\sinh k_ny + D_n\cosh k_ny) \tag{5.5.14}$$

若将式（5.5.5）中的 k^2 换为 $-k^2$，则可得到另一种形式的通解为

$$\varphi(x,y) = (A_0x + B_0)(C_0y + D_0) + \sum_{n=1}^{\infty}(A_n\sinh k_nx + B_n\cosh k_nx)(C_n\sin k_ny + D_n\cos k_ny) \tag{5.5.15}$$

通解中的分离常数的选取以及待定常数均由给定的边界条件确定。

例 5.5.1：横截面为矩形的无限长接地金属导体槽，上部有电位为 U_0 的金属盖板；导体槽的侧壁与盖板间有非常小的间隙以保证相互绝缘，如图 5－30 所示。试求此导体槽内的电位分布。

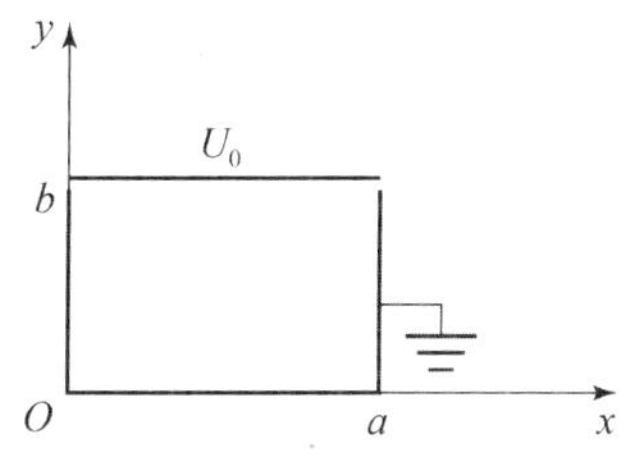

图 5－30　接地矩形槽

解：因矩形导体槽在 z 方向为无限长，所以槽内电位函数满足直角坐标系中的二维拉普拉斯方程，电位函数必须满足的边界条件是

$$\varphi(0,y) = 0 \quad (0\leqslant y<b) \tag{5.5.16}$$

$$\varphi(a,y) = 0 \quad (0\leqslant y<b) \tag{5.5.17}$$

$$\varphi(x,0)=0 \quad (0\leqslant x\leqslant a) \tag{5.5.18}$$

$$\varphi(x,b)=U_0 \quad (0\leqslant x\leqslant a) \tag{5.5.19}$$

因槽内的电位 $\varphi(x,y)$ 必须满足 $x=0$ 和 a 处为零值，所以应选择式（5.5.14）作为其通解。

将式（5.5.16）代入式（5.5.14），有

$$0 = B_0(C_0 y + D_0) + \sum_{n=1}^{\infty} B_n(C_n \sinh k_n y + D_n \cosh k_n y)$$

为使上式对 y 在 $0\sim b$ 范围内取任何值时都成立，则应有 $B_n=0(n=0,1,2,\cdots)$，于是有

$$\varphi(x,y) = A_0 x(C_0 y + D_0) + \sum_{n=1}^{\infty} A_n \sin k_n x(C_n \sinh k_n y + D_n \cosh k_n y) \tag{5.5.20}$$

将式（5.5.17）代入式（5.5.20），有

$$0 = A_0 a(C_0 y + D_0) + \sum_{n=1}^{\infty} A_n \sin k_n a(C_n \sinh k_n y + D_n \cosh k_n y)$$

同样，为使上式对 y 在 $0\sim b$ 范围内取任何值时都成立，则应有 $A_0=0$ 和 $A_n \sin k_n a = 0(n=1,2,\cdots)$。但 A_n 不能等于零，否则 $\varphi(x,y)\equiv 0$，故有 $\sin k_n a=0$。由此可得

$$k_n = \frac{n\pi}{a} \quad (n=1,2,\cdots)$$

代入式（5.5.20），有

$$\varphi(x,y) = \sum_{n=1}^{\infty} A_n \sin\frac{n\pi x}{a}\left(C_n \sinh\frac{n\pi y}{a} + D_n \cosh\frac{n\pi y}{a}\right) \tag{5.5.21}$$

又将式（5.5.18）代入式（5.5.21），有

$$0 = \sum_{n=1}^{\infty} A_n D_n \sin\frac{n\pi x}{a}$$

为使上式对 x 在 $0\sim a$ 范围内取任何值时都成立，并且 $A_n\neq 0$，则应有

$$D_n=0 \quad (n=1,2,\cdots)$$

于是，式（5.5.21）变为

$$\varphi(x,y) = \sum_{n=1}^{\infty} A'_n \sin\frac{n\pi x}{a}\sinh\frac{n\pi y}{a} \tag{5.5.22}$$

式中：$A'_n=A_n C_n$ 为待定常数。

最后将式（5.5.19）代入式（5.5.22），有

$$U_0 = \sum_{n=1}^{\infty} A'_n \sin\frac{n\pi x}{a}\sinh\frac{n\pi b}{a} \tag{5.5.23}$$

为了确定常数 A'_n，将 U_0 在区间 $(0,a)$ 上按 $\left\{\sin\frac{n\pi x}{a}\right\}$ 展开为傅里叶级数，即

$$U_0 = \sum_{n=1}^{\infty} f_n \sin\frac{n\pi x}{a} \tag{5.5.24}$$

式中：系数 f_n 按如下计算为

$$f_n = \frac{2}{a}\int_0^a U_0 \sin\frac{n\pi x}{a}\mathrm{d}x = \begin{cases} \dfrac{4U_0}{n\pi} & (n=1,3,5,\cdots) \\ 0 & (n=2,4,6,\cdots) \end{cases}$$

比较式（5.5.23）和式（5.5.24）中$\sin\frac{n\pi x}{a}$的系数，可得

$$A_n' = \frac{f_n}{\sinh\frac{n\pi b}{a}} = \begin{cases} \dfrac{4U_0}{n\pi\sinh\frac{n\pi b}{a}} & (n=1,3,5,\cdots) \\ 0 & (n=2,4,6,\cdots) \end{cases}$$

将A_n'代入式（5.5.22），即得到接地金属槽内的电位分布为

$$\varphi(x,y) = \frac{4U_0}{\pi}\sum_{n=1,3,\cdots}^{\infty}\frac{1}{n\sinh\frac{n\pi b}{a}}\sin\frac{n\pi x}{a}\sinh\frac{n\pi y}{a}$$

例 5.5.2：由四块沿 z 轴方向放置的金属板围成的矩形长槽，四条棱线处有无限小间隙以保持相互绝缘，如图 5－31 所示。试求槽内空间的电位分布。

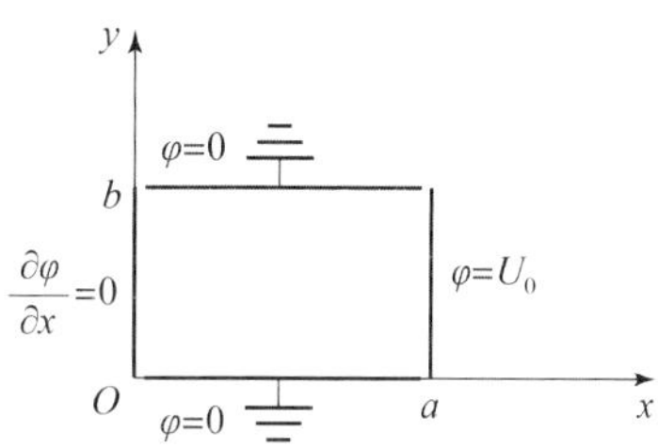

图 5－31　矩形长槽

解：设金属板沿 z 方向为无限长，所以槽内空间的电位函数满足二维拉普拉斯方程。

如图 5－31 所示的边界条件为

$$\varphi(x,0)=0 \quad (0<x<a) \tag{5.5.25}$$

$$\varphi(x,b)=0 \quad (0<x<a) \tag{5.5.26}$$

$$\frac{\partial\varphi(0,y)}{\partial x}=0 \quad (0<y<b) \tag{5.5.27}$$

$$\varphi(a,y)=U_0 \quad (0<y<b) \tag{5.5.28}$$

考虑到电位函数必须满足 $y=0$ 和 $y=b$ 处为零值，所以应选择式（5.5.15）作为通解。

将式（5.5.25）代入式（5.5.15），得

$$(A_0x+B_0)D_0 + \sum_{n=1}^{\infty}(A_n\sinh k_nx + B_n\cosh k_nx)D_n = 0$$

为使上式对 x 在 $0\sim a$ 范围内取任何值时都成立，必须取 $D_n=0(n=0,1,2,3,\cdots)$。这样，式（5.5.15）就变为

$$\varphi(x,y) = (A_0x+B_0)C_0y + \sum_{n=1}^{\infty}(A_n\sinh k_nx + B_n\cosh k_nx)C_n\sin k_ny \tag{5.5.29}$$

再将式（5.5.26）代入式（5.5.29），得

$$(A_0x+B_0)C_0b + \sum_{n=1}^{\infty}(A_n\sinh k_nx + B_n\cosh k_nx)C_n\sin k_nb = 0$$

为使上式对 x 在 $0\sim a$ 范围内取任何值时都成立，则必须 $C_0=0$，且 $C_n\sin k_nb=0$。由于 $C_n\neq0(n=1,2,3,\cdots)$，故有 $\sin k_nb=0$，则

$$k_n=\frac{n\pi}{b}\ (n=1,2,3,\cdots)$$

这样，式（5.5.29）就变为

$$\varphi(x,y) = \sum_{n=1}^{\infty}C_n\left(A_n\sinh\frac{n\pi}{b}x + B_n\cosh\frac{n\pi}{b}x\right)\sin\frac{n\pi}{b}y \tag{5.5.30}$$

又将式（5.5.27）代入式（5.5.30），得

$$\left.\frac{\partial\varphi(x,y)}{\partial x}\right|_{x=0} = \sum_{n=1}^{\infty} C_n A_n \frac{n\pi}{b}\sin\frac{n\pi}{b}y = 0$$

为使上式对 y 在 $0\sim b$ 范围内取任何值时都成立，应取 $A_n=0(n=1,2,3,\cdots)$。于是，式（5.5.30）又变为

$$\varphi(x,y) = \sum_{n=1}^{\infty} E_n \cosh\frac{n\pi}{b}x\sin\frac{n\pi}{b}y \tag{5.5.31}$$

式中：$E_n=B_nC_n$ 为待定常数。

为了确定常数 E_n，将 U_0 在区间 $(0,b)$ 上按 $\left\{\sin\frac{n\pi}{b}y\right\}$ 展开为傅里叶级数，即

$$U_0 = \sum_{n=1}^{\infty} f_n \sin\frac{n\pi}{b}y$$

式中

$$f_n=\begin{cases}\dfrac{4U_0}{n\pi} & (n=1,3,5,\cdots)\\ 0 & (n=2,4,6,\cdots)\end{cases}$$

故

$$E_n=\begin{cases}\dfrac{4U_0}{n\pi\cosh\dfrac{n\pi a}{b}} & (n=1,3,5,\cdots)\\ 0 & (n=2,4,6,\cdots)\end{cases}$$

将 E_n 代入式（5.5.31），即得到所求的电位函数为

$$\varphi(x,y) = \frac{4U_0}{\pi}\sum_{n=1,3,5,\cdots}^{\infty}\frac{1}{n\cosh\dfrac{n\pi a}{b}}\cosh\frac{n\pi}{b}x\sin\frac{n\pi}{b}y$$

5.5.2 圆柱坐标系中的分离变量法

具有圆柱面边界的问题，适合用圆柱坐标系中的分离变量法求解。在这里，设电位函数只是坐标变量 ρ、ϕ 的函数，而沿 z 坐标方向没有变化。在这种情况下，位函数满足的拉普拉斯方程为

$$\nabla^2\varphi(\rho,\phi)=\frac{1}{\rho}\frac{\partial}{\partial\rho}\left(\rho\frac{\partial\varphi}{\partial\rho}\right)+\frac{1}{\rho^2}\frac{\partial^2\varphi}{\partial\phi^2}=0 \tag{5.5.32}$$

令位函数 $\varphi(\rho,\phi)=R(\rho)\Phi(\phi)$，代入式（5.5.32），有

$$\Phi(\phi)\frac{1}{\rho}\frac{\mathrm{d}}{\mathrm{d}\rho}\left[\rho\frac{\mathrm{d}R(\rho)}{\mathrm{d}\rho}\right]+R(\rho)\frac{1}{\rho^2}\frac{\mathrm{d}^2\Phi(\phi)}{\mathrm{d}\phi^2}=0 \tag{5.5.33}$$

将式（5.5.33）各项乘以$\dfrac{\rho^2}{R(\rho)\Phi(\phi)}$，可得

$$\frac{\rho}{R(\rho)}\frac{\mathrm{d}}{\mathrm{d}\rho}\left[\rho\frac{\mathrm{d}R(\rho)}{\mathrm{d}\rho}\right]=-\frac{1}{\Phi(\phi)}\frac{\mathrm{d}^2\Phi(\phi)}{\mathrm{d}\phi^2} \tag{5.5.34}$$

由于式（5.5.34）对 ρ 和 ϕ 取任意值时都成立，所以式中的每一项都等于常数，即

$$\frac{\rho}{R(\rho)}\frac{\mathrm{d}}{\mathrm{d}\rho}\left[\rho\frac{\mathrm{d}R(\rho)}{\mathrm{d}\rho}\right]=-\frac{1}{\Phi(\phi)}\frac{\mathrm{d}^2\Phi(\phi)}{\mathrm{d}\phi^2}=k^2 \tag{5.5.35}$$

由此将拉普拉斯方程（5.5.32）分离成为两个常微分方程为

$$\frac{\mathrm{d}^2\Phi(\phi)}{\mathrm{d}\phi^2}+k^2\Phi(\phi)=0 \tag{5.5.36}$$

$$\rho\frac{\mathrm{d}}{\mathrm{d}\rho}\left[\rho\frac{\mathrm{d}R(\rho)}{\mathrm{d}\rho}\right]-k^2R(\rho)=0 \tag{5.5.37}$$

式中：k 为分离常数。

当 $k=0$ 时，方程式（5.5.36）和方程式（5.5.37）的解为

$$\Phi(\phi)=A_0+B_0\phi \tag{5.5.38}$$

$$R(\rho)=C_0+D_0\ln\rho \tag{5.5.39}$$

于是

$$\varphi(\rho,\phi)=(A_0+B_0\phi)(C_0+D_0\ln\rho) \tag{5.5.40}$$

当 $k\neq0$ 时，方程式（5.5.36）和方程式（5.5.37）的解为

$$\Phi(\phi)=A\cos k\phi+B\sin k\phi \tag{5.5.41}$$

$$R(\rho)=C\rho^k+D\rho^{-k} \tag{5.5.42}$$

于是

$$\varphi(\rho,\phi)=(A\cos k\phi+B\sin k\phi)(C\rho^k+D\rho^{-k}) \tag{5.5.43}$$

对于许多具有圆柱面边界的问题，位函数 $\varphi(\rho,\phi)$ 是变量 ϕ 的周期函数，其周期为 2π，即 $\varphi(\rho,\phi+2\pi)=\varphi(\rho,\phi)$。此时，分离常数应取整数值，即 $k=n(n=0,1,2,\cdots)$，且 $B_0=0$。由此得到圆柱形区域中二维拉普拉斯方程式（5.5.32）的通解为

$$\varphi(\rho,\phi)=C_0+D_0\ln\rho+\sum_{n=1}^{\infty}(A_n\cos n\phi+B_n\sin n\phi)(C_n\rho^n+D_n\rho^{-n}) \tag{5.5.44}$$

式中：待定常数由具体问题所给定的边界条件确定。

例 5.5.3：在均匀外电场 $\boldsymbol{E}_0=\boldsymbol{e}_xE_0$ 中，有一半径为 a、介电常数为 ε 的无限长均匀介质圆柱体，其轴线与外电场垂直，圆柱外为空气，如图 5-32 所示。试求介质圆柱内外的电位函数和电场强度。

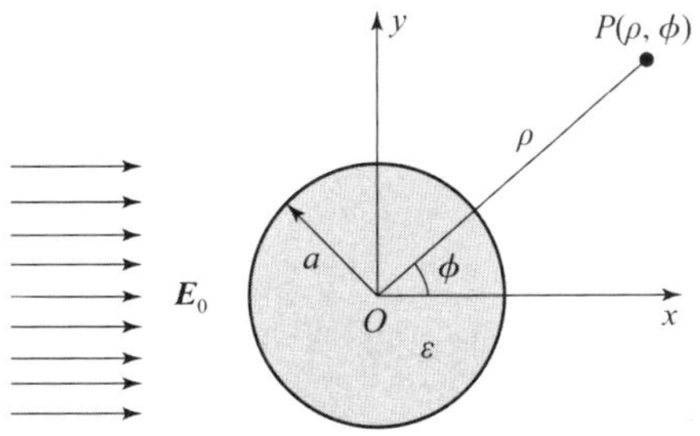

图 5-32　均匀外电场中的无限长介质圆柱体

解：在外电场 $\boldsymbol{E}_0$ 作用下，介质圆柱被极化，空间任意一点的电位是均匀外电场的电位与极化电荷产生的电位之和。因介质圆柱内外均不存在自由电荷的体密度，所以介质圆柱内外的电位函数都满足拉普拉斯方程。又由于介质圆柱体是均匀无限长的，而且均匀外电场与圆柱的轴线垂直，所以电位函数与变量 z 无关，因此电位的通解为式（5.5.44）。

设介质圆柱内的电位函数为 φ_1，介质圆柱外的电位函数为 φ_2。它们应满足以下边界条件：

①在介质圆柱外，当 $\rho\to\infty$时，极化电荷产生的电场减弱为零，故这些地方的电位函数 φ_2应与均匀外电场 E_0的电位 φ_0 相同，即

$$\varphi_2(\rho,\phi)\to\varphi_0(\rho,\phi) = -E_0x = -E_0\rho\cos\phi \quad (\rho\to\infty) \tag{5.5.45}$$

②在介质圆柱内的 $\rho=0$ 处，电位应为有限值，即

$$\varphi_1(0,\phi)<\infty \tag{5.5.46}$$

③在介质圆柱体的表面（$\rho=a$）上，电位函数应满足

$$\varphi_1(a,\phi)=\varphi_2(a,\phi),\varepsilon\frac{\partial\varphi_1}{\partial\rho}=\varepsilon_0\frac{\partial\varphi_2}{\partial\rho} \tag{5.5.47}$$

在介质圆柱外，要满足边界条件式（5.5.45），在通解式（5.5.44）中须取 $n=1$，且不含 $\sin n\phi$ 项，即 $C_0=0$，$D_0=0$，$B_n=0(n=1,2,\cdots)$，$A_n=0(n\neq1)$，且

$$A_1C_1=-E_0$$

于是介质圆柱外的电位函数可写为

$$\varphi_2(\rho,\phi) = -E_0\rho\cos\phi + D_2'\rho^{-1}\cos\phi \tag{5.5.48}$$

介质圆柱内的电位函数 φ_1 应具有与式（5.5.48）相同的函数形式，即

$$\varphi_1(\rho,\phi)=C_1'\rho\cos\phi+D_1'\rho^{-1}\cos\phi$$

代入边界条件式（5.5.46），可得 $D_1'=0$，于是

$$\varphi_1(\rho,\phi)=C_1'\rho\cos\phi \tag{5.5.49}$$

将式（5.5.48）和式（5.5.49）代入边界条件式（5.5.47），则有

$$\begin{cases}-E_0a+D_2'a^{-1}=C_1'a\\ \varepsilon_0E_0a^2+\varepsilon_0D_2'=-\varepsilon C_1'a^2\end{cases}$$

由此解得

$$C_1'=-\frac{2\varepsilon_0}{\varepsilon+\varepsilon_0}E_0,\quad D_2'=\frac{\varepsilon-\varepsilon_0}{\varepsilon+\varepsilon_0}E_0a^2$$

故介质圆柱内、外的电位函数分别为

$$\varphi_1(\rho,\phi) = -\frac{2\varepsilon_0}{\varepsilon+\varepsilon_0}E_0\rho\cos\phi \quad (\rho\leqslant a)$$

$$\varphi_2(\rho,\phi) = -E_0\rho\cos\phi+\frac{\varepsilon-\varepsilon_0}{\varepsilon+\varepsilon_0}E_0a^2\rho^{-1}\cos\phi \quad (\rho\geqslant a)$$

介质圆柱内、外的电场强度分别为

$$\begin{aligned}\boldsymbol{E}_1 &= -\nabla\varphi_1 = -\boldsymbol{e}_\rho\frac{\partial\varphi_1}{\partial\rho}-\boldsymbol{e}_\phi\frac{1}{\rho}\frac{\partial\varphi_1}{\partial\phi}\\ &=\boldsymbol{e}_\rho\frac{2\varepsilon_0}{\varepsilon+\varepsilon_0}E_0\cos\phi-\boldsymbol{e}_\phi\frac{2\varepsilon_0}{\varepsilon+\varepsilon_0}E_0\sin\phi=\frac{2\varepsilon_0}{\varepsilon+\varepsilon_0}\boldsymbol{E}_0 \quad (\rho<a)\end{aligned}$$

$$\begin{aligned}\boldsymbol{E}_2 &= -\nabla\varphi_2 = -\boldsymbol{e}_\rho\frac{\partial\varphi_2}{\partial\rho}-\boldsymbol{e}_\phi\frac{1}{\rho}\frac{\partial\varphi_2}{\partial\phi}\\ &=\boldsymbol{e}_\rho\left[\frac{\varepsilon-\varepsilon_0}{\varepsilon+\varepsilon_0}\left(\frac{a}{\rho}\right)^2+1\right]E_0\cos\phi+\boldsymbol{e}_\phi\left[\frac{\varepsilon-\varepsilon_0}{\varepsilon+\varepsilon_0}\left(\frac{a}{\rho}\right)^2-1\right]E_0\sin\phi\end{aligned}$$

$$= \boldsymbol{E}_0 + \frac{\varepsilon - \varepsilon_0}{\varepsilon + \varepsilon_0}\left(\frac{a}{\rho}\right)^2 E_0(\boldsymbol{e}_\rho \cos\phi + \boldsymbol{e}_\phi \sin\phi) \quad (\rho > a)$$

以上结果表明，介质圆柱体内的电场是均匀场，且与外电场 $\boldsymbol{E}_0$ 的方向相同。但由于 $2\varepsilon_0/(\varepsilon+\varepsilon_0)<1$，所以 $E_1<E_0$，这是因为介质圆柱面上的极化电荷在介质内产生的电场与外电场 $\boldsymbol{E}_0$ 的方向相反。均匀外电场中介质圆柱内、外的电场分布如图 5－33 所示。

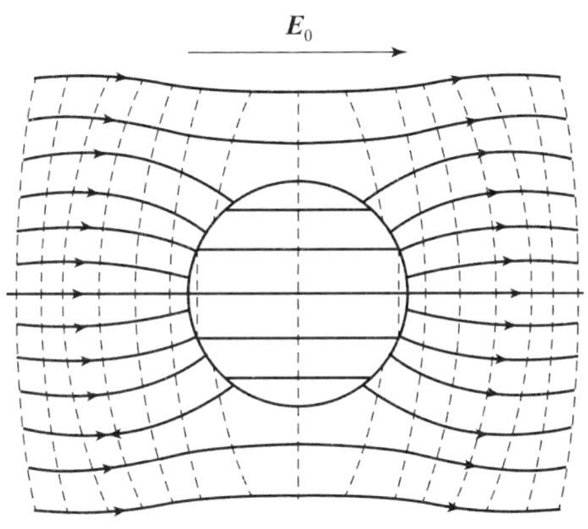

图 5－33　均匀外电场中介质圆柱体内外的电场分布

例 5.5.4：在外加均匀恒定磁场 $\boldsymbol{H}_0=\boldsymbol{e}_x H_0$ 中，有一用磁导率为 μ 的磁介质构成的无限长磁介质圆柱形空腔，其内、外半径分别为 a 和 b，如图 5－34 所示。试求该圆柱形空腔内的磁场分布。

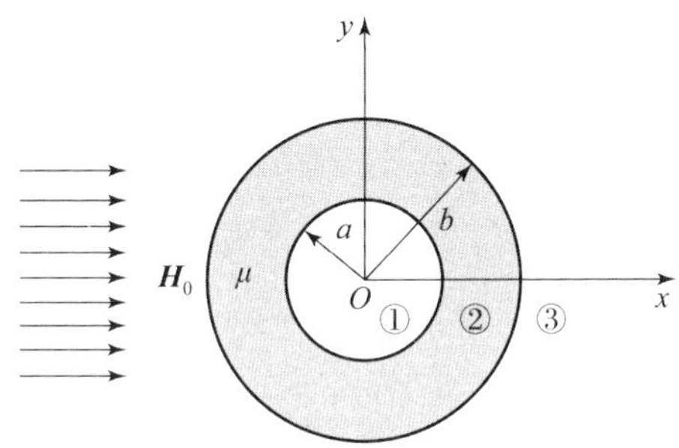

图 5－34　均匀外磁场中的无限长空心磁介质圆柱

解：在均匀外磁场中放置一磁导率为 μ 的无限长磁介质圆柱体，这是一个与前面的例题完全类似的磁场边值问题。由于不存在外加传导电流，故可用标量磁位 φ_m 来求解磁场。又由于磁介质圆柱为无限长，故标量磁位与坐标 z 无关，且满足二维拉普拉斯方程。

按照介质的不同特性，将空间划分为①②③三个区域，相应的标量磁位分别为 φ_{m1}、φ_{m2} 和 φ_{m3}。它们应满足的边界条件为

（1）在介质圆柱内的 $\rho=0$ 处，φ_{m1} 应为有限值，即

$$\varphi_{m1}(0,\phi)<\infty \tag{5.5.50}$$

（2）在圆柱腔外，当 $\rho\to\infty$ 时，φ_{m3} 应趋于 φ_{m0}，即

$$\varphi_{m3}(\rho,\phi)\to\varphi_{m0}(\rho,\phi)=-H_0\rho\cos\phi \tag{5.5.51}$$

(3) 在圆柱空腔的内表面（$\rho=a$）上，标量磁位应满足

$$\varphi_{m1}(a,\phi)=\varphi_{m2}(a,\phi),\ \mu_0\frac{\partial\varphi_{m1}}{\partial\rho}=\mu\frac{\partial\varphi_{m2}}{\partial\rho} \tag{5.5.52}$$

在圆柱空腔的外表面（$\rho=b$）上，标量磁位应满足

$$\varphi_{m2}(b,\phi)=\varphi_{m3}(b,\phi),\ \mu\frac{\partial\varphi_{m2}}{\partial\rho}=\mu_0\frac{\partial\varphi_{m3}}{\partial\rho} \tag{5.5.53}$$

由此可知

$$\begin{cases}\varphi_{m1}(\rho,\phi)=F_1\rho\cos\phi & (\rho\leqslant a)\\ \varphi_{m2}(\rho,\phi)=F_2\rho\cos\phi+F_3\rho^{-1}\cos\phi & (a\leqslant\rho\leqslant b)\\ \varphi_{m3}(\rho,\phi)=-H_0\rho\cos\phi+F_4\rho^{-1}\cos\phi & (\rho\geqslant b)\end{cases} \tag{5.5.54}$$

将式（5.5.54）代入式（5.5.52）和式（5.5.53），可得

$$\begin{cases}aF_1=aF_2+a^{-1}F_3\\ \mu_0F_1=\mu F_2-\mu a^{-2}F_3\\ bF_2+b^{-1}F_3=-H_0b+b^{-1}F_4\\ \mu F_2-\mu b^{-2}F_3=-\mu_0H_0-\mu_0b^{-2}F_4\end{cases}$$

由此解得

$$F_1=-\frac{4\mu_0\mu H_0}{(\mu_0+\mu)^2-(\mu_0-\mu)^2a^2/b^2}$$

所以，圆柱空腔内的标量磁位为

$$\varphi_{m1}(\rho,\phi)=-\frac{4\mu_0\mu H_0}{(\mu_0+\mu)^2-(\mu_0-\mu)^2a^2/b^2}\rho\cos\phi\quad(\rho\leqslant a)$$

圆柱空腔内的磁场强度为

$$\boldsymbol{H}_1=-\nabla\varphi_{m1}=-\boldsymbol{e}_\rho\frac{\partial\varphi_{m1}}{\partial\rho}-\boldsymbol{e}_\phi\frac{1}{\rho}\frac{\partial\varphi_{m1}}{\partial\phi}=\frac{4\mu_0\mu}{(\mu_0+\mu)^2-(\mu_0-\mu)^2a^2/b^2}\boldsymbol{H}_0\quad(\rho<a) \tag{5.5.55}$$

由式（5.5.55）可得

$$\frac{|\boldsymbol{H}_1|}{|\boldsymbol{H}_0|}=\frac{4\mu_0\mu}{(\mu_0+\mu)^2-(\mu_0-\mu)^2a^2/b^2} \tag{5.5.56}$$

若腔体为铁磁材料，则因其相对磁导率$\mu_r\gg1$，式（5.5.56）可近似为

$$\frac{|\boldsymbol{H}_1|}{|\boldsymbol{H}_0|}\approx\frac{4}{\mu_r(1-a^2/b^2)}$$

可见，μ_r越大，或a/b越小，则空腔内的磁场相对于外部磁场越小，即磁介质材料圆柱起到磁屏蔽作用。例如：采用低碳钢作磁介质材料，$\mu_r\approx2000$，取$\frac{a}{b}=0.9$，则得$\frac{|\boldsymbol{H}_1|}{|\boldsymbol{H}_0|}\approx0.01$，即空腔内的磁场强度仅为外加磁场的1%。

5.5.3 球坐标系中的分离变量法

具有球面边界的边值问题，宜采用球坐标系中的分离变量法求解。在球坐标系中，

对于以极轴为对称轴的问题，位函数与坐标变量 ϕ 无关，则拉普拉斯方程为

$$\nabla^2\varphi(r,\theta)=\frac{1}{r^2}\frac{\partial}{\partial r}\left(r^2\frac{\partial\varphi}{\partial r}\right)+\frac{1}{r^2\sin\theta}\frac{\partial}{\partial\theta}\left(\sin\theta\frac{\partial\varphi}{\partial\theta}\right)=0 \tag{5.5.57}$$

令位函数 $\varphi(r,\theta)=R(r)F(\theta)$，代入式（5.5.57），得

$$F(\theta)\frac{1}{r^2}\frac{\mathrm{d}}{\mathrm{d}r}\left[r^2\frac{\mathrm{d}R(r)}{\mathrm{d}r}\right]+R(r)\frac{1}{r^2\sin\theta}\frac{\mathrm{d}}{\mathrm{d}\theta}\left[\sin\theta\frac{\mathrm{d}F(\theta)}{\mathrm{d}\theta}\right]=0 \tag{5.5.58}$$

将式（5.5.58）各项乘以$\frac{r^2}{R(r)F(\theta)}$，可得

$$\frac{1}{R(r)}\frac{\mathrm{d}}{\mathrm{d}r}\left[r^2\frac{\mathrm{d}R(r)}{\mathrm{d}r}\right]=-\frac{1}{F(\theta)\sin\theta}\frac{\mathrm{d}}{\mathrm{d}\theta}\left[\sin\theta\frac{\mathrm{d}F(\theta)}{\mathrm{d}\theta}\right]$$

由于此式对 r 和 θ 取任意值时恒成立，所以式中的每一项都等于常数，即

$$\frac{1}{R(r)}\frac{\mathrm{d}}{\mathrm{d}r}\left[r^2\frac{\mathrm{d}R(r)}{\mathrm{d}r}\right]=-\frac{1}{F(\theta)\sin\theta}\frac{\mathrm{d}}{\mathrm{d}\theta}\left[\sin\theta\frac{\mathrm{d}F(\theta)}{\mathrm{d}\theta}\right]=k^2 \tag{5.5.59}$$

由此将拉普拉斯方程式（5.5.57）分离成两个常微分方程为

$$\frac{\mathrm{d}}{\mathrm{d}r}\left[r^2\frac{\mathrm{d}R(r)}{\mathrm{d}r}\right]-k^2R(r)=0 \tag{5.5.60}$$

$$\frac{1}{\sin\theta}\frac{\mathrm{d}}{\mathrm{d}\theta}\left[\sin\theta\frac{\mathrm{d}F(\theta)}{\mathrm{d}\theta}\right]+k^2F(\theta)=0 \tag{5.5.61}$$

方程式（5.5.61）成为勒让德方程。若分离常数 k 的取值为

$$k^2=n(n+1)\quad(n=0,1,2,\cdots)$$

则

$$F(\theta)=A_nP_n(\cos\theta)+B_nQ_n(\cos\theta) \tag{5.5.62}$$

式中：$P_n(\cos\theta)$称为第一类勒让德函数；$Q_n(\cos\theta)$称为第二类勒让德函数。对球形区域问题，θ 在闭区间$[0,\pi]$上变化，而 $Q_n(\cos\theta)$在 $\theta=0$ 和 π 时是发散的，所以，当场域包含 $\theta=0$ 和 π 的点时，在式（5.5.62）中应取 $B_n=0$，即

$$F(\theta)=A_nP_n(\cos\theta)$$

式中：$P_n(\cos\theta)$称为勒让德多项式，其一般表达式为

$$P_n(\cos\theta)=\frac{1}{2^nn!}\frac{\mathrm{d}^n}{\mathrm{d}(\cos\theta)^n}[(\cos^2\theta-1)^n]\quad(n=0,1,2,\cdots)$$

下面给出前几个勒让德多项式的表达式为

$$P_0(\cos\theta)=1 \tag{5.5.63}$$

$$P_1(\cos\theta)=\cos\theta \tag{5.5.64}$$

$$P_2(\cos\theta)=\frac{3}{2}\cos^2\theta-\frac{1}{2} \tag{5.5.65}$$

$$P_3(\cos\theta)=\frac{5}{2}\cos^3\theta-\frac{3}{2}\cos\theta \tag{5.5.66}$$

当 $k^2=n(n+1)$时，方程式（5.5.60）的解为

$$R(r)=C_nr^n+D_nr^{-(n+1)} \tag{5.5.67}$$

于是得到方程式（5.5.57）的基本解为

$$\varphi(r,\theta)=[C_nr^n+D_nr^{-(n+1)}]P_n(\cos\theta) \tag{5.5.68}$$

由 n 取所有可能数值时各解的线性组合，即得到球形区域中二维拉普拉斯方程

式（5.5.57）的通解为

$$\varphi(r,\theta) = \sum_{n=0}^{\infty} [C_n r^n + D_n r^{-(n+1)}] P_n(\cos\theta) \tag{5.5.69}$$

式中：待定常数由具体问题所给定的边界条件确定。

例5.5.5：在均匀外电场 $E_0 = \boldsymbol{e}_z E_0$，放置一个半径为 a 的导体球，如图5－35所示。设导体球外介质为空气。试求导体球外的电位函数和电场强度。

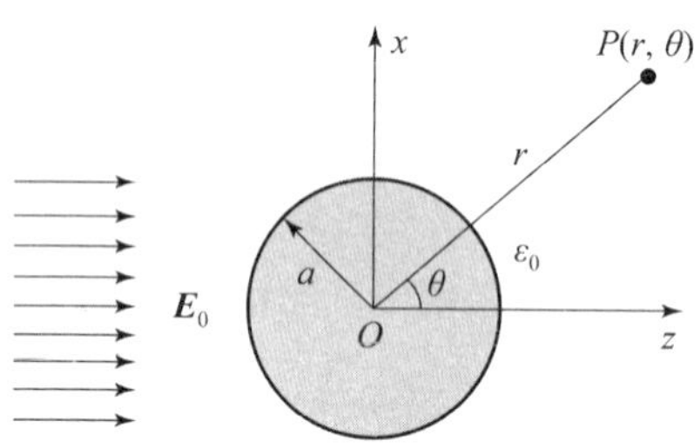

图5－35　均匀外电场中的导体球

解：在外电场 $\boldsymbol{E}_0$ 作用下，导体球面上会出现感应电荷分布，空间任意一点的电位是均匀外电场 $\boldsymbol{E}_0$ 的电位与感应电荷产生的电位之和。因导体外的自由电荷体密度为零，所以电位函数满足拉普拉斯方程。由于问题是关于极轴对称的，所以电位函数与变量 ϕ 无关，通解应为式（5.5.69）所示的形式。

在导体球外，感应电荷的电场随 r 的增加而减弱，当 $r\to\infty$时减弱为零，故这些地方的电位函数 φ 与均匀外电场 E_0 的电位 φ_0 相同，即

$$\varphi(r,\theta)\to\varphi_0(r,\theta) = -E_0 z = -E_0 r\cos\theta \quad (r\to\infty) \tag{5.5.70}$$

将式（5.5.69）代入式（5.5.70），有

$$\sum_{n=0}^{\infty} [C_n r^n + D_n r^{-(n+1)}] P_n(\cos\theta) \to -E_0 r\cos\theta \quad (r\to\infty)$$

所以，得

$$C_n = 0, D_n = 0(n\neq 1),\ C_1 = -E_0$$

于是

$$\varphi(r,\theta) = (-E_0 r + D_1 r^{-2}) P_1(\cos\theta) = (-E_0 r + D_1 r^{-2})\cos\theta$$

设导体的电位为零，即当 $r=a$ 时，$\varphi(a,\theta)=0$，得

$$(-E_0 a + D_1 a^{-2})\cos\theta = 0$$

由此可得

$$D_1 = a^3 E_0$$

故导体球外的电位函数为

$$\varphi(r,\theta) = (-r + a^3 r^{-2}) E_0\cos\theta$$

导体球外的电场强度为

$$\begin{aligned}\boldsymbol{E} &= -\nabla\varphi = -\boldsymbol{e}_r \frac{\partial\varphi}{\partial r} - \boldsymbol{e}_\theta \frac{1}{r}\frac{\partial\varphi}{\partial\theta} \\ &= \boldsymbol{e}_r\left[1+2\left(\frac{a}{r}\right)^3\right]E_0\cos\theta + \boldsymbol{e}_\theta\left[-1+\left(\frac{a}{r}\right)^3\right]E_0\sin\theta \\ &= E_0 + \left(\frac{a}{r}\right)^3 E_0(\boldsymbol{e}_r 2\cos\theta + \boldsymbol{e}_\theta\sin\theta)\end{aligned}$$

球面上的感应电荷密度为

$$\rho_s = \varepsilon_0 \boldsymbol{e}_r \cdot \boldsymbol{E}\big|_{r=a} = 3\varepsilon_0 E_0 \cos\theta$$

即球面上感应电荷分布是 θ 的函数，在导体球面的右侧有正的感应电荷，在导体球面的左侧有负的感应电荷。

5.6　数值法

时域有限差分法直接将两个旋度麦克斯韦（Maxwell）方程，在空间和时间上用中心差分格式进行离散，从而获得一组递推方程。中心差分格式能够保证时域有限差分的解具有二阶精度，并且在满足 Courant 条件时其结果是稳定的。在 Yee 的差分格式中，计算区域在 x，y，z 方向上分别用直角坐标网格进行离散。划分电场的网格称为电网格，而划分磁场的网格称为磁网格，时域有限差分网格通常是指电网格。按 Yee 的定位，在电网格单元中，电场采样与电网格单元的棱边重合，磁场采样位于电网格面的中心且与电网格面垂直，如图 5－36（a）所示。同样，在磁网格单元中，磁场采样与磁网格单元的棱边重合，电场采样位于磁网格面的中心且与磁网格面垂直。电网格单元与磁网格单元的相互位置关系，如图 5－36（b）所示。

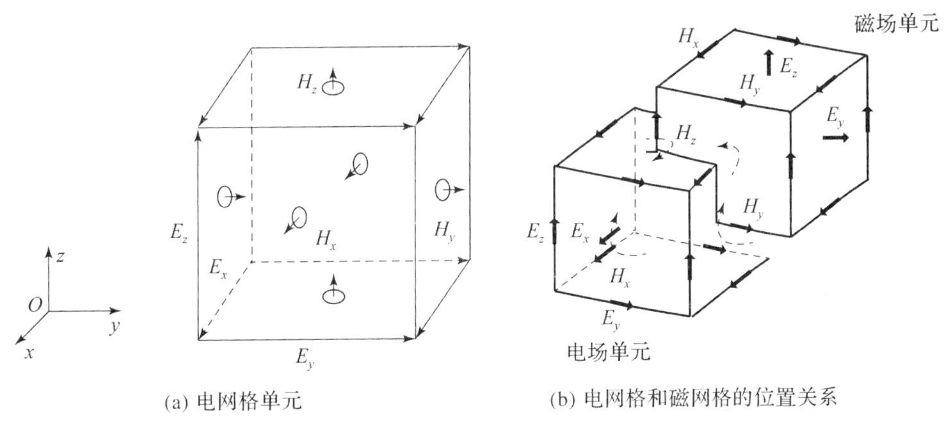

(a) 电网格单元　　(b) 电网格和磁网格的位置关系

图 5－36　Yee 差分格式中电场和磁场的位置

时域有限差分中的基函数是以采样点为中心的脉冲函数，也就是说假设电场在电网格单元的棱边上均匀分布，同时也在磁网格单元面上均匀分布。磁场基函数的定义与此类似。在时域中，电场采样时刻为 $n\Delta t$，Δt 为时间采样间隔，且假定电场在时间间隔 $(n-1/2)\Delta t$ 到 $(n+1/2)\Delta t$ 均匀分布。磁场在时间间隔 $n\Delta t$ 到 $(n+1)\Delta t$ 均匀分布。当介质中存在电损耗及磁损耗时，两个 Maxwell 旋度方程可以表示为

$$\nabla \times \boldsymbol{H}(\boldsymbol{r},t) = \varepsilon \frac{\partial \boldsymbol{E}(\boldsymbol{r},t)}{\partial t} + \sigma \boldsymbol{E}(\boldsymbol{r},t) \tag{5.6.1}$$

$$\nabla \times \boldsymbol{E}(\boldsymbol{r},t) = -\mu \frac{\partial \boldsymbol{H}(\boldsymbol{r},t)}{\partial t} - \sigma^m \boldsymbol{H}(\boldsymbol{r},t) \tag{5.6.2}$$

式中：ε 为介电常数；σ 为电导率；μ 为磁导率；σ^m 代表磁损耗，可以称为磁耗率。

在直角坐标系中，将式（5.6.1）和式（5.6.2）写成分量形式，获得的6个相互耦合的偏微分方程为

$$\frac{\partial H_x}{\partial t}=\frac{1}{\mu_x}\left(\frac{\partial E_y}{\partial z}-\frac{\partial E_z}{\partial y}-\sigma_x^m H_x\right) \tag{5.6.3}$$

$$\frac{\partial H_y}{\partial t}=\frac{1}{\mu_y}\left(\frac{\partial E_z}{\partial x}-\frac{\partial E_x}{\partial z}-\sigma_y^m H_y\right) \tag{5.6.4}$$

$$\frac{\partial H_z}{\partial t}=\frac{1}{\mu_z}\left(\frac{\partial E_x}{\partial y}-\frac{\partial E_y}{\partial x}-\sigma_z^m H_z\right) \tag{5.6.5}$$

$$\frac{\partial E_x}{\partial t}=\frac{1}{\varepsilon_x}\left(\frac{\partial H_z}{\partial y}-\frac{\partial H_y}{\partial z}-\sigma_x E_x\right) \tag{5.6.6}$$

$$\frac{\partial E_y}{\partial t}=\frac{1}{\varepsilon_y}\left(\frac{\partial H_x}{\partial z}-\frac{\partial H_z}{\partial x}-\sigma_y E_y\right) \tag{5.6.7}$$

$$\frac{\partial E_z}{\partial t}=\frac{1}{\varepsilon_z}\left(\frac{\partial H_y}{\partial x}-\frac{\partial H_x}{\partial y}-\sigma_z E_z\right) \tag{5.6.8}$$

将介质参数也写成分量形式，以便可以直接模拟一些简单的各向异性介质，同时也有利于处理计算区域内部的介质界面问题。方程式（5.6.3）~式（5.6.8）建立了时域有限差分数值方法模拟时变电磁场与三维物体相互作用的基础，它与边界条件结合，可解决几乎所有的电磁问题。若以电网格为参考系，则离散化的电磁场可以表示为

$$E_x^n\left(i+\frac{1}{2},j,k\right)=E_x\left(\left(i+\frac{1}{2}\right)\Delta x,j\Delta y,k\Delta z,n\Delta t\right) \tag{5.6.9}$$

$$E_y^n\left(i,j+\frac{1}{2},k\right)=E_y\left(i\Delta x,\left(j+\frac{1}{2}\right)\Delta y,k\Delta z,n\Delta t\right) \tag{5.6.10}$$

$$E_z^n\left(i,j,k+\frac{1}{2}\right)=E_z\left(i\Delta x,j\Delta y,\left(k+\frac{1}{2}\right)\Delta z,n\Delta t\right) \tag{5.6.11}$$

$$H_x^{n+\frac{1}{2}}\left(i,j+\frac{1}{2},k+\frac{1}{2}\right)=H_x\left(i\Delta x,\left(j+\frac{1}{2}\right)\Delta y,\left(k+\frac{1}{2}\right)\Delta z,\left(n+\frac{1}{2}\right)\Delta t\right) \tag{5.6.12}$$

$$H_y^{n+\frac{1}{2}}\left(i+\frac{1}{2},j,k+\frac{1}{2}\right)=H_y\left(\left(i+\frac{1}{2}\right)\Delta x,j\Delta y,\left(k+\frac{1}{2}\right)\Delta z,\left(n+\frac{1}{2}\right)\Delta t\right) \tag{5.6.13}$$

$$H_z^{n+\frac{1}{2}}\left(i+\frac{1}{2},j+\frac{1}{2},k\right)=H_z\left(\left(i+\frac{1}{2}\right)\Delta x,\left(j+\frac{1}{2}\right)\Delta y,k\Delta z,\left(n+\frac{1}{2}\right)\Delta t\right) \tag{5.6.14}$$

现实世界中的电场和磁场充满整个空间，同时在时间上也是连续的。但是，在时域有限差分的 Yee 格式中，电场总是在整时间步长 $n\Delta t$ 上采样，而磁场在半时间步长 $(n+1/2)\Delta t$ 上采样。因此，空间某点在某时刻的电磁场分量需要通过时间和空间上进行插值才能获得。同样为了计算频域的电磁场，在进行傅里叶变换（Fourier transform）时也应考虑到电场和磁场在时间上具有半个步长的时移。如果忽略电磁场采样在时间或空间上的错位，将会导致模拟结果在高频段产生误差。

利用时间和空间中心差分公式以及式（5.6.9）~式（5.6.14），可将 Maxwell 方程式（5.6.3）~式（5.6.8）改写成下面递推形式：

$$H_x^{n+\frac{1}{2}}\left(i,j+\frac{1}{2},k+\frac{1}{2}\right)=\frac{\mu_x-0.5\Delta t\sigma_x^m}{\mu_x+0.5\Delta t\sigma_x^m}H_x^{n-\frac{1}{2}}\left(i,j+\frac{1}{2},k+\frac{1}{2}\right)+\frac{\Delta t}{\mu_x+0.5\Delta t\sigma_x^m}\cdot$$

$$\left[\frac{E_y^n\left(i,j+\frac{1}{2},k+1\right)-E_y^n\left(i,j+\frac{1}{2},k\right)}{\Delta z}-\frac{E_z^n\left(i,j+1,k+\frac{1}{2}\right)-E_z^n\left(i,j,k+\frac{1}{2}\right)}{\Delta y}\right] \tag{5.6.15}$$

$$H_y^{n+\frac{1}{2}}\left(i+\frac{1}{2},j,k+\frac{1}{2}\right)=\frac{\mu_y-0.5\Delta t\sigma_y^m}{\mu_y+0.5\Delta t\sigma_y^m}H_y^{n-\frac{1}{2}}\left(i+\frac{1}{2},j,k+\frac{1}{2}\right)+\frac{\Delta t}{\mu_y+0.5\Delta t\sigma_y^m}\cdot$$
$$\left[\frac{E_z^n\left(i+1,j,k+\frac{1}{2}\right)-E_z^n\left(i,j,k+\frac{1}{2}\right)}{\Delta x}-\frac{E_x^n\left(i+\frac{1}{2},j,k+1\right)-E_x^n\left(i+\frac{1}{2},j,k\right)}{\Delta z}\right] \tag{5.6.16}$$

$$H_z^{n+\frac{1}{2}}\left(i+\frac{1}{2},j+\frac{1}{2},k\right)=\frac{\mu_z-0.5\Delta t\sigma_z^m}{\mu_z+0.5\Delta t\sigma_z^m}H_z^{n-\frac{1}{2}}\left(i+\frac{1}{2},j+\frac{1}{2},k\right)+\frac{\Delta t}{\mu_z+0.5\Delta t\sigma_x^m}\cdot$$
$$\left[\frac{E_x^n\left(i+\frac{1}{2},j+1,k\right)-E_x^n\left(i+\frac{1}{2},j,k\right)}{\Delta y}-\frac{E_y^n\left(i+1,j+\frac{1}{2},k\right)-E_y^n\left(i,j+\frac{1}{2},k\right)}{\Delta x}\right] \tag{5.6.17}$$

$$E_x^{n+1}\left(i+\frac{1}{2},j,k\right)=\frac{\varepsilon_x-0.5\Delta t\sigma_x}{\varepsilon_x+0.5\Delta t\sigma_x}E_x^n\left(i+\frac{1}{2},j,k\right)+\frac{\Delta t}{\varepsilon_x+0.5\Delta t\sigma_x}\cdot$$
$$\left[\frac{H_z^{n+\frac{1}{2}}\left(i+\frac{1}{2},j+\frac{1}{2},k\right)-H_z^{n+\frac{1}{2}}\left(i+\frac{1}{2},j-\frac{1}{2},k\right)}{\Delta y}-\frac{H_y^{n+\frac{1}{2}}\left(i+\frac{1}{2},j,k+\frac{1}{2}\right)-H_y^{n+\frac{1}{2}}\left(i+\frac{1}{2},j,k-\frac{1}{2}\right)}{\Delta z}\right] \tag{5.6.18}$$

$$E_y^{n+1}\left(i,j+\frac{1}{2},k\right)=\frac{\varepsilon_y-0.5\Delta t\sigma_y}{\varepsilon_y+0.5\Delta t\sigma_y}E_y^n\left(i,j+\frac{1}{2},k\right)+\frac{\Delta t}{\varepsilon_y+0.5\Delta t\sigma_y}\cdot$$
$$\left[\frac{H_z^{n+\frac{1}{2}}\left(i+\frac{1}{2},j+\frac{1}{2},k\right)-H_z^{n+\frac{1}{2}}\left(i-\frac{1}{2},j+\frac{1}{2},k\right)}{\Delta x}-\frac{H_x^{n+\frac{1}{2}}\left(i,j+\frac{1}{2},k+\frac{1}{2}\right)-H_x^{n+\frac{1}{2}}\left(i,j+\frac{1}{2},k-\frac{1}{2}\right)}{\Delta z}\right] \tag{5.6.19}$$

$$E_z^{n+1}\left(i,j,k+\frac{1}{2}\right)=\frac{\varepsilon_z-0.5\Delta t\sigma_z}{\varepsilon_z+0.5\Delta t\sigma_z}E_z^n\left(i,j,k+\frac{1}{2}\right)+\frac{\Delta t}{\varepsilon_z+0.5\Delta t\sigma_z}\cdot$$
$$\left[\frac{H_y^{n+\frac{1}{2}}\left(i+\frac{1}{2},j,k+\frac{1}{2}\right)-H_y^{n+\frac{1}{2}}\left(i-\frac{1}{2},j,k+\frac{1}{2}\right)}{\Delta x}-\frac{H_x^{n+\frac{1}{2}}\left(i,j+\frac{1}{2},k+\frac{1}{2}\right)-H_x^{n+\frac{1}{2}}\left(i,j-\frac{1}{2},k+\frac{1}{2}\right)}{\Delta y}\right] \tag{5.6.20}$$

式中：介质参数的空间坐标序号和对应的场分量序号相同。

为了求解方程组式（5.6.15）~式（5.6.20），需用适当的边界条件截断时域有限差分的计算区域。时域有限差分法涉及的边界条件通常包括理想电导体（perfect eleetric conductor，PEC）、理想磁导体（perfect magnetic conductor，PMC）、吸收边界件（absorbing boundary condition，ABC）和周期边界件（periodic boundary condition，PBC）。

除了截断计算区域外，还必须对计算区域内部的非均匀介质边界进行处理。如果非均匀介质边界与网格重合，则根据电场和磁场的位置定义，磁场采样位于两个网格中心的连线上，与其相应的有效磁介质参数应该是两个对应网格磁参数的加权平均，而电场位于电网格棱边上。根据法拉第电磁感应定律，磁场的积分环路最多可以跨越电场周围的4个网格，因此与电场相联系的有效电介质参数应该是相关网格参数的加权平均。弯曲的金属或介质边界需要用共形技术处理。

由上面递推方程可见，电场和磁场在时间和空间上都是交错的。因此，只需要存储前一时刻的电磁场值，而当前时刻的电（磁）场值将由前一时刻的电（磁）场值和前半时刻磁（电）场值求得。此外，三维电场和磁场数组的大小与空间格点数量相同，但是在时间上只需要保留最后一个时刻的电磁场值即可。这些特点对于实际编程是很有价值的。

定义电磁场的位置序号的方法很多，通常采用的方法，如图5－37所示。

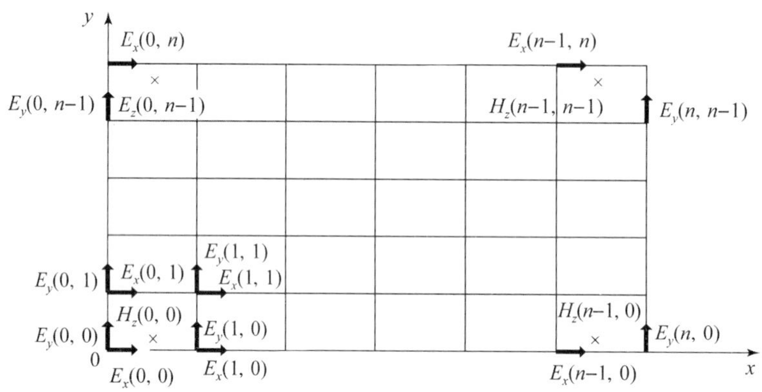

图5－37　在Yee差分各式中电磁场的相对位置

习　　题

5－1　平行板电容器由两块面积为S和相隔距离为d的平行导体板组成，极板间填充介电常数为$\varepsilon=\varepsilon_r\varepsilon_0$的电介质，求电容量。

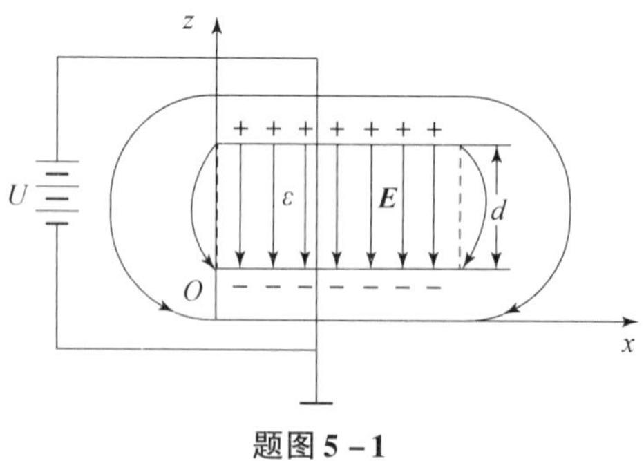

题图5－1

5－2　试用边值关系证明：在绝缘体与导体的分界面上，在静电平衡情况下，导体外的电场线总是垂直于导体表面；在恒定电流情况下，导体内的电场线总是平行于导体表面。试用边值关系证明：在绝缘体与导体的分界面上，在静电平衡情况下，导体外的电场线总是垂直于导体表面；在恒定电流情况下，导体内的电场线总是平行于导体表面。

5－3　证明唯一性定理。

5－4　一个点电荷 q 与无限大导体平面的距离为 d，如果把它移到无穷远处，需要多少功（题图 5－4）？

5－5　如题图 5－5 所示，一个点电荷 q 放在 60°的接地导体角域内的点(1,1,0)处。试求：(1) 所有镜像电荷的位置和大小；(2) 点 $P(2,1,0)$处的电位。

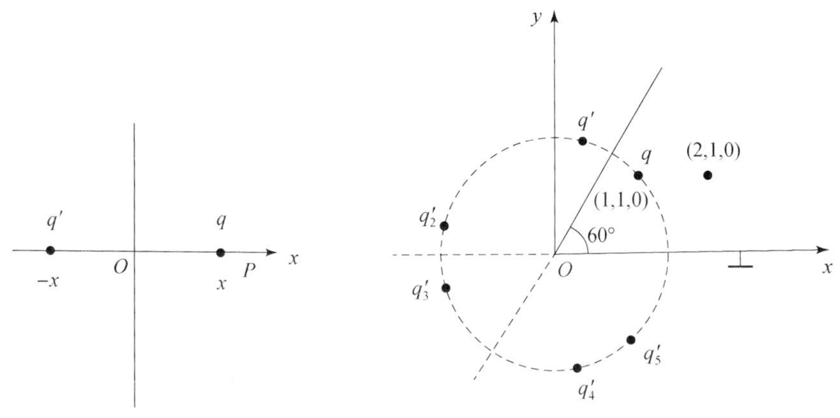

题图 5－4　　　　题图 5－5

5－6　一个电荷量为 q、质量为 m 的小带电体放置在无限大导体平面下方，与平面相距为 h。若使带电小球受到的静电力恰好与重力相平衡，电荷 q 的值应为多少？（设 $m=2\times10^{-3}$kg，$h=0.02$m）。

5－7　一个半径为 R 的导体球带有的电荷量为 Q，在球体外距离球心 D 处有一个点电荷 q。(1) 求点电荷 q 与导体球之间的静电力；(2) 证明：当 q 与 Q 同号且 $\frac{Q}{q}<\frac{RD^3}{(D^2-R^2)^2}-\frac{R}{D}$ 成立时，F 表现为吸引力。

5－8　一半径为 a 的无限长金属圆柱薄壳平行于地面，其轴线与地面相距为 h。在圆柱薄壳内距轴线为 r_0 处，平行放置一根电荷线密度为 ρ_l 的长直细导线，其横截面如题图 5－8 所示。设圆柱壳与地面间的电压为 U_0。试求：金属圆柱薄壳内外的电位分布。

5－9　磁导率分别为 μ_1 和 μ_2 的两种磁介质的分界面为无限大平面，在磁介质 1 中，有一个半径为 a、载电流为 I 的细导线圆环，与分界面平行且相距 h，如题图 5－9 所示。设 $h\gg a$，求细导线圆环所受到的磁场力。

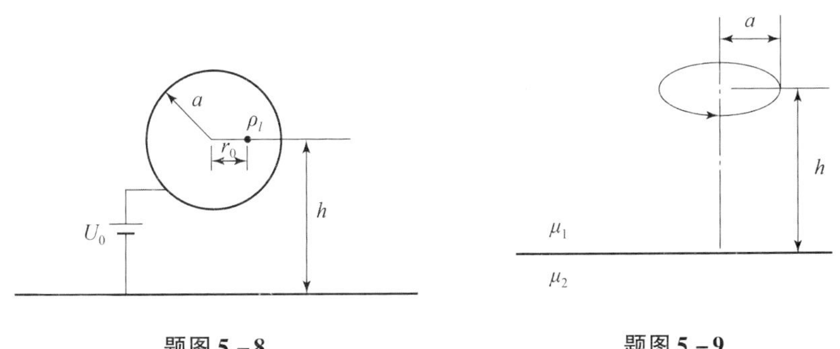

题图 5－8　　　　题图 5－9

5－10　如题图 5－10 所示的导体槽，底面保持电位 U_0，其余两面电位为 0，求槽内的电位的解。

5－11　平行双线传输线的半径为 a，线间距为 d。在传输线下方 h 处放置相对磁导率为 μ_r 的铁磁性平板，如题图 5－11 所示。设 $a\leqslant h$，$a\leqslant d$，试求此传输线单位长度的外自感。

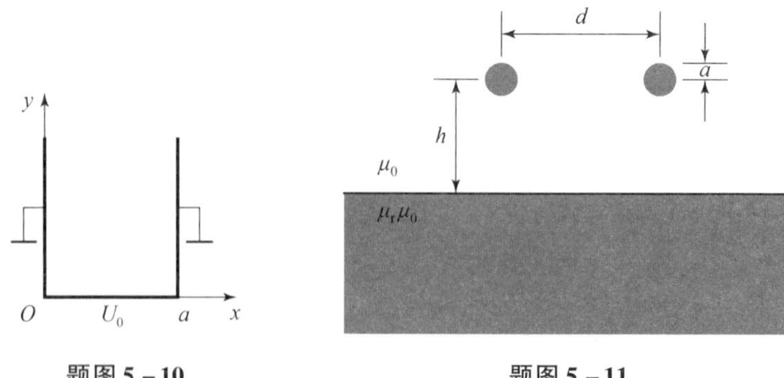

题图 5 – 10　　题图 5 – 11

5 – 12　如题图 5 – 12 所示，在均匀电场 $\boldsymbol{E}_0 = \boldsymbol{e}_x E_0$ 中垂直于电场方向放置一半径为 a 的无限长导体圆柱。求导体圆杆外的电位和电场强度，并求导体圆柱表面的感应电荷密度。

5 – 13　如题图 5 – 13 所示，无限大的介质外加均匀电场 $\boldsymbol{E}_0 = \boldsymbol{e}_z E_0$，在介质中有一个半径为 a 的球形空腔。求空腔内、外的电场强度和空腔表面的极化电荷密度。

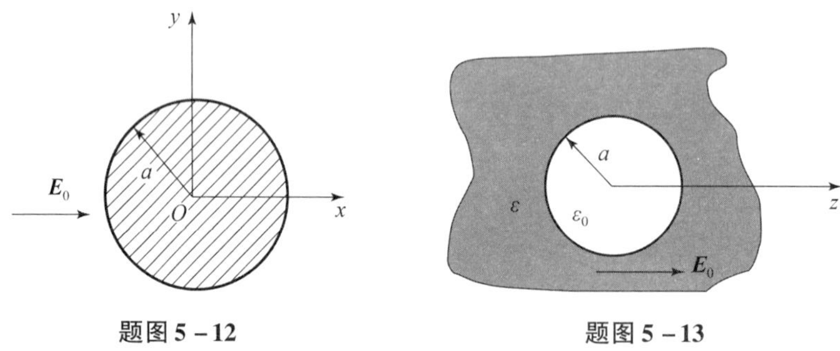

题图 5 – 12　　题图 5 – 13

第 6 章　时变电磁场

时变电磁场，即电场与磁场随时间变化。在时变情况下，电场与磁场相互激励，在空间形成电磁波。时变电磁场的能量以电磁波的形式进行传播。本章介绍时变电磁场满足的边界条件，讨论时变电磁场的波动性、表征电磁场能量传播的坡印廷定理，以及随时间按正弦变化的时变电磁场，即时谐电磁场，这种特殊的时变电磁场在工程中具有广泛的应用。

6.1　基本物理量及规律

6.1.1　位移电流

法拉第电磁感应定律揭示了随时间变化的磁场会激发产生电场，那么随时间变化的电场是否也会激发产生磁场呢？麦克斯韦针对将安培环路定理直接应用到时变电磁场时出现的矛盾，提出了位移电流的假说，对安培环路定理进行了修正，从而揭示了随时间变化的电场也要激发产生磁场。

前面讨论恒定磁场时得到的安培环路定理的微分形式如式（4.3.4），即

$$\nabla \times \boldsymbol{H} = \boldsymbol{J} \tag{6.1.1}$$

对式（6.1.1）两边同时取散度，即

$$\nabla \cdot (\nabla \times \boldsymbol{H}) = \nabla \cdot \boldsymbol{J} \tag{6.1.2}$$

而$\nabla \cdot (\nabla \times \boldsymbol{H}) = 0$，故得$\nabla \cdot \boldsymbol{J} = 0$，这是恒定电流的连续性方程，它和电荷守恒定律$\nabla \cdot \boldsymbol{J} = -\dfrac{\partial \rho}{\partial t}$相矛盾。因此，安培环路定理对时变电磁场是不成立的。

用一个电容器与时变电压源相连接的电路来说明上面矛盾的现象，如图 6－1 所示。这时，电路中有时变的传导电流 $i(t)$，相应地建立时变磁场。选定以闭合路径 C 为周界的开放曲面 S_1，则由安培环路定理得$\oint_C \boldsymbol{H} \cdot \mathrm{d}\boldsymbol{l} = i(t)$。但是，当选定以同一个闭合路径 C 为周界的另一个开放曲面 S_2 时，因穿过曲面 S_2 的传导电流为 0，故得$\oint_C \boldsymbol{H} \cdot \mathrm{d}\boldsymbol{l} = 0$。同一个磁场强度矢量 $\boldsymbol{H}$ 在同一个闭合路径 C 上的环量得到相矛盾的结果，这说明从静磁场中得到的安培环路定理对时变场是不适用的。

针对上述矛盾，麦克斯韦断言电容器的两个极板间必有另一种形式的电流存在。实际上，电容器极板上的电荷分布是随外界的时变电压源而变化的，极板上的时变电荷就在极板间形成时变电场。麦克斯韦认为，电容器两极板间存在的另一种形式的电流就是由时变电场引起的，称为位移电流。为考察位移电流，假定静电场中的高斯定律$\nabla \cdot \boldsymbol{D} = \rho$对时变场仍然成立，将其代入电荷守恒定律，得

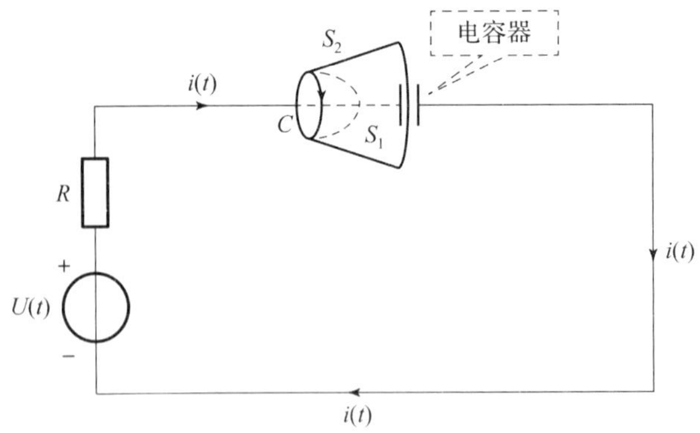

图 6－1　连接在时变电压源上的电容器

$$\nabla \cdot \boldsymbol{J} = -\frac{\partial \rho}{\partial t} = -\frac{\partial}{\partial t}(\nabla \cdot \boldsymbol{D}) = -\nabla \cdot \frac{\partial \boldsymbol{D}}{\partial t} \tag{6.1.3}$$

即

$$\nabla \cdot \left(\boldsymbol{J} + \frac{\partial \boldsymbol{D}}{\partial t}\right) = 0 \tag{6.1.4}$$

式中：$\frac{\partial \boldsymbol{D}}{\partial t}$是电位移矢量随时间的变化率（$\mathrm{A/m^2}$）。其与电流密度的单位相同，故将$\frac{\partial \boldsymbol{D}}{\partial t}$称为位移电流密度，记为

$$\boldsymbol{J}_d = \frac{\partial \boldsymbol{D}}{\partial t} \tag{6.1.5}$$

式（6.1.4）与静态场的电流连续性方程$\nabla \cdot \boldsymbol{J} = 0$相比，增加了位移电流密度一项，这就解除了前面提到的矛盾现象。此时安培环路定理已修正为

$$\nabla \times \boldsymbol{H} = \boldsymbol{J} + \frac{\partial \boldsymbol{D}}{\partial t} \tag{6.1.6}$$

对式（6.1.6）两边取散度，得

$$\nabla \cdot (\nabla \times \boldsymbol{H}) = \nabla \cdot \left(\boldsymbol{J} + \frac{\partial \boldsymbol{D}}{\partial t}\right) = 0 \tag{6.1.7}$$

与式（6.1.4）一致，将式（6.1.4）称为时变条件下的电流连续性方程。其意义是在时变电磁场中，只有传导电流与位移电流之和才是连续的。在图 6－1 中，传导电流$i(t)$流入电容器极板，极板间形成时变电场，产生位移电流，到达另一极板，电容器极板间的位移电流正好等于导线中的传导电流，从而形成电流连续。显然，式（6.1.1）和式（6.1.6）对静态场也是满足的。

由此可得两点结论：

（1）电流密度$\boldsymbol{J}_\mathrm{d}$仅仅是电位移矢量的时间变化率，当电位移矢量不随时间变化时，$\boldsymbol{J}_\mathrm{d} = 0$；

（2）式（6.1.6）知$\frac{\partial \boldsymbol{D}}{\partial t}$是磁场的漩涡源，表明时变电场产生时变磁场。

例 6.1.1：海水的电导率$\sigma = 4\mathrm{S/m}$，相对介电常数$\varepsilon_\mathrm{r} = 81$。求频率$f = 1\mathrm{MHz}$时，海水中的位移电流与传导电流的振幅之比。

解：设电场随时间按正弦规律变化，即

$$\boldsymbol{E}=\boldsymbol{e}_xE_m\cos\omega t=\boldsymbol{e}_xE_m\cos(2\pi\times1\times10^6t)\ \mathrm{V/m}$$

故位移电流密度为

$$\begin{aligned}\boldsymbol{J}_d&=\frac{\partial\boldsymbol{D}}{\partial t}=\frac{\partial}{\partial t}[\boldsymbol{e}_x\varepsilon_r\varepsilon_0E_m\cos(2\pi\times1\times10^6t)]\\&=-\boldsymbol{e}_x2\pi\varepsilon_r\varepsilon_0E_m\times10^6\sin(2\pi\times1\times10^6t)\end{aligned}$$

而传导电流密度为

$$\boldsymbol{J}=\sigma\boldsymbol{E}=\boldsymbol{e}_x4E_m\cos(2\pi\times10^6t)$$

则

$$\frac{J_{dm}}{J_m}=\frac{81\times8.85\times10^{-12}\times2\pi\times10^6E_m}{4E_m}=1.125\times10^{-3}$$

例 6.1.2：自由空间的磁场强度为 $\boldsymbol{H}=\boldsymbol{e}_xH_m\cos(\omega t-kz)$ A/m，式中：k 为常数。试求位移电流密度和电场强度。

解：自由空间的传导电流密度为 0，故由式（6.1.5），得

$$\begin{aligned}\boldsymbol{J}_d&=\frac{\partial\boldsymbol{D}}{\partial t}=\nabla\times\boldsymbol{H}=\begin{vmatrix}\boldsymbol{e}_x&\boldsymbol{e}_y&\boldsymbol{e}_z\\\frac{\partial}{\partial x}&\frac{\partial}{\partial y}&\frac{\partial}{\partial z}\\H_x&0&0\end{vmatrix}\\&=\boldsymbol{e}_y\frac{\partial H_x}{\partial z}=\boldsymbol{e}_y\frac{\partial}{\partial z}[H_m\cos(\omega t-kz)]\\&=\boldsymbol{e}_ykH_m\sin(\omega t-kz)\ \mathrm{A/m^2}\end{aligned}$$

而

$$\begin{aligned}\boldsymbol{E}&=\frac{\boldsymbol{D}}{\varepsilon_0}=\frac{1}{\varepsilon_0}\int\frac{\partial\boldsymbol{D}}{\partial t}\mathrm{d}t=\frac{1}{\varepsilon_0}\int\boldsymbol{e}_ykH_m\sin(\omega t-kz)\mathrm{d}t\\&=-\boldsymbol{e}_y\frac{k}{\omega\varepsilon_0}H_m\cos(\omega t-kz)\ \mathrm{V/m}\end{aligned}$$

例 6.1.3：铜的电导率 $\sigma=5.8\times10^7$ S/m，相对介电常数 $\varepsilon_\mathrm{r}=1$。设铜中的传导电流密度为 $\boldsymbol{J}=\boldsymbol{e}_xJ_m\cos\omega t\,\mathrm{A/m^2}$。试证明在无线电频率范围内铜中的位移电流与传导电流相比是可以忽略的。

解：铜中存在时变电磁场时，位移电流密度为

$$\begin{aligned}\boldsymbol{J}_d&=\frac{\partial\boldsymbol{D}}{\partial t}=\varepsilon_\mathrm{r}\varepsilon_0\frac{\partial E}{\partial t}=\varepsilon_\mathrm{r}\varepsilon_0\frac{\partial}{\partial t}(\boldsymbol{e}_xE_m\cos\omega t)\\&=-\boldsymbol{e}_x\omega\varepsilon_\mathrm{r}\varepsilon_0E_m\sin\omega t\end{aligned}$$

位移电流密度的振幅值为

$$J_{dm}=\omega\varepsilon_\mathrm{r}\varepsilon_0E_m$$

而传导电流密度的振幅值为 $J_m=\sigma E_m$，故

$$\frac{J_{dm}}{J_m}=\frac{\omega\varepsilon_\mathrm{r}\varepsilon_0E_m}{\sigma E_m}=\frac{2\pi f\times1\times\frac{1}{36\pi}\times10^{-9}E_m}{5.8\times10^7E_m}=9.58\times10^{-19}f$$

通常所说的无线电频率是指 $f=300$MHz 以下的频率范围，即使扩展到极高频段

($f=30\sim300\text{GHz}$)，从上面的关系式看出，比值$\dfrac{J_{\text{dm}}}{J_{\text{m}}}$也是很小的，故可忽略铜中的位移电流。

6.1.2 法拉第电磁感应定律

英国物理学家法拉第等人经过10年的实验探索，终于在1831年发现了导体回路所围面积的磁通量发生变化时，回路中就会出现感应电动势，并引起感应电流。法拉第等人的实验表明，感应电动势与穿过回路所围面积的磁通量的时间变化率成正比。若规定回路中感应电动势的参考方向与穿过该回路所围面积的磁通量ψ符合右手螺旋关系，如图6-2所示，则感应电动势为

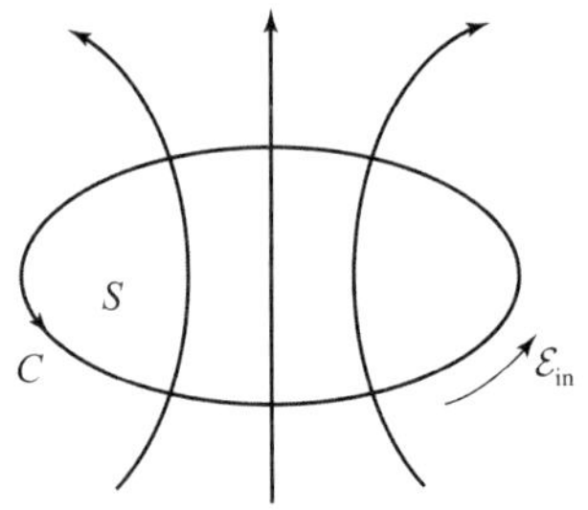

图6-2 穿过导体回路的磁通变化产生感应电动势

$$\varepsilon_{\text{in}}=-\frac{\text{d}\psi}{\text{d}t}=-\frac{\text{d}}{\text{d}t}\int_S \boldsymbol{B}\cdot\text{d}\boldsymbol{S} \tag{6.1.8}$$

这就是法拉第电磁感应定律。感应电动势的实际方向由$-\dfrac{\text{d}\psi}{\text{d}t}$的符号（正或负）再与规定的电动势的参考方向相比较而定出。若当$\varepsilon_{\text{in}}<0$（磁通随时间增加）时，表明感应电动势的实际方向与规定的参考方向相反；若当$\varepsilon_{\text{in}}>0$（磁通随时间减少）时，表明感应电动势的实际方向与规定的参考方向相同。因此，感应电流产生的磁通总是对原磁通的变化起阻碍作用。

导体内存在感应电流表明导体内必然存在感应电场$\boldsymbol{E}_{\text{in}}$，因此感应电动势可以表示为感应电场的积分，即

$$\varepsilon_{\text{in}}=\oint_C \boldsymbol{E}_{\text{in}}\cdot\text{d}\boldsymbol{l} \tag{6.1.9}$$

则式（6.1.8）可表示为

$$\oint_C \boldsymbol{E}_{\text{in}}\cdot\text{d}\boldsymbol{l}=-\frac{\text{d}}{\text{d}t}\int_S \boldsymbol{B}\cdot\text{d}\boldsymbol{S} \tag{6.1.10}$$

由式（6.1.10）看出，回路中的感应电动势与构成回路的导体性质无关。也就是说，只要回路所围面积的磁通发生变化，就会产生感应电动势，就存在感应电场。因而，式（6.1.10）适合于任意回路。

一般情况下，空间的总电场等于库仑电场$\boldsymbol{E}_C$与感应电场$\boldsymbol{E}_{\text{in}}$的叠加，即$\boldsymbol{E}=\boldsymbol{E}_{\text{in}}+\boldsymbol{E}_C$。由于$\oint_C \boldsymbol{E}_C\cdot\text{d}\boldsymbol{l}=0$，故有

$$\oint_C \boldsymbol{E}\cdot\text{d}\boldsymbol{l}=-\frac{\text{d}}{\text{d}t}\int_S \boldsymbol{B}\cdot\text{d}\boldsymbol{S} \tag{6.1.11}$$

这就是推广了的法拉第电磁感应定律的积分形式。从这个式子可以看出，穿过回路所围面积的磁通变化是产生感应电动势的唯一条件。磁通变化可以是磁场随时间变化而引起，也可以是由于回路移动引起，或者是两者皆存在所引起，故式（6.1.11）是一个普遍适用的表达式。下面讨论几种情况。

（1）如果回路是静止的，则穿过回路的磁通变化只能是由磁场随时间变化引起。

此时，式（6.1.11）右边对时间求导只施于时变磁场 $\boldsymbol{B}$，得

$$\oint_C \boldsymbol{E} \cdot \mathrm{d}\boldsymbol{l} = -\int_S \frac{\partial \boldsymbol{B}}{\partial t} \cdot \mathrm{d}\boldsymbol{S} \tag{6.1.12}$$

这是静止回路位于时变磁场中时，法拉第电磁感应定律的积分形式。利用斯托克斯定理，式（6.1.12）可表示为

$$\int_S (\nabla \times \boldsymbol{E}) \cdot \mathrm{d}\boldsymbol{S} = -\int_S \frac{\partial \boldsymbol{B}}{\partial t} \cdot \mathrm{d}\boldsymbol{S} \tag{6.1.13}$$

式（6.1.13）对任意回路所围面积 S 都成立，故必有

$$\nabla \times \boldsymbol{E} = -\frac{\partial \boldsymbol{B}}{\partial t} \tag{6.1.14}$$

即静止回路位于时变磁场中时，法拉第电磁感应定律的微分形式。

（2）当导体棒以速度 $\boldsymbol{v}$ 在静态磁场 $\boldsymbol{B}$ 中运动时，磁场力 $\boldsymbol{F}_m = q\boldsymbol{v} \times \boldsymbol{B}$ 将使导体中的自由电荷朝一端运动，从而使另一端带正电荷，这种正、负电荷分离将形成库仑力。当电场力与磁场力相互抵消而达到平衡状态时，运动导体棒中的自由电荷的净受力为 0。若观察者随导体棒一起运动，则作用在单位电荷上的磁场力$\frac{\boldsymbol{F}_m}{q} = \boldsymbol{v} \times \boldsymbol{B}$ 可看成作用于沿导体的感应电场，即 $\boldsymbol{E}_{\text{in}} = \boldsymbol{v} \times \boldsymbol{B}$。设导体棒是闭合回路 C 的一部分，则因回路运动所引起的感应电动势为

$$\oint_C \boldsymbol{E} \cdot \mathrm{d}\boldsymbol{l} = \oint_C (\boldsymbol{v} \times \boldsymbol{B}) \cdot \mathrm{d}\boldsymbol{l} \tag{6.1.15}$$

（3）导体在时变磁场中运动时，可视为上述两种情况的合成，故得

$$\oint_C \boldsymbol{E} \cdot \mathrm{d}\boldsymbol{l} = -\int_S \frac{\partial \boldsymbol{B}}{\partial t} \cdot \mathrm{d}\boldsymbol{S} + \oint_C (\boldsymbol{v} \times \boldsymbol{B}) \cdot \mathrm{d}\boldsymbol{l} \tag{6.1.16}$$

这是法拉第电磁感应定律积分形式的一般形式。利用斯托克斯定理可推导出相对应的微分形式为

$$\nabla \times \boldsymbol{E} = -\frac{\partial \boldsymbol{B}}{\partial t} + \nabla \times (\boldsymbol{v} \times \boldsymbol{B}) \tag{6.1.17}$$

例 6.1.4： 长为 a、宽为 b 的矩形环中有均匀磁场 $\boldsymbol{B}$ 垂直穿过，如图 6－3 所示。在以下三种情况下，求矩形环内的感应电动势。

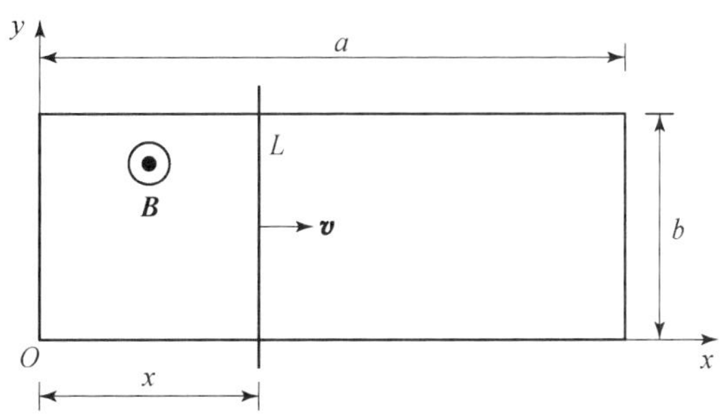

图 6－3　矩形环内的感应电动势

（1）$\boldsymbol{B} = \boldsymbol{e}_z B_0 \cos\omega t$，矩形回路 $a \times b$ 静止（可滑动导体 L 不存在）；

（2）$\boldsymbol{B} = \boldsymbol{e}_z B_0$，矩形回路的宽边 b = 常数，但其长边因可滑动导体 L 以匀速 $\boldsymbol{v} = \boldsymbol{e}_x v$

运动而随时间增大；

（3）$\boldsymbol{B}=\boldsymbol{e}_z B_0\cos\omega t$，且矩形回路上的可滑动导体 L 以匀速 $\boldsymbol{v}=\boldsymbol{e}_x v$ 运动。

解：（1）均匀磁场 $\boldsymbol{B}$ 随时间做简谐变化，而回路静止，因而回路内的感应电动势是由磁场变化产生的。根据式（6.1.12），得

$$\varepsilon_{\text{in}} = \oint_C \boldsymbol{E}\cdot \mathrm{d}\boldsymbol{l} = -\int_S \frac{\partial \boldsymbol{B}}{\partial t}\cdot \mathrm{d}\boldsymbol{S} = -\int_S \frac{\partial}{\partial t}(\boldsymbol{e}_z B_0\cos\omega t)\cdot \boldsymbol{e}_z \mathrm{d}S = \omega B_0 ab\sin\omega t$$

（2）均匀磁场 $\boldsymbol{B}$ 为静态场，而回路上的可滑动导体以匀速运动，因而回路内的感应电动势全部是由导体 L 在磁场中运动产生的。根据式（6.1.15），得

$$\varepsilon_{\text{in}} = \oint_C \boldsymbol{E}\cdot \mathrm{d}\boldsymbol{l} = \oint_C (\boldsymbol{v}\times\boldsymbol{B})\cdot \mathrm{d}\boldsymbol{l} = \oint_C (\boldsymbol{e}_x v\times \boldsymbol{e}_z B_0)\cdot(\boldsymbol{e}_y \mathrm{d}l) = -vB_0 b$$

也可由式（6.1.11）计算，得

$$\varepsilon_{\text{in}} = \oint_C \boldsymbol{E}\cdot \mathrm{d}\boldsymbol{l} = -\frac{\mathrm{d}}{\mathrm{d}t}\int \boldsymbol{B}\cdot \mathrm{d}\boldsymbol{S} = -\frac{\mathrm{d}}{\mathrm{d}t}(\boldsymbol{e}_z B_0\cdot \boldsymbol{e}_z bx) = -\frac{\mathrm{d}}{\mathrm{d}t}(B_0 bvt) = -B_0 vb$$

（3）矩形回路中的感应电动势是由磁场变化以及可滑动导体 L 在磁场中运动产生的，根据式（6.1.16）得

$$\begin{aligned}\varepsilon_{\text{in}} &= \oint_C \boldsymbol{E}\cdot \mathrm{d}\boldsymbol{l} = -\int_S \frac{\partial \boldsymbol{B}}{\partial t}\cdot \mathrm{d}\boldsymbol{S} + \oint_C (\boldsymbol{v}\times\boldsymbol{B})\cdot \mathrm{d}\boldsymbol{l}\\ &= -\int_S \frac{\partial}{\partial t}(\boldsymbol{e}_z B_0\cos\omega t)\cdot \boldsymbol{e}_z \mathrm{d}S + \oint_C (\boldsymbol{e}_x v\times \boldsymbol{e}_z B_0\cos\omega t)\cdot(\boldsymbol{e}_y \mathrm{d}l)\\ &= B_0\omega bvt\sin\omega t - B_0 bv\cos\omega t\end{aligned}$$

例 6.1.5： 有一个 $a\times b$ 的矩形线圈放置在时变磁场 $\boldsymbol{B}=\boldsymbol{e}_y B_0\sin\omega t$ 中，初始时刻，线圈平面的法向单位矢量 $\boldsymbol{e}_n$ 与 $\boldsymbol{e}_y$ 成 α 角，如图 6-4 所示。试求：

（1）线圈静止时的感应电动势；

（2）线圈以角速度 ω 绕 x 轴旋转时的感应电动势。

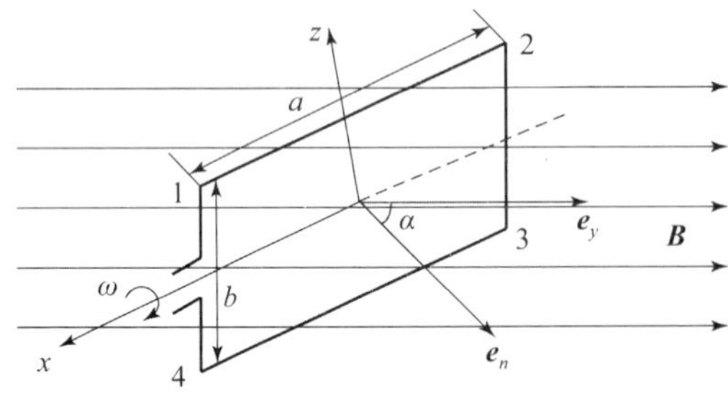

图 6-4　时变磁场中的矩形线圈

解：（1）线圈静止时，感应电动势是由时变磁场引起，用式（6.1.12）计算为

$$\begin{aligned}\varepsilon_{\text{in}} &= \oint_C \boldsymbol{E}\cdot \mathrm{d}\boldsymbol{l} = -\int \frac{\partial \boldsymbol{B}}{\partial t}\cdot \mathrm{d}\boldsymbol{S}\\ &= -\int_S \frac{\partial}{\partial t}(\boldsymbol{e}_y B_0\sin\omega t\cdot \boldsymbol{e}_n \mathrm{d}S)\\ &= -\int_S B_0\omega\cos\omega t\cos\alpha \mathrm{d}S\\ &= -B_0 ab\omega\cos\omega t\cos\alpha\end{aligned}$$

（2）线圈绕 x 轴旋转时，$\boldsymbol{e}_n$ 的指向将随时间变化。线圈内的感应电动势可以用两种方法计算。

方法一：利用式（6.1.11）计算

假定当 $t=0$ 时 $\alpha=0$，则在时刻 t 时，$\boldsymbol{e}_n$ 与 y 轴的夹角 $\alpha=\omega t$。故

$$\begin{aligned}\varepsilon_{\text{in}} &= \oint_C \boldsymbol{E}\cdot\mathrm{d}\boldsymbol{l} = -\frac{\mathrm{d}}{\mathrm{d}t}\int_S \boldsymbol{B}\cdot\mathrm{d}\boldsymbol{S} \\ &= -\frac{\mathrm{d}}{\mathrm{d}t}\int_S \boldsymbol{e}_y B_0\sin\omega t\cdot\boldsymbol{e}_n\mathrm{d}S = -\frac{\mathrm{d}}{\mathrm{d}t}(B_0\sin\omega t\cos\omega t\times ab) \\ &= -\frac{\mathrm{d}}{\mathrm{d}t}\left(\frac{1}{2}B_0 ab\sin 2\omega t\right) = -B_0 ab\omega\cos 2\omega t\end{aligned}$$

方法二：利用式（6.1.16）计算，得

$$\varepsilon_{\text{in}} = \oint_C \boldsymbol{E}\cdot\mathrm{d}\boldsymbol{l} = -\int_S \frac{\partial\boldsymbol{B}}{\partial t}\cdot\mathrm{d}\boldsymbol{S} + \oint_C(\boldsymbol{v}\times\boldsymbol{B})\cdot\mathrm{d}\boldsymbol{l}$$

上式右边第一项与（1）相同，第二项为

$$\begin{aligned}\oint_C(\boldsymbol{v}\times\boldsymbol{B})\cdot\mathrm{d}\boldsymbol{l} &= \int_2^1\left[\left(\boldsymbol{e}_n\frac{b}{2}\omega\right)\times\boldsymbol{e}_y B_0\sin\omega t\right]\cdot(-\boldsymbol{e}_x)\mathrm{d}x + \int_4^3\left[\left(-\boldsymbol{e}_n\frac{b}{2}\omega\right)\times\boldsymbol{e}_y B_0\sin\omega t\right]\cdot\boldsymbol{e}_x\mathrm{d}x \\ &= \omega B_0 ab\sin\omega t\sin\alpha\end{aligned}$$

故

$$\begin{aligned}\varepsilon_{\text{in}} &= -ab\omega B_0\cos\omega t\cos\alpha + \omega B_0 ab\sin\omega t\sin\alpha \\ &= -B_0 ab\omega\cos^2\omega t + B_0\omega ab\sin^2\omega t \\ &= -B_0 ab\omega\cos 2\omega t\end{aligned}$$

6.2　麦克斯韦方程组

麦克斯韦电磁理论的基础是电磁学的三大定律，即库仑定律、毕奥－萨伐尔定律和法拉第电磁感应定律。这三个实验定律是在各自的特定条件下总结出来的，它们仅分别适用于静电场、静磁场和缓慢变化的电磁场，不具有普遍适用性。但是，这些从实验结果总结出来的规律为麦克斯韦的理论概括提供了不可缺少的基础。

麦克斯韦在其宏观电磁理论的建立过程中提出的科学假设可归纳为两个基本假设和其他一些假设。第一个基本假设是关于位移电流的假设。麦克斯韦提出变化的电场也是一种电流（称为位移电流），也要产生磁场。这个假设揭示了时变电场要产生磁场。第二个基本假设是关于有旋电场的假设。麦克斯韦提出变化的磁场要产生感应电场，这个感应电场也像库仑电场一样对电荷有力的作用，但它移动电荷一周所做的功不为0，因而它不是位场（无旋场），而是有旋场。这个假设揭示了时变磁场要产生电场。麦克斯韦的另一些假设：由库仑定律直接得出的高斯定律在时变条件下也是成立的；由毕奥－萨伐尔定律直接导出的磁通连续性原理在时变条件下也是成立的。

综上所述，麦克斯韦在前人得到的实验结果的基础上，考虑随时间变化这一因素，提出科学的假设和符合逻辑的分析，于1964年归纳总结出了麦克斯韦方程组。

6.2.1　麦克斯韦方程组的积分形式

麦克斯韦方程组的积分形式描述的是一个大范围内（任意闭合面或闭合曲线所占

空间范围）场与场源（电荷、电流以及时变的电场和磁场）相互之间的关系。按习惯依次排列为

麦克斯韦第一方程：

$$\oint_c \boldsymbol{H} \cdot \mathrm{d}\boldsymbol{l} = \int_s \boldsymbol{J} \cdot \mathrm{d}\boldsymbol{S} + \int_s \frac{\partial \boldsymbol{D}}{\partial t} \cdot \mathrm{d}\boldsymbol{S} \tag{6.2.1}$$

其含义是磁场强度沿任意闭合曲线的环量，等于穿过以该闭合曲线为周界的任意曲面的传导电流与位移电流之和。

麦克斯韦第二方程：

$$\int_c \boldsymbol{E} \cdot \mathrm{d}\boldsymbol{l} = -\int_s \frac{\partial \boldsymbol{B}}{\partial t} \cdot \mathrm{d}\boldsymbol{S} \tag{6.2.2}$$

其含义是电场强度沿任意闭合曲线的环量，等于穿过以该闭合曲线为周界的任意曲面的磁通量变化率的负值。

麦克斯韦第三方程：

$$\oint_s \boldsymbol{B} \cdot \mathrm{d}\boldsymbol{S} = 0 \tag{6.2.3}$$

其含义是穿过任意闭合曲面的磁感应强度的通量恒等于0。

麦克斯韦第四方程：

$$\oint_s \boldsymbol{D} \cdot \mathrm{d}\boldsymbol{S} = \int_V \rho \mathrm{d}V \tag{6.2.4}$$

其含义是穿过任意闭合曲面的电位移的通量，等于该闭合曲面所包围的自由电荷的代数和。

6.2.2 麦克斯韦方程组的微分形式

麦克斯韦方程组的微分形式（又称为点函数形式）描述的是空间任意一点场的变化规律。按前述顺序依次为

$$\nabla \times \boldsymbol{H} = \boldsymbol{J} + \frac{\partial \boldsymbol{D}}{\partial t} \tag{6.2.5}$$

表明，时变磁场不仅由传导电流产生，也由位移电流产生。位移电流代表电位移的变化率，因此该式揭示的是时变电场产生时变磁场。

$$\nabla \times \boldsymbol{E} = -\frac{\partial \boldsymbol{B}}{\partial t} \tag{6.2.6}$$

表明，时变磁场产生时变电场。

$$\nabla \cdot \boldsymbol{B} = 0 \tag{6.2.7}$$

表明，磁通永远是连续的，磁场是无散度场。

$$\nabla \cdot \boldsymbol{D} = \rho \tag{6.2.8}$$

表明，空间任意一点若存在正电荷体密度，则该点发出电位移线；若存在负电荷体密度，则电位移线汇聚于该点。

麦克斯韦对宏观电磁理论的重大贡献是预言了电磁波的存在。这个伟大的预言后来被著名的“赫兹实验”证实，从而为麦克斯韦宏观电磁理论的正确性提供了有力的证据。

6.2.3　麦克斯韦方程组的限定形式

当有媒质存在时，方程组式（6.2.5）~式（6.2.8）尚不够完备，因此需补充描述媒质特性的方程。对于线性和各向同性的媒质，这些方程是

$$\boldsymbol{D}=\varepsilon\boldsymbol{E} \tag{6.2.9}$$

$$\boldsymbol{B}=\mu\boldsymbol{H} \tag{6.2.10}$$

$$\boldsymbol{J}=\sigma\boldsymbol{E} \tag{6.2.11}$$

这些方程在前面静态场的章节中已经讨论过，称为媒质的本构关系，也称为电磁场的辅助方程。

将式（6.2.9）~式（6.2.11）代入式（6.2.5）~式（6.2.8），可得到用场矢量 $\boldsymbol{E}$、$\boldsymbol{H}$ 表示的方程组为

$$\nabla\times\boldsymbol{H}=\sigma\boldsymbol{E}+\varepsilon\frac{\partial\boldsymbol{E}}{\partial t} \tag{6.2.12}$$

$$\nabla\times\boldsymbol{E}=-\mu\frac{\partial\boldsymbol{H}}{\partial t} \tag{6.2.13}$$

$$\nabla\cdot\boldsymbol{H}=0 \tag{6.2.14}$$

$$\nabla\cdot\boldsymbol{E}=\frac{\rho}{\varepsilon} \tag{6.2.15}$$

称为麦克斯韦方程组的限定形式，它适用于线性和各向同性的均匀媒质。

麦克斯韦方程组是麦克斯韦宏观电磁理论的一个具有创新的物理概念、严密的逻辑体系、正确的科学推理的数学表示式。利用麦克斯韦方程组，加上辅助方程，原则上就可以求解各种宏观电磁场问题。

例 6.2.1：正弦交流电压源 $u=\boldsymbol{U}_m\sin\omega t$ 连接到平行板电容器的两个板上，如图 6－5 所示。（1）证明电容器两极板间的位移电流与连接导线中的传导电流相等；（2）求导线附近距离连接导线为 r 处的磁场强度。

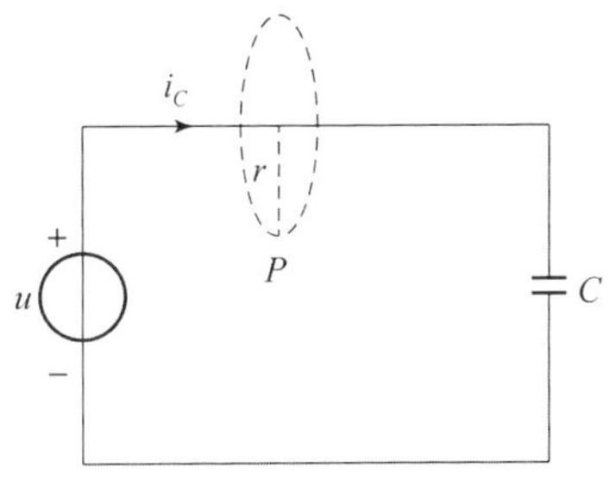

图 6－5　平行板电容器与交流电压源相接

解：（1）导线中的传导电流为

$$\begin{aligned}\boldsymbol{i}_C&=C\frac{\mathrm{d}u}{\mathrm{d}t}\\&=C\frac{\mathrm{d}}{\mathrm{d}t}(\boldsymbol{U}_m\sin\omega t)\\&=C\omega\boldsymbol{U}_m\cos\omega t\end{aligned}$$

忽略边缘效应时，间距为 d 的两平行板之间的电场为 $E=\dfrac{u}{d}$，故 $\boldsymbol{D}=\varepsilon\boldsymbol{E}=\varepsilon\dfrac{\boldsymbol{U}_m\sin\omega t}{d}$，则极板间的位移电流为

$$i=\int_S\boldsymbol{J}_d\cdot\mathrm{d}\boldsymbol{S}=\int_S\frac{\partial D}{\partial t}\cdot\mathrm{d}\boldsymbol{S}=\frac{\varepsilon\boldsymbol{U}_m\omega}{d}\cos\omega t\cdot S_0=C\omega\boldsymbol{U}_m\cos\omega t=i_C$$

式中：S_0 为极板的面积，而$\dfrac{\varepsilon S_0}{d}=C$ 为平行板电容器的电容。

（2）以 r 为半径作闭合曲线 C，由于连接导线本身的轴对称性，使得沿闭合线的磁

场相等，故方程式（6.2.1）的左边为

$$\oint_c \boldsymbol{H} \cdot \mathrm{d}\boldsymbol{l} = 2\pi r H_\phi$$

与闭合线铰链的只有导线中的传导电流 $i_C = C\omega \boldsymbol{U}_m \cos\omega t$，故由方程式（6.2.1），得

$$2\pi r H_\phi = C\omega \boldsymbol{U}_m \cos\omega t$$

即

$$\boldsymbol{H} = \boldsymbol{e}_\phi H_\phi = \boldsymbol{e}_\phi \frac{C\omega U_m}{2\pi r}\cos\omega t$$

例 6.2.2：在无源（$\boldsymbol{J}=0$、$\rho=0$）的电介质（$\sigma=0$）中，若已知矢量 $\boldsymbol{E}=\boldsymbol{e}_x E_m\cos(\omega t - kz)$V/m，其中：$E_m$ 为振幅，ω 为角频率，k 为相位函数，则在什么条件下，$\boldsymbol{E}$ 才可能是电磁场的电场强度矢量？求出与 $\boldsymbol{E}$ 相应的其他场矢量。

解：只有满足麦克斯韦方程组的矢量才可能是电磁场的场矢量。因此，利用麦克斯韦方程组确定 $\boldsymbol{E}$ 可能是电磁场的电场强度矢量的条件。

由式（6.2.6），可得

$$\frac{\partial \boldsymbol{B}}{\partial t} = -\nabla\times\boldsymbol{E} = -\begin{vmatrix} \boldsymbol{e}_x & \boldsymbol{e}_y & \boldsymbol{e}_z \\ \frac{\partial}{\partial x} & \frac{\partial}{\partial y} & \frac{\partial}{\partial z} \\ E_x & E_y & E_z \end{vmatrix} = -\boldsymbol{e}_y\frac{\partial E_x}{\partial z}$$

$$= -\boldsymbol{e}_y\frac{\partial}{\partial z}[E_m\cos(\omega t - kz)] = -\boldsymbol{e}_y k E_m \sin(\omega t - kz)$$

对上式积分，得

$$\boldsymbol{B} = \boldsymbol{e}_y\frac{kE_m}{\omega}\cos(\omega t - kz)$$

由 $\boldsymbol{B}=\mu\boldsymbol{H}$，得

$$\boldsymbol{H} = \boldsymbol{e}_y\frac{kE_m}{\mu\omega}\cos(\omega t - kz)$$

由 $\boldsymbol{D}=\varepsilon\boldsymbol{E}$，得

$$\boldsymbol{D} = \boldsymbol{e}_x \varepsilon E_m\cos(\omega t - kz)$$

以上各个场矢量都应该满足麦克斯韦方程组，将得到的 $\boldsymbol{H}$ 和 $\boldsymbol{D}$ 代入式（6.2.5），有

$$\nabla\times\boldsymbol{H} = \begin{vmatrix} \boldsymbol{e}_x & \boldsymbol{e}_y & \boldsymbol{e}_z \\ \frac{\partial}{\partial x} & \frac{\partial}{\partial y} & \frac{\partial}{\partial z} \\ H_x & H_y & H_z \end{vmatrix} = -\boldsymbol{e}_x\frac{\partial H_y}{\partial z}$$

$$= -\boldsymbol{e}_x\frac{k^2 E_m}{\omega\mu}\sin(\omega t - kz)$$

而

$$\frac{\partial \boldsymbol{D}}{\partial t} = \boldsymbol{e}_x\frac{\partial D_x}{\partial t} = -\boldsymbol{e}_x \varepsilon E_m \omega \sin(\omega t - kz)$$

故

$$k^2 = \omega^2\mu\varepsilon$$

即

$$k = \pm\omega\sqrt{\mu\varepsilon}$$

将 $\boldsymbol{D}$ 代入式（6.2.8）并 $\rho=0$，得

$$\nabla\cdot\boldsymbol{D}=\frac{\partial D_x}{\partial x}+\frac{\partial D_y}{\partial y}+\frac{\partial D_z}{\partial z}=0$$

将 $\boldsymbol{B}$ 代入式（6.2.7），得

$$\nabla\cdot\boldsymbol{B}=\frac{\partial B_x}{\partial x}+\frac{\partial B_y}{\partial y}+\frac{\partial B_z}{\partial z}=0$$

可见，只有满足条件 $k=\pm\omega\sqrt{\mu\varepsilon}$，矢量 $\boldsymbol{E}$ 以及与之相应的 $\boldsymbol{D}$、$\boldsymbol{B}$、$\boldsymbol{H}$ 才可能是无源电介质中的电磁场的场矢量。

6.3　电磁场的边界条件

在电磁问题中总是要涉及由不同本征参数的媒质所构成的相邻区域。为了求解这种情况下各个区域中的电磁场问题，必须要知道在两种不同媒质的分界面上电磁场量的关系。把电磁场矢量 $\boldsymbol{E}$、$\boldsymbol{D}$、$\boldsymbol{B}$、$\boldsymbol{H}$ 在不同媒质分界面上各自满足的关系称为电磁场的边界条件。

电磁场的边界条件必须由电磁场的基本的方程（麦克斯韦方程组）推导出。由于在不同媒质的分界面上，媒质的本征参数 ε、μ、σ 发生突变，某些场分量也随之发生突变，使得方程组的微分形式失去意义。因此，将根据积分形式的麦克斯韦方程组来导出边界条件。另外，为了使得到的边界条件不受所采用的坐标系的限制，可将场矢量在分界面上分解为与分界面垂直的法向分量和平行于分界面的切向分量。

边界条件在求解电磁问题的过程中占据非常重要的地位。这是因为只有使麦克斯韦方程组的通解适合于某个包含给定的区域和相关的边界条件的实际问题，这个解才是有实际意义的解，也才是唯一的解。

6.3.1　不同媒质分界面上的边界条件

1. 磁场强度 $\boldsymbol{H}$ 的边界条件

两种媒质参数分别为 ε_1、μ_1、σ_1 和 ε_2、μ_2、σ_2。设分界面的法向单位矢量为 $\boldsymbol{e}_n$（设定它为离开分界面指向媒质 1），$\boldsymbol{e}_t$ 是沿分界面的切向单位矢量，如图 6－6 所示。

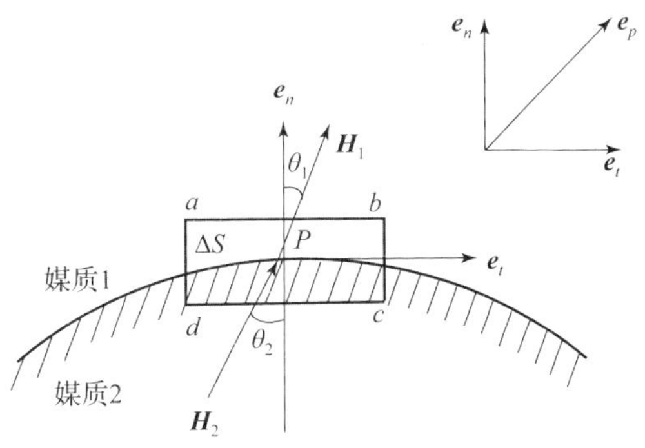

图 6－6　$\boldsymbol{H}$ 的边界条件

在分界面上取矩形闭合回路 $abcda$，其宽边 $ab=cd=\Delta l$，高 $bc=da=\Delta h\to 0$，$\overline{ab}$、$\overline{cd}$平行于分界面。将积分形式的麦克斯韦第一方程（式（6.2.1））应用于矩形回路，得

$$\oint_C \boldsymbol{H}\cdot \mathrm{d}\boldsymbol{l} = \int_a^b \boldsymbol{H}\cdot \mathrm{d}\boldsymbol{l} + \int_b^c \boldsymbol{H}\cdot \mathrm{d}\boldsymbol{l} + \int_c^d \boldsymbol{H}\cdot \mathrm{d}\boldsymbol{l} + \int_a^b \boldsymbol{H}\cdot \mathrm{d}\boldsymbol{l}$$
$$= \int_S \boldsymbol{J}\cdot \mathrm{d}\boldsymbol{S} + \int_S \frac{\partial \boldsymbol{D}}{\partial t}\cdot \mathrm{d}\boldsymbol{S} \tag{6.3.1}$$

当 $bc=da=\Delta h\to 0$ 时，式（6.3.1）变为

$$\oint_C \boldsymbol{H}\cdot \mathrm{d}\boldsymbol{l} = \int_a^b \boldsymbol{H}_1\cdot \mathrm{d}\boldsymbol{l} + \int_c^d \boldsymbol{H}_2\cdot \mathrm{d}\boldsymbol{l}$$
$$= \lim_{\Delta h\to 0}\left[\int_S \boldsymbol{J}\cdot \mathrm{d}\boldsymbol{S} + \int_S \frac{\partial \boldsymbol{D}}{\partial t}\cdot \mathrm{d}\boldsymbol{S}\right] \tag{6.3.2}$$

式中：$\lim\limits_{\Delta h\to 0}\int_S \boldsymbol{J}\cdot \mathrm{d}\boldsymbol{S} = \int_{\Delta l} \boldsymbol{J}_S\cdot \boldsymbol{e}_p \mathrm{d}l$，即当 $\Delta h\to 0$ 时，如果分界面上存在自由面电流 $\boldsymbol{J}_S$，则闭合回路 $abcda$ 将包围此面电流。这里的 $\boldsymbol{e}_p$ 是回路所围面积 S 的法向单位矢量，与绕行方向 $abcda$ 成右手螺旋关系。另外，因为$\frac{\partial \boldsymbol{D}}{\partial t}$为有限值，故有 $\lim\limits_{\Delta h\to 0}\int_S \frac{\partial \boldsymbol{D}}{\partial t}\cdot \mathrm{d}\boldsymbol{S}=0$。因此，式（6.3.2）变为

$$\int_{\Delta l} (\boldsymbol{H}_1-\boldsymbol{H}_2)\cdot \boldsymbol{e}_t \mathrm{d}l = \int_{\Delta l} \boldsymbol{J}_S\cdot \boldsymbol{e}_p \mathrm{d}l \tag{6.3.3}$$

而 $\boldsymbol{e}_t=\boldsymbol{e}_p\times \boldsymbol{e}_n$，故式（6.3.3）可表示为

$$\int_{\Delta l} (\boldsymbol{H}_1-\boldsymbol{H}_2)\cdot (\boldsymbol{e}_p\times \boldsymbol{e}_n) \mathrm{d}l = \int_{\Delta l} \boldsymbol{J}_S\cdot \boldsymbol{e}_p \mathrm{d}l \tag{6.3.4}$$

利用矢量恒等式 $\boldsymbol{A}\cdot(\boldsymbol{B}\times\boldsymbol{C})=\boldsymbol{B}\cdot(\boldsymbol{C}\times\boldsymbol{A})=\boldsymbol{C}\cdot(\boldsymbol{A}\times\boldsymbol{B})$，式（6.3.4）变为

$$\int_{\Delta l} [\boldsymbol{e}_n\times (\boldsymbol{H}_1-\boldsymbol{H}_2)]\cdot \boldsymbol{e}_p \mathrm{d}l = \int_{\Delta l} \boldsymbol{J}_S\cdot \boldsymbol{e}_p \mathrm{d}l \tag{6.3.5}$$

故得

$$\boldsymbol{e}_n\times(\boldsymbol{H}_1-\boldsymbol{H}_2)=\boldsymbol{J}_S \tag{6.3.6}$$

可将式（6.3.6）写成标量形式为

$$H_{1t}-H_{2t}=J_S \tag{6.3.7}$$

可见，磁场强度 $\boldsymbol{H}$ 在穿过存在面电流的分界面时，其切向分量是不连续的。

当两种媒质的电导率为有限值时，分界面上不可能存在面电流分布（$\boldsymbol{J}_S=0$），此时 $\boldsymbol{H}$ 的切向分量是连续的，即

$$\boldsymbol{e}_n\times(\boldsymbol{H}_1-\boldsymbol{H}_2)=0 \quad 或 \quad H_{1t}-H_{2t}=0 \tag{6.3.8}$$

2. 电场强度 $\boldsymbol{E}$ 的边界条件

将积分形式的麦克斯韦第二方程，即式（6.2.2）应用到如图 6－6 所示的矩形闭合路径 $abcda$，当 $\Delta h\to 0$ 时，线段 bc 和 da 对积分 $\oint_C \boldsymbol{E}\cdot \mathrm{d}\boldsymbol{l}$ 的贡献可以忽略，即

$$\oint_C \boldsymbol{E}\cdot \mathrm{d}\boldsymbol{l} \approx \int_a^b \boldsymbol{E}_1\cdot \mathrm{d}\boldsymbol{l} + \int_c^d \boldsymbol{E}_2\cdot \mathrm{d}\boldsymbol{l} = \int_{\Delta l} (\boldsymbol{E}_1-\boldsymbol{E}_2)\cdot \boldsymbol{e}_t \mathrm{d}l = 0 \tag{6.3.9}$$

故得

$$\boldsymbol{e}_t\cdot(\boldsymbol{E}_1-\boldsymbol{E}_2)=0 \quad 或 \quad E_{1t}-E_{2t}=0 \tag{6.3.10}$$

表明电场强度 $\boldsymbol{E}$ 的切向分量是连续的。

式（6.3.10）也可表示为矢量叉乘的形式为

$$\boldsymbol{e}_n \times (\boldsymbol{E}_1 - \boldsymbol{E}_2) = 0 \tag{6.3.11}$$

3. 磁感应强度 $\boldsymbol{B}$ 的边界条件

在两种媒质的分界面上作一个底面积为 ΔS、高为 Δh 的扁圆柱形闭合面，其一半在媒质 1 中，另一半在媒质 2 中，如图 6－7 所示。因 ΔS 足够小，故可认为穿过此面积的磁通量为常数；又因 $\Delta h \to 0$，故圆柱侧面对面积分 $\oint_S \boldsymbol{B} \cdot \mathrm{d}\boldsymbol{S}$ 的贡献可以忽略。将积分形式的麦克斯韦第三方程（式（6.2.3））应用于圆柱形闭合面，得

$$\begin{aligned}\oint_S \boldsymbol{B} \cdot \mathrm{d}\boldsymbol{S} &= \int_{\text{顶面}} \boldsymbol{B} \cdot \mathrm{d}\boldsymbol{S} + \int_{\text{底面}} \boldsymbol{B} \cdot \mathrm{d}\boldsymbol{S} + \int_{\text{侧面}} \boldsymbol{B} \cdot \mathrm{d}\boldsymbol{S} \\ &= \int_{\text{顶面}} \boldsymbol{B}_1 \cdot \boldsymbol{e}_n \mathrm{d}\boldsymbol{S} - \int_{\text{底面}} \boldsymbol{B}_2 \cdot \boldsymbol{e}_n \mathrm{d}\boldsymbol{S} = 0\end{aligned} \tag{6.3.12}$$

故得

$$\boldsymbol{e}_n \cdot (\boldsymbol{B}_1 - \boldsymbol{B}_2) = 0 \quad \text{或} \quad B_{1n} = B_{2n} \tag{6.3.13}$$

表明磁感应强度的法向分量在分界面上是连续的。

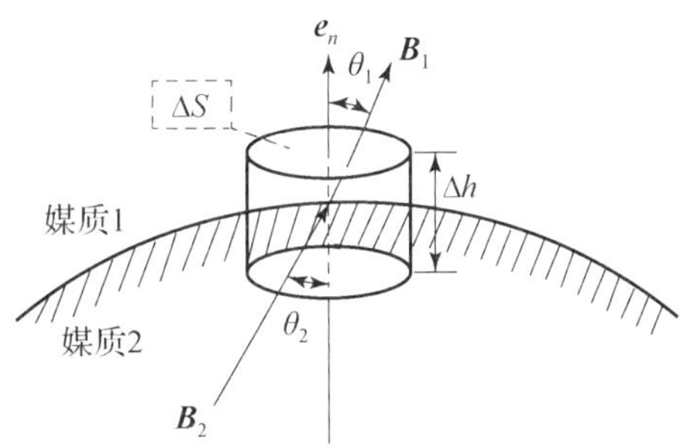

图 6－7　$\boldsymbol{B}$ 的边界条件

4. 电位移矢量 $\boldsymbol{D}$ 的边界条件

将积分形式的麦克斯韦第四方程（式（6.2.4））应用到如图 6－7 所示的扁圆柱形闭合面。当 $\Delta h \to 0$ 时，圆柱侧面对积分 $\oint_S \boldsymbol{D} \cdot \mathrm{d}\boldsymbol{S}$ 的贡献可忽略，且此时分界面上存在的自由电荷面密度为 ρ_S，则得

$$\begin{aligned}\oint_S \boldsymbol{D} \cdot \mathrm{d}\boldsymbol{S} &= \int_{\text{顶面}} \boldsymbol{D} \cdot \mathrm{d}\boldsymbol{S} + \int_{\text{底面}} \boldsymbol{D} \cdot \mathrm{d}\boldsymbol{S} + \int_{\text{侧面}} \boldsymbol{D} \cdot \mathrm{d}\boldsymbol{S} \\ &= \int_{\text{顶面}} \boldsymbol{D}_1 \cdot \boldsymbol{e}_n \mathrm{d}\boldsymbol{S} - \int_{\text{底面}} \boldsymbol{D}_2 \cdot \boldsymbol{e}_n \mathrm{d}\boldsymbol{S} = \int_S \rho_S \mathrm{d}\boldsymbol{S}\end{aligned} \tag{6.3.14}$$

即

$$(\boldsymbol{D}_1 - \boldsymbol{D}_2) \cdot \boldsymbol{e}_n \Delta S = \rho_S \Delta S \tag{6.3.15}$$

故

$$\boldsymbol{e}_n \cdot (\boldsymbol{D}_1 - \boldsymbol{D}_2) = \rho_S \quad \text{或} \quad D_{1n} - D_{2n} = \rho_S \tag{6.3.16}$$

表明电位移矢量的法向分量在分界面上是不连续的。

6.3.2 理想导体表面上的边界条件

设媒质1为理想介质，媒质2为理想导体。理想导体内部不存在电场（否则，将出现一个无限大的电流密度，因此$\boldsymbol{E}_2=0$），理想导体所带的电荷只分布于导体表面。然后根据麦克斯韦方程组所描述的$\boldsymbol{E}$、$\boldsymbol{D}$与$\boldsymbol{B}$、$\boldsymbol{H}$间的关系，知道理想导体内部$\boldsymbol{D}_2=0$，$\boldsymbol{B}_2=0$，$\boldsymbol{H}_2=0$。因此，理想导体表面上的边界条件为

$$\boldsymbol{e}_n\times\boldsymbol{H}_1=\boldsymbol{J}_S \tag{6.3.17}$$

$$\boldsymbol{e}_n\times\boldsymbol{E}_1=0 \tag{6.3.18}$$

$$\boldsymbol{e}_n\cdot\boldsymbol{B}_1=0 \tag{6.3.19}$$

$$\boldsymbol{e}_n\cdot\boldsymbol{D}_1=\rho_S \tag{6.3.20}$$

6.3.3 理想介质表面上的边界条件

设媒质1和媒质2是两种不同的理想介质，它们的分界面上不可能存在自由面电荷（$\rho_S=0$）和面电流（$\boldsymbol{J}_S=0$）。因此，分界面上的边界条件为

$$\boldsymbol{e}_n\times(\boldsymbol{H}_1-\boldsymbol{H}_2)=0 \quad 或 \quad H_{1t}-H_{2t}=0 \tag{6.3.21}$$

$$\boldsymbol{e}_n\times(\boldsymbol{E}_1-\boldsymbol{E}_2)=0 \quad 或 \quad E_{1t}-E_{2t}=0 \tag{6.3.22}$$

$$\boldsymbol{e}_n\cdot(\boldsymbol{B}_1-\boldsymbol{B}_2)=0 \quad 或 \quad B_{1n}-B_{2n}=0 \tag{6.3.23}$$

$$\boldsymbol{e}_n\cdot(\boldsymbol{D}_1-\boldsymbol{D}_2)=0 \quad 或 \quad D_{1n}-D_{2n}=0 \tag{6.3.24}$$

利用$E_{1t}=E_{2t}$和$D_{1n}=D_{2n}$，即$\varepsilon_1E_{1n}=\varepsilon_2E_{2n}$，得

$$\frac{E_{1t}}{\varepsilon_1E_{1n}}=\frac{E_{2t}}{\varepsilon_2E_{2n}} \tag{6.3.25}$$

即

$$\frac{\tan\theta_1}{\tan\theta_2}=\frac{\varepsilon_1}{\varepsilon_2} \tag{6.3.26}$$

这是电场矢量（$\boldsymbol{E}$、$\boldsymbol{D}$）穿过不存在自由电荷的分界面时，方向发生变化与点介质参数的关系。

同样，利用$H_{1t}=H_{2t}$和$B_{1n}=B_{2n}$，即$\mu_1H_{1n}=\mu_2H_{2n}$，得

$$\frac{\tan\theta_1}{\tan\theta_2}=\frac{\mu_1}{\mu_2} \tag{6.3.27}$$

这是磁场矢量（$\boldsymbol{B}$、$\boldsymbol{H}$）穿过不存在面电流的分界面时，方向发生变化与磁介质参数的关系。

至此，把电磁场的边界条件总结归纳如下：

（1）在两种媒质的分界面上，如果存在面电流，使$\boldsymbol{H}$的切向分量不连续，其不连续量由式（6.3.6）确定。若分界面上不存在面电流，则$\boldsymbol{H}$的切向分量是连续的。

（2）在两种媒质的分界面上，$\boldsymbol{E}$的切向分量是连续的。

（3）在两种媒质的分界面上，$\boldsymbol{B}$的法向分量是连续的。

（4）两种媒质的分界面上，如果存在面电荷，使$\boldsymbol{D}$的法向分量不连续，其不连续量由式（6.3.16）确定。若分界面上不存在面电荷，则$\boldsymbol{D}$的法向分量是连续的。

为便于阅读和记忆，将电磁场的基本方程和边界条件列入表6-1中。

表 6－1　电磁场的基本方程和边界条件

基本方程	边界条件	说明
积分形式：$\oint_c \boldsymbol{H}\cdot d\boldsymbol{l}=\int_s \boldsymbol{J}\cdot d\boldsymbol{S}+\int_s \frac{\partial \boldsymbol{D}}{\partial t}\cdot d\boldsymbol{S}$ 微分形式：$\nabla\times\boldsymbol{H}=\boldsymbol{J}+\frac{\partial \boldsymbol{D}}{\partial t}$	1. $\boldsymbol{e}_n\times(\boldsymbol{H}_1-\boldsymbol{H}_2)=\boldsymbol{J}_S$ 2. $\boldsymbol{e}_n\times(\boldsymbol{H}_1-\boldsymbol{H}_2)=0$ 3. $\boldsymbol{e}_n\times\boldsymbol{H}_1=\boldsymbol{J}_S$	情况 1 是边界条件的一般形式； 情况 2 是两种媒质都不是理想导体的边界条件； 情况 3 是理想导体的边界条件； 单位矢量 $\boldsymbol{e}_n$ 离开分界面指向媒质 1
积分形式：$\int_c \boldsymbol{E}\cdot d\boldsymbol{l}=-\int_s \frac{\partial \boldsymbol{B}}{\partial t}\cdot d\boldsymbol{S}$ 微分形式：$\nabla\times\boldsymbol{E}=-\frac{\partial \boldsymbol{B}}{\partial t}$	1. $\boldsymbol{e}_n\times(\boldsymbol{E}_1-\boldsymbol{E}_2)=0$ 2. $\boldsymbol{e}_n\times(\boldsymbol{E}_1-\boldsymbol{E}_2)=0$ 3. $\boldsymbol{e}_n\times\boldsymbol{E}_1=0$	
积分形式：$\oint_s \boldsymbol{B}\cdot d\boldsymbol{S}=0$ 微分形式：$\nabla\cdot\boldsymbol{B}=0$	1. $\boldsymbol{e}_n\cdot(\boldsymbol{B}_1-\boldsymbol{B}_2)=0$ 2. $\boldsymbol{e}_n\cdot(\boldsymbol{B}_1-\boldsymbol{B}_2)=0$ 3. $\boldsymbol{e}_n\cdot\boldsymbol{B}_1=0$	
积分形式：$\oint_s \boldsymbol{D}\cdot d\boldsymbol{S}=\int_V \rho dV$ 微分形式：$\nabla\cdot\boldsymbol{D}=\rho$	1. $\boldsymbol{e}_n\cdot(\boldsymbol{D}_1-\boldsymbol{D}_2)=\rho_S$ 2. $\boldsymbol{e}_n\cdot(\boldsymbol{D}_1-\boldsymbol{D}_2)=0$ 3. $\boldsymbol{e}_n\cdot\boldsymbol{D}_1=\rho_S$	

例 6.3.1：$z<0$ 的区域的媒质参数为 $\varepsilon_1=\varepsilon_0$、$\mu_1=\mu_0$、$\sigma_1=0$；$z>0$ 区域的媒质参数为 $\varepsilon_1=5\varepsilon_0$、$\mu_1=20\mu_0$、$\sigma_2=0$。若媒质 1 中的电场强度为

$$\boldsymbol{E}_1=(z,t)=\boldsymbol{e}_x[60\cos(15\times10^8t-5z)+20\cos(15\times10^8t+5z)]\ (\text{V/m})$$

媒质 2 中的电场强度为

$$E_2=(z,t)=\boldsymbol{e}_x A\cos(15\times10^8t-50z)\ (\text{V/m})$$

试求：(1) 试确定常数 A 的值；(2) 求磁场强度 $\boldsymbol{H}_1(z,t)$ 和 $\boldsymbol{H}_2(z,t)$；(3) 验证 $\boldsymbol{H}_1(z,t)$ 和 $\boldsymbol{H}_2(z,t)$ 满足边界条件。

解：(1) 这是两种电介质（$\sigma=0$）的分界面，在分界面 $z=0$ 处，有

$$\begin{aligned}\boldsymbol{E}_1(0,t)&=\boldsymbol{e}_x[60\cos(15\times10^8t)+20\cos(15\times10^8t)]\ (\text{V/m})\\&=\boldsymbol{e}_x 80\cos(15\times10^8t)\ (\text{V/m})\end{aligned}$$

$$\boldsymbol{E}_2(0,t)=\boldsymbol{e}_x A\cos(15\times10^8t)\ (\text{V/m})$$

利用两种电介质分界面上 $\boldsymbol{E}$ 的切向分量连续的边界条件 $\boldsymbol{E}_1(0,t)=\boldsymbol{E}_2(0,t)$，得

$$A=80\ (\text{V/m})$$

(2) 应用微分形式的麦克斯韦第二方程 $\nabla\times\boldsymbol{E}=-\frac{\partial \boldsymbol{B}}{\partial t}$，得

$$\frac{\partial \boldsymbol{H}_1}{\partial t}=-\frac{1}{\mu_1}\nabla\times\boldsymbol{E}_1=-\frac{1}{\mu_1}\begin{vmatrix}\boldsymbol{e}_x & \boldsymbol{e}_y & \boldsymbol{e}_z\\ \frac{\partial}{\partial x} & \frac{\partial}{\partial y} & \frac{\partial}{\partial z}\\ E_{1x} & E_{1y} & E_{1z}\end{vmatrix}=-\boldsymbol{e}_y\frac{1}{\mu_1}\frac{\partial E_{1x}}{\partial z}$$

$$=-\boldsymbol{e}_y\frac{1}{\mu_0}[300\sin(15\times10^8t-5z)-100\sin(15\times10^8t+5z)]$$

将上式对时间 t 积分，得

$$\boldsymbol{H}_1(z,t)=\boldsymbol{e}_y\frac{1}{\mu_0}\left[2\times10^{-7}\cos(15\times10^8t-5z)-\frac{2}{3}\times10^{-7}\cos(15\times10^8t+5z)\right]\ (\mathrm{A/m})$$

同样，由$\nabla\times\boldsymbol{E}_2=-\mu_2\dfrac{\partial\boldsymbol{H}_2}{\partial t}$，得

$$\boldsymbol{H}_2(z,t)=\boldsymbol{e}_y\frac{4}{3\mu_0}\times10^{-7}\cos(15\times10^8t-5z)\ (\mathrm{A/m})$$

（3）当 $z=0$ 时

$$\boldsymbol{H}_1(0,t)=\boldsymbol{e}_y\frac{1}{\mu_0}\left[2\times10^{-7}\cos(15\times10^8t)-\frac{2}{3}\times10^{-7}\cos(15\times10^8t)\right]$$
$$=\boldsymbol{e}_y\frac{4}{3\mu_0}\times10^{-7}\cos(15\times10^8t)\,(\mathrm{A/m})$$
$$\boldsymbol{H}_2(0,t)=\boldsymbol{e}_y\frac{4}{3\mu_0}\times10^{-7}\cos(15\times10^8t)\ (\mathrm{A/m})$$

可见，在 $z=0$ 处 $\boldsymbol{H}$ 的切向分量是连续的，因为在分界面上（$z=0$）不存在面电流。

例 6.3.2：如图 6-8 所示，1 区域的媒质参数为 $\varepsilon_1=5\varepsilon_0$、$\mu_1=\mu_0$、$\sigma_1=0$；2 区域的媒质参数为 $\varepsilon_2=\varepsilon_0$、$\mu_2=\mu_0$、$\sigma_2=0$。若已知自由空间的电场强度为

$$\boldsymbol{E}_2=[\boldsymbol{e}_x2y+\boldsymbol{e}_y5x+\boldsymbol{e}_z(3+z)]\ (\mathrm{V/m})$$

试问关于 1 区中的 $\boldsymbol{E}_1$ 和 $\boldsymbol{D}_1$ 能求得出吗?

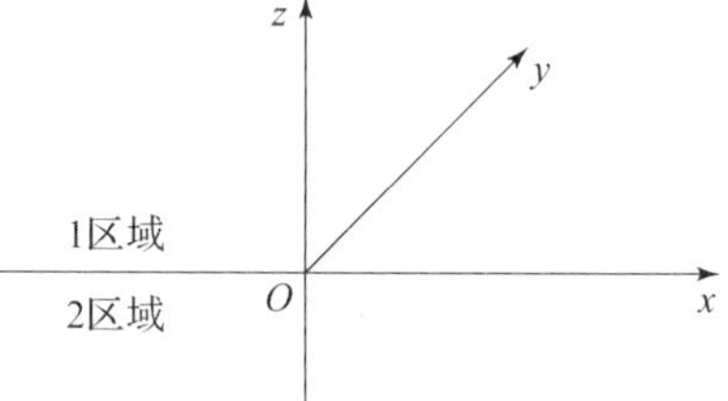

图 6-8　电介质与自由空间的分界面

解：根据边界条件，只能求得 $\boldsymbol{E}_1(z=0)$ 和 $\boldsymbol{D}_1(z=0)$。利用表 6-1 所列情况 2 的边界条件 $\boldsymbol{e}_n\times(\boldsymbol{E}_1-\boldsymbol{E}_2)=0$，得

$$-\boldsymbol{e}_z\times\{\boldsymbol{e}_xE_{1x}+\boldsymbol{e}_yE_{1y}+\boldsymbol{e}_zE_{1z}-[\boldsymbol{e}_x2y+\boldsymbol{e}_y5x+\boldsymbol{e}_z(3+z)]\}$$
$$=\boldsymbol{e}_y(E_{1x}-2y)-\boldsymbol{e}_x(E_{1y}-5x)=0$$

则得

$$E_{1x}=2y,\ E_{1y}=5x$$
$$D_{1x}=\varepsilon_1E_{1x}=10\varepsilon_0y,\ D_{1y}=\varepsilon_1E_{1y}=25\varepsilon_0x$$

又由 $\boldsymbol{e}_n\cdot(\boldsymbol{D}_1-\boldsymbol{D}_2)=0$，有

$$\boldsymbol{e}_z\cdot[\boldsymbol{e}_xD_{1x}+\boldsymbol{e}_yD_{1y}+\boldsymbol{e}_zD_{1z}-(\boldsymbol{e}_xD_{2x}+\boldsymbol{e}_yD_{2y}+\boldsymbol{e}_zD_{2z})]=0$$

则得

$$D_{1z}|_{z=0}=D_{2z}|_{z=0}=\varepsilon_0(3+z)|_{z=0}=3\varepsilon_0$$
$$E_{1z}=\frac{D_{1z}}{\varepsilon_1}\bigg|_{z=0}=\frac{3\varepsilon_0}{5\varepsilon_0}=\frac{3}{5}$$

最后得

$$\boldsymbol{E}_1(z=0)=\boldsymbol{e}_x2y+\boldsymbol{e}_y5x+\boldsymbol{e}_z\frac{3}{5}$$
$$\boldsymbol{D}_1(z=0)=\boldsymbol{e}_x10\varepsilon_0y+\boldsymbol{e}_y25\varepsilon_0x+\boldsymbol{e}_z3\varepsilon_0$$

例 6.3.3：两块无限大的理想导体平板分别置于 $z=0$ 和 $z=d$ 处。如图 6-9 所示，

若平板之间的电场强度为

$$\boldsymbol{E}(x,z,t)=\boldsymbol{e}_yE_0\sin\left(\frac{\pi z}{d}\right)\cos(\omega t-k_xx)\ \text{V/m}$$

式中：E_0、k_x 皆为常数。试求：(1)与 $\boldsymbol{E}$ 相伴的磁场强度 $\boldsymbol{H}(x,z,t)$；(2)两导体表面上的面电流密度 $\boldsymbol{J}_S$ 和面电荷密度 ρ_S。

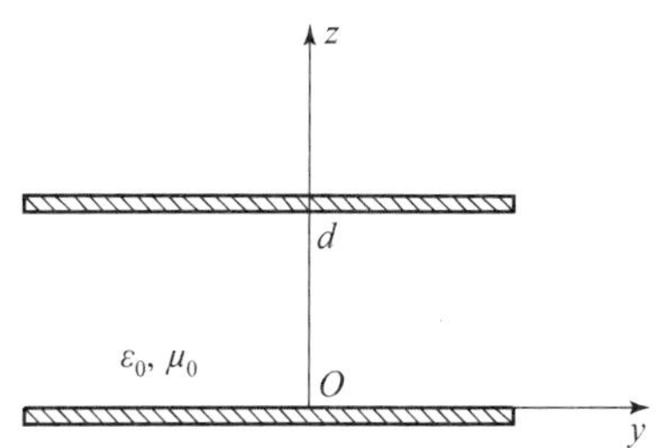

图 6-9　两导体平板截面图

解：(1) 由$\nabla\times\boldsymbol{E}=-\mu_0\dfrac{\partial\boldsymbol{H}}{\partial t}$，得

$$-\boldsymbol{e}_x\frac{\partial E}{\partial z}+\boldsymbol{e}_z\frac{\partial E}{\partial x}=-\mu_0\frac{\partial\boldsymbol{H}}{\partial t}$$

即

$$\frac{\partial\boldsymbol{H}}{\partial t}=-\frac{E_0}{\mu_0}\left[-\boldsymbol{e}_x\frac{\pi}{d}\cos(\omega t-k_xx)+\boldsymbol{e}_zk_x\sin\left(\frac{\pi z}{d}\right)\sin(\omega t-k_xx)\right]$$

将上式对时间 t 积分，得

$$\begin{aligned}\boldsymbol{H}(x,z,t)&=-\frac{E_0}{\mu_0}\left[-\boldsymbol{e}_x\int\frac{\pi}{d}\cos\left(\frac{\pi z}{d}\right)\cos(\omega t-k_xx)\mathrm{d}t+\boldsymbol{e}_z\int k_x\sin\left(\frac{\pi z}{d}\right)\sin(\omega t-k_xx)\mathrm{d}t\right]\ (\text{A/m})\\&=\left[\boldsymbol{e}_x\frac{\pi E_0}{\omega\mu_0d}\cos\left(\frac{\pi z}{d}\right)\sin(\omega t-k_xx)+\boldsymbol{e}_z\frac{k_xE_0}{\omega\mu_0}\sin\left(\frac{\pi z}{d}\right)\cos(\omega t-k_xx)\right]\ (\text{A/m})\end{aligned}$$

(2) 面电流和面电荷出现在两个理想导体板的内表面上，分别为

在 $z=0$ 处的导体板上：

$$\boldsymbol{J}_S=\boldsymbol{e}_n\times\boldsymbol{H}\big|_{z=0}=\boldsymbol{e}_z\times\boldsymbol{H}\big|_{z=0}=\left[\boldsymbol{e}_y\frac{\pi E_0}{\omega\mu_0d}\sin(\omega t-k_xx)\right]\ (\text{A/m})$$

$$\rho_S=\boldsymbol{e}_n\cdot\boldsymbol{D}\big|_{z=0}=\boldsymbol{e}_z\cdot\varepsilon_0\boldsymbol{E}\big|_{z=0}=0$$

在 $z=d$ 处的导体板上：

$$\boldsymbol{J}_S=\boldsymbol{e}_n\times\boldsymbol{H}\big|_{z=d}=-\boldsymbol{e}_z\times\boldsymbol{H}\big|_{z=d}=\left[\boldsymbol{e}_y\frac{\pi E_0}{\omega\mu_0d}\sin(\omega t-k_xx)\right]\ (\text{A/m})$$

$$\rho_S=\boldsymbol{e}_n\cdot\boldsymbol{D}\big|_{z=d}=-\boldsymbol{e}_z\cdot\varepsilon_0\boldsymbol{E}\big|_{z=d}=0$$

6.4　波动方程

由麦克斯韦方程可以建立电磁场的波动方程，它揭示了时变电磁场的运动规律，即电磁场的波动性。下面建立无源空间中电磁场的波动方程。

在无源空间中，电流密度和电荷密度处处为零，即 $\rho=0$、$\boldsymbol{J}=0$。在线性、各向同性的均匀媒质中，$\boldsymbol{E}$ 和 $\boldsymbol{H}$ 满足的麦克斯韦方程为

$$\nabla\times\boldsymbol{H}=\varepsilon\frac{\partial\boldsymbol{E}}{\partial t}\tag{6.4.1}$$

$$\nabla\times\boldsymbol{E}=-\mu\frac{\partial\boldsymbol{H}}{\partial t}\tag{6.4.2}$$

$$\nabla\cdot\boldsymbol{H}=0\tag{6.4.3}$$

$$\nabla\cdot\boldsymbol{E}=0\tag{6.4.4}$$

对式（6.4.2）两边取旋度，有

$$\nabla\times(\nabla\times\boldsymbol{E})=-\mu\frac{\partial}{\partial t}(\nabla\times\boldsymbol{H})\tag{6.4.5}$$

将式（6.4.1）代入式（6.4.5），得

$$\nabla\times(\nabla\times\boldsymbol{E})+\mu\varepsilon\frac{\partial^2\boldsymbol{E}}{\partial t^2}=0\tag{6.4.6}$$

利用矢量恒等式$\nabla\times(\nabla\times\boldsymbol{E})=\nabla(\nabla\cdot\boldsymbol{E})-\nabla^2\boldsymbol{E}$和式（6.4.6），可得

$$\nabla^2\boldsymbol{E}-\mu\varepsilon\frac{\partial^2\boldsymbol{E}}{\partial t^2}=0\tag{6.4.7}$$

即无源区城中电场强度矢量$\boldsymbol{E}$满足的波动方程。

同理可得，无源区域中磁场强度矢量$\boldsymbol{H}$满足的波动方程为

$$\nabla^2\boldsymbol{H}-\mu\varepsilon\frac{\partial^2\boldsymbol{H}}{\partial t^2}=0\tag{6.4.8}$$

无源区域中的$\boldsymbol{E}$或$\boldsymbol{H}$可以通过求解式（6.4.7）或式（6.4.8）的波动方程得到。

在直角坐标系中，波动方程可以分解为三个标量方程，每个方程中只含有个场分量。例如：式（6.4.7）可以分解为

$$\frac{\partial^2 E_y}{\partial x^2}+\frac{\partial^2 E_y}{\partial y^2}+\frac{\partial^2 E_y}{\partial z^2}-\mu\varepsilon\frac{\partial^2 E_y}{\partial t^2}=0\tag{6.4.9}$$

$$\frac{\partial^2 E_x}{\partial x^2}+\frac{\partial^2 E_x}{\partial y^2}+\frac{\partial^2 E_x}{\partial z^2}-\mu\varepsilon\frac{\partial^2 E_x}{\partial t^2}=0\tag{6.4.10}$$

$$\frac{\partial^2 E_z}{\partial x^2}+\frac{\partial^2 E_z}{\partial y^2}+\frac{\partial^2 E_z}{\partial z^2}-\mu\varepsilon\frac{\partial^2 E_z}{\partial t^2}=0\tag{6.4.11}$$

在其他坐标系中分解得到的三个标量方程都具有复杂的形式。

波动方程的解是在空间中沿一个特定方向传播的电磁波。研究电磁波的传播问题都可归结为在给定的边界条件和初始条件下求波动方程的解。当然，除最简单的情况外，求解波动方程常常是很复杂的。

6.5 达朗贝尔方程

在线性、各向同性的均匀媒质中，将$\boldsymbol{B}=\nabla\times\boldsymbol{A}$和$\boldsymbol{E}=-\frac{\partial\boldsymbol{A}}{\partial t}-\nabla\varphi$代入方程$\nabla\times\boldsymbol{H}=\boldsymbol{J}+\varepsilon\frac{\partial\boldsymbol{E}}{\partial t}$，则有

$$\nabla\times\nabla\times\boldsymbol{A}=\mu\boldsymbol{J}-\mu\varepsilon\frac{\partial^2\boldsymbol{A}}{\partial^2 t}-\mu\varepsilon\nabla\left(\frac{\partial\varphi}{\partial t}\right)\tag{6.5.1}$$

利用失量恒等式$\nabla\times(\nabla\times\boldsymbol{A})=\nabla(\nabla\cdot\boldsymbol{A})-\nabla^2\boldsymbol{A}$，可得

$$\nabla^2\boldsymbol{A}-\mu\varepsilon\frac{\partial^2\boldsymbol{A}}{\partial t^2}-\nabla\left(\nabla\cdot\boldsymbol{A}+\mu\varepsilon\frac{\partial\varphi}{\partial t}\right)=-\mu\boldsymbol{J}\tag{6.5.2}$$

同样，将$\boldsymbol{E}=-\frac{\partial\boldsymbol{A}}{\partial t}-\nabla\varphi$代入$\nabla\cdot\boldsymbol{E}=\frac{1}{\varepsilon}\rho$，可得

$$\nabla^2\varphi + \frac{\partial}{\partial t}(\nabla \cdot \boldsymbol{A}) = -\frac{1}{\varepsilon}\rho \tag{6.5.3}$$

式（6.5.2）和式（6.5.3）是关于 $\boldsymbol{A}$ 和 φ 的一组耦合微分方程，可通过适当地规定矢量位 $\boldsymbol{A}$ 的散度加以简化。利用洛仑兹条件 $\nabla \cdot \boldsymbol{A} = -\mu\varepsilon\frac{\partial\varphi}{\partial t}$，由式（6.5.2）和式（6.5.3）可得

$$\nabla^2\boldsymbol{A} - \mu\varepsilon\frac{\partial^2\boldsymbol{A}}{\partial t^2} = -\mu\boldsymbol{J} \tag{6.5.4}$$

$$\nabla^2\varphi - \mu\varepsilon\frac{\partial^2\varphi}{\partial t^2} = -\frac{1}{\varepsilon}\rho \tag{6.5.5}$$

式（6.5.4）和式（6.5.5）就是在洛仑兹条件下，矢量位 $\boldsymbol{A}$ 和标量位 φ 所满足的微分方程，称为达朗贝尔方程。由式（6.5.4）和式（6.5.5）可知，采用洛仑兹条件使矢量位 $\boldsymbol{A}$ 和标量位 φ 分离在两个独立的方程中，且矢量位 $\boldsymbol{A}$ 仅与电流密度 $\boldsymbol{J}$ 有关，而标量位 φ 仅与电荷密度 ρ 有关，这对方程的求解是有利的。如果不采用洛仑兹条件，而选择另外的 $\nabla \cdot \boldsymbol{A}$，则得到的 $\boldsymbol{A}$ 和 φ 的方程将不同于式（6.5.4）和式（6.5.5），其解也不相同，但最终由 $\boldsymbol{A}$ 和 φ 求出的 $\boldsymbol{E}$ 和 $\boldsymbol{B}$ 是相同的。

6.6　坡印亭定理与坡印亭矢量

6.6.1　坡印亭定理

麦克斯韦除了提出位移电流的假设之外，还提出了电磁场能量体密度等于电场能量的体密度与磁场能量的体密度之和的基本假设，即

$$\omega' = \omega'_e + \omega'_m = \frac{1}{2}\boldsymbol{E} \cdot \boldsymbol{D} + \frac{1}{2}\boldsymbol{B} \cdot \boldsymbol{H} \tag{6.6.1}$$

则任一体积 V 中的电磁场能量为

$$W = \int_V \omega' \mathrm{d}V = \int_V \left(\frac{1}{2}\boldsymbol{E} \cdot \boldsymbol{D} + \frac{1}{2}\boldsymbol{B} \cdot \boldsymbol{H}\right)\mathrm{d}V \tag{6.6.2}$$

由于电场和磁场都随时间变化，所以体积 V 每一场点的电磁能量变化率为

$$\frac{\partial W}{\partial t} = \frac{\partial}{\partial t}\int_V \left(\frac{1}{2}\boldsymbol{E} \cdot \boldsymbol{D} + \frac{1}{2}\boldsymbol{B} \cdot \boldsymbol{H}\right)\mathrm{d}V = \int_V \left[\frac{\partial}{\partial t}\left(\frac{1}{2}\boldsymbol{E} \cdot \boldsymbol{D}\right) + \frac{\partial}{\partial t}\left(\frac{1}{2}\boldsymbol{B} \cdot \boldsymbol{H}\right)\right]\mathrm{d}V \tag{6.6.3}$$

而对于线性、各向同性媒质，有如下关系：

$$\frac{\partial}{\partial t}\left(\frac{1}{2}\boldsymbol{E} \cdot \boldsymbol{D}\right) = \boldsymbol{E} \cdot \frac{\partial \boldsymbol{D}}{\partial t} \quad 和 \quad \frac{\partial}{\partial t}\left(\frac{1}{2}\boldsymbol{B} \cdot \boldsymbol{H}\right) = \boldsymbol{H} \cdot \frac{\partial \boldsymbol{B}}{\partial t} \tag{6.6.4}$$

由麦克斯韦第一、二方程可知

$$\frac{\partial \boldsymbol{D}}{\partial t} = \nabla \times \boldsymbol{H} - \boldsymbol{J} \quad 和 \quad \frac{\partial \boldsymbol{B}}{\partial t} = -\nabla \times \boldsymbol{E} \tag{6.6.5}$$

将上面式（6.6.1）~式（6.6.3）、式（6.6.5）代入式（6.6.4），得

$$\frac{\partial W}{\partial t} = \int_V (\boldsymbol{E} \cdot \nabla \times \boldsymbol{H} - \boldsymbol{H} \cdot \nabla \times \boldsymbol{E} - \boldsymbol{E} \cdot \boldsymbol{J})\mathrm{d}V \tag{6.6.6}$$

利用矢量恒等式，式（6.6.6）可改写为

$$-\frac{\partial W}{\partial t}=\int_V \nabla\cdot(\boldsymbol{E}\times\boldsymbol{H})\mathrm{d}V+\int_V \boldsymbol{E}\cdot\boldsymbol{J}\mathrm{d}V \tag{6.6.7}$$

设 $\boldsymbol{S}$ 为限定体积 V 的闭合面，则应用高斯散度定理，有

$$-\frac{\partial W}{\partial t}=\int_V \boldsymbol{E}\cdot\boldsymbol{J}\mathrm{d}V+\oint_S(\boldsymbol{E}\times\boldsymbol{H})\cdot\mathrm{d}\boldsymbol{S} \tag{6.6.8}$$

如果考虑到体积 V 中还有电源，设 $\boldsymbol{E}_e$ 为局外场强，则有 $\boldsymbol{E}=\frac{\boldsymbol{J}}{\gamma}-\boldsymbol{E}_e$，将其代入式（6.6.3），可得

$$\oint_S(\boldsymbol{E}\times\boldsymbol{H})\cdot\mathrm{d}\boldsymbol{S}=\int_V \boldsymbol{E}_e\cdot\boldsymbol{J}\mathrm{d}V-\int_V\frac{\boldsymbol{J}^2}{\gamma}\mathrm{d}V-\frac{\partial W}{\partial t} \tag{6.6.9}$$

式（6.6.9）就是电磁场中的能量守恒和转化定律，一般称为电磁能流定理或坡印亭定理。左边一项的闭合面积分是通过包围体积 V 的闭合面 $\boldsymbol{S}$ 向外输送的电磁能量。右边第一项为 V 内电源提供的能量；右边第二项为电磁场在导电媒质内消耗的电磁功率；右边第三项为体积 V 内增加的电磁场能量。因此，式（6.6.9）的物理意义为时变电磁场的电磁功率平衡方程。

6.6.2 坡印亭矢量

由式（6.6.6）可知，闭合面积分中的矢量 $\boldsymbol{E}\times\boldsymbol{H}$ 相当于电磁功率流的面密度，即垂直于能量传播方向的单位面积上穿过的电磁功率。矢量 $\boldsymbol{E}\times\boldsymbol{H}$ 称为坡印亭矢量，记为

$$\boldsymbol{S}=\boldsymbol{E}\times\boldsymbol{H} \tag{6.6.10}$$

因此，$\boldsymbol{S}$ 为坡印亭矢量（$\mathrm{W/m^2}$），方向与 $\boldsymbol{E}$ 和 $\boldsymbol{H}$ 垂直，表示电磁能量传播或流动的方向。所以，$\boldsymbol{S}$ 也称为电磁能流密度。

恒定场是时变场的特例，因此恒定场的能量也应满足坡印亭定理。对于恒定场，如果体积 V 中充满导电媒质，且不存在局外场强，则坡印亭定理可写为

$$-\oint_S(\boldsymbol{E}\times\boldsymbol{H})\cdot\mathrm{d}\boldsymbol{S}=\int_V\frac{\boldsymbol{J}^2}{\gamma}\mathrm{d}V \tag{6.6.11}$$

式（6.6.11）就是恒定场中的功率平衡方程，表明导电媒质中的焦耳损耗功率等于通过其表面 $\boldsymbol{S}$ 由外部输入的电磁能流。

例 6.6.1：求图 6－10 所示载有直流电流 I 的长直圆导线表面的坡印亭矢量，并计算电阻为 R 一段导线消耗的功率。

解：设导线半径为 a，则容易求得导线内的电场强度和磁场强度分别为

$$\boldsymbol{E}=\frac{\boldsymbol{J}}{\gamma}=\frac{I}{\gamma\pi a^2}\boldsymbol{e}_z$$

$$\boldsymbol{H}=\frac{rI}{2\pi a^2}\boldsymbol{e}_\varphi$$

导线表面的电场强度和磁场强度分别为

$$\boldsymbol{E}=\frac{\boldsymbol{J}}{\gamma}=\frac{I}{\gamma\pi a^2}\boldsymbol{e}_z$$

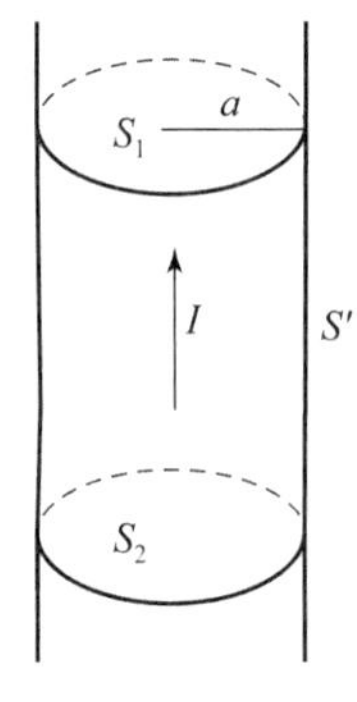

图 6－10　圆导体的功率损耗

$$\boldsymbol{H}=\frac{I}{2\pi a}\boldsymbol{e}_{\varphi}$$

导线表面的坡印亭矢量为

$$\boldsymbol{S}=\boldsymbol{E}\times\boldsymbol{H}=\frac{\boldsymbol{I}^2}{2\gamma\pi^2\boldsymbol{a}^3}(\boldsymbol{e}_z\times\boldsymbol{e}_{\varphi})=-\frac{\boldsymbol{I}^2}{2\gamma\pi^2\boldsymbol{a}^3}\boldsymbol{e}_{\rho}$$

由于在 S_1 和 S_2 表面上坡印亭矢量的方向与面的法线方向垂直，所以对应的面积分为零，因此有

$$-\oint_S -\frac{I^2}{2\gamma\pi^2a^3}\boldsymbol{e}_{\rho}\cdot\mathrm{d}\boldsymbol{S}=-\int_{S'}-\frac{I^2}{2\gamma\pi^2a^3}\boldsymbol{e}_{\rho}\cdot\mathrm{d}\boldsymbol{S}=\left(\frac{I^2}{2\gamma\pi^2a^3}\right)2\pi al=I^2\left(\frac{l}{\gamma\pi a^2}\right)=I^2R \tag{6.6.12}$$

式中：$R=\dfrac{l}{\gamma\pi a^2}$为 l 长度导体的电阻。

式（6.6.12）说明，坡印亭矢量在导线侧表面的积分的负值等于从电路理论中得到的导线内部的功率消耗 I^2R，其消耗的功率是由导线侧表面传播进来的。

6.7　唯一性定理

在分析有界区域的时变电磁场问题时，常常需要在给定的初始条件和边界条件下，求解麦克斯韦方程。那么，在什么定解条件下，有界区域中的麦克斯韦方程的解才是唯一的呢？这就是麦克斯韦方程的解的唯一问题。

唯一性定理指出：在以闭合曲面 S 为边界的有界区域 V 内，如果给定 $t=0$ 时刻的电场强度 $\boldsymbol{E}$ 和磁场强度 $\boldsymbol{H}$ 的初始值，并且在 $t\geqslant 0$ 时，给定边界面 S 上的电场强度 $\boldsymbol{E}$ 的切向分量或磁场强度 $\boldsymbol{H}$ 的切向分量，那么在 $t>0$ 时，区域 V 内的电磁场由麦克斯韦方程唯一地确定。

下面利用反证法对唯一性定理给予证明。假设区域 V 内的解不是唯一的，那么至少存在两组解 $\boldsymbol{E}_1$、$\boldsymbol{H}_1$ 和 $\boldsymbol{E}_2$、$\boldsymbol{H}_2$ 满足同样的麦克斯韦方程，且具有相同的初始条件和边界条件。

令

$$\boldsymbol{E}_0=\boldsymbol{E}_1-\boldsymbol{E}_2、\boldsymbol{H}_0=\boldsymbol{H}_1-\boldsymbol{H}_2 \tag{6.7.1}$$

则当 $t=0$ 时，在区域 V 内，$\boldsymbol{E}_0$ 和 $\boldsymbol{H}_0$ 的初始值为零；在 $t\geqslant 0$ 时，边界面 S 上电场强度 $\boldsymbol{E}_0$ 的切向分量为零或磁场强度 $\boldsymbol{H}_0$ 的切向分量为零，且 $\boldsymbol{E}_0$、$\boldsymbol{H}_0$ 满足麦克斯韦方程为

$$\nabla\times\boldsymbol{H}_0=\sigma\boldsymbol{E}_0+\varepsilon\frac{\partial\boldsymbol{E}_0}{\partial t} \tag{6.7.2}$$

$$\nabla\times\boldsymbol{E}_0=-\mu\frac{\partial\boldsymbol{H}_0}{\partial t} \tag{6.7.3}$$

$$\nabla\cdot(\mu\boldsymbol{H}_0)=0 \tag{6.7.4}$$

$$\nabla\cdot(\varepsilon\boldsymbol{E}_0)=0 \tag{6.7.5}$$

因此，根据坡印亭定理，应有

$$-\oint_S(\boldsymbol{E}_0\times\boldsymbol{H}_0)\cdot\boldsymbol{e}_n\mathrm{d}S=\frac{\mathrm{d}}{\mathrm{d}t}\int_V\left(\frac{1}{2}\mu\ |\boldsymbol{H}_0|^2+\frac{1}{2}\varepsilon\ |\boldsymbol{E}_0|^2\right)\mathrm{d}V+\int_V\sigma\ |\boldsymbol{E}_0|^2\mathrm{d}V \tag{6.7.6}$$

根据 $\boldsymbol{E}_0$ 或 $\boldsymbol{H}_0$ 的边界条件，式（6.7.6）左边的被积函数为

$$(\boldsymbol{E}_0\times\boldsymbol{H}_0)\cdot\boldsymbol{e}_n\big|_S=(\boldsymbol{e}_n\times\boldsymbol{E}_0)\cdot\boldsymbol{H}_0\big|_S=(\boldsymbol{H}_0\times\boldsymbol{e}_n)\cdot\boldsymbol{E}_0\big|_S=0 \tag{6.7.7}$$

所以，得

$$\frac{\mathrm{d}}{\mathrm{d}t}\int_V\left(\frac{1}{2}\mu\ |\boldsymbol{H}_0|^2+\frac{1}{2}\varepsilon\ |\boldsymbol{E}_0|^2\right)\mathrm{d}V+\int_V\sigma\ |\boldsymbol{E}_0|^2\mathrm{d}V=0 \tag{6.7.8}$$

由于 $\boldsymbol{E}_0$ 和 $\boldsymbol{H}_0$ 的初始值为零，将式（6.7.8）两边在（0，t）上对 t 积分，可得

$$\int_V\left(\frac{1}{2}\mu|\boldsymbol{H}_0|^2+\frac{1}{2}\varepsilon|\boldsymbol{E}_0|^2\right)\mathrm{d}V+\int_0^t\left(\int_V\sigma|\boldsymbol{E}_0|^2\mathrm{d}V\right)\mathrm{d}t=0 \tag{6.7.9}$$

式中：两项积分的被积函数均为非负的，要使得积分为零，必有

$$\boldsymbol{E}_0=0,\ \boldsymbol{H}_0=0 \tag{6.7.10}$$

即

$$\boldsymbol{E}_1=\boldsymbol{E}_2,\ \boldsymbol{H}_1=\boldsymbol{H}_2 \tag{6.7.11}$$

这就证明了唯一性定理。

唯一性定理指出了获得唯一解所必须满足的条件，为电磁场问题的求解提供了理论依据，具有非常重要的意义和广泛的应用。

6.8 时谐电磁场

在时变电磁场中，如果场源以一定的角频率随时间呈时谐（正弦或余弦）变化，则所产生的电磁场也以同样的角频率随时间呈时谐变化。这种以一定频率作时谐变化的电磁场，称为时谐电磁场或正弦电磁场。在工程上，应用最多的是时谐电磁场。同时，任意的时变场在一定的条件下都可通过傅里叶分析方法展开为不同频率的时谐场的叠加。因此，研究时谐电磁场具有重要的意义。

6.8.1 时谐电磁场的表示

对时谐电磁场采用复数方法表示可使问题的分析得以简化。设 $u(\boldsymbol{r},t)$ 是以角频率 ω 随时间呈时谐变化的标量函数，其瞬时表示式为

$$u(\boldsymbol{r},t)=u_m(\boldsymbol{r})\cos[\omega t+\phi(\boldsymbol{r})] \tag{6.8.1}$$

式中：$u_m(\boldsymbol{r})$ 为振幅，它仅为空间坐标的函数；ω 为角频率；$\phi(\boldsymbol{r})$ 为与时间无关的初相位。

利用复数取实部表示方法，可将式（6.8.1）写成

$$u(\boldsymbol{r},t)=\mathrm{Re}[u_m(\boldsymbol{r})e^{\mathrm{j}\phi(\boldsymbol{r})}e^{\mathrm{j}\omega t}]=\mathrm{Re}[\dot{u}(\boldsymbol{r})e^{\mathrm{j}\omega t}] \tag{6.8.2}$$

式中

$$\dot{u}(\boldsymbol{r})=u_m(\boldsymbol{r})e^{\mathrm{j}\phi(\boldsymbol{r})} \tag{6.8.3}$$

称为复振幅，或称为 $u(\boldsymbol{r},t)$ 的复数形式。为了区别复数形式与实数形式，这里用打“·”的符号表示复数形式。

任意时诸矢量函数 $\boldsymbol{F}(\boldsymbol{r},t)$ 可分解为三个分量 $F_i(\boldsymbol{r},t)\ (i=x,y,z)$，每一个分量都是时谐标量函数，即

$$F_i(\boldsymbol{r},t)=F_{im}(\boldsymbol{r})\cos[\omega t+\phi_i(\boldsymbol{r})]\quad(i=x,y,z) \tag{6.8.4}$$

它们可用复数表示为

$$F_i(\boldsymbol{r},t)=\mathrm{Re}[F_{im}(\boldsymbol{r})e^{\mathrm{j}\phi_i(\boldsymbol{r})}e^{\mathrm{j}\omega t}]\quad(i=x,y,z)\tag{6.8.5}$$

于是

$$\begin{aligned}\boldsymbol{F}(\boldsymbol{r},t)&=\boldsymbol{e}_xF_x(\boldsymbol{r},t)+\boldsymbol{e}_yF_y(\boldsymbol{r},t)+\boldsymbol{e}_zF_z(\boldsymbol{r},t)\\&=\mathrm{Re}\{[\boldsymbol{e}_xF_{xm}(\boldsymbol{r})e^{\mathrm{j}\phi_x(\boldsymbol{r})}+\boldsymbol{e}_yF_{ym}(\boldsymbol{r})e^{\mathrm{j}\phi_y(\boldsymbol{r})}+\boldsymbol{e}_zF_{zm}(\boldsymbol{r})e^{\mathrm{j}\phi_z(\boldsymbol{r})}]e^{\mathrm{j}\omega t}\}\\&=\mathrm{Re}[\dot{\boldsymbol{F}}_m(\boldsymbol{r})e^{\mathrm{j}\omega t}]\end{aligned}\tag{6.8.6}$$

其中

$$\dot{\boldsymbol{F}}_m(\boldsymbol{r})=\boldsymbol{e}_xF_{xm}(\boldsymbol{r})e^{\mathrm{j}\phi_x(\boldsymbol{r})}+\boldsymbol{e}_yF_{ym}(\boldsymbol{r})e^{\mathrm{j}\phi_y(\boldsymbol{r})}+\boldsymbol{e}_zF_{zm}(\boldsymbol{r})e^{\mathrm{j}\phi_z(\boldsymbol{r})}\tag{6.8.7}$$

称为时谐矢量函数 $\boldsymbol{F}(\boldsymbol{r},t)$ 的复矢量。

式（6.8.6）是瞬时矢量 $\boldsymbol{F}(\boldsymbol{r},t)$ 与复矢量 $\dot{\boldsymbol{F}}_m(\boldsymbol{r})$ 的关系。对于给定的瞬时矢量，由式（6.8.6）可写出与之相应的复矢量；反之，给定一个复矢量，由式（6.8.6）可写出与之相应的瞬时矢量。

必须注意：复矢量只是一种数学表示方式，它只与空间有关，而与时间无关。复矢量并不是真实的场矢量，真实的场矢量是与之相应的瞬时矢量；而且，只有频率相同的时谐场之间才能使用复矢量的方法进行运算。

例 6.8.1：将下列场矢量的瞬时值形式写为复数形式。

（1）$\boldsymbol{E}(z,t)=\boldsymbol{e}_xE_{xm}\cos(\omega t-kz+\phi_x)+\boldsymbol{e}_yE_{ym}\sin(\omega t-kz+\phi_y)$

（2）$\boldsymbol{H}(x,z,t)=\boldsymbol{e}_xH_0k\left(\dfrac{a}{\pi}\right)\sin\left(\dfrac{\pi x}{a}\right)\sin(kz-\omega t)+\boldsymbol{e}_zH_0\cos\left(\dfrac{\pi x}{a}\right)\cos(kz-\omega t)$

解：（1）由于

$$\begin{aligned}\boldsymbol{E}(z,t)&=\boldsymbol{e}_xE_{xm}\cos(\omega t-kz+\phi_x)+\boldsymbol{e}_yE_{ym}\cos\left(\omega t-kz+\phi_y-\frac{\pi}{2}\right)\\&=\mathrm{Re}[\boldsymbol{e}_xE_{xm}e^{\mathrm{j}(\omega t-kz+\phi_x)}+\boldsymbol{e}_yE_{ym}e^{\mathrm{j}(\omega t-kz+\phi_y-\frac{\pi}{2})}]\end{aligned}$$

据式（6.8.4），可知电场强度的复矢量为

$$\dot{\boldsymbol{E}}_m(z)=\boldsymbol{e}_xE_{xm}e^{\mathrm{j}(-kz+\phi_x)}+\boldsymbol{e}_yE_{ym}e^{\mathrm{j}(-kz+\phi_y-\frac{\pi}{2})}=(\boldsymbol{e}_xE_{xm}e^{\mathrm{j}\phi_x}-\boldsymbol{e}_y\mathrm{j}E_{ym}e^{\mathrm{j}\phi_y})e^{-\mathrm{j}kz}$$

（2）因为

$$\cos(kz-\omega t)=\cos(\omega t-kz)$$

$$\sin(kz-\omega t)=\cos\left(kz-\omega t-\frac{\pi}{2}\right)=\cos\left(\omega t-kz+\frac{\pi}{2}\right)$$

所以

$$\dot{\boldsymbol{H}}_m(x,z)=\boldsymbol{e}_xH_0ak\left(\frac{a}{\pi}\right)\sin\left(\frac{\pi x}{a}\right)e^{-\mathrm{j}kz+\mathrm{j}\frac{\pi}{2}}+\boldsymbol{e}_zH_0\cos\left(\frac{\pi x}{a}\right)e^{-\mathrm{j}kz}$$

例 6.8.2：已知电场强度复矢量 $\dot{\boldsymbol{E}}_m(z)=\boldsymbol{e}_x\mathrm{j}E_{xm}\cos k_zz$，其中：$E_{xm}$ 和 k_z 为常数。写出电场强度的瞬时矢量。

解：根据式（6.8.3），可得电场强度的瞬时矢量为

$$\begin{aligned}\boldsymbol{E}(z,t)&=\mathrm{Re}[\boldsymbol{e}_x\mathrm{j}E_{xm}\cos(k_zz)e^{\mathrm{j}\omega t}]=\mathrm{Re}[\boldsymbol{e}_xE_{xm}\cos(k_zz)e^{\mathrm{j}(\omega t+\frac{\pi}{2})}]\\&=\boldsymbol{e}_xE_{xm}\cos(k_zz)\cos\left(\omega t+\frac{\pi}{2}\right)\end{aligned}$$

6.8.2　时谐电磁场的麦克斯韦方程形式

对于一般的时变电磁场，麦克斯韦方程组为

$$\nabla \times \boldsymbol{H} = \boldsymbol{J} + \frac{\partial \boldsymbol{D}}{\partial t} \tag{6.8.8}$$

$$\nabla \times \boldsymbol{E} = -\frac{\partial \boldsymbol{B}}{\partial t} \tag{6.8.9}$$

$$\nabla \cdot \boldsymbol{B} = 0 \tag{6.8.10}$$

$$\nabla \cdot \boldsymbol{D} = \rho \tag{6.8.11}$$

在时谐电磁场中，对时间的导数可用复数形式表示为

$$\frac{\partial \boldsymbol{F}(\boldsymbol{r},t)}{\partial t} = \frac{\partial}{\partial t}\mathrm{Re}[\dot{\boldsymbol{F}}_m(\boldsymbol{r})e^{\mathrm{j}\omega t}] = \mathrm{Re}\left\{\frac{\partial}{\partial t}[\dot{\boldsymbol{F}}_m(\boldsymbol{r})e^{\mathrm{j}\omega t}]\right\} = \mathrm{Re}[\mathrm{j}\omega\dot{\boldsymbol{F}}_m(\boldsymbol{r})e^{\mathrm{j}\omega t}] \tag{6.8.12}$$

利用此运算规律，可将麦克斯韦方程组写成

$$\nabla \times \mathrm{Re}[\dot{\boldsymbol{H}}_m(\boldsymbol{r})e^{\mathrm{j}\omega t}] = \mathrm{Re}[\dot{\boldsymbol{J}}_m(\boldsymbol{r})e^{\mathrm{j}\omega t}] + \mathrm{Re}[\mathrm{j}\omega\dot{\boldsymbol{D}}_m(\boldsymbol{r})e^{\mathrm{j}\omega t}] \tag{6.8.13}$$

$$\nabla \times \mathrm{Re}[\dot{\boldsymbol{E}}_m(\boldsymbol{r})e^{\mathrm{j}\omega t}] = \mathrm{Re}[-\mathrm{j}\omega\dot{\boldsymbol{B}}_m(\boldsymbol{r})e^{\mathrm{j}\omega t}] \tag{6.8.14}$$

$$\nabla \cdot \mathrm{Re}[\dot{\boldsymbol{B}}_m(\boldsymbol{r})e^{\mathrm{j}\omega t}] = 0 \tag{6.8.15}$$

$$\nabla \cdot \mathrm{Re}[\dot{\boldsymbol{D}}_m(\boldsymbol{r})e^{\mathrm{j}\omega t}] = \mathrm{Re}[\dot{\boldsymbol{\rho}}_m(\boldsymbol{r})e^{\mathrm{j}\omega t}] \tag{6.8.16}$$

将微分算子“∇”与实部符号“Re”交换顺序，有

$$\mathrm{Re}[\nabla \times \dot{\boldsymbol{H}}_m(\boldsymbol{r})e^{\mathrm{j}\omega t}] = \mathrm{Re}[\dot{\boldsymbol{J}}_m(\boldsymbol{r})e^{\mathrm{j}\omega t}] + \mathrm{Re}[\mathrm{j}\omega\dot{\boldsymbol{D}}_m(\boldsymbol{r})e^{\mathrm{j}\omega t}] \tag{6.8.17}$$

$$\mathrm{Re}[\nabla \times \dot{\boldsymbol{E}}_m(\boldsymbol{r})e^{\mathrm{j}\omega t}] = \mathrm{Re}[-\mathrm{j}\omega\dot{\boldsymbol{B}}_m(\boldsymbol{r})e^{\mathrm{j}\omega t}] \tag{6.8.18}$$

$$\mathrm{Re}[\nabla \cdot \dot{\boldsymbol{B}}_m(\boldsymbol{r})e^{\mathrm{j}\omega t}] = 0 \tag{6.8.19}$$

$$\mathrm{Re}[\nabla \cdot \dot{\boldsymbol{D}}_m(\boldsymbol{r})e^{\mathrm{j}\omega t}] = \mathrm{Re}[\dot{\boldsymbol{\rho}}_m(\boldsymbol{r})e^{\mathrm{j}\omega t}] \tag{6.8.20}$$

由于以上表示式对于任何时刻 t 均成立，故实部符号可以消去，于是得到：

$$\nabla \times \dot{\boldsymbol{H}}_m(\boldsymbol{r}) = \dot{\boldsymbol{J}}_m(\boldsymbol{r}) + \mathrm{j}\omega\dot{\boldsymbol{D}}_m(\boldsymbol{r}) \tag{6.8.21}$$

$$\nabla \times \dot{\boldsymbol{E}}_m(\boldsymbol{r}) = -\mathrm{j}\omega\dot{\boldsymbol{B}}_m(\boldsymbol{r}) \tag{6.8.22}$$

$$\nabla \cdot \dot{\boldsymbol{B}}_m(\boldsymbol{r}) = 0 \tag{6.8.23}$$

$$\nabla \cdot \dot{\boldsymbol{D}}_m(\boldsymbol{r}) = \dot{\boldsymbol{\rho}}_m(\boldsymbol{r}) \tag{6.8.24}$$

这就是时谐电磁场的复矢量所满足的麦克斯韦方程，也称为麦克斯韦方程的复数形式。

这里为了突出复数形式与实数形式的区别，用打“·”符号表示复数形式。由于复数形式的公式与实数形式的公式之间存在明显的区别，将复数形式的“·”去掉，并不会引起混淆。因此以后用复数形式时不再打“·”符号，并忽略下标 m，故将麦克斯韦方程的复数形式写成

$$\nabla \times \boldsymbol{H} = \boldsymbol{J} + \mathrm{j}\omega\boldsymbol{D} \tag{6.8.25}$$

$$\nabla \times \boldsymbol{E} = -\mathrm{j}\omega\boldsymbol{B} \tag{6.8.26}$$

$$\nabla \cdot \boldsymbol{B} = 0 \tag{6.8.27}$$

$$\nabla \cdot \boldsymbol{D} = \rho \tag{6.8.28}$$

6.8.3 亥姆霍兹方程

对于时谐电磁场，将$\frac{\partial}{\partial t}\to \mathrm{j}\omega$、$\frac{\partial^2}{\partial t^2}\to -\omega^2$，则由式（6.4.5）和式（6.4.6）可得

$$\begin{cases}\nabla^2\boldsymbol{H} + k^2\boldsymbol{H} = 0\\ \nabla^2\boldsymbol{E} + k^2\boldsymbol{E} = 0\end{cases} \tag{6.8.29}$$

式中

$$k = \omega\sqrt{\mu\varepsilon} \tag{6.8.30}$$

式（6.8.29）即为时谐电磁场的复矢量 $\boldsymbol{E}$ 和 $\boldsymbol{H}$ 在无源空间中所满足的波动方程，通常又称为亥姆霍兹方程。

如果媒质是有损耗的，即介电常数或磁导率为复数，则 k 也相应地变为复数 k_c。对于电导率 $\sigma \neq 0$ 的导电媒质，用式 $\varepsilon_c = \varepsilon - \mathrm{j}\dfrac{\sigma}{\omega}$ 中的等效复介电常数 ε_c 代替式（6.8.30）中的 ε，可得

$$k_c = \omega\sqrt{\mu\varepsilon_c} \tag{6.8.31}$$

波动方程式（6.8.29）形式不变，只是将 k 替换为 k_c。

6.8.4　时谐场的位函数

对于时谐电磁场的情形，矢量位和标量位都可改用复数，即

$$\begin{cases} \boldsymbol{H} = \dfrac{1}{\mu}\nabla \times \boldsymbol{A} \\ \boldsymbol{E} = -\mathrm{j}\omega\boldsymbol{A} - \nabla\varphi \end{cases} \tag{6.8.32}$$

洛仑兹条件变为

$$\nabla \cdot \boldsymbol{A} = -\mathrm{j}\omega\mu\varepsilon\varphi \tag{6.8.33}$$

达朗贝尔方程变为

$$\nabla^2\boldsymbol{A} + k^2\boldsymbol{A} = -\mu\boldsymbol{J} \tag{6.8.34}$$

$$\nabla^2\varphi + k^2\varphi = -\frac{1}{\varepsilon}\rho \tag{6.8.35}$$

式中：$k^2 = \omega^2\mu\varepsilon$。

由洛仑兹条件式（6.8.33），可将标量位 φ 表示为

$$\varphi = \frac{\nabla \cdot \boldsymbol{A}}{-\mathrm{j}\omega\mu\varepsilon} \tag{6.8.36}$$

代入式（6.8.32），则

$$\begin{cases} \boldsymbol{H} = \dfrac{1}{\mu}\nabla \times \boldsymbol{A} \\ \boldsymbol{E} = -\mathrm{j}\omega\boldsymbol{A} - \mathrm{j}\dfrac{\nabla\nabla \cdot \boldsymbol{A}}{\omega\mu\varepsilon} = -\mathrm{j}\omega\left(\boldsymbol{A} + \dfrac{\nabla\nabla \cdot \boldsymbol{A}}{k^2}\right) \end{cases} \tag{6.8.37}$$

6.8.5　时谐场的平均能量密度和平均能流密度矢量

前面讨论的坡印亭矢量是瞬时值矢量，表示瞬时能流密度。在时谐电磁场中，一个周期内的平均能流密度矢量 $\boldsymbol{S}_{av}$（平均坡印亭矢量）更有意义。式（6.6.7）的平均值为

$$\boldsymbol{S}_{av} = \frac{1}{T}\int_0^T \boldsymbol{S}\mathrm{d}t = \frac{\omega}{2\pi}\int_0^{\frac{2\pi}{\omega}} \boldsymbol{S}\mathrm{d}t \tag{6.8.38}$$

式中：$T = \dfrac{2\pi}{\omega}$ 为时谐电磁场的时间周期。

$\boldsymbol{S}_{av}$ 也可以直接由场矢量的复数形式计算。对于时谐电磁场，坡印亭矢量可写为

$$\begin{aligned}\boldsymbol{S} &= \boldsymbol{E}\times\boldsymbol{H} = \mathrm{Re}[\boldsymbol{E}e^{\mathrm{j}\omega t}]\times\mathrm{Re}[\boldsymbol{H}e^{\mathrm{j}\omega t}]\\ &= \frac{1}{2}[\boldsymbol{E}e^{\mathrm{j}\omega t}+(\boldsymbol{E}e^{\mathrm{j}\omega t})^*]\times\frac{1}{2}[\boldsymbol{H}e^{\mathrm{j}\omega t}+(\boldsymbol{H}e^{\mathrm{j}\omega t})^*]\\ &= \frac{1}{4}[\boldsymbol{E}\times\boldsymbol{H}e^{\mathrm{j}2\omega t}+\boldsymbol{E}^*\times\boldsymbol{H}^*e^{-\mathrm{j}2\omega t}]+\frac{1}{4}[\boldsymbol{E}^*\times\boldsymbol{H}+\boldsymbol{E}\times\boldsymbol{H}^*]\\ &= \frac{1}{4}[\boldsymbol{E}\times\boldsymbol{H}e^{\mathrm{j}2\omega t}+(\boldsymbol{E}\times\boldsymbol{H}e^{\mathrm{j}2\omega t})^*]+\frac{1}{4}[(\boldsymbol{E}\times\boldsymbol{H}^*)^*+\boldsymbol{E}\times\boldsymbol{H}^*]\\ &= \frac{1}{2}\mathrm{Re}[\boldsymbol{E}\times\boldsymbol{H}e^{\mathrm{j}2\omega t}]+\frac{1}{2}\mathrm{Re}[\boldsymbol{E}\times\boldsymbol{H}^*]\end{aligned}\tag{6.8.39}$$

代入式（6.8.38），可得

$$\begin{aligned}\boldsymbol{S}_{av} &= \frac{\omega}{2\pi}\int_0^{\frac{2\pi}{\omega}}\left\{\frac{1}{2}\mathrm{Re}[\boldsymbol{E}\times\boldsymbol{H}e^{\mathrm{j}2\omega t}]+\frac{1}{2}\mathrm{Re}[\boldsymbol{E}\times\boldsymbol{H}^*]\right\}\mathrm{d}t\\ &= \frac{1}{2}\mathrm{Re}[\boldsymbol{E}\times\boldsymbol{H}^*]\end{aligned}\tag{6.8.40}$$

式中："＊"表示取共轭复数。

类似地，可以得到电场能量密度和磁场能量密度的时间平均值分别为

$$\omega_{\mathrm{eav}} = \frac{1}{T}\int_0^T\omega_e\mathrm{d}t = \frac{1}{4}\mathrm{Re}(\varepsilon_c\boldsymbol{E}\cdot\boldsymbol{E}^*) = \frac{1}{4}\varepsilon'\boldsymbol{E}\cdot\boldsymbol{E}^*\tag{6.8.41}$$

$$\omega_{\mathrm{mav}} = \frac{1}{T}\int_0^T\omega_m\mathrm{d}t = \frac{1}{4}\mathrm{Re}(\mu_c\boldsymbol{H}\cdot\boldsymbol{H}^*) = \frac{1}{4}\mu'\boldsymbol{H}\cdot\boldsymbol{H}^*\tag{6.8.42}$$

由麦克斯韦方程组的复数形式可以导出复数形式的坡印亭定理。设介质的介电常数 ε_c 和磁导率 μ_c 都是复数。由恒等式：

$$\nabla\cdot(\boldsymbol{E}\times\boldsymbol{H}^*) = \boldsymbol{H}^*\cdot\nabla\times\boldsymbol{E}-\boldsymbol{E}\cdot\nabla\times\boldsymbol{H}^*\tag{6.8.43}$$

和

$$\nabla\times\boldsymbol{E} = -\mathrm{j}\omega\mu_c\boldsymbol{H},\ \nabla\times\boldsymbol{H}^* = \sigma\boldsymbol{E}^*-\mathrm{j}\omega\varepsilon_c^*\boldsymbol{E}^*\tag{6.8.44}$$

得

$$\nabla\cdot(\boldsymbol{E}\times\boldsymbol{H}^*) = -\mathrm{j}\omega\mu_c\boldsymbol{H}\cdot\boldsymbol{H}^*+\mathrm{j}\omega\varepsilon_c^*\boldsymbol{E}\cdot\boldsymbol{E}^*-\sigma\boldsymbol{E}\cdot\boldsymbol{E}^*\tag{6.8.45}$$

即

$$-\nabla\cdot\frac{1}{2}(\boldsymbol{E}\times\boldsymbol{H}^*) = \mathrm{j}\omega\frac{1}{2}\mu_c\boldsymbol{H}\times\boldsymbol{H}^*-\mathrm{j}\omega\frac{1}{2}\varepsilon_c^*\boldsymbol{E}\cdot\boldsymbol{E}^*+\frac{1}{2}\sigma\boldsymbol{E}\cdot\boldsymbol{E}^*\tag{6.8.46}$$

将式（6.8.46）对体积 V 积分，并应用散度定理将左边体积分变为面积分，得

$$-\oint_S\frac{1}{2}(\boldsymbol{E}\times\boldsymbol{H}^*)\cdot\mathrm{d}\boldsymbol{S} = \mathrm{j}\omega\int_V\left(\frac{1}{2}\mu_c\boldsymbol{H}\cdot\boldsymbol{H}^*-\frac{1}{2}\varepsilon_c^*\boldsymbol{E}\cdot\boldsymbol{E}^*\right)\mathrm{d}V+\int_V\frac{1}{2}\sigma\boldsymbol{E}\cdot\boldsymbol{E}^*\mathrm{d}V\tag{6.8.47}$$

由于

$$\begin{aligned}&\mathrm{j}\frac{1}{2}\omega\mu_c\boldsymbol{H}\cdot\boldsymbol{H}^* = \mathrm{j}\frac{1}{2}\omega(\mu'-\mathrm{j}\mu'')\boldsymbol{H}\cdot\boldsymbol{H}^* = \frac{1}{2}\omega\mu''\boldsymbol{H}\cdot\boldsymbol{H}^*+\mathrm{j}\frac{1}{2}\omega\mu'\boldsymbol{H}\cdot\boldsymbol{H}^*\\ &-\mathrm{j}\frac{1}{2}\omega\varepsilon_c^*\boldsymbol{E}\cdot\boldsymbol{E}^* = -\mathrm{j}\frac{1}{2}\omega(\varepsilon'+\mathrm{j}\varepsilon'')\boldsymbol{E}\cdot\boldsymbol{E}^* = \frac{1}{2}\omega\varepsilon''\boldsymbol{E}\cdot\boldsymbol{E}^*-\mathrm{j}\frac{1}{2}\omega\varepsilon'\boldsymbol{E}\cdot\boldsymbol{E}^*\end{aligned}\tag{6.8.48}$$

于是得

$$-\oint_S \frac{1}{2}(\boldsymbol{E}\times\boldsymbol{H}^*)\cdot \mathrm{d}\boldsymbol{S} = \int_V \left(\frac{1}{2}\omega\mu''\boldsymbol{H}\cdot\boldsymbol{H}^* + \frac{1}{2}\omega\varepsilon''\boldsymbol{E}\cdot\boldsymbol{E}^* + \frac{1}{2}\sigma\boldsymbol{E}\cdot\boldsymbol{E}^*\right)\mathrm{d}V$$
$$+ \mathrm{j}2\omega\int_V\left(\frac{1}{4}\mu'\boldsymbol{H}\cdot\boldsymbol{H}^* - \frac{1}{4}\varepsilon'\boldsymbol{E}\cdot\boldsymbol{E}^*\right)\mathrm{d}V$$
$$= \int_V (P_{\mathrm{eav}} + P_{\mathrm{mav}} + P_{\mathrm{jav}})\mathrm{d}V + \mathrm{j}2\omega\int_V(\omega_{\mathrm{mav}} - \omega_{\mathrm{eav}})\mathrm{d}V \quad (6.8.49)$$

式中：$P_{\mathrm{mav}} = \frac{1}{2}\omega\mu''\boldsymbol{H}\cdot\boldsymbol{H}^*$、$P_{\mathrm{eav}} = \frac{1}{2}\omega\varepsilon''\boldsymbol{E}\cdot\boldsymbol{E}^*$、$P_{\mathrm{jav}} = \frac{1}{2}\sigma\boldsymbol{E}\cdot\boldsymbol{E}^*$分别是单位体积内的磁损耗、介电损耗和焦耳热损耗的平均值。式（6.8.49）即为复数形式的坡印亭定理，其右边的两项分别表示体积 V 内的有功功率和无功功率。式（6.8.49）左边的面积分是穿过闭合面 S 的复功率，其实部为有功功率，即功率的时间平均值，被积函数的实部即为平均能流密度矢量 $\boldsymbol{S}_{\mathrm{av}}$。

例 6.8.3：在无源（$\rho=0$、$\boldsymbol{J}=0$）的自由空间中，已知电磁场的电场强度复矢量为

$$\boldsymbol{E}(z) = \boldsymbol{e}_y E_0 e^{-\mathrm{j}kz}(\mathrm{V/m})$$

式中：k 和 E_0 为常数。求：(1) 磁场强度复矢量 $\boldsymbol{H}(z)$；(2) 瞬时坡印亭矢量 $\boldsymbol{S}$；(3) 平均坡印亭矢量 $\boldsymbol{S}_{\mathrm{av}}$。

解：(1) 由 $\nabla\times\boldsymbol{E} = -\mathrm{j}\omega\mu_0\boldsymbol{H}$，得

$$\boldsymbol{H}(z) = -\frac{1}{\mathrm{j}\omega\mu_0}\nabla\times\boldsymbol{E} = -\frac{1}{\mathrm{j}\omega\mu_0}\boldsymbol{e}_z\frac{\partial}{\partial z}\times\boldsymbol{e}_y E_0 e^{-\mathrm{j}kz} = -\boldsymbol{e}_x\frac{kE_0}{\omega\mu_0}e^{-\mathrm{j}kz}$$

(2) 电场、磁场的瞬时值为

$$\boldsymbol{E}(z,t) = \mathrm{Re}[\boldsymbol{E}(z)e^{\mathrm{j}\omega t}] = \boldsymbol{e}_y E_0\cos(\omega t - kz)$$
$$\boldsymbol{H}(z,t) = \mathrm{Re}[\boldsymbol{H}(z)e^{\mathrm{j}\omega t}] = -\boldsymbol{e}_x\frac{kE_0}{\omega\mu_0}\cos(\omega t - kz)$$

所以，瞬时坡印亭矢量 $\boldsymbol{S}$ 为

$$\boldsymbol{S} = \boldsymbol{E}\times\boldsymbol{H} = \boldsymbol{e}_y E_0\cos(\omega t - kz)\times\left[-\boldsymbol{e}_x\frac{kE_0}{\omega\mu_0}\cos(\omega t - kz)\right]$$
$$= \boldsymbol{e}_z\frac{kE_0^2}{\omega\mu_0}\cos^2(\omega t - kz)$$

(3) 由式（6.8.40），可得平均坡印亭矢量为

$$\boldsymbol{S}_{\mathrm{av}} = \frac{1}{2}\mathrm{Re}\left[\boldsymbol{e}_y E_0 e^{-\mathrm{j}kz}\times\left(-\boldsymbol{e}_x\frac{kE_0}{\omega\mu_0}e^{-\mathrm{j}kz}\right)^*\right] = \frac{1}{2}\mathrm{Re}\left[\boldsymbol{e}_z\frac{kE_0^2}{\omega\mu_0}\right] = \boldsymbol{e}_z\frac{kE_0^2}{2\omega\mu_0}$$

或由式（6.8.38）计算：

$$\boldsymbol{S}_{\mathrm{av}} = \frac{\omega}{2\pi}\int_0^{\frac{2\pi}{\omega}}\left[\boldsymbol{e}_z\frac{kE_0^2}{\omega\mu_0}\cos^2(\omega t - kz)\right]\mathrm{d}t = \boldsymbol{e}_z\frac{kE_0^2}{2\omega\mu_0}$$

6.8.6　时谐电磁场的唯一性定理

考虑由面 S 所包围的体积 V，体积内介质的介电常数为 ε，磁导率为 μ，电导率为 ρ（图 6－11）。

体积内包含电流源和磁流源，其电流密度为 $\boldsymbol{J}_i$，磁流密度为 $\boldsymbol{M}_i$。为了讨论由给定源产生的电磁场是否唯一，以及唯一的条件，首先假设源产生两组不同的场，分别表示

为（$\boldsymbol{E}^{\mathrm{a}},\boldsymbol{H}^{\mathrm{a}}$）和（$\boldsymbol{E}^{\mathrm{b}},\boldsymbol{H}^{\mathrm{b}}$）。这两组场应该满足麦克斯韦方程为

$$\nabla\times\boldsymbol{E}^{\mathrm{a}}=-\mathrm{j}\omega\mu\boldsymbol{H}^{\mathrm{a}}-\boldsymbol{M}_i \tag{6.8.50}$$

$$\nabla\times\boldsymbol{H}^{\mathrm{a}}=\mathrm{j}\omega\boldsymbol{E}^{\mathrm{a}}+\sigma\boldsymbol{E}^{\mathrm{a}}+\boldsymbol{J}_i \tag{6.8.51}$$

和

$$\nabla\times\boldsymbol{E}^{\mathrm{b}}=-\mathrm{j}\omega\mu\boldsymbol{H}^{\mathrm{b}}-\boldsymbol{M}_i \tag{6.8.52}$$

$$\nabla\times\boldsymbol{H}^{\mathrm{b}}=\mathrm{j}\omega\varepsilon\boldsymbol{E}^{\mathrm{b}}+\sigma\boldsymbol{E}^{\mathrm{b}}+\boldsymbol{J}_i \tag{6.8.53}$$

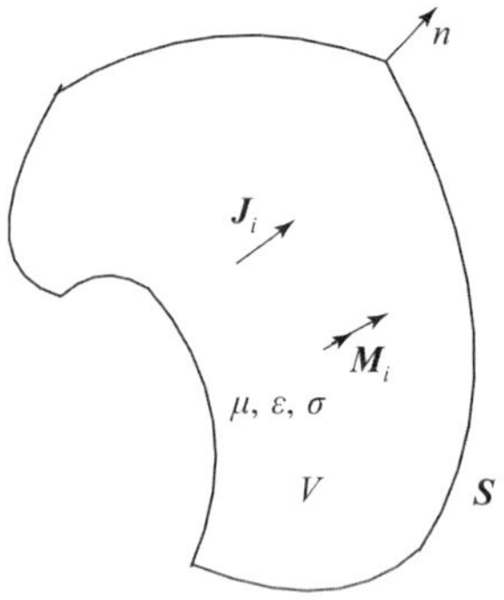

图 6－11　空间 V 内的电流源和磁流源

从第一组方程中减去第二组方程，由于两组方程中的源相同，源对应的项就消去了，结果为

$$\nabla\times\delta\boldsymbol{E}=-\mathrm{j}\omega\mu\delta\boldsymbol{H} \tag{6.8.54}$$

$$\nabla\times\delta\boldsymbol{H}=\mathrm{j}\omega\varepsilon\delta\boldsymbol{E}+\sigma\delta\boldsymbol{E} \tag{6.8.55}$$

式中：$\delta\boldsymbol{E}=\boldsymbol{E}^{\mathrm{a}}-\boldsymbol{E}^{\mathrm{b}}$ 和 $\delta\boldsymbol{H}=\boldsymbol{H}^{\mathrm{a}}-\boldsymbol{H}^{\mathrm{b}}$ 表示这两组场的差值。场的唯一性证明等价于证明这个差值为零。为了分析这个场的差值，从式（6.8.54）和式（6.8.55），可得

$$\delta\boldsymbol{H}^{*}\cdot\nabla\times\delta\boldsymbol{E}-\delta\boldsymbol{E}\cdot\nabla\times\delta\boldsymbol{H}^{*}=\nabla\cdot(\delta\boldsymbol{E}\times\delta\boldsymbol{H}^{*})=-\mathrm{j}\omega\mu|\delta\boldsymbol{H}|^2+(\mathrm{j}\omega\varepsilon^{*}-\sigma)|\delta\boldsymbol{E}|^2 \tag{6.8.56}$$

式中：“＊”表示复数共轭。为了检查每一点场的差值，可对式（6.8.56）进行体积分，并应用高斯定理，得

$$\begin{aligned}\iiint_V\nabla\cdot(\delta\boldsymbol{E}\times\delta\boldsymbol{H}^{*})\mathrm{d}V&=\iiint_S(\delta\boldsymbol{E}\times\delta\boldsymbol{H}^{*})\cdot\mathrm{d}\boldsymbol{S}\\&=\iiint_V[-\mathrm{j}\omega\mu|\delta\boldsymbol{H}|^2+(\mathrm{j}\omega\varepsilon^{*}-\sigma)|\delta\boldsymbol{E}|^2]\mathrm{d}V\end{aligned} \tag{6.8.57}$$

从上面很容易看出，如果满足下列三个条件之一，则式（6.8.57）中的面积分将为零。

（1）在整个 S 面，切向电场（$\hat{n}\times\boldsymbol{E}$）是给定的，从而在 S 面上 $\hat{n}\times\boldsymbol{E}=0$。

（2）在整个 S 面，切向磁场（$\hat{n}\times\boldsymbol{H}$）是给定的，从而在 S 面上 $\hat{n}\times\boldsymbol{H}=0$。

（3）在 S 面的一部分，切向电场（$\hat{n}\times\boldsymbol{E}$）是给定的，其余部分切向磁场（$\hat{n}\times\boldsymbol{H}$）是给定的。

因此，当这三个条件之一满足时，式（6.8.57）变成

$$\iiint_V[-\mathrm{j}\omega\mu|\delta\boldsymbol{H}|^2+(\mathrm{j}\omega\varepsilon^{*}-\sigma)|\delta\boldsymbol{E}|^2]\mathrm{d}V=0 \tag{6.8.58}$$

对于一般的损耗媒质，$\mu=\mu'-\mathrm{j}\mu''(\mu''\geqslant0)$，$\varepsilon=\varepsilon'-\mathrm{j}\varepsilon''(\varepsilon''\geqslant0)$。因此，式（6.8.58）的实部为

$$\iiint_V[(\omega\varepsilon''+\sigma)|\delta\boldsymbol{E}|^2+\omega\mu''|\delta\boldsymbol{H}^2]\mathrm{d}V=0 \tag{6.8.59}$$

虚部为

$$\iiint_V[\omega\varepsilon'|\delta\boldsymbol{E}|^2-\omega\mu'|\delta\boldsymbol{H}|^2]\mathrm{d}V=0 \tag{6.8.60}$$

从这两个方程很容易证明：无论什么类型的损耗，只要媒质是有耗的，且 $\omega>0$，就有 $\delta\boldsymbol{E}=0$ 和 $\delta\boldsymbol{H}=0$。这个结论对任何媒质都是成立的，因为在上面的推导过程中，除了假设媒质是有耗和频率非零以外，并未对介电常数、磁导率和电导率做任何其他假定。如

果把无耗媒质和静态场情况当成有耗和频率无限接近于零的极限情况，则上述结论对无耗媒质和静态场也成立。

基于以上讨论，可以得到下面的结论：当一个空间内的源给定，且其表面上的切向电场分量或切向磁场分量给定，或者表面的一部分切向电场分量给定，其余部分切向磁场分量给定，这是在该空间内的场是唯一确定的。这就是电磁场唯一性定理。

唯一性定理有许多应用。例如：由唯一性定理，对一个满足唯一性条件的电磁问题，不管用什么方法得到的解，其结果都应该相同。这可以选择最简便、最合适的方法来求解特定问题。唯一性定理建立了源和场之间的一一对应关系，使得从场出发求解逆问题从而确定源成为可能。在本书中，唯一性定理最重要的应用是它为建立镜像原理和面等效原理提供了理论基础。虽然镜像原理和面等效原理也可以用复杂的数学方法推导，但从唯一性定理出发，可以用很直观的方式得到这些定理。

6.9　应用实例

6.9.1　磁流体发电机

水力发电是利用水流的能量推动发电机涡轮进行发电的；火力发电是先通过燃料燃烧，将锅炉里的水变成水蒸气，再利用水蒸气的能量带动发电机发电。传统的发电机都是利用线圈相对磁场转动来发电的。而磁流体发电是将带电的流体（离子气体或液体）以极高的速度喷射到磁场中，利用磁场对带电的流体产生的作用来发电。由此，利用磁流体发电的发电机就称为磁流体发电机。

1959 年，美国阿夫柯公司建造了第一台磁流体发电机，功率为 115kW。美国、苏联联合研制的磁流体发电机 u－25B 在 1978 年 8 月进行了第四次试验，共运行了 50h。

磁流体发电机的工作原理，简单地说就是利用霍尔效应，其工作原理如图 6－12 所示。

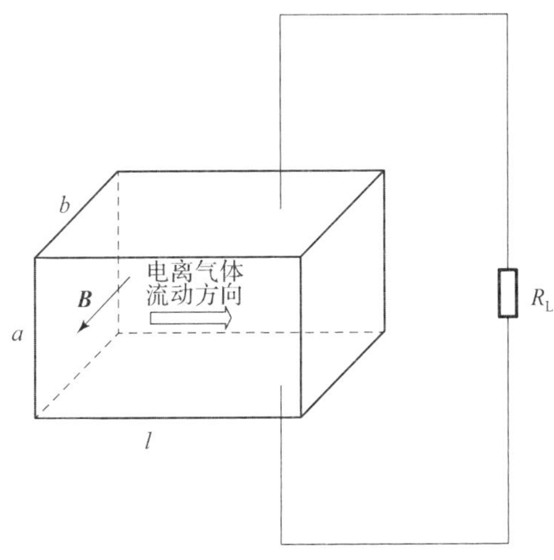

图 6－12　磁流体发电机工作原理示意图

在图 6－12 中长方体是发电导管，其中空部分的长、高、宽分别是 l、a、b。前后两个侧面均是绝缘体，上、下两个侧面是电阻可忽略的导体电极，这两个电极与负载电阻 R_L 相连。磁场从后面穿过前面，磁感应强度为 $\boldsymbol{B}$。发电导管内有电阻率为 ρ 的高温高速电离气体沿导管向右流动，并通过专用管道导出。当不存在磁场时，电离气体流速为 $\boldsymbol{v}$。电离气体所受摩擦阻力总与流速成正比，发电导管两端电离气体压强差 ΔP 维持恒定。

虽然磁流体发电机是新兴的、很有前途的发电工具，但在现在磁流体发电机制造中的主要问题：发电通道效率低，目前只有 10%；通道和电极的材料都要求耐高温、耐碱腐蚀、耐化学烧蚀等，目前所用材料的寿命都比较短，因而磁流体发电机不能长时间运行。

6.9.2 电磁炮

电磁炮是借助电磁力推进射弹的电磁发射器。电磁炮可作为战术武器使用，可使弹丸产生极大的动能用来摧毁目标。一般弹丸的速度只能达到2km/s，这是受火药燃烧后分子膨胀速度的限制。20 世纪 70 年代初澳大利亚试验的电磁炮，成功地将 10g 重的弹丸加速到 5.9km/s，20 世纪 80 年代美国使 50g 重的弹丸的速度达到 4.2km/s，并击穿了坦克的装甲。

电磁炮一般有三种类型：导轨炮、线圈炮和重接炮。本节主要介绍线圈炮，如下：

线圈炮一般是指用脉冲或交变电流产生磁行波来驱动带有线圈的弹丸或磁性材料弹丸的发射装置。它利用驱动线圈和弹丸线圈之间的耦合机制工作，本质上如同一台直线电动机。

最简单的线圈炮由两种线圈构成，如图 6－13 所示。一种线圈是固定的定子，起驱动作用，称为驱动线圈（d），也称为炮管线圈；另一种线圈是被驱动的电枢，称为弹丸线圈（p），其内装有弹丸或其他发射体。

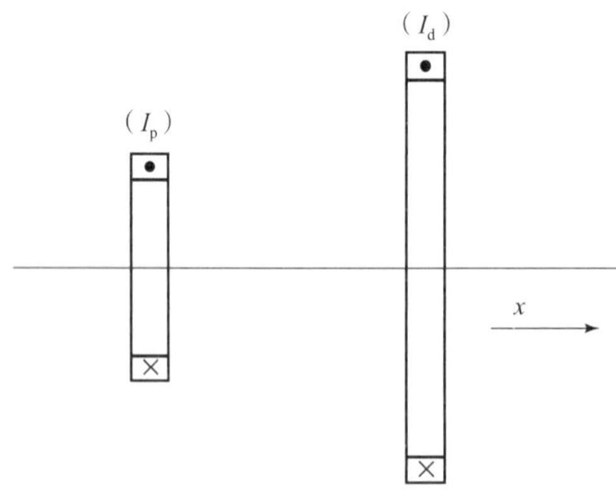

图 6－13　同轴排列驱动线圈和弹丸线

驱动线圈和弹丸线圈的相对位置排列有两种形式：一种是轴向单行的排列，另一种是同轴排列，如图 6－13 所示。本节只介绍同轴型线圈炮。当驱动线圈带有电流 I_d，弹丸线圈携带电流 I_p 时，由经典电磁理论可知，两线圈电流的磁场与两电流相互作用产生电磁力。由于驱动线圈是固定的，则弹丸线圈在电磁力作用下沿 x 坐标方向运动。

对线圈炮弹丸加速力的计算，原则上有两种方法，即安培力方法和电感方法。在概念分析中安培力方法利用如图6－13所示同轴排列驱动线圈和弹丸线力方法，而电感方法分析作用在弹丸线圈上的加速力。其计算的依据：力是存储能量在运动中的变化率，即在运动方向上的能量梯度。存储在载流导体系统中的磁能与系统的电感有关，而电感是电路中每单位电流交链的磁通。在弹线圈和驱动线圈极靠近的系统中，此电感包括三项：驱动线圈的自感 L_d、弹丸线圈的自感 L_p 和它们之间的互感 M。因此，线圈炮系统的总能量为

$$W_m = \frac{1}{2}L_d I_d^2 + \frac{1}{2}L_p I_p^2 + MI_d I_p \tag{6.9.1}$$

由于弹丸线圈仅沿 x 方向运动，故作用在弹丸线圈上的 x 方向的加速力为

$$F_p = \frac{dW_m}{dx} = I_d I_p \frac{dM}{dx} \tag{6.9.2}$$

提高加速力有两种方法：①最直接的方法是，在弹丸线圈或驱动线圈中或两个线圈中同时增大电流。②在弹丸（或发射体）上使用多个弹丸线圈，同时也使用多个驱动线圈，当每个弹丸线圈通过驱动线圈时都被驱动，这样就不必增加线圈横截面积和加衬套，并且能使推力沿弹丸长度均匀分布。

线圈炮的优点：弹丸（线圈）与炮管（驱动线圈）无机械接触，弹丸可加速到极高的速度；炮口无电弧；发射频率高且受控，甚至前弹丸未出膛便可装填和加速后面的弹丸；适用于发射大质量的射弹。

6.9.3　核磁共振

核磁共振效应就是核子在一外加静磁场作用下其磁矩平行于外磁场的方向；如果垂直于静磁场的方向再另加一个交变磁场，且频率与作用时间合适，则能改变其磁矩的方向和吸收交变磁场的能量。常用的核子是水中氢核质子。由于此频率与该静磁场间有精确的关系，故可利用此效应进行静磁场的精密测定，通常频率的测量精度和准确度均较高。人体等生物组织内含有大量氢原子，在发生核磁共振后，若突然改变交变磁场，将发生短暂的电磁过渡过程信号、释放能量并恢复原状态。于是，可根据信号的波形，利用计算机成像来显示人体生物组织的分布情况。这就是核磁共振计算机断层像，是一种医学无损诊断技术。

由麦克斯韦方程可知，当动态电磁场的频率很高或随时间阶跃变化时，方程中的关系式能够反应媒质的动态特性。一般媒质多具有的频率特性，均与媒质的原子、分子结构有关。图6－14所示采用了经典模型分析核磁共振效应。

核子包括质子和中子，它们都有自选磁偶极矩 $\boldsymbol{P}_m$ 和角动量矩 $\boldsymbol{L}$。当 $\boldsymbol{P}_m$ 处于外加磁场 $\boldsymbol{B}_0$ 中时，转动力矩 $\boldsymbol{T}$ 可表示为

$$\boldsymbol{T} = \boldsymbol{P}_m \times \boldsymbol{B}_0 \tag{6.9.3}$$

磁偶极矩 $\boldsymbol{P}_m$ 正比于角动量矩 $\boldsymbol{L}$，可表示为

$$\boldsymbol{P}_m = \gamma \boldsymbol{L} \tag{6.9.4}$$

式中：γ 为磁偶极矩 $\boldsymbol{P}_m$ 和角动量矩 $\boldsymbol{L}$ 之间的比例系数，称为回磁比。由式（6.9.4）可知，如果分析出 $\boldsymbol{L}$ 的规律，就获得了 $\boldsymbol{P}_m$ 的特性。由力学原理可知，转矩应等于动量

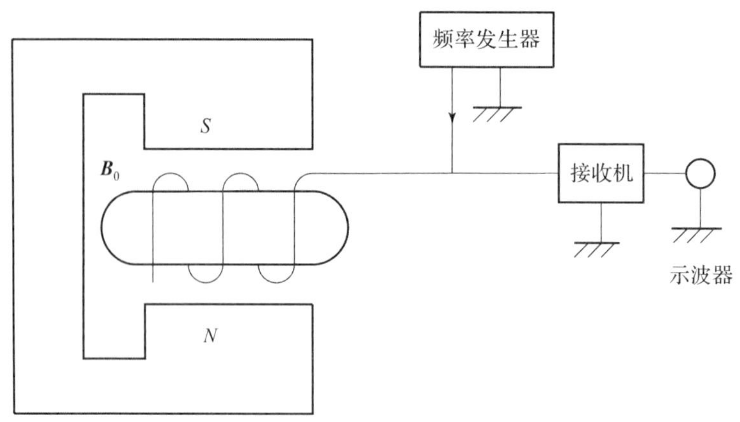

图 6-14　核磁共振的原理示意图

矩的时变率，即

$$\boldsymbol{T}=\frac{\mathrm{d}\boldsymbol{L}}{\mathrm{d}\boldsymbol{t}} \tag{6.9.5}$$

将式（6.9.4）和式（6.9.5）代入式（6.9.3），可得

$$\frac{\mathrm{d}\boldsymbol{L}}{\mathrm{d}t}=\gamma\boldsymbol{L}\times\boldsymbol{B} \tag{6.9.6}$$

式（6.9.6）的解为一均匀进动解，类似陀螺进动，如图 6-15 所示。其进动角速度为

$$\boldsymbol{\omega}=-\gamma\boldsymbol{B}_0 \tag{6.9.7}$$

就是拉莫尔定理。可以验证

$$\frac{\mathrm{d}\boldsymbol{L}}{\mathrm{d}\boldsymbol{t}}=\boldsymbol{\omega}\times\boldsymbol{L} \tag{6.9.8}$$

所描述的进动正好满足式（6.9.6）。由实验可知，氢核质子在 1T 的磁场中，进动频率 $f=\frac{\boldsymbol{\omega}}{2\pi}=42.6\mathrm{MHz}$。

在垂直于 $\boldsymbol{B}_0$ 方向另加一个交变磁场 $\boldsymbol{B}_1$，如图 6-16 所示。$\boldsymbol{B}_0$ 沿着 z 轴变化，而 $\boldsymbol{B}_1$ 沿着 y 轴变化。调整 $\boldsymbol{B}_1$ 的角频，使得其与 $\boldsymbol{\omega}$ 相等，则会产生一个附加进动$\frac{\delta\boldsymbol{L}}{\delta t}$，有

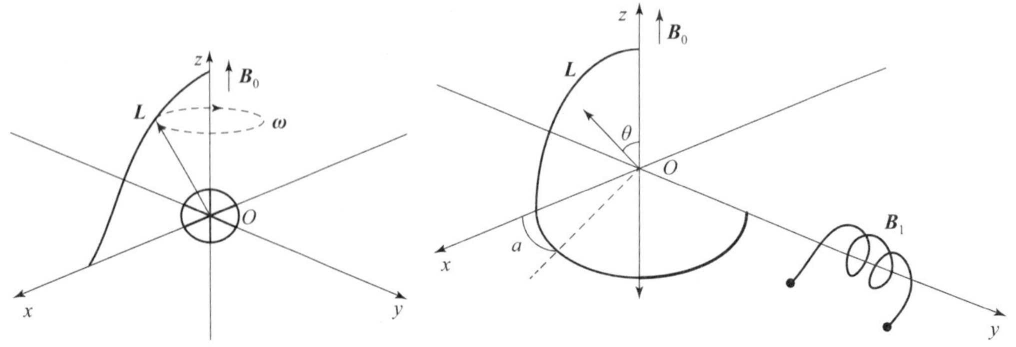

图 6-15　均匀磁场中磁偶极矩的进动　　图 6-16　另加一交变磁场与均匀磁场垂直

$$\frac{\mathrm{d}\boldsymbol{L}}{\mathrm{d}t}=\boldsymbol{\omega}\times\boldsymbol{L}+\frac{\delta\boldsymbol{L}}{\delta t}=\gamma\boldsymbol{L}\times(\boldsymbol{B}_0+\boldsymbol{B}_1)\tag{6.9.9}$$

(6.9.10)

可得

$$\frac{\delta\boldsymbol{L}}{\delta t}=\gamma\boldsymbol{L}\times\boldsymbol{B}_1\tag{6.9.11}$$

附加进动角速度 $\boldsymbol{\omega}_1$ 的值为

$$\boldsymbol{\omega}_1=\gamma\boldsymbol{B}_1\tag{6.9.12}$$

$\boldsymbol{\omega}_1$ 矢量沿着 y 轴正方向交替变化，但是在一个周期内总体上将使 θ 变大，出现进动现象。如果初始角 θ 为零，则

$$\theta=\int\boldsymbol{\omega}_1\mathrm{d}t=\gamma\boldsymbol{B}_1t\tag{6.9.13}$$

当 $t=\dfrac{1}{\gamma\boldsymbol{B}_1}\pi$ 时，$\theta=180°$称为 180°脉冲；当 $t=\dfrac{1}{\gamma\boldsymbol{B}_1}\dfrac{\pi}{2}$时，$\theta=90°$称为 90°脉冲。在脉冲作用下，$\theta$ 角发生变化，θ 角意味着核子吸收能量。

当 $\boldsymbol{B}_1$ 突然停止后，核子的磁偶极矩 $\boldsymbol{P}_m$ 将恢复原方位，$\theta=0°$。在恢复过渡过程期间，再接收线圈中产生感应电动势，释放能量，发出信号。因为波形与生物组织有关，通过提取特征量，如衰减时间常数，就可以通过计算机成像。

6.9.4　变压器

当两个电气绝缘的线圈产生的（时变）磁通与另一个线圈交链，并在其中产生 emf，则两个线圈是磁耦合而形成双绕组变压器。图 6 – 17 是双绕组变压器的最简单形式。一个与电源相连的线圈称为初级绕组，另一个线圈称为次级绕组。当两个线圈是在自由空间互相绝缘，或者绕在非磁性材料上（称为芯），则此变压器通常称为空芯变压器。与次级线圈交链的总磁通决定于它与初级线圈的接近程度和方位。为保证两个绕组之间磁通链最大，它们可绕制在具有高磁导率的磁性材料上，形成一个公共磁路。这种装置称为铁芯变压器。

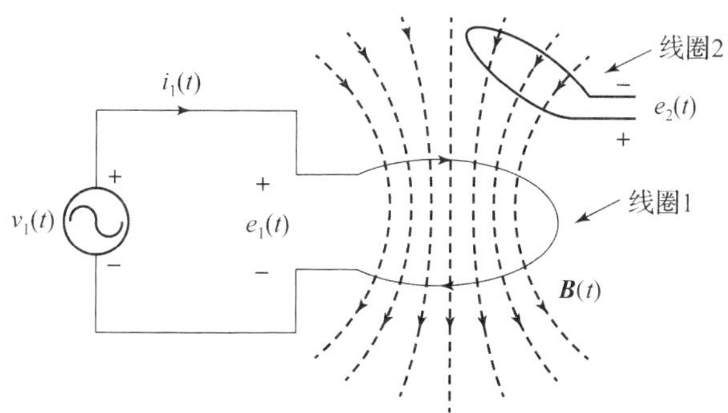

图 6 – 17　两个磁耦合线圈形成的变压器（双绕组变压器）

当磁芯的磁导率高，且变压器次级开路（空载情况），如图 6 – 18 所示，则初级绕组中有称为激磁电流的小电流 $i_m(t)$。它在芯中建立时变磁通 $\Phi(t)$，补偿磁路的磁阻所产生的磁位降，提供原绕组的功率损耗和芯内的磁损耗（铁损耗）。

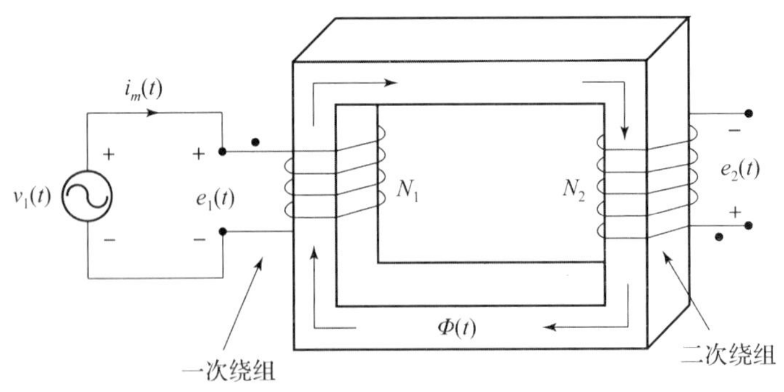

图 6-18　空载变压器

1. 理想变压器

现在所研究的理想变压器，应当具有无限大的磁导率、绕组电阻为零、磁损耗不存在。这些假设使得在空载情况下的激磁电流小到可以忽略，初级绕组（一次绕组，一次）所产生的全部时变磁通将通过磁路，而无任何漏磁。在这些理想条件下，一次绕组内感应的 emf $e_1(t)$ 和次级绕组（二次绕组，二次）内的 $e_2(t)$ 为

$$e_1 = N_1\frac{\mathrm{d}\Phi}{\mathrm{d}t} \tag{6.9.14}$$

$$e_2 = N_2\frac{\mathrm{d}\Phi}{\mathrm{d}t} \tag{6.9.15}$$

式中：N_1 与 N_2 为原、副绕组的匝数；$\Phi(t)$ 为交链两绕组的磁通。这里忽略了式中的负号，因为在图 6-18 中注明了感应 emf 的极性，所以也在每一绕组注一个圆点，表示当绕组内的磁通随时间增加时，感应 emf 在绕组的圆点端对另一端为正。将用此圆点惯例以等效电路表示变压器。

感应 emf 的比值可表示为

$$\frac{e_1}{e_2} = \frac{N_1}{N_2} \tag{6.9.16}$$

即两绕组的感应 emf 之比等于它们的匝数比。当一次绕组开路，电压源加在二次绕组时，可得到同样的表示式。在理想情况下，各绕组的感应 emf 应等于绕组的额定电压，即

$$\frac{\boldsymbol{v}_1}{\boldsymbol{v}_2} = \frac{N_1}{N_2} = a \tag{6.9.17}$$

式中：$\boldsymbol{v}_1(t)$ 和 $\boldsymbol{v}_2(t)$ 为初级和次级绕组的额定电压；a 为一次绕组和二次绕组的匝数比，称为 a 比或变压比。

当副绕组接有负载时（图 6-19），副绕组中的电流将产生自己的磁通，它反抗原有磁通。芯中的净磁通以及由此在每一绕组中感应 emf 都趋向从空载值减小。当原绕组的感应 emf 趋向减小时，立刻引起原绕组电流增大，以抵消磁通和感应 emf 的下降。

电流一直增加到芯内的磁通，因此两个绕组中的感应 emf 都恢复到它们在空载时的值为止。这样，电源供给原绕组功率，副绕组将功率送至负载。磁通在功率传输过程中的作用好像媒质一般。在理想情况下，输入功率应等于输出功率，即

$$\boldsymbol{v}_1 i_1 = \boldsymbol{v}_2 i_2 \tag{6.9.18}$$

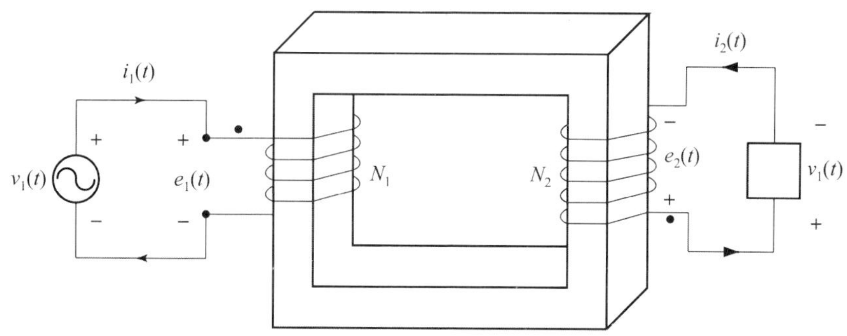

图 6-19　有载的变压器

或

$$\frac{i_2}{i_1}=\frac{v_1}{v_2}=\frac{e_1}{e_2} \tag{6.9.19}$$

由此可知，电流比反比于感应 emf 比。

由式（6.9.17）和式（6.9.19），可以证明：

$$N_1 i_1 - N_2 i_2 = 0 \tag{6.9.20}$$

此式说明，在理想情况下，所需用于激励变压器的净 mmf 为零。这是磁性材料有无限大的磁导率，或者磁路的磁阻为零的另一种表述法。

对于正弦变化源，上述关系可用相量形式表示为

$$\frac{\tilde{V}_1}{\tilde{V}_2}=\frac{\tilde{I}_2}{\tilde{I}_1}=\frac{N_1}{N_2}=a \tag{6.9.21}$$

如定义

$$\hat{Z}_2=\frac{\tilde{V}_2}{\tilde{I}_2} \tag{6.9.22}$$

为接入副绕组的负载阻抗，则可确定折算到原绕组的等效负载阻抗为

$$\hat{Z}_1=\frac{\tilde{V}_1}{\tilde{I}_1}=(a\tilde{V}_2)\left(\frac{a}{\tilde{I}_2}\right)=a^2\frac{\tilde{V}_2}{\tilde{I}_2}=a^2\hat{Z}_2 \tag{6.9.23}$$

这样，副边接的实际负载阻抗 $\hat{Z}_2$ 在原边表现为 $a^2\hat{Z}_2$，理想变压器可用图 6-20 所示的等效电路来表示。

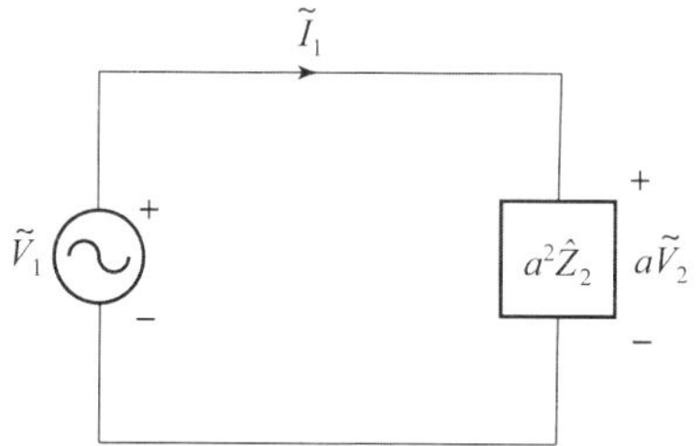

图 6-20　折算到原边的理想变压器等效电路

2. 实际变压器

当磁芯具有有限磁导率时，每一线圈的自感为有限，两线圈之间的磁耦合形成互感。此外，每一绕组必然有自身电阻。考虑这些因素后，可以将双绕组的变压器用感应耦合等效电路表示，如图 6 –21 所示。

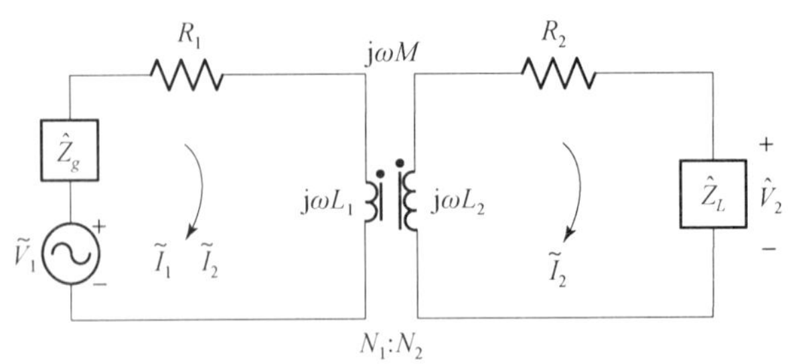

图 6 –21　变压器的感应耦合等效电路

在此电路中，R_1 与 L_1 为一次绕组的电阻与电感；R_2 与 L_2 为二次绕组的电阻与电感，M 为它们之间的互感。若芯为高磁导率材料，则预期磁通将限制在磁芯内，漏磁小到可以忽略。这样可以假定两个线圈为完全耦合，它们之间的互感为

$$M = \sqrt{L_1 L_2} \tag{6.9.24}$$

令 $\tilde{I}_1$ 和 $\tilde{I}_2$ 为当负载阻抗 $\hat{Z}_L$ 接至副绕组时原副绕组的电流，且内阻抗为 $\hat{Z}_g$ 的电压源 $\tilde{V}_1$ 加到原绕组，则两个耦合方程可写为

$$(R_1 + \mathrm{j}\omega L_1 + \hat{Z}_g)\tilde{I}_1 - \mathrm{j}\omega M\tilde{I}_2 = \tilde{V}_1 \tag{6.9.25}$$

$$-\mathrm{j}\omega M\tilde{I}_1 + (R_2 + \mathrm{j}\omega L_2 + \hat{Z}_L)\tilde{I}_2 = 0 \tag{6.9.26}$$

可得 $\tilde{I}_1$ 与 $\tilde{I}_2$。

现在可以求出负载电压为

$$\tilde{V}_2 = \tilde{I}_2 \hat{Z}_L \tag{6.9.27}$$

输送至负载的功率为

$$P_0 = \mathrm{Re}[\tilde{V}_2 \tilde{I}_2^*] \tag{6.9.28}$$

最后，输入变压器的功率为

$$P_i = \mathrm{Re}[\tilde{V}_1 \tilde{I}_1^*] \tag{6.9.29}$$

变压器的效率为输出功率与输入功率之比。注意：在此处分析中，没有包括磁损耗。如何考虑这些损耗，可从许多电动机教科书中找到。在本节中，将假定这些损耗可以忽略。

在式（6.9.25）和式（6.9.26）的基础上，也可将变压器用电导耦合的等效电路来表示。图 6 –22 所示为一个通常用来分析变压器性能的等效电路。

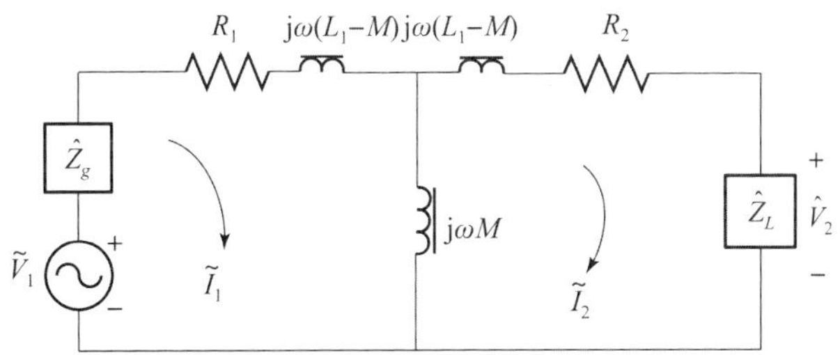

图 6-22　变压器的电导耦合等效电路

6.9.5　电子回旋加速器

在回旋加速器（cyclotron）中，带电粒子受到两个 D 形导电空腔之间的时变电场作用而加速。用一均匀磁场使带电粒子在每个 D 形区域沿圆轨道运动。当带电粒子进入空腔，它的（运动轨道）半径每次都要增大。而在电子回旋加速器（或称电子感应加速器）中，带电粒子却是在一个称为轮环（torus）的真空玻璃室内以恒定半径旋转。一个电磁铁产生时变磁场，电磁铁极面间隙沿半径向外方向增大，以控制磁场强度，如图 6-23 所示。

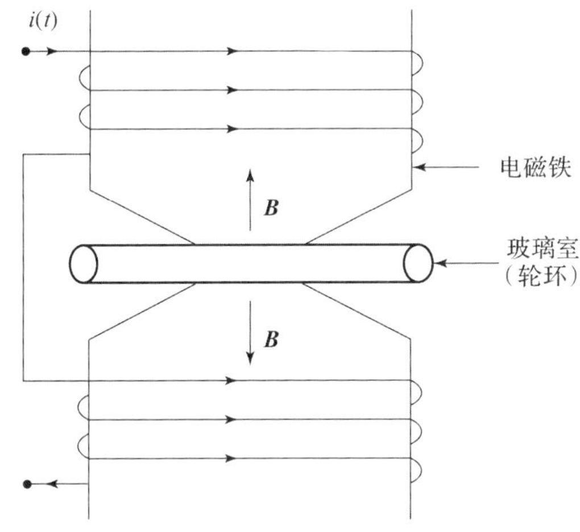

图 6-23　电子回旋加速器的图解

假设带电粒子（电子）在静止状态，磁场为零。当磁场在 z 方向增加时，它将感应一个在轮环平面上形成一个闭合圆环的电场，如图 6-24 所示。由麦克斯韦方程，电场强度可按下式确定

$$\int_c \boldsymbol{E} \cdot \mathrm{d}\boldsymbol{l} = -\int_s \frac{\partial \boldsymbol{B}}{\partial t} \cdot \mathrm{d}\boldsymbol{S} \tag{6.9.30}$$

式中：$\boldsymbol{B}(r,t)$是空间与时间的函数。由于电磁铁的对称设计，保证在距中心为恒定半径处的 $\boldsymbol{B}$ 场是相同的。因而在同样半径处的 $\boldsymbol{E}$ 场也是常数。这样，在恒定半径为 a 的环道上，由上述方程可得

$$E_\phi = -\frac{1}{2\pi a}\frac{\mathrm{d}\Phi}{\mathrm{d}t} \tag{6.9.31}$$

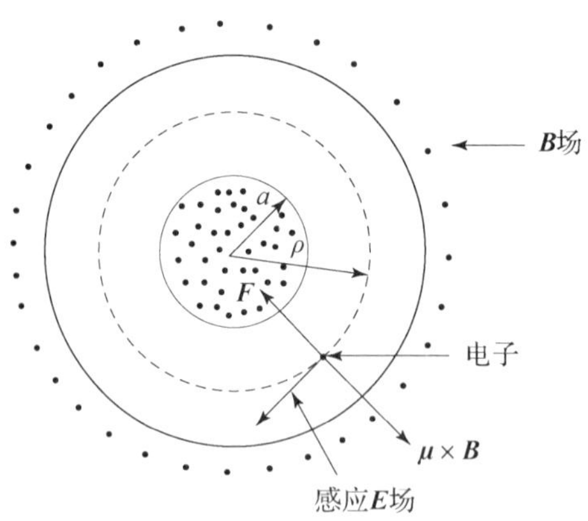

图 6-24　电子以速度 $\boldsymbol{\mu}$ 按半径 $\boldsymbol{\rho}$ 旋转所受的力

式中

$$\Phi = \int_0^a \boldsymbol{B}\rho \mathrm{d}\rho \int_0^{2\pi} \mathrm{d}\phi \tag{6.9.32}$$

为通过半径为 a 的圆环面积的总磁通。

$\boldsymbol{E}$ 场作用于电子的力为

$$F_\phi = -eE_\phi = \frac{e}{2\pi a}\frac{\mathrm{d}\Phi}{\mathrm{d}t} \tag{6.9.33}$$

式中：e 为电子电荷量（1.602×10^{-19}C）。根据牛顿运动第二定律，动量变化率等于施加的力，即

$$\frac{\mathrm{d}p}{\mathrm{d}t} = \frac{e}{2\pi a}\frac{\mathrm{d}\Phi}{\mathrm{d}t} \tag{6.9.34}$$

在 $t=0$ 时，电子是静止的，因而在任意时间 t 获得的动量为

$$p = \frac{e\Phi}{2\pi a} \tag{6.9.35}$$

当电子在距中心半径为 a 的圆上开始旋转时，它受到洛伦兹力 $-e(\boldsymbol{\mu}\times\boldsymbol{B})$。这个力使电子向中心移动，但与此同时，作用于电子的离心力使电子要脱离这设备。由于这两个力同时作用于电子，但方向相反，因而当这两个力大小相等时，电子即可维持圆形轨道。对于恒定半径 a 的圆轨道，必须有

$$\frac{m}{a}u^2 = e\boldsymbol{B}u \tag{6.9.36}$$

或

$$mu = e\boldsymbol{B}a \tag{6.9.37}$$

式中：m 为电子质量，它可能数倍于它的静止质量（9.1×10^{-31}kg），因为电子所得的速度已可与光速比拟。这样，必须将 m 作为变数。

由于 $p=mu$ 为电子的动量。令式（6.9.34）与式（6.9.35）相等，得

$$\boldsymbol{B} = \frac{\Phi}{2\pi a^2} \tag{6.9.38}$$

当定义空间平均磁通密度（通过轨道所包围的面）为

$$B_0 = \frac{\Phi}{\pi a^2} \tag{6.9.39}$$

与式（6.9.38）相比较可知，在半径 a 处的磁通密度正好等于它的平均值的一半：

$$\boldsymbol{B} = \frac{1}{2} B_0 \tag{6.9.40}$$

由于这一原因，电磁铁的极制成锥形，以建立一个向外沿半径方向减弱的 $\boldsymbol{B}$ 场。

第一座电子回旋加速器是 1940 年美国伊利诺斯大学的柯斯特（D・W・Kerst）建立的。不过这种想法早在 1928 年就由威德罗（R・Wideroe）提出了。到现在为止，已成功地建立的电子回旋加速器可以加速电子达到超过 400MeV 的能量。

习　题

6－1　证明以下矢量函数满足真空中的无源波动方程 $\nabla^2 \boldsymbol{E} - \frac{1}{c^2}\frac{\partial^2 \boldsymbol{E}}{\partial t^2} = 0$，其中：$c^2 = \frac{1}{\mu_0 \varepsilon_0}$，$E_0$ 为常数。

（1）$\boldsymbol{E} = \boldsymbol{e}_x E_0 \cos\left(\omega t - \frac{\omega}{c} z\right)$；　　（2）$\boldsymbol{E} = \boldsymbol{e}_x E_0 \sin\left(\frac{\omega}{c} z\right)\cos(\omega t)$；

（3）$\boldsymbol{E} = \boldsymbol{e}_y E_0 \cos\left(\omega t + \frac{\omega}{c} z\right)$。

6－2　在无损耗的线性、各向同性媒质中，电场强度 $\boldsymbol{E}(r)$ 的波动方程为

$$\nabla^2 \boldsymbol{E}(r) + \omega^2 \mu\varepsilon \boldsymbol{E}(r) = 0$$

已知矢量函数 $\boldsymbol{E}(r) = \boldsymbol{E}_0 e^{-\mathrm{j}\boldsymbol{k}\cdot \boldsymbol{r}}$，其中：$\boldsymbol{E}_0$ 和 $\boldsymbol{k}$ 是常矢量。试证明：$\boldsymbol{E}(r)$ 满足波动方程的条件是 $\boldsymbol{k}^2 = \omega^2 \mu\varepsilon$，其中：$k = |\boldsymbol{k}|$。

6－3　已知无源的空气中的磁场强度为

$$\boldsymbol{H} = \boldsymbol{e}_y 0.1\sin(10\pi x)\cos(6\pi \times 10^9 t - kz)\ \text{A/m}$$

利用波动方程求常数 k 的值。

6－4　证明：矢量函数 $\boldsymbol{E} = \boldsymbol{e}_x E_0 \cos\left(\omega t - \frac{\omega}{c} x\right)$ 满足真空中的无源波动方程

$$\nabla^2 \boldsymbol{E} - \frac{1}{c^2}\frac{\partial^2 \boldsymbol{E}}{\partial t^2} = 0$$

但不满足麦克斯韦方程。

6－5　证明：在有电荷密度 ρ 和电流密度 $\boldsymbol{J}$ 的均匀无损耗媒质中，电场强度 $\boldsymbol{E}$ 和磁场强度 $\boldsymbol{H}$ 的波动方程为

$$\nabla^2 \boldsymbol{E} - \mu\varepsilon \frac{\partial^2 \boldsymbol{E}}{\partial t^2} = \mu \frac{\partial \boldsymbol{J}}{\partial t} + \nabla\left(\frac{\rho}{\varepsilon}\right),\quad \nabla^2 \boldsymbol{H} - \mu\varepsilon \frac{\partial^2 \boldsymbol{H}}{\partial t^2} = -\nabla \times \boldsymbol{J}$$

6－6　给定标量位 $\varphi = x - ct$ 及矢量位 $\boldsymbol{A} = \boldsymbol{e}_x\left(\frac{x}{c} - t\right)$，其中：$c = \frac{1}{\sqrt{\mu_0 \varepsilon_0}}$。（1）试证明：$\nabla \cdot \boldsymbol{A} = -\mu_0 \varepsilon_0 \frac{\partial \varphi}{\partial t}$；（2）求 $\boldsymbol{H}$、$\boldsymbol{B}$、$\boldsymbol{E}$ 和 $\boldsymbol{D}$；（3）证明上述结果满足自由空间的麦克斯韦方程。

6－7　自由空间中的电磁场为

$$\boldsymbol{E}(z,t) = \boldsymbol{e}_x 1000\cos(\omega t - kz)\ (\text{V/m})$$
$$\boldsymbol{H}(z,t) = \boldsymbol{e}_y 2.65\cos(\omega t - kz)\ (\text{A/m})$$

其中：$k=\omega\sqrt{\mu_0\varepsilon_0}=0.42\text{rad/m}$。求：（1）瞬时坡印亭矢量；（2）平均坡印亭矢量；（3）任一时流入如题图 6－7 所示的平行六面体（长 1m、横截面积为 0.25m^2）中的净功率。

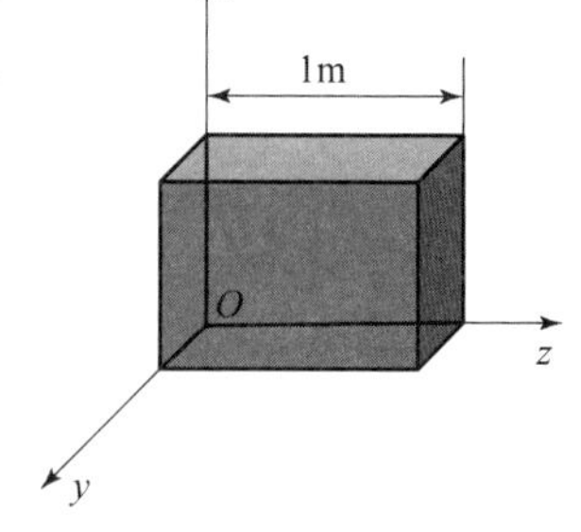

题图 6－7

6－8　在球坐标系中，已知电磁场的瞬时值为

$$\boldsymbol{E}(\boldsymbol{r},t)=\boldsymbol{e}_\theta\frac{E_0}{r}\sin\theta\sin(\omega t-k_0r)\ \text{V/m}$$

$$\boldsymbol{H}(\boldsymbol{r},t)=\boldsymbol{e}_\phi\frac{E_0}{\eta_0r}\sin\theta\sin(\omega t-k_0r)\ \text{A/m}$$

式中：E_0 为常数，$\eta_0=\sqrt{\dfrac{\mu_0}{\varepsilon_0}}$，$k_0=\omega\sqrt{\mu_0\varepsilon_0}$。试计算通过以坐标原点为球心、$r_0$ 为半径的球面 S 的总功率。

6－9　已知无源的真空中电磁波的电场为

$$\boldsymbol{E}=\boldsymbol{e}_xE_0\cos\left(\omega t-\frac{\omega}{c}z\right)\ \text{V/m}$$

证明：$\boldsymbol{S}_{av}=\boldsymbol{e}_z\omega_{av}c$，其中：$\omega_{av}$是电磁场能量密度的时间平均值，$c=\dfrac{1}{\sqrt{\mu_0\varepsilon_0}}$为电磁波在真空中的传播速度。

6－10　在半径为 a、电导率为 σ 的无限长直圆柱导线中，沿轴向通以均匀分布的恒定电流 I，且导线表面上有均匀分布的电荷面密度 ρ_S。

（1）求导线表面外侧的坡印亭矢量 $\boldsymbol{S}$；

（2）证明：由导线表面进入其内部的功率等于导线内的焦耳热损耗功率。

6－11　一个区域的磁通密度按 $\boldsymbol{B}=(\boldsymbol{e}_x2.5\sin300t+\boldsymbol{e}_y1.75\cos300t+\boldsymbol{e}_z0.5\cos500t)(\text{mT})$变化。一个导电矩形环路的四个角位于(0,0,0)、(3,4,0)、(3,4,4)和(0,0,4)。试求（1）环路交链的磁通；（2）若环路的电阻为 2Ω 时的感应电流。

6－12　一根长为 l，以速度 $\boldsymbol{u}=\boldsymbol{e}_yu\cos\omega t(\text{m/s})$运动的导体，用具有柔性的引线接至伏特计，如题图 6－12 所示。若此区城内的磁通密度为 $\boldsymbol{B}=\boldsymbol{e}_xB\cos\omega t\text{T}$，求电路中的感应 emf，用（1）变压器和运动 emf 的概念；（b）法拉第感应定律。

6－13　一块宽为 10cm 的矩形金属条，以恒速 $\boldsymbol{u}=-\boldsymbol{e}_y1000(\text{m/s})$ 平行于 xy 平面运动，如题图 6－13 所示。若此区内的磁通密度为 $\boldsymbol{B}=\boldsymbol{e}_x0.2\text{T}$，求伏特计的读数，感应电压的极性。

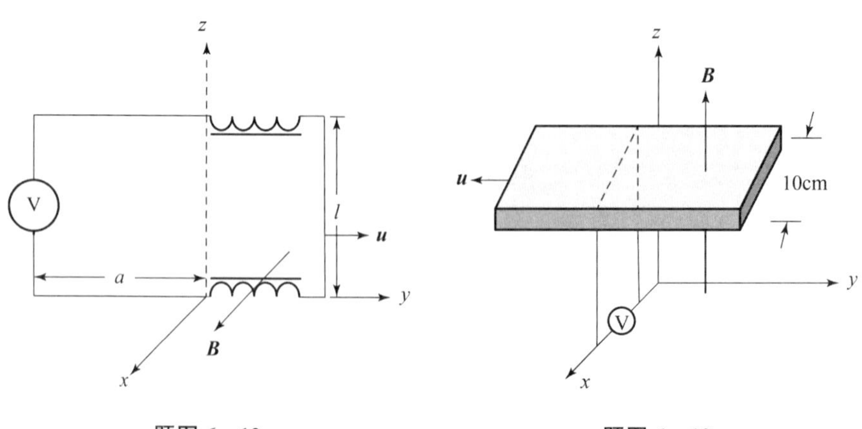

题图 6－12　　　　题图 6－13

6－14　从法拉第定律所得到的麦克斯韦方程和磁矢位 $\boldsymbol{A}$ 的定义出发。证明 $\left(\boldsymbol{E}+\dfrac{\partial \boldsymbol{A}}{\partial t}\right)$ 沿闭合路径的线积分为零。

6－15　若无源电介质内的电场强度为 $\boldsymbol{E}=\boldsymbol{e}_y E_0[\sin(ax-\omega t)+\sin(ax+\omega t)]$ (V/m)，用由法拉第所得出的麦克斯韦方程求磁场强度。在媒质中的位移电流密度是什么？

6－16　若无源电介质内的磁场强度为 $\boldsymbol{H}=\boldsymbol{e}_x H_0[\cos(ax-\omega t)+\cos(ax+\omega t)]$ (V/m)，用由安培定律所得到的麦克斯韦方程求电场强度。在媒质中的位移电流密度是什么？

第 7 章　均匀平面电磁波的传播

均匀平面波是指电磁波的场矢量只沿其传播方向变化，而在与传播方向垂直的平面内，电场和磁场的方向、振幅、相位均保持不变。均匀平面波是电磁波的一种理想情况，距离波源足够远的地方，呈球面的波阵面的局部便可近似看作均匀平面波。本章首先讨论均匀平面波的传播，包括在理想介质中的传播以及在导电媒质中的传播。然后讨论均匀平面波对不同媒质分界面的入射，从垂直入射和斜入射两种情况进行分析。

7.1　平面电磁波

7.1.1　平面波

为了便于理解，首先给出均匀平面波的传播特性。在无源且充满线性、各向同性的均匀理想介质中，均匀平面波的基本传播特性可以归纳如下：

(1) 均匀平面波在传播方向上没有电场、磁场分量，是一种横电磁波（TEM 波）。如图 7-1 所示为沿 $+z$ 轴方向传播的均匀平面波，$\boldsymbol{E}_z=0$，$\boldsymbol{H}_z=0$，只有由 E_x 和 H_y 构成的一组分量波以及由 E_y 和 $-H_x$ 构成的另一组分量波。电场和磁场都在与 z 轴垂直的横向平面内，且 E_x、H_y，E_y、$-H_x$ 都只是 z 坐标的函数。

(2) 均匀平面波的电场 $\boldsymbol{E}$、磁场 $\boldsymbol{H}$ 和波的传播方向相互垂直，且符合右手螺旋定则。

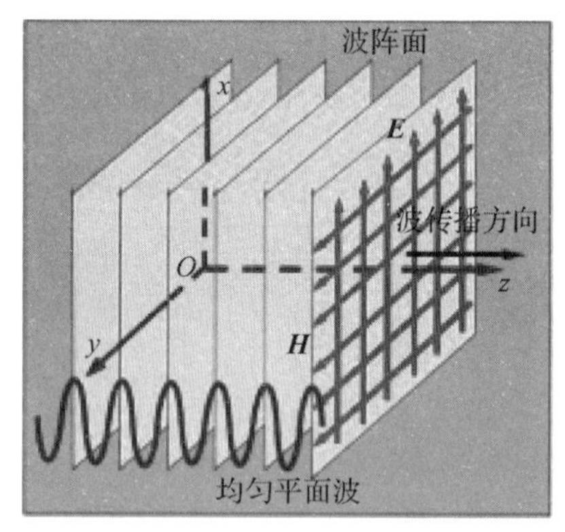

图 7-1　沿 $+z$ 轴方向传播的均匀平面波

(3) 均匀平面波的相速 $v_p=\dfrac{1}{\sqrt{\mu\varepsilon}}$，仅与媒质参数有关。

(4) 均匀平面波的电场 $\boldsymbol{E}$ 与磁场 $\boldsymbol{H}$ 同相位，在任一瞬时，电场值等于磁场值的 η 倍，即 $|\boldsymbol{E}|=\eta|\boldsymbol{H}|$。

7.1.2　平面波在理想介质中的传播

为便于讨论，首先考虑沿 $+z$ 方向传播的均匀平面波，其电场和磁场之间有

$$\boldsymbol{E}(z)=\boldsymbol{e}_xE_x(z)+\boldsymbol{e}_yE_y(z) \tag{7.1.1}$$

$$\boldsymbol{H}(z)=\frac{1}{\eta}[-\boldsymbol{e}_xE_y(z)+\boldsymbol{e}_yE_x(z)]=\frac{1}{\eta}\boldsymbol{e}_z\times\boldsymbol{E}(z) \tag{7.1.2}$$

表示的关系，所以讨论均匀平面波的传播特性时，只需选择其中的一个场量，如电场 $\boldsymbol{E}$，且只讨论一组分量波。

选用余弦函数 $\cos\omega t$ 为基准，电场分量 E_x 的瞬时值形式为

$$\begin{aligned} E_x(z,t) &= \mathrm{Re}[E_x(z)e^{\mathrm{j}\omega t}] = \mathrm{Re}[E_{xm}e^{\mathrm{j}\varphi_x}e^{-\mathrm{j}kz}e^{\mathrm{j}\omega t}] \\ &= E_{xm}\cos(\omega t - kz + \varphi_x) \end{aligned} \tag{7.1.3}$$

可见，电场分量 E_x 既是时间的周期函数，又是空间坐标的周期函数。

在 z 等于常数的平面内，E_x 以角频率 ω 随时间按余弦规律变换。图 7－2 所示为 $z=0$ 的平面上，E_x 随时间变化的图形。在这里取初相位 $\varphi_x=0$，故有 $E_x(0,t)=E_{xm}\cos\omega t$。周期 T 由 $\omega T=2\pi$ 确定，有 $T=\dfrac{2\pi}{\omega}$。它表示在给定位置上，时间相位相差 2π 的两平面间的时间间距。频率 $f=\dfrac{1}{T}=\dfrac{\omega}{2\pi}$，由波源确定。

在 $t=$ 常数时，E_x 随空间坐标 z 的周期变化如图 7－3 所示。在这里取 $t=0$，且 $\varphi_x=0$，故有

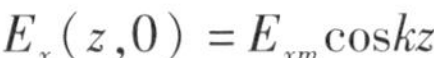

$$E_x(z,0)=E_{xm}\cos kz$$

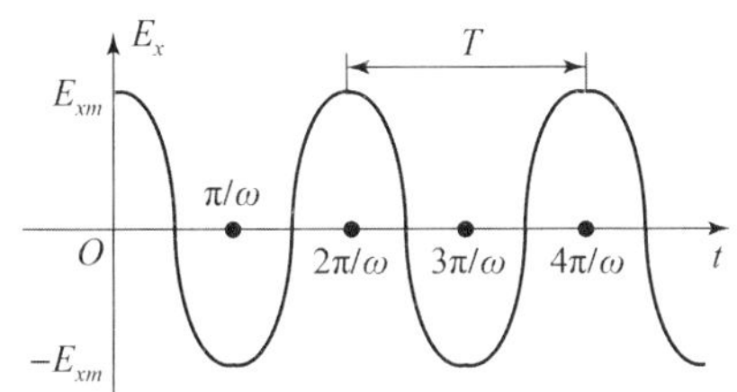

图 7－2　$z=0$ 的平面上，$E_x=E_{xm}\cos(\omega t-kz)$ 的图形

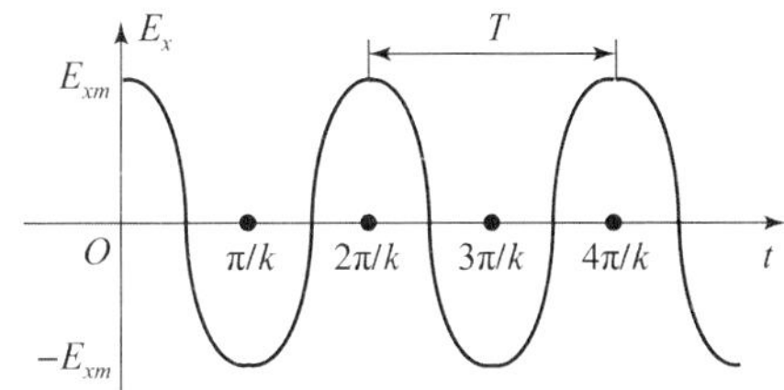

图 7－3　$t=0$ 时，$E_x=E_{xm}\cos(\omega t-kz)$ 的图形

波长由 $k\lambda=2\pi$ 确定，有

$$\lambda=\frac{2\pi}{k}\ (\mathrm{m}) \tag{7.1.4}$$

表征在给定时刻，空间相位相差 2π 的两平面间的距离。k 表示波传播单位距离的相位变化（rad/m），称为相位常数，有

$$k=\frac{2\pi}{\lambda}\ (\mathrm{rad/m}) \tag{7.1.5}$$

表示一个周期内所含有的波长数，故又称为波数。

在图 7－4 中按式（7.1.3）绘出取初相位 $\varphi_x=0$ 时，在几个不同时刻 E_x 随 z 变化的图形。在 $t=0$ 时，$E_x(z,0)=E_{xm}\cos kz$ 是振幅为 E_{xm} 的余弦曲线。随着时间的推移，此曲线沿 $+z$ 轴方向匀速前进，即正向行波。

从前面的讨论可以看出，对于任意给定的时刻，当空间坐标 z 增加一个波长时，$kz=k\lambda=2\pi$，波形恢复到原来的大小和相位。然而时间是不断变化的，因此波也是不固定的。现在，将观察点固定在恒定相位点，如图 7－4 中的波峰点 P，该点相应于

$$\omega t-kz=\text{常数} \tag{7.1.6}$$

表明随着时间 t 的增加，空间坐标 z 也必须增加，以保证相位恒定，即 $\omega t-kz=$ 常数。

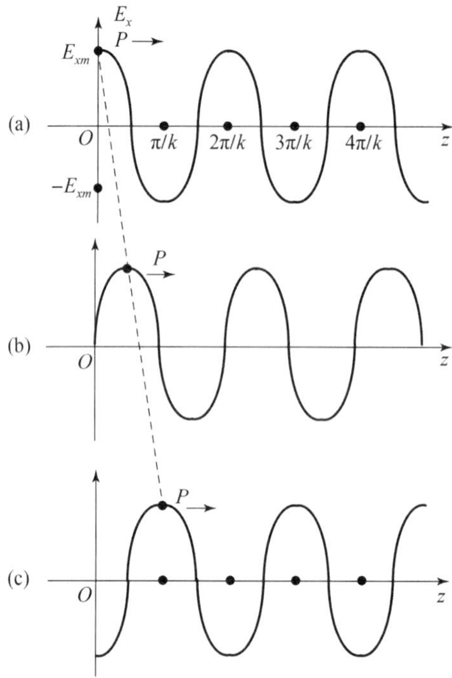

图 7-4　在三个时刻：(a) $t=0$，(b) $t=T/4$，$t=T/2$，$E_x=E_{xm}\cos(\omega t-kz)$ 的图形

由式（7.1.6）得相位为常数的平面移动的速度，称为相速：

$$v_p=\frac{\mathrm{d}z}{\mathrm{d}t}=\frac{\omega}{k}=\frac{\omega}{\omega\sqrt{\mu\varepsilon}}=\frac{1}{\sqrt{\mu\varepsilon}} \tag{7.1.7}$$

由于 ω 和 k 都是正数，故相速 $v_p>0$，波沿 $+z$ 轴方向转动。这也证明 $E_x=E_{xm}\cos(\omega t-kz)$ 代表沿 $+z$ 轴方向传播的波。

式（7.1.7）表明相速 v_p 是媒质参数 μ 和 ε 的函数。在自由空间，$\mu=\mu_0=4\pi\times10^{-7}\mathrm{H/m}$，$\varepsilon=\varepsilon_0=\frac{1}{4\pi\times9\times10^9}\mathrm{F/m}$，故相速为

$$v_{p0}=\frac{1}{\sqrt{\mu_0\varepsilon_0}}=3\times10^8\mathrm{m/s}=c(\text{光速}) \tag{7.1.8}$$

应用麦克斯韦第二方程 $\nabla\times\boldsymbol{E}=-\mathrm{j}\omega\mu\boldsymbol{H}$ 或直接由关系式：

$$\boldsymbol{E}(z)=\boldsymbol{e}_xE_x(z)+\boldsymbol{e}_yE_y(z) \tag{7.1.9}$$

$$\boldsymbol{H}(z)=\frac{1}{\eta}[-\boldsymbol{e}_xE_y(z)+\boldsymbol{e}_yE_x(z)]=\frac{1}{\eta}\boldsymbol{e}_z\times\boldsymbol{E}(z) \tag{7.1.10}$$

可求出与电场相伴的磁场为

$$\boldsymbol{H}(z)=\frac{1}{\eta}\boldsymbol{e}_z\times\boldsymbol{E}(z)=\frac{1}{\eta}\boldsymbol{e}_z\times\boldsymbol{e}_xE_x=\boldsymbol{e}_y\frac{1}{\eta}E_{xm}e^{-\mathrm{j}(kz-\varphi_x)} \tag{7.1.11}$$

其瞬时值形式为

$$\begin{aligned}\boldsymbol{H}(z,t)&=\mathrm{Re}[\boldsymbol{H}(z)e^{\mathrm{j}\omega t}]=\mathrm{Re}\left[\boldsymbol{e}_y\frac{1}{\eta}E_{\mathrm{xm}}e^{-\mathrm{j}(kz-\varphi_x)}e^{\mathrm{j}\omega t}\right]\\&=\boldsymbol{e}_y\frac{E_{xm}}{\eta}\cos(\omega t-kz+\varphi_x)\end{aligned} \tag{7.1.12}$$

可见，电场与磁场的振幅相差一个因子 $\eta=\sqrt{\frac{\mu}{\varepsilon}}$，而相位相同。在图 7-5 中绘出 $t=0$ 时刻，E_x 和 H_y 的图形。电场 $\boldsymbol{E}=\boldsymbol{e}_xE_x$ 在 xz 平面上，磁场 $\boldsymbol{H}=\boldsymbol{e}_yH_y$ 在 yz 平面上，两者同相位。

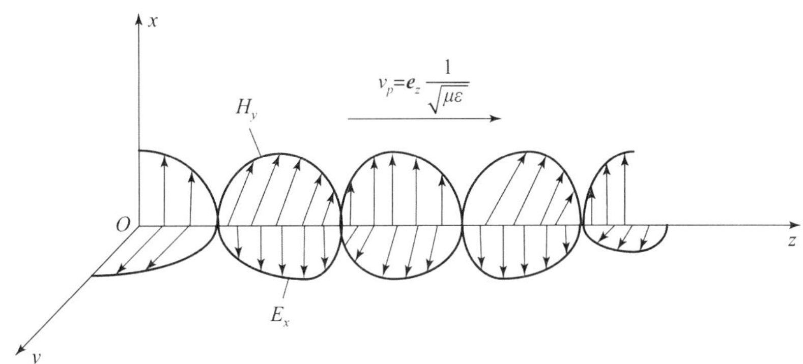

图 7-5　沿 $+z$ 方向传播的均匀平面波的电场和磁场

非导电媒质中，沿 $+z$ 方向传播的均匀平面波传播的平均功率流密度为

$$\begin{aligned}\boldsymbol{S}_{平均}&=\frac{1}{2}\mathrm{Re}[\boldsymbol{E}(z)\times\boldsymbol{H}^*(z)]=\frac{1}{2}\mathrm{Re}\left[\boldsymbol{E}(z)\times\left(\frac{1}{\eta}\boldsymbol{e}_z\times\boldsymbol{E}^*(z)\right)\right]\\&=\frac{1}{2\eta}\mathrm{Re}[(\boldsymbol{E}(z)\cdot\boldsymbol{E}^*(z))\boldsymbol{e}_z-(\boldsymbol{E}(z)\cdot\boldsymbol{e}_z)\boldsymbol{E}^*(z)]\\&=\frac{1}{2\eta}\mathrm{Re}[\boldsymbol{e}_z(\boldsymbol{E}(z)\cdot\boldsymbol{E}^*(z))]\\&=\boldsymbol{e}_z\frac{1}{2\eta}E^2\\&=\boldsymbol{e}_z\frac{1}{2\eta}(E_x^2+E_y^2)\end{aligned}\tag{7.1.13}$$

在这里应用了矢量恒等式 $\boldsymbol{A}\times(\boldsymbol{B}\times\boldsymbol{C})=(\boldsymbol{A}\cdot\boldsymbol{C})\boldsymbol{B}-(\boldsymbol{A}\cdot\boldsymbol{B})\boldsymbol{C}$，且考虑到 $\boldsymbol{E}(z)\cdot\boldsymbol{e}_z=0$ 以及 $\boldsymbol{E}(z)\cdot\boldsymbol{E}^*(z)=E^2$。考虑到 $\eta=\sqrt{\frac{\mu}{\varepsilon}}$ 和 $v_p=\frac{1}{\sqrt{\mu\varepsilon}}$，式（7.1.13）可表示为

$$\boldsymbol{S}_{平均}=\frac{1}{2}\varepsilon E^2\boldsymbol{e}_z\frac{1}{\sqrt{\mu\varepsilon}}=\frac{1}{2}\varepsilon E^2\boldsymbol{v}_p\tag{7.1.14}$$

表明在无界均匀媒质中，均匀平面波的电磁能量传播速度等于相速。

例 7.1.1：频率 $f=300\text{MHz}$ 的均匀平面波在非导电媒质中沿 $+z$ 轴方向传播，设其电场 $\boldsymbol{E}=\boldsymbol{e}_xE_x$。已知该媒质的相对介电常数 $\varepsilon_r=2$，相对磁导率 $\mu_r=2$，且当 $t=0$，$z=\frac{1}{4}\text{m}$ 时，电场为其振幅值 $+10^{-3}\text{V/m}$。（1）求相速、相位常数及波长；（2）写出电场和磁场的瞬时表达式；（3）确定当 $t=0.5\times10^{-8}\text{s}$ 时，电场为正振幅值的位置。

解：（1）相速 $v_p=\frac{1}{\sqrt{\mu\varepsilon}}=\frac{1}{\sqrt{\mu_r\mu_0\varepsilon_r\varepsilon_0}}=\frac{3\times10^8}{\sqrt{2\times2}}=1.5\times10^8\text{m/s}$

相位常数为

$$k=\omega\sqrt{\mu\varepsilon}=2\pi f\sqrt{\mu_r\mu_0\varepsilon_r\varepsilon_0}=\frac{2\pi f}{c}\sqrt{2\times 2}=\frac{2\pi\times 3\times 10^8}{3\times 10^8}\sqrt{4}=4\pi\text{rad/m}$$

波长为

$$\lambda=\frac{2\pi}{k}=\frac{2\pi}{4\pi}=0.5\text{m}$$

(2) 以余弦为基准，电场的瞬时表达式为

$$\boldsymbol{E}(z,t)=\boldsymbol{e}_x E_x(z,t)=\boldsymbol{e}_x 10^{-3}\cos(6\pi\times 10^8 t-4\pi z+\varphi_x)$$

据题给条件应有 $t=0$，$z=\frac{1}{4}\text{m}$ 时，$E_x=+10^{-3}\text{V/m}$

$$6\pi\times 10^8\times 0-4\pi\times\frac{1}{4}+\varphi_x=0$$

故得

$$\varphi_x=4\pi\times\frac{1}{4}=\pi(\text{rad})$$

则电场的瞬时表达式为

$$\boldsymbol{E}(z,t)=\boldsymbol{e}_x 10^{-3}\cos(6\pi\times 10^8 t-4\pi z+\pi)\ (\text{V/m})$$

与之相伴的磁场瞬时表达式为

$$\boldsymbol{H}(z,t)=\frac{1}{\eta}\boldsymbol{e}_z\times\boldsymbol{E}(z,t)=\frac{1}{\eta}\boldsymbol{e}_z\times\boldsymbol{e}_x E_x(z,t)=\boldsymbol{e}_y\frac{1}{\eta}E_x(z,t)$$

式中

$$\eta=\sqrt{\frac{\mu}{\varepsilon}}=\sqrt{\frac{\mu_r\mu_0}{\varepsilon_r\varepsilon_0}}=\sqrt{\frac{\mu_r}{\varepsilon_r}}\eta_0=120\pi\ (\Omega)$$

故

$$\boldsymbol{H}(z,t)=\boldsymbol{e}_y\frac{10^{-3}}{120\pi}\cos(6\pi\times 10^8 t-4\pi z+\pi)\ (\text{A/m})$$

(3) 当 $t=0.5\times 10^{-8}\text{s}$ 时，为使 E_x 为正振幅值，应有

$$6\pi\times 10^8\times 0.5\times 10^{-8}-4\pi z+\pi=\pm 2n\pi,\ n=0,1,2\cdots$$

故得

$$z=1\pm\frac{n}{2}\ (\text{m}),\ n=0,1,2\cdots$$

例 7.1.2：电场 $\boldsymbol{E}(z,t)=\boldsymbol{e}_x\cos(\pi\times 10^8 t-\pi z)$ (V/m)的均匀平面波在某种非导电媒质(设其参数为 $\mu=\mu_0$，$\sigma=0$）中传播，试求：(1) 该媒质的相对介电常数 ε_r；(2) 波的相速 v_p 和波长 λ；(3) 与电场 $\boldsymbol{E}$ 相伴的磁场 $\boldsymbol{H}$；(4) 波的平均功率流密度矢量 $\boldsymbol{S}_{平均}$。

解：(1) 由题给的电场表示式知角频率 $\omega=\pi\times 10^8\text{rad/s}$，相位常数 $k=\pi(\text{rad/m})$，而

$$k=\omega\sqrt{\mu\varepsilon}=\omega\sqrt{\mu_0\varepsilon_r\varepsilon_0}$$

故

$$\sqrt{\varepsilon_r}=\frac{k}{\omega}\frac{1}{\sqrt{\mu_0\varepsilon_0}}=\frac{\pi}{\pi\times 10^8}\times 3\times 10^8=3$$

则所求媒质的相对介电常数为

$$\varepsilon_{\mathrm{r}}=9$$

也可以从给定的 $\boldsymbol{E}$ 必须满足波动方程出发来确定 ε_{r}。

波动方程的第一项为

$$\nabla^2\boldsymbol{E}=\boldsymbol{e}_x\nabla^2E_x=\boldsymbol{e}_x\frac{\partial^2E_x}{\partial z^2}=-\boldsymbol{e}_x\pi^2\cos(\pi\times10^8t-\pi z)$$

波动方程的第二项中的

$$\frac{\partial^2\boldsymbol{E}}{\partial t^2}=\boldsymbol{e}_x\frac{\partial^2E_x}{\partial t^2}=-\boldsymbol{e}_x(\pi\times10^8)^2\cos(\pi\times10^8t-\pi z)$$

故式 $\nabla^2\boldsymbol{E}-\mu\varepsilon\frac{\partial^2\boldsymbol{E}}{\partial t^2}=0$ 可表示为

$$-\boldsymbol{e}_x\pi^2\cos(\pi\times10^8-\pi z)+\boldsymbol{e}_x\mu\varepsilon\times(\pi\times10^8)^2\cos(\pi\times10^8-\pi z)=0$$

必须

$$\pi^2=\mu\varepsilon\times(\pi\times10^8)^2$$

则得

$$\varepsilon_{\mathrm{r}}=\frac{\pi^2}{\mu_0\varepsilon_0(\pi\times10^8)^2}=\frac{(3\times10^8)^2\pi^2}{(\pi\times10^8)^2}=9$$

（2）波的相速为

$$v_p=\frac{1}{\sqrt{\mu\varepsilon}}=\frac{1}{\sqrt{\mu_0\varepsilon_{\mathrm{r}}\varepsilon_0}}=\frac{1}{\sqrt{\varepsilon_{\mathrm{r}}}}c=\frac{3\times10^8}{\sqrt{9}}=10^8\mathrm{m/s}$$

波长为

$$\lambda=\frac{2\pi}{k}=\frac{2\pi}{\pi}=2\mathrm{m}$$

（3）由题给定的电场表示式知，该均匀平面波沿 $+z$ 轴方向传播，故与电场 $\boldsymbol{E}$ 相伴的磁场 $\boldsymbol{H}$ 可直接利用关系式为

$$\boldsymbol{E}(z)=\boldsymbol{e}_xE_x(z)+\boldsymbol{e}_yE_y(z)$$

$$\boldsymbol{H}(z)=\frac{1}{\eta}[-\boldsymbol{e}_xE_y(z)+\boldsymbol{e}_yE_x(z)]=\frac{1}{\eta}\boldsymbol{e}_z\times\boldsymbol{E}(z)$$

求得

$$\begin{aligned}\boldsymbol{H}(z,t)&=\frac{1}{\eta}\boldsymbol{e}_z\times\boldsymbol{E}(z,t)=\frac{1}{\eta}\boldsymbol{e}_z\times\boldsymbol{e}_x\cos(\pi\times10^8t-\pi z)\\&=\frac{1}{\eta}\boldsymbol{e}_y\cos(\pi\times10^8t-\pi z)\\&=\boldsymbol{e}_y\frac{1}{40\pi}\cos(\pi\times10^8t-\pi z)(\mathrm{A/m})\end{aligned}$$

式中：本征阻抗 η 为

$$\eta=\sqrt{\frac{\mu}{\varepsilon}}=\sqrt{\frac{\mu_0}{\varepsilon_{\mathrm{r}}\varepsilon_0}}=\frac{1}{\sqrt{\varepsilon_{\mathrm{r}}}}\sqrt{\frac{\mu_0}{\varepsilon_0}}=\frac{1}{\sqrt{9}}\times120\pi=40\pi(\Omega)$$

（4）电场、磁场的复数形式分别为

$$\boldsymbol{E}(z)=\boldsymbol{e}_xe^{-\mathrm{j}\pi z}(\mathrm{V/m})$$

和

$$\boldsymbol{H}(z) = \boldsymbol{e}_y \frac{1}{40\pi} e^{-j\pi z} (\text{A/m})$$

故平均功率流密度为

$$\begin{aligned} \boldsymbol{S}_{平均} &= \frac{1}{2}\text{Re}[\boldsymbol{E}(z) \times \boldsymbol{H}^*(z)] \\ &= \frac{1}{2}\text{Re}\left[\boldsymbol{e}_x e^{-j\pi z} \times \boldsymbol{e}_y \frac{1}{40\pi} e^{j\pi z}\right] \\ &= \boldsymbol{e}_z \frac{1}{80\pi} (\text{W/m}^2) \end{aligned}$$

例 7.1.3：已知自由空间中传播的均匀平面波的电场表示式为 $\boldsymbol{E}(z) = \boldsymbol{e}_x 60\pi\cos(\omega t - kz)$(V/m)，试求在 $z = z_0$ 处垂直穿过半径 $R = 2\text{m}$ 的圆平面的平均功率。

解：电场的复数形式为

$$\boldsymbol{E}(z) = \boldsymbol{e}_x 60\pi e^{-jkz}$$

而自由空间的本征阻抗 η_0 为

$$\eta = \sqrt{\frac{\mu_0}{\varepsilon_0}} = 120\pi(\Omega)$$

故磁场表示式为

$$\boldsymbol{H}(z) = \frac{1}{\eta_0}\boldsymbol{e}_z \times \boldsymbol{E}(z) = \boldsymbol{e}_y \frac{60\pi}{120\pi} e^{-jkz} (\text{A/m})$$

于是平均功率密度为

$$\begin{aligned} \boldsymbol{S}_{平均} &= \frac{1}{2}\text{Re}[\boldsymbol{E}(z) \times \boldsymbol{H}^*(z)] \\ &= \frac{1}{2}\text{Re}\left[\boldsymbol{e}_x 60\pi e^{-jkz} \times \boldsymbol{e}_y \frac{60\pi}{120\pi} e^{jkz}\right] \\ &= \boldsymbol{e}_z \frac{1}{2} \times 60\pi \times \frac{60\pi}{120\pi} \ (\text{W/m}^2) \end{aligned}$$

故垂直穿过半径 $R = 2\text{m}$ 的圆平面的平均功率为

$$P = \int_s \boldsymbol{S}_{平均} \cdot \text{d}\boldsymbol{S} = S_{平均} \times \pi R^2 = \frac{60\pi}{4} \times \pi \times 2^2 = 592.18\text{W}$$

7.1.3 沿任意方向传播的均匀平面波

前面讨论了沿 $+z$ 方向传播的一组分量波，其电场 $\boldsymbol{E} = \boldsymbol{e}_x E_x$ 与之相伴的磁场 $\boldsymbol{H} = \boldsymbol{e}_y H_y$。$\boldsymbol{E}$ 与 $\boldsymbol{H}$ 互相垂直，又都在与传播方向垂直的横向平面内，且场量的复数表示式仅只是坐标的函数，这是横电磁波（TEM 波）的一种特殊情况。若无特殊需要，把波的传播方向定为 $+z$ 方向是方便的。此时，电场的复数形式可写为

$$\boldsymbol{E}(z) = \boldsymbol{E}_0 e^{-jkz} \tag{7.1.15}$$

式中：$\boldsymbol{E}_0$ 是一个常矢量。

若均匀平面波是沿用单位矢量 $\boldsymbol{e}_n$ 表示的任意方向传播，则式（7.1.15）可表示为

$$\boldsymbol{E}(x, y, z) = \boldsymbol{E}_0 e^{-jk_x x - jk_y y - jk_z z} \tag{7.1.16}$$

式中

$$k_x^2 + k_y^2 + k_z^2 = k^2 = \omega^2 \mu\varepsilon \tag{7.1.17}$$

将式（7.1.16）直接代入齐次亥姆霍兹方程$\nabla^2 \boldsymbol{E} + \omega^2\mu\varepsilon\boldsymbol{E} = 0$，可验证它是满足方程的。引入波矢量：

$$\boldsymbol{k} = \boldsymbol{e}_n k = \boldsymbol{e}_x k_x + \boldsymbol{e}_y k_y + \boldsymbol{e}_z k_z \tag{7.1.18}$$

以及空间任一点的矢径：

$$\boldsymbol{r} = \boldsymbol{e}_x x + \boldsymbol{e}_y y + \boldsymbol{e}_z z \tag{7.1.19}$$

得

$$\boldsymbol{k} \cdot \boldsymbol{r} = (\boldsymbol{e}_x k_x + \boldsymbol{e}_y k_y + \boldsymbol{e}_z k_z) \cdot (\boldsymbol{e}_x x + \boldsymbol{e}_y y + \boldsymbol{e}_z z) = k_x x + k_y y + k_z z \tag{7.1.20}$$

则式（7.1.16）可表示为

$$\boldsymbol{E}(r) = \boldsymbol{E}_0 e^{-\mathrm{j}\boldsymbol{k}\cdot\boldsymbol{r}} = \boldsymbol{E}_0 e^{-\mathrm{j}k\boldsymbol{e}_n\cdot\boldsymbol{r}} \tag{7.1.21}$$

如图 7-6 所示为

$$\boldsymbol{e}_n \cdot \boldsymbol{r} = OP_0 = 常数 \tag{7.1.22}$$

表示垂直于传播方向 $\boldsymbol{e}_n$ 的平面。正如图 7-7 中，z = 常数的平面表示沿 $+z$ 方向传播的均匀平面波的等相位面一样，$\boldsymbol{e}_n \cdot \boldsymbol{r}$ = 常数的平面也是表示沿 $\boldsymbol{e}_n$ 方向传播的等相位面。

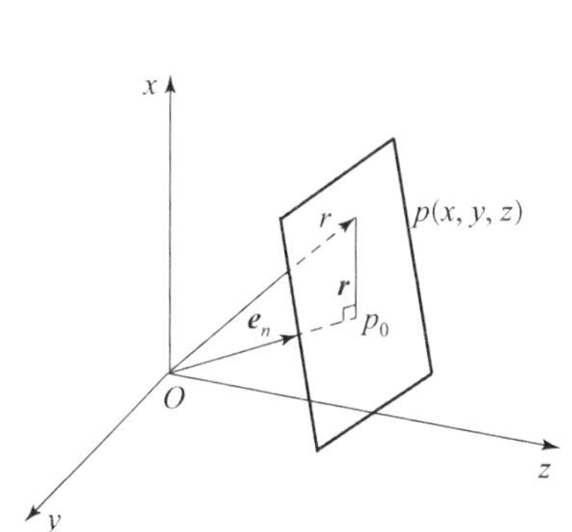

图 7-6　沿任意方向 $\boldsymbol{e}_n$ 传播的平面波的等相位点

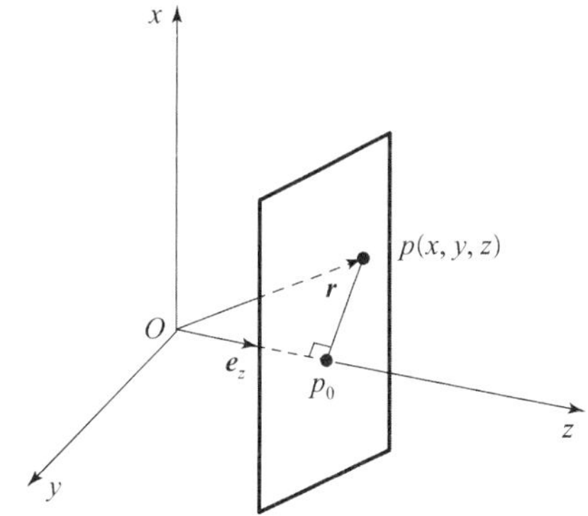

图 7-7　沿 $+z$ 方向传播的平面波的等相位点

此外，式（7.1.22）在无源区域还应满足$\nabla \cdot \boldsymbol{E} = 0$。将式（7.1.22）代入$\nabla \cdot \boldsymbol{E} = 0$，可以证明$\nabla \cdot \boldsymbol{E} = 0$ 成立的条件为

$$\boldsymbol{e}_n \cdot \boldsymbol{E}_0 = 0 \tag{7.1.23}$$

此结果表明式（7.1.22）的解答形式已隐含着电场常矢量 $\boldsymbol{E}_0$ 与波的传播方向 $\boldsymbol{e}_n$ 相垂直。与电场 $\boldsymbol{E}(r)$ 相伴的磁场为

$$\boldsymbol{H}(r) = \frac{1}{\eta}\boldsymbol{e}_z \times \boldsymbol{E}(r) = \frac{1}{\eta}(\boldsymbol{e}_n \times \boldsymbol{E}_0) e^{-\mathrm{j}k\boldsymbol{e}_n\cdot\boldsymbol{r}} \tag{7.1.24}$$

此关系式同样表明沿任意方向传播的均匀平面波是 TEM 波的一个特例，电场与磁场相互垂直，且垂直于传播方向，$\boldsymbol{E}$、$\boldsymbol{H}$、$\boldsymbol{e}_n$ 三者符合右手螺旋定则。

7.2 平面波的极化

7.2.1 极化的概念

一般情况下，沿 z 方向传播的均匀平面波的 E_x 和 E_y 分量都存在，可表示为

$$\boldsymbol{E}_x = E_{xm}\cos(\omega t - kz + \phi_x) \tag{7.2.1}$$

$$\boldsymbol{E}_y = E_{xm}\cos(\omega t - kz + \phi_y) \tag{7.2.2}$$

合成波电场 $\boldsymbol{E} = \boldsymbol{e}_x E_x + \boldsymbol{e}_y E_y$。由于 E_x 和 E_y 分量的振幅和相位不一定相同，因此，在空间任意给定点上，合成波电场强度矢量 $\boldsymbol{E}$ 的大小和方向都可能会随时间变化，这种现象称为电磁波的极化。

电磁波的极化是电磁理论中的一个重要概念，它表征在空间给定点上电场强度矢量的取向随时间变化的特性，并用电场强度矢量的端点随时间变化的轨迹来描述。若该轨迹为直线，则称为直线极化；若该轨迹是圆，则称为圆极化；若该轨迹是椭圆，则称为椭圆极化。7.1 节讨论的均匀平面波就是沿 x 方向极化的线极化波。

合成波的极化形式取决于分量 E_x 和 E_y 的振幅之间和相位之间的关系。为简单起见，下面取 $z=0$ 的给定点来讨论，这时式（7.2.1）和式（7.2.2）写为

$$\boldsymbol{E}_x = E_{xm}\cos(\omega t + \phi_x) \tag{7.2.3}$$

$$\boldsymbol{E}_y = E_{ym}\cos(\omega t + \phi_y) \tag{7.2.4}$$

7.2.2 线极化波

若电场的 x 分量和 y 分量的相位相同或相差 π，即 $\phi_y - \phi_x = 0$ 或 $\pm\pi$ 时，则合成波为直线极化波。

当 $\phi_y - \phi_x = 0$ 时，可得到合成波电场强度的大小为

$$E = \sqrt{E_x^2 + E_y^2} = \sqrt{E_{xm}^2 + E_{ym}^2}\cos(\omega t + \phi_x) \tag{7.2.5}$$

合成波电场与 x 轴的夹角为

$$\alpha = \arctan\left(\frac{E_y}{E_x}\right) = \arctan\left(\frac{E_{ym}}{E_{xm}}\right) = \text{const} \tag{7.2.6}$$

由此可见，合成波电场的大小虽然随时间变化，但其矢端轨迹与 x 轴夹角始终保持不变，如图 7－8 所示，因此为直线极化波。

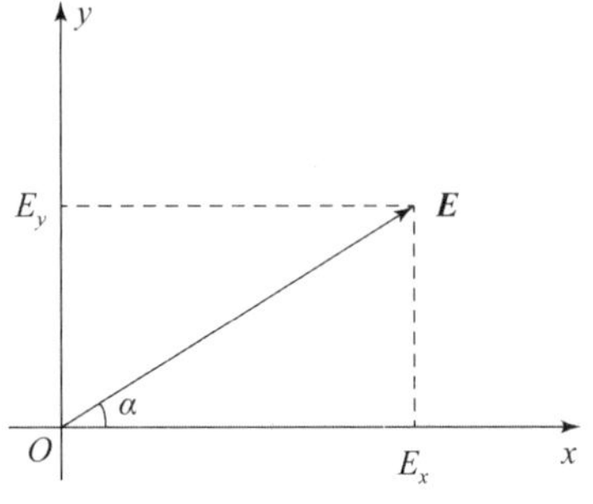

图 7－8　直线极化

对 $\phi_y - \phi_x = \pm\pi$ 的情况，可类似讨论。

对以上讨论可以得出结论：任何两个同频率、同传播方向且极化方向互相垂直的线极化波，当它们的相位相同或相差为 π 时，其合成波为线极化波。

在工程上，常将垂直于大地的直线极化波称为垂直极化波，而将与大地平行的直线极化称为水平极化波。例如：中波广播天线架设与地面垂直，发射垂直

极化波。收听者要得到最佳的收听效果，就应将收音机的天线调整到与电场 **E** 平行的位置，即与大地垂直；电视发射天线与大地平行，发射平行极化波，这时电视接收天线应调整到与大地平行的位置，所以电视公用天线都是按照这个原理架设的。

7.2.3　圆极化波

若电场的 x 分量和 y 分量的振幅相等、但相位差为$\frac{\pi}{2}$，即 $E_{xm}=E_{ym}=E_m$、$\phi_y-\phi_x=\pm\frac{\pi}{2}$时，则合成波为圆极化波。

当 $\phi_y-\phi_x=\frac{\pi}{2}$时，即 $\phi_y=\phi_x+\frac{\pi}{2}$，由式（7.2.3）和式（7.2.4）可得

$$E_x=E_m\cos(\omega t+\phi_x) \tag{7.2.7}$$

$$E_y=E_m\cos\left(\omega t+\phi_x+\frac{\pi}{2}\right)=-E_m\sin(\omega t+\phi_x) \tag{7.2.8}$$

故合成波电场强度的大小

$$E=\sqrt{E_x^2+E_y^2}=E_m=\text{const} \tag{7.2.9}$$

合成波电场与 x 轴的夹角为

$$\alpha=\arctan\left(\frac{E_y}{E_x}\right)=-(\omega t+\phi_x) \tag{7.2.10}$$

由此可见，合成波电场的大小不随时间改变，但方向却随时变化，其端点轨迹在一个圆上并以角速度 ω 旋转，如图 7－9 所示，故为圆极化波。

由式（7.2.10）可知，当时间 t 的值逐渐增加时，电场 **E** 的端点沿顺时针方向旋转。若以左手大拇指朝向波的传播方向（z 方向），则其余四指的转向与电场 **E** 的端点运动方向一致，故将图 7－9 所示的圆极化波称为左旋圆极化波。

对于 $\phi_y-\phi_x=-\frac{\pi}{2}$的情况，可类似讨论。此时，合成波电场与 x 轴的夹角为

$$\alpha=\arctan\left(\frac{E_y}{E_x}\right)=\omega t+\phi_x \tag{7.2.11}$$

由此可见，当时间 t 的值逐渐增加时，电场 **E** 的端点沿逆时针方向旋转，如图 7－10 所示。若以右手大拇指朝向波的传播方向（这里为 z 方向），则其余四指的转向与电场 **E** 的端点运动方向一致，故将图 7－10 所示的圆极化波称为右旋圆极化波。

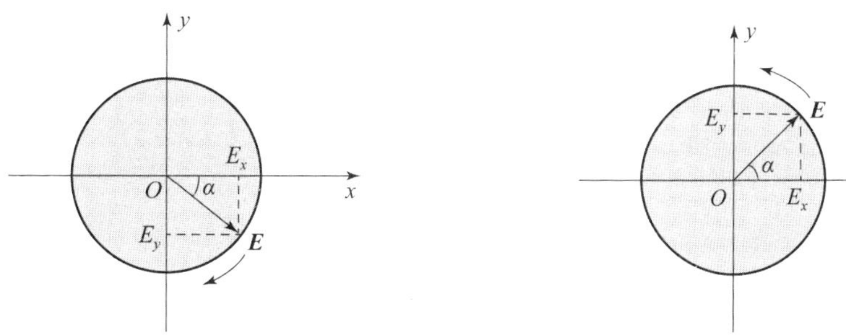

图 7－9　左旋圆极化波　　　　图 7－10　右旋圆极化波

从以上讨论可以得出结论：任何两个同频率、同传播方向且极化方向互相垂直的线极化波，当它们的振幅相等且相位差为 $\pm\frac{\pi}{2}$ 时，其合成波为圆极化波。

在很多情况下，系统须利用圆极化波才能进行正常工作。例如：火箭等飞行器在飞行过程中其状态和位置在不断地改变，因此火箭上的天线方位也在不断地改变，如此时用线极化的信号来遥控，则在某些情况下会出现火箭上的天线收不到地面控制信号而造成失控。在卫星通信系统中，卫星上的天线和地面站的天线均采用了圆极化天线。在电子对抗系统中，大多也采用圆极化天线进行工作。

7.2.4 椭圆极化波

一般电场的两个分量的振幅和相位都不相等，这样就构成了椭圆极化波。为简单起见，在式（7.2.3）和式（7.2.4）中，取 $\phi_x=0$，$\phi_y=\phi$，有

$$E_x = E_{xm}\cos\omega t \tag{7.2.12}$$

$$E_y = E_{ym}\cos(\omega t+\phi) \tag{7.2.13}$$

式（7.2.12）、式（7.2.13）消去 t，可得

$$\frac{E_x^2}{E_{xm}^2}+\frac{E_y^2}{E_{ym}^2}-\frac{2E_xE_y}{E_{xm}E_{ym}}\cos\phi=\sin^2\phi \tag{7.2.14}$$

这是一个椭圆方程，故合成波电场 $\boldsymbol{E}$ 的端点在一个椭圆上旋转，如图 7－11 所示。当 $0<\phi<\pi$ 时，它沿顺时针方向旋转，为左旋椭圆极化；当 $-\pi<\phi<0$ 时，它沿逆时针方向旋转，为右旋椭圆极化。可以证明，椭圆的长轴与 x 轴的夹角 θ 由下式确定

$$\tan 2\theta=\frac{2E_{xm}E_{ym}}{E_{xm}^2-E_{ym}^2}\cos\phi \tag{7.2.15}$$

直线极化和圆极化都可看作椭圆极化的特例。

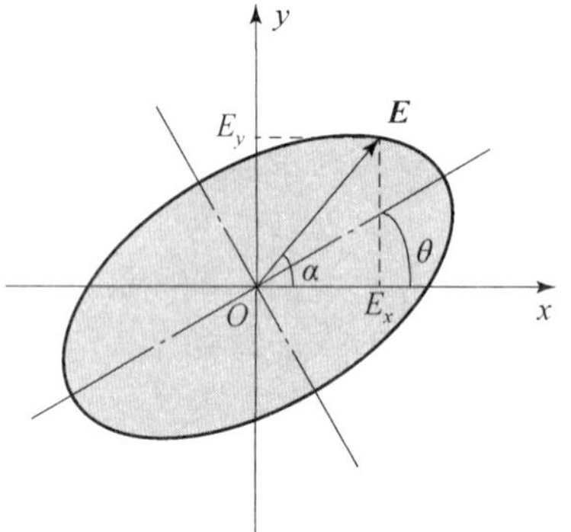

图 7－11　椭圆极化

以上讨论了两个正交的线极化波的合成波的极化情况，它可以是线极化波，或圆极化波，或椭圆极化波。反之，任一线极化波、圆极化波或椭圆极化波也可以分解为两个正交的线极化波。一个线极化波还可以分解为两个振幅相等但旋向相反的圆极化波；一个椭圆极化波也可以分解为两个旋向相反的圆极化波，但振幅不相等。

例 7.2.1：判断下列均匀平面波的极化方式。

（1）$\boldsymbol{E}(z,t)=\boldsymbol{e}_xE_m\sin\left(\omega t-kz-\frac{3\pi}{4}\right)+\boldsymbol{e}_yE_m\cos\left(\omega t-kz-\frac{\pi}{4}\right)$

（2）$\boldsymbol{E}(z)=\boldsymbol{e}_x\mathrm{j}E_m e^{\mathrm{j}kz}+\boldsymbol{e}_yE_m e^{\mathrm{j}kz}$

（3）$\boldsymbol{E}(z,t)=\boldsymbol{e}_xE_m\cos\left(\omega t-kz+\frac{\pi}{8}\right)+\boldsymbol{e}_yE_m\sin\left(\omega t-kz+\frac{\pi}{4}\right)$

解：（1）由于

$$E_x(z,t)=E_m\sin\left(\omega t-kz-\frac{3\pi}{4}\right)=E_m\cos\left(\omega t-kz-\frac{3\pi}{4}-\frac{\pi}{2}\right)=E_m\cos\left(\omega t-kz-\frac{5\pi}{4}\right)$$

$$\phi_y-\phi_x=-\frac{\pi}{4}-\left(-\frac{5\pi}{4}\right)=\pi$$

所以这是一个线极化波。

（2）由于

$$E_x(z,t)=\mathrm{Re}[\mathrm{j}E_\mathrm{m}e^{\mathrm{j}kz}e^{\mathrm{j}\omega t}]=E_\mathrm{m}\cos\left(\omega t+kz+\frac{\pi}{2}\right)$$

$$E_y(z,t)=\mathrm{Re}[E_\mathrm{m}e^{\mathrm{j}kz}e^{\mathrm{j}\omega t}]=E_\mathrm{m}\cos(\omega t+kz)$$

所以

$$\phi_y-\phi_x=-\frac{\pi}{2}$$

此波的传播方向为 $-z$ 轴方向，故应为左旋圆极化波。

（3）由于

$$E_y(z,t)=E_\mathrm{m}\sin\left(\omega t-kz+\frac{\pi}{4}\right)=E_\mathrm{m}\cos\left(\omega t-kz-\frac{\pi}{4}\right)$$

所以

$$\phi_y-\phi_x=-\frac{3\pi}{8}$$

此波沿 $+z$ 轴方向传播，故应为右旋椭圆极化波。

例 7.2.2：已知一线极化波的电场 $\boldsymbol{E}(z)=\boldsymbol{e}_xE_\mathrm{m}e^{-\mathrm{j}kz}+\boldsymbol{e}_yE_\mathrm{m}e^{-\mathrm{j}kz}$，试将其分解为两个振幅相等、旋向相反的圆极化波。

解：设两个振幅相等、旋向相反的圆极化波分别为

$$\boldsymbol{E}_1(z)=(\boldsymbol{e}_x+\mathrm{j}\boldsymbol{e}_y)E_{1\mathrm{m}}e^{-\mathrm{j}kz},\ \boldsymbol{E}_2(z)=(\boldsymbol{e}_x-\mathrm{j}\boldsymbol{e}_y)E_{2\mathrm{m}}e^{-\mathrm{j}kz}$$

式中：$E_{1\mathrm{m}}$ 和 $E_{2\mathrm{m}}$ 为待定常数。令

$$\boldsymbol{E}_1(z)+\boldsymbol{E}_2(z)=\boldsymbol{E}(z)$$

即

$$(\boldsymbol{e}_x+\mathrm{j}\boldsymbol{e}_y)E_{1\mathrm{m}}e^{-\mathrm{j}kz}+(\boldsymbol{e}_x-\mathrm{j}\boldsymbol{e}_y)E_{2\mathrm{m}}e^{-\mathrm{j}kz}=\boldsymbol{e}_xE_\mathrm{m}e^{-\mathrm{j}kz}+\boldsymbol{e}_yE_\mathrm{m}e^{-\mathrm{j}kz}$$

由此可解得

$$E_{1\mathrm{m}}=\frac{E_\mathrm{m}}{2}(1-\mathrm{j})=\frac{E_\mathrm{m}}{\sqrt{2}}e^{-\mathrm{j}\frac{\pi}{4}},\ E_{2\mathrm{m}}=\frac{E_\mathrm{m}}{2}(1+\mathrm{j})=\frac{E_\mathrm{m}}{\sqrt{2}}e^{\mathrm{j}\frac{\pi}{4}}$$

显然有 $|E_{1\mathrm{m}}|=|E_{2\mathrm{m}}|=\dfrac{E_\mathrm{m}}{\sqrt{2}}$。故两个振幅相等、旋向相反的圆极化波分别为

$$\boldsymbol{E}_1(z)=(\boldsymbol{e}_x+\mathrm{j}\boldsymbol{e}_y)\frac{E_\mathrm{m}}{\sqrt{2}}e^{-\mathrm{j}\frac{\pi}{4}}e^{-\mathrm{j}kz},\ \boldsymbol{E}_2(z)=(\boldsymbol{e}_x-\mathrm{j}\boldsymbol{e}_y)\frac{E_\mathrm{m}}{\sqrt{2}}e^{\mathrm{j}\frac{\pi}{4}}e^{-\mathrm{j}kz}$$

7.3　平面波在导电媒质中的传播

在导电媒质中，由于电导率 $\sigma\neq0$，当电磁波在导电媒质中传播时，其中必然有导电电流 $\boldsymbol{J}=\sigma\boldsymbol{E}$，这将导致电磁能量损失。因而，均匀平面波在导电媒质中的传播特性与无损耗介质的情况不同。

7.3.1 导电媒质中的平面波

在均匀的导电媒质中，由

$$\nabla \times \boldsymbol{H} = \boldsymbol{J} + \mathrm{j}\omega\varepsilon\boldsymbol{E} = \mathrm{j}\omega\left(\varepsilon - \mathrm{j}\frac{\sigma}{\omega}\right)\boldsymbol{E} = \mathrm{j}\omega\varepsilon_{\mathrm{c}}\boldsymbol{E} \tag{7.3.1}$$

可得

$$\nabla \cdot \boldsymbol{E} = \frac{1}{\mathrm{j}\omega\varepsilon_{\mathrm{c}}}\nabla \cdot (\nabla \times \boldsymbol{H}) = 0 \tag{7.3.2}$$

因此，在均匀的导电媒质中，虽然传导电流密度 $\boldsymbol{J} \neq 0$，但不存在自由电荷密度，即 $\rho = 0$。

在均匀的导电媒质中，电场 $\boldsymbol{E}$ 和磁场 $\boldsymbol{H}$ 满足的亥姆霍兹方程为

$$(\nabla^2 + k_{\mathrm{c}}^2)\boldsymbol{E} = 0 \tag{7.3.3}$$

$$(\nabla^2 + k_{\mathrm{c}}^2)\boldsymbol{H} = 0 \tag{7.3.4}$$

式中

$$k_{\mathrm{c}} = \omega\sqrt{\mu\varepsilon_{\mathrm{c}}} \tag{7.3.5}$$

为导电媒质中的波数，为一复数。

在讨论导电媒质中电磁波的传播时，通常将式（7.3.3）和式（7.3.4）写为

$$(\nabla^2 - \gamma^2)\boldsymbol{E} = 0 \tag{7.3.6}$$

$$(\nabla^2 - \gamma^2)\boldsymbol{H} = 0 \tag{7.3.7}$$

式中

$$\gamma = \mathrm{j}k_{\mathrm{c}} = \mathrm{j}\omega\sqrt{\mu\varepsilon_{\mathrm{c}}} \tag{7.3.8}$$

称为传播常数，仍为一复数。这里仍然假定电磁波是沿轴方向传播的均匀平面波，且电场只有 E_x 分量，则方程式（7.3.6）的解为

$$\boldsymbol{E} = \boldsymbol{e}_x E_x = \boldsymbol{e}_x E_{x\mathrm{m}} e^{-\gamma z} \tag{7.3.9}$$

由于 γ 是复数，令 $\gamma = \alpha + \mathrm{j}\beta$，代入式（7.3.9）得

$$\boldsymbol{E} = \boldsymbol{e}_x E_{x\mathrm{m}} e^{-\alpha z} e^{-\mathrm{j}\beta z} \tag{7.3.10}$$

式中：第一个因子 $e^{-\alpha z}$ 表示电场的振幅随传播距离 z 的增加而呈指数衰减，因而称为衰减因子。α 称为衰减常数，表示电磁波每传播一个单位距离，其振幅的衰减量（Np/m）；第二个因子 $e^{-\mathrm{j}\beta z}$ 是相位因子，β 称为相位常数（rad/m）。

与式（7.3.10）对应的瞬时值形式为

$$\begin{aligned}\boldsymbol{E}(z,t) &= \mathrm{Re}[\boldsymbol{E}(z)e^{\mathrm{j}\omega t}] = \mathrm{Re}[\boldsymbol{e}_x E_{x\mathrm{m}} e^{-\alpha z} e^{-\mathrm{j}\beta z} e^{\mathrm{j}\omega t}] \\ &= \boldsymbol{e}_x E_{x\mathrm{m}} e^{-\alpha z}\cos(\omega t - \beta z)\end{aligned} \tag{7.3.11}$$

由方程 $\nabla \times \boldsymbol{E} = -\mathrm{j}\omega\mu\boldsymbol{H}$，可得到导电媒质中的磁场强度为

$$\boldsymbol{H} = \boldsymbol{e}_y\sqrt{\frac{\varepsilon_0}{\mu}}E_{x\mathrm{m}}e^{-\gamma z} = \boldsymbol{e}_y\frac{1}{\eta_{\mathrm{c}}}E_{x\mathrm{m}}e^{-\gamma z} \tag{7.3.12}$$

式中

$$\eta_{\mathrm{c}} = \sqrt{\frac{\mu}{\varepsilon_{\mathrm{c}}}} \tag{7.3.13}$$

为导电媒质的本征阻抗。η_{c} 为一复数，常将其表示为

$$\eta_c = |\eta_c| e^{j\phi} \tag{7.3.14}$$

由此可知，在导电媒质中，磁场与电场的相位不相同。将 $\varepsilon_c = \varepsilon - j\sigma/\omega$ 代入式(7.3.13)，可得

$$\eta_c = \sqrt{\frac{\mu}{\varepsilon_c - j\sigma/\omega}} = \left(\frac{\mu}{\varepsilon}\right)^{1/2}\left[1 + \left(\frac{\sigma}{\omega\varepsilon}\right)^2\right]^{-1/4} e^{j\frac{1}{2}\arctan\left(\frac{\sigma}{\omega\varepsilon}\right)} \tag{7.3.15}$$

即

$$|\eta_c| = \left(\frac{\mu}{\varepsilon}\right)^{1/2}\left[1 + \left(\frac{\sigma}{\omega\varepsilon}\right)^2\right]^{-1/4} \tag{7.3.16}$$

$$\phi = \frac{1}{2}\arctan\left(\frac{\sigma}{\omega\varepsilon}\right) \tag{7.3.17}$$

由式（7.3.12）可得，磁场强度复矢量与电场强度复矢量之间满足关系

$$\boldsymbol{H} = \frac{1}{\eta_c}\boldsymbol{e}_z \times \boldsymbol{E} \tag{7.3.18}$$

表明在导电媒质中，电场 $\boldsymbol{E}$、磁场 $\boldsymbol{H}$ 与传播方向 $\boldsymbol{e}_z$ 之间仍然相互垂直，并遵循右手螺旋定则，如图 7－12 所示。

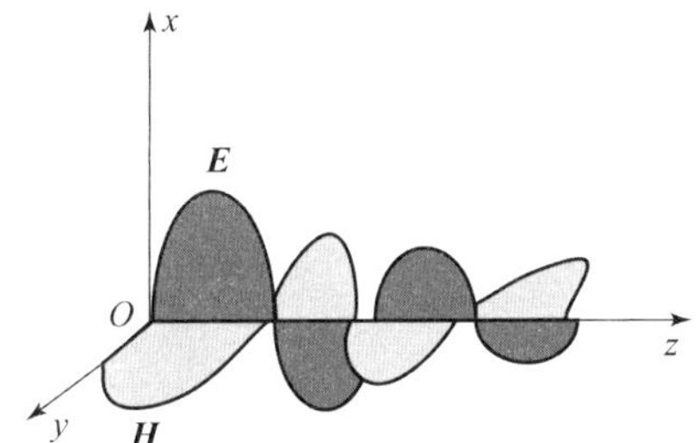

图 7－12　导电媒质中的电场和磁场

由 $\gamma = \alpha + j\beta$ 和式（7.3.8），可得

$$\gamma^2 = \alpha^2 - \beta^2 + j2\alpha\beta = -\omega^2\mu\varepsilon_c = -\omega^2\mu\varepsilon + j\omega\sigma \tag{7.3.19}$$

由此可得

$$\alpha = \omega\sqrt{\frac{\mu\varepsilon}{2}\left[\sqrt{1 + \left(\frac{\sigma}{\omega\iota}\right)^2} - 1\right]} \tag{7.3.20}$$

$$\beta = \omega\sqrt{\frac{\mu\varepsilon}{2}\left[\sqrt{1 + \left(\frac{\sigma}{\omega\varepsilon}\right)^2} + 1\right]} \tag{7.3.21}$$

由于 β 与电磁波的频率不是线性关系，因此在导电媒质中，电磁波的相速 $v = \dfrac{\omega}{\beta}$ 是频率的函数，即在同一种导电媒质下，不同频率的电磁波的相速是不同的，这种现象称为色散，相应的媒质称为色散媒质，故导电媒质是色散媒质。

由式（7.3.10）和式（7.3.12）可得到导电媒质中的平均电场能量密度和平均磁场能量密度分别为

$$\omega_{eav} = \frac{1}{4}\mathrm{Re}[\varepsilon_c \boldsymbol{E} \cdot \boldsymbol{E}^*] = \frac{\varepsilon}{4}E_{xm}^2 e^{-2\alpha z} \tag{7.3.22}$$

$$\omega_{\text{eav}}=\frac{1}{4}\text{Re}[\mu\boldsymbol{H}\cdot\boldsymbol{H}^*]=\frac{\mu}{4}\frac{E_{x\text{m}}^2}{|\eta_{\text{c}}|^2}e^{-2\alpha z} \tag{7.3.23}$$

$$\omega_{\text{eav}}=\frac{\varepsilon}{4}E_{x\text{m}}^2e^{-2\alpha z}\left[1+\left(\frac{\sigma}{\omega\varepsilon}\right)^2\right]^{1/2} \tag{7.3.24}$$

由此可见，在导电媒质中，平均磁场能量密度大于平均电场能量密度。只有当 $\sigma=0$ 时，才有 $\omega_{\text{eav}}=\omega_{\text{mav}}$。在导电媒质中，平均坡印亭矢量为

$$\begin{aligned}\boldsymbol{S}_{\text{av}}&=\frac{1}{2}\text{Re}[\boldsymbol{E}\times\boldsymbol{H}^*]=\frac{1}{2}\text{Re}\left[\boldsymbol{E}\times\left(\frac{1}{\eta_{\text{c}}}\boldsymbol{e}_z\times\boldsymbol{E}\right)^*\right]\\&=\frac{1}{2}\text{Re}\left[\boldsymbol{e}_z|\boldsymbol{E}|^2\frac{1}{|\eta_{\text{c}}|}e^{\text{j}\phi}\right]=\boldsymbol{e}_z\frac{1}{2|\eta_{\text{c}}|}|\boldsymbol{E}|^2\cos\phi\end{aligned} \tag{7.3.25}$$

综上所述，可归纳导电媒质中均匀平面波的传播特点如下：

(1) 电场 $\boldsymbol{E}$、磁场 $\boldsymbol{H}$ 与传播方向 $\boldsymbol{e}_z$ 之间相互垂直，仍然是横电磁波（TEM 波）；

(2) 电场与磁场的振幅呈指数衰减；

(3) 波阻抗为复数，电场与磁场不同相位；

(4) 电磁波的相速与频率有关；

(5) 平均磁场能量密度大于平均电场能量密度。

7.3.2 良导体中的平面波

良导体是指 $\frac{\sigma}{\omega\varepsilon}\gg1$ 的媒质。在良导体中，传导电流起主要作用，而位移电流的影响很小，可忽略不计。在 $\frac{\sigma}{\omega\varepsilon}\gg1$ 下，传播常数 γ 可近似为

$$\gamma=\text{j}\omega\sqrt{\mu\varepsilon\left(1-\text{j}\frac{\sigma}{\omega\varepsilon}\right)}\approx\text{j}\omega\sqrt{\frac{\mu\sigma}{\text{j}\omega}}=\frac{1+\text{j}}{\sqrt{2}}\sqrt{\omega\mu\sigma} \tag{7.3.26}$$

即

$$\alpha\approx\beta\approx\sqrt{\pi f\mu\sigma} \tag{7.3.27}$$

良导体的本征阻抗为

$$\eta_{\text{c}}=\sqrt{\frac{\mu}{\varepsilon_{\text{c}}}}\approx\sqrt{\frac{\text{j}\omega\mu}{\sigma}}=(1+\text{j})\sqrt{\frac{\pi f\mu}{\sigma}}=\sqrt{\frac{2\pi f\mu}{\sigma}}e^{\text{j}\pi/4} \tag{7.3.28}$$

表明在良导体中，磁场的相位滞后于电场 45°。

在良导体中，电磁波的相速为

$$v=\frac{\omega}{\beta}\approx\sqrt{\frac{2\omega}{\mu\sigma}} \tag{7.3.29}$$

由式（7.3.27）可知，在良导体中，电磁波的衰减常数随波的频率、媒质的磁导率和电导率的增加而增大。因此，高频电磁波在良导体中的衰减常数非常大。例如：频率 $f=3\text{MHz}$ 时，电磁波在铜（$\sigma=5.8\times10^7\text{S/m}$、$\mu_{\text{r}}=1$）中的 $\alpha\approx2.62\times10^4\text{NP/m}$。

例 7.3.1：一沿 x 轴方向极化的线极化波在海水中传播，取 $+z$ 轴的方向为传播方向。已知海水的媒质参数为 $\varepsilon_{\text{r}}=81$、$\mu_{\text{r}}=1$、$\sigma=4\text{S/m}$，在 $z=0$ 处的电场 $E_x=10\cos(2\times10^7\pi t)\text{V/m}$。求：

（1）衰减常数、相位常数、本征阻抗、相速、波长；

（2）$z=1\text{m}$ 处的电场和磁场的瞬时表达式；

（3）$z=0.5\text{m}$ 处穿过 1m^2 面积的平均功率。

解：（1）根据题意，有

$$\omega=2\times10^7\pi\text{rad/m},\ f=\frac{\omega}{2\pi}=10^7\text{Hz}$$

所以

$$\frac{\sigma}{\omega\varepsilon}\approx\frac{4}{2\times10^7\pi\times\left(\dfrac{1}{36\pi}\times10^{-9}\right)\times80}=90$$

此时海水可视为良导体，故衰减常数为

$$\alpha=\sqrt{\pi f\mu\sigma}=\sqrt{\pi\times10^7\times4\pi\times10^{-7}\times4}\ \text{Np/m}=4\pi=12.57\text{Np/m}$$

相位常数为

$$\beta=\alpha=12.57\text{rad/m}$$

本征阻抗为

$$\eta_c=\sqrt{\frac{\omega\mu}{\sigma}}e^{j\frac{\pi}{4}}=\sqrt{\frac{2\times10^7\pi\times4\pi\times10^{-7}}{4}}e^{j\frac{\pi}{4}}\Omega=\sqrt{2}\pi e^{j\frac{\pi}{4}}\Omega$$

相速为

$$v=\frac{\omega}{\beta}=\frac{2\times10^7\pi}{4\pi}\text{m/s}=5\times10^6\text{m/s}$$

波长为

$$\lambda=\frac{2\pi}{\beta}=\frac{2\pi}{4\pi}\text{m}=0.5\text{m}$$

（2）根据题意，电场的瞬时表达式为

$$\boldsymbol{E}(z,t)=\boldsymbol{e}_x10e^{-12.57z}\cos(2\times10^7\pi t-12.57z)\ \text{V/m}$$

故在 $z=1\text{m}$ 处，电场的瞬时表达式为

$$\begin{aligned}\boldsymbol{E}(1,t)&=\boldsymbol{e}_x10e^{-12.57}\cos(2\times10^7\pi t-12.57)\ \text{V/m}\\&=\boldsymbol{e}_x3.5\times10^{-5}\cos(2\times10^7\pi t-12.57)\ \text{V/m}\end{aligned}$$

磁场的瞬时表达式为

$$\begin{aligned}\boldsymbol{H}(1,t)&=\boldsymbol{e}_y\frac{10e^{-12.57}}{|\eta_c|}\cos\left(2\times10^7\pi t-12.57-\frac{\pi}{4}\right)\\&=\boldsymbol{e}_y7.8\times10^{-6}\cos(2\times10^7\pi t-11.78)\ \text{A/m}\end{aligned}$$

（3）在 $z=0.5\text{m}$ 处的平均坡印亭矢量为

$$\boldsymbol{S}_{av}=\boldsymbol{e}_z\frac{1}{2|\eta_c|}E_{xm}^2e^{-2\alpha z}\cos\phi=\boldsymbol{e}_z\frac{10^2}{2\sqrt{2}\pi}e^{-2\times12.57\times0.5}\cos\frac{\pi}{4}=\boldsymbol{e}_z0.028\text{mW/m}^2$$

穿过 1m^2 的平均功率为

$$\boldsymbol{P}_{av}=0.028\text{mW}$$

7.3.3　弱导电媒质中的平面波

弱导电媒质是指满足条件 $\frac{\sigma}{\omega\varepsilon}\ll1$ 的导电媒质。在这种媒质中，位移电流起主要作

用，而传导电流的影响很小，可忽略不计。因此，弱导电媒质是一种良好的但电导率 σ 不为零的非理想绝缘材料。

在 $\frac{\sigma}{\omega\varepsilon} \ll 1$ 的条件下，传播常数 γ 可近似为

$$\gamma = \mathrm{j}\omega\sqrt{\mu\varepsilon\left(1 - \mathrm{j}\frac{\sigma}{\omega\varepsilon}\right)} \approx \mathrm{j}\omega\sqrt{\mu\varepsilon}\left(1 - \mathrm{j}\frac{\sigma}{2\omega\varepsilon}\right) \tag{7.3.30}$$

由此可得衰减常数和相位常数近似为

$$\alpha \approx \frac{\sigma}{2}\sqrt{\frac{\mu}{\varepsilon}}\ \mathrm{Np/m} \tag{7.3.31}$$

$$\beta = \omega\sqrt{\mu\varepsilon}\ \mathrm{rad/m} \tag{7.3.32}$$

本征阻抗可近似为

$$\eta_c = \sqrt{\frac{\mu}{\varepsilon}}\left(1 + \frac{\sigma}{\mathrm{j}\omega\varepsilon}\right)^{-1/2} \approx \sqrt{\frac{\mu}{\varepsilon}}\left(1 + \mathrm{j}\frac{\sigma}{2\omega\varepsilon}\right) \tag{7.3.33}$$

由此可见，在弱导电媒质中，除了有一定损耗所引起的衰减外，与理想介质中平面波的传播特性基本相同。

7.3.4 趋肤效应

导电媒质中电磁波的特点之一是具有传输衰减，即波从表面进入导电媒质越深，场的幅度就越小，能量就变得越小。这就是趋肤效应。

趋肤深度或称穿透深度是趋肤效应的重要概念、重要参量之一。其定义：当场从表面进入导电媒质一段距离而使其幅度衰减到原来（表面）幅度的 $1/e$ 时，这段距离（深度）称为趋肤深度。因为场的幅度依 $e^{-\alpha z}$ 规律衰减，若取 $\alpha z = 1$ 的话，则场的幅度仅有原来的 $1/e$。由该定义可知，$\alpha z = 1$ 中的 z 就是趋肤深度，用 δ 表示，于是有

$$\delta = \frac{1}{\alpha} \tag{7.3.34}$$

若导电媒质中的衰减常数 α 的表达式代入式（7.3.34），则得

$$\delta = \frac{1}{\omega\sqrt{\frac{\mu\varepsilon}{2}\left(\sqrt{1 + \left(\frac{\sigma}{\omega\varepsilon}\right)^2} - 1\right)}} \tag{7.3.35}$$

若是良导体 $\left(\frac{\sigma}{\omega\varepsilon} \gg 1\right)$，则式（7.3.35）近似为

$$\delta = \frac{1}{\alpha} = \frac{1}{\sqrt{\pi f\mu\sigma}} \tag{7.3.36}$$

这是良导体的趋肤深度的表达式。该式表明：频率越高、媒质的导电能力越强，趋肤深度 δ 就越小。图 7－13 是趋肤效应示意图。在良导体中，由于其电导率 σ 极大，电磁波一进入良导体就极快地被衰减，即趋肤深度 δ 非常小。这就是良导体对光线不透明的原因，除非是极薄的金属膜。

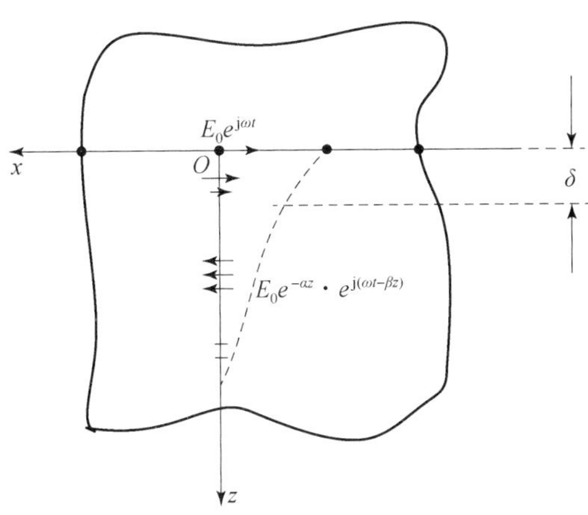

图 7-13　趋肤效应示意图

由于良导体有 $\alpha\approx\beta\approx\sqrt{\pi f\mu\sigma}$，而 $\beta=2\pi/\lambda$，以及 $\delta=\dfrac{1}{\alpha}$，所以良导体中的趋肤深度 δ 与其波长 λ，具有以下关系：

$$\delta=\frac{\lambda}{2\pi}\ \text{或}\ \lambda=2\pi\delta \tag{7.3.37}$$

表 7-1 所列为几种导体材料的趋肤深度 δ。

表 7-1　几种导体材料的趋肤深度 δ

材料	电导率 σ/S/m	相对导磁率	趋肤深度			
			60Hz/cm	1kHz/mm	1MHz/mm	1GHz/μm
铝	3.54×10^7	1.00	1.1	2.7	0.085	1.6
黄铜	1.59×10^7	1.00	1.63	3.98	0.126	2.30
铬	3.8×10^7	1.00	1.0	2.6	0.081	1.5
铜	5.8×10^7	1.00	0.85	2.1	0.066	1.2
金	4.5×10^7	1.00	0.97	2.38	0.075	1.4
石墨	1.86×10^7	1.00	20.5	50.3	1.59	20.0
磁性铁	1.0×10^7	2×10^2	0.14	0.35	0.011	0.20
坡莫合金	0.16×10^7	2×10^4	0.037	0.092	0.0029	0.053
镍	1.3×10^7	1×10^2	0.18	4.4	0.014	0.26
海水	≈5.0	1.00	3×10^3	7×10^3	2×10^3	-
银	6.15×10^7	1.00	0.083	2.03	0.064	1.17
锡	0.87×10^7	1.00	2.21	5.41	0.171	3.12
锌	1.86×10^7	1.00	1.51	3.70	0.117	3.14

注：铜在频率为 3GHz 时，趋肤深度 δ 仅有 1.2μm。

若导电媒质中场的幅度按 $e^{-\alpha z}$ 衰减，则功率密度按 $e^{-2\alpha z}$ 衰减。如果令 $z=n\delta$，n 为趋肤深度 δ 的倍数，则导电媒质中功率密度得衰减规律为

$$e^{-2\alpha z}=e^{-2\alpha n\delta}=e^{-2n} \tag{7.3.38}$$

若用 $\boldsymbol{S}_{\mathrm{av}(0)}$、$\boldsymbol{S}_{\mathrm{av}(n\delta)}$ 分别表示导体表面（$z=0$ 处）和 $z=n\delta$ 处的功率密度，则可给出 $z=n\delta$ 与 $\dfrac{\boldsymbol{S}_{\mathrm{av}(n\delta)}}{\boldsymbol{S}_{\mathrm{av}(0)}}$ 的几组数据（表 7－2）如下：

表 7－2　$z=n\delta$ 与 $\dfrac{\boldsymbol{S}_{\mathrm{av}(n\delta)}}{\boldsymbol{S}_{\mathrm{av}(0)}}$ 的几组数据

$n\delta$	$(2.3)\delta$	$(3.45)\delta$	$(4.6)\delta$	$(5.75)\delta$	$(6.9)\delta$
$\dfrac{\boldsymbol{S}_{\mathrm{av}(n\delta)}}{\boldsymbol{S}_{\mathrm{av}(0)}}$	10^{-2}	10^{-3}	10^{-4}	10^{-5}	10^{-6}

由表 7－2 可知，经过 4.6δ 的深度之后，功率密度仅为表面功率密度的万分之一。

7.3.5　色散与群速

由于相速的定义是电磁波的恒定相位点的推进速度，因此对于电场为

$$E(z,t)=E_{\mathrm{m}}\cos(\omega t-\beta z) \tag{7.3.39}$$

的电磁波，其恒定相位点为

$$\omega t-\beta z=\text{常数} \tag{7.3.40}$$

相速应为

$$v_{\mathrm{p}}=\frac{\mathrm{d}z}{\mathrm{d}t}=\frac{\omega}{\beta} \tag{7.3.41}$$

式中：下标 p 表示 v_{p} 为相速。相速可以与频率有关，也可以与频率无关，取决于相位常数 β。在理想介质中，$\beta=\omega\sqrt{\mu\varepsilon}$ 与角频率 ω 成线性关系，于是 $v_{\mathrm{p}}=1/\sqrt{\mu\varepsilon}$ 是一个与频率无关的常数，因此理想介质是非色散的。然而，在色散媒质（如导电媒质）中，相位常数 β 不再与角频率 ω 成线性关系，电磁波的相速随频率改变，产生色散现象。

一个信号总是由许许多多频率成分组成，因此用相速无法描述一个信号在色散媒质中的传播速度，所以在这里引入“群速”的概念。我们知道，稳态的单一频率的正弦行波是不能携带任何信息的。信息之所以能传递，是由于对波调制的结果，调制波传播的速度才是信号传递的速度。下面讨论窄带信号在色散媒质中的传播情况。

设有两个振幅均为 E_{m} 的行波，角频率分别为 $\omega+\Delta\omega$ 和 $\omega-\Delta\omega(\Delta\omega\ll\omega)$，在色散媒质中相应的相位常数分别为 $\beta+\Delta\beta$ 和 $\beta-\Delta\beta$，这两个行波为

$$E_1=E_{\mathrm{m}}e^{\mathrm{j}(\omega+\Delta\omega)t}e^{-\mathrm{j}(\beta+\Delta\beta)z} \tag{7.3.42}$$

$$E_2=E_{\mathrm{m}}e^{\mathrm{j}(\omega-\Delta\omega)t}e^{-\mathrm{j}(\beta-\Delta\beta)z} \tag{7.3.43}$$

合成波为

$$E=E_1+E_2=2E_{\mathrm{m}}\cos(\Delta\omega t-\Delta\beta z)e^{\mathrm{j}(\omega t-\beta z)} \tag{7.3.44}$$

由此可见，合成波的振幅是受调制的，称为包络波，如图 7－14 所示的虚线。

群速的定义是包络波上任意恒定相位点的推进速度。由 $\Delta\omega t-\Delta\beta z=$ 常数，可得群速为

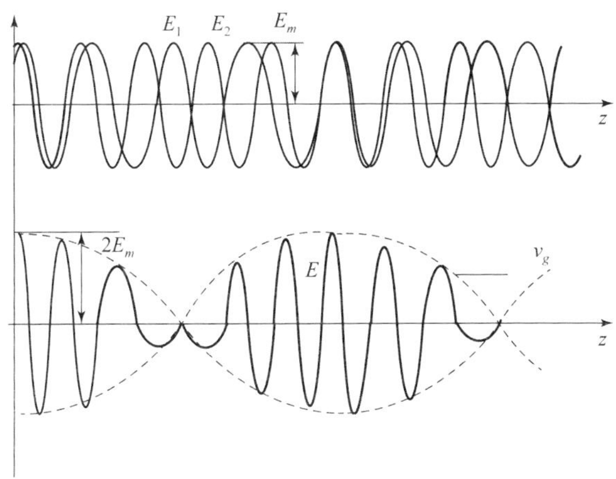

图 7－14　相速与群速

$$v_g = \frac{\mathrm{d}z}{\mathrm{d}t} = \frac{\Delta\omega}{\Delta\beta} \tag{7.3.45}$$

由于 $\Delta\omega \ll \omega$，因此式（7.3.45）变为

$$v_g = \frac{\mathrm{d}\omega}{\mathrm{d}\beta} \tag{7.3.46}$$

可得到群速与相速之间的关系为

$$v_g = \frac{\mathrm{d}\omega}{\mathrm{d}\beta} = \frac{\mathrm{d}v_p\beta}{\mathrm{d}\beta} = v_p + \beta\frac{\mathrm{d}v_p}{\mathrm{d}\beta} = v_p + \frac{\omega}{v_p}\frac{\mathrm{d}v_p}{\mathrm{d}\omega}v_g \tag{7.3.47}$$

由此可得

$$v_g = \frac{v_p}{1 - \dfrac{\omega}{v_p}\dfrac{\mathrm{d}v_p}{\mathrm{d}\omega}} \tag{7.3.48}$$

由式（7.3.48）可知，群速与相速一般是不相等的，存在以下三种可能情况：

（1）$\dfrac{\mathrm{d}v_p}{\mathrm{d}\omega} = 0$，即相速与频率无关，此时群速等于相速，$v_g = v_p$。这种情况称为无色散。

（2）$\dfrac{\mathrm{d}v_p}{\mathrm{d}\omega} < 0$，即相速随着频率升高而减小，此时群速小于相速，$v_g < v_p$。这种情况称为正常色散。

（3）$\dfrac{\mathrm{d}v_p}{\mathrm{d}\omega} > 0$，即相速随着频率升高而增加，此时群速大于相速，$v_g > v_p$。这种情况称为反常色散。

7.4　均匀平面波对分界平面的入射

7.4.1　对导电媒质分界面的垂直入射

如图 7－15 所示，$z<0$ 的半空间充满参数为 ε_1、μ_1 和 σ_1 的导电媒质 1，$z>0$ 的半

空间充满参数为 ε_2、μ_2 和 σ_2 的导电媒质 2，均匀平面波从媒质 1 垂直入射到 $z=0$ 的分界平面上。为简化讨论但又不失一般性，假定入射波是沿 x 轴方向的线极化波。这时，媒质 1 中的入射波电场和磁场分别为

$$\boldsymbol{E}_i(z)=\boldsymbol{e}_x E_{im} e^{-\gamma_1 z} \tag{7.4.1}$$

$$\boldsymbol{H}_i(z)=\boldsymbol{e}_z\times\frac{1}{\eta_{1c}}\boldsymbol{E}_i(z)=\boldsymbol{e}_y\frac{1}{\eta_{1c}}E_{im}e^{-\gamma_1 z} \tag{7.4.2}$$

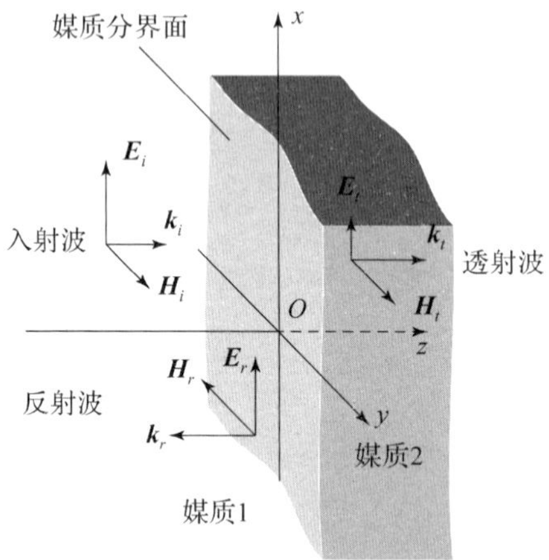

图 7-15　均匀平面波垂直入射到两种不同媒质的分界平面

其中

$$\gamma_1=\mathrm{j}\omega\sqrt{\mu_1\varepsilon_{1c}}=\mathrm{j}\omega\sqrt{\mu_1\varepsilon_1\left(1-\mathrm{j}\frac{\sigma_1}{\omega\varepsilon_1}\right)} \tag{7.4.3}$$

$$\eta_{1c}=\sqrt{\frac{\mu_1}{\varepsilon_{1c}}}=\sqrt{\frac{\mu_1}{\varepsilon_1}}\left(1-\mathrm{j}\frac{\sigma_1}{\omega\varepsilon_1}\right)^{-\frac{1}{2}} \tag{7.4.4}$$

媒质 1 中的反射波电场和磁场分别为

$$\boldsymbol{E}_r(z)=\boldsymbol{e}_x E_{rm}e^{\gamma_1 z} \tag{7.4.5}$$

$$\boldsymbol{H}_r(z)=-\boldsymbol{e}_z\times\frac{1}{\eta_{1c}}\boldsymbol{E}_r(z)=-\boldsymbol{e}_y\frac{1}{\eta_{1c}}E_{rm}e^{\gamma_1 z} \tag{7.4.6}$$

于是，媒质 1 中的合成波电场和磁场分别为

$$\boldsymbol{E}_1(z)=\boldsymbol{E}_i(z)+\boldsymbol{E}_r(z)=\boldsymbol{e}_x\left[E_{im}e^{-\gamma_1 z}+E_{rm}e^{\gamma_1 z}\right] \tag{7.4.7}$$

$$\boldsymbol{H}_1(z)=\boldsymbol{H}_i(z)+\boldsymbol{H}_r(z)=\boldsymbol{e}_y\frac{1}{\eta_{1c}}\left[E_{im}e^{-\gamma_1 z}-E_{rm}e^{\gamma_1 z}\right] \tag{7.4.8}$$

媒质 2 中只有透射波，其电场和磁场分别为

$$\boldsymbol{E}_2(z)=\boldsymbol{E}_t(z)=\boldsymbol{e}_x E_{tm}e^{-\gamma_2 z} \tag{7.4.9}$$

$$\boldsymbol{H}_2(z)=\boldsymbol{H}_t(z)=\boldsymbol{e}_z\times\frac{1}{\eta_{2c}}\boldsymbol{E}_t(z)=\boldsymbol{e}_y\frac{1}{\eta_{2c}}E_{tm}e^{-\gamma_2 z} \tag{7.4.10}$$

其中

$$\gamma_2=\mathrm{j}\omega\sqrt{\mu_2\varepsilon_{2c}}=\mathrm{j}\omega\sqrt{\mu_2\varepsilon_2\left(1-\mathrm{j}\frac{\sigma_2}{\omega\varepsilon_2}\right)} \tag{7.4.11}$$

$$\eta_{2c}=\sqrt{\frac{\mu_2}{\varepsilon_{2c}}}=\sqrt{\frac{\mu_2}{\varepsilon_2}}\left(1-\mathrm{j}\,\frac{\sigma_2}{\omega\varepsilon_2}\right)^{-\frac{1}{2}} \tag{7.4.12}$$

根据边界条件，在 $z=0$ 的分界平面上，应有 $E_{1x}=E_{2x}$、$H_{1y}=H_{2y}$。将式（7.4.7）~式（7.4.10）代入边界条件，可得

$$E_{im}+E_{rm}=E_{tm} \tag{7.4.13}$$

$$\frac{E_{im}}{\eta_{1c}}-\frac{E_{rm}}{\eta_{1c}}=\frac{E_{tm}}{\eta_{2c}} \tag{7.4.14}$$

由此可得

$$E_{rm}=\frac{\eta_{2c}-\eta_{1c}}{\eta_{2c}+\eta_{1c}}E_{im} \tag{7.4.15}$$

$$E_{tm}=\frac{2\eta_{2c}}{\eta_{2c}+\eta_{1c}}E_{im} \tag{7.4.16}$$

定义反射波电场振幅 E_{rm} 与人射波电场振幅 E_{im} 的比值为分界面上的反射系数，并用 Γ 表示，则由式（7.4.15）可得

$$\Gamma=\frac{E_{rm}}{E_{im}}=\frac{\eta_{2c}-\eta_{1c}}{\eta_{2c}+\eta_{1c}} \tag{7.4.17}$$

定义透射波电场振幅 E_{tm} 与入射波电场振幅 E_{im} 的比值为分界面上的透射系数，并用 τ 表示，则由式（7.4.16）得到透射系数为

$$\tau=\frac{E_{tm}}{E_{im}}=\frac{2\eta_{2c}}{\eta_{2c}+\eta_{1c}} \tag{7.4.18}$$

由式（7.4.17）和式（7.4.18）可知，反射系数 Γ 和透射系数 τ 之间的关系为

$$1+\Gamma=\tau \tag{7.4.19}$$

一般情况下 Γ 和 τ 均为复数，这表明在分界面上，反射波、透射波与人射波之间存在相位差。

7.4.2　对理想导体平面的垂直入射

如图 7－16 所示，媒质 1 为理想介质，其电导率 $\sigma_1=0$；媒质 2 为理想导体，其电导率 $\sigma_2=\infty$。

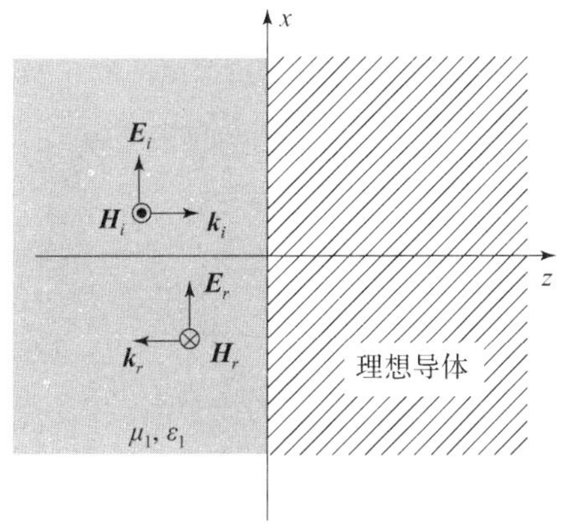

图 7－16　平面波对理想导体平面的垂直入射

由于媒质 2 的电导率 $\sigma_2=\infty$，所以其本征阻抗为

$$\eta_{2c}=\sqrt{\frac{\mu_2}{\varepsilon_{2c}}}=\sqrt{\frac{\mu_2}{\varepsilon_2-j\sigma_2/\omega}}\to 0 \tag{7.4.20}$$

由式（7.4.17）和式（7.4.18），得

$$\Gamma=-1,\ \tau=0 \tag{7.4.21}$$

式中：由于理想导体内部的电磁场为零，所以 $\tau=0$。根据边界条件，在理想导体表面上，电场的切向分量应等于零，所以 $E_{rm}=-E_{im}$，即反射波电场与入射波电场的相位差为 π，如 $\Gamma=-1$。

由于媒质 1 是理想介质，$\gamma_1=j\omega\sqrt{\mu_1\varepsilon_1}=j\beta_1$、$\eta_{1c}=\sqrt{\mu_1/\varepsilon_1}=\eta_1$，故入射波电场和磁场分别为

$$\boldsymbol{E}_i(z)=\boldsymbol{e}_xE_{im}e^{-j\beta_1z} \tag{7.4.22}$$

$$\boldsymbol{H}_i(z)=\boldsymbol{e}_y\frac{1}{\eta_1}E_{im}e^{-j\beta_1z} \tag{7.4.23}$$

反射波的电场和磁场分别为

$$\boldsymbol{E}_r(z)=-\boldsymbol{e}_xE_{im}e^{j\beta_1z} \tag{7.4.24}$$

$$\boldsymbol{H}_r(z)=\boldsymbol{e}_y\frac{1}{\eta_1}E_{im}e^{j\beta_1z} \tag{7.4.25}$$

故媒质 1 中的合成波的电场和磁场分别为

$$\boldsymbol{E}_1(z)=\boldsymbol{e}_xE_{im}(e^{-j\beta_1z}-e^{j\beta_1z})=-\boldsymbol{e}_xj2E_{im}\sin\beta_1z \tag{7.4.26}$$

$$\boldsymbol{H}_1(z)=\boldsymbol{e}_y\frac{1}{\eta_1}E_{im}(e^{-j\beta_1z}+e^{j\beta_1z})=\boldsymbol{e}_y\frac{2}{\eta_1}E_{im}\cos\beta_1z \tag{7.4.27}$$

合成波的电场和磁场的瞬时值表示式分别为

$$\boldsymbol{E}_1(z,t)=\mathrm{Re}[\boldsymbol{E}_1(z)e^{j\omega t}]=\boldsymbol{e}_x2E_{im}\sin\beta_1z\sin\omega t \tag{7.4.28}$$

$$\boldsymbol{H}_1(z,t)=\mathrm{Re}[\boldsymbol{H}_1(z)e^{j\omega t}]=\boldsymbol{e}_y\frac{2}{\eta_1}E_{im}\cos\beta_1z\cos\omega t \tag{7.4.29}$$

由此可见，媒质 1 中的合成波的相位仅与时间有关，意味着空间各点合成波的相位相同。空间各点的电场强度的振幅随 z 按正弦函数变化，即

$$|\boldsymbol{E}_1(z)|=2E_{im}|\sin\beta_1z| \tag{7.4.30}$$

最大值为 $2E_{im}$，最小值为 0。磁场强度的振幅随 z 按余弦函数变化，即

$$|\boldsymbol{H}_1(z)|=\frac{2}{\eta_1}E_{im}|\cos\beta_1z| \tag{7.4.31}$$

最大值为 $2E_{im}/\eta_1$，最小值也为 0。合成波在空间没有移动，只是在原来的位置振动，称这种波为驻波。

由式（7.4.30）可知，$\beta z=-n\pi$，即

$$z=-\frac{n\lambda_1}{2}\quad(n=0,1,2,3,\cdots) \tag{7.4.32}$$

处，电场的振幅始终为零，故这些点为电场的波节点。而在 $\beta z=-(2n+1)\pi$，即

$$z=-\frac{(2n+1)\lambda_1}{4}\quad(n=0,1,2,3,\cdots) \tag{7.4.33}$$

处，电场的振幅最大，故这些点为电场的波腹点。

由式（7.4.30）和式（7.4.31）可以看出，磁场的波节点恰好是电场的波腹点，而磁场的波腹点恰好是电场的波节点。在理想导体表面上，$|\boldsymbol{E}_1(0)|$为零，而$|\boldsymbol{H}_1(0)|$为最大值，如图 7－17 所示。

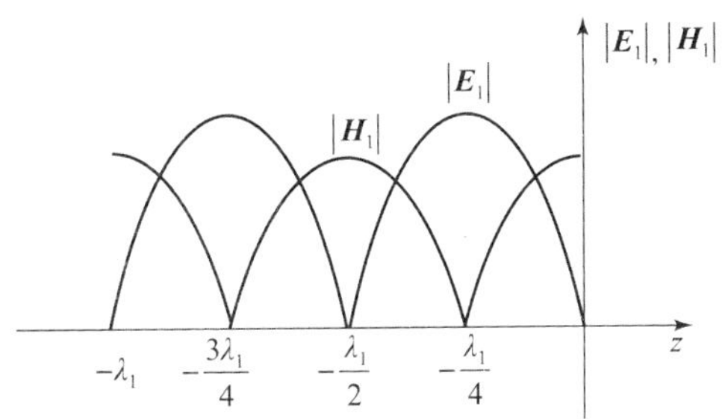

图 7－17　对理想导体垂直入射时电场、磁场的波节与波腹

由式（7.4.28）和式（7.4.29）可以看出，$\boldsymbol{E}_1(z,t)$和$\boldsymbol{H}_1(z,t)$的驻波不仅在空间位置上错开$\frac{\lambda_1}{4}$，在时间上也有$\frac{\pi}{2}$的相移，如图 7－18 所示。

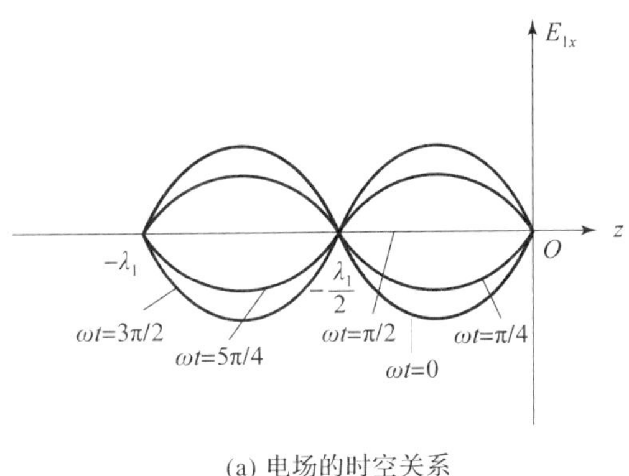

(a) 电场的时空关系

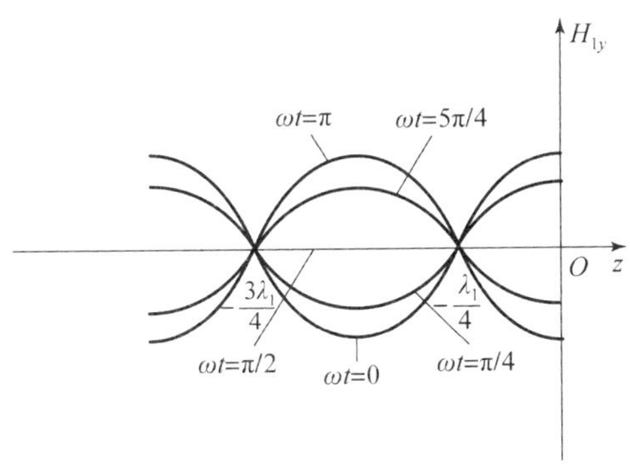

(b) 磁场的时空关系

图 7－18　对理想导体垂直入射时电场、磁场的时空关系

媒质 1 中合成波的平均坡印亭矢量为

$$\boldsymbol{S}_{1\mathrm{av}}=\frac{1}{2}\mathrm{Re}[\boldsymbol{E}_1(z)\times\boldsymbol{H}_1^*(z)]=\frac{1}{2}\mathrm{Re}\left[-\boldsymbol{e}_z\mathrm{j}\frac{4E_{im}^2}{\eta_1}\sin\beta_1 z\cos\beta_1 z\right]=0 \qquad (7.4.34)$$

因此，驻波不发生电磁能量的传输，仅在两个波节间进行电场能量和磁场能量的交换。

例 7.4.1：一右旋圆极化波垂直入射至位于 $z=0$ 的理想导体板上，其电场强度的复数形式为

$$\boldsymbol{E}_i(z)=(\boldsymbol{e}_x+\mathrm{j}\boldsymbol{e}_y)E_m e^{-\mathrm{j}\beta z}$$

（1）确定反射波的极化；

（2）写出总电场强度的瞬时表达式；

（3）求板上的感应面电流密度。

解：（1）设反射波电场的复数形式为

$$\boldsymbol{E}_r(z)=(\boldsymbol{e}_x E_{rx}+\boldsymbol{e}_y E_{ry})e^{\mathrm{j}\beta z}$$

由理想导体表面电场所满足的边界条件，在 $z=0$ 时有

$$[\boldsymbol{E}_i(z)+\boldsymbol{E}_r(z)]_{z=0}=0$$

得

$$\boldsymbol{E}_r(z)=(-\boldsymbol{e}_x-\mathrm{j}\boldsymbol{e}_y)E_m e^{\mathrm{j}\beta z}$$

这是一个沿 $-\boldsymbol{e}_z$ 方向传播的右旋圆极化波。

（2）$z<0$ 区域的总电场强度为

$$\begin{aligned}\boldsymbol{E}_1(z,t)&=\{\mathrm{Re}[\boldsymbol{E}_i(z)+\boldsymbol{E}_\mathrm{r}(z)]e^{\mathrm{j}\omega t}\}\\&=\mathrm{Re}\{[(\boldsymbol{e}_x+\boldsymbol{e}_y\mathrm{j})e^{-\mathrm{j}\beta z}+(-\boldsymbol{e}_x-\boldsymbol{e}_y\mathrm{j})e^{\mathrm{j}\beta z}]E_m e^{\mathrm{j}\omega t}\}\\&=\mathrm{Re}\{[-(\boldsymbol{e}_x+\boldsymbol{e}_y\mathrm{j})\mathrm{j}2\sin\beta z]E_m e^{\mathrm{j}\omega t}\}\\&=2E_m\sin\beta z(\boldsymbol{e}_x\sin\omega t+\boldsymbol{e}_y\cos\omega t)\end{aligned}$$

（3）又由理想导体表面磁场所满足的边界条件为

$$\boldsymbol{e}_n\times\boldsymbol{H}_1=\boldsymbol{J}_s$$

式中：$\boldsymbol{e}_n=-\boldsymbol{e}_z$，则

$$\boldsymbol{J}_s=-\boldsymbol{e}_z\times[\boldsymbol{H}_\mathrm{i}(z)+\boldsymbol{H}_\mathrm{r}(z)]_{z=0}$$

而

$$\boldsymbol{H}_\mathrm{i}(z)=\frac{1}{\eta}\boldsymbol{e}_z\times\boldsymbol{E}_\mathrm{i}(z)=(-\boldsymbol{e}_x\mathrm{j}+\boldsymbol{e}_y)\frac{E_\mathrm{m}}{\eta_0}e^{-\mathrm{j}\beta z}$$

$$\boldsymbol{H}_\mathrm{r}(z)=\frac{1}{\eta}(-\boldsymbol{e}_z)\times\boldsymbol{E}_\mathrm{r}(z)=(-\boldsymbol{e}_x\mathrm{j}+\boldsymbol{e}_y)\frac{E_\mathrm{m}}{\eta_0}e^{\mathrm{j}\beta z}$$

故

$$\boldsymbol{J}_s=-\boldsymbol{e}_z\times[\boldsymbol{H}_\mathrm{i}(z)+\boldsymbol{H}_\mathrm{r}(z)]_{z=0}=(\boldsymbol{e}_x+\boldsymbol{e}_y\mathrm{j})\frac{2E_\mathrm{m}}{\eta_0}$$

7.4.3 对理想介质分界面的垂直入射

如图 7-19 所示，媒质 1 和媒质 2 均为理想介质，即 $\sigma_1=\sigma_2=0$，则

$$\gamma_1=\mathrm{j}\omega\sqrt{\mu_1\varepsilon_1}=\mathrm{j}\beta_1,\quad \eta_{1\mathrm{c}}=\sqrt{\mu_1/\varepsilon_1}=\eta_1 \tag{7.4.35}$$

$$\gamma_2=\mathrm{j}\omega\sqrt{\mu_2\varepsilon_2}=\mathrm{j}\beta_2,\quad \eta_{2\mathrm{c}}=\sqrt{\mu_2/\varepsilon_2}=\eta_2 \tag{7.4.36}$$

由式（7.4.17）和式（7.4.18），可得

$$\varGamma=\frac{\eta_2-\eta_1}{\eta_2+\eta_1} \tag{7.4.37}$$

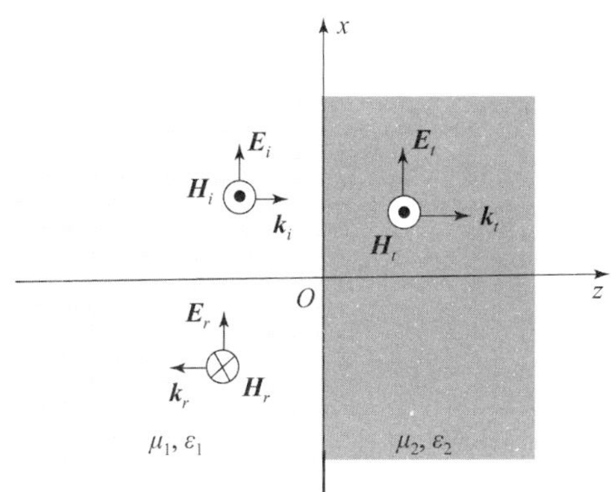

图 7－19　平面波对理想介质分界平面的垂直入射

$$\tau=\frac{2\eta_2}{\eta_2+\eta_1} \tag{7.4.38}$$

在这种情况下，η_1 和 η_2 皆为实数。当 $\eta_2>\eta_1$ 时，反射系数 $\Gamma>0$，意味着在分界面上反射波电场与入射波电场同相位；当 $\eta_2<\eta_1$ 时，反射系数 $\Gamma<0$，意味着在分界面上反射波电场与入射波电场的相位差为 π，即存在半波损失。

在媒质 1 中，入射波的电场和磁场分别为

$$\boldsymbol{E}_i(z)=\boldsymbol{e}_x E_{im}e^{-j\beta_1 z} \tag{7.4.39}$$

$$\boldsymbol{H}_i(z)=\boldsymbol{e}_y\frac{1}{\eta_1}E_{im}e^{-j\beta_1 z} \tag{7.4.40}$$

反射波的电场和磁场分别为

$$\boldsymbol{E}_r(z)=\boldsymbol{e}_x\Gamma E_{im}e^{j\beta_1 z} \tag{7.4.41}$$

$$\boldsymbol{H}_r(z)=-\boldsymbol{e}_y\frac{1}{\eta_1}\Gamma E_{im}e^{j\beta_1 z} \tag{7.4.42}$$

则媒质 1 中的合成波的电场和磁场分别为

$$\boldsymbol{E}_1(z)=\boldsymbol{e}_x E_{im}(e^{-j\beta_1 z}+\Gamma e^{j\beta_1 z})=\boldsymbol{e}_x E_{im}[(1+\Gamma)e^{-j\beta_1 z}+j2\Gamma\sin\beta_1 z] \tag{7.4.43}$$

$$\boldsymbol{H}_1(z)=\boldsymbol{e}_y\frac{E_{im}}{\eta_1}(e^{-j\beta_1 z}-\Gamma e^{j\beta_1 z})=\boldsymbol{e}_y\frac{E_{im}}{\eta_1}[(1+\Gamma)e^{-j\beta_1 z}-2\Gamma\cos\beta_1 z] \tag{7.4.44}$$

而媒质 2 中的透射波的电场和磁场分别为

$$\boldsymbol{E}_2(z)=\boldsymbol{E}_t(z)=\boldsymbol{e}_x\tau E_{im}e^{-j\beta_2 z} \tag{7.4.45}$$

$$\boldsymbol{H}_2(z)=\boldsymbol{H}_t(z)=\boldsymbol{e}_x\frac{\tau}{\eta_2}E_{im}e^{-j\beta_2 z} \tag{7.4.46}$$

由式（7.4.43）可知，媒质 1 中的合成波电场包含两部分：第一部分包含传播因子 $e^{-j\beta_1 z}$，是振幅为$(1+\Gamma)E_{im}$，沿 $+z$ 轴方向传播的行波；第二部分是振幅为 $2\Gamma E_{im}$的驻波。合成波电场的振幅为

$$\begin{aligned}|\boldsymbol{E}_1(z)|&=E_{im}|(e^{-j\beta_1 z}+\Gamma e^{j\beta_1 z})|=E_{im}|(1+\Gamma e^{j2\beta_1 z})|\\&=E_{im}|[1+\Gamma\cos(2\beta_1 z)+j\Gamma\sin(2\beta_1 z)]|\\&=E_{im}\sqrt{1+\Gamma^2+2\Gamma\cos(2\beta_1 z)}\end{aligned} \tag{7.4.47}$$

由此可知，当 $\Gamma>0$，即 $\eta_2>\eta_1$ 时，在 $2\beta_1 z=-2n\pi$，即

$$z=-\frac{n\pi}{\beta_1}=-\frac{n\lambda_1}{2}\quad(n=0,1,2,3,\cdots)\tag{7.4.48}$$

合成波电场振幅$|\boldsymbol{E}_1(z)|$的值最大，且

$$|\boldsymbol{E}_1(z)|_{\max}=E_{im}(1+\Gamma)\tag{7.4.49}$$

在$2\beta_1 z=-(2n+1)\pi$，即

$$z=-\frac{(2n+1)\pi}{2\beta_1}=-\frac{(2n+1)\lambda_1}{4}\quad(n=0,1,2,3,\cdots)\tag{7.4.50}$$

合成波电场振幅$|\boldsymbol{E}_1(z)|$的值最小，且

$$|\boldsymbol{E}_1(z)|_{\min}=E_{im}(1-\Gamma)\tag{7.4.51}$$

当$\Gamma>0$时合成波的电场振幅如图7-20所示。

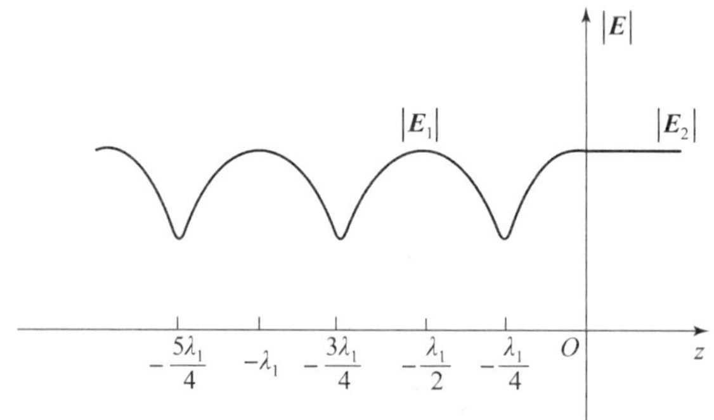

图7-20　当$\Gamma>0$时合成波的电场振幅

当$\Gamma<0$，即$\eta_2<\eta_1$时，则

$$z=-\frac{(2n+1)\pi}{2\beta_1}=-\frac{(2n+1)\lambda_1}{4}\quad(n=0,1,2,3,\cdots)\tag{7.4.52}$$

合成波电场$|\boldsymbol{E}_1(z)|$的值最大，且

$$|\boldsymbol{E}_1(z)|_{\max}=E_{im}(1-\Gamma)\tag{7.4.53}$$

在

$$z=-\frac{n\pi}{\beta_1}=-\frac{n\lambda_1}{2}\quad(n=0,1,2,3,\cdots)\tag{7.4.54}$$

时，合成波电场振幅$|\boldsymbol{E}_1(z)|$的值最小，且

$$|\boldsymbol{E}_1(z)|_{\min}=E_{im}(1+\Gamma)\tag{7.4.55}$$

当$\Gamma<0$时合成波的电场振幅如图7-21所示。

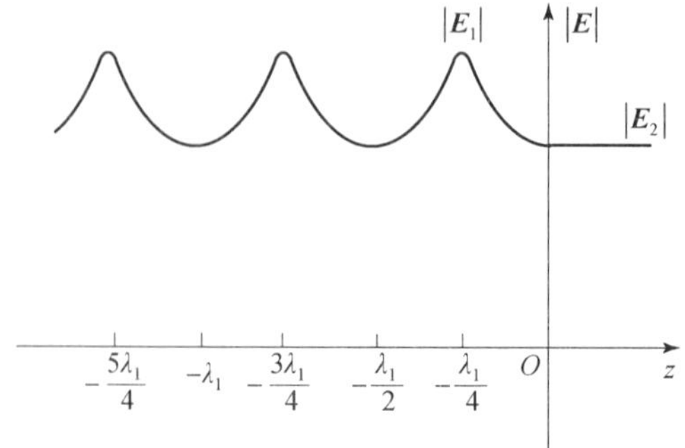

图7-21　当$\Gamma<0$时合成波的电场振幅

由式（7.4.44）可得到合成波磁场的振幅为

$$|\boldsymbol{H}_1(z)| = \frac{E_{im}}{\eta_1}\sqrt{1+\Gamma^2-2\cos(2\beta_1 z)} \tag{7.4.56}$$

由此可见，$|\boldsymbol{H}_1(z)|$和$|\boldsymbol{E}_1(z)|$的最大值与最小值的出现位置正好互换。

在工程中，常用驻波系数（或驻波比）S 来描述合成波的特性，其定义是合成波的电场强度的最大值与最小值之比，即

$$S = \frac{|\boldsymbol{E}_1(z)|_{\max}}{|\boldsymbol{E}_1(z)|_{\min}} = \frac{1+|\Gamma|}{1-|\Gamma|} \tag{7.4.57}$$

式中：S 的单位通常是分贝（dB），其分贝数为 $20\log_{10}S$。

由式（7.4.57），可将反射系数用驻波系数表示为

$$|\Gamma| = \frac{S-1}{S+1} \tag{7.4.58}$$

媒质 1 中沿 z 方向传播的平均功率密度为

$$\boldsymbol{S}_{1\mathrm{av}} = \frac{1}{2}\mathrm{Re}[\boldsymbol{e}_x\boldsymbol{E}_1(z)\times\boldsymbol{e}_y\boldsymbol{H}_1^*(z)] = \boldsymbol{e}_z\frac{E_{im}^2}{2\eta_1}(1+\tau^2) \tag{7.4.59}$$

等于入射波平均功率密度减去反射波平均功率密度。

媒质 2 中沿 z 方向传播的平均功率密度为

$$\boldsymbol{S}_{2\mathrm{av}} = \frac{1}{2}\mathrm{Re}[\boldsymbol{e}_x\boldsymbol{E}_2(z)\times\boldsymbol{e}_y\boldsymbol{H}_2^*(z)] = \boldsymbol{e}_z\frac{E_{im}^2}{2\eta_2}\tau^2 \tag{7.4.60}$$

容易证明 $\boldsymbol{S}_{1\mathrm{av}} = \boldsymbol{S}_{2\mathrm{av}}$。

例 7.4.2：一均匀平面波自空气中垂直入射到半无限大的无耗介质表面上，已知空气中合成波的驻波比为 3，介质内透射波的波长是空气中波长的 1/6，且介质表面上为合成波电场的最小点。求介质的相对磁导率 μ_{r} 和相对介电常数 ε_{r}。

解：因为驻波比为

$$S = \frac{1+|\Gamma|}{1-|\Gamma|} = 3$$

由此可得

$$|\Gamma| = \frac{1}{2}$$

由于界面上是合成波电场的最小点，故 $\Gamma = -\frac{1}{2}$。由于反射系数为

$$\Gamma = \frac{\eta_2-\eta_1}{\eta_2+\eta_1}$$

式中：$\eta_1 = \eta_0 = 120\pi$。于是有

$$\eta_2 = \frac{1}{3}\eta_0$$

又因为

$$\eta_2 = \sqrt{\frac{\mu_2}{\varepsilon_2}} = \sqrt{\frac{\mu_{\mathrm{r}}}{\varepsilon_{\mathrm{r}}}}\eta_0$$

所以

$$\frac{\mu_r}{\varepsilon_r}=\frac{1}{9} \tag{1}$$

又因为媒质中的波长

$$\lambda_2=\frac{\lambda_0}{\sqrt{\mu_r\varepsilon_r}}=\frac{\lambda_0}{6}$$

得

$$\mu_r\varepsilon_r=36 \tag{2}$$

联立上面式（1）、式（2），得

$$\mu_r=2,\ \varepsilon_r=18$$

7.4.4 对理想介质分界面的斜入射

电磁波以任意角度入射到不同媒质分界面上称为斜入射。在这种情况下，入射波、反射波和透射波的传播方向都不垂直于分界面。在斜入射的情况下，将入射波的波矢量与分界面法线矢量构成的平面称为入射平面，如图 7－22 所示。若入射波的电场垂直于入射平面，则称为垂直极化波；若入射波的电场平行于入射波平面，则称为平行极化波。对于电场矢量与入射平面成任意角度的入射波，都可以分解为垂直极化和平行极化的两个分量。

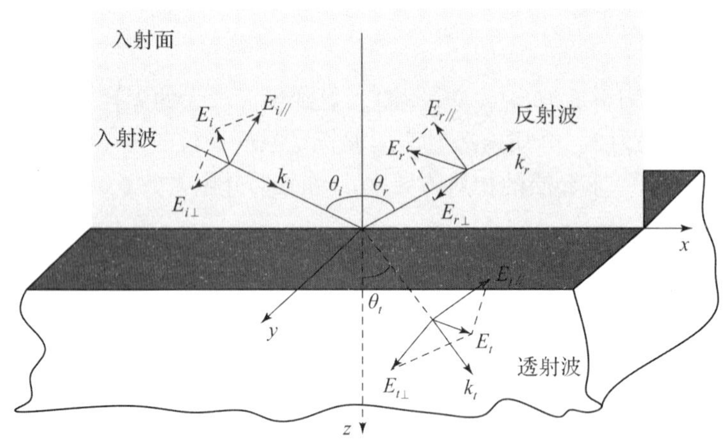

图 7－22　均匀平面波对理想介质分界面的斜入射

1. 反射定律与折射定律

设 $z<0$ 的半空间充满参数为 ε_1 和 μ_1 的理想媒质 1，$z>0$ 的半空间充满参数为 ε_2 和 μ_2 的理想媒质 2，均匀平面波从媒质 1 斜入射到分界平面，取入射平面为 xOz 平面，如图 7－22 所示。分别用 $\boldsymbol{e}_i$、$\boldsymbol{e}_r$ 和 $\boldsymbol{e}_t$ 表示入射波、反射波和透射波的传播方向的单位矢量，则有

$$\boldsymbol{e}_i=\boldsymbol{e}_x\sin\theta_i+\boldsymbol{e}_z\cos\theta_i \tag{7.4.61}$$

$$\boldsymbol{e}_r=\boldsymbol{e}_x\sin\theta_r-\boldsymbol{e}_z\cos\theta_r \tag{7.4.62}$$

$$\boldsymbol{e}_t=\boldsymbol{e}_x\sin\theta_t+\boldsymbol{e}_z\cos\theta_t \tag{7.4.63}$$

式中：θ_i 是入射波的波矢量与分界面法线间的夹角，称为入射角；θ_r 是反射波的波矢

量与分界面法线间的夹角，称为反射角；θ_t 是透射波的波矢量与分界面法线间的夹角，称为透射角。

若入射波的波矢量 $\boldsymbol{k}_i=\boldsymbol{e}_i k_1$，则入射波的电场和磁场分别为

$$\boldsymbol{E}_i=\boldsymbol{E}_{im}e^{-jk_1\boldsymbol{e}_i\cdot\boldsymbol{r}}=\boldsymbol{E}_{im}e^{-jk_1(x\sin\theta_i+z\cos\theta_i)} \tag{7.4.64}$$

$$\boldsymbol{H}_i=\frac{1}{\eta_1}\boldsymbol{e}_i\times\boldsymbol{E}_{im}e^{-jk_1(x\sin\theta_i+z\cos\theta_i)} \tag{7.4.65}$$

若反射波的波矢量 $\boldsymbol{k}_r=\boldsymbol{e}_r k_1$，则反射波的电场和磁场分别为

$$\boldsymbol{E}_r=\boldsymbol{E}_{rm}e^{-jk_1\boldsymbol{e}_r\cdot\boldsymbol{r}}=E_{rm}e^{-jk_1(x\sin\theta_r-z\cos\theta_r)} \tag{7.4.66}$$

$$\boldsymbol{H}_r=\frac{1}{\eta_1}\boldsymbol{e}_r\times\boldsymbol{E}_{rm}e^{-jk(x\sin\theta_r-z\cos\theta_r)} \tag{7.4.67}$$

若透射波的波矢量 $\boldsymbol{k}_t=\boldsymbol{e}_t k_2$，则透射波的电场和磁场分别为

$$\boldsymbol{E}_t=\boldsymbol{E}_{tm}e^{-jk_2\boldsymbol{e}_t\cdot\boldsymbol{r}}=\boldsymbol{E}_{tm}e^{-jk_2(x\sin\theta_t+z\cos\theta_t)} \tag{7.4.68}$$

$$\boldsymbol{H}_t=\frac{1}{\eta_2}\boldsymbol{e}_t\times\boldsymbol{E}_{tm}e^{-jk_2(x\sin\theta_t+z\cos\theta_t)} \tag{7.4.69}$$

根据边界条件，在 $z=0$ 的分界面上，由电场的切向分量连续性，得

$$\boldsymbol{e}_z\times\boldsymbol{E}_{im}e^{-jk_1x\sin\theta_i}+\boldsymbol{e}_z\times\boldsymbol{E}_{rm}e^{-jk_1x\sin\theta_r}=\boldsymbol{e}_z\times\boldsymbol{E}_{tm}e^{-jk_2x\sin\theta_t} \tag{7.4.70}$$

若此式对所有 x 都成立，则必有

$$k_1\sin\theta_r=k_1\sin\theta_i=k_2\sin\theta_t \tag{7.4.71}$$

式（7.4.71）称为分界面上的相位匹配条件

由式（7.4.71）中的前一个等式，得

$$\theta_i=\theta_r \tag{7.4.72}$$

即反射角等于入射角，这就是电磁波的反射定律，称为斯涅尔反射定律。

由式（7.4.71）中的后一个等式，得

$$\frac{\sin\theta_t}{\sin\theta_i}=\frac{k_1}{k_2}=\frac{n_1}{n_2} \tag{7.4.73}$$

这就是电磁波的折射定律，称为斯涅尔折射定律；式中：

$$n_1=\frac{c}{v_1}=c\sqrt{\mu_1\varepsilon_1}=\frac{c}{\omega}k_1,\quad n_2=\frac{c}{v_2}=c\sqrt{\mu_2\varepsilon_2}=\frac{c}{\omega}k_2 \tag{7.4.74}$$

分别为媒质 1 和媒质 2 的折射率。

2. 反射系数与透射系数

在斜入射的情况下，反射系数和透射系数与入射波的极化有关。下面分别就入射波为垂直极化波和平行极化波两种情况进行分析。

1）垂直极化波

如图 7－23 所示垂直极化波的电场只有 E_y 分量，磁场只有 H_x 分量和 H_z 分量。媒质 1 中任意一点的电场和磁场

$$E_{1y}=E_{iy}+E_{ry}=E_{im}(e^{-jk_1z\cos\theta_i}+\Gamma_\perp e^{jk_1z\cos\theta_i})e^{-jk_1x\sin\theta_i} \tag{7.4.75}$$

$$H_{1x}=H_{ix}+H_{rx}=\frac{E_{im}}{\eta_1}\cos\theta_i(-e^{-jk_1z\cos\theta_i}+\Gamma_\perp e^{jk_1z\cos\theta_i})e^{-jk_1x\sin\theta_i} \tag{7.4.76}$$

$$H_{1z}=H_{iz}+H_{rz}=\frac{E_{im}}{\eta_1}\sin\theta_i(e^{-jk_1z\cos\theta_i}+\Gamma_\perp e^{jk_1z\cos\theta_i})e^{-jk_1x\sin\theta_i} \tag{7.4.77}$$

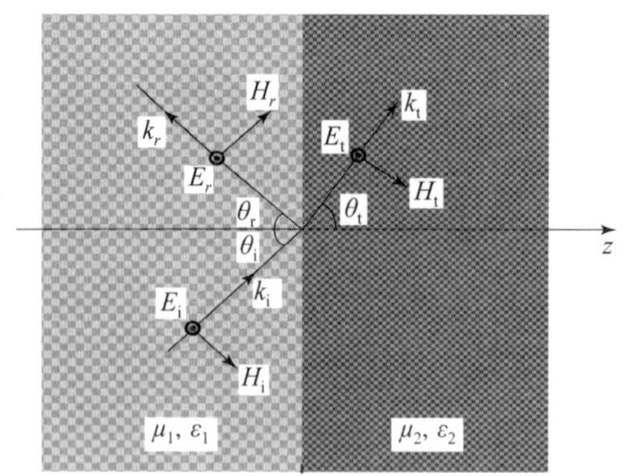

图 7－23　垂直极化波对理想介质分界面的斜入射

式中：$\Gamma_\perp$ 为垂直极化波在分界面上的反射系数。

媒质 2 中的任一点的电场和磁场为

$$E_{2y}=E_{ty}=\tau_\perp E_{im}e^{-jk_2z\cos\theta_t}e^{-jk_2x\sin\theta_t} \tag{7.4.78}$$

$$H_{2x}=H_{tx}=-\frac{\tau_\perp E_{im}}{\eta_2}\cos\theta_t e^{-jk_2z\cos\theta_t}e^{-jk_2x\sin\theta_t} \tag{7.4.79}$$

$$H_{2x}=H_{tx}=\frac{\tau_\perp E_{im}}{\eta_2}\sin\theta_t e^{-jk_2z\cos\theta_t}e^{-jk_2x\sin\theta_t} \tag{7.4.80}$$

式中：$\tau_\perp$ 为垂直极化波在分界面上的透射系数。

根据边界条件，在 $z=0$ 的分界面上，电场的切向分量和磁场的切向分量连续，即 $E_{1y}=E_{2y}$ 和 $H_{1x}=H_{2x}$，并利用 $k_1\sin\theta_i=k_2\sin\theta_t$，可得

$$1+\Gamma_\perp=\tau_\perp \tag{7.4.81}$$

$$\frac{1}{\eta_1}(1-\Gamma_\perp)\cos\theta_i=\frac{1}{\eta_2}\tau_\perp\cos\theta_t \tag{7.4.82}$$

联立式（7.4.81）、式（7.4.82）求解，得到反射系数 $\Gamma_\perp$ 与透射系数 $\tau_\perp$ 分别为

$$\Gamma_\perp=\frac{\eta_2\cos\theta_i-\eta_1\cos\theta_t}{\eta_2\cos\theta_i+\eta_1\cos\theta_t} \tag{7.4.83}$$

$$\tau_\perp=\frac{2\eta_2\cos\theta_i}{\eta_2\cos\theta_i+\eta_1\cos\theta_t} \tag{7.4.84}$$

式（7.4.83）、式（7.4.84）又称为垂直极化波的菲涅耳公式。

对于常见的非磁性媒质，当 $\mu_1\approx\mu_2\approx\mu_0$ 时，则

$$\frac{\eta_1}{\eta_2}=\sqrt{\frac{\varepsilon_2}{\varepsilon_1}},\ \sin\theta_t=\sqrt{\frac{\varepsilon_1}{\varepsilon_2}}\sin\theta_i \tag{7.4.85}$$

因此，反射系数 $\Gamma_\perp$ 与透射系数 $\tau_\perp$ 可写为

$$\Gamma_\perp=\frac{\cos\theta_i-\sqrt{\varepsilon_2/\varepsilon_1-\sin^2\theta_i}}{\cos\theta_i+\sqrt{\varepsilon_2/\varepsilon_1-\sin^2\theta_i}} \tag{7.4.86}$$

$$\tau_\perp=\frac{2\cos\theta_i}{\cos\theta_i+\sqrt{\varepsilon_2/\varepsilon_1-\sin^2\theta_i}} \tag{7.4.87}$$

2）平行极化波

如图7-24所示，平行极化波的磁场只有 H_y 分量，电场只有 E_x 分量和 E_z 分量。媒质1中任意一点的电场和磁场为

$$E_{1x} = E_{ix} + E_{rx} = -E_{im}\cos\theta_i(e^{-jk_1z\cos\theta_i} - \Gamma_{\parallel}e^{jk_1z\cos\theta_i})e^{-jk_1x\sin\theta_i} \tag{7.4.88}$$

$$E_{1z} = E_{iz} + E_{rz} = E_{im}\sin\theta_i(e^{-jk_1z\cos\theta_i} + \Gamma_{\parallel}e^{jk_1z\cos\theta_i})e^{-jk_1x\sin\theta_i} \tag{7.4.89}$$

$$H_{1y} = H_{iy} + H_{ry} = \frac{E_{im}}{\eta_1}(e^{-jk_1z\cos\theta_i} + \Gamma_{\parallel}e^{jk_1z\cos\theta_i})e^{-jk_1x\sin\theta_i} \tag{7.4.90}$$

式中：$\Gamma_{\parallel}$ 为平行极化波在分界面上的反射系数。

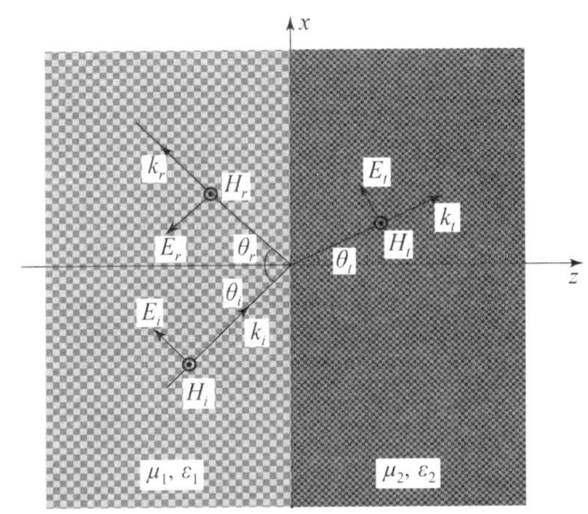

图7-24 平行极化波对理想介质分界面的斜入射

媒质2中任意一点的电场和磁场为

$$E_{2x} = E_{tx} = -\tau_{\parallel}E_{im}\cos\theta_t e^{-jk_2z\cos\theta_t}e^{-jk_2x\sin\theta_t} \tag{7.4.91}$$

$$E_{2z} = H_{tz} = \tau_{\parallel}E_{im}\sin\theta_t e^{-jk_2z\cos\theta_t}e^{-jk_2x\sin\theta_t} \tag{7.4.92}$$

$$H_{2y} = H_{ty} = \frac{\tau_{\parallel}E_{im}}{\eta_2}e^{-jk_2z\cos\theta_t}e^{-jk_2x\sin\theta_t} \tag{7.4.93}$$

式中：$\tau_{\parallel}$ 为平行极化波在分界面上的透射系数。

根据边界条件，在 $z=0$ 的分界面上，电场的切向分量和磁场的切向分量连续，即 $E_{1x}=E_{2x}$ 和 $H_{1y}=H_{2y}$，并利用 $k_1\sin\theta_i = k_2\sin\theta_t$，可得

$$(1-\Gamma_{\parallel})\cos\theta_i = \tau_{\parallel}\cos\theta_t \tag{7.4.94}$$

$$\frac{1}{\eta_1}(1+\Gamma_{\parallel}) = \frac{1}{\eta_2}\tau_{\parallel} \tag{7.4.95}$$

联立式（7.4.94）、式（7.4.95）求解，得到反射系数 $\Gamma_{\parallel}$ 与透射系数 $\tau_{\parallel}$ 分别为

$$\Gamma_{\parallel} = \frac{\eta_1\cos\theta_i - \eta_2\cos\theta_t}{\eta_1\cos\theta_i + \eta_2\cos\theta_t} \tag{7.4.96}$$

$$\tau_{\parallel} = \frac{2\eta_2\cos\theta_i}{\eta_1\cos\theta_i + \eta_2\cos\theta_t} \tag{7.4.97}$$

式（7.4.96）、式（7.4.97）又称为平行极化波的菲涅耳公式。

对于常见的非磁性媒质，式（7.4.96）和式（7.4.97）可写为

$$\Gamma_{\parallel}=\frac{(\varepsilon_2/\varepsilon_1)\cos\theta_i-\sqrt{\varepsilon_2/\varepsilon_1-\sin^2\theta_i}}{(\varepsilon_2/\varepsilon_1)\cos\theta_i+\sqrt{\varepsilon_2/\varepsilon_1-\sin^2\theta_i}} \tag{7.4.98}$$

$$\tau_{\parallel}=\frac{2\sqrt{\varepsilon_2/\varepsilon_1}\cos\theta_i}{(\varepsilon_2/\varepsilon_1)\cos\theta_i+\sqrt{\varepsilon_2/\varepsilon_1-\sin^2\theta_i}} \tag{7.4.99}$$

3. 全反射与全透射

对于常见的非磁性媒质 $\mu_1\approx\mu_2\approx\mu_0$，此时折射定律为

$$\frac{\sin\theta_t}{\sin\theta_i}=\sqrt{\frac{\varepsilon_1}{\varepsilon_2}} \tag{7.4.100}$$

当媒质 2 的介电常数 ε_2 大于媒质 1 的介电常数 ε_1，即当 $\varepsilon_2>\varepsilon_1$ 时，反射系数和透射系数均为实数。

当媒质 1 的介电常数 ε_1 大于媒质 2 的介电常数 ε_2，即当 $\varepsilon_1>\varepsilon_2$ 时，只要

$$\sin\theta_i\leqslant\sqrt{\frac{\varepsilon_2}{\varepsilon_1}} \tag{7.4.101}$$

反射系数和透射系数仍为实数。但当 $\sin\theta_i=\sqrt{\frac{\varepsilon_2}{\varepsilon_1}}$时，由折射定律，有

$$\sin\theta_t=\sqrt{\frac{\varepsilon_1}{\varepsilon_2}}\sin\theta_i=1 \tag{7.4.102}$$

此时 $\theta_t=\frac{\pi}{2}$，表明透射波完全平行于分界面传播，而且由式（7.4.86）和式（7.4.98），有

$$\Gamma_{\perp}=\Gamma_{\parallel}=1 \tag{7.4.103}$$

故将这种现象称为全反射。使透射角 $\theta_t=\frac{\pi}{2}$得入射角称为临界角，记作 θ_c，即

$$\theta_c=\arcsin\left(\sqrt{\frac{\varepsilon_2}{\varepsilon_1}}\right) \tag{7.4.104}$$

若入射角大于临界角，即当 $\theta_i>\theta_c$ 时，有

$$\sin\theta_i>\sin\theta_c=\sqrt{\frac{\varepsilon_2}{\varepsilon_1}} \tag{7.4.105}$$

此时

$$\sqrt{\varepsilon_2/\varepsilon_1-\sin^2\theta_i}=-\mathrm{j}\sqrt{\sin^2\theta_i-\varepsilon_2/\varepsilon_1}=-\mathrm{j}\alpha \tag{7.4.106}$$

为纯虚数。由式（7.4.83）和式（7.4.96），可得

$$|\Gamma_{\perp}|=|\Gamma_{\parallel}|=1 \tag{7.4.107}$$

表明当入射角大于临界角时，也要发生全反射。

由式（7.4.84）和式（7.4.97）可知，当 $\theta_i>\theta_c$ 时，$\tau_{\perp}$ 和 $\tau_{\parallel}$ 都不为 0。也就是说，在发生全反射时，媒质 2 中仍然存在透射波。根据式（7.4.105），透射波电场可表示为

$$\boldsymbol{E}_t=E_{tm}e^{-\alpha z}e^{-\mathrm{j}k_{tx}x} \tag{7.4.108}$$

表明媒质 2 中的透射波仍然是沿分界面方向传播，但振幅沿垂直于分界面的方向上按指数规律衰减，因此透射波主要存在于分界面附近，故称这种波为表面波。图 7－25 是电磁波从光密媒质入射到光疏媒质时在分界面上发生的透射情况。

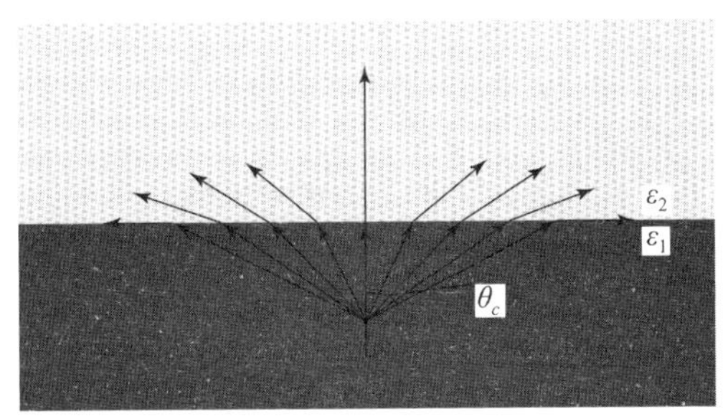

图 7－25 电磁波从光密媒质入射到光疏媒质

由式（7.4.108）还可知，透射波的等相位面为 $x=$ 常数的平面，而等振幅面时 $z=$ 常数的平面。在等相位面上，波的振幅是不均匀的，所以透射波又是非均匀平面波。

电磁波在媒质与空气分界面上全反射实现表面波传输的基础。图 7－26 所示为放在空气中的一块介质板。当介质板内电磁波的入射方向能使它在介质板的顶面和底面发生全反射时，电磁波将被约束在介质板内，并沿 z 轴方向传播。在板外，场量在垂直于板面的 $\pm y$ 轴方向做指数衰减。

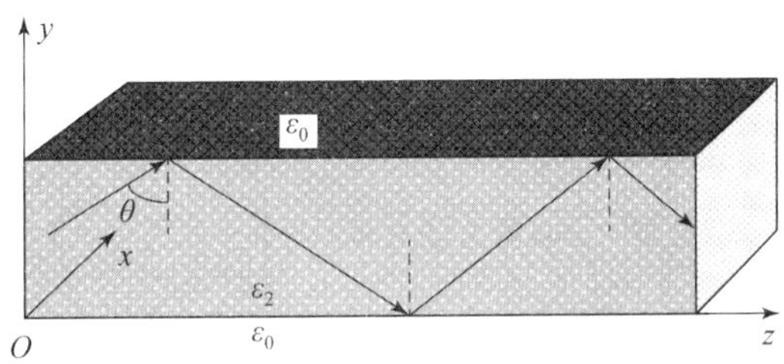

图 7－26 介质板内的全反射

虽然上面是拿介质平面波来讨论的，但它的原理同样适用于圆柱形的介质棒。当能够使介质棒内的电磁波以大于临界角的入射角透射到介质与空气分界面并发生全反射时，就可使电磁波沿介质棒传播。这种传播系统称为介质波导，它是一种表面波传输系统。例如：在激光通信中采用的光纤就是一种介质波导。

对于垂直极化波，由式（7.4.86）可知，只有当 $\varepsilon_1=\varepsilon_2$ 时，才能使 $\Gamma_\perp=0$。这表明垂直极化波斜入射到两种非磁性媒质分界面上时，不会产生全透射现象。所以，一个任意极化波的电磁波，当它以布儒斯特角入射到两种非磁性媒质分界面上时，它的平行极化分量全部透射，反射波中就只剩下了垂直极化波，起到了一种极化滤波的作用。因此，布儒斯特角也称为极化角。

7.4.5 对理想导体平面的斜入射

均匀平面波对理想导体表面的斜入射可分为垂直极化波和平行极化波两种情况进行讨论。

1. 垂直极化波对理想导体表面的斜入射

如图 7－27 所示，媒质 1 为无损耗介质，媒质 2 为理想导体。对于理想导体，当 $\eta_2=0$ 时，利用前面得到的垂直极化波入射的菲涅耳公式（7.4.83）和式（7.4.84），

可得

$$\Gamma_{\perp} = -1, \ \tau_{\perp} = 0 \tag{7.4.109}$$

入射波的电场和磁场为

$$\boldsymbol{E}_i = \boldsymbol{e}_y E_m e^{-jk(x\sin\theta_i + z\cos\theta_i)} \tag{7.4.110}$$

$$\boldsymbol{H}_i = (-\boldsymbol{e}_x\cos\theta_i + \boldsymbol{e}_z\sin\theta_i)\frac{E_m}{\eta}e^{-jk(x\sin\theta_i + z\cos\theta_i)} \tag{7.4.111}$$

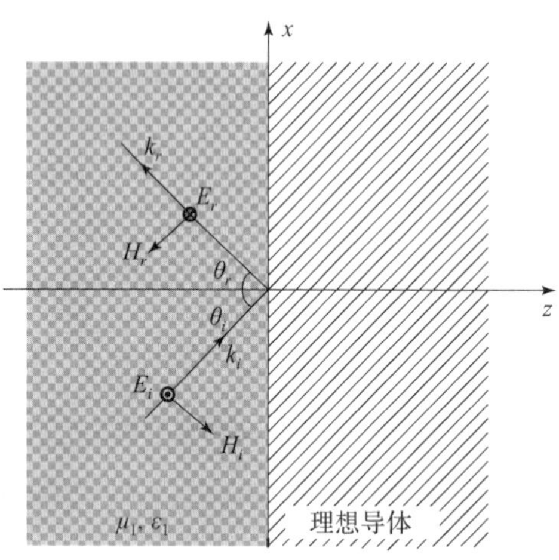

图 7-27　垂直极化波对理想导体平面的斜入射

反射波的电场和磁场为

$$\boldsymbol{E}_r = -\boldsymbol{e}_y E_m e^{-jk(x\sin\theta_i - z\cos\theta_i)} \tag{7.4.112}$$

$$\boldsymbol{H}_r = (-\boldsymbol{e}_x\cos\theta_i - \boldsymbol{e}_z\sin\theta_i)\frac{E_m}{\eta}e^{-jk(x\sin\theta_i - z\cos\theta_i)} \tag{7.4.113}$$

媒质 1 中的合成波的电场和磁场为

$$\boldsymbol{E}_1 = \boldsymbol{E}_i + \boldsymbol{E}_r = -\boldsymbol{e}_y \mathrm{j}2E_m\sin(kz\cos\theta_i)e^{-jkx\sin\theta_i} \tag{7.4.114}$$

$$\boldsymbol{H}_1 = [-\boldsymbol{e}_x\cos\theta_i\cos(kz\cos\theta_i) - \boldsymbol{e}_z\mathrm{j}\sin\theta_i\sin(kz\cos\theta_i)]\frac{2E_m}{\eta}e^{-jkx\sin\theta_i} \tag{7.4.115}$$

由此可见，垂直极化波斜入射到理想导体表面时，有如下特点：

（1）合成波沿平行于分界面的方向（x 轴方向）传播，其相速为

$$v_{px} = \frac{\omega}{k_{ix}} = \frac{v_p}{\sin\theta_i} \tag{7.4.116}$$

（2）合成波振幅在垂直于导体表面的方向（z 方向）上呈驻波分布，而且合成波电场在 $z = -\dfrac{n\pi}{k\cos\theta_i}(n = 0, 1, 2, \cdots)$ 处为 0；

（3）合成波是非均匀平面波；

（4）在合成波的传播方向（x 轴方向）上不存在电场分量，但存在磁场分量，故称这种电磁波为横电波，简称为 TE 波。

2. 平行极化波对理想导体表面的斜入射

如图 7-28 所示，利用前面得到的平行极化波入射的菲涅耳公式（7.4.96）和式

(7.4.97)，可得

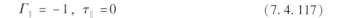

$$\Gamma_{\parallel} = -1,\ \tau_{\parallel} = 0 \tag{7.4.117}$$

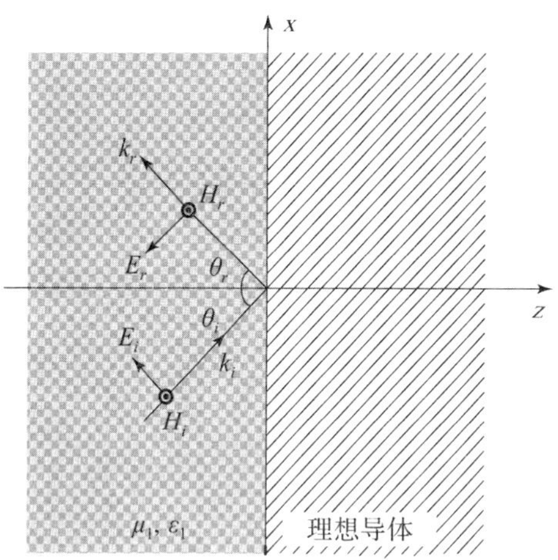

图 7-28　平行极化波对理想导体平面的斜入射

入射波的电场和磁场为

$$\boldsymbol{H}_i = \boldsymbol{e}_y \frac{E_m}{\eta} e^{-jk(x\sin\theta_i + z\cos\theta_i)} \tag{7.4.118}$$

$$\boldsymbol{E}_i = (\boldsymbol{e}_x \cos\theta_i - \boldsymbol{e}_z \sin\theta_i) E_m e^{-jk(x\sin\theta_i + z\cos\theta_i)} \tag{7.4.119}$$

反射波的电场和磁场为

$$\boldsymbol{H}_r = \boldsymbol{e}_y \frac{E_m}{\eta} e^{-jk(x\sin\theta_i - z\cos\theta_i)} \tag{7.4.120}$$

$$\boldsymbol{E}_r = (-\boldsymbol{e}_x \cos\theta_i - \boldsymbol{e}_z \sin\theta_i) E_m e^{-jk(x\sin\theta_i - z\cos\theta_i)} \tag{7.4.121}$$

媒质 1 中的合成波场量为

$$\boldsymbol{H}_1 = \boldsymbol{H}_i + \boldsymbol{H}_r = \boldsymbol{e}_y 2 \frac{E_m}{\eta} \cos(kz\cos\theta_i) e^{-jkx\sin\theta_i} \tag{7.4.122}$$

$$\boldsymbol{E}_1 = -[\boldsymbol{e}_x \mathrm{j}\cos\theta_i \sin(kz\cos\theta_i) + \boldsymbol{e}_z \sin\theta_i \cos(kz\cos\theta_i)] 2E_m e^{-jkx\sin\theta_i} \tag{7.4.123}$$

由此可见，平行极化波斜入射到理想导体表面时，有如下特点：

（1）合成波沿平行于分界面的方向（x 轴方向）传播，其相速为

$$v_{px} = \frac{\omega}{k_{ix}} = \frac{v_p}{\sin\theta_i} \tag{7.4.124}$$

（2）合成波的振幅在垂直于导体表面的方向（z 轴方向）上呈驻波分布，而且合成波磁场在 $z = -\dfrac{n\pi}{k\cos\theta_i}(n = 0, 1, 2, \cdots)$ 处达到最大值；

（3）合成波是非均匀平面波；

（4）在波的传播方向（x 轴方向）上不存在磁场分量，但存在电场分量，故称这种电磁波为横磁波，简称为 TM 波。

7.5 均匀平面波对多层介质分界平面的垂直入射

7.5.1 多层媒质的场量关系与等效波阻抗

设媒质1中的入射波为

$$\boldsymbol{E}_{1i}(z)=\boldsymbol{e}_x E_{1im}e^{-\mathrm{j}\beta_1 z} \tag{7.5.1}$$

$$\boldsymbol{H}_{1i}(z)=\boldsymbol{e}_y \frac{1}{\eta_1}E_{1im}e^{-\mathrm{j}\beta_1 z} \tag{7.5.2}$$

则反射波为

$$\boldsymbol{E}_{1r}(z)=\boldsymbol{e}_x E_{1rm}e^{\mathrm{j}\beta_1 z}=\boldsymbol{e}_x \Gamma_1 E_{1im}e^{\mathrm{j}\beta_1 z} \tag{7.5.3}$$

$$\boldsymbol{H}_{1r}(z)=-\boldsymbol{e}_y \frac{1}{\eta_1}E_{1rm}e^{\mathrm{j}\beta_1 z}=-\boldsymbol{e}_y \frac{1}{\eta_1}\Gamma_1 E_{1im}e^{\mathrm{j}\beta_1 z} \tag{7.5.4}$$

式中：$\Gamma_1=E_{3tm}/E_{1im}$为分界面$z=0$处的反射系数。于是，媒质1中的合成波可写为

$$\boldsymbol{E}_1(z)=\boldsymbol{e}_x E_{1im}(e^{-\mathrm{j}\beta_1 z}+\Gamma_1 e^{\mathrm{j}\beta_1 z}) \tag{7.5.5}$$

$$\boldsymbol{H}_1(z)=\boldsymbol{e}_y \frac{E_{1im}}{\eta_1}(e^{-\mathrm{j}\beta_1 z}-\Gamma_1 e^{\mathrm{j}\beta_1 z}) \tag{7.5.6}$$

媒质2中的电磁波可写为

$$\boldsymbol{E}_2(z)=\boldsymbol{e}_x E_{2im}[e^{-\mathrm{j}\beta_2(z-d)}+\Gamma_2 e^{\mathrm{j}\beta_2(z-d)}]=\boldsymbol{e}_x \tau_1 E_{1im}[e^{-\mathrm{j}\beta_2(z-d)}+\Gamma_2 e^{\mathrm{j}\beta_2(z-d)}] \tag{7.5.7}$$

$$\boldsymbol{H}_2(z)=\boldsymbol{e}_y \frac{\tau_1 E_{1im}}{\eta_2}[e^{-\mathrm{j}\beta_2(z-d)}-\Gamma_2 e^{\mathrm{j}\beta_2(z-d)}] \tag{7.5.8}$$

式中：$\tau_1=E_{2im}/E_{1im}$为分界面$z=0$处的透射系数，$\Gamma_2=E_{2rm}/E_{2im}$为分界面$z=d$处的反射系数。

媒质3中的电磁波可写为

$$\boldsymbol{E}_3(z)=\boldsymbol{e}_x E_{3im}e^{-\mathrm{j}\beta_3(z-d)}=\boldsymbol{e}_x \tau_1\tau_2 E_{1im}e^{-\mathrm{j}\beta_3(z-d)} \tag{7.5.9}$$

$$\boldsymbol{H}_3(z)=\boldsymbol{e}_y \frac{1}{\eta_3}\tau_1\tau_2 E_{1im}e^{-\mathrm{j}\beta_3(z-d)} \tag{7.5.10}$$

式中：$\tau_2=E_{3tm}/E_{2im}$为分界面$z=d$处的透射系数。

在式（7.5.3）~式（7.5.10）中，E_{1im}为已知量，而Γ_1、τ_1、Γ_2和τ_2为未知量。根据边界条件，在分界面$z=0$和$z=d$上，电场的切向分量连续和磁场的切向分量连续，可以求出这四个未知量。

在媒质2与媒质3的分界面$z=d$处，由$\boldsymbol{E}_{2x}(d)=\boldsymbol{E}_{3x}(d)$和$\boldsymbol{H}_{2y}(d)=\boldsymbol{H}_{3y}(d)$，得

$$1+\Gamma_2=\tau_2 \tag{7.5.11}$$

$$\frac{1}{\eta_2}(1-\Gamma_2)=\frac{1}{\eta_3}\tau_2 \tag{7.5.12}$$

由此可得

$$\Gamma_2=\frac{\eta_3-\eta_2}{\eta_3+\eta_2} \tag{7.5.13}$$

$$\tau_2=1+\Gamma_2=\frac{2\eta_3}{\eta_3+\eta_2} \tag{7.5.14}$$

在媒质 1 与媒质 2 的分界面 $z=0$ 处，由 $E_{1x}(0)=E_{2x}(0)$ 和 $H_{1y}(0)=H_{2y}(0)$ 得

$$(1+\Gamma_1)=\tau_1(e^{j\beta_2 d}+\Gamma_2 e^{-j\beta_2 d}) \tag{7.5.15}$$

$$\frac{1}{\eta_1}(1-\Gamma_1)=\frac{\tau_1}{\eta_2}(e^{j\beta_2 d}-\Gamma_2 e^{-j\beta_2 d}) \tag{7.5.16}$$

由此可得

$$\eta_1\frac{1+\Gamma_1}{1-\Gamma_1}=\eta_2\frac{e^{j\beta_2 d}+\Gamma_2 e^{-j\beta_2 d}}{e^{j\beta_2 d}-\Gamma_2 e^{-j\beta_2 d}} \tag{7.5.17}$$

令

$$\eta_{\text{ef}}=\eta_2\frac{e^{j\beta_2 d}+\Gamma_2 e^{-j\beta_2 d}}{e^{j\beta_2 d}-\Gamma_2 e^{-j\beta_2 d}} \tag{7.5.18}$$

由式（7.5.17）可得

$$\Gamma_1=\frac{\eta_{\text{ef}}-\eta_1}{\eta_{\text{ef}}+\eta_1} \tag{7.5.19}$$

此外，由式（7.5.16）还可得

$$\tau_1=\frac{1+\Gamma_1}{e^{j\beta_2 d}+\Gamma_2 e^{-j\beta_2 d}} \tag{7.5.20}$$

由式（7.5.18）可以看出，η_{ef}实际上是媒质 2 中的电场与磁场在 $z=0$ 处的值之比，即 $\eta_{\text{ef}}=E_2(0)/H_2(0)$，故称为 $z=0$ 处的等效波阻抗。而式（7.5.19）的含义可理解为媒质 2 与媒质 3 对分界面 $z=0$ 处的反射系数影响可用一种等效的媒质来代替，此等效媒质的本征阻抗即为等效阻抗 η_{ef}。

将式（7.5.13）代入式（7.5.18），并应用欧拉公式，又可将 η_{ef}写为

$$\eta_{\text{ef}}=\eta_2\frac{\eta_3+j\eta_2\tan(\beta_2 d)}{\eta_2+j\eta_3\tan(\beta_2 d)} \tag{7.5.21}$$

对 $n(>3)$层媒质的垂直入射的情况，可采用类似的方法来分析。如图 7－29 所示，设均匀平面波从第一层自左向右垂直入射，首先求出最右边的分界面（$n-1$）处的反射系数 Γ_{n-1}，然后求出其左邻的分界面（$n-2$）处的等效波阻抗和反射系数 Γ_{n-2}。以此类推，直至求出最左边的第一个分界面处的等效波阻抗和反射系数 Γ_1。

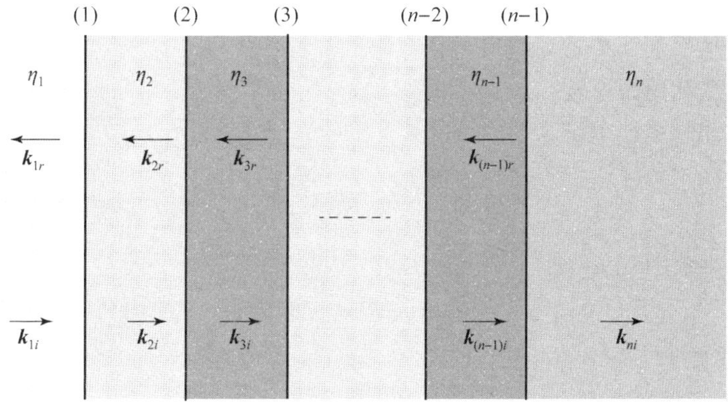

图 7－29　对多层不同媒质的垂直入射

7.5.2 四分之一波长匹配层

如图 7－30 所示，在两种不同媒质之间插入一层厚度为四分之一波长、本征阻抗为 η_2 的媒质，即 $d=\frac{\lambda_2}{4}$。这时

$$\tan(\beta_2 d)=\tan\left(\frac{2\pi}{\lambda_2}\frac{\lambda_2}{4}\right)=\tan\frac{\pi}{2}\to\infty \tag{7.5.22}$$

由式（7.5.21），可得

$$\eta_{\mathrm{ef}}=\frac{\eta_2^2}{\eta_3} \tag{7.5.23}$$

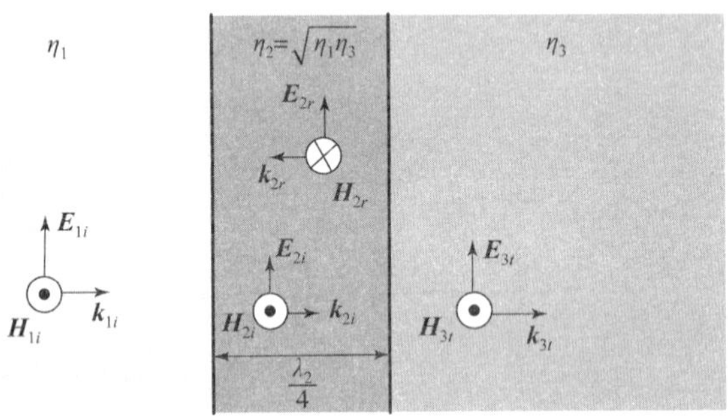

图 7－30　用于消除反射的四分之一波长匹配层

若取媒质 2 的本征阻抗为

$$\eta_2=\sqrt{\eta_1\eta_3} \tag{7.5.24}$$

则有 $\eta_{\mathrm{ef}}=\eta_1$。由此得到媒质 1 与媒质 2 的分界面上的反射系数为

$$\Gamma_1=0 \tag{7.5.25}$$

这表明，若在两种不同媒质之间插入一层厚度 $d=\frac{\lambda_2}{4}$的媒质，只要 $\eta_2=\sqrt{\eta_1\eta_3}$，就能消除媒质 1 的表面上的反射。因此，这种厚度 $d=\frac{\lambda_2}{4}$的媒质通常用于两种不同媒质间的无反射阻抗匹配，称为 1/4 波长匹配层。例如：在照相机的镜头上都有这种消除反射的敷层。

例 7.5.1： 频率 $f=15\mathrm{GHz}$ 的均匀平面波从空气中垂直入射到 $\varepsilon=9\varepsilon_0$、$\mu=\mu_0$、$\sigma=0$ 的理想媒质平面上，为了消除反射，在媒质表面涂上 1/4 波长的匹配层。试求匹配层的相对介电常数和最小厚度。

解： 已知的本征阻抗为

$$\eta_1=\eta_0=377\Omega,\quad \eta_3=\frac{\eta_0}{\sqrt{\varepsilon_{\mathrm{r3}}}}=125.67\Omega$$

则匹配层的本征阻抗为

$$\eta_2=\sqrt{\eta_1\eta_3}=\sqrt{377\times125.67}\Omega=377/\sqrt{3}\Omega$$

又由于 $\eta_2=\frac{\eta_0}{\sqrt{\varepsilon_{\mathrm{r2}}}}$，故得

$$\varepsilon_{\mathrm{r2}}=\left(\frac{\eta_0}{\eta_2}\right)^2=\left(\frac{377}{377/\sqrt{3}}\right)^2=3$$

匹配层的最小厚度为

$$d_2 = \frac{\lambda_2}{4} = \frac{0.2}{4\sqrt{3}}\text{m} = 0.029\text{m}$$

7.5.3　半波长介质窗

如果媒质 1 和媒质 3 是相同的媒质，即 $\eta_3 = \eta_1$，当媒质 2 的厚度 $d = \frac{\lambda_2}{2}$时，有

$$\tan(\beta_2 d) = \tan\left(\frac{2\pi}{\lambda_2}\frac{\lambda_2}{2}\right) = \tan\pi = 0 \tag{7.5.26}$$

由式（7.5.21），可得

$$\eta_{ef} = \eta_3 = \eta_1 \tag{7.5.27}$$

由此得到媒质 1 与媒质 2 的分界面上的反射系数为

$$\Gamma_1 = 0 \tag{7.5.28}$$

同时，当 $d = \frac{\lambda_2}{2}$时，$\beta_2 d = \pi$，由式（7.5.20），有

$$\tau_1 = \frac{1+\Gamma_1}{e^{j\beta_2 d} + \Gamma_2 e^{-j\beta_2 d}} = -\frac{1}{1+\Gamma_2} \tag{7.5.29}$$

所以

$$\tau_1\tau_2 = -1 \tag{7.5.30}$$

即

$$E_{3tm} = -E_{1im} \tag{7.5.31}$$

这表明，电磁波可以无损耗地通过厚度为 $\lambda_2/2$ 的媒质层。因此，这种厚度 $d = \lambda_2/2$ 的媒质层又称为半波长媒质窗。例如：雷达天线罩的设计就利用了这个原理。为了使雷达天线免受恶劣环境的影响，通常用天线罩将天线保护起来，若天线罩的媒质层厚度设计为该媒质中的电磁波的半个波长，就可以消除天线罩对电磁波的反射。

7.6　应用实例

7.6.1　涡旋电磁波

在电磁场理论中，电磁波的角动量可以分为自旋角动量（spin angular momentum，SAM）和轨道角动量（orbital angular momentum，OAM）。根据电磁场理论，具有传播轴方位角依赖项 $e^{jl\varphi}$（其中：l 称为拓扑电荷数或 OAM 模式数，φ 是空间方位角）的电磁波携带轨道角动量，其大小为 hl（h 为约化普朗克常量）。这种电磁波形式又称为涡旋电磁波或电磁涡旋。与传统平面波不同，涡旋电磁波的相位波前呈螺旋形结构，如图 7－31 所示，可在其上调制所需的信息。由于涡旋电磁波照射在目标上时，相当于传统平面波从连续的多个角度入射目标，目标散射回波中将蕴含更多目标信息，而理论上有无穷多正交的 OAM 模式，因此可极大地提高信息传递与获取能力。同时，由于 OAM 域为独立于时频域和极化域的全新维度，将 OAM 作为新的信号特征用于雷达探测，不

过分依赖频谱资源，将使探测信号具有特殊的抗干扰能力。由此可知，围绕基于涡旋电磁波的目标散射特性开展研究，并从中智能解译目标信息是提高雷达探测性能的一条新思路，在目标识别、雷达成像等需求中具有广阔的应用前景。

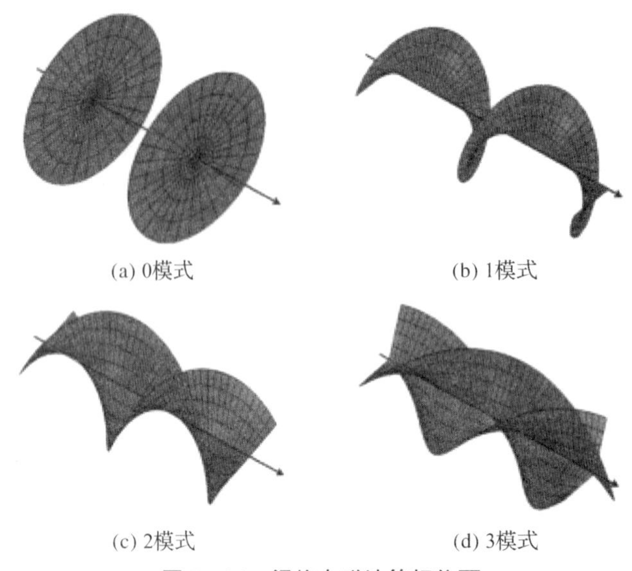

图 7-31　涡旋电磁波等相位面

在传统雷达成像方法中，一般需要目标与雷达之间需要存在相对运动。基于涡旋电磁波的雷达成像技术，利用了电磁波的螺旋相位与方位角之间的关系，能够实现“凝视成像”。与“多发单收”方案相比，其虽然“多发多收”方式的方位角分辨率更高，但存在方位混叠问题：方位角相差 180°的两个散射点不能正确的重构出来。为了利用多发多收成像方式的高分辨优点，并避免方位混叠现象，需要增加 OAM 模式域的采样密度。而直接产生的分数阶模式并不稳定，可通过将收发模式设为相邻整数，实现等效分数阶模式的涡旋电磁波，以充分利用多发多收成像方式的高方位分辨特性。

如图 7-32 所示，为 20 个理想散射点构成的两个“飞机”模型。两个“飞机”模型的方位角之差为 180°。所用模式 $\alpha = -10, -9.5, -9, \cdots, 9, 9.5, 10$。发射信号中心频率为 6GHz，带宽为 500MHz。

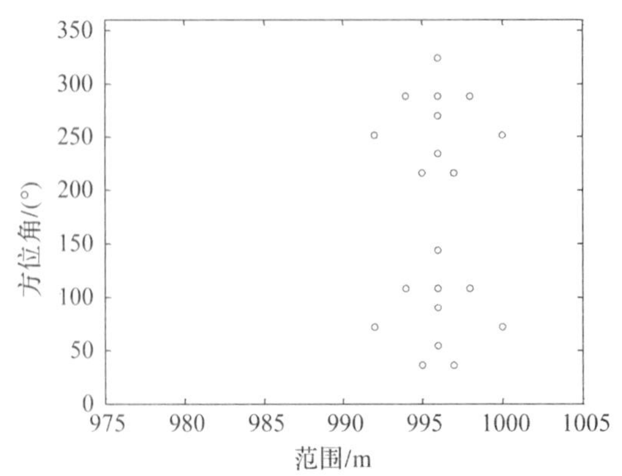

图 7-32　由 20 个散射点组成的两个“飞机”模型

“飞机”模型二维成像结果如图 7－33 所示，从图中可以看出，当采用等效分数阶模式时，能够正确重构出两个飞机模型；而当只有整数阶模式时，会在方位角维产生混叠现象，成像结果中只有 1 个飞机。

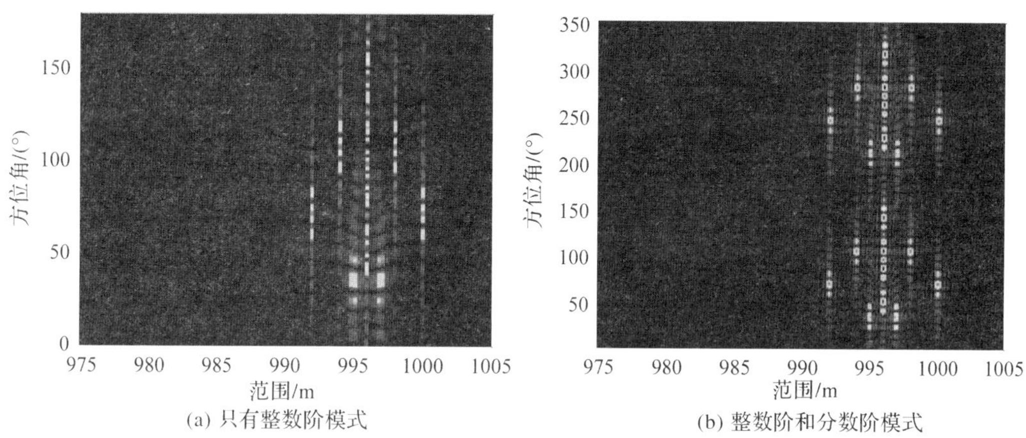

图 7－33　“飞机”模型二维成像结果

在毫米波被动成像应用中，对目标区域进行探测时，辐射计天线波束通常设计为笔形的窄波束，以获得较高的分辨率。当波束覆盖区域内部的亮温分布不均时，受分辨率限制，传统的毫米波成像方法成像效果较差。涡旋电磁波的零模式具有与传统天线相同的笔形波束，非零模式为“环形”波束，波束随着模式增大逐渐向外扩展，并且可通过馈电网络方便的实现不同模式之间的切换。因此，在同一个扫描位置可实现多个模式的测量，如图 7－34 所示，通过将不同模式进行融合，构造方程求解，可提高成像分辨率。

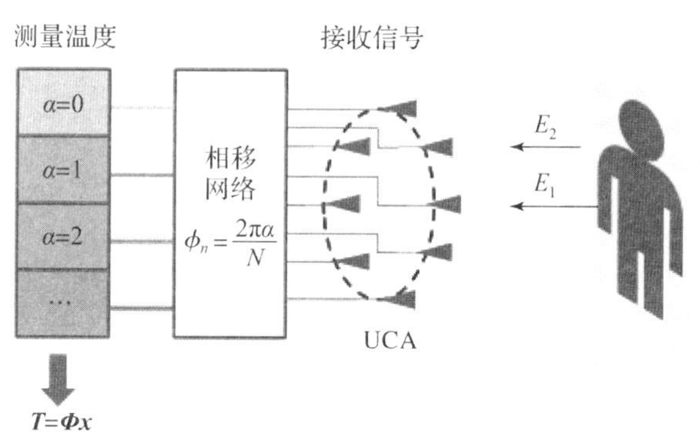

图 7－34　多模式涡旋电磁波被动成像原理

如图 7－35 所示，简易人体模型携带刀具，利用多模式涡旋电磁波进行测量，并与传统扫描方式的成像结果进行对比。工作频率为 40GHz，带宽为 50MHz，成像距离为 1m，所用接收天线为均匀圆环阵列，其半径为 0.0375m，用于测量的 OAM 模式为 0～3，其中 0 模式为笔形波束，其测量结果作为传统扫描方式结果。从图 7－35 可知在相同的天线口径下，传统方法成像结果难以分辨人体携带的物品，而利用多模式涡旋电磁波进行成像能够判断出人体携带的刀具。

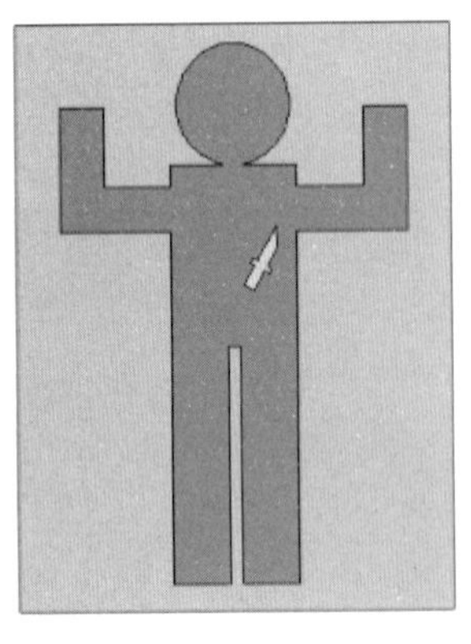
(a) 简易人体模型

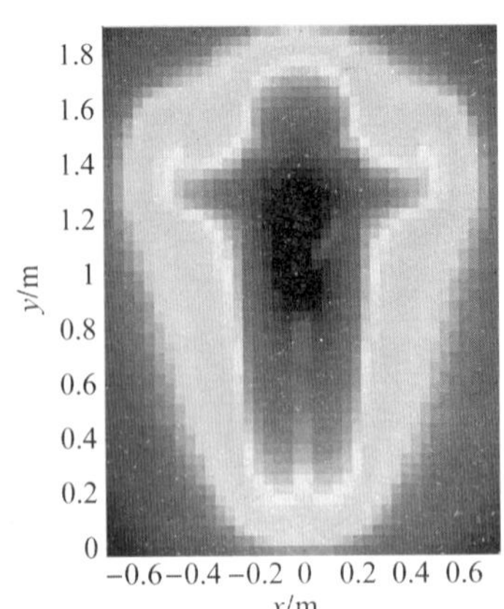

(b) 传统扫描方式成像结果

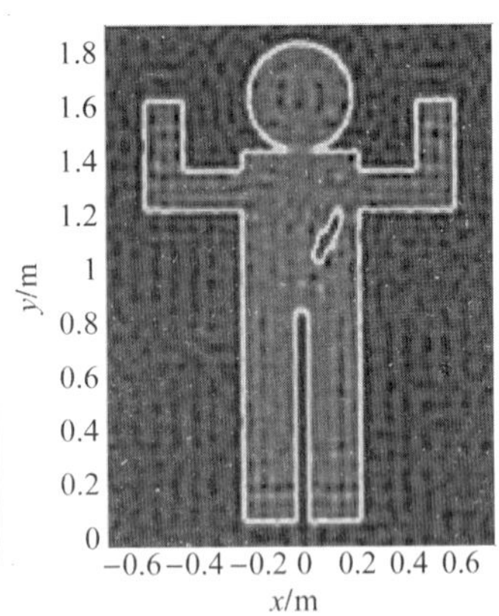

(c) 多模式涡旋电磁波成像结果

图 7-35 被动成像结果

7.6.2 磁窗改善“黑障”效应原理

当飞行器以超高声速在临近空间飞行时，机体与空气的剧烈摩擦，在飞行器周围产生高温，当温度上升达到一定的阈值后，使得空气电离成电子和离子。在高马赫数和大气密度较大时，化学反应剧烈，形成一层包覆飞行器的“壳套”，称为等离子鞘套。等离子鞘套由色散媒质等离子体组成，电磁波在通过等离子壳套时，等离子体壳套会对电磁波形成反射、折射和吸收，情况严重时会完全中断电磁波的传播，即产生通信“黑障”现象。

对于非磁化等离子体，介电参数的公式可由式（7.6.1）可得

$$\varepsilon_r = 1 - \frac{\omega_p^2}{\omega^2 + \nu_p^2} - j\frac{\nu_p}{\omega}\frac{\omega_p^2}{\omega^2 + \nu_p^2} \tag{7.6.1}$$

式中：w_p 和 v_p 分别为等离子体频率和等离子体碰撞频率。对于 $v_p = 0$ 的等离子体，电磁波传播系数为

$$\gamma_p = \mathrm{j}k_0\sqrt{1 - \frac{\omega_p^2}{\omega^2}} \tag{7.6.2}$$

显然，当 $\omega \leqslant \omega_p$ 时，电磁波的传播存在衰减。在一般的高超声速气动状态下，ω_p 可达十几千兆赫到上百千兆赫，通过提高电磁波工作频率的方法代价太大甚至无法实现。国内外学者已提出多种解决通信“黑障”现象的方案，其中磁场开窗技术是指在飞行器某个区域加强磁场，改变电子的运动轨迹，从而形成可供电磁波通过的窗口，称为“磁窗”。

在等离子体参数中电子浓度对等离子鞘套特性起着主要影响作用，加电、磁场的目的是希望降低等离子鞘套中某一区域的电子浓度，使电磁波可以通过等离子体区域，从而改善“黑障”效应。电、磁场削弱电子密度的模型如图 7-36 所示，在高超声速飞行器表面放置一个正电极、一个负电极，在两个电极间存在由正极指向负极的电场。在电极的下方安装一块磁铁，磁铁会产生磁感应强度。当高超声速飞行器以超声速在临近空间飞行时，空气被激波电离产生由带负电的电子和带正电的等离子体，电子受到电场

的加速作用和磁场的偏转作用，阴极电子由于同性排斥和受到洛伦兹力的作用发生偏转，在某一区域实现电子浓度的降低，若将天线放置在该区域，则有望实现信号的正常传输。

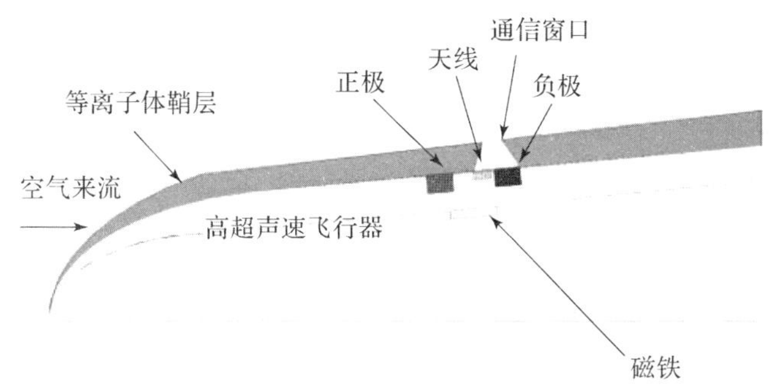

图7-36　电/磁场削弱电子密度模型示意图

利用CFD-FASTRAN流体动力学软件仿真可获得如图7-37所示的模型在高度为30km，速度为 $Ma=12$ 的流场文件，得到包覆于高超声速飞行器表面的等离子鞘套，尺寸如图7-38所示，飞行器周围的等离子体半径为0.4m，长度为1.2m。根据磁场开窗技术获得存在磁窗的等离子鞘套，开窗时所加磁场强度为0.5T，有无磁窗的流场参数如图7-39所示，由于电子浓度对等离子体频率和碰撞频率的影响最大，所以这里只给出电子浓度的二维分布图。由于飞行器的对称性，仿真得到的等离子体参数也关于 $y=0$ 轴对称。如图7-39所示，整个飞行器分为28个区域，仅在第六区利用磁场开窗，降低该区域的电子浓度，第六区位于飞行器的尾部，天线也是放置在该区域。

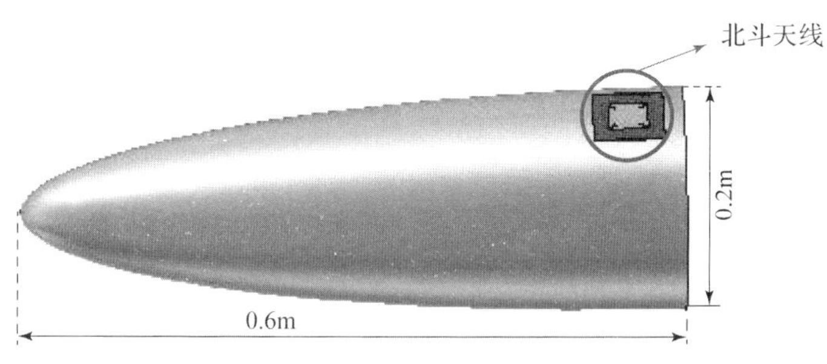

图7-37　“北斗”天线加飞行器示意图

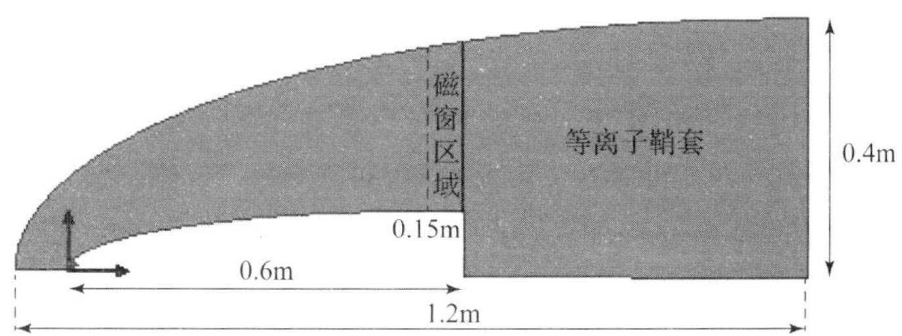

图7-38　等离子鞘套尺寸示意图

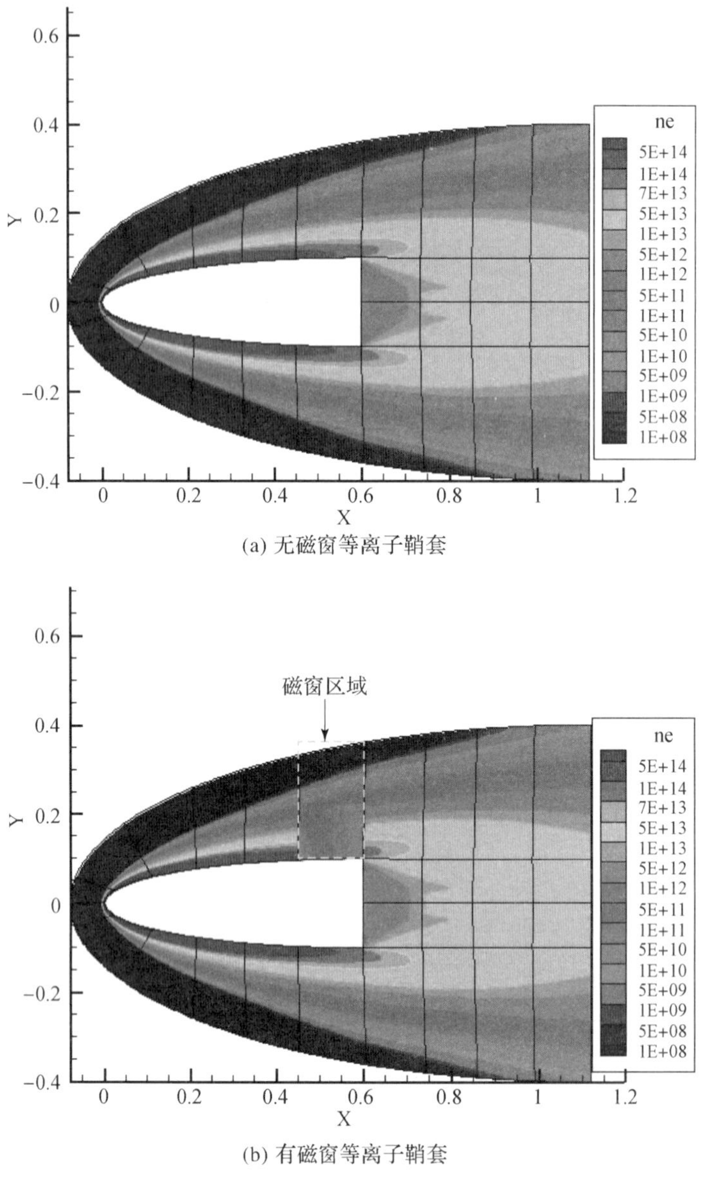

图 7 – 39　高超飞行器在 30km、*Ma* = 12 时有无磁窗的电子浓度分布

利用 CFD – FASTRAN 仿真存在飞行器和有无磁窗等离子鞘套时“北斗”天线的辐射特性，中心频率为“北斗”系统工作频点 $f_0 = 2.492\text{GHz}$，脉宽相关量为 $tw = 3$，Yee 元胞的剖分尺寸为 $\Delta x = \Delta y = \Delta z = 1\text{mm}$，PML 层数设置为 15 层，总的网格数为 $1274 \times 874 \times 874$，计算频率为 2.492GHz 时该模型的辐射方向图，观察平面为 $\theta = 0° \sim 360°$，$\varphi = 0°$。其计算结果如图 7 – 40 所示。

由图 7 – 40 可知，“北斗”天线在无等离子体即只存在飞行器和“北斗”天线时其辐射方向图最大，存在等离子鞘套时，辐射方向图下降 47.9dB 左右，也就是说等离子体会严重影响天线的辐射性能，造成通信中断现象。“北斗”天线在有磁窗时其辐射方

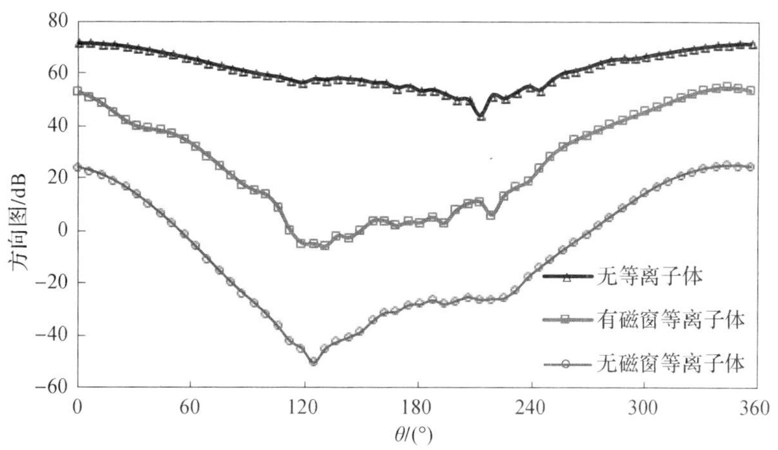

图 7－40　“北斗”天线在 30km、12Ma 时有无磁窗的辐射特性对比

向图明显比无磁窗时大，且在 $\theta=0°$ 时方向图增大 29dB 左右。该结果说明：磁窗技术可以削弱等离子鞘套对电磁波的衰减作用。强加磁场后虽然只降低了某一区域的电子浓度，但是可以认为磁化后的等离子体截止频率降低了，高于截止频率的电磁波能够透过等离子鞘套。因此，可以形象的认为，磁窗技术能有效“驱散”包覆于飞行器表面的等离子鞘套，打开了通信窗口，使电磁波能够通过等离子鞘套区域。

7.6.3　电磁波测距

电磁波测距的基本原理是利用电磁波在空气中传播的速度为已知特性，测定电磁波在被测距离上往返传播的时间来求得距离值。

如图 7－41 所示，置于 A 点的仪器发射出的电磁波被 B 点的发射器返回，并被 A 点的仪器接收。设电磁波在 AB 间往返传播的时间为 t_{2D}，则距离 D 可表示为

$$D=\frac{1}{2}c\cdot t_{2D} \tag{7.6.3}$$

式中：c 为电磁波在空气中的传播速度，约为 3×10^8 m/s。若能精确求出电磁波往返传播的时间 t_{2D}，即可按式（7.6.3）求出距离 D。具体求 D 的方法很多，主要有脉冲法、相位法和变频法三种。本节主要介绍脉冲法测距。

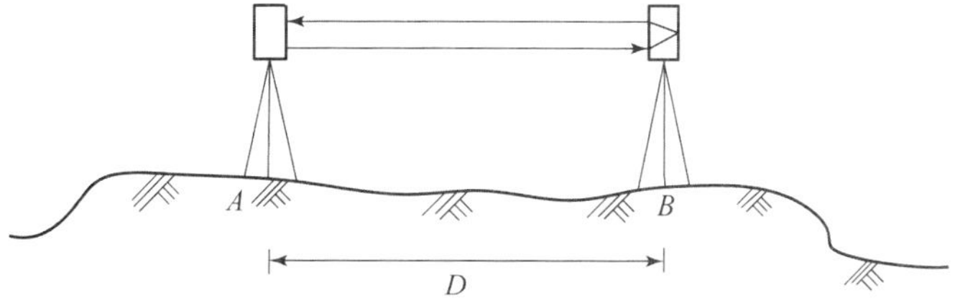

图 7－41　电磁波测距的基本原理

脉冲法测距是一种直接测定电磁波脉冲信号在待测距离上往返传播的时间 t_{2D}，然后利用式（7.6.3）求距离值的方法。其原理如图 7－42 所示。

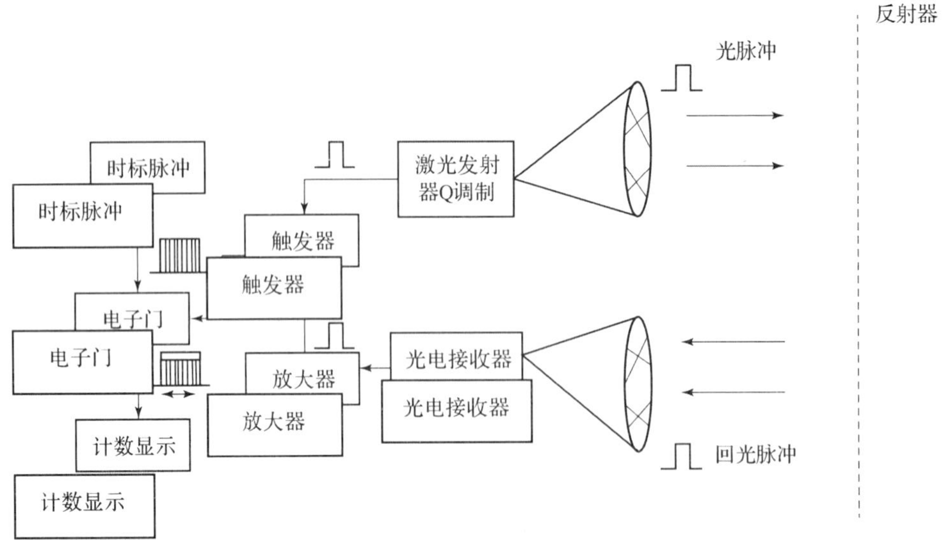

图 7-42　脉冲测距的原理框图

一般脉冲测距的光源为激光源，通过调 Q 技术将激光能量集中成较窄的光脉冲发射出去，使发射光亮度提高几个数量级。时标脉冲是由标准频率发生器产生的，用以作为计时的脉冲信号，若频率 f_{cr} 为已知，则一个脉冲所代表的时间为 $1/f_{cr}$。

在图 7-42 中激光发射器发出一束脉冲，通过光学系统射向被测目标。发射的同时，输出一电脉冲信号，作为计时的起始信号，经触发器打开电子门，让时标脉冲通过，并且计数器记下通过的时标脉冲个数。激光发射的光脉冲到达被测目标后，经过反射回光脉冲被光电接收器接收，并将光脉冲转换为电脉冲，作为计时终止信号，经过放大器送给触发器，接着关闭电子门，则时标脉冲停止通过。电子门开一闭的时间，就是光脉冲往返于待测距离的时间 t_{2D}。若计数器记下所通过的时标脉冲的个数为 n，则

$$t_{2D} = n \cdot \frac{1}{f_{cr}} \tag{7.6.4}$$

将式（7.6.4）代入式（7.6.3）可得

$$D = \frac{c}{2}\left(\frac{n}{f_{cr}}\right) = \frac{\lambda}{2} \cdot n \tag{7.6.5}$$

由式（7.6.5）可知，每一个时标脉冲所代表的距离为 $\frac{\lambda}{2}$，当 $f_{cr} = 15000\text{MHz}$ 时

$$\frac{\lambda}{2} = \frac{3 \times 10^8}{2 \times 150 \times 10^6} = 1\text{m} \tag{7.6.6}$$

则计数时标脉冲的个数，即待测距离 D 的米数。

脉冲法测距的精度直接受到时间测定精度的限制，由式（7.7.3）对 t 微分可得

$$\mathrm{d}D = \frac{1}{2}c\mathrm{d}t \tag{7.6.7}$$

若要求测量距离精度 $\Delta D \leqslant 1\text{cm}$，则要求测时的精度为

$$\Delta t \leqslant \frac{2 \cdot \Delta D}{c} \approx \frac{2}{3} \times 10^{-10}(\text{s}) \tag{7.6.8}$$

这就要求时标脉冲的频率f_{cr}达到 15×10^{10} Hz = 15000MHz，当前计数频率一般为 150MHz 或 30MHz，计时精度只能达到 10^{-8}s 两级，即测距精度仅达到 1m 或 0.5m。

所以，脉冲测距都用于光能量很大的激光测距仪，适用于远距离测量，特别是无反射器的距离测量（单靠激光投射到目标物体上的漫反射进行距离测量）。由于此类仪器精度有限，故在军事上用得较多，如手持望远镜或激光测距仪等，若用于地形测量，实现无人跑尺以减轻劳动强度，提高作业效率，尤其对测量悬崖峭壁或不易达到的地区具有现实意义。

7.6.4　电磁干扰的传播

任何电磁干扰的发生都必然存在干扰能量的传输和传输途径（或传输通道）。通常认为电磁干扰传输有两种方式：一种是传导耦合传输方式；另一种是辐射耦合传输方式。

传导耦合是指电磁噪声的能量在电路中以电压或电流的形式，通过金属导线或其他元件（如电容器、电感器、变压器等）耦合至被干扰设备（电路）。根据电磁噪声的耦合特点，传导耦合可分为直接传导耦合、公共阻抗耦合和转移阻抗耦合三种。

直接传导耦合是指电磁噪声直接通过导线、金属体、电阻器、电容器、电感器或变压器等实际元件耦合到被干扰设备（电路）。其包括三种类型：电导性耦合、电感性耦合及电容性耦合。

公共阻抗传导耦合是指电磁噪声通过印制板电路和机壳接地线、设备的公共安全接地线及接地网络中的公共地阻抗产生公共地阻抗耦合，以及电磁噪声通过交流供电电源及直流供电电源的公共电源阻抗时，产生公共电源阻抗耦合。

转移阻抗耦合是指干扰源发出的电磁噪声，不是直接传送至被干扰对象，而是通过转移阻抗，将噪声电流（或电压）转变为被干扰设备（电路）的干扰电压（或电流）。从本质上说，它是直接传导耦合和公共阻抗传导耦合的某种特例，只是用转移阻抗的概念来分析比较方便。

辐射耦合是指电磁噪声的能量，以电磁场能量的形式，通过空间辐射传播耦合到被干扰设备（电路）。根据电磁噪声的频率、电磁干扰源与被干扰设备（电路）的距离，辐射耦合可分为远场耦合和近场耦合两种情况。

习　题

7-1　在自由空间中，已知电场 $\boldsymbol{E}(z,t)=\boldsymbol{e}_y 10^3\sin(\omega t-\beta z)$ V/m，试求磁场强度$\boldsymbol{H}(z,t)$。

7-2　理想介质（参数为$\mu=\mu_0$、$\varepsilon=\varepsilon_r\varepsilon_0$、$\sigma=0$）中有一均匀平面波沿 x 轴方向传播，已知其电场瞬时值表达式为

$$\boldsymbol{E}(z,t)=\boldsymbol{e}_y 377\cos(10^9 t-5x)\ \text{V/m}$$

试求：(1) 该理想介质的相对介电常数；(2) 与$\boldsymbol{E}(z,t)$相伴的磁场$\boldsymbol{H}(z,t)$；(3) 该平面波的平均功率密度。

7-3　有一均匀平面波在 $\mu=\mu_0$、$\varepsilon=4\varepsilon_0$、$\sigma=0$ 的媒质中传播，其电场强度 $E=E_m\sin\left(\omega t-kz+\dfrac{\pi}{3}\right)$。若已知平面波的频率 $f=150$MHz，平均功率密度为 0.265μW/m^2。试求：(1) 电磁波

的波数、相速、波长和波阻抗；（2）$t=0$、$z=0$ 时的电场 $E(0,0)$ 值；（3）经过 $t=0.1\mu s$ 后，电场 $E(0,0)$ 值出现在什么位置？

7-4　理想介质中的均匀平面波的电场和磁场分别

$$\boldsymbol{E}=\boldsymbol{e}_x 10\cos(6\pi\times10^7 t-0.8\pi z)\ \text{V/m}$$

$$\boldsymbol{H}=\boldsymbol{e}_y \frac{1}{6\pi}\cos(6\pi\times10^7 t-0.8\pi z)\ \text{A/m}$$

试求：该介质的相对磁导率 μ_r 和相对介电常数 ε_r。

7-5　在自由空间传播的均匀平面波的电场强度复矢量为

$$\boldsymbol{E}=\boldsymbol{e}_x 10^{-4}e^{-j20\pi z}+\boldsymbol{e}_y 10^{-4}e^{-j(20\pi z-\frac{\pi}{2})}\ \text{V/m}$$

试求：（1）平面波的传播方向和频率；（2）波的极化方式；（3）磁场强度 $\boldsymbol{H}$；（4）流过与传播方向垂直的单位面积的平均功率。

7-6　在自由空间中，一均匀平面波的波长为 $\lambda_0=0.2\text{m}$，当该波进入到理想介质后，其波长变为 $\lambda=0.09\text{m}$。设该理想介质的 $\mu_r=1$，试求该理想介质的 ε_r 和波在该理想介质中的传播速度。

7-7　均匀平面波的磁场强度 $\boldsymbol{H}$ 的振幅为$\frac{1}{3\pi}$A/m，在自由空间沿 $-\boldsymbol{e}_z$ 方向传播，其相位常数 $\beta=30\text{rad/m}$。当 $t=0$、$z=0$ 时，$\boldsymbol{H}$ 在 $-\boldsymbol{e}_y$ 方向。

（1）写出 $\boldsymbol{E}$ 和 $\boldsymbol{H}$ 的表达式；

（2）求频率和波长。

7-8　在空气中，一均匀平面波沿 $\boldsymbol{e}_y$ 方向传播，其磁场强度的瞬时表达式为

$$\boldsymbol{H}(y,t)=\boldsymbol{e}_z 4\times10^{-6}\cos\left(10^7\pi t-\beta y+\frac{\pi}{4}\right)\ \text{A/m}$$

（1）求相位常数 β 和 $t=3\text{ms}$ 时，$H_z=0$ 的位置；

（2）求电场强度的瞬时表达式 $\boldsymbol{E}(y,t)$。

7-9　已知在自由空间传播的均匀平面波的磁场强度为

$$\boldsymbol{H}(z,t)=(\boldsymbol{e}_x+\boldsymbol{e}_y)\times0.8\cos(6\pi\times10^8 t-2\pi z)\ \text{A/m}$$

试求：（1）该均匀平面波的频率、波长、相位常数和相速；（2）与 $\boldsymbol{H}(z,t)$ 相伴的电场强度 $\boldsymbol{E}(z,t)$；（3）计算瞬时坡印亭矢量。

7-10　频率 $f=500\text{kHz}$ 的正弦均匀平面波在理想介质中传播，其电场振幅矢量 $\boldsymbol{E}_m=\boldsymbol{e}_x 4-\boldsymbol{e}_y+\boldsymbol{e}_z 2\text{kV/m}$，磁场振幅矢量 $\boldsymbol{H}_m=\boldsymbol{e}_x 6+\boldsymbol{e}_y 18-\boldsymbol{e}_z 3\text{A/m}$。试求：（1）波传播方向的单位矢量；（2）介质的相对介电常数 ε_r；（3）电场 $\boldsymbol{E}$ 和磁场 $\boldsymbol{H}$ 的复数表达式。

7-11　已知自由空间传播的均匀平面波的磁场强度为

$$\boldsymbol{H}=\left(\boldsymbol{e}_x\frac{3}{2}+\boldsymbol{e}_y+\boldsymbol{e}_z\right)10^{-6}\cos\left[\omega t-\pi\left(-x+y+\frac{1}{2}z\right)\right]\ \text{A/m}$$

试求：（1）波的传播方向；（2）波的频率和波长；（3）与 $\boldsymbol{H}$ 相伴的电场 $\boldsymbol{E}$；（4）平均坡印亭矢量。

7-12　频率为 100MHz 的正弦均匀平面波，沿 $\boldsymbol{e}_z$ 方向传播，在自由空间点 $P(4,-2,6)$ 的电场强度为 $\boldsymbol{E}=\boldsymbol{e}_x 100-\boldsymbol{e}_y 70\text{V/m}$，试求：

（1）$t=0$ 时，P 点的 $|\boldsymbol{E}|$；

（2）$t=1\text{ns}$ 时，P 点的 $|\boldsymbol{E}|$；

（3）$t=2\text{ns}$ 时，$Q(3,5,8)$ 点的 $|\boldsymbol{E}|$。

7-13　有一线极化的均匀平面波在海水（$\varepsilon_r=81$、$\mu_r=1$、$\sigma=4\text{S/m}$）中沿 $+y$ 轴方向传播，其磁场强度在 $y=0$ 处为

$$\boldsymbol{H}(0,t)=\boldsymbol{e}_x 0.1\sin(10^{10}\pi t-\pi/3)\ \text{A/m}$$

（1）求衰减常数、相位常数、本征阻抗、相速、波长及透入深度；

（2）求出 $\boldsymbol{H}$ 的振幅为 0.01A/m 时的位置；

（3）写出 $\boldsymbol{E}(y,t)$ 和 $\boldsymbol{H}(y,t)$ 的表示式。

7-14　在相对介电常数 $\varepsilon_r=2.5$、损耗角正切值为 10^{-2} 的非磁性媒质中，频率为 3GHz、$\boldsymbol{e}_y$ 方向极化的均匀平面波沿 $\boldsymbol{e}_x$ 方向传播。

（1）求波的振幅衰减一半时，传播的距离；

（2）求媒质的本征阻抗、波的波长和相速；

（3）设在 $x=0$ 处的 $\boldsymbol{E}(0,t)=\boldsymbol{e}_y 50\sin\left(6\pi\times10^9 t+\dfrac{\pi}{3}\right)$，写出 $\boldsymbol{H}(x,t)$ 的表达式。

7-15　已知在 100MHz 时，石墨的趋肤深度为 0.16mm，试求：

（1）石墨的电导率；

（2）1GHz 的电磁波在石墨中传播多长距离其振幅衰减了 30dB？

第 8 章　导行电磁波

前面讨论了电磁波在无界空间中的传播，以及电磁波对不同媒质分界面的反射与投射现象。本章首先讨论电磁波在有界空间中的传播，即导波系统中的电磁波。导波系统中的电磁波传输属于电磁场边值范畴，即在给定边界条件下求解波动方程，得到导波系统中的电磁场分布和电磁波的传播特性。然后将分析矩形波导、圆柱形波导、同轴波导以及谐振腔中的场分布及相关参数。最后通过引入分布参数，讨论传输线中的电磁波传播特性。

8.1　均匀波导的一般特性

8.1.1　横向场分量与纵向场分量的关系

本节将讨论电磁波沿均匀导波系统传播的一般特性，包括场结构及传播特性。为使讨论简单而又不失一般性，设：

（1）波导的横截面沿 z 轴方向是均匀的，电磁波沿 $+z$ 轴方向传播。

（2）波导壁由理想导体构成，即 $\sigma=\infty$。

（3）波导内填充的媒质为完纯媒质，即 $\sigma=0$，且各向同性。

（4）所讨论的波导区域内没有源分布，即 $\rho=0$，$\boldsymbol{J}=0$。

（5）波导内的场随时间作简谐变化。

如图 8－1 所示的沿 z 轴方向放置的任意横截面形状的波导。由假设（1）、（5）可将波导内的电场和磁场的复矢量表示为

$$\boldsymbol{E}(x,y,z)=\boldsymbol{E}(x,y)e^{-\gamma z} \tag{8.1.1}$$

$$\boldsymbol{H}(x,y,z)=\boldsymbol{H}(x,y)e^{-\gamma z} \tag{8.1.2}$$

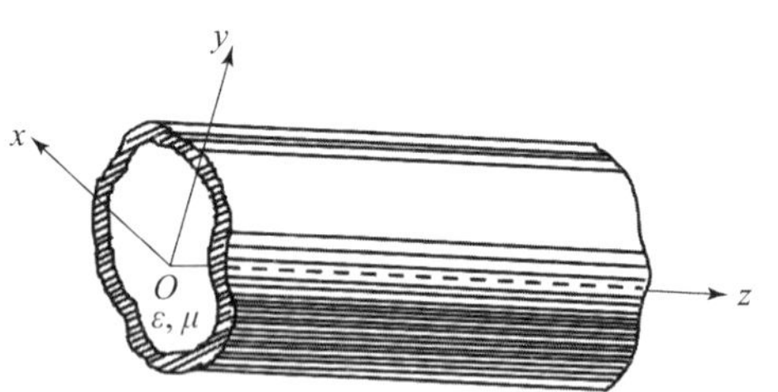

图 8－1　任意截面的均匀波导

式中：γ 为传播常数。由假设（4），区域内没有源分布，并且根据亥姆霍兹方程，波导内电磁场分布满足下列方程：

$$\nabla^2\boldsymbol{E}+k^2\boldsymbol{E}=0 \tag{8.1.3}$$

$$\nabla^2\boldsymbol{H}+k^2\boldsymbol{H}=0 \tag{8.1.4}$$

式中：$\boldsymbol{E}$ 和 $\boldsymbol{H}$ 都是三维矢量，k 是波数，且有

$$k=\omega\sqrt{\mu\varepsilon} \tag{8.1.5}$$

由于电场和磁场都是三维矢量，故两个矢量亥姆霍兹方程式（8.1.3）和式（8.1.4）可化为 6 个标量方程，以直角坐标为例，即

$$\boldsymbol{E}=\boldsymbol{e}_xE_x+\boldsymbol{e}_yE_y+\boldsymbol{e}_zE_z \tag{8.1.6}$$

$$\boldsymbol{H}=\boldsymbol{e}_x H_x+\boldsymbol{e}_y H_y+\boldsymbol{e}_z H_z \tag{8.1.7}$$

则由亥姆霍兹方程，得

$$\nabla^2 E_x+k^2 E_x=0 \tag{8.1.8}$$

$$\nabla^2 E_y+k^2 E_y=0 \tag{8.1.9}$$

$$\nabla^2 E_z+k^2 E_z=0 \tag{8.1.10}$$

和

$$\nabla^2 H_x+k^2 H_x=0 \tag{8.1.11}$$

$$\nabla^2 H_y+k^2 H_y=0 \tag{8.1.12}$$

$$\nabla^2 H_z+k^2 H_z=0 \tag{8.1.13}$$

因为以上各分量不是完全独立的，故无须全部求解所有的 6 个方程。所以，可以利用麦克斯韦方程得到电磁场 6 个分量的关系，从而就能简化整个求解过程。

由$\nabla\times\boldsymbol{E}=-\mathrm{j}\omega\mu\boldsymbol{H}$，得

$$\frac{\partial E_z}{\partial y}+\gamma E_y=-\mathrm{j}\omega\mu H_x \tag{8.1.14}$$

$$\frac{\partial E_z}{\partial x}+\gamma E_x=\mathrm{j}\omega\mu H_y \tag{8.1.15}$$

$$\frac{\partial E_y}{\partial x}-\frac{\partial E_x}{\partial y}=-\mathrm{j}\omega\mu H_z \tag{8.1.16}$$

由$\nabla\times\boldsymbol{H}=\mathrm{j}\omega\varepsilon\boldsymbol{E}$，得

$$\frac{\partial H_z}{\partial y}+\gamma H_y=\mathrm{j}\omega\varepsilon E_x \tag{8.1.17}$$

$$\frac{\partial H_z}{\partial x}+\gamma H_x=-\mathrm{j}\omega\varepsilon E_y \tag{8.1.18}$$

$$\frac{\partial H_y}{\partial x}-\frac{\partial H_x}{\partial y}=\mathrm{j}\omega\varepsilon E_z \tag{8.1.19}$$

由于假设条件$\boldsymbol{E}(x,y,z)=\boldsymbol{E}(x,y)e^{-\gamma z}$，$\boldsymbol{H}(x,y,z)=\boldsymbol{H}(x,y)e^{-\gamma z}$，故场量$\boldsymbol{E}$和$\boldsymbol{H}$对$z$的偏微分已通过将相应的场量乘以（$-\gamma$）因子来代替，且以上各式中已略去了共同的因子$e^{-\gamma z}$。将这些方程做适当的运算即可得到波导中横向场分量$E_x$、$E_y$，$H_x$、$H_y$和纵向场分量$E_z$、$H_z$的关系式，即

$$H_x=\frac{1}{\gamma^2+k^2}\left(\mathrm{j}\omega\varepsilon\frac{\partial E_z}{\partial y}-\gamma\frac{\partial H_z}{\partial x}\right) \tag{8.1.20}$$

$$H_y=\frac{-1}{\gamma^2+k^2}\left(\mathrm{j}\omega\varepsilon\frac{\partial E_z}{\partial x}+\gamma\frac{\partial H_z}{\partial y}\right) \tag{8.1.21}$$

$$E_x=\frac{-1}{\gamma^2+k^2}\left(\mathrm{j}\omega\mu\frac{\partial H_z}{\partial y}+\gamma\frac{\partial E_z}{\partial x}\right) \tag{8.1.22}$$

$$E_y=\frac{1}{\gamma^2+k^2}\left(\mathrm{j}\omega\mu\frac{\partial H_z}{\partial x}-\gamma\frac{\partial E_z}{\partial y}\right) \tag{8.1.23}$$

由式（8.1.20）~式（8.1.23）可知：

（1）只需由标量亥姆霍兹方程式（8.1.10）和式（8.1.13）求解出E_z和H_z，代入

式（8.1.20）~式（8.1.23）即可求出其余的场分量。

（2）由标量亥姆霍兹方程式（8.1.10）和式（8.1.13）求解 E_z 或 H_z 的同时，也可求出传播常数 γ，从而可对波导中电磁波的传播特性进行讨论。

（3）可根据 E_z 和 H_z 的存在情况，将波导中传播的电磁波分为三种类型，即 TEM 波、TE 波、TM 波。

8.1.2 TEM 波

如果波导中传播的电磁波不存在 E_z 分量和 H_z 分量，则这种波称为横电磁波，即 TEM 波。由式（8.1.20）~式（8.1.23）可知，若 $E_z=0$，$H_z=0$，除非 $k^2+\gamma^2=0$，否则式（8.1.20）~式（8.1.23）只有零解，因此，在波导中存在 TEM 的条件是

$$\gamma^2+k^2=0 \tag{8.1.24}$$

得

$$\gamma=\mathrm{j}k=\mathrm{j}\omega\sqrt{\mu\varepsilon} \tag{8.1.25}$$

TEM 波的传播常数为

$$\gamma_{\mathrm{TEM}}=\mathrm{j}\omega\sqrt{\mu\varepsilon} \tag{8.1.26}$$

这与无界空间无耗媒质中均匀平面波的传播常数的表示式完全相同。

TEM 波的相速度为

$$v_{p(\mathrm{TEM})}=\frac{\omega}{k}=\frac{1}{\sqrt{\mu\varepsilon}} \tag{8.1.27}$$

该相速度与频率无关，可见在波导中传播的 TEM 波不存在色散。

由式（8.1.15）和式（8.1.17），且令 E_z 和 H_z 为零，得 TEM 波的波阻抗为

$$Z_{\mathrm{TEM}}=\frac{E_x}{H_y}=\frac{\mathrm{j}\omega\mu}{\gamma_{\mathrm{TEM}}}=\frac{\gamma_{\mathrm{TEM}}}{\mathrm{j}\omega\varepsilon} \tag{8.1.28}$$

由式（8.1.26），得

$$Z_{\mathrm{TEM}}=\sqrt{\frac{\mu}{\varepsilon}}=\eta \tag{8.1.29}$$

波导中 TEM 波的波阻抗等于介质的本征阻抗。同理由式（8.1.14）和式（8.1.18），且 E_z 和 H_z 为零，则

$$\frac{E_y}{H_x}=-\frac{\mathrm{j}\omega\mu}{\gamma_{\mathrm{TEM}}}=-Z_{\mathrm{TEM}} \tag{8.1.30}$$

由式（8.1.28）和式（8.1.30），可以得到在波导中沿 $+z$ 轴方向传播的 TEM 波的电场和磁场的关系为

$$\boldsymbol{H}=\frac{1}{Z_{\mathrm{TEM}}}\boldsymbol{e}_z\times\boldsymbol{E} \tag{8.1.31}$$

单导体波导不能支承 TEM 波，这是因为 TEM 波的 $H_z=0$，故其磁力线应在横截面内闭合，这就要求波导内有纵向的电流——传导电流或位移电流。而单导体波导内没有导体，故不存在传导电流。又因为 TEM 波的 $E_z=0$，故没有纵向的位移电流。因此，单导体波导不能传输 TEM 波。反之，对于含有内导体的同轴线，双导体的带状线或双线传输线可以支承 TEM 波。

8.1.3　TM 波

如果波导中传播的电磁波不存在 H_z 分量，这种波称为横磁波，即 TM 波又称为 E 波。TM 波的特点是 $\gamma^2+k^2\neq0$，为此可令

$$k_c^2=\gamma^2+k^2 \tag{8.1.32}$$

式中：k_c 称为截止波数。

由式（8.1.20）~式（8.1.23）可知，对于 TM 波，只要知道 E_z，其余的场分量即可求出。而 E_z 满足

$$\nabla^2E_z+k^2E_z=0 \tag{8.1.33}$$

且

$$E_z(x,y,z)=E_z(x,y)e^{-\gamma z} \tag{8.1.34}$$

$$\nabla^2=\nabla_t^2+\frac{\partial^2}{\partial z^2} \tag{8.1.35}$$

式中：∇_t^2在直角坐标系中可表示为

$$\nabla_t^2=\frac{\partial^2}{\partial x^2}+\frac{\partial^2}{\partial y^2} \tag{8.1.36}$$

于是 E_z 满足的方程变为

$$\nabla_t^2E_z+(\gamma^2+k^2)E_z=0 \tag{8.1.37}$$

或

$$\left(\frac{\partial^2}{\partial x^2}+\frac{\partial^2}{\partial y^2}\right)E_z+k_c^2E_z=0 \tag{8.1.38}$$

这是一个二阶偏微分方程，在具体问题中，利用 E_z 满足的边界条件，即可求得满足边界条件和方程的解 $k_{c(mn)}$ 和 $E_{z(mn)}$。求出 E_z 后，再考虑 $H_z=0$，利用式（8.1.20）~式（8.1.23）可得到 TM 波的场分量为

$$H_x=\frac{\mathrm{j}\omega\varepsilon}{k_c^2}\frac{\partial E_z}{\partial y} \tag{8.1.39}$$

$$H_y=-\frac{\mathrm{j}\omega\varepsilon}{k_c^2}\frac{\partial E_z}{\partial x} \tag{8.1.40}$$

$$E_x=-\frac{\gamma}{k_c^2}\frac{\partial E_z}{\partial x} \tag{8.1.41}$$

$$E_y=-\frac{\gamma}{k_c^2}\frac{\partial E_z}{\partial y} \tag{8.1.42}$$

TM 波在波导中的传播特性，由传播常数 γ 的取值范围决定。由式（8.1.32），传播常数 γ 为

$$\gamma=\sqrt{k_c^2-k^2}=\sqrt{k_c^2-\omega^2\mu\varepsilon} \tag{8.1.43}$$

由于，只有当 γ 为纯虚数时，波才能在波导中传播，反之，γ 为实数时，波在波导中呈现衰减状态，因此波在波导中究竟是传播还是截止，其分界点是 $\gamma=0$，而此时

$$k=k_c \tag{8.1.44}$$

即

$$\omega\sqrt{\mu\varepsilon}=k_c \tag{8.1.45}$$

$$\omega=\omega_c=\frac{k_c}{\sqrt{\mu\varepsilon}} \tag{8.1.46}$$

称为波导的截止角频率。

$$f_c=\frac{\omega_c}{2\pi}=\frac{k_c}{2\pi\sqrt{\mu\varepsilon}} \tag{8.1.47}$$

则称为波导的截止频率。

$$\lambda_c=\frac{v}{f_c}=\frac{2\pi}{k_c} \tag{8.1.48}$$

称为波导的截止波长。

(1) 当$f>f_c$时，即工作频率高于截止频率时，$k_c<k$，γ为纯虚数，波导内可以传播电磁波。此时有关波传播的特性参数：

传播常数为

$$\gamma=\mathrm{j}\beta=\mathrm{j}k\sqrt{1-\left(\frac{k_c}{k}\right)^2}=\mathrm{j}k\sqrt{1-\left(\frac{f_c}{f}\right)^2} \tag{8.1.49}$$

相位常数为

$$\beta=k\sqrt{1-\left(\frac{f_c}{f}\right)^2} \tag{8.1.50}$$

波导波长（电磁波在波导中相应的波长）为

$$\lambda_g=\frac{2\pi}{\beta}=\frac{\lambda}{\sqrt{1-\left(\frac{f_c}{f}\right)^2}}>\lambda \tag{8.1.51}$$

式中

$$\lambda=\frac{2\pi}{\beta}=\frac{1}{f\sqrt{\mu\varepsilon}}=\frac{v}{f} \tag{8.1.52}$$

是频率为f的均匀平面波在无界空间(μ,ε)中传播时的波长。

相速度为

$$v_p=\frac{\omega}{\beta}=\frac{v}{\sqrt{1-\left(\frac{f_c}{f}\right)^2}}>v \tag{8.1.53}$$

式中

$$v=\frac{1}{\sqrt{\mu\varepsilon}} \tag{8.1.54}$$

为无界空间(μ,ε)电磁传播的相速度。

由式（8.1.53）可见，在波导内，电磁波传播的相速度与频率有关，因此波导是一种色散系统。

利用式$v_g=\frac{\mathrm{d}\omega}{\mathrm{d}\beta}=\frac{1}{\mathrm{d}\beta/\mathrm{d}\omega}$可得到波导系统中的群速为

$$v_g = \frac{1}{\mathrm{d}\beta/\mathrm{d}\omega} = v\sqrt{1 - \left(\frac{f_c}{f}\right)^2} < v \tag{8.1.55}$$

表明群速同样与频率有关，且小于无界空间中的传播速度。

波阻抗为

$$Z_{\mathrm{TM}} = \frac{E_x}{H_y} = -\frac{E_y}{H_x} \tag{8.1.56}$$

由式（8.1.39）~式（8.1.42）得

$$Z_{\mathrm{TM}} = \frac{\gamma}{\mathrm{j}\omega\varepsilon} \tag{8.1.57}$$

将式（8.1.49）代入式（8.1.57），得

$$Z_{\mathrm{TM}} = \eta\sqrt{1 - \left(\frac{f_c}{f}\right)^2} < \eta \tag{8.1.58}$$

式中

$$\eta = \sqrt{\frac{\mu}{\varepsilon}} \tag{8.1.59}$$

为媒质（ε,μ）的本征阻抗。

沿 $+z$ 轴方向传播的 TM 的电场和磁场的关系为

$$\boldsymbol{H} = \frac{1}{Z_{\mathrm{TM}}}(\boldsymbol{e}_z \times \boldsymbol{E}) \tag{8.1.60}$$

（2）当 $f<f_c$ 时，即工作频率低于截止频率时，$k_c>k$，γ 为实数，即

$$\gamma = \alpha = k_c\sqrt{1 - \left(\frac{f}{f_c}\right)^2} \tag{8.1.61}$$

传播常数变为衰减常数。由此可见，在波导中只能传播电磁波的频率高于某一截止频率的电磁波。因此，波导具有高通滤波器的特性。

将式（8.1.61）代入式（8.1.57），得出当 $f<f_c$ 时 TM 波的波阻抗为

$$Z_{\mathrm{TM}} = -\mathrm{j}\frac{k_c}{\omega\varepsilon}\sqrt{1 - \left(\frac{f}{f_c}\right)^2} \tag{8.1.62}$$

此时的波阻抗是纯电抗，表明没有有功功率与衰减模相伴。

对于前面的结论，可以由图 8-2（a）、（b）直观地看出：

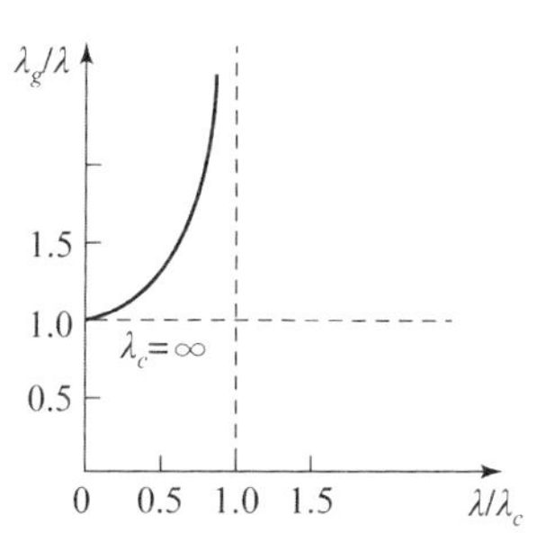

(a) λ_g/λ 与 λ/λ_c 的关系曲线

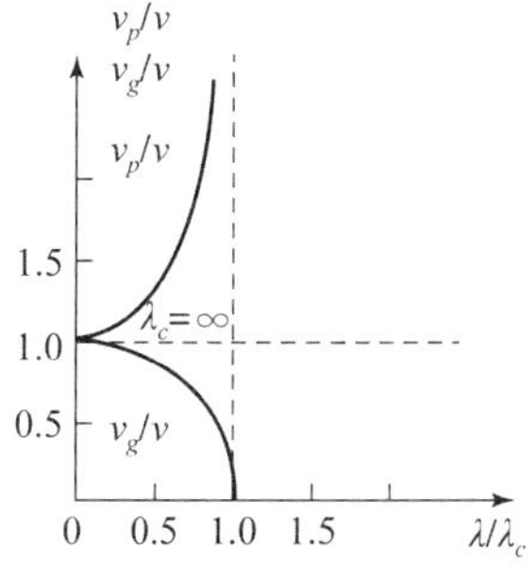

(b) v_p/v、v_g/v 与 λ/λ_c 的关系曲线

图 8-2　两种关系曲线

（1）当 $\lambda_c=\infty$ 时，$\lambda_g=\lambda$，$v_p=v$，λ_g、v_p 与频率无关，这是一种特殊情况。

（2）当 $\lambda=\lambda_c$ 时，$\lambda_g=\infty$，$v_p=\infty$，此时电磁波的相移 $\beta=\dfrac{2\pi}{\lambda_g}=0$，表明电磁波不能传播。

（3）当 $\lambda/\lambda_c<1$ 时，v_p 和 λ_g 是频率的函数。

8.1.4 TE 波

如果波导中传播的电磁波不存在 E_z 分量，这种波称为横电波，即 TE 波，又称为 H 波。TE 波的特点仍然是 $\gamma^2+k^2\neq0$，同样可令

$$k_c^2=\gamma^2+k^2 \tag{8.1.63}$$

式中：k_c 称为截止波数。

由式（8.1.20）~式（8.1.23）可知，对于 TE 波，只要知道 H_z，其余的场分量即可求出，而 H_z 满足

$$\nabla^2 H_z+k^2H_z=0 \tag{8.1.64}$$

将

$$H_z(x,y,z)=H_z(x,y)e^{-\gamma z} \tag{8.1.65}$$

和

$$\nabla^2=\nabla_t^2+\frac{\partial^2}{\partial z^2} \tag{8.1.66}$$

代入式（8.1.64），得

$$\nabla_t^2H_z+(\gamma^2+k^2)H_z=0 \tag{8.1.67}$$

在直角坐标下：

$$\left(\frac{\partial^2}{\partial x^2}+\frac{\partial^2}{\partial y^2}\right)H_z+k_c^2H_z=0 \tag{8.1.68}$$

和 TM 波类似，在具体的问题中，利用 H_z 满足的边界条件，即可求得满足边界条件和方程的解 $k_{c(mn)}$ 和 $H_{z(mn)}$。求出 H_z 后，再考虑 $E_z=0$ 时利用式（8.1.20）~式（8.1.23）可得到 TE 波的场分量为

$$H_x=-\frac{\gamma}{k_c^2}\frac{\partial H_z}{\partial x} \tag{8.1.69}$$

$$H_y=-\frac{\gamma}{k_c^2}\frac{\partial H_z}{\partial y} \tag{8.1.70}$$

$$E_x=-\frac{\mathrm{j}\omega\mu}{k_c^2}\frac{\partial H_z}{\partial y} \tag{8.1.71}$$

$$E_y=\frac{\mathrm{j}\omega\mu}{k_c^2}\frac{\partial H_z}{\partial x} \tag{8.1.72}$$

对于 TE 波的传播特性，由于其传播常数为

$$\gamma=\sqrt{k_c^2-k^2}=\sqrt{k_c^2-\omega^2\mu\varepsilon} \tag{8.1.73}$$

与 TM 波所满足的关系式相同，因此可进行相同的分析，如下：

（1）当 $f>f_c$，即工作频率大于截止频率时，$k_c<k$，γ 为纯虚数，波导内可以传播电磁波。此时有关波传播的特性参数如下：

传播常数为

$$\gamma = \mathrm{j}\beta = \mathrm{j}k\sqrt{1-\left(\frac{k_c}{k}\right)^2} = \mathrm{j}k\sqrt{1-\left(\frac{f_c}{f}\right)^2} \tag{8.1.74}$$

相位常数为

$$\beta = k\sqrt{1-\left(\frac{f_c}{f}\right)^2} \tag{8.1.75}$$

波导波长为

$$\lambda_g = \frac{2\pi}{\beta} = \frac{\lambda}{\sqrt{1-\left(\frac{f_c}{f}\right)^2}} > \lambda \tag{8.1.76}$$

相速度为

$$v_p = \frac{\omega}{\beta} = \frac{v}{\sqrt{1-\left(\frac{f_c}{f}\right)^2}} > v \tag{8.1.77}$$

群速度为

$$v_g = \frac{1}{\mathrm{d}\beta/\mathrm{d}\omega} = v\sqrt{1-\left(\frac{f_c}{f}\right)^2} < v \tag{8.1.78}$$

式（8.1.74）~式（8.1.78）与 TM 波的有关参数表示式完全相同。

波阻抗为

$$Z_{\mathrm{TE}} = -\frac{E_y}{H_x} \tag{8.1.79}$$

由式（8.1.69）~式（8.1.72），得

$$Z_{\mathrm{TE}} = \frac{\mathrm{j}\omega\mu}{\gamma} \tag{8.1.80}$$

将 γ 的表达式代入式（8.1.80），得

$$Z_{\mathrm{TE}} = \eta\Big/\sqrt{1-\left(\frac{f_c}{f}\right)^2} > \eta \tag{8.1.81}$$

此式与式（8.1.58）表示的 Z_{TM} 不同。

沿 $+z$ 轴方向 TE 波的电磁场关为

$$\boldsymbol{E} = -Z_{\mathrm{TE}}(\boldsymbol{e}_z \times \boldsymbol{H}) \tag{8.1.82}$$

（2）当 $f<f_c$，即工作频率小于截止频率时，$k_c>k$，γ 为实数为

$$\gamma = \alpha = k_c\sqrt{1-\left(\frac{f}{f_c}\right)^2} \tag{8.1.83}$$

波阻抗为纯电抗：

$$Z_{\mathrm{TE}} = \mathrm{j}\frac{\omega\mu}{k_c}\frac{1}{\sqrt{1-\left(\frac{f}{f_c}\right)^2}} \tag{8.1.84}$$

同样说明在 $f<f_c$ 的情况下，波导中是不能传播电磁波的。

例 8.1.1：波长的计算。当工作频率为截止频率的 1.5 倍时，试求波导中 TEM、TM 和 TE 模的波长。

解：当 $f=1.5f_c$ 时，工作频率高于截止频率，所以电磁波在波导中可以传播。

当 $f=1.5f_c$ 时

$$\left(\frac{f_c}{f}\right)^2=\frac{4}{9},\sqrt{1-\left(\frac{f_c}{f}\right)^2}=\frac{\sqrt{5}}{3}=0.745$$

因此

$$\lambda_{\mathrm{TEM}}=\lambda=\frac{c}{f}$$

$$\lambda_{\mathrm{TM}}=\frac{\lambda}{\sqrt{1-\left(\frac{f_c}{f}\right)^2}}=\frac{\lambda}{0.745}=1.342\lambda>\lambda$$

$$\lambda_{\mathrm{TE}}=\frac{\lambda}{\sqrt{1-\left(\frac{f_c}{f}\right)^2}}=\frac{\lambda}{0.745}=1.342\lambda>\lambda$$

例 8.1.2：波阻抗的计算。当工作频率为截止频率的 1.5 倍时，试求波导中 TEM、TM 和 TE 模的波阻抗。

解：$f=1.5f_c$ 时，工作频率高于截止频率，所以电磁波可以在波导中传播。

当 $f=1.5f_c$ 时

$$\left(\frac{f_c}{f}\right)^2=\frac{4}{9},\sqrt{1-\left(\frac{f_c}{f}\right)^2}=\frac{\sqrt{5}}{3}=0.745$$

因此

$$Z_{\mathrm{TEM}}=\eta$$

$$Z_{\mathrm{TM}}=\eta\sqrt{1-\left(\frac{f_c}{f}\right)^2}=0.745\eta<\eta$$

$$Z_{\mathrm{TE}}=\eta\Big/\sqrt{1-\left(\frac{f_c}{f}\right)^2}=\frac{\eta}{0.745}=1.342\eta>\eta$$

例 8.1.3：波阻抗的计算。当工作频率为截止频率的$\frac{1}{3}$时，试求波导中 TEM、TM 和 TE 模的波阻抗。

解：当 $f=\frac{1}{3}f_c$ 时，工作频率低于截止频率，所以波导中的模式是截止的或称为迅衰减。此时除以 TEM 模，TM 和 TE 模的波阻抗是纯电抗。

$$Z_{\mathrm{TEM}}=\eta$$

$$Z_{\mathrm{TM}}=-\mathrm{j}\frac{k_c}{\omega\varepsilon}\sqrt{1-\left(\frac{f}{f_c}\right)^2}=-\mathrm{j}0.45\frac{k_c}{f_c\varepsilon}$$

$$Z_{\mathrm{TE}}=\mathrm{j}\frac{\omega\mu}{k_c\sqrt{1-\left(\frac{f}{f_c}\right)^2}}=\mathrm{j}2.22\frac{f_c\mu}{k_c}$$

通过前面的讨论，可以知道在均匀导波系统中的电磁波传播具有以下特性：

（1）一般均匀导波系统可以传播三种波型，即 TEM 波、TE 波和 TM 波。但是单导体波导不能支承 TEM 波。

（2）TEM 波不呈现截止性，其传播特性参数与相同媒质无界空间中传播的均匀平面波的传播特性参数的表示式完全相同。

（3）TM 波和 TE 波呈现截止性，当 $f>f_c$ 时，波导中可以传播相应的 TM 波或 TE 波模式，但其传播特性参数与无界空间均匀平面波的传播特性参数的表达式不相同。而当 $f<f_c$ 时，波导中不能传播 TM 波和 TE 波，相应的传播常数为实数，而相应的波阻抗呈现为纯虚数。

8.2　矩形波导

8.2.1　矩形波导中的 TM 波

对于 TM 波，由于 $H_z=0$，故波导中的场量由 E_z 确定。由式（8.1.38）得到 TM 波的 E_z 分量满足的方程为

$$\frac{\partial^2}{\partial x^2}E_z+\frac{\partial^2}{\partial y^2}E_z+k_c^2E_z=0 \tag{8.2.1}$$

由于波导壁是理想导体构成，因此依照电磁场的边界条件，在理想导体表面上，电场的切向分量应为零，即

$$E_z(x=0)=0 \tag{8.2.2}$$

$$E_z(x=a)=0 \tag{8.2.3}$$

$$E_z(y=0)=0 \tag{8.2.4}$$

$$E_z(y=b)=0 \tag{8.2.5}$$

下面利用分离变量法，求解式（8.1.38）和式（8.2.2）~式（8.2.5）构成的亥姆霍兹方程的边值问题。

设方程式（8.1.38）具有分离变量形式的解，即

$$E_z(x,y)=f(x)g(y) \tag{8.2.6}$$

将式（8.2.6）代入式（8.1.38），得

$$f''(x)g(y)+f(x)g''(y)+k_c^2f(x)g(y)=0 \tag{8.2.7}$$

式（8.2.7）两边同除以 $f(x)g(y)$，得

$$\frac{f''(x)}{f(x)}+\frac{g''(y)}{g(y)}+k_c^2=0 \tag{8.2.8}$$

式（8.2.8）左边第一项仅为 x 的函数，第二项仅为 y 的函数，第三项为常数，因此要使其相加为零，只有

$$\frac{f''(x)}{f(x)}=-k_x^2 \tag{8.2.9}$$

$$\frac{g''(y)}{g(y)}=-k_y^2 \tag{8.2.10}$$

且

$$k_x^2 + k_y^2 = k_c^2 \tag{8.2.11}$$

式（8.2.9）的通解为

$$f(x) = A\sin k_x x + B\cos k_x x \tag{8.2.12}$$

考虑边界条件式（8.2.2），有

$$E_z(x=0) = 0 \tag{8.2.13}$$

即

$$f(x)g(y)\big|_{x=0} = 0 \tag{8.2.14}$$

得

$$f(0) = 0 \tag{8.2.15}$$

将式（8.2.15）代入式（8.2.12）中，得

$$B = 0 \tag{8.2.16}$$

由边界条件式（8.2.4），有

$$E_z(x=a) = 0 \tag{8.2.17}$$

即

$$f(x)g(y)\big|_{x=a} = 0 \tag{8.2.18}$$

得

$$f(a) = 0 \tag{8.2.19}$$

将式（8.2.19）代入式（8.2.12）中，得

$$A\sin k_x a = 0 \tag{8.2.20}$$

即

$$k_x = \frac{m\pi}{a} \quad (m = 1,2,3,\cdots) \tag{8.2.21}$$

于是有

$$f(x) = A\sin\frac{m\pi}{a}x \tag{8.2.22}$$

同理

$$g(y) = C\sin\frac{n\pi}{b}y \tag{8.2.23}$$

$$k_y = \frac{n\pi}{b} \quad (n = 1,2,3,\cdots) \tag{8.2.24}$$

所以，得到矩形波导中 TM 波的纵向场分量为

$$E_z(x,y) = f(x)g(y) = E_0\sin\frac{m\pi}{a}x\sin\frac{n\pi}{b}y \tag{8.2.25}$$

式中：$E_0 = AC$ 为常数，通常由初始条件（激励源）决定。而决定传播特性的截止波数为

$$k_c^2 = k_x^2 + k_y^2 = \left(\frac{m\pi}{a}\right)^2 + \left(\frac{n\pi}{b}\right)^2 \tag{8.2.26}$$

将式（8.2.25）代入式（8.1.39）~式（8.1.42），可求得矩形波导中 TM 波的横向场分量为

$$E_x(x,y,z) = -\frac{\gamma}{k_c^2}\left(\frac{m\pi}{a}\right)E_0\cos\left(\frac{m\pi}{a}x\right)\sin\left(\frac{n\pi}{b}y\right)e^{-\gamma z} \tag{8.2.27}$$

$$E_y(x,y,z) = -\frac{\gamma}{k_c^2}\left(\frac{n\pi}{b}\right)E_0\sin\left(\frac{m\pi}{a}x\right)\cos\left(\frac{n\pi}{b}y\right)e^{-\gamma z} \tag{8.2.28}$$

$$H_x(x,y,z) = \frac{\mathrm{j}\omega\varepsilon}{k_c^2}\left(\frac{n\pi}{b}\right)E_0\sin\left(\frac{m\pi}{a}x\right)\cos\left(\frac{n\pi}{b}y\right)e^{-\gamma z} \tag{8.2.29}$$

$$H_y(x,y,z) = -\frac{\mathrm{j}\omega\varepsilon}{k_c^2}\left(\frac{m\pi}{a}\right)E_0\cos\left(\frac{m\pi}{a}x\right)\sin\left(\frac{n\pi}{b}y\right)e^{-\gamma z} \tag{8.2.30}$$

由式（8.2.26）得到矩形波导中 TM 波的截止波数为

$$k_c = \sqrt{\left(\frac{m\pi}{a}\right)^2 + \left(\frac{n\pi}{b}\right)^2}\,(m,n = 1,2,3\cdots) \tag{8.2.31}$$

对于矩形波导中 TM 波有以下结论：

（1）m 和 n 可以有不同的取值，因此对于 m、n 的每一种组合即为一种可能的传播模式，称为 TM_{mn} 模。

（2）由其场分布可知，波导中的电磁波沿 x、y 轴方向为驻波分布，沿 z 轴方向为行波分布（当 $\gamma = -\mathrm{j}\beta$ 时）。

（3）TM_{mn} 模的传播特性参数：

截止频率为

$$f_{cmn} = \frac{k_c}{2\pi\sqrt{\mu\varepsilon}} = \frac{\sqrt{\left(\frac{m\pi}{a}\right)^2 + \left(\frac{n\pi}{b}\right)^2}}{2\pi\sqrt{\mu\varepsilon}} \tag{8.2.32}$$

截止波长为

$$\lambda_{cmn} = \frac{2\pi}{k_c} = \frac{2\pi}{\sqrt{\left(\frac{m\pi}{a}\right)^2 + \left(\frac{n\pi}{b}\right)^2}} \tag{8.2.33}$$

当工作频率大于某一模式的截止频率（$f > f_{cmn}$）时，在矩形波导中，可以传播该模式 TM_{mn}，相应的传播特性参数为

传播常数为

$$\gamma = \sqrt{k_c^2 - \omega^2\mu\varepsilon} = \sqrt{\left(\frac{m\pi}{a}\right)^2 + \left(\frac{n\pi}{b}\right)^2 - \omega^2\mu\varepsilon} \tag{8.2.34}$$

相位常数为

$$\beta = \sqrt{\omega^2\mu\varepsilon - k_c^2} = \sqrt{\omega^2\mu\varepsilon - \left(\frac{m\pi}{a}\right)^2 - \left(\frac{n\pi}{b}\right)^2} \tag{8.2.35}$$

波导波长为

$$\lambda_g = \frac{2\pi}{\beta} = \frac{2\pi}{\sqrt{\omega^2\mu\varepsilon - \left(\frac{m\pi}{a}\right)^2 - \left(\frac{n\pi}{b}\right)^2}} \tag{8.2.36}$$

相速度为

$$v_p = \frac{\omega}{\beta} = \frac{\omega}{\sqrt{\omega^2\mu\varepsilon - \left(\frac{m\pi}{a}\right)^2 - \left(\frac{n\pi}{b}\right)^2}} \tag{8.2.37}$$

群速度为

$$v_g = \frac{1}{\mathrm{d}\beta/\mathrm{d}\omega} = \sqrt{\omega^2\mu\varepsilon - \left(\frac{m\pi}{a}\right)^2 - \left(\frac{n\pi}{b}\right)^2} \Big/ \omega\mu\varepsilon \tag{8.2.38}$$

波阻抗为

$$Z_{\mathrm{TM}} = \frac{\gamma}{\mathrm{j}\omega\varepsilon} = \frac{\beta}{\omega\varepsilon} = \sqrt{\omega^2\mu\varepsilon - \left(\frac{m\pi}{a}\right)^2 - \left(\frac{n\pi}{b}\right)^2} \Big/ \omega\varepsilon \tag{8.2.39}$$

对于矩形波导中的 TM 模，由于 m 和 n 都不能为零（否则导致场分量只有零解），所以 TM 模式中其截止频率最低的为 TM_{11} 模。

当工作频率小于某一模式的截止频率（$f<f_{cmn}$）时，在矩形波导中不能传播该模式的波，此时相应的传播常数为实数，称为衰减因子，而波阻抗为纯电抗。

例 8.2.1：矩形波导中 TM 模的瞬时值。已知边长分别为 a 和 b 的矩形波导，其内填充介电常数和磁导率分别为 ε 和 μ 的完纯介质，试给出该波导中 TM_{11} 模的电磁场瞬时值表达式。

解：将 TM 波的复数表达式（8.2.27）~式（8.2.30）乘以 $e^{\mathrm{j}\omega t}$，然后取其实部，并令其中 $m=1$，$n=1$，则得到 TM_{11} 模的瞬时值表达式。

因为式（8.2.27）~式（8.2.30）中

$$\gamma = \mathrm{j}\beta = \mathrm{j}\sqrt{\omega^2\mu\varepsilon - \left(\frac{\pi}{a}\right)^2 - \left(\frac{\pi}{b}\right)^2}$$

于是式（8.2.27）~式（8.2.30）乘 $e^{\mathrm{j}\omega t}$ 取实部，得

$$E_x(x,y,z;t) = \frac{\beta}{k_c^2}\left(\frac{\pi}{a}\right)E_0\cos\left(\frac{\pi}{a}x\right)\sin\left(\frac{\pi}{b}y\right)\sin(\omega t - \beta z)$$

$$E_y(x,y,z;t) = \frac{\beta}{k_c^2}\left(\frac{\pi}{b}\right)E_0\sin\left(\frac{\pi}{a}x\right)\cos\left(\frac{\pi}{b}y\right)\sin(\omega t - \beta z)$$

$$E_z(x,y,z;t) = E_0\sin\left(\frac{\pi}{a}x\right)\sin\left(\frac{\pi}{b}y\right)\cos(\omega t - \beta z)$$

$$H_x(x,y,z;t) = -\frac{\omega\varepsilon}{k_c^2}\left(\frac{\pi}{b}\right)E_0\sin\left(\frac{\pi}{a}x\right)\cos\left(\frac{\pi}{b}y\right)\sin(\omega t - \beta z)$$

$$H_y(x,y,z;t) = \frac{\omega\varepsilon}{k_c^2}\left(\frac{\pi}{a}\right)E_0\cos\left(\frac{\pi}{a}x\right)\sin\left(\frac{\pi}{b}y\right)\sin(\omega t - \beta z)$$

$$H_z(x,y,z;t) = 0$$

式中：$k_c = \sqrt{\left(\frac{\pi}{a}\right)^2 + \left(\frac{\pi}{b}\right)^2}$。

例 8.2.2：矩形波导中 TM 波的传播特性参数。已知矩形波导的尺寸为 $a\times b$，信号源的工作频率为 f。波导内填充媒质参数为 ε、μ。试求 TM_{11} 模的传播常数、相位常数、截止波长、波导波长、相速度、群速度及波阻抗。

解：TM_{11} 模的截止波数为

$$k_c = \sqrt{\left(\frac{\pi}{a}\right)^2 + \left(\frac{\pi}{b}\right)^2}$$

则截止波长

$$\lambda_c = \frac{2\pi}{k_c} = \frac{2\pi}{\sqrt{\left(\frac{\pi}{a}\right)^2 + \left(\frac{\pi}{b}\right)^2}}$$

由信号源的工作频率 f 得工作波长为

$$\lambda = \frac{v}{f} = \frac{1}{f\sqrt{\mu\varepsilon}}$$

若 $\lambda > \lambda_c(f < f_c)$，则 TM_{11} 被截止，不能在波导中传播，此时传播常数为

$$\gamma = \sqrt{k_c^2 - \omega^2\mu\varepsilon} = \alpha$$

为一实数，对波来说成为衰减因子。

其他的传播特性参数，如相位常数、波导波长、相速度、群速度将没有意义，波阻抗为一纯虚数，即纯电抗。

若 $\lambda < \lambda_c(f > f_c)$，$TM_{11}$ 波可以在波导中传播，此时传播常数为

$$\gamma = \mathrm{j}\beta = \mathrm{j}\sqrt{\omega^2\mu\varepsilon - \left(\frac{\pi}{a}\right)^2 - \left(\frac{\pi}{b}\right)^2}$$

相位常数为

$$\beta = \sqrt{\omega^2\mu\varepsilon - \left(\frac{\pi}{a}\right)^2 - \left(\frac{\pi}{b}\right)^2}$$

波导波长为

$$\lambda_g = \frac{2\pi}{\beta} = \frac{2\pi}{\sqrt{\omega^2\mu\varepsilon - \left(\frac{\pi}{a}\right)^2 - \left(\frac{\pi}{b}\right)^2}}$$

相速度为

$$v_p = \frac{\omega}{\beta} = \frac{\omega}{\sqrt{\omega^2\mu\varepsilon - \left(\frac{\pi}{a}\right)^2 - \left(\frac{\pi}{b}\right)^2}}$$

群速度为

$$v_g = \frac{1}{\mathrm{d}\beta/\mathrm{d}\omega} = \frac{\sqrt{\omega^2\mu\varepsilon - \left(\frac{\pi}{a}\right)^2 - \left(\frac{\pi}{b}\right)^2}}{\omega\mu\varepsilon}$$

波阻抗为

$$Z_{\mathrm{TM}} = \eta\sqrt{1 - \left(\frac{f_c}{f}\right)^2} = \sqrt{\omega^2\mu\varepsilon - \left(\frac{\pi}{a}\right)^2 - \left(\frac{\pi}{b}\right)^2}\Big/\omega\varepsilon$$

例 8.2.3：矩形波导中 TM 波的场图。已知尺寸为 $a \times b$ 的矩形波导，画出在 xy 平面和 yz 平面内 TM_{11} 模的电力线和磁力线。

解：根据 TM_{11} 波的分布，在 xy 平面内，电力线和磁力线的斜率为

$$\left(\frac{\mathrm{d}y}{\mathrm{d}x}\right)_E = \frac{a}{b}\tan\left(\frac{\pi}{a}x\right)\cot\left(\frac{\pi}{b}y\right) \tag{8.2.40}$$

$$\left(\frac{\mathrm{d}y}{\mathrm{d}x}\right)_H = -\frac{b}{a}\cot\left(\frac{\pi}{a}x\right)\tan\left(\frac{\pi}{b}y\right) \tag{8.2.41}$$

利用式（8.2.40）、式（8.2.41），可画出如图 8－3（a）所示的电场线和磁场线。

此外，还可得

$$\left(\frac{\mathrm{d}y}{\mathrm{d}x}\right)_E \cdot \left(\frac{\mathrm{d}y}{\mathrm{d}x}\right)_H = -1 \tag{8.2.42}$$

说明在 xy 平面电场 $\boldsymbol{E}$ 和磁场 $\boldsymbol{H}$ 是相互垂直的。由理想导体的边界条件知道，$\boldsymbol{E}$ 线是垂直于波导壁，而 $\boldsymbol{H}$ 线与波导壁平行。

同样，在 yz 平面，对特定的 x 值，如 $x=\frac{a}{2}$处，得

$$\left(\frac{\mathrm{d}y}{\mathrm{d}z}\right)_E = \frac{\beta}{k_c}\left(\frac{\pi}{b}\right)\cot\left(\frac{\pi}{b}y\right)\tan(\omega t-\beta z)$$

而 $\boldsymbol{H}$ 只有 x 分量，图 8－3（b）中，画出了 $t=0$ 时的 $\boldsymbol{E}$ 线和 $\boldsymbol{H}$ 线。

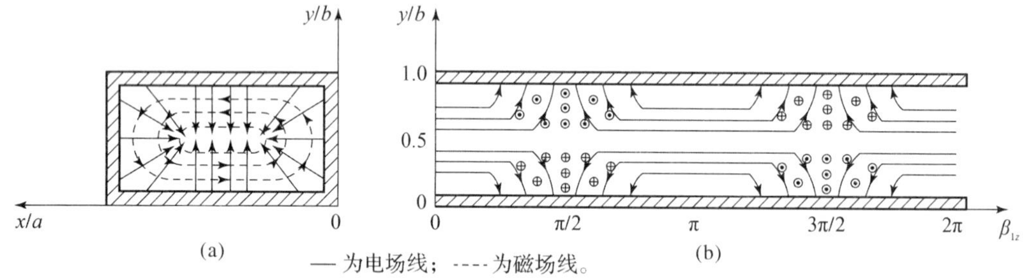

图 8－3　矩形波导中 TM_{11} 模的场图

8.2.2　矩形波导中的 TE 波

对于 TE 波，由于 $E_z=0$，故波导中的场量由 H_z 确定，由式（8.1.62）得到 TE 波的 H_z 分量满足的方程为

$$\frac{\partial^2}{\partial x^2}H_z + \frac{\partial^2}{\partial y^2}H_z + k_c^2 H_z = 0 \tag{8.2.43}$$

由于波导壁是理想导体构成，依照电磁场的边界条件，在理想导体表面上，电场的切向分量为零，即

$$E_y(x=0)=0 \tag{8.2.44}$$

$$E_y(x=a)=0 \tag{8.2.45}$$

$$E_x(y=0)=0 \tag{8.2.46}$$

$$E_x(y=b)=0 \tag{8.2.47}$$

由于需要求的是 H_z，因此对以上的边界条件需要将其转化为用 H_z 表示。根据 TE 波横向场分量与 H_z 的关系式（8.1.69）和式（8.1.70），可将式（8.2.44）~式（8.2.47）表示的边界条件变为

$$\left.\frac{\partial H_z}{\partial x}\right|_{x=0} = 0 \tag{8.2.48}$$

$$\left.\frac{\partial H_z}{\partial x}\right|_{x=a} = 0 \tag{8.2.49}$$

$$\left.\frac{\partial H_z}{\partial y}\right|_{y=0} = 0 \tag{8.2.50}$$

$$\left.\frac{\partial H_z}{\partial y}\right|_{y=b}=0 \tag{8.2.51}$$

应用分离变量法求解亥姆霍兹方程式（8.1.62）在式（8.2.48）~式（8.2.51）条件下的边值问题。

同样设方程式（8.1.62）具有分离变量形式的解为

$$H_z(x,y)=f(x)g(y) \tag{8.2.52}$$

将式（8.2.52）代入式（8.1.57），并依照对 TM 的相同讨论方法，可得到 $f(x)$ 和 $g(y)$ 满足的两个常微分方程为

$$\frac{f''(x)}{f(x)}=-k_x^2 \tag{8.2.53}$$

和

$$\frac{g''(y)}{g(y)}=-k_y^2 \tag{8.2.54}$$

且

$$k_x^2+k_y^2=k_c^2 \tag{8.2.55}$$

同样，式（8.2.53）的通解为

$$f(x)=A\cos k_x x+B\sin k_x x \tag{8.2.56}$$

由边界条件式（8.2.48），即

$$\left.\frac{\partial H_z}{\partial x}\right|_{x=0}=0 \tag{8.2.57}$$

得

$$f'(x)g(y)\big|_{x=0}=0 \tag{8.2.58}$$

即

$$f'(x)\big|_{x=0}=0 \tag{8.2.59}$$

由边界条件式（8.2.49），得

$$f'(x)g(y)\big|_{x=a}=0 \tag{8.2.60}$$

即

$$f'(x)\big|_{x=a}=0 \tag{8.2.61}$$

将式（8.2.59）和式（8.2.61）代入通解式（8.2.56），可得

$$B=0 \tag{8.2.62}$$

$$k_x=\frac{m\pi}{a},\ m=0,1,2,\cdots \tag{8.2.63}$$

于是 $f(x)$ 的解为

$$f(x)=A\cos\frac{m\pi}{a}x \tag{8.2.64}$$

同理 $g(y)$ 的解为

$$g(y)=D\cos\frac{n\pi}{b}y \tag{8.2.65}$$

$$k_y=\frac{n\pi}{b}\quad(n=0,1,2,\cdots) \tag{8.2.66}$$

所以

$$H_z(x,y)=H_0\cos\frac{m\pi}{a}x\cos\frac{n\pi}{b}y \tag{8.2.67}$$

$H_0=AD$ 为常数，通常由激励源确定。截止波数为

$$k_c^2=\left(\frac{m\pi}{a}\right)^2+\left(\frac{n\pi}{b}\right)^2 \tag{8.2.68}$$

将 H_z 的表达式（8.2.67）代入 TE 波的场结构关系式（8.1.56）~式（8.1.63），可求矩形波导中 TE 波的横向场分量为

$$E_x(x,y,z)=\frac{\mathrm{j}\omega\mu}{k_c^2}\left(\frac{n\pi}{b}\right)H_0\cos\left(\frac{m\pi}{a}x\right)\sin\left(\frac{n\pi}{b}y\right)e^{-\gamma z} \tag{8.2.69}$$

$$E_y(x,y,z)=-\frac{\mathrm{j}\omega\mu}{k_c^2}\left(\frac{m\pi}{a}\right)H_0\sin\left(\frac{m\pi}{a}x\right)\cos\left(\frac{n\pi}{b}y\right)e^{-\gamma z} \tag{8.2.70}$$

$$H_x(x,y,z)=\frac{\gamma}{k_c^2}\left(\frac{m\pi}{a}\right)H_0\sin\left(\frac{m\pi}{a}x\right)\cos\left(\frac{n\pi}{b}y\right)e^{-\gamma z} \tag{8.2.71}$$

$$H_y(x,y,z)=\frac{\gamma}{k_c^2}\left(\frac{n\pi}{b}\right)H_0\cos\left(\frac{m\pi}{a}x\right)\sin\left(\frac{n\pi}{b}y\right)e^{-\gamma z} \tag{8.2.72}$$

对于 TE 波，其中 m 和 n 也可以有不同的取值，对于 m、n 的每一种组合，定义为一种可能的模式，称为 TE_{mn} 模。与 TM_{mn} 不同的是，在 TM 模式中，m 和 n 不能为零，而对于 TE 模，m 和 n 都可以为零（但是不能同时为零，否则导致场解为零），因此对 TE 波存在 TE_{10} 模和 TE_{01} 模。

TE_{mn} 的场结构由式（8.2.70）~式（8.2.73）确定，相应的截止频率为

$$f_{cmn}=\frac{k_c}{2\pi\sqrt{\mu\varepsilon}}=\frac{\sqrt{\left(\frac{m\pi}{a}\right)^2+\left(\frac{n\pi}{b}\right)^2}}{2\pi\sqrt{\mu\varepsilon}} \tag{8.2.73}$$

$$\lambda_{cmn}=\frac{2\pi}{k_c}=\frac{2\pi}{\sqrt{\left(\frac{m\pi}{a}\right)^2+\left(\frac{n\pi}{b}\right)^2}} \tag{8.2.74}$$

$$\lambda_{c10}=2a \tag{8.2.75}$$

因此，TE_{10} 模是矩形波导（$a>b$）中截止波长最长（截止频率最低）的模式，称其为矩形波导中的主模。

当工作频率高于某一模式的截止频率（$f>f_{cmn}$）时，矩形波导中可以传播该模式的 TE_{mn} 波。由于其截止波数 k_{cmn} 的表达式与相应 TM_{mn} 模的截止波数相同，因此 TE_{mn} 模的传播特性参数：传播常数 γ、相位常数 β、波导波长 λ_g、相速度 v_p、群速度 v_g 的表示式与 TM_{mn} 的相应参数完全相同，分别由式（8.2.34）~式（8.2.39）给出。而波阻抗为

$$Z_{\mathrm{TE}}=\eta\Big/\sqrt{1-\left(\frac{f_c}{f}\right)^2}=\frac{\omega\mu}{\sqrt{\omega^2\mu\varepsilon-\left(\frac{m\pi}{a}\right)^2-\left(\frac{n\pi}{b}\right)^2}} \tag{8.2.76}$$

当 $f<f_{cmn}$ 时，在矩形波导中则不能传播相应的 TE_{mn} 模的波。此时相应的传播常数为实数，成为衰减因子，而波阻抗为纯电抗。

例 8.2.4：矩形波导中 TE_{10} 模的场分布。写出尺寸为 $a\times b$ 的矩形波导中 TE_{10} 模的

瞬时场表达式。

解：将 TE 模的场分量表示式（8.2.70）~式（8.2.73）乘以 $e^{j\omega t}$，取其实部（注意式中 $\gamma = j\beta$），并设 $m=1$，$n=0$，则得到 TE_{10}模的场量的瞬时值表达式。

$$E_x(x,y,z,t)=0$$

$$E_y(x,y,z;t)=\frac{\omega\mu}{k_c^2}\left(\frac{\pi}{a}\right)H_0\sin\left(\frac{\pi}{a}x\right)\sin(\omega t-\beta z)$$

$$E_z(x,y,z,t)=0$$

$$H_x(x,y,z,t)=-\frac{\beta}{k_c^2}\left(\frac{\pi}{a}\right)H_0\sin\left(\frac{\pi}{a}x\right)\sin(\omega t-\beta z)$$

$$H_y(x,y,z,t)=0$$

$$H_z(x,y,z,t)=H_0\cos\left(\frac{\pi}{a}\right)\cos(\omega t-\beta z)$$

其中

$$\beta=\sqrt{\omega^2\mu\varepsilon-k_c^2}=\sqrt{\omega^2\mu\varepsilon-\left(\frac{\pi}{a}\right)^2}$$

例 8.2.5：矩形波导中 TE_{10}模的传播特性。

一空气填充的矩形波导，尺寸为 $a\times b=3\text{cm}\times 2\text{cm}$，信号源频率是 6GHz，试计算 TE_{10}波的截止波长，波导波长，相移常数，群速和波阻抗。

解：截止波长为

$$\lambda_{c10}=2a=6\text{cm}$$

因为工作频率 $f=6\text{GHz}$，则相应的工作波长为

$$\lambda=5\text{cm}<\lambda_{c10}$$

该波导中可以传播 TE_{10}波，相应的传播特性参数为

截止频率为

$$f_c=\frac{1}{2\pi\sqrt{\mu_0\varepsilon_0}}\sqrt{\left(\frac{m\pi}{a}\right)^2+\left(\frac{n\pi}{b}\right)^2}\Bigg|_{\substack{m=1\\n=0}}=\frac{3\times10^8}{2\pi}\cdot\frac{\pi}{a}=5\times10^9\text{Hz}$$

波导波长为

$$\lambda_g=\frac{\lambda}{\sqrt{1-\left(\frac{f_c}{f}\right)^2}}=\frac{5\times10^{-2}}{\sqrt{1-\left(\frac{5\times10^9}{6\times10^9}\right)^2}}=9.05\text{cm}$$

相位常数为

$$\beta=\frac{2\pi}{\lambda_g}=\frac{2\pi}{9.05\times10^{-2}}=69.42\text{rad/m}$$

相速度为

$$v_p=\frac{\omega}{\beta}=\frac{2\pi f}{\beta}=\frac{2\pi\times6\times10^9}{69.42}=5.44\times10^8\text{m/s}$$

群速度为

$$v_g=\frac{c^2}{v_p}=\frac{(3\times10^8)^2}{5.44\times10^8}=1.65\times10^8\text{m/s}$$

波阻抗为

$$Z_{TE_{10}}=\frac{\eta}{\sqrt{1-\left(\frac{f_c}{f}\right)^2}}=\frac{120\pi}{0.553}=681.74\Omega$$

例 8.2.6：传播模与截止模。在例 8.2.5 所给的波导中（$a\times b=3\text{cm}\times 2\text{cm}$），信号源的频率仍为 6GHz，试分析该波导中可能传播的波的模式。

解：根据波导的截止条件，只有当工作波长小于该模式的截止波长时，该模式才可以在波导中传播。

由题意 $f=6\text{GHz}$，则

$$\lambda=5\text{cm}$$

而截止波长由大到小排列的几个模式的截止波长为

$$\lambda_{c10}=2a=6\text{cm}$$

$$\lambda_{c01}=2b=4\text{cm}$$

$$\lambda_{c20}=a=3\text{cm}$$

$$\lambda_{c11}<\lambda_{c01}$$

由以上结论可知，只有 $\lambda_{c10}>\lambda$，故该波导中只能传播 TE_{10} 模式的波。

8.2.3 矩形波导中波的传播特性

矩形波导中 TM 波和 TE 波的场量均可以表示为

$$\boldsymbol{E}(x,y,z)=\boldsymbol{E}(x,y)e^{-\gamma z},\ \boldsymbol{H}(x,y,z)=\boldsymbol{H}(x,y)e^{-\gamma z} \tag{8.2.77}$$

式中

$$\gamma=\sqrt{k_c^2-k^2}=\sqrt{k_c^2-\omega^2\mu\varepsilon} \tag{8.2.78}$$

称为传播常数，矩形波导 TM 波和 TE 波的传播特性与其取值范围有关。

（1）当传播常数 γ 为实数，即 $k_c>k$ 时，式（8.2.77）表示衰减的场分布。矩形波导中不能传播相应模式的波，此时

$$\gamma=\sqrt{k_c^2-k^2}=\sqrt{\left[\left(\frac{m\pi}{a}\right)^2+\left(\frac{n\pi}{b}\right)^2\right]-\omega^2\mu\varepsilon} \tag{8.2.79}$$

相应的相位常数 β、波导波长 λ_g 不存在，而波阻抗 Z_{TE}、Z_{TM} 为纯虚数。

（2）当传播常数 γ 为虚数，即 $k_c<k$ 时，式（8.2.77）表示沿 $+z$ 轴方向传播的波，此时

$$\gamma=\mathrm{j}\sqrt{k^2-k_c^2}=\mathrm{j}\sqrt{\omega^2\mu\varepsilon-\left(\frac{m\pi}{a}\right)^2-\left(\frac{n\pi}{b}\right)^2}=\mathrm{j}\beta \tag{8.2.80}$$

由此可得相位常数为

$$\beta=\sqrt{k^2-k_c^2}=\sqrt{\omega^2\mu\varepsilon-\left(\frac{m\pi}{a}\right)^2-\left(\frac{n\pi}{b}\right)^2} \tag{8.2.81}$$

波导波长（波导中相位变化 2π 时波传播的距离）为

$$\lambda_g=\frac{2\pi}{\beta}=\frac{2\pi}{\sqrt{\omega^2\mu\varepsilon-\left(\frac{m\pi}{a}\right)^2-\left(\frac{n\pi}{b}\right)^2}} \tag{8.2.82}$$

相速度为

$$v_p = \frac{\omega}{\beta} = \frac{\omega}{\sqrt{\omega^2 \mu\varepsilon - \left(\frac{m\pi}{a}\right)^2 - \left(\frac{n\pi}{b}\right)^2}} \tag{8.2.83}$$

波阻抗为

$$Z_{\mathrm{TM}} = \frac{E_x}{H_y} = \frac{\gamma}{\mathrm{j}\omega\varepsilon} = \frac{\beta}{\omega\varepsilon} \tag{8.2.84}$$

$$Z_{\mathrm{TE}} = \frac{E_x}{H_y} = \frac{\mathrm{j}\omega\mu}{\gamma} = \frac{\omega\mu}{\beta} \tag{8.2.85}$$

（3）当传播常数 γ 为零，即 $k_c = k$ 时，这是临界情况，矩形波导中也不能传播相应模式的波，此时

$$\gamma = \sqrt{k_c^2 - k^2} = \sqrt{k_c^2 - \omega^2\mu\varepsilon} = 0 \tag{8.2.86}$$

则

$$k = k_c \tag{8.2.87}$$

即波数与截止波数相等，令

$$k = k_c = \omega_c \sqrt{\mu\varepsilon} \tag{8.2.88}$$

式中

$$\omega_c = \frac{k_c}{\sqrt{\mu\varepsilon}} = \frac{1}{\sqrt{\mu\varepsilon}}\sqrt{\left(\frac{m\pi}{a}\right)^2 + \left(\frac{n\pi}{b}\right)^2} \tag{8.2.89}$$

称为截止角频率。相应的截止频率为

$$f_c = \frac{\omega_c}{2\pi} = \frac{k_c}{2\pi\sqrt{\mu\varepsilon}} = \frac{\sqrt{\left(\frac{m\pi}{a}\right)^2 + \left(\frac{n\pi}{b}\right)^2}}{2\pi\sqrt{\mu\varepsilon}} \tag{8.2.90}$$

截止波长为

$$\lambda_c = \frac{v}{f_c} = \frac{2\pi}{k_c} = \frac{2\pi}{\sqrt{\left(\frac{m\pi}{a}\right)^2 + \left(\frac{n\pi}{b}\right)^2}} \tag{8.2.91}$$

由以上分析可得出结论：

当工作频率 $f = \frac{\omega}{2\pi} = \frac{k}{2\pi\sqrt{\mu\varepsilon}}$ 大于截止频率 $f_c = \frac{\omega_c}{2\pi} = \frac{k_c}{2\pi\sqrt{\mu\varepsilon}}$，即 $k > k_c$ 时，波导中可以传播相应 TM_{mn} 模和 TE_{mn} 模式的电磁波；当工作频率 f 小于或等于截止频率 f_c，即 $k \leqslant k_c$ 时，波导中不能传播相应 TM_{mn} 模和 TE_{mn} 模式的电磁波。

将引入的截止频率 $f_c = \frac{\omega_c}{2\pi} = \frac{k_c}{2\pi\sqrt{\mu\varepsilon}}$ 代入式（8.2.81）~式（8.2.86）可把相应的传播特性参数用截止频率 f_c 表示。

传播常数为

$$\gamma = \mathrm{j}\beta = \mathrm{j}\sqrt{\omega^2\mu\varepsilon - \left(\frac{m\pi}{a}\right)^2 - \left(\frac{n\pi}{b}\right)^2} = \mathrm{j}k\sqrt{1 - \left(\frac{f_c}{f}\right)^2} \tag{8.2.92}$$

相位常数为

$$\beta = \sqrt{\omega^2\mu\varepsilon - \left(\frac{m\pi}{a}\right)^2 - \left(\frac{n\pi}{b}\right)^2} = k\sqrt{1 - \left(\frac{f_c}{f}\right)^2} \tag{8.2.93}$$

波导波长为

$$\lambda_g = \frac{2\pi}{\beta} = \frac{2\pi}{\sqrt{\omega^2\mu\varepsilon - \left(\frac{m\pi}{a}\right)^2 - \left(\frac{n\pi}{b}\right)^2}} = \frac{\lambda}{\sqrt{1 - \left(\frac{f_c}{f}\right)^2}} > \lambda \tag{8.2.94}$$

式中：$\lambda = \dfrac{2\pi}{\omega\sqrt{\varepsilon\mu}}$为无界空间中的波长。

相速度为

$$v_p = \frac{\omega}{\beta} = \frac{\omega}{\sqrt{\omega^2\mu\varepsilon - \left(\frac{m\pi}{a}\right)^2 - \left(\frac{n\pi}{b}\right)^2}} = \frac{v}{\sqrt{1 - \left(\frac{f_c}{f}\right)^2}} > v \tag{8.2.95}$$

式中：$v = \dfrac{1}{\sqrt{\varepsilon\mu}}$为无界空间中的相速度。

波阻抗为

$$Z_{\text{TM}} = \frac{E_x}{H_y} = \frac{\gamma}{\text{j}\omega\varepsilon} = \eta\sqrt{1 - \left(\frac{f_c}{f}\right)^2} \tag{8.2.96}$$

$$Z_{\text{TE}} = \frac{E_x}{H_y} = \frac{\text{j}\omega\mu}{\gamma} = \frac{\eta}{\sqrt{1 - \left(\frac{f_c}{f}\right)^2}} \tag{8.2.97}$$

例 8.2.7：(1) 写出边长为 a 和 b 的矩形波导中 TM_{11} 模场量的瞬时表达式；(2) 求其截止频率、波导波长、相速度及波阻抗；(3) 画出 xy 平面和 yz 平面的电力线和磁力线。

解：(1) 将式 (8.2.25) 和式 (8.2.27) ~ 式 (8.2.30) 的复数表示乘以 $e^{\text{j}\omega t}$，并将 $\gamma = \text{j}\beta$ 代入，然后取其实部，并令 $m = n = 1$，可得 TM_{11} 模的瞬时场表示：

$$E_x(x,y,z,t) = \frac{\beta}{k_c^2}\left(\frac{\pi}{a}\right)E_m\cos\left(\frac{\pi}{a}x\right)\sin\left(\frac{\pi}{b}y\right)\sin(\omega t - \beta z) \tag{8.2.98}$$

$$E_y(x,y,z,t) = \frac{\beta}{k_c^2}\left(\frac{\pi}{b}\right)E_m\sin\left(\frac{\pi}{a}x\right)\cos\left(\frac{\pi}{b}y\right)\sin(\omega t - \beta z) \tag{8.2.99}$$

$$E_z(x,y,z,t) = E_m\sin\left(\frac{\pi}{a}x\right)\sin\left(\frac{\pi}{b}y\right)\cos(\omega t - \beta z) \tag{8.2.100}$$

$$H_x(x,y,z,t) = -\frac{\omega\varepsilon}{k_c^2}\left(\frac{\pi}{b}\right)E_m\sin\left(\frac{\pi}{a}x\right)\cos\left(\frac{\pi}{b}y\right)\sin(\omega t - \beta z) \tag{8.2.101}$$

$$H_y(x,y,z,t) = -\frac{\omega\varepsilon}{k_c^2}\left(\frac{\pi}{a}\right)E_m\cos\left(\frac{\pi}{a}x\right)\sin\left(\frac{\pi}{b}y\right)\sin(\omega t - \beta z) \tag{8.2.102}$$

$$H_z(x,y,z,t) = 0 \tag{8.2.103}$$

式中

$$\beta = \sqrt{\omega^2\mu\varepsilon - \left(\frac{\pi}{a}\right)^2 - \left(\frac{\pi}{b}\right)^2} \tag{8.2.104}$$

（2）截止波长为

$$\lambda_{c11}=\frac{2\pi}{k_c}=\frac{2\pi}{\sqrt{\left(\frac{\pi}{a}\right)^2+\left(\frac{\pi}{b}\right)^2}}$$

截止频率为

$$f_{c11}=\frac{1}{2\pi\sqrt{\varepsilon\mu}}\sqrt{\left(\frac{\pi}{a}\right)^2+\left(\frac{\pi}{b}\right)^2}$$

波导波长为

$$\lambda_{g11}=\frac{2\pi}{\beta}=\frac{2\pi}{\sqrt{\omega^2\mu\varepsilon-\left(\frac{\pi}{a}\right)^2-\left(\frac{\pi}{b}\right)^2}}$$

相速度为

$$v_{p11}=\frac{\omega}{\beta}=\frac{\omega}{\sqrt{\omega^2\mu\varepsilon-\left(\frac{\pi}{a}\right)^2-\left(\frac{\pi}{b}\right)^2}}$$

波阻抗为

$$Z_{\mathrm{TM}_{11}}=\eta\sqrt{1-\left(\frac{f_c}{f}\right)^2}$$

（3）电磁场分布图，如图 8－4 所示。

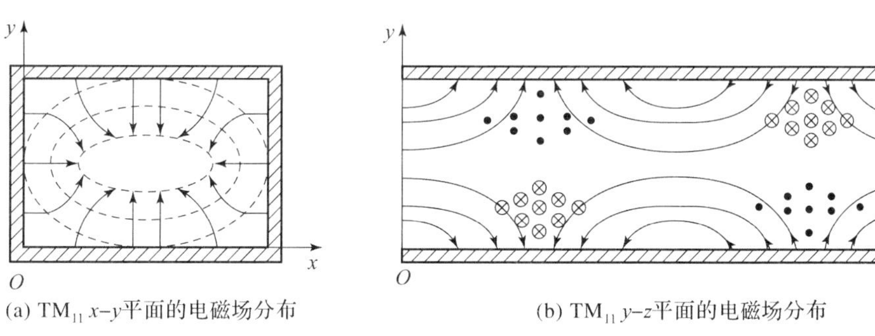

(a) TM_{11} x–y平面的电磁场分布　　(b) TM_{11} y–z平面的电磁场分布

图 8－4　矩形波导中 TM_{11} 模的场线

例 8.2.8： 在尺寸为 $a\times b=11.43\times5.08\mathrm{mm}^2$ 的矩形波导中，传输 TE_{10} 模，工作频率 20GHz。

（1）求截止波长 λ_c、波导波长 λ_g 和波阻抗 $Z_{\mathrm{TE}_{10}}$；

（2）若波导的宽边尺寸增大一倍，上述参数如何变化？还能传输什么模式？

（3）若波导的窄边尺寸增大一倍，上述参数如何变化？还能传输什么模式？

解： 截止波长 λ_c、波导波长 λ_g 和波阻抗 $Z_{\mathrm{TE}_{10}}$ 可由相应的公式直接求解。当波导尺寸发生变化，相应模式的截止波长（截止频率）将发生变化，从而导致参数 λ_c、λ_g、$Z_{\mathrm{TE}_{10}}$ 的变化。由于模式的截止波长（截止频率）发生了变化，而工作频率不变，致使波导中原本不能传输的模式成为可以传输的模式（或波导中原本可以传输的模式变为不能传输的模式）。

（1）$\lambda_{c10}=2a=22.86\mathrm{mm}$

$$(f_c)_{\mathrm{TE}_{10}}=\frac{1}{2a\sqrt{\mu_0\varepsilon_0}}=\frac{3\times10^8}{22.26\times10^{-3}}\mathrm{Hz}=13.12\times10^9\mathrm{Hz}$$

$$(\lambda_g)_{\mathrm{TE}_{10}}=\frac{\lambda_0}{\sqrt{1-\left(\frac{f_c}{f}\right)^2}}=\frac{1.5\times10^{-2}}{\sqrt{1-\left(\frac{13.12\times10^9}{20\times10^9}\right)^2}}\mathrm{m}=1.98\times10^{-2}\mathrm{m}$$

$$Z_{\mathrm{TE}_{10}}=\frac{\eta_0}{\sqrt{1-\left(\frac{f_c}{f}\right)^2}}=\frac{377}{0.755}\Omega=499.3\Omega$$

（2）当 $a'=2a=22.86\mathrm{mm}$ 时

$$(\lambda_c)_{\mathrm{TE}_{10}}=2a'=45.72\mathrm{mm}$$

$$(f_c)_{\mathrm{TE}_{10}}=\frac{1}{2a'\sqrt{\mu_0\varepsilon_0}}=\frac{1}{2}\times13.12\times10^9\mathrm{Hz}=6.56\times10^9\mathrm{Hz}$$

$$(\lambda_g)_{\mathrm{TE}_{10}}=\frac{\lambda_0}{\sqrt{1-\left(\frac{f_c}{f}\right)^2}}=\frac{1.5\times10^{-2}}{\sqrt{1-\left(\frac{6.56\times10^9}{20\times10^9}\right)^2}}\mathrm{m}=1.59\times10^{-2}\mathrm{m}$$

$$Z_{\mathrm{TE}_{10}}=\frac{\eta_0}{\sqrt{1-\left(\frac{f_c}{f}\right)^2}}=\frac{377}{0.945}\Omega=398.9\Omega$$

此时

$$(\lambda_c)_{\mathrm{TE}_{20}}=a'=22.86\mathrm{mm}$$

$$(\lambda_c)_{\mathrm{TE}_{30}}=\frac{2}{3}a'=15.24\mathrm{mm}$$

而工作波长 $\lambda=15\mathrm{mm}$，可见此时能传输的模式为 TE_{10}、TE_{20}、TE_{30}。

（3）当 $b'=2b=10.16\mathrm{mm}$ 时

$$(\lambda_c)_{\mathrm{TE}_{10}}=2a=22.86\mathrm{mm}$$

$$(f_c)_{\mathrm{TE}_{10}}=\frac{1}{2a\sqrt{\mu_0\varepsilon_0}}=13.12\times10^9\mathrm{Hz}$$

$$(\lambda_g)_{\mathrm{TE}_{10}}=\frac{\lambda_0}{\sqrt{1-\left(\frac{f_c}{f}\right)^2}}=1.98\times10^{-2}\mathrm{m}$$

$$Z_{\mathrm{TE}_{10}}=\frac{\eta_0}{\sqrt{1-\left(\frac{f_c}{f}\right)^2}}=499.3\Omega$$

此时

$$(\lambda_c)_{\mathrm{TE}_{01}}=2b'=20.32\mathrm{mm}$$

$$(\lambda_c)_{\mathrm{TE}_{11},\mathrm{TM}_{11}}=\frac{2}{\sqrt{\left(\frac{1}{a}\right)^2+\left(\frac{1}{b'}\right)^2}}=\frac{2}{\sqrt{\left(\frac{1}{11.43}\right)^2+\left(\frac{1}{10.16}\right)^2}}=15.2\mathrm{mm}$$

而工作波长 $\lambda=15\mathrm{mm}$，可见，此时能传输的模式为 TE_{10}、TE_{01}、TE_{11}、TM_{11}。

8.2.4　矩形波导中的传输功率

根据坡印亭定理，波导中某个波型的传输功率为

$$P=\frac{1}{2}\mathrm{Re}\int_S(\boldsymbol{E}\times\boldsymbol{H}^*)\cdot\mathrm{d}\boldsymbol{S}=\frac{1}{2}\mathrm{Re}\int_0^a\int_0^b(\boldsymbol{E}_t\times\boldsymbol{H}_t^*)\cdot\boldsymbol{e}_z\mathrm{d}x\mathrm{d}y$$
$$=\frac{1}{2Z}\int_0^a\int_0^b|E_t|^2\mathrm{d}x\mathrm{d}y=\frac{Z}{2}\int_0^a\int_0^b|H_t|^2\mathrm{d}x\mathrm{d}y \tag{8.2.105}$$

式中：Z 为该波型的波阻抗。

若矩形波导中传输的电磁波模式为 TE_{10}模，则相应的传输功率为

$$P=\frac{1}{2Z_{\mathrm{TE}_{10}}}\int_0^a\int_0^b E_m^2\sin^2\left(\frac{\pi}{a}\right)\mathrm{d}x\mathrm{d}y=\frac{ab}{4Z_{\mathrm{TE}_{10}}}E_m^2 \tag{8.2.106}$$

根据式（8.2.113）~式（8.2.118）得到的 TE_{10} 波场分量，式（8.2.106）中 $E_m=\frac{\omega\mu a}{\pi}H_m$是 E_y 分量在波导宽边中心处的振幅值。于是波导中传输 TE_{10}模时的功率容量为

$$P_{br}=\frac{ab}{4Z_{\mathrm{TE}_{10}}}E_{br}^2 \tag{8.2.107}$$

式中：E_{br}为击穿电场幅值。若波导以空气填充，因为空气的击穿场强为 30kV/cm，故空气填充矩形波导的功率容量为

$$P_{br}=0.6ab\sqrt{1-\left(\frac{\lambda}{2a}\right)^2}\ \mathrm{MW} \tag{8.2.108}$$

可见，波导尺寸越大，频率越高，功率容量就越大。然而，实际上不能采用极限功率传输，因为波导中还可能存在反射波和局部电场不均匀等问题。一般取容许功率为

$$P=\left(\frac{1}{3}\sim\frac{1}{5}\right)P_{br} \tag{8.2.109}$$

8.2.5　矩形波导中的主要模式

1. 主模与单模传输

由前面的讨论可以知道，在横截面尺寸为 $a\times b$ 的矩形波导中，可以传播 TM_{mn}模和 TE_{mn}模，它们的截止波长 λ_{cmn}可以用一个相同的式子表示

$$\lambda_{cmn}=\frac{2\pi}{k_c}=\frac{2\pi}{\sqrt{\left(\frac{m\pi}{a}\right)^2+\left(\frac{n\pi}{b}\right)^2}} \tag{8.2.110}$$

设波导尺寸 $a>2b$（宽边为 a，窄边为 b），对于式（8.2.107），截止波长最长的为 TE_{10}模的截止波长为

$$\lambda_{c10}=2a \tag{8.2.111}$$

称该模式为矩形波导中的主模。

由于 TM_{mn}模和 TE_{mn}模的截止波长相同，而只要截止波长大于工作波长的模式都可以传播，因此对给定的工作波长，波导中可能存在多种传播模式。图 8－5 为矩形波导中截止波长分布图，它分为以下三个区：

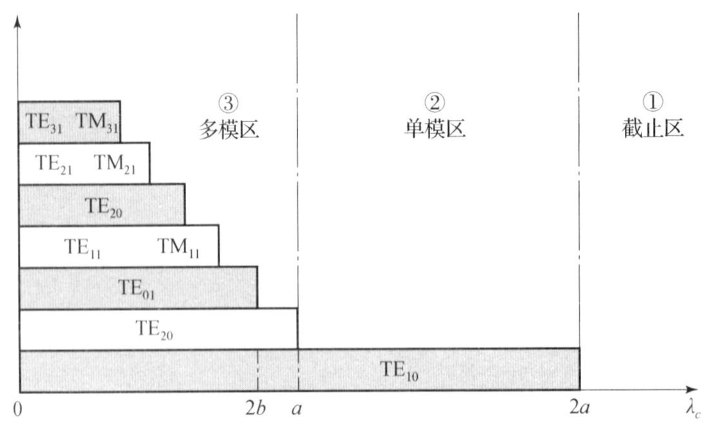

图 8－5　矩形波导中截止波长分布图

在图 8－5 中，Ⅰ区：工作波长 $\lambda \geqslant 2a$，波导中不能传播任何模式的波，称为“截止区”；Ⅱ区：工作波长 $a<\lambda<2a$，波导中只能传播 TE_{10}模，称为“单模区”；Ⅲ区：工作波长 $0<\lambda<a$，波导中可以传播至少两种波型，称为“多模区”。

在使用波导传输能量时，通常要求工作在单模状态，因此当波导尺寸给定的情况下，选择电磁波的工作波长 λ 满足

$$2a>\lambda>\begin{cases}a\\2b\end{cases} \tag{8.2.112}$$

式中：一般情况 $b=(0.4\sim0.5)a$。

例 8.2.9：矩形波导的尺寸设计。有一内充空气，截面尺寸为 $a\times b(b<a<2b)$ 的矩形波导，以主模工作在 3GHz。若要求工作频率至少高于主模截止频率的 20% 和至少低于最相近的高次模截止频率的 20%。给出尺寸 a 和 b 的设计方案。

解：截止频率为

$$f_c=\frac{1}{2\pi\sqrt{\mu\varepsilon}}\sqrt{\left(\frac{m\pi}{a}\right)^2+\left(\frac{n\pi}{b}\right)^2}$$

由题意 $b<a<2b$，得主模为 TE_{10}模，最相近得高次模为 TE_{01}，且

$$f_{cTE_{10}}=\frac{1}{2a\sqrt{\mu\varepsilon}}$$

$$f_{cTE_{01}}=\frac{1}{2b\sqrt{\mu\varepsilon}}$$

于是得

$$\frac{3\times10^9-f_{cTE_{10}}}{f_{cTE_{10}}}\geqslant 20\%$$

$$\frac{f_{cTE_{01}}-3\times10^9}{f_{cTE_{01}}}\geqslant 20\%$$

因此，解得 $a\geqslant 0.06\text{m}$，$b\leqslant 0.04\text{m}$，且 $a<2b$。

2. 主模的场结构

在例 8.2.4 中，已经求出了矩形波导中 TE_{10}模的场分布瞬时表达式为

$$H_z(x,y,z,t)=H_0\cos\left(\frac{\pi}{a}x\right)\cos(\omega t-\beta z) \quad (8.2.113)$$

$$E_x(x,y,z;t)=0 \quad (8.2.114)$$

$$E_y(x,y,z,t)=\frac{\omega\mu\alpha}{\pi}H_0\sin\left(\frac{\pi}{a}x\right)\sin(\omega t-\beta z) \quad (8.2.115)$$

$$H_x(x,y,z,t)=\frac{-\alpha\beta}{\pi}H_0\sin\left(\frac{\pi}{a}x\right)\sin(\omega t-\beta z) \quad (8.2.116)$$

$$H_y(x,y,z,t)=0 \quad (8.2.117)$$

$$E_z(x,y,z,t)=0 \quad (8.2.118)$$

由式（8.2.113）~式（8.2.118）可见，TE_{10}模只有三个非零的场分量，即 E_y、H_z 和 H_x。在 xy 平面内，当 $\sin(\omega t-\beta z)=1$ 时，E_y 和 H_x 按 $\sin\left(\frac{\pi}{a}x\right)$变化，与 y 无关，如图 8-6（a）所示。

在 yz 平面内，当 $x=\frac{a}{2}$时，只有 E_y 和 H_x 分量且都随 βz 作正弦变化。图 8-6（b）所示为当 $t=0$ 时的 E_y 和 H_x 的分布曲线。

在 xz 平面内，给出的曲线描述了三个非零的场分量 E_y、H_x 和 H_z，如图 8-6（c）所示。

图 8-6（d）所示为 TE_{10}模电磁场结构的立体模型。

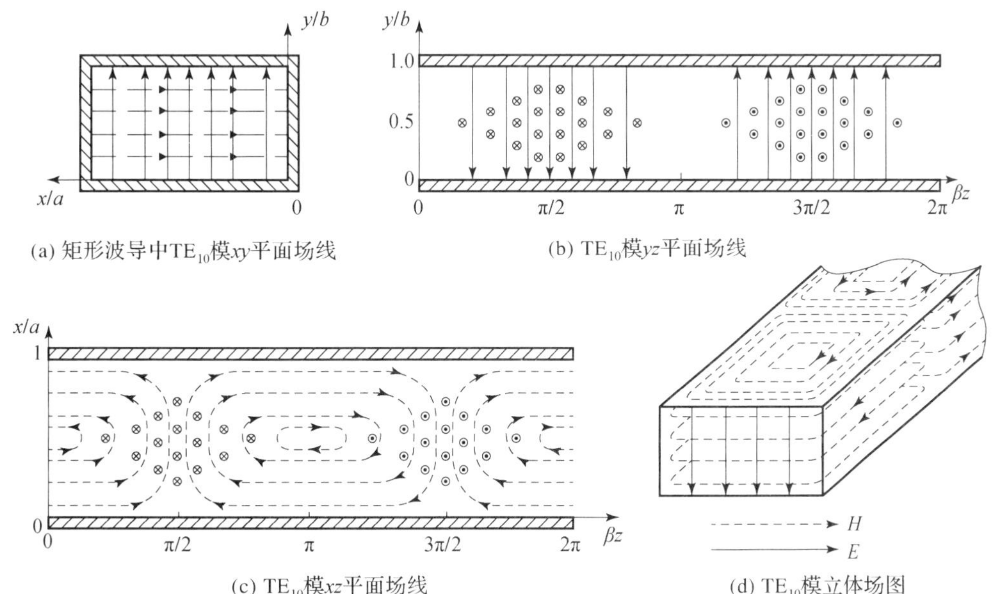

图 8-6　TE_{10}模 xy 平面、yz 平面、xz 平面场线及其立体场图

3. 主模管壁电流

在波导中存在电磁波时，由于磁场的感应，在波导壁上会产生高频电流，这个电流就是波导的传导电流。设波导壁是由理想导体构成，因此该电流只存在于波导壁的表面，称为管壁电流。表面电流是由磁场感应产生的，所以它的分布取决于传播波型的磁场分布。

由理想导体表面的边界条件可知，波导壁上的面电流密度为

$$\boldsymbol{J}_s = \boldsymbol{a}_n \times \boldsymbol{H} \tag{8.2.119}$$

式中：$\boldsymbol{a}_n$ 为壁面的法线方向单位矢量；$\boldsymbol{H}$ 为壁上的磁场强度。在 $t=0$ 时，有

$$\begin{aligned}\boldsymbol{J}_s(x=0) &= \boldsymbol{e}_x \times \boldsymbol{H}\big|_{x=0} \\ &= \boldsymbol{e}_x \times (\boldsymbol{e}_x H_x + \boldsymbol{e}_z H_z)\big|_{x=0} \\ &= -\boldsymbol{e}_y H_z(0,y,z;0) = -\boldsymbol{e}_y H_0 \cos\beta z\end{aligned} \tag{8.2.120}$$

$$\begin{aligned}\boldsymbol{J}_s(x=a) &= -\boldsymbol{e}_x \times \boldsymbol{H}\big|_{x=a} \\ &= -\boldsymbol{e}_x \times (\boldsymbol{e}_x H_x + \boldsymbol{e}_z H_z)\big|_{x=a} \\ &= \boldsymbol{e}_y H_z(a,y,z;0) \\ &= -\boldsymbol{e}_y H_0 \cos\beta z = \boldsymbol{J}_s(x=0)\end{aligned} \tag{8.2.121}$$

$$\begin{aligned}\boldsymbol{J}_s(y=0) &= \boldsymbol{e}_y \times \boldsymbol{H}\big|_{y=0} \\ &= \boldsymbol{e}_y \times (\boldsymbol{e}_x H_x + \boldsymbol{e}_z H_z)\big|_{y=0} \\ &= \boldsymbol{e}_x H_z(x,0,z;0) - \boldsymbol{e}_z H_x(x,0,z;0) \\ &= \boldsymbol{e}_x H_0 \cos\left(\frac{\pi}{a}x\right)\cos\beta z - \boldsymbol{e}_z \frac{\beta a}{\pi} H_0 \sin\left(\frac{\pi}{a}x\right)\sin\beta z\end{aligned} \tag{8.2.122}$$

$$\begin{aligned}\boldsymbol{J}_s(y=b) &= -\boldsymbol{e}_y \times \boldsymbol{H}\big|_{y=b} \\ &= -\boldsymbol{e}_y \times (\boldsymbol{e}_x H_x + \boldsymbol{e}_z H_z)\big|_{y=b} \\ &= -\boldsymbol{e}_x H_0 \cos\left(\frac{\pi}{a}x\right)\cos\beta z + \boldsymbol{e}_z \frac{\beta a}{\pi} H_0 \sin\left(\frac{\pi}{a}x\right)\sin\beta z \\ &= -\boldsymbol{J}_s(y=0)\end{aligned} \tag{8.2.123}$$

根据以上的计算结果，可将波导内壁的电流分布绘于图 8-7 中。

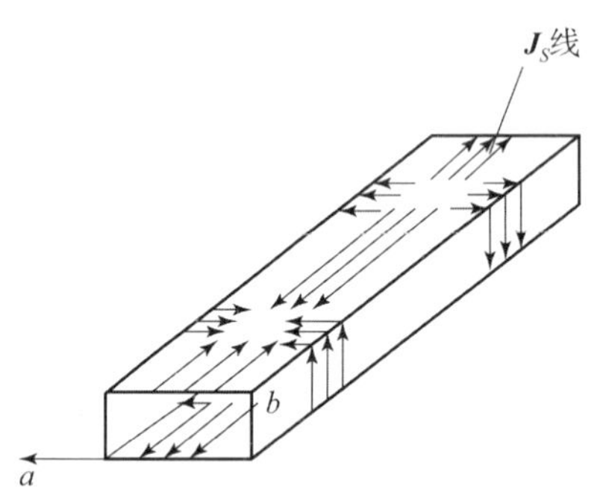

图 8-7　矩形波导中 TE_{10} 模的管壁电流

研究波导管的管壁电流的实际意义：在实际应用中，波导往往需要进行连接，在连接处应保证管壁电流能够畅通无阻。而在测量波导的传播特性，又往往需要在波导壁上开槽，这些槽口将不能破坏管壁电流，否则会引起波导内场的改变，使得测量失去意义，因而这些槽的位置就应开在不切断管壁电流的地方。根据上面对管壁电流的分析，并结合图 8-7，在波导壁中央$\left(x=\dfrac{a}{2}\right)$处纵向开槽，将不会切断管壁电流，如图 8-8 所示。但在另一种情况下，若需从一个波导中耦合出一定能量激励另一波导时，或将波导开口作为天线使用时，则应把槽开在最大限度切断管壁电流的位置，如图 8-9 所示。

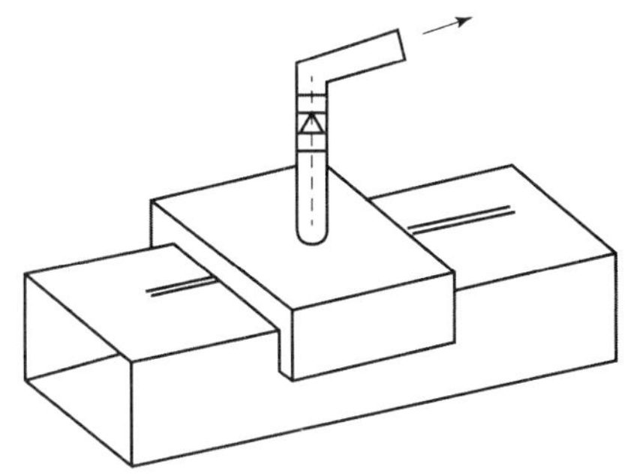

图 8-8　波导管壁中央开槽用作测量线的示意图

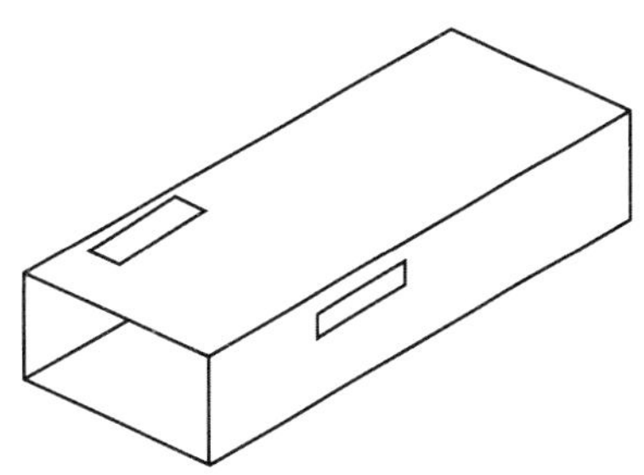

图 8-9　在波导管壁上开槽切断管壁电流示意图

例 8.2.10：管壁电流分布。矩形波导的截面尺寸为 $a\times b$，试求出 TM_{11} 模的管壁电流。

解：TM_{11} 模的场结构表示式为

$$E_x(x,y,z) = -\frac{\gamma}{k_c^2}\left(\frac{\pi}{a}\right)E_0\cos\left(\frac{\pi}{a}x\right)\sin\left(\frac{\pi}{b}y\right)e^{-\gamma z}$$

$$E_y(x,y,z) = -\frac{\gamma}{k_c^2}\left(\frac{\pi}{b}\right)E_0\sin\left(\frac{\pi}{a}x\right)\cos\left(\frac{\pi}{b}y\right)e^{-\gamma z}$$

$$E_z(x,y,z) = E_0\sin\left(\frac{\pi}{a}x\right)\sin\left(\frac{\pi}{b}y\right)e^{-\gamma z}$$

$$H_x(x,y,z) = \frac{j\omega\varepsilon}{k_c^2}\left(\frac{\pi}{b}\right)E_0\sin\left(\frac{\pi}{a}x\right)\cos\left(\frac{\pi}{b}y\right)e^{-\gamma z}$$

$$H_y(x,y,z) = -\frac{j\omega\varepsilon}{k_c^2}\left(\frac{\pi}{a}\right)E_0\cos\left(\frac{\pi}{a}x\right)\sin\left(\frac{\pi}{b}y\right)e^{-\gamma z}$$

$$H_z(x,y,z) = 0$$

式中

$$k_c^2 = \left(\frac{\pi}{a}\right)^2 + \left(\frac{\pi}{b}\right)^2$$

$$\gamma = j\beta = j\sqrt{\omega^2\mu\varepsilon - \left(\frac{\pi}{a}\right)^2 - \left(\frac{\pi}{b}\right)^2}$$

管壁电流为

$$\boldsymbol{J}_s\big|_{x=0} = \boldsymbol{e}_x\times\boldsymbol{H}\big|_{x=0} = -\boldsymbol{e}_z\frac{j\omega\varepsilon}{k_c^2}\frac{\pi}{a}E_0\sin\left(\frac{\pi}{b}y\right)e^{-j\beta z}$$

$$\boldsymbol{J}_s\big|_{x=a} = -\boldsymbol{e}_x\times\boldsymbol{H}\big|_{x=a} = -\boldsymbol{e}_z\frac{j\omega\varepsilon}{k_c^2}\frac{\pi}{a}E_0\sin\left(\frac{\pi}{b}y\right)e^{-j\beta z}$$

$$\boldsymbol{J}_s\big|_{y=0} = \boldsymbol{e}_y\times\boldsymbol{H}\big|_{y=0} = -\boldsymbol{e}_z\frac{j\omega\varepsilon}{k_c^2}\left(\frac{\pi}{b}\right)E_0\sin\left(\frac{\pi}{a}x\right)e^{-j\beta z}$$

$$\boldsymbol{J}_s\big|_{y=b} = -\boldsymbol{e}_y\times\boldsymbol{H}\big|_{y=b} = -\boldsymbol{e}_z\frac{j\omega\varepsilon}{k_c^2}\left(\frac{\pi}{b}\right)E_0\sin\left(\frac{\pi}{a}x\right)e^{-j\beta z}$$

矩形波导中 TM_{11} 模的场结构如图 8-10 所示。

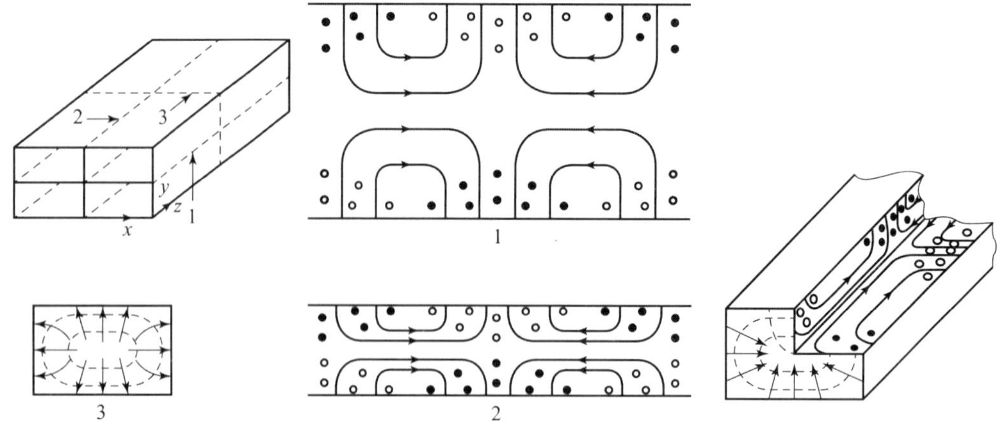

图 8－10　矩形波导中 TM_{11} 模的场结构

4. 主模的功率传输

在矩形波导中传播 TE_{10} 波时，其平均功率密度为

$$S_{平均}=\frac{1}{2}\text{Re}[\boldsymbol{E}\times\boldsymbol{H}^*] \tag{8.2.124}$$

将 TE_{10} 模的场分量为

$$H_z(x,y,z)=H_0\cos\left(\frac{\pi}{a}x\right)e^{-j\beta z} \tag{8.2.125}$$

$$E_x(x,y,z)=0 \tag{8.2.126}$$

$$E_y(x,y,z)=\frac{-j\omega\mu a}{\pi}H_0\sin\left(\frac{\pi}{a}x\right)e^{-j\beta z} \tag{8.2.127}$$

$$H_x(x,y,z)=\frac{ja\beta}{\pi}H_0\sin\left(\frac{\pi}{a}x\right)e^{-j\beta z} \tag{8.2.128}$$

$$H_y(x,y,z)=0 \tag{8.2.129}$$

$$E_z(x,y,z)=0 \tag{8.2.130}$$

代入式（8.2.124），得

$$\begin{aligned}\boldsymbol{S}_{平均}&=\frac{1}{2}\text{Re}[(\boldsymbol{e}_yE_y)\times(\boldsymbol{e}_xH_x+\boldsymbol{e}_zH_z)^*]=\boldsymbol{e}_z\frac{1}{2}\text{Re}(E_yH_x^*)\\&=\frac{1}{2}\boldsymbol{e}_z\frac{\omega\mu\beta a^2}{\pi^2}H_0^2\sin^2\left(\frac{\pi}{a}x\right)\end{aligned} \tag{8.2.131}$$

说明波导只有沿 z 轴方向传输的能量，对于尺寸为 $a\times b$ 的矩形波导，其沿 z 轴方向传输的平均功率为

$$\begin{aligned}P&=\int_0^a\int_0^b\boldsymbol{S}_{平均}\cdot\boldsymbol{e}_z\text{d}x\text{d}y=\int_0^a\int_0^b\frac{1}{2}\text{Re}(E_yH_x^*)\text{d}x\text{d}y\\&=\frac{1}{2}\int_0^a\int_0^b|E_yH_x|\text{d}x\text{d}y\end{aligned} \tag{8.2.132}$$

因为对于 TE 波，由波阻抗的定义式（8.1.79），得

$$E_y=-Z_{TE}H_x \tag{8.2.133}$$

所以

$$P = \frac{1}{2}\int_0^a\int_0^b\left|\frac{E_0^2}{Z_{\mathrm{TE}_{10}}}\sin^2\left(\frac{\pi}{a}x\right)\right|\mathrm{d}x\mathrm{d}y = \frac{ab}{4\eta}E_0^2\sqrt{1-(\lambda/\lambda_c)^2}$$
$$= \frac{ab}{480\pi}E_0^2\sqrt{1-\left(\frac{\lambda}{2a}\right)^2} \tag{8.2.134}$$

式中：$|E_0| = \dfrac{\omega\mu a H_0}{\pi}$为激励源的电场强度。

由式（8.2.134）可知：

（1）波导横截面尺寸 $a\times b$ 越大，波导所传输的功率就越大。

（2）对给定工作频率的电磁波，波导尺寸受单模传输条件的限制。

（3）对给定尺寸的矩形波导，工作频率越高（工作波长越小），波导所传输的功率越大。但同样受单模传输条件限制。

（4）激励源强度 E_0 越大，波导中传输的功率越大。但当 E_0 大于某一值时（$E_0 \geqslant E_{br}$），波导将被击穿，E_{br}称为击穿场强，相应的功率为击穿功率 P_{br}，即

$$P_{br} = \frac{1}{480\pi}abE_{br}^2\sqrt{1-\left(\frac{a}{2a}\right)^2} \tag{8.2.135}$$

因此，为了在传输大功率时波导不会被击穿，常常选择：

$$P \approx \left(\frac{1}{3}\sim\frac{1}{5}\right)P_{br} \tag{8.2.136}$$

作为波导容许传输的功率值。

8.3　圆柱形波导

8.3.1　圆柱形波导中的 TM 波

对于 TM 波，由于 $H_z=0$ 故波导中的场量由 E_z 完全确定，由波动方程为

$$\nabla^2\boldsymbol{E} + k^2\boldsymbol{E} = 0 \tag{8.3.1}$$

可得 E_z 满足的波动方程为

$$\nabla^2 E_z + k^2 E_z = 0 \tag{8.3.2}$$

即

$$\left(\nabla_t^2 + \frac{\partial^2}{\partial z^2}\right)E_z + k^2 E_z = 0 \tag{8.3.3}$$

考虑到：

$$E_r(r,\phi,z) = E(r,\phi)e^{-\gamma z} \tag{8.3.4}$$

故

$$\nabla_t^2 E_z + (\gamma^2 + k^2)E_z = 0 \tag{8.3.5}$$

令

$$\gamma^2 + k^2 = k_c^2 \tag{8.3.6}$$

式中：k_c 称为截止波数，于是式（8.3.5）变为

$$\nabla_t^2 E_z + k_c^2 E_z = 0 \tag{8.3.7}$$

在柱坐标系下，式（8.3.7）为

$$\frac{\partial^2 E_z}{\partial r^2}+\frac{1}{r}\frac{\partial E_z}{\partial r}+\frac{1}{r^2}\frac{\partial^2 E_z}{\partial \varphi^2}+k_c^2 E_z=0 \tag{8.3.8}$$

利用分离变量法求解上式，令

$$E_z(r,\phi)=R(r)\varphi(\phi) \tag{8.3.9}$$

将式（8.3.9）代入式（8.3.8）中，得

$$\varphi R''+\frac{1}{r}\varphi R'+\frac{1}{r^2}R\varphi''+k_c R\varphi=0 \tag{8.3.10}$$

式（8.3.10）两边同乘以$\frac{r^2}{R\phi}$，得

$$\frac{r^2}{R}R''+\frac{r}{R}R'+k_c^2 r^2=-\frac{1}{\varphi}\varphi'' \tag{8.3.11}$$

式（8.3.11）左边仅为 r 的函数，而右边仅为 ϕ 的函数，因此，其成立的条件是

$$-\frac{1}{\varphi}\varphi''=m^2 \tag{8.3.12}$$

$$\frac{r^2}{R}R''+\frac{r}{R}R'+k_c^2 r^2=m^2 \tag{8.3.13}$$

即

$$\frac{\mathrm{d}^2\varphi}{\mathrm{d}\phi^2}+m^2\varphi=0 \tag{8.3.14}$$

$$r^2\frac{\mathrm{d}^2 R}{\mathrm{d}r^2}+r\frac{\mathrm{d}R}{\mathrm{d}r}+(k_c^2 r^2-m^2)R=0 \tag{8.3.15}$$

式（8.3.14）的通解为 $\cos m\phi$ 和 $\sin m\phi$ 的线性组合：

$$\phi=A\begin{cases}\cos m\phi\\ \sin m\phi\end{cases} \tag{8.3.16}$$

为满足场量沿 ϕ 的变化具有 2π 周期性，m 的取值应为整数，即

$$m=0,1,2,\cdots$$

式（8.3.15）为 m 阶的贝塞尔方程，其解为贝塞尔函数为

$$R(r)=B_1 J_m(k_c r)+B_2 Y_m(k_c r) \tag{8.3.17}$$

式中：$J_m(k_c r)$称为 m 阶第一类贝塞尔函数；$Y_m(k_c r)$为 m 阶第二类贝塞尔函数。图 8-11（a）、（b）分别表示第一类贝塞尔函数和第二类贝塞尔函数的变化曲线。

根据第二类贝塞尔函数的性质为

$$Y_m(0)\to\infty \tag{8.3.18}$$

而波导中心处场量为有限值，则要求式（8.3.17）中：

$$B_2=0$$

于是得

$$\begin{cases}E_z(r,\varphi)=E_0\mathrm{J}_m(k_c r)\left.\begin{matrix}\cos m\phi\\ \sin m\phi\end{matrix}\right\}e^{-\gamma z}\\ E_0=AB_1(\text{由激励源确定})\end{cases} \tag{8.3.19}$$

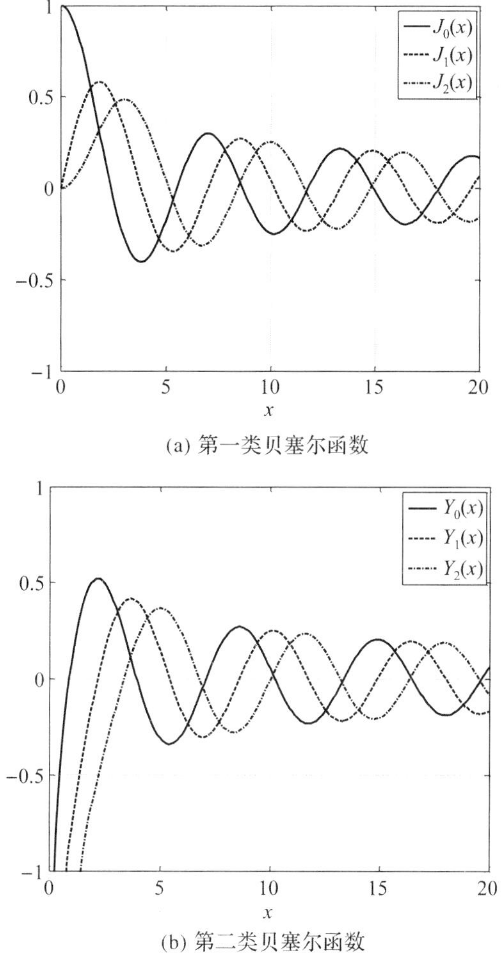

(a) 第一类贝塞尔函数

(b) 第二类贝塞尔函数

图 8-11　两类贝塞尔函数

再根据理想导体的边界条件

$$E_z\big|_{r=a}=0 \tag{8.3.20}$$

即

$$R(a)\varphi=0 \tag{8.3.21}$$

得

$$R(a)=0 \tag{8.3.22}$$

将其代入式（8.3.17），得

$$\mathrm{J}_m(k_c a)=0 \tag{8.3.23}$$

满足以上条件的 $k_c a$ 的值称为贝塞尔函数的零点。由图 8-11（a）可知，贝塞尔函数有无穷多个分立的零点。用 p_{mn} 表示 m 阶贝塞尔函数的第 n 个零点，则

$$k_c a=p_{mn} \tag{8.3.24}$$

于是可以得到相应 TM 波的截止波数为

$$k_{cEmn}=\frac{p_{mn}}{a} \tag{8.3.25}$$

表 8－1 列出了 p_{mn}的前几个值。

表 8－1　贝塞耳函数 $\mathbf{J}_n(p_{mn})=0$ 的根 p_{mn}

n	m					
	0	1	2	3	4	5
1	2.40483	3.83171	5.13562	6.38016	7.58834	8.77148
2	5.52008	7.01599	8.41724	9.76102	11.06471	12.33860
3	8.65373	10.17347	11.61984	13.01520	14.37254	15.70017
4	11.79153	13.32369	14.79595	16.22347	17.61597	18.98013

根据式

$$\boldsymbol{E}_t=\frac{1}{\gamma^2+k^2}(-\gamma\nabla_t\boldsymbol{E}_z+\mathrm{j}\omega\mu\boldsymbol{e}_z\times\nabla_tH_z) \tag{8.3.26}$$

和式 $\boldsymbol{H}_t=\dfrac{1}{\gamma^2+k^2}(-\gamma\nabla_t\boldsymbol{H}_z-\mathrm{j}\omega\varepsilon\boldsymbol{e}_z\times\nabla_tE_z)$ 可得到圆柱波导中 TM 波的场分量：

$$E_z(r,\varphi,z)=E_0\mathrm{J}_m(k_cr)\begin{Bmatrix}\cos m\phi\\ \sin m\phi\end{Bmatrix}e^{-\gamma z} \tag{8.3.27}$$

$$E_r(r,\phi,z)=-\frac{\gamma}{k^2+\gamma^2}E_0\mathrm{J}'_m(k_cr)\begin{Bmatrix}\cos m\phi\\ \sin m\phi\end{Bmatrix}e^{-\gamma z} \tag{8.3.28}$$

$$E_\phi(r,\phi,z)=-\frac{\gamma m}{(k^2+\gamma^2)r}E_0\mathrm{J}_m(k_cr)\begin{Bmatrix}\sin m\phi\\ -\cos m\phi\end{Bmatrix}e^{-\gamma z} \tag{8.3.29}$$

$$H_r=-\frac{1}{Z_{\mathrm{TM}}}E_\phi \tag{8.3.30}$$

$$H_\varphi=\frac{1}{Z_{\mathrm{TM}}}E_r \tag{8.3.31}$$

式中

$$Z_{\mathrm{TM}}=\frac{E_r}{H_\phi}=-\frac{E_\phi}{H_r} \tag{8.3.32}$$

为圆柱形波导中 TM 波的波阻抗。

由此可见：

（1）圆柱形波导中的 TM 波存在不同的模式 TM_{mn}模；

（2）不同模式的截止波数为 k_{cEmn}，由式（8.3.27）~式（8.3.31）确定；

（3）由于对贝塞尔函数的根 p_{mn}的编号从 $n=1$ 开始，所以不存在 TM_{m0}模，但是存在 TM_{0n}模。

8.3.2　圆柱形波导中的 TE 波

对于 TE 波，由于 $E_z=0$，故波导中的场量由 H_z 完全确定。而 H_z 满足的波动方程为

$$\nabla^2H_z+k^2H_z=0 \tag{8.3.33}$$

在柱坐标下为

$$\frac{\partial^2 H_z}{\partial r^2}+\frac{1}{r}\frac{\partial H_z}{\partial r}+\frac{1}{r^2}\frac{\partial^2 H_z}{\partial \phi^2}+k_c^2 E_z=0 \tag{8.3.34}$$

与讨论 TM 模类似，式（8.3.34）的解为

$$H_z(r,\phi,z)=H_0 \mathrm{J}_m(k_c r)\begin{Bmatrix}\cos m\phi\\ \sin m\phi\end{Bmatrix}e^{-\gamma z} \tag{8.3.35}$$

式中

$$m=0,1,2,\cdots$$

H_0 为常数，由激励源强度确定。

但对于 TE 波，其边界条件为

$$E_\varphi\big|_{r=a}=0 \tag{8.3.36}$$

式（8.3.36）可写成

$$\left.\frac{\partial H_z}{\partial r}\right|_{r=a}=0 \tag{8.3.37}$$

将其代入式（8.3.35），得

$$\mathrm{J}'_m(k_c a)=0 \tag{8.3.38}$$

满足上述条件的 $k_c a$ 的值为 m 阶贝塞尔函数导数的零点，即图 8－11（a）所示的 $\mathrm{J}_m(x)$ 曲线上斜率为零点的点。它们也有无穷多个分立值，记为 q_{mn}，则

$$k_c a=q_{mn} \tag{8.3.39}$$

于是可以得相应 TE 波的截止波数为

$$k_{cHmn}=\frac{q_{mn}}{a} \tag{8.3.40}$$

式中：q_{mn}的值如表 8－2 所列。

表 8－2　$\mathrm{J}'_m(q_{mn})=0$ 的根 q_{mn}

n	m					
	0	1	2	3	4	5
1	3.83171	1.84118	3.05424	4.20119	5.31755	6.41562
2	7.01559	5.33144	6.70613	8.01524	9.28240	10.51986
3	10.17347	8.53632	9.96947	11.34592	12.68191	13.98719
4	13.32369	11.70600	13.17037	14.58585	15.96411	17.31282

根据式

$$\boldsymbol{E}_t=\frac{1}{\gamma^2+k^2}(-\gamma\nabla_t \boldsymbol{E}_z+\mathrm{j}\omega\mu \boldsymbol{e}_z\times\nabla_t H_z) \tag{8.3.41}$$

和式 $\boldsymbol{H}_t=\frac{1}{\gamma^2+k^2}(-\gamma\nabla_t \boldsymbol{H}_z-\mathrm{j}\omega\varepsilon \boldsymbol{e}_z\times\nabla_t E_z)$可得圆波导中 TE 波的场分量：

$$H_z(r,\phi,z)=H_0 J_m(k_c r)\begin{Bmatrix}\cos m\phi\\ \sin m\phi\end{Bmatrix}e^{-\gamma z} \tag{8.3.42}$$

$$H_r(r,\phi,z) = -\frac{1}{k^2+\gamma^2}H_0 J'_m(k_c r)\begin{Bmatrix}\cos m\phi\\ \sin m\phi\end{Bmatrix}e^{-\gamma z} \tag{8.3.43}$$

$$H_\phi(r,\phi,z) = \frac{\gamma m}{k^2+\gamma^2}H_0 J_m(k_c r)\begin{Bmatrix}\sin m\phi\\ -\cos m\phi\end{Bmatrix}e^{-\gamma z} \tag{8.3.44}$$

$$E_r = Z_{\mathrm{TE}}H_\phi \tag{8.3.45}$$

$$E_\phi = -Z_{\mathrm{TE}}H_r \tag{8.3.46}$$

式中

$$Z_{\mathrm{TE}} = \frac{E_r}{H_\phi} = -\frac{E_\phi}{H_r} \tag{8.3.47}$$

为圆柱形波导中 TE 的波阻抗。

8.3.3 圆柱形波导中波的传播特性

与矩形波导相同，圆柱形波导中 TM_{mn}模和 TE_{mn}模的传播特性由相应的传播常数 γ 确定，而传播常数 γ、波数 k 及截止波数 k_c 三者满足关系 $k_c^2=\gamma^2+k^2$。对于给定尺寸（半径 a）的圆柱形波导，TM_{mn}模和 TE_{mn}模的截止波数 k_c 分别由式（8.3.25）和式（8.3.40）确定，相应的截止频率为

$$f_c = \frac{k_c}{2\pi\sqrt{\mu\varepsilon}} \tag{8.3.48}$$

截止波长为

$$\lambda_c = \frac{2\pi}{k_c} \tag{8.3.49}$$

当电磁波的工作频率 f 大于相应模式的截止频率 f_c（或工作波长 λ 小于相应模式的截止波长 λ_c）时，波导中就可以传播该模式的电磁波。其相应的传播特性参数如下：

相位常数为

$$\beta = \sqrt{\omega^2\mu\varepsilon - k_c^2} = k\sqrt{1-\left(\frac{f_c}{f}\right)^2} \tag{8.3.50}$$

相速度为

$$v_p = \frac{\omega}{\beta} = \frac{v}{\sqrt{1-\left(\frac{f_c}{f}\right)^2}} \tag{8.3.51}$$

波导波长为

$$\lambda_g = \frac{v_p}{f} = \frac{\lambda}{\sqrt{1-\left(\frac{f_c}{f}\right)^2}} \tag{8.3.52}$$

波阻抗为

$$Z_{\mathrm{TM}} = \frac{E_r}{H_\phi} = -\frac{E_\phi}{H_r} = \eta\sqrt{1-\left(\frac{f_c}{f}\right)^2} \tag{8.3.53}$$

$$Z_{\mathrm{TE}} = \frac{E_r}{H_\phi} = -\frac{E_\phi}{H_r} = \frac{\eta}{\sqrt{1-\left(\frac{f_c}{f}\right)^2}} \tag{8.3.54}$$

与矩形波导一样，也可以根据模式截止波长的大小，绘出圆柱形波导中截止波长的分布图，如图 8－12 所示。

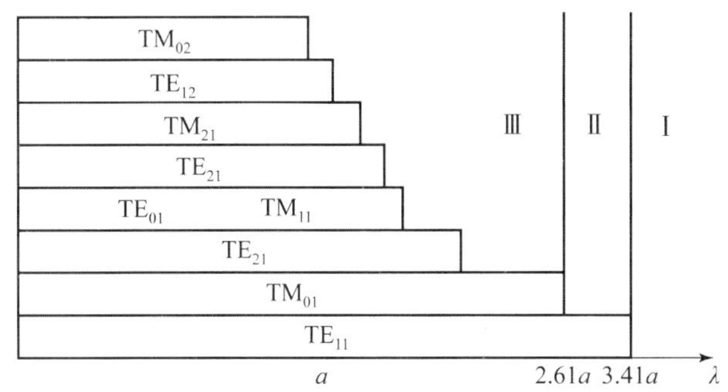

图 8－12　圆柱形波导中的模式分布图

从以上的分析可以看出：

（1）圆柱形波导中存在无穷多个可能的传播模式——TM_{mn}模和TE_{mn}模；

（2）圆柱形波导中最低截止频率模式是TE_{11}模，其截止波长为 $3.41a$，它是圆柱形波导中的主模；

（3）圆柱形波导中存在模式的双重简并：

一是不同模式具有相同的截止波长。例如：$(\lambda_c)_{TE_{0n}}=(\lambda_c)_{TM_{1n}}$，因此$TE_{0n}$模和$TM_{1n}$模存在模式简并现象，称为 $E-H$ 简并。这和矩形波导中的模式简并相同。

二是从 TE 波和 TM 波的场分量表示式可知，当 $m\neq0$ 时，对于同一个TM_{mn}模或TE_{mn}模都有两个场结构，它们与坐标 ϕ 的关系分别为 $\sin m\phi$ 和 $\cos m\phi$，称为极化简并，是圆柱形波导中特有的。

8.3.4　圆柱形波导中的几个主要模式

1. 主模 TE_{11}

由于在圆柱形波导中TE_{11}模具有最长的截止波长，$\lambda_c=3.41a$，因此TE_{11}模是圆柱形波导中的主模，其场分量为

$$H_z=H_0J_1\left(\frac{1.841}{a}r\right)\begin{Bmatrix}\cos\phi\\ \sin\phi\end{Bmatrix}e^{-\gamma z}\tag{8.3.55}$$

$$H_r=-\mathrm{j}\frac{\beta a}{1.841}H_0J'_1\left(\frac{1.841}{a}r\right)\begin{Bmatrix}\cos\phi\\ \sin\phi\end{Bmatrix}e^{-\gamma z}\tag{8.3.56}$$

$$H_\phi=\mathrm{j}\frac{\beta a^2}{(1.841)^2r}H_0J_1\left(\frac{1.841}{a}r\right)\begin{Bmatrix}\sin\phi\\ -\cos\phi\end{Bmatrix}e^{-\gamma z}\tag{8.3.57}$$

$$E_r=Z_{TE_{11}}H_\phi=-\mathrm{j}\frac{\omega\mu a^2}{(1.841)^2r}H_0J_1\left(\frac{1.841}{a}r\right)\begin{Bmatrix}-\sin\phi\\ \cos\phi\end{Bmatrix}e^{-\gamma z}\tag{8.3.58}$$

$$E_\phi=-Z_{TE_{11}}H_r=\mathrm{j}\frac{\omega\mu a}{1.841}H_0J'_1\left(\frac{1.841}{a}r\right)\begin{Bmatrix}\cos\phi\\ \sin\phi\end{Bmatrix}e^{-\gamma z}\tag{8.3.59}$$

$$E_z=0\tag{8.3.60}$$

其场结构如图 8－13（a）、（b）所示。

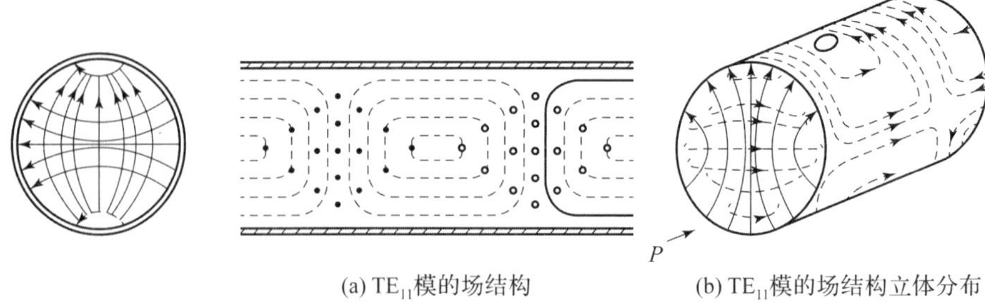

(a) TE_{11}模的场结构　　(b) TE_{11}模的场结构立体分布

图 8-13　圆波导中 TE_{11} 模的场结构及其场结构立体分布

对于给定尺寸 a 的圆波导，即使将工作波长限制在 $2.62a<\lambda<3.41a$ 之间，并且波导中只有 TE_{11} 模，但由于存在简并，也不能实现单模传输，所以一般不用圆波导传输信号。

2. TE_{01} 模

TE_{01} 模是圆柱形波导中的高次模，由于 $m=0$，其场结构是轴对称的（波导中的 TE_{0n} 和 TM_{01} 都是轴对称的）。

场分量：

$$H_z = H_0 J_0\left(\frac{3.832}{a}r\right)e^{-\gamma z} \tag{8.3.61}$$

$$H_r = -jH_0\frac{\beta a}{3.832}J_1\left(\frac{3.832}{a}r\right)e^{-\gamma z} \tag{8.3.62}$$

$$H_\phi = 0 \tag{8.3.63}$$

$$E_\phi = -Z_{TE_{01}}H_r = -\frac{j\omega\mu a}{3.832}H_0 J_1\left(\frac{3.832}{a}r\right)e^{-\gamma z} \tag{8.3.64}$$

$$E_r = 0 \tag{8.3.65}$$

$$E_z = 0 \tag{8.3.66}$$

其场结构如图 8-14（a）、（b）所示。

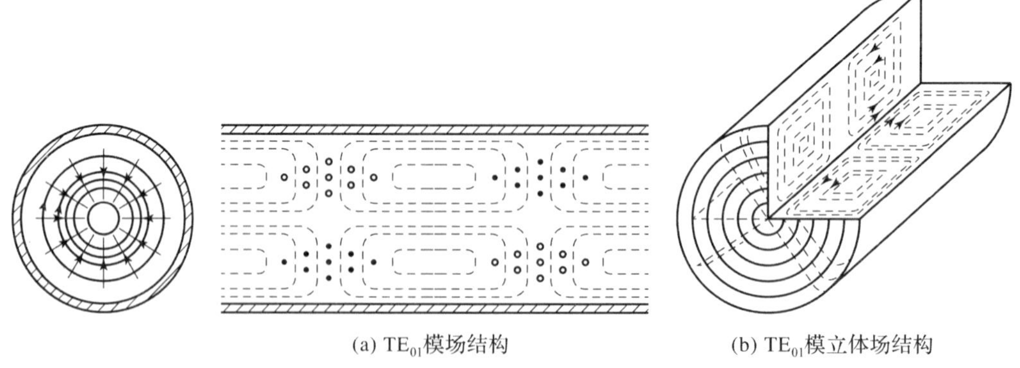

(a) TE_{01}模场结构　　(b) TE_{01}模立体场结构

图 8-14　圆波导中 TE_{01} 模场结构及其立体场结构

从场分量可知，TE_{01} 模的电场只有 E_ϕ 分量，因而电力线在横截面内是闭合的。而磁场只有 H_r 及 H_z 分量，由电磁场边界条件可知，只有 H_z 分量才能在管壁上感应产生管壁电流，且产生的管壁电流只有 $\boldsymbol{e}_\phi$ 分量，如图 8-15 所示。

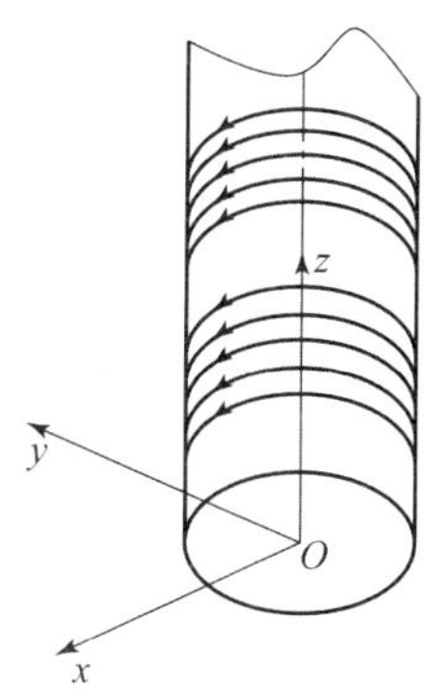

图 8－15　圆波导中 TE_{01} 模管壁电流

图 8－16 给出了在铜质圆柱波导管中三种重要模式的衰减特性。

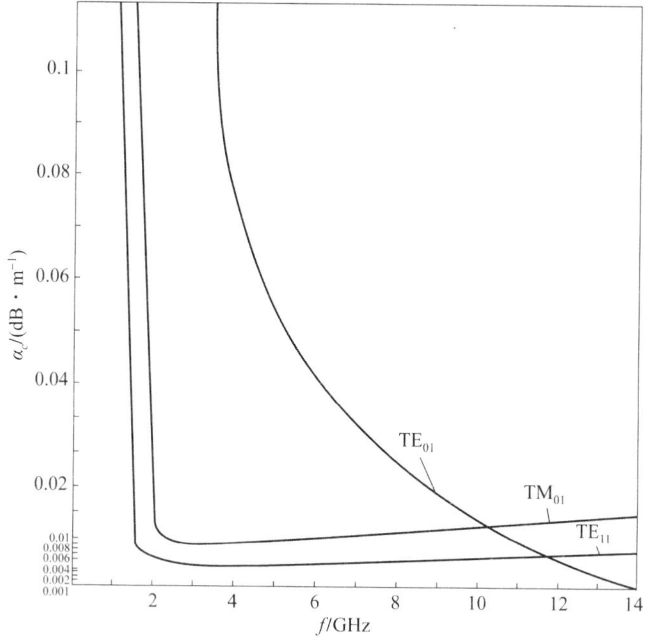

图 8－16　圆波导管中的衰减特性

由图 8－16 可知，只有 TE_{01} 模的衰减常数 α_c 随着工作频率的增加而单调下降。因此，管壁电流的热损耗也将单调下降。由于 TE_{01} 模的这一特点，使它特别适合于作高 Q 值的谐振腔的工作模式，以及用于微波长距离传输。

TE_{01} 模是轴对称的，所以没有极化简并，但它与 TM_{11} 模式简并。因此若将其用作传输模时，需采取一些措施阻止其他波型的出现。如在波导管内壁上加上一层薄薄的有耗介质，它对 TE_{01} 模的衰减不大，因为它在波导壁附近的电场很小，而对有 E_r 分量的那些波型将会大量吸收。另外，把波导做成螺旋结构（图 8－17）或周期螺旋结构，这样就会使一切有纵向电流的波型大大衰减。

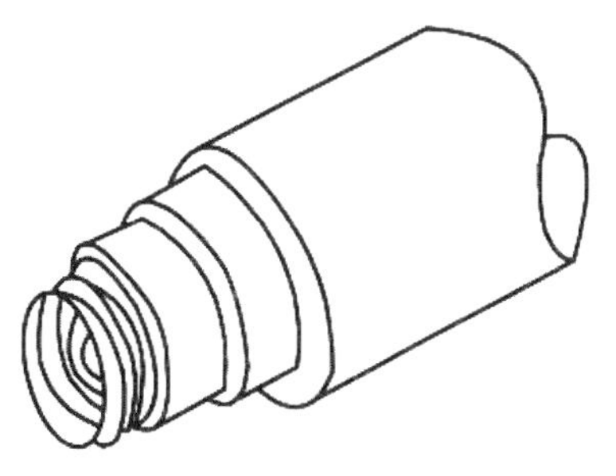

图 8－17　螺旋波导

3. TM$_{01}$模

TM$_{01}$模是圆波导中TM波的最高次模式，并且没有简并，截止波长 $\lambda_c=2.62a$。

场分量为

$$E_z=E_0J_0(k_cr)e^{-\gamma z} \tag{8.3.67}$$

$$E_r=\frac{\mathrm{j}\beta}{k_c}E_0J_1(k_cr)e^{-\gamma z} \tag{8.3.68}$$

$$E_\varphi=0 \tag{8.3.69}$$

$$H_r=0 \tag{8.3.70}$$

$$H_\varphi=\frac{\mathrm{j}\omega\varepsilon}{k_c}E_0J_1(k_cr)e^{-\gamma z} \tag{8.3.71}$$

$$H_z=0 \tag{8.3.72}$$

式中

$$k_c=\frac{2.405}{a} \tag{8.3.73}$$

其场结构如图8-18所示。

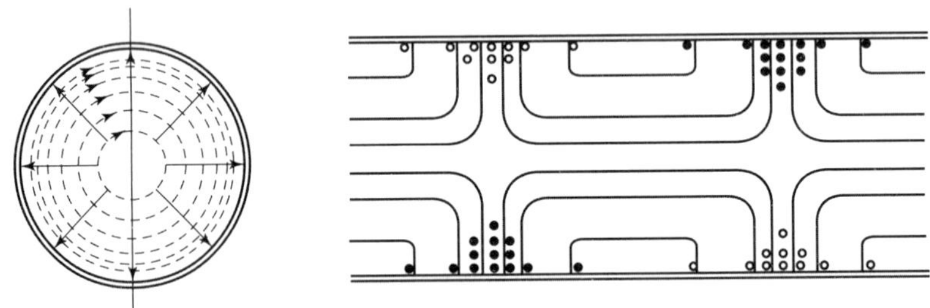

图8-18 圆波导中TM$_{01}$模的场结构

TM$_{01}$模是圆波导中最低次轴对称模，它没有极化简并，故常用它制成雷达设备中固定发射机和旋转天线之间的旋转关节。

例8.3.1：圆柱形波导的波导波长。

一个空气填充的圆柱形波导中传输TE$_{01}$模，已知 $\lambda/\lambda_c=0.8$，工作频率 $f=1\text{GHz}$，求波导波长。

解：

$$\beta=\sqrt{k^2-k_c^2}=\omega\sqrt{\mu\varepsilon}\sqrt{1-\left(\frac{\lambda}{\lambda_c}\right)^2}$$

$$=2\pi f\sqrt{\mu_0\varepsilon_0}\sqrt{1-0.8^2}=12.57\text{rad/m}$$

故

$$\lambda_g=\frac{2\pi}{\beta}=\frac{2\pi}{12.57}=0.50\text{m}$$

例8.3.2：圆柱形波导中的传播模式。

一个空气填充的圆柱形波导，周长为50.2cm，其工作频率为1.5GHz，问该波导内可能的传播模式有哪些？

解：工作波长为

$$\lambda = \frac{c}{f} = 20\text{cm}$$

截止波长 $\lambda < \lambda_r$ 的模式可以传播。

该波导的半径为

$$a = \frac{l}{2\pi} = \frac{50.2}{2 \times 3.14} \approx 8\text{cm}$$

TE_{11} 模的截止波长为

$$\lambda_{cTE_{11}} = 3.41a \approx 27.2\text{cm}$$

TE_{01} 模和 TM_{11} 模的截止波长

$$\lambda_{cTE_{01}} = 1.64a = 13.12\text{cm}$$

TM_{01} 模的截止波长为

$$\lambda_{cTM_{01}} = 2.62a = 20.96\text{cm}$$

TE_{21} 模的截止波长为

$$\lambda_{cTE_{21}} = 2.06a = 16.48\text{cm}$$

其余模式的截止波长都将小于 16.48cm，所以该圆波导可能传播的模式为 TE_{11} 模和 TM_{01} 模。

8.4　同轴波导

8.4.1　同轴波导中的 TEM 波

TEM 波是无色散波，其截止波数 $k_c = 0$，即 $\lambda_c = \infty$。因此，同轴线中的主模是 TEM 模。

1. 场结构

由麦克斯韦方程：

$$\nabla \times \boldsymbol{E} = -\mathrm{j}\omega\mu\boldsymbol{H} \tag{8.4.1}$$

在柱坐标系下，此方程可写为

$$\frac{1}{r}\frac{\partial E_z}{\partial \phi} + \gamma E_\phi = -\mathrm{j}\omega\mu H_r \tag{8.4.2}$$

$$-\gamma E_r - \frac{\partial E_z}{\partial r} = -\mathrm{j}\omega\mu H_\phi \tag{8.4.3}$$

$$\frac{1}{r}\frac{\partial(rE_\phi)}{\partial r} - \frac{1}{r}\frac{\partial E_r}{\partial \phi} = -\mathrm{j}\omega\mu H_z \tag{8.4.4}$$

由麦克斯韦方程：

$$\nabla \times \boldsymbol{H} = \mathrm{j}\omega\varepsilon\boldsymbol{E} \tag{8.4.5}$$

在柱坐标系下，此方程可写为

$$\frac{1}{r}\frac{\partial H_z}{\partial \phi} + \gamma H_\phi = \mathrm{j}\omega\varepsilon E_r \tag{8.4.6}$$

$$-\gamma H_r - \frac{\partial H_z}{\partial r} = \mathrm{j}\omega\varepsilon E_\phi \tag{8.4.7}$$

$$\frac{1}{r}\frac{\partial(rH_\phi)}{\partial r}-\frac{1}{r}\frac{\partial H_r}{\partial\phi}=\mathrm{j}\omega\varepsilon E_z \tag{8.4.8}$$

对于 TEM 波，$E_z=0$，$H_z=0$，电场和磁场都在横截面内。又因为磁力线是闭合曲线，故磁场只有 H_ϕ 分量，因而电场只有 E_r 分量。于是式（8.4.2）~式（8.4.4）和式（8.4.6）~式（8.4.8）变为

$$-\gamma E_r=-\mathrm{j}\omega\mu H_\phi \tag{8.4.9}$$

$$\frac{1}{r}\frac{\partial E_r}{\partial\phi}=0 \tag{8.4.10}$$

$$\gamma H_\phi=\mathrm{j}\omega\varepsilon E_r \tag{8.4.11}$$

$$\frac{1}{r}\frac{\partial(rH_\phi)}{\partial r}=0 \tag{8.4.12}$$

考虑到 $\gamma=-\mathrm{j}\beta$，式（8.4.9）~式（8.4.12）可写为

$$\beta E_r=\omega\mu H_\phi \tag{8.4.13}$$

$$\frac{1}{r}\frac{\partial E_r}{\partial\phi}=0 \tag{8.4.14}$$

$$\beta H_\phi=\omega\varepsilon E_r \tag{8.4.15}$$

$$\frac{1}{r}\frac{\partial(rH_\phi)}{\partial r}=0 \tag{8.4.16}$$

式（8.4.15）的解为

$$H_\phi=\frac{H_0}{r} \tag{8.4.17}$$

考虑沿 $+z$ 轴方向的传播因子 $e^{-\gamma z}$，于是

$$H_\phi=\frac{H_0}{r}e^{-\gamma z} \tag{8.4.18}$$

式中：H_0 为常数，由激励源强度确定。

由式（8.4.12），有

$$E_r=\frac{\omega\mu}{\beta}H_\phi=\frac{\omega\mu}{\beta}\frac{H_0}{r}e^{-\gamma z} \tag{8.4.19}$$

图 8－19 为同轴线中 TEM 波的场分布图。

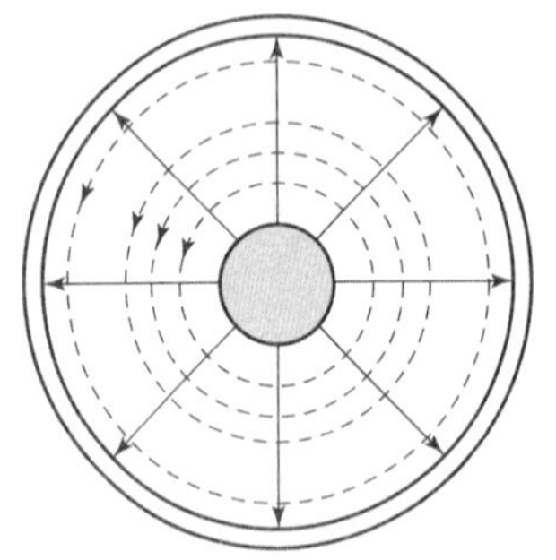
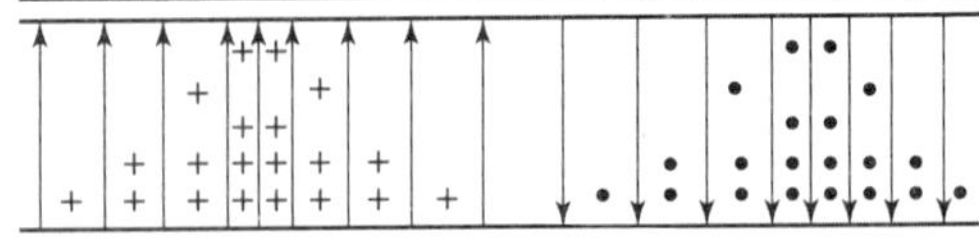
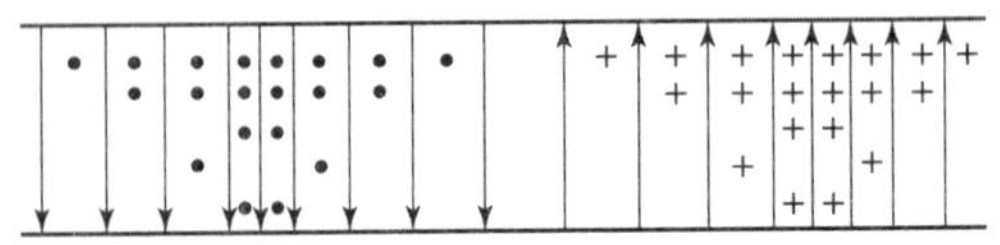

图 8－19　同轴线中 TEM 波的场图

由于 TEM 波的截止波数 $k_c=0$，这表明任何频率的电磁波都可以 TEM 波形式在同轴线中传播。

2. 传播特性

传播常数为

$$\gamma = \mathrm{j}\beta = \mathrm{j}\omega\sqrt{\mu\varepsilon} \tag{8.4.20}$$

相位常数为

$$\beta = \omega\sqrt{\mu\varepsilon} \tag{8.4.21}$$

波导波长

$$\lambda_g = \frac{2\pi}{\beta} = \frac{2\pi}{\omega\sqrt{\mu\varepsilon}} = \lambda \tag{8.4.22}$$

表明波长等于相应介质中的波长。

$$E_z(r,\phi) = R(r)\phi(\varphi)e^{-\gamma z} \tag{8.4.23}$$

相速度为

$$v_p = \frac{\omega}{\beta} = \frac{1}{\sqrt{\mu\varepsilon}} = v \tag{8.4.24}$$

表明相速度等于相应介质中的速度。

波阻抗为

$$Z_{\mathrm{TEM}} = \frac{|E_r|}{|E_\phi|} = \frac{\beta}{\omega\varepsilon} = \sqrt{\frac{\mu}{\varepsilon}} = \eta \tag{8.4.25}$$

等于介质的本征阻抗。

8.4.2 同轴波导中的 TM 波

同轴线中 TM 波的分析方法和圆波导类似，其纵向场分量和横向场分量的关系也可由式 $\boldsymbol{E}_t = \frac{1}{\gamma^2 + k^2}(-\gamma\nabla_t \boldsymbol{E}_z + \mathrm{j}\omega\mu\boldsymbol{e}_z \times \nabla_t H_z)$ 和式 $\boldsymbol{H}_t = \frac{1}{\gamma^2 + k^2}(-\gamma\nabla_t \boldsymbol{H}_z - \mathrm{j}\omega\varepsilon\boldsymbol{e}_z \times \nabla_t E_z)$ 确定。而 E_z 满足波动方程的解

$$E_z(r,\phi) = R(r)\phi(\varphi)e^{-\gamma z} \tag{8.4.26}$$

式中：$\phi(\varphi)$ 和 $R(r)$ 满足的常微分方程仍为式（8.4.7）和式（8.4.8），即

$$\frac{\mathrm{d}^2\phi}{\mathrm{d}\varphi^2} + m^2\varphi = 0 \tag{8.4.27}$$

$$r^2\frac{\mathrm{d}^2 R}{\mathrm{d}r^2} + r\frac{\mathrm{d}R}{\mathrm{d}r} + (k_c^2 r^2 - m^2)R = 0 \tag{8.4.28}$$

$\phi(\varphi)$ 的通解为

$$\phi(\varphi) = A\begin{cases}\cos m\phi \\ \sin m\phi\end{cases} \tag{8.4.29}$$

在同轴线问题中，仍要求满足场量沿 ϕ 的变化具有 2π 的周期性，故 m 的取值应为整数，即 $m = 0,1,2,\cdots$

$R(r)$ 的通解为

$$R(r) = B_1\mathrm{J}_m(k_c r) + B_2\mathrm{Y}_m(k_c r) \tag{8.4.30}$$

对于同轴线，电磁波是在内外导体之间传播，因此，求解区域不包含 $r = 0$。于是，第二类贝塞尔函数 $\mathrm{Y}_m(k_c r)$ 应存在于解中。

此时的边界条件为

$$E_z\big|_{r=a}=0 \tag{8.4.31}$$

$$E_z\big|_{r=b}=0 \tag{8.4.32}$$

将其代入通解中，得

$$B_1\mathrm{J}_m(k_ca)+B_2\mathrm{Y}_m(k_ca)=0 \tag{8.4.33}$$

和

$$B_1\mathrm{J}_m(k_cb)+B_2\mathrm{Y}_m(k_cb)=0 \tag{8.4.34}$$

方程组式（8.4.33）~式（8.4.34）有非零解的条件为

$$\begin{vmatrix}\mathrm{J}_m(k_ca) & \mathrm{Y}_m(k_ca)\\ \mathrm{J}_m(k_cb) & \mathrm{Y}_m(k_cb)\end{vmatrix}=0 \tag{8.4.35}$$

即

$$\frac{\mathrm{J}_m(k_ca)}{\mathrm{J}_m(k_cb)}=\frac{\mathrm{Y}_m(k_ca)}{\mathrm{Y}_m(k_cb)} \tag{8.4.36}$$

式（8.4.36）是一个超越方程，它有无穷多个独立的根，每个根决定一个 k_c 值，即确定一个截止波数。找出式（8.4.36）的解以后，将其代入式（8.4.33）~式（8.4.34）即可求出 B_1 和 B_2，从而得到 $R(r)$，即确定 E_z。式（8.4.36）严格求解十分困难，但对于当 k_ca 和 k_cb 很大时，可采用近似方法求解，因为这时

$$\mathrm{J}_m(k_ca)\approx\sqrt{\frac{2}{k_ca\pi}}\cos\left(k_ca-\frac{2m+1}{4}\pi\right) \tag{8.4.37}$$

$$\mathrm{Y}_m(k_ca)\approx\sqrt{\frac{2}{k_ca\pi}}\sin\left(k_ca-\frac{2m+1}{4}\pi\right) \tag{8.4.38}$$

$$\mathrm{J}_m(k_cb)\approx\sqrt{\frac{2}{k_cb\pi}}\cos\left(k_cb-\frac{2m+1}{4}\pi\right) \tag{8.4.39}$$

$$Y_m(k_cb)\approx\sqrt{\frac{2}{k_cb\pi}}\sin\left(k_cb-\frac{2m+1}{4}\pi\right) \tag{8.4.40}$$

代入式（8.4.36），整理后，得

$$\frac{\sin\left(k_ca-\frac{2m+1}{4}\pi\right)}{\cos\left(k_ca-\frac{2m+1}{4}\pi\right)}=\frac{\sin\left(k_cb-\frac{2m+1}{4}\pi\right)}{\cos\left(k_cb-\frac{2m+1}{4}\pi\right)} \tag{8.4.41}$$

设

$$x=k_cb-\frac{2m+1}{4}\pi \tag{8.4.42}$$

$$y=k_ca-\frac{2m+1}{4}\pi \tag{8.4.43}$$

得

$$\sin x\cos y-\cos x\sin y=0 \tag{8.4.44}$$

即

$$\sin(x-y)=\sin k_c(b-a)\approx 0 \tag{8.4.45}$$

得同轴线中的截止波数为

$$k_c \approx \frac{n\pi}{b-a} \quad (n=1,2,3,\cdots) \tag{8.4.46}$$

截止波长为

$$\lambda_{c\mathrm{TM}_{mn}} \approx \frac{2}{n}(b-a) \tag{8.4.47}$$

由此可见，TM 模的最低模式为 TM_{01} 模，其截止波长为

$$\lambda_{c\mathrm{TM}_{01}} \approx 2(b-a) \tag{8.4.48}$$

由 $\lambda_{c\mathrm{TM}_{mn}}$ 的表达式还可以知道，在大宗量近似情况下，同轴线内 TM 波的截止波长与 m 无关。这说明：在 TM_{01} 出现的同时，有可能出现 TM_{11}、TM_{21}、TM_{31} 等，这是我们所不希望出现的，故在设计和使用同轴线时，应避免 TM 波的出现。

8.4.3　同轴波导中的 TE 波

同轴线中 TE 波的分析方法和圆波导类似。所不同的仍是此时求解区域不包含 $r=0$。因此，第二类贝塞尔函数 $\mathrm{Y}_m(k_c r)$ 应出现在 H_z 的解中

$$H_z(r,\phi,z) = [C_1 \mathrm{J}_m(k_c r) + C_2 \mathrm{Y}_m(k_c r)] \begin{Bmatrix} \cos m\phi \\ \sin m\phi \end{Bmatrix} e^{-\gamma z} \tag{8.4.49}$$

该问题的边界条件为

$$E_\phi |_{r=a} = 0 \tag{8.4.50}$$

$$E_\phi |_{r=b} = 0 \tag{8.4.51}$$

由圆柱坐标系中纵向场与横向场的关系式 $\boldsymbol{E}_t = \dfrac{1}{\gamma^2 + k^2}(-\gamma \nabla_t \boldsymbol{E}_z + \mathrm{j}\omega\mu \boldsymbol{e}_z \times \nabla_t H_z)$，并考虑 $E_z=0$，则得

$$E_\phi = \frac{\mathrm{j}\omega\mu}{k_c^2} \frac{\partial H_z}{\partial r} \tag{8.4.52}$$

于是边界条件式（8.4.50）和式（8.4.51）变为

$$\left.\frac{\partial H_z}{\partial r}\right|_{r=a} = 0 \tag{8.4.53}$$

$$\left.\frac{\partial H_z}{\partial r}\right|_{r=b} = 0 \tag{8.4.54}$$

将其代入 H_z 的通解式（8.4.49），得

$$C_1 J'_m(k_c a) + C_2 \mathrm{Y}'_m(k_c a) = 0 \tag{8.4.55}$$

$$C_1 J'_m(k_c b) + C_2 \mathrm{Y}'_m(k_c b) = 0 \tag{8.4.56}$$

得

$$\frac{J'_m(k_c a)}{J'_m(k_c b)} = \frac{\mathrm{Y}'_m(k_c a)}{\mathrm{Y}'_m(k_c b)} \tag{8.4.57}$$

与式（8.4.36）一样，式（8.4.57）也是一个超越方程，严格求解十分困难，一般采用数值解法，用近似方程可求得 $n=1$，$m \neq 0$ 时的 TE_{m1} 模的截止波长

$$\lambda_{c\mathrm{TE}_{m1}} \approx \frac{\pi(a+b)}{m} \quad (m=1,2,3,\cdots) \tag{8.4.58}$$

对于最低的 TE_{11} 模为

$$\lambda_{c\mathrm{TE}_{11}} \approx \pi(a+b) \tag{8.4.59}$$

对于 $m=0$ 的情况，若假设 $k_c a$ 和 $k_c b$ 很大，可采用三角函数近似法，得

$$\lambda_{c(\mathrm{TE}_{01})} \approx 2(b-a) \tag{8.4.60}$$

由式（8.4.48）、式（8.4.59）和式（8.4.60）可见，同轴中最低型的高次模为 TE_{11} 模。

图 8－20 所示为 TE_{11}、TE_{01} 和 TM_{01} 模的场结构图形。

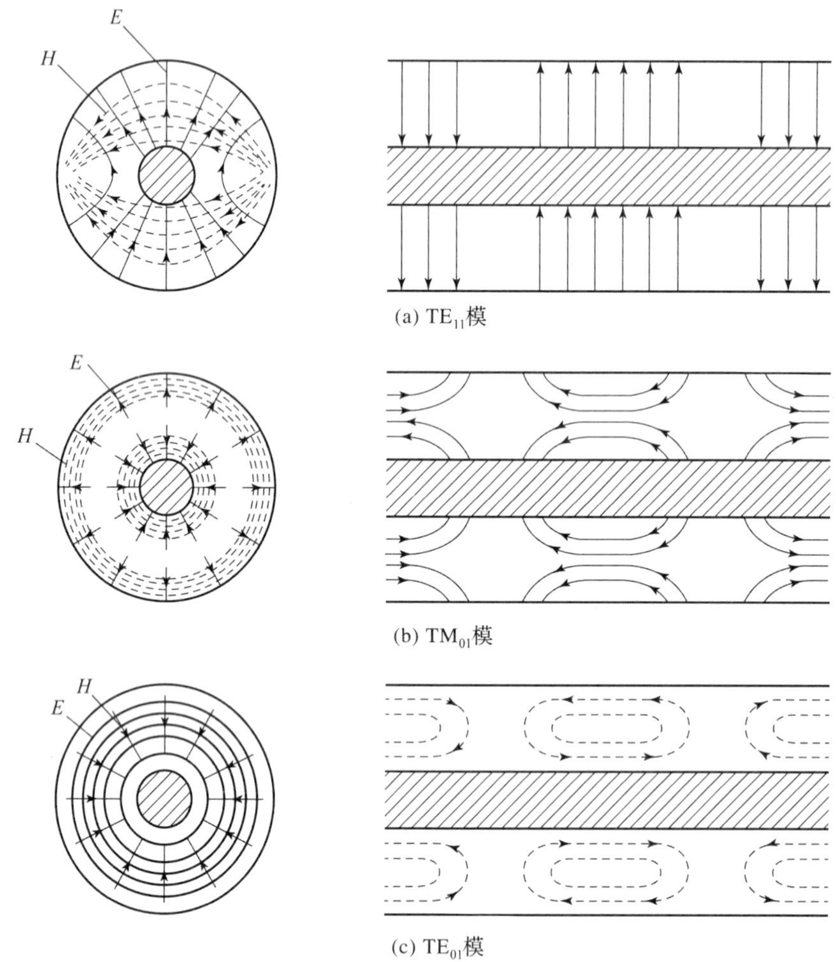

图 8－20　同轴线中 TE_{11}、TM_{01}、TE_{01} 模的场图

例 8.4.1：同轴线的尺寸选择。

已知信号源工作波长为 λ，若要使同轴线中只存在 TEM 模，则同轴线的尺寸 a 和 b 满足什么关系？

解：因为同轴线中的最低型高次模为 TE_{11}，其截止波长为

$$\lambda_{c(\mathrm{TE}_{11})} = \pi(a+b)$$

于是，应保证工作波长满足

$$\lambda > \lambda_{c(\mathrm{TE}_{11})}$$

所以

$$(a+b)<\frac{\lambda}{\pi}$$

为最后确定尺寸，还需确定 a 与 b 之比值，此关系可根据功率容量最大来确定，或由损耗最小来确定。

功率容量最大要求为

$$\frac{b}{a}=1.65$$

最小衰减条件要求为

$$\frac{b}{a}=3.59$$

例 8.4.2：同轴线中波的相速度。空气同轴线的尺寸为 $a=2\text{cm}$，$b=8\text{cm}$，若工作波长为 20cm，求 TE_{11} 模和 TEM 模的相速度。

解：因为 TE_{11} 模的截止波长为

$$\lambda_{c(TE_{11})}=\pi(a+b)=3.14(2+8)=31.4\text{cm}$$

所以，TE_{11} 模相速度为

$$v_p=\frac{v}{\sqrt{1-\left(\frac{\lambda}{\lambda_c}\right)^2}}=\frac{3\times10^8}{\sqrt{1-\left(\frac{20}{31.4}\right)^2}}\approx3.9\times10^8\text{m/s}$$

TEM 模的相速度为

$$v_p=v=3\times10^8\text{m/s}$$

8.4.4　同轴波导中的高次模

在实际应用中，同轴波导都是以 TEM 模（主模）方式工作。但是，当工作频率过高时，在同轴波导中还将出现一系列的高次模：TM 模和 TE 模。同轴波导中的 TM 模和 TE 模的分析方法与圆柱形波导中 TM 模和 TE 模的分析方法相似，即在给定的边界条件下求解 E_z 或 H_z 满足的波动方程，从而可以得到同轴波导中不同 TM_{mn} 模和 TE_{mn} 模的场分布，以及相应模式的截止波长 $(\lambda_c)_{mn}$。

根据计算得到同轴波导中 TE_{11} 和 TM_{01} 的截止波长分别为

$$\begin{aligned}(\lambda_c)_{TE_{11}}&\approx\pi(b+a)\\(\lambda_c)_{TM_{01}}&\approx2(b-a)\end{aligned}\tag{8.4.61}$$

于是，同轴波导几个较低阶的模式分布如图 8－21 所示。

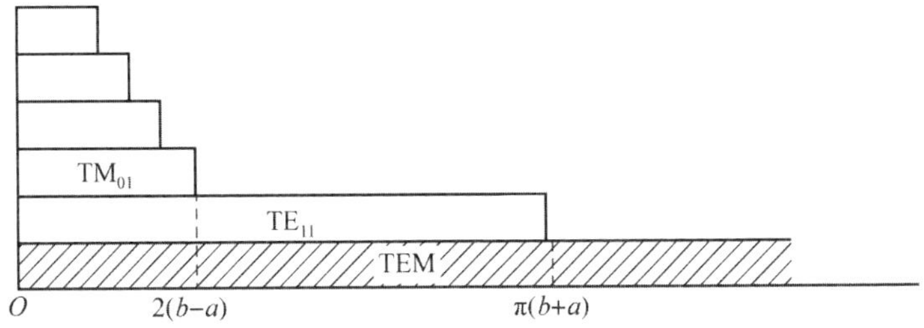

图 8－21　同轴波导中的模式分布图

为保证同轴波导在给定工作频带内只传输 TEM 模，就必须使工作波长大于第一个次高模——TE_{11}模的截止波长，即

$$\lambda_{\min} \geqslant (\lambda_c)_{TE_{11}} \approx \pi(b+a), \quad a+b \leqslant \frac{\lambda_{\min}}{\pi} \tag{8.4.62}$$

该式给出了 $a+b$ 的取值范围，要最终确定尺寸，还必须确定$\frac{a}{b}$的值。可以根据实际需要选择该值的大小。例如：当要求功率容量最大时选择$\frac{a}{b}=1.65$，当要求传输损耗最小时选择$\frac{a}{b}=3.59$，当要求耐压最高时选择$\frac{a}{b}=2.72$。

8.5 谐振腔

8.5.1 矩形谐振腔

矩形谐振腔是由一段两端用导体封闭起来的矩形波导构成，如图 8-22 所示。

1. 场分量

因为 TM 模和 TE 模都能存在于矩形波导内，所以 TM 模和 TE 模也同样存在于矩形谐振腔内。由于在谐振腔内存有不唯一的纵向（矩形波导中的传播方向），因此 TM 模和 TE 模的名称不唯一。下面的讨论选择 z 轴作为参考的“传播”方向。

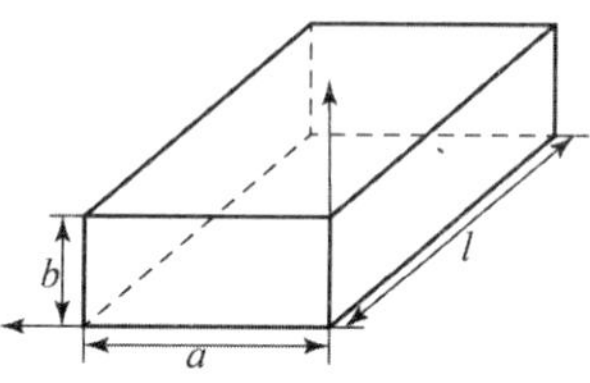

图 8-22　矩形空腔谐振器

1）TE 振荡模式

在矩形波导 $z=0$ 和 $z=1$ 处放置两块导体板，则该谐振腔中的 TE 模可以看成就运行博导中沿 $+z$ 轴方向和沿 $-z$ 轴方向传播的 TE 模的叠加。由式（8.2.65），得

$$H_z = H_0\cos\left(\frac{m\pi}{a}x\right)\cos\left(\frac{n\pi}{b}y\right)e^{-j\beta z} + H'_0\cos\left(\frac{m\pi}{a}x\right)\cos\left(\frac{n\pi}{b}y\right)e^{j\beta z} \tag{8.5.1}$$

由电磁场边界条件为

$$H_z\big|_{z=0} = 0 \tag{8.5.2}$$

得

$$H'_0 = -H_0 \tag{8.5.3}$$

则式（8.5.1）变为

$$H_z = -j2H_0\cos\left(\frac{m\pi}{a}x\right)\cos\left(\frac{n\pi}{b}y\right)\sin\beta z \tag{8.5.4}$$

由电磁场边界条件：

$$H_z\big|_{z=l} = 0 \tag{8.5.5}$$

得

$$\beta = \frac{p\pi}{l} \quad (p=1,2,3,\cdots) \tag{8.5.6}$$

于是

$$H_z = -\mathrm{j}2H_0\cos\left(\frac{m\pi}{a}x\right)\cos\left(\frac{n\pi}{b}y\right)\sin\left(\frac{p\pi}{l}z\right) \tag{8.5.7}$$

根据麦克斯韦方程，TE 模的 x 和 y 场分量可用 E_z 和 H_z 表示，且此时 $E_z=0$，得

$$H_x = \frac{1}{k_c^2}\frac{\partial}{\partial x}\left(\frac{\partial H_z}{\partial z}\right) \tag{8.5.8}$$

$$H_y = \frac{1}{k_c^2}\frac{\partial}{\partial y}\left(\frac{\partial H_z}{\partial z}\right) \tag{8.5.9}$$

$$E_x = -\frac{\mathrm{j}\omega\mu}{k_c^2}\frac{\partial H_z}{\partial y} \tag{8.5.10}$$

$$E_y = \frac{\mathrm{j}\omega\mu}{k_c^2}\frac{\partial H_z}{\partial x} \tag{8.5.11}$$

式中：$k_c^2=k^2-\beta^2$，在矩形谐振腔中

$$k_c^2 = k_x^2 + k_y^2 = \left(\frac{m\pi}{a}\right)^2 + \left(\frac{n\pi}{b}\right)^2 \tag{8.5.12}$$

矩形谐振腔 TE 振荡模式的场分量为

$$E_x = \frac{2\omega\mu}{k_c^2}\left(\frac{n\pi}{b}\right)H_0\cos\left(\frac{m\pi}{a}x\right)\sin\left(\frac{n\pi}{b}y\right)\sin\left(\frac{p\pi}{l}z\right) \tag{8.5.13}$$

$$E_y = -\frac{2\omega\mu}{k_c^2}\left(\frac{m\pi}{b}\right)H_0\sin\left(\frac{m\pi}{a}x\right)\cos\left(\frac{n\pi}{b}y\right)\sin\left(\frac{p\pi}{l}z\right) \tag{8.5.14}$$

$$E_z = 0 \tag{8.5.15}$$

$$H_x = \mathrm{j}\,\frac{2}{k_c^2}\left(\frac{m\pi}{a}\right)\left(\frac{p\pi}{l}\right)H_0\sin\left(\frac{m\pi}{a}x\right)\cos\left(\frac{n\pi}{b}y\right)\cos\left(\frac{p\pi}{l}z\right) \tag{8.5.16}$$

$$H_y = \mathrm{j}\,\frac{2}{k_c^2}\left(\frac{n\pi}{b}\right)\left(\frac{p\pi}{l}\right)H_0\cos\left(\frac{m\pi}{a}x\right)\sin\left(\frac{n\pi}{b}y\right)\cos\left(\frac{p\pi}{l}z\right) \tag{8.5.17}$$

$$H_z = -\mathrm{j}2H_0\cos\left(\frac{m\pi}{a}x\right)\cos\left(\frac{n\pi}{b}y\right)\sin\left(\frac{p\pi}{l}z\right) \tag{8.5.18}$$

2）TM 振荡模式

同样将矩形谐振腔中的 TM 模看作矩形波导中沿 $+z$ 轴方向和沿 $-z$ 轴方向传播的 TM 模的叠加。由式（8.2.22）得

$$E_z = E_0\sin\left(\frac{m\pi}{a}x\right)\sin\left(\frac{n\pi}{b}y\right)e^{-\mathrm{j}\beta z} + E'_0\sin\left(\frac{m\pi}{a}x\right)\sin\left(\frac{n\pi}{b}y\right)e^{\mathrm{j}\beta z} \tag{8.5.19}$$

根据麦克斯韦方程，并考虑 $H_z=0$，得

$$E_x = \frac{1}{k_c^2}\frac{\partial}{\partial x}\left(\frac{\partial E_z}{\partial z}\right) \tag{8.5.20}$$

$$E_y = \frac{1}{k_c^2}\frac{\partial}{\partial y}\left(\frac{\partial E_z}{\partial z}\right) \tag{8.5.21}$$

$$H_x = \frac{\mathrm{j}\omega\varepsilon}{k_c^2}\frac{\partial E_z}{\partial y} \tag{8.5.22}$$

$$H_y = -\frac{\mathrm{j}\omega\varepsilon_1}{k_c^2}\frac{\partial E_z}{\partial x} \tag{8.5.23}$$

将式（8.5.19）代入式（8.5.20），得

$$E_x = \mathrm{j}\frac{\beta}{k_c^2}\left(\frac{m\pi}{a}\right)\left[-E_0\cos\left(\frac{m\pi}{a}x\right)\sin\left(\frac{n\pi}{b}y\right)e^{-\mathrm{j}\beta z} + E'_0\cos\left(\frac{m\pi}{a}x\right)\sin\left(\frac{n\pi}{b}y\right)e^{\mathrm{j}\beta z}\right] \tag{8.5.24}$$

在 $z=0$ 和 $z=l$ 的边界面上，由边界条件：

$$E_x\big|_{z=0} = 0 \tag{8.5.25}$$

得

$$E'_0 = E_0 \tag{8.5.26}$$

故

$$E_x = -\frac{\partial\beta}{k_c^2}\left(\frac{m\pi}{a}\right)E_0\cos\left(\frac{m\pi}{a}x\right)\sin\left(\frac{n\pi}{b}y\right)\sin\beta z \tag{8.5.27}$$

将边界条件$E_x\big|_{z=l}=0$ 代入式（8.5.27），得

$$\beta = \frac{p\pi}{l} \quad (p=0,1,2,3,\cdots) \tag{8.5.28}$$

将 $E'_0=E_0$，$\beta=\frac{p\pi}{l}$代入式（8.5.19），再由式（8.5.20）~式（8.5.23）得到矩形谐振腔中 TM 振荡模的场分量为

$$E_x = -\frac{2}{k_c^2}\left(\frac{m\pi}{a}\right)\left(\frac{p\pi}{l}\right)E_0\cos\left(\frac{m\pi}{a}x\right)\sin\left(\frac{n\pi}{b}y\right)\sin\left(\frac{p\pi}{l}z\right) \tag{8.5.29}$$

$$E_y = -\frac{2}{k_c^2}\left(\frac{n\pi}{b}\right)\left(\frac{p\pi}{l}\right)E_0\sin\left(\frac{m\pi}{a}x\right)\cos\left(\frac{n\pi}{b}y\right)\sin\left(\frac{p\pi}{l}z\right) \tag{8.5.30}$$

$$E_z = 2E_0\sin\left(\frac{m\pi}{a}x\right)\sin\left(\frac{n\pi}{b}y\right)\cos\left(\frac{p\pi}{l}z\right) \tag{8.5.31}$$

$$H_x = \mathrm{j}\frac{2\omega\varepsilon}{k_c^2}\left(\frac{n\pi}{b}\right)E_0\sin\left(\frac{m\pi}{a}x\right)\cos\left(\frac{n\pi}{b}y\right)\cos\left(\frac{p\pi}{l}z\right) \tag{8.5.32}$$

$$H_y = -\mathrm{j}\frac{2\omega\varepsilon}{k_c^2}\left(\frac{m\pi}{a}\right)E_0\cos\left(\frac{m\pi}{a}x\right)\sin\left(\frac{n\pi}{b}y\right)\cos\left(\frac{p\pi}{l}z\right) \tag{8.5.33}$$

$$H_z = 0 \tag{8.5.34}$$

式中

$$k_c^2 = k_x^2 + k_y^2 = \left(\frac{m\pi}{a}\right)^2 + \left(\frac{n\pi}{b}\right)^2 \tag{8.5.35}$$

由以上的讨论可知：

（1）矩形谐振腔中可能存在无穷多个振荡模式，即 TE_{mnp}模和 TM_{mnp}模。

（2）下标 m、n、p 为整数，分别表示电场和磁场沿 x、y、z 轴方向变化的半驻波数。

（3）对于 TE 振荡模式，$p\neq0$，否则导致整个腔内场解为零，m 和 n 可以为零（但不能同时为零）。

（4）对于 TM 振荡模式，p 可以为零，此时虽然 E_x 和 E_y 为零，但 $E_z\neq0$。但 m、n 不能为零。

（5）以上矩形谐振腔的 TE 模和 TM 模是针对 z 轴来区分的。因此，同一场分布若

选择不同的参考，其模式可能不同。例如：TE_{101} 模，若选择 y 方向为参考轴，则为 TM_{110} 模。

2. 谐振频率 f

由

$$k_c^2 = k^2 - \beta^2 = \left(\frac{m\pi}{a}\right)^2 + \left(\frac{n\pi}{b}\right)^2 \tag{8.5.36}$$

而

$$k^2 = \omega^2 \mu\varepsilon \tag{8.5.37}$$

$$\beta = \frac{p\pi}{l} \tag{8.5.38}$$

故谐振角频率为

$$\omega = \omega_{mnp} = \frac{1}{\sqrt{\mu\varepsilon}}\sqrt{\left(\frac{m\pi}{a}\right)^2 + \left(\frac{n\pi}{b}\right)^2 + \left(\frac{p\pi}{l}\right)^2} \tag{8.5.39}$$

谐振频率为

$$f_{mnp} = \frac{\omega}{2\pi} = \frac{1}{2\pi\sqrt{\mu\varepsilon}}\sqrt{\left(\frac{m\pi}{a}\right)^2 + \left(\frac{n\pi}{b}\right)^2 + \left(\frac{p\pi}{l}\right)^2}$$

$$= \frac{1}{2\sqrt{\mu\varepsilon}}\sqrt{\left(\frac{m}{a}\right)^2 + \left(\frac{n}{b}\right)^2 + \left(\frac{p}{l}\right)^2} \tag{8.5.40}$$

谐振波长为

$$\lambda_{mnp} = \frac{2}{\sqrt{\left(\frac{m}{a}\right)^2 + \left(\frac{n}{b}\right)^2 + \left(\frac{p}{l}\right)^2}} \tag{8.5.41}$$

由此可见，矩形谐振腔的谐振波长不仅与腔体的尺寸 a、b、l 有关，而且与振荡模式的 m、n、p 有关。当空腔尺寸一定时，存在无穷多个振荡频率，具有相同的谐振频率的不同振荡模式称为简并模。对于给定的腔体尺寸，谐振频率最低的模式称为主模。

例 8.5.1： 矩形谐振腔中的主模。有一个填充空气的矩形谐振腔，当其腔体尺寸为（1）$a > b > l$；（2）$a > l > b$；（3）$a = b = l$ 时，求相应的主模和谐振频率。

解： 根据前面的分析，矩形谐振腔中可能的主模为 TM_{110}、TE_{011}、TE_{101}。

（1）当 $a > b > l$ 时，最低谐振频率为

$$f_{110} = \frac{c}{2}\sqrt{\frac{1}{a^2} + \frac{1}{b^2}}$$

式中：c 为自由空间的光速，故 TM_{110} 模为主模。

（2）当 $a > l > b$ 时，最低谐振频率为

$$f_{101} = \frac{c}{2}\sqrt{\frac{1}{a^2} + \frac{1}{l^2}}$$

故 TE_{101} 为主模。

（3）当 $a = b = c$ 时，有

$$f_{110} = f_{101} = f_{011} = \frac{c}{\sqrt{2}a}$$

此时 TM_{110} 模、TE_{101} 模和 TE_{011} 模的谐振频率相等。

3. 品质因数 Q

品质因数 Q 是微波振荡器另一个重要参数，它描述了谐振器选择性的优劣和能量损耗的程度，其定义为在谐振频率时谐振器的储能与一周期内谐振器中损耗能量之比的 2π 倍，即

$$Q = 2\pi\frac{W}{W_T} = 2\pi\frac{W}{P_l T} = \omega\frac{W}{P_l} \tag{8.5.42}$$

式中：W 为谐振器的储能；W_T 为一周期内谐振器中损耗的能量；P_l 为损耗功率；ω 为谐振角频率。

假定谐振器中能量的损耗不影响腔内场的分布，这时谐振腔中储能等于电场能量与磁场能量之和。设某一时刻腔内电场为零，这时储能等于此时磁场的能量，即

$$W = \frac{1}{2}\mu\int_V |\boldsymbol{H}|^2 \mathrm{d}V \tag{8.5.43}$$

式中：V 为谐振腔的体积。

对于损耗能量，一般包括导体损耗、介质损耗和辐射损耗。对于墙体闭合的谐振腔，其辐射损耗不存在。设介质是无耗的，因此，谐振腔的损耗为腔壁的热损耗，即

$$P_l = \frac{1}{2}\oint_S |\boldsymbol{J}_S|^2 R_S \mathrm{d}S = \frac{1}{2}R_S\oint_S |\boldsymbol{H}_t|^2 \mathrm{d}S \tag{8.5.44}$$

式中：S 为空腔内表面面积；R_S 是腔壁表面电阻率；$\boldsymbol{J}_S$ 是表面电流；$\boldsymbol{H}_t$ 是表面切向磁场。

由式（8.5.43）和式（8.5.44）得品质因数为

$$Q = \frac{\omega\mu\int_V |\boldsymbol{H}|^2 \mathrm{d}V}{R_S\oint_S |\boldsymbol{H}_t|^2 \mathrm{d}S} \tag{8.5.45}$$

又因为

$$R_S = \frac{1}{\sigma\delta} \tag{8.5.46}$$

式中：σ 为腔壁电导率，$\delta = \sqrt{2/\sigma\omega\mu}$ 为趋肤深度。于是

$$\frac{\omega\mu}{R_S} = \omega\mu\sqrt{\frac{2\sigma}{\omega\mu}} = \frac{2\mu}{\mu}\sqrt{\frac{\sigma\omega\mu}{2}} = \frac{2}{\delta} \tag{8.5.47}$$

所以

$$Q = \frac{2}{\delta}\frac{\int_V |\boldsymbol{H}|^2 \mathrm{d}V}{\oint_S |\boldsymbol{H}_t|^2 \mathrm{d}S} \tag{8.5.48}$$

为了大概估计空腔谐振器的 Q 值，可以假设 $|\boldsymbol{H}| \approx |\boldsymbol{H}_t| =$ 常数，得

$$Q \approx \frac{2}{\delta}\frac{V}{S} \tag{8.5.49}$$

由此可知，谐振器的 Q 值近似地与腔体体积 V 成正比，与腔体内表面积 S 成反比。一般情况下，$V \propto \lambda_0^3$，$S \propto \lambda_0^2$，由式（8.5.49）还可知

$$Q \propto \frac{\lambda_0}{\delta} \tag{8.5.50}$$

说明 Q 值与谐振波长 λ_0 成正比。在厘米波段，腔体的趋肤深度 δ 为几微米，此时 Q 值约为 $10^4 \sim 10^5$ 数量级。若腔体内介质存在损耗，则这时 p_l 中还应包括介质损耗。

对于矩形谐振腔中各种振荡模式的 Q 值，可利用式（8.5.45）计算。下面以 TE_{101} 模为例，计算其 Q 值。由式（8.5.13）~式（8.5.18）得 TE_{101} 的场分量，代入式（8.5.45），得

$$\begin{aligned}\int_V |\boldsymbol{H}|^2 \mathrm{d}V &= \int_V (|H_x|^2 + |H_z|^2)\mathrm{d}V \\ &= \int_0^a \int_0^b \int_0^l 4H_0^2 \left[\frac{a^2}{l^2}\sin^2\left(\frac{\pi}{a}x\right)\cos^2\left(\frac{\pi}{l}z\right) + \cos^2\left(\frac{\pi}{a}x\right)\sin^2\left(\frac{\pi}{l}z\right)\right]\mathrm{d}x\mathrm{d}y\mathrm{d}z \\ &= \frac{H_0^2(a^2 + l^2)ab}{l}\end{aligned} \tag{8.5.51}$$

对于 $z=0$，$z=l$ 时

$$|H_t|^2 = |H_x|^2 = 4H_0^2 \frac{a^2}{l^2}\sin^2\left(\frac{\pi}{a}x\right) \tag{8.5.52}$$

对于 $x=0$，$x=a$ 时

$$|H_t|^2 = |H_z|^2 = 4H_0^2 \sin^2\left(\frac{\pi}{l}z\right) \tag{8.5.53}$$

对于 $y=0$，$y=b$ 时

$$\begin{aligned}|H_t|^2 &= |H_x|^2 + |H_z|^2 \\ &= 4H_0^2 \left[\frac{a^2}{l^2}\sin^2\left(\frac{\pi}{a}x\right)\cos^2\left(\frac{\pi}{l}z\right) + \cos^2\left(\frac{\pi}{a}x\right)\sin^2\left(\frac{\pi}{l}z\right)\right]\end{aligned} \tag{8.5.54}$$

于是

$$\begin{aligned}\oint_S |H_t|^2 \mathrm{d}S &= 2\left[\int_0^a \int_0^b |H_x|^2 \mathrm{d}x\mathrm{d}y + \int_0^b \int_0^l |H_z|^2 \mathrm{d}y\mathrm{d}z + \int_0^a \int_0^l (|H_x|^2 + |H_z|^2)\mathrm{d}x\mathrm{d}z\right] \\ &= \frac{2H_0^2}{l^2}[2b(a^3 + l^3) + al(a^2 + l^2)]\end{aligned} \tag{8.5.55}$$

由式（8.5.54）和式（8.5.55）、式（8.5.48），得

$$Q = \frac{abl}{\delta} \cdot \frac{a^2 + l^2}{2b(a^3 + l^3) + al(a^2 + l^2)} \tag{8.5.56}$$

对于正方形谐振腔，$a=b=l$，由式（8.5.56）可得

$$Q = \frac{a}{3\delta} \tag{8.5.57}$$

又由于正方形谐振腔的谐振波长 $\lambda_0 = \sqrt{2}a$，代入式（8.5.57），得

$$Q = \frac{1}{3\sqrt{2}} \cdot \frac{\lambda_0}{\delta} = 0.236\frac{\lambda_0}{\delta} \tag{8.5.58}$$

由此可见，谐振频率越高，品质因数 Q 越低。因此在毫米波波段，空腔谐振器不易得到高品质因数，这时将采用微波干涉谐振器。

例 8.5.2：正方形谐振腔的尺寸及 Q 值。一只用铜（$\sigma = 5.8 \times 10^7 \mathrm{S/m}$）的正方形

空心谐振腔，欲使其在 15GHz 时谐振于主模，则其尺寸应为多少？并求该频率时的 Q 值。

解：对于正方形谐振腔，$a=b=l$，由例 8.5.1 可知 TM_{110}、TE_{011}、TE_{101}是谐振频率相同的简并主模。

$$f_{101}=\frac{c}{\sqrt{2}a}=\frac{3\times10^8}{\sqrt{2}a}=15\times10^9\,\text{Hz}$$

因此

$$a=\frac{3\times10^8}{\sqrt{2}\times15\times10^9}=1.41\times10^{-2}\,\text{m}$$

其品质因数由式（8.5.58），有

$$Q=0.236\frac{\lambda_0}{\delta}=0.236\frac{c}{f_{101}}\sqrt{\pi f_{101}\mu\sigma}$$

$$=0.236\frac{3\times10^8}{15\times10^9}\sqrt{3.14\times15\times10^9\times(4\pi\times10^{-7})\times5.8\times10^7}=8743.0$$

8.5.2 圆柱形谐振腔

圆柱形波导是由一段两端用导体封闭起来的圆柱形波导构成，如图 8－23 所示。

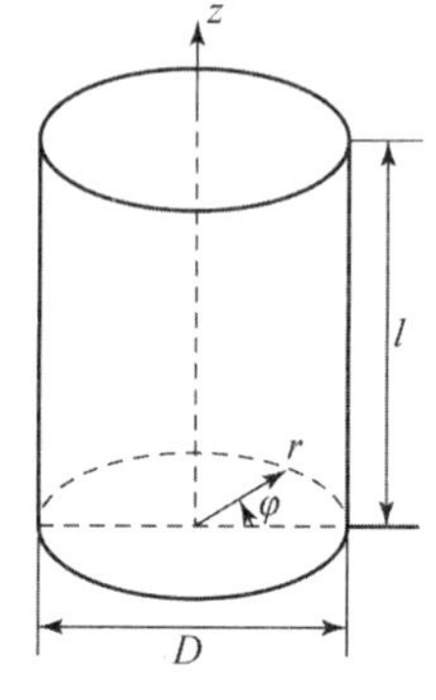

图 8－23 圆柱形谐振腔

1. 场分布

与矩形谐振腔相同，在圆柱形谐振腔中也可以存在 TE 振荡模式和 TM 振荡模式。

1）TM 振荡模式

在圆柱形波导 $z=0$ 和 $z=l$ 处放置两块导体板，则该谐振腔中的 TE 模可以看成圆柱形波导中沿 $+z$ 和 $-z$ 方向传播的 TE 模的叠加。由式（8.3.42），有

$$H_z=H_0J_m(k_cr)\begin{Bmatrix}\cos m\phi\\ \sin m\phi\end{Bmatrix}e^{-j\beta z}+H'_0J_m(k_cr)\begin{Bmatrix}\cos m\phi\\ \sin m\phi\end{Bmatrix}e^{j\beta z}\tag{8.5.59}$$

为便于讨论，以“$\cos m\phi$”为例，而相应地极化简并模“$\sin m\phi$”的讨论是相同的。这时

$$H_z=H_0J_m(k_cr)\cos m\phi e^{-j\beta z}+H'_0J_m(k_cr)\cos m\phi e^{j\beta z}\tag{8.5.60}$$

由电磁场边界条件：

$$H_z|_{z=0}=0\tag{8.5.61}$$

得

$$H'_0=-H_0\tag{8.5.62}$$

则式（8.5.60）变为

$$H_z=-j2H_0J_m(k_cr)\cos m\phi\sin\left(\frac{p\pi}{l}z\right)\tag{8.5.63}$$

利用麦克斯韦方程得到：

$\boldsymbol{E}_t=\dfrac{1}{\gamma^2+k^2}(-\gamma\nabla_tE_z+j\omega\mu\boldsymbol{e}_z\times\nabla_tH_z)$，$\boldsymbol{H}_t=\dfrac{1}{\gamma^2+k^2}(-\gamma\nabla_t\boldsymbol{H}_z-j\omega\varepsilon\boldsymbol{e}_z\times\nabla_tE_z)$，并考

虑到 TE 模式中 $E_z=0$，得

$$E_r=-\mathrm{j}\frac{\omega\mu}{k_c^2 r}\frac{\partial H_z}{\partial\phi} \tag{8.5.64}$$

$$E_\phi=\mathrm{j}\frac{\omega\mu}{k_c^2}\frac{\partial H_z}{\partial r} \tag{8.5.65}$$

$$E_z=0 \tag{8.5.66}$$

$$H_r=\frac{1}{k_c^2}\frac{\partial}{\partial z}\left(\frac{\partial H_z}{\partial r}\right) \tag{8.5.67}$$

$$H_\varphi=\frac{1}{k_c^2 r}\frac{\partial}{\partial z}\left(\frac{\partial H_z}{\partial\phi}\right) \tag{8.5.68}$$

将式（8.5.63）代入式（8.5.64）~式（8.5.68），得

$$E_r=\frac{2\omega\mu m}{k_c^2 r}H_0 J_m(k_c r)\sin m\phi\sin\left(\frac{p\pi}{l}z\right) \tag{8.5.69}$$

$$E_\phi=\frac{2\omega\mu}{k_c}H_0 J'_m(k_c r)\cos m\phi\sin\left(\frac{p\pi}{l}z\right) \tag{8.5.70}$$

$$E_z=0 \tag{8.5.71}$$

$$H_r=-\mathrm{j}\frac{2}{k_c}\left(\frac{p\pi}{l}\right)H_0 J'_m(k_c r)\cos m\phi\cos\left(\frac{p\pi}{l}z\right) \tag{8.5.72}$$

$$H_\phi=\mathrm{j}\frac{2m}{k_c^2 r}\left(\frac{p\pi}{l}\right)H_0 J_m(k_c r)\sin m\phi\cos\left(\frac{p\pi}{l}z\right) \tag{8.5.73}$$

$$H_z=-\mathrm{j}2H_0 J_m(k_c r)\cos m\phi\sin\left(\frac{p\pi}{l}z\right) \tag{8.5.74}$$

式中：$k_c=\frac{q_{mn}}{a}$，其中 q_{mn} 为第一类贝塞尔函数一阶导数 $J'_m(k_c a)=0$ 的第 n 个根。

2）TM 振荡模式

对于 TM 模式，$H_z=0$，$E_z\neq0$，与 TE 模式求法类似，其场分量为

$$E_r=-\frac{2}{k_c}\left(\frac{p\pi}{l}\right)E_0 J'_m(k_c r)\cos m\phi\sin\left(\frac{p\pi}{l}z\right) \tag{8.5.75}$$

$$E_\phi=\frac{2m}{k_c^2 r}\left(\frac{p\pi}{l}\right)E_0 J_m(k_c r)\sin m\phi\sin\left(\frac{p\pi}{l}z\right) \tag{8.5.76}$$

$$E_z=2E_0 J_m(k_c r)\cos m\phi\cos\left(\frac{p\pi}{l}z\right) \tag{8.5.77}$$

$$H_r=-\mathrm{j}\frac{2m\omega\varepsilon}{k_c^2 r}E_0 J_m(k_c r)\sin m\phi\cos\left(\frac{p\pi}{l}z\right) \tag{8.5.78}$$

$$H_\phi=-\mathrm{j}\frac{2\omega\varepsilon}{k_c}E_0 J'_m(k_c r)\cos m\phi\cos\left(\frac{p\pi}{l}z\right) \tag{8.5.79}$$

$$H_z=0 \tag{8.5.80}$$

式中：$k_c=\frac{p_{mn}}{a}$，其中 p_{mn} 为第一类贝塞尔函数 $\mathrm{J}_m(k_c a)=0$ 的第 n 个根。

由以上的讨论可知：

（1）圆柱形谐振腔中可能存在无穷多个振荡模式，即 TE_{mnp} 和 TM_{mnp}。

（2）对 TE_{mnp} 振荡模式：$m=0,1,2,\cdots$；$n=1,2,\cdots$；$p=1,2,\cdots$ 的场都存在。

（3）对 TM_{mnp} 振荡模式：$m=0,1,2,\cdots$；$n=1,2,\cdots$；$p=0,1,2,\cdots$ 的场都存在。

（4）不同的 mnp 值组合代表不同的振荡模式。

2. 谐振频率

由

$$k_c^2 = k^2 - \beta^2 = \omega^2\mu\varepsilon - \left(\frac{p\pi}{l}\right)^2 \tag{8.5.81}$$

故谐振角频率为

$$\omega = \omega_{mnp} = \frac{1}{\sqrt{\mu\varepsilon}}\sqrt{k_c^2 + \left(\frac{p\pi}{l}\right)^2} \tag{8.5.82}$$

对于 TE_{mnp} 振荡模式为

$$\omega_{mnp} = \frac{1}{\sqrt{\mu\varepsilon}}\sqrt{\left(\frac{q_{mn}}{a}\right)^2 + \left(\frac{p\pi}{l}\right)^2} \tag{8.5.83}$$

式中：q_{mn} 为 $J'_m(k_c a)=0$ 的第 n 个根。

谐振频率为

$$f_{mnp} = \frac{\omega}{2\pi} = \frac{1}{2\pi\sqrt{\mu\varepsilon}}\sqrt{\left(\frac{q_{mn}}{a}\right)^2 + \left(\frac{p\pi}{l}\right)^2} \tag{8.5.84}$$

谐振波长

$$\lambda_{mnp} = \frac{v}{f} = \frac{1}{\sqrt{\left(\frac{q_{mn}}{2\pi a}\right)^2 + \left(\frac{p}{2l}\right)^2}} \tag{8.5.85}$$

式中：p_{mn} 为 $J_m(k_c a)=0$ 的第 n 个根。

由此可见，与矩形谐振腔一样，圆柱形谐振腔的谐振波长也由空腔尺寸与工作模式决定。

下面是圆柱形谐振腔中几个最低振荡模式谐振波长。

（1）TE_{111} 振荡模式：

$$\lambda_{TE_{111}} = \frac{1}{\sqrt{\left(\frac{1}{3.41a}\right)^2 + \left(\frac{1}{2l}\right)^2}} \tag{8.5.86}$$

（2）TM_{010} 振荡模式：

$$\lambda_{TM_{010}} = 2.62a \tag{8.5.87}$$

该谐振波长与圆柱形波导中 TM_{01} 模的截止波长相等，且与空腔长度 l 无关。

（3）圆柱形谐振腔中另一个常用模式为 TE_{01p} 模，其中 $p=1$ 时，即 TE_{011} 模的谐振波长为

$$\lambda_{TE_{011}} = \frac{1}{\sqrt{\left(\frac{1}{1.64a}\right)^2 + \left(\frac{1}{2l}\right)^2}} \tag{8.5.88}$$

3. 品质因数

圆柱形谐振腔的品质因数 Q 仍可由式（8.5.49）求得

$$Q = \frac{2}{\delta}\frac{\int_V |H|^2 \mathrm{d}V}{\oint_S |H_t|^2 \mathrm{d}S} \tag{8.5.89}$$

对于 TM_{010}振荡模式：

$$Q_{TM_{010}} = \frac{\lambda_0}{\delta}\frac{2.405}{2\pi\left(1+\frac{a}{l}\right)} \tag{8.5.90}$$

8.6　传输线

8.6.1　传输线的方程

分布参数电路是相对于集中参数电路而言的。当传输线传输高频信号时会出现以下参数效应：电流流过导线使导线发热，表明导线本身有分布电阻；双导线之间绝缘不完善而出现漏电流，表明导线之间处处有漏电导；导线之间有电压，导线间存在电场，表明导线之间有分布电容；导线中通过电流时周围出现磁场，表明导线上存在分布电感。当传输信号的波长远大于传输线长度时，有限长的传输线上各点电流（或电压）的大小和相位近似认为相同，这时分布参数效用可以不考虑，而作为集中参数电路处理。但当传输信号的波长与传输线长度可比拟时，传输线上各点的电流（或电压）的大小和相位各不相同，显现出分布效应，此时传输线就必须作为分布参数电路处理。

假设传输线的电路参数是沿线均匀分布的，这种传输线称为均匀传输线。可用以下四个参数来描述。

（1）R_1：单位长度的电阻（Ω/m）；

（2）L_1：单位长度的电感（H/m）；

（3）G_1：单位长度的电导（S/m）；

（4）C_1：单位长度的电容（F/m）。

这四个参数都可以用稳态场来进行定义和计算。

1. 传输线方程

TEM 波传输线的电路模型可用，如图 8－24 所示。

为便于讨论，将坐标系的原点选在负载。假设传输线是均匀的，故可在线上任一点 z 处取线元 dz 讨论，如图 8－25 所示。

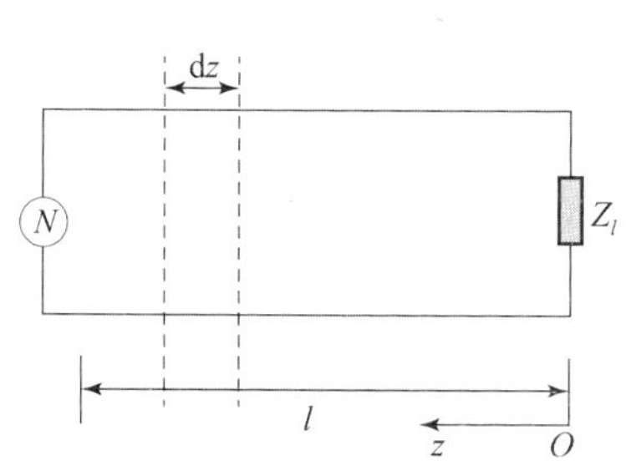

图 8－24　传输线电路模型

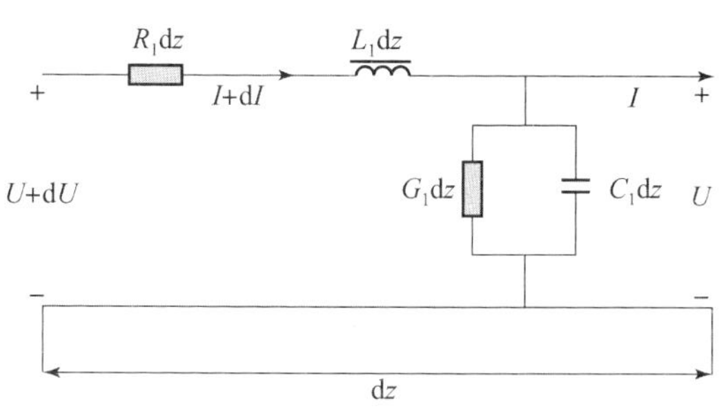

图 8－25　线元 dz 的等效电路

根据图 8－25 由基尔霍夫定律，有

$$\begin{cases} \mathrm{d}U(z)=I(z)Z_1\mathrm{d}z \\ \mathrm{d}I(z)=U(z)Y_1\mathrm{d}z \end{cases} \tag{8.6.1}$$

式中

$$Z_1=R_1+\mathrm{j}\omega L_1,\quad Y_1=G_1+\mathrm{j}\omega C_1 \tag{8.6.2}$$

分别代表传输线上单位长度的串联阻抗和并联导纳。式（8.6.1）可写为

$$\begin{cases} \dfrac{\mathrm{d}U(z)}{\mathrm{d}z}=I(z)Z_1 \\ \dfrac{\mathrm{d}I(z)}{\mathrm{d}z}=U(z)Y_1 \end{cases} \tag{8.6.3}$$

式（8.6.3）两边对 z 求导，得

$$\begin{cases} \dfrac{\mathrm{d}^2U(z)}{\mathrm{d}z^2}=Z_1\dfrac{\mathrm{d}I(z)}{\mathrm{d}z}=Z_1Y_1U(z)=\gamma^2U(z) \\ \dfrac{\mathrm{d}^2I(z)}{\mathrm{d}z^2}=Y_1\dfrac{\mathrm{d}U(z)}{\mathrm{d}z}=Y_1Z_1I(z)=\gamma^2I(z) \end{cases} \tag{8.6.4}$$

为传输线上电压波和电流波方程，式中

$$\gamma=\sqrt{Z_1Y_1}=\sqrt{(R_1+\mathrm{j}\omega L_1)(G_1+\mathrm{j}\omega C_1)}=\alpha+\mathrm{j}\beta \tag{8.6.5}$$

称为传播常数，通常是一复数，其实部 α 为衰减常数，虚部 β 为相位常数。

2. 传输线方程的解

方程（8.6.4）的通解为

$$U(z)=Ae^{\gamma z}+Be^{-\gamma z} \tag{8.6.6}$$

由式（8.6.3）得

$$I(z)=\frac{1}{Z_1}\frac{\mathrm{d}U(z)}{\mathrm{d}z}=\frac{1}{Z_0}(Ae^{\gamma z}-Be^{-\gamma z}) \tag{8.6.7}$$

式中

$$Z_0=\sqrt{\frac{Z_1}{Y_1}}=\sqrt{\frac{R_1+\mathrm{j}\omega L_1}{G_1+\mathrm{j}\omega C_1}} \tag{8.6.8}$$

具有阻抗的量纲，称为传输线的特性阻抗。

式（8.6.6）和式（8.6.7）为传输线上的电压和电流分布表达式，它们都包含两项：一项含有因子 $e^{\gamma z}$，代表沿 $-z$ 方向（由电源到负载）传播的波，称为入射波；另一项含有因子 $e^{-\gamma z}$，代表沿 $+z$ 方向（由负载到电源）传播的波，称为反射波。

入射波电压为

$$U^+=Ae^{\gamma z} \tag{8.6.9}$$

入射波电流为

$$I^+=\frac{1}{Z_0}Ae^{\gamma z} \tag{8.6.10}$$

反射波电压为

$$U^-=Be^{-\gamma z} \tag{8.6.11}$$

反射波电流为

$$I^- = -\frac{1}{Z_0}Be^{-\gamma z} \tag{8.6.12}$$

式（8.6.6）和式（8.6.7）中的常数 A、B 应由边界条件确定。下面讨论两种确定条件下方程的解。

（1）已知终端电压和终端电流为

$$U(0) = U_2,\ I(0) = I_2 \tag{8.6.13}$$

将式（8.6.13）代入式（8.6.6）和式（8.6.7）中，得

$$U_2 = A + B,\ I_2 = \frac{1}{Z_0}(A - B) \tag{8.6.14}$$

联立求解得

$$A = \frac{U_2 + I_2Z_0}{2},\ B = \frac{U_2 - I_2Z_0}{2} \tag{8.6.15}$$

于是

$$\begin{cases} U(z) = \dfrac{U_2 + I_2Z_0}{2}e^{\gamma z} + \dfrac{U_2 - I_2Z_0}{2}e^{-\gamma z} \\ I(z) = \dfrac{1}{Z_0}\left(\dfrac{U_2 + I_2Z_0}{2}e^{\gamma z} - \dfrac{U_2 - I_2Z_0}{2}e^{-\gamma z}\right) \end{cases} \tag{8.6.16}$$

式（8.6.16）为已知传输线终端电压和终端电流时，线上任意一点的电压和电流表达式。该式说明，传输线上的电压和电流以波的形式存在，且由入射波和反射波组成。于是，式（8.6.13）又可写为

$$\begin{cases} U(z) = U^+(z) + U^-(z) = U_2^+ e^{\gamma z} + U_2^- e^{-\gamma z} \\ I(z) = I^+(z) + I^-(z) = I_2^+ e^{\gamma z} - I_2^- e^{-\gamma z} \end{cases} \tag{8.6.17}$$

式中

$$\begin{cases} U^{\pm}(z) = U_2^{\pm} e^{\pm\gamma z}; \quad U_2^{\pm} = \dfrac{U_2 \pm I_2Z_0}{2} \\ I^{\pm}(z) = \pm I_2^{\pm} e^{\pm\gamma z}; \quad I_2^{\pm} = \dfrac{U_2 \pm I_2Z_0}{2Z_0} \end{cases} \tag{8.6.18}$$

式（8.6.17）还可用双曲函数表示为

$$\begin{cases} U(z) = U_2\cosh(\gamma z) + I_2Z_0\sinh(\gamma z) \\ I(z) = \dfrac{U_2}{Z_0}\sinh(\gamma z) + I_2\cosh(\gamma z) \end{cases} \tag{8.6.19}$$

（2）已知始端电压和电流为

$$U(l) = U_1,\ I(l) = I_1 \tag{8.6.20}$$

将式（8.6.20）代入式（8.6.6）和式（8.6.7）中，得

$$U_1 = Ae^{\gamma l} + Be^{-\gamma l},\ I_1 = \frac{1}{Z_0}(Ae^{-\gamma l} - Be^{-\gamma l}) \tag{8.6.21}$$

联立求解得

$$A = \frac{U_1 + I_1Z_0}{2}e^{-\gamma l},\ B = \frac{U_1 - I_1Z_0}{2}e^{\gamma l} \tag{8.6.22}$$

于是

$$\begin{cases} U(z)=\dfrac{U_1+I_1Z_0}{2}e^{-\gamma(l-z)}+\dfrac{U_1-I_1Z_0}{2}e^{\gamma(l-z)} \\ I(z)=\dfrac{1}{Z_0}\left(\dfrac{U_1+I_1Z_0}{2}e^{-\gamma(l-z)}-\dfrac{U_1-I_1Z_0}{2}e^{\gamma(l-z)}\right) \end{cases} \tag{8.6.23}$$

就是已知传输线始端电压和电流时，线上任意一点的电压和电流表达式。

8.6.2 传输线的特性参数

传输线的特性参数是由传输线的尺寸、填充的媒质及工作频率所决定的量，主要有传输线的特性阻抗、传播常数、相速度和波导波长。

1. 特性阻抗

传输线的特性阻抗定义为传输线上行波电压与行波电流之比，即

$$Z_0=\frac{U^+}{I^+}=-\frac{U^-}{I^-}=\sqrt{\frac{R_1+j\omega L_1}{G_1+j\omega C_1}} \tag{8.6.24}$$

对于无损耗传输线，$R_1=0$、$G_1=0$，则

$$Z_0=\sqrt{\frac{L_1}{C_1}} \tag{8.6.25}$$

例如：平行双线。将其单位长度的电容 $C_1=\dfrac{\pi\varepsilon}{\ln(2D/d)}$、单位长度的电感 $L_1=\dfrac{\mu}{\pi}\ln\dfrac{2D}{d}$代入式（8.6.25）得

$$Z_0=\frac{120}{\sqrt{\varepsilon_r}}\ln\frac{2D}{d} \tag{8.6.26}$$

式中：d 为导线的直径；D 为两线中心之间的距离。

对于同轴线，单位长度的电容 $C_1=\dfrac{2\pi\varepsilon}{\ln(D/d)}$，单位长度的电感 $L_1=\dfrac{\mu}{2\pi}\ln\dfrac{D}{d}$，代入式（8.6.25）得

$$Z_0=\frac{60}{\sqrt{\varepsilon_r}}\ln\frac{D}{d} \tag{8.6.27}$$

式中：d 为内导体的直径；D 为外导体的内直径。

2. 传播常数

$$\gamma=\sqrt{Z_1Y_1}=\sqrt{(R_1+j\omega L_1)(G_1+j\omega C_1)}=\alpha+j\beta \tag{8.6.28}$$

式中

$$\alpha=\sqrt{\frac{1}{2}\left[\sqrt{(R_1^2+\omega^2L_1^2)(G_1^2+\omega^2C_1^2)}-(\omega^2L_1C_1-R_1G_1)\right]} \tag{8.6.29}$$

称为衰减常数，表示传输线单位长度上行波电压（或电流）振幅的变化。

$$\beta=\sqrt{\frac{1}{2}\left[\sqrt{(R_1^2+\omega^2L_1^2)(G_1^2+\omega^2C_1^2)}+(\omega^2L_1C_1-R_1G_1)\right]} \tag{8.6.30}$$

称为相位常数，表示传输线单位长度上行波电压（或电流）相位的变化。

对于无损耗传输线，$R_1=0$、$G_1=0$，则

$$\alpha = 0 \tag{8.6.31}$$

$$\beta = \omega\sqrt{L_1 C_1} \tag{8.6.32}$$

3. 相速度

相速度的定义与电磁波的相速度定义一样，指行波等相位面移动的速度为

$$v_p = \frac{\omega}{\beta} \tag{8.6.33}$$

对于无耗传输线，将式（8.6.32）代入式（8.6.33），得

$$v_p = \frac{\omega}{\beta} = \frac{1}{\sqrt{L_1 C_1}} \tag{8.6.34}$$

4. 波长

波长的定义与波导中相同，即波在一周期内沿线所传播的距离为

$$\lambda_g = \frac{2\pi}{\beta} \tag{8.6.35}$$

8.6.3　传输线的阻抗

1. 定义

如图 8－26 所示为终端接负载的传输线。根据欧姆定律，定义传输线上任一点的电压与电流之比为该点（沿负载端）的输入阻抗。

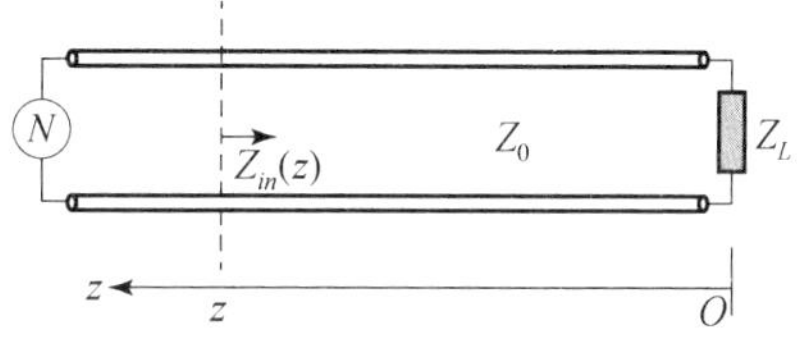

图 8－26　终端接负载的传输线

由式（8.6.18）和式（8.6.19）给出了传输线上任一点的电压和电流，则该点的阻抗为

$$Z_{in}(z) = \frac{U(z)}{I(z)} = \frac{U_2 \text{ch}\gamma z + I_2 Z_0 \text{sh}\gamma z}{I_2 \text{ch}\gamma z + \dfrac{U_2}{Z_0}\text{sh}\gamma z} \tag{8.6.36}$$

由式（8.6.36）可得

$$Z_{in}(z) = Z_0 \frac{Z_L \text{ch}\gamma z + Z_0 \text{sh}\gamma z}{Z_0 \text{ch}\gamma z + Z_L \text{sh}\gamma z} = Z_0 \frac{Z_L + Z_0 \text{th}\gamma z}{Z_0 + Z_L \text{th}\gamma z} \tag{8.6.37}$$

式中：$Z_L = \dfrac{U_2}{I_2}$为传输线终端的负载阻抗。

对于无损耗线（$\alpha = 0, \gamma = \mathrm{j}\beta$），式（8.6.37）变为

$$Z_{in}(z) = Z_0 \frac{Z_L + \mathrm{j}Z_0 \tan\beta z}{Z_0 + \mathrm{j}Z_L \tan\beta z} \tag{8.6.38}$$

由式（8.6.38）可知，传输线的输入阻抗与负载阻抗 Z_L、特性阻抗 Z_0，以及距终端的位置 z 有关，而且随位置的变化具有周期性，每增加 $\lambda/2$，Z_{in}重复出现一次，即

$$Z_{in}\left(z + \frac{n\lambda}{2}\right) = Z_{in}(z) \tag{8.6.39}$$

2. 几种特殊情况下的输入阻抗

1）终端短路

此时 $Z_L = 0$，由式（8.6.38）得

$$Z_{ins} = jZ_0 \tan\beta z \tag{8.6.40}$$

由此可见，终端短路的无损耗传输线的输入阻抗为纯电抗，其性质和大小随 z 的变化而改变，如图 8－27 所示。

$$z = 0 : Z_{ins} = 0\text{（串联谐振）}$$

$$0 < z < \lambda/4 : \tan\beta z > 0\text{（}Z_{ins}\text{呈感性）}$$

$$z = \lambda/4 : Z_{ins} \to \infty\text{（并联谐振）}$$

$$\frac{\lambda}{4} < z < \frac{\lambda}{2} : \tan\beta z < 0\text{（}Z_{ins}\text{呈容性）}$$

$$z = \frac{\lambda}{2} : Z_{ins} = 0\text{（串联谐振）}$$

线长每增加$\frac{\lambda}{2}$，输入阻抗的性质重复一次。

2）终端开路

此时 $Z_L \to \infty$，由式（8.6.38）得

$$Z_{ino}(z) = -jZ_0 \cot\beta z \tag{8.6.41}$$

这时输入阻抗仍为纯电抗，可以是电感性的，也可以是电容性的，视 βz 的值而定。图 8－28 给出了 Z_{ino}随 z 的变化曲线。比较图 8－27 和图 8－28 可见，z 处的开路线输入阻抗等于 $z+\frac{\lambda}{4}$处的短路线的输入阻抗，即

$$Z_{ino}(z) = Z_{ins}\left(z + \frac{\lambda}{4}\right) \tag{8.6.42}$$

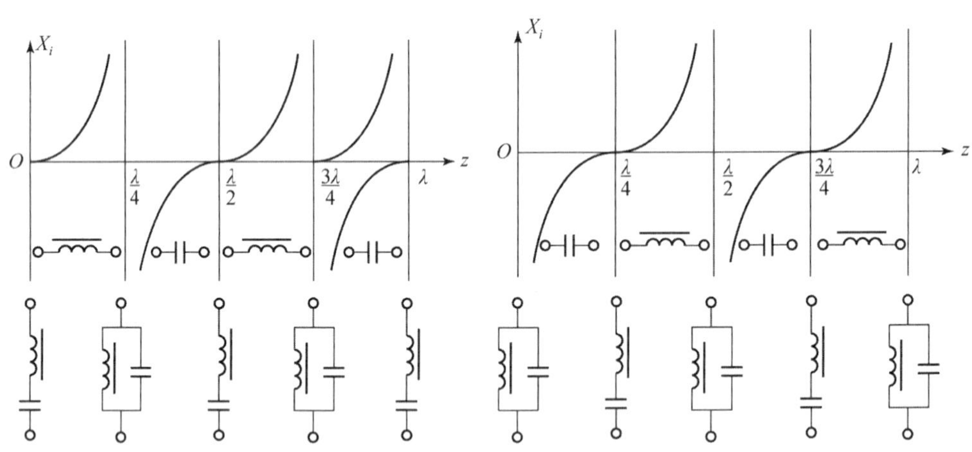

图 8－27　终端短路线的输入阻抗　　　　**图 8－28　终端开路线的输入阻抗**

3）终端负载等于特性阻抗

此时 $Z_L = Z_0$，由式（8.6.38）得

$$Z_{in}(z) = Z_0 \tag{8.6.43}$$

可见，此时的输入阻抗与 z 无关，沿传输线上任意处的阻抗都等于特性阻抗 Z_0，这种情况称为匹配。

4）$\frac{\lambda}{4}$线的输入阻抗

此时 $z=\lambda/4$ 或 $z=(2n-1)\lambda/4$，由式（8.6.38）得

$$Z_{in}\left(\frac{\lambda}{4}\right)=\frac{Z_0^2}{Z_L} \tag{8.6.44}$$

负载阻抗经$\frac{\lambda}{4}$波长的无损耗线变换到输入端后，等于其倒数与特性阻抗平方得乘积。利用$\frac{\lambda}{4}$线的这一特点可作为$\frac{\lambda}{4}$阻抗变换器。

5）$\frac{\lambda}{2}$线的输入阻抗

此时 $z=\frac{\lambda}{2}$或 $z=\frac{n\lambda}{2}$，由式（8.6.38）得

$$Z_{in}\left(\frac{\lambda}{2}\right)=Z_L \tag{8.6.45}$$

负载经$\frac{\lambda}{2}$的无损耗线变换到输入端后仍等于其原来的值，即阻抗具有$\frac{\lambda}{2}$还原性。

例 8.6.1：传输线特性阻抗的确定。已知一无损耗传输线其开路阻抗为 $120\underline{|45^\circ}\ \Omega$、短路阻抗为 $35\underline{|-15^\circ}\ \Omega$，试确定该线的特性阻抗。

解：

$$Z_{ins}=\mathrm{j}Z_0\tan\beta z$$

$$Z_{in0}=-\mathrm{j}Z_0\cot\beta z$$

故

$$Z_0=\sqrt{Z_{ins}Z_{in0}}=\sqrt{120\underline{|45^\circ}\times 35\underline{|-15^\circ}}$$

$$=\sqrt{120\times 35\underline{|30^\circ}}=62.60-\mathrm{j}16.77\Omega$$

例 8.6.2：传输线的输入阻抗。

一根特性阻抗为 50Ω、长度为 0.5m 的无损耗传输线，工作频率为 300MHz，终端接有负载阻抗 $Z_L=50+\mathrm{j}20(\Omega)$，试求其输入阻抗。

解：设该传输线周围是空气，故

$$v_p=c=3\times 10^8\mathrm{m/s}$$

$$\lambda=\frac{v_p}{f}=\frac{3\times 10^8}{3\times 10^8}=1\mathrm{m}$$

所以

$$\beta=\frac{2\pi}{\lambda}=\frac{2\pi}{1}=2\pi\mathrm{rad/m}$$

$$\beta z=2\pi\times 0.3=0.6\pi\mathrm{rad}$$

$$\tan\beta z=\tan 0.6\pi=-3.078$$

则

$$Z_{in}=Z_0\frac{Z_L+\mathrm{j}Z_0\tan\beta z}{Z_0+\mathrm{j}Z_L\tan\beta z}=50\frac{50+\mathrm{j}20+\mathrm{j}50(-3.078)}{50+\mathrm{j}(50+\mathrm{j}20)(-3.078)}=36.24-\mathrm{j}10.02\Omega$$

例 8.6.3：确定电压波节点和电压波腹点的位置。

一根特性阻抗为 300Ω 的无损耗传输线，工作频率为 3MHz，终端负载为 100pF 的电容，试求终端到最近的电压波腹点和电压波节点的距离。

解：可用一段开路线或短路线来代替终端所接的 100pF 的电容负载，如图 8－29 所示。

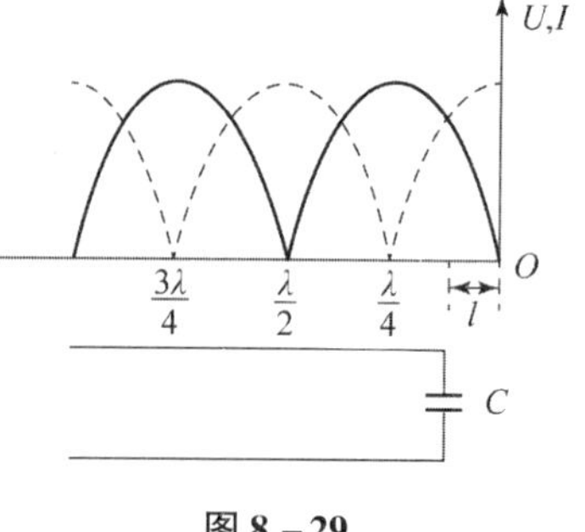

图 8－29

设采用开路线，则由式（8.6.41）开路线的长度 l 满足

$$-\mathrm{j}\frac{1}{\omega C}=-\mathrm{j}Z_0\cot\beta l$$

得

$$l=\frac{1}{\beta}\operatorname{arccot}\left(\frac{1}{\omega CZ_0}\right)=\frac{\lambda}{2\pi}\operatorname{arccot}\left(\frac{1}{\omega CZ_0}\right)=\frac{v}{2\pi f}\operatorname{arccot}\left(\frac{1}{2\pi fCZ_0}\right)$$
$$=\frac{3\times10^8}{2\pi\times3\times10^6}\operatorname{arccot}\left(\frac{1}{2\pi\times3\times10^6\times100\times10^{-12}\times300}\right)=8.19\mathrm{m}$$

终端开路线距负载最近的第一个电压波腹点应在距终端$\frac{\lambda}{2}$处，故要求的电压波腹点位置为

$$l_1=\frac{\lambda}{2}-l=\frac{v}{2f}-l=50-8.19=41.81\mathrm{m}$$

终端开路线第一个电压波节点应在距终端$\frac{\lambda}{4}$处，故要求的电压波节点位置为

$$l_2=\frac{\lambda}{4}-l_1=\frac{v}{4f}-l_1=25-8.19=16.81\mathrm{m}$$

例 8.6.4：分布参数电路的输入阻抗。

求如图 8－30 所示的分布参数电路的输入阻抗。

解：(a)

$$Z_{in}=\frac{Z_0^2}{Z_L}=\frac{Z_0^2}{\mathrm{j}2Z_0}=-\mathrm{j}\frac{1}{2}Z_0$$

(b)

$$Z_{in1}=\frac{Z_0^2}{Z_0}=Z_0$$

$$Z_{in2}=\frac{Z_0^2}{\infty}$$

第三段的负载为

$$Z_{L3}=Z_{in1}//Z_{in2}=0$$

故

$$Z_{in3}=\frac{Z_0^2}{Z_{L3}}=\infty$$

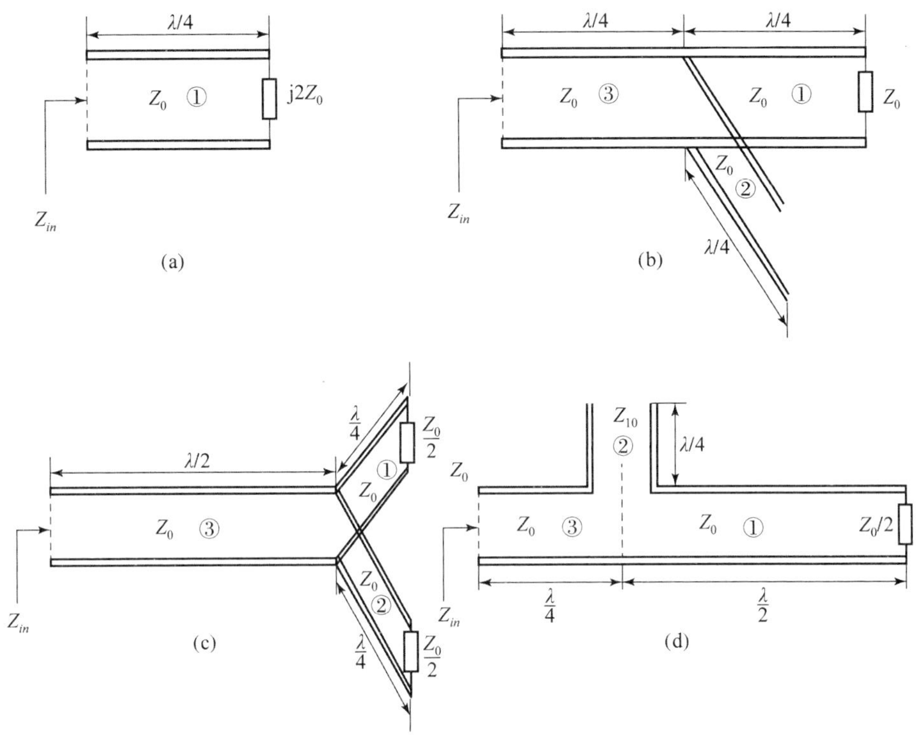

图 8－30

（c）

$$Z_{in1} = \frac{Z_0^2}{Z_0/2} = 2Z_0$$

$$Z_{in2} = \frac{Z_0^2}{Z_0/2} = 2Z_0$$

$$Z_{L3} = Z_{in1} // Z_{in2} = Z_0$$

故

$$Z_{in3} = \frac{Z_0^2}{Z_{L3}} = Z_0$$

（d）

$$Z_{in1} = Z_{L1} = \frac{Z_0}{2}$$

$$Z_{in2} = 0$$

$$Z_{L3} = Z_{in1} + Z_{in2} = \frac{Z_0}{2}$$

故

$$Z_{in3} = \frac{Z_0^2}{L_3} = 2Z_0$$

8.6.4 传输线的反射系数

由传输线方程的解可知，传输线上的电压波和电流波一般由入射波（从电源到负载）和反射波（从负载到电源）叠加而成。为分析传输线的反射特性，引入反射系数。

1. 定义

传输线上某点的反射波电压（或电流）与入射波电压（或电流）之比，称为该点的反射系数，即

$$\Gamma(z)=\frac{U^-(z)}{U^+(z)}=\frac{I^-(z)}{I^+(z)} \tag{8.6.46}$$

式中：$U^-(z)$为反射波电压；$U^+(z)$为入射波电压；$I^-(z)$为反射波电流；$I^+(z)$为入射波电流。

由式（8.6.18）和式（8.6.19），传输线上任意一点的电压电流为

$$U=\frac{1}{2}(U_2+I_2Z_0)e^{\gamma z}+\frac{1}{2}(U_2-I_2Z_0)e^{-\gamma z}=U^+(z)+U^-(z) \tag{8.6.47}$$

$$I=\frac{1}{2Z_0}(U_2+I_2Z_0)e^{\gamma z}-\frac{1}{2Z_0}(U_2-I_2Z_0)e^{-\gamma z}=I^+(z)+I^-(z) \tag{8.6.48}$$

由此可得

$$U^+(z)=\frac{1}{2}(U_2+I_2Z_0)e^{+\gamma z} \tag{8.6.49}$$

$$U^-(z)=\frac{1}{2}(U_2-I_2Z_0)e^{-\gamma z} \tag{8.6.50}$$

$$I^+(z)=\frac{1}{2Z_0}(U_2+I_2Z_0)e^{\gamma z} \tag{8.6.51}$$

$$I^-(z)=-\frac{1}{2Z_0}(U_2-I_2Z_0)e^{-\gamma z} \tag{8.6.52}$$

当 $z=0$ 时，即终端负载处的入射波和反射波电压为

$$U^+(0)=\frac{1}{2}(U_2+I_2Z_0)=U_2^+ \tag{8.6.53}$$

$$U^-(0)=\frac{1}{2}(U_2-I_2Z_0)=U_2^- \tag{8.6.54}$$

同理，终端的入射波和反射波的电流为

$$I^+(0)=\frac{1}{2Z_0}(U_2+I_2Z_0)=I_2^+ \tag{8.6.55}$$

$$I^-(0)=\frac{-1}{2Z_0}(U_2-I_2Z_0)=I_2^- \tag{8.6.56}$$

于是

$$U^+(z)=U_2^+e^{\gamma z} \tag{8.6.57}$$

$$U^-(z)=U_2^-e^{-\gamma z} \tag{8.6.58}$$

$$I^+(z)=I_2^+e^{\gamma z} \tag{8.6.59}$$

$$I^-(z)=-I_2^-e^{-\gamma z} \tag{8.6.60}$$

所以

$$\Gamma(z)=\frac{U^{-}(z)}{U^{+}(z)}=\frac{U_2^{-}e^{-\gamma z}}{U_2^{+}e^{\gamma z}}=\Gamma_2 e^{-2\gamma z} \tag{8.6.61}$$

式中

$$\Gamma_2=\frac{U_2^{-}}{U_2^{+}} \tag{8.6.62}$$

称为终端反射系数，且有

$$\Gamma_2=\frac{U_2-I_2Z_0}{U_2+I_2Z_0}=\frac{Z_L-Z_0}{Z_L+Z_0}=\left|\frac{Z_L-Z_0}{Z_L+Z_0}\right|e^{\mathrm{j}\varphi_2}=|\Gamma_2|e^{\mathrm{j}\varphi_2} \tag{8.6.63}$$

则

$$\Gamma(z)=\Gamma_2 e^{-2\gamma z}=|\Gamma_2|e^{-2az}e^{-\mathrm{j}2\beta z}e^{\mathrm{j}\varphi_2} \tag{8.6.64}$$

对于无损耗线（$a=0$），则

$$\Gamma(z)=|\Gamma_2|e^{-\mathrm{j}2\beta z}e^{\mathrm{j}\varphi_2} \tag{8.6.65}$$

由此可见，对无损耗线任意点的反射系数 $\Gamma(z)$ 和终端反射系数 Γ_2 只相差 $2\beta z$ 的相位。

2. 反射系数与电压电流的关系

$$U(z)=U^{+}(z)+U^{-}(z)=U^{+}(z)\left[1+\frac{U^{-}(z)}{U^{+}(z)}\right]=U^{+}(z)[1+\Gamma(z)] \tag{8.6.66}$$

$$I(z)=I^{+}(z)+I^{-}(z)=I^{+}(z)\left[1+\frac{I^{-}(z)}{I^{+}(z)}\right]=I^{+}(z)[1-\Gamma(z)] \tag{8.6.67}$$

可见，传输线上任一点的电压、电流也可以通过反射系数来计算。

3. 反射系数与输入阻抗的关系

由输入阻抗的定义式（8.6.36），有

$$Z_{in}(z)=\frac{U(z)}{I(z)}=\frac{U^{+}(z)[1+\Gamma(z)]}{I^{+}(z)[1-\Gamma(z)]}=Z_0\frac{1+\Gamma(z)}{1-\Gamma(z)} \tag{8.6.68}$$

可见，传输线上任一点的阻抗，可由该点的反射系数来计算，这给传输线阻抗的测量和求解带来极大的方便。

4. 反射系数与负载阻抗的关系

由式（8.6.63），令 $z=0$ 即得终端负载阻抗为

$$Z_{in}(0)=Z_L=Z_0\frac{1+\Gamma(0)}{1-\Gamma(0)}=Z_0\frac{1+\Gamma_2}{1-\Gamma_2} \tag{8.6.69}$$

由此可得

$$\Gamma_2=\frac{Z_L-Z_0}{Z_L+Z_0} \tag{8.6.70}$$

这是前面已给出的式（8.6.63），它可以由已知负载阻抗求出反射系数。下面讨论几种情况。

1）负载阻抗等于特性阻抗

当 $Z_L=Z_0$，由式（8.6.70），得

$$\Gamma_2=0 \tag{8.6.71}$$

即反射系数为零，传输线上不存在反射波，称为行波工作状态。

2）终端短路线

当 $Z_L=0$，由式（8.6.70），得

$$\Gamma_2=-1 \tag{8.6.72}$$

即反射系数的模为1，传输线上出现全反射，且入射波和反射波相位相反，称为全驻波状态。

3）终端开路线

当 $Z_L=\infty$，由式（8.6.70），得

$$\Gamma_2=1 \tag{8.6.73}$$

即反射系数的模为1，传输线上出现全反射，称为全驻波状态。

4）终端负载为纯电抗

当 $Z_L=\pm jX_L$，由式（8.6.70），得

$$|\Gamma_2|=1 \tag{8.6.74}$$

仍出现全反射。

5）终端为任意负载

当 $Z_L=R_L\pm jX_L$，由式（8.6.70）得反射系数的模为

$$|\Gamma_2|=\left[\frac{(R_L^2-Z_0^2+X_L^2)^2+(2X_LZ_0)^2}{(R_L+Z_0)^2+X_L^2}\right]^{1/2} \tag{8.6.75}$$

相位为

$$\varphi_2=\arctan\left[\frac{2X_LZ_0}{R_L^2+X_L^2-Z_0^2}\right] \tag{8.6.76}$$

由此可见，$|\Gamma_2|<1$，传输线上出现部分反射，称为混合波状态。

例 8.6.5：传输线上的电压、电流。一根无损耗传输线的特征阻抗 $Z_0=50\Omega$，终端接负载 $Z_L=(75-j50)\Omega$，求传输线上的电压、电流表示式。

解：传输线的任一点的电压有

$$\begin{aligned}U(z)&=U^+(z)[1+\Gamma(z)]\\&=\frac{1}{2}(U_2+I_2Z_0)e^{j\beta z}[1+|\Gamma_2|e^{-j(2\beta z-\varphi_2)}]\end{aligned}$$

而

$$\Gamma_2=\frac{Z_L-Z_0}{Z_L+Z_0}=\frac{25-j50}{125-j50}=0.415e^{-j41.65^\circ}$$

故

$$|\Gamma_2|=0.415$$
$$\varphi_2=-41.65^\circ$$

于是

$$U(z)=\frac{1}{2}(U_2+I_2Z_0)e^{j\beta z}[1+0.415e^{-j(2\beta z+41.65^\circ)}]$$

同理传输线上任一点的电流为

$$I(z)=\frac{1}{2Z_0}(U_2+I_2Z_0)e^{j\beta z}[1-|\Gamma_2|e^{-j(2\beta z-\varphi_2)}]$$

$$=\frac{1}{2Z_0}(U_2+I_2Z_0)e^{+\mathrm{j}\beta z}[1-0.415e^{-\mathrm{j}(2\beta z+41.65^\circ)}]$$

8.6.5　传输线的工作状态

传输线存在三种不同的工作状态，即行波状态、驻波状态和混合波状态。它们取决于传输线终端所接的负载。

1. 行波状态

行波状态，即传输线上无反射波出现，只存在入射波的工作状态。由式（8.6.70）可知，当传输线的负载阻抗等于特性阻抗时，反射系数 $\Gamma(z)=0$。于是由式（8.6.16）得传输线上的电压、电流为

$$\begin{cases} U(z)=U^+(z)=\dfrac{U_2+I_2Z_0}{2}e^{\gamma z}=U_2^+e^{\gamma z}=|U_2^+|e^{\mathrm{j}\theta}e^{\mathrm{j}\beta z} \\ I(z)=I^+(z)=\dfrac{U_2+I_2Z_0}{2Z_0}e^{\gamma z}=I_2^+e^{\gamma z}=\dfrac{|U_2^+|}{Z_0}e^{\mathrm{j}\theta}e^{\mathrm{j}\beta z} \end{cases} \tag{8.6.77}$$

式中：θ 为 U_2^+ 的初相位，将式（8.6.77）表示为瞬时值形式：

$$\begin{cases} u(z,t)=|U_2^+|\cos(\omega t+\beta z+\theta) \\ i(z,t)=\dfrac{|U_2^+|}{Z_0}\cos(\omega t+\beta z+\theta) \end{cases} \tag{8.6.78}$$

图 8－31 所示为行波状态下沿传输线的电压、电流分布。可见，沿无损耗传输线电压、电流的振幅不变，而相位随 z 的减小（入射波由源向负载推进）而滞后，这是行波前进的必然结果。

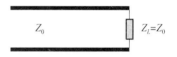

由式（8.6.70）可知，当 $Z_L=Z_0$ 时，由 $Z_{in}(z)=Z_0$，即沿线的输入阻抗均等于特性阻抗。

综上所述，行波状态下的无损耗线有如下特点：

（1）沿线电压、电流振幅不变；

（2）电压、电流同相位；

（3）沿线各点的输入阻抗均等于其特性阻抗。

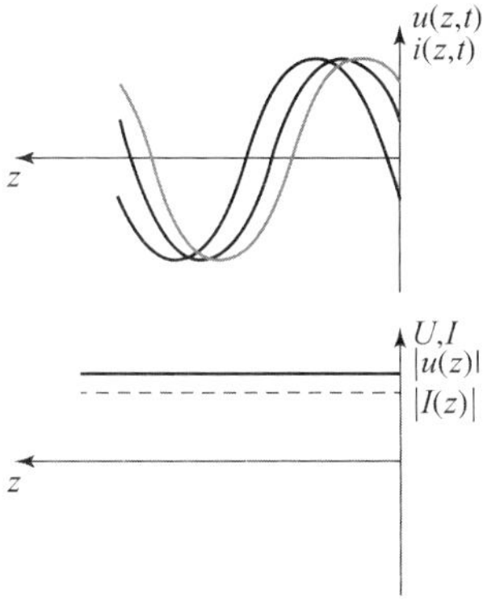

图 8－31　行波状态下沿传输线的电压、电流分布

2. 驻波状态

当传输线终端开路（$Z_L=\infty$）或短路（$Z_L=0$）或接纯电抗负载 $Z_L=\pm \mathrm{j}X_L$ 时，线上的反射波振幅与入射波振幅相等，两者叠加，在线上形成全驻波。三种负载所决定的驻波分布，其区别在于传输线终端处波的相位不同。下面以 $Z_L=0$ 为例来分析传输线工作在全驻波状态时的特性。

$Z_L=0$，即传输线短路。此时终端反射系数为

$$\Gamma_2=\left.\frac{Z_L-Z_0}{Z_L+Z_0}\right|_{Z_L=0}=-1=e^{\mathrm{j}\pi} \tag{8.6.79}$$

于是线上的电压、电流为

$$\begin{aligned}U(z) &= U_2^+ e^{j\beta z} + U_2^- e^{-j\beta z} = U_2^+ (e^{j\beta z} - e^{-j\beta z}) \\ &= j2 \mid U_2^+ \mid e^{j(\theta+\pi)} \sin(\beta z)\end{aligned} \tag{8.6.80}$$

同理

$$I(z) = \frac{2 \mid U_2^+ \mid e^{j(\theta+\pi)}}{Z_0} \cos(\beta z) \tag{8.6.81}$$

表示为瞬时值形式

$$\begin{cases} u(z,t) = 2 \mid U_2^+ \mid \sin(\beta z) \cos\left(\omega t + \theta + \dfrac{\pi}{2}\right) \\ i(z,t) = \dfrac{2 \mid U_2^+ \mid}{Z_0} \cos(\beta z) \cos(\omega t + \theta) \end{cases} \tag{8.6.82}$$

图 8－32 所示为驻波状态下电压、电流沿线的瞬时分布曲线和振幅分布曲线。

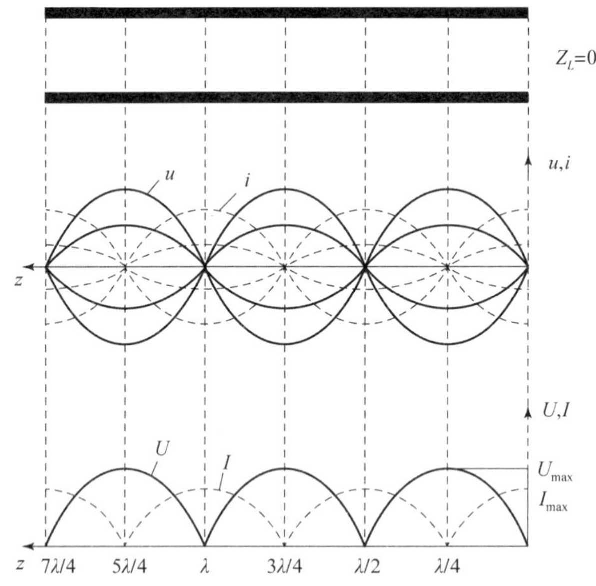

图 8－32　终端短路线上的驻波电压和电流

全驻波状态下的无损耗传输线有如下特点：

（1）全驻波是在满足全反射条件下，由两个相向传输的行波叠加而成的。它不再具有行波的传输特性，而是在线上作简谐振荡，表现为相邻两波节之间的电压（或电流）同相，波节点两侧的电压（或电流）反相；

（2）传输线上电压和电流的振幅是位置 z 的函数，出现最大值（波腹点）和零值（波节点）；

（3）传输线上各点的电压和电流在时间上有$\dfrac{T}{4}$的相位差。在空间位置上也有$\dfrac{\lambda}{4}$的相移，因此全驻波状态下没有功率传输。

3. 混合波状态

当传输线终端所接的负载阻抗不等于特征阻抗，也不是短路、开路或接纯电抗性负载，而是接任意阻抗负载时，线上将同时存在入射波和反射波，且两者的振幅不等，叠

加后形成混合波状态。对于无损耗传输线，线上的电压、电流表示为

$$\begin{aligned}U(z) &= U_2^+ e^{j\beta z} + U_2^- e^{-j\beta z} = U_2^+ e^{j\beta z} + \Gamma_2 U_2^+ e^{-j\beta z} \\ &= U_2^+ e^{j\beta z} + 2\Gamma_2 U_2^+ \frac{e^{j\beta z} + e^{-j\beta z}}{2} - \Gamma_2 U_2^+ e^{j\beta z} \\ &= U_2^+ e^{j\beta z}(1-\Gamma_2) + 2\Gamma_2 U_2^+ \cos(\beta z)\end{aligned} \tag{8.6.83}$$

$$\begin{aligned}I(z) &= I_2^+ e^{j\beta z} + I_2^- e^{-j\beta z} \\ &= I_2^+ e^{j\beta z}(1-\Gamma_2) + j2\Gamma_2 I_2^+ \sin(\beta z)\end{aligned} \tag{8.6.84}$$

可见，传输线上的电压、电流由两部分组成：第一部分代表由电源向负载传输的单向行波；第二部分代表驻波。行波与驻波成分的多少取决于反射系数，也可用驻波系数表示，即

$$S = \frac{U_{\max}}{U_{\min}} = \frac{I_{\max}}{I_{\min}} = \frac{1 + |\Gamma_2|}{1 - |\Gamma_2|} \tag{8.6.85}$$

所以，当传输线工作在行波状态时 $|\Gamma_2| = 0$，则 $S = 1$；当传输线工作在驻波状态时 $|\Gamma_2| = 1$，则 $S = \infty$；当传输线工作在混合波状态时 $|\Gamma_2| < 1$，则 $1 < S < \infty$。图 8 - 33 所示为混合波状态下的电压、电流振幅分布。

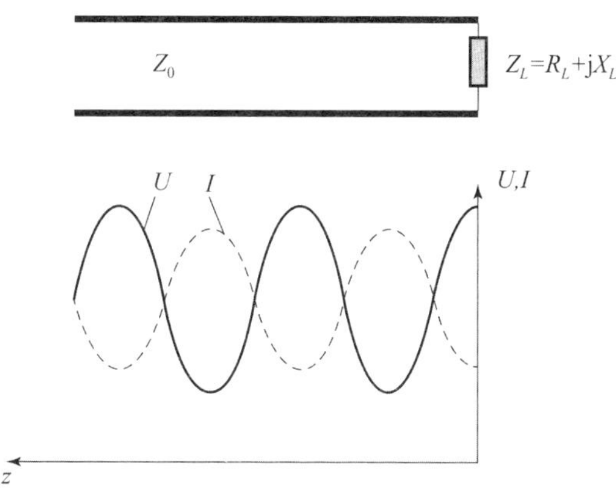

图 8 - 33　混合波状态下的电压、电流振幅分布

8.6.6　传输线的传输功率与效率

1. 传输功率的计算

一方面，对于无损耗线，通过线上任一点的平均功率是相同的。如图 8 - 34 所示，负载吸收的功率 P_l 等于输入端的输入功率 P_{in}，也等于线上任一点通过的功率 $P(z)$，即 $P_l = P_{in} = P(z)$。

由图 8 - 34 可知

$$P_l = \frac{1}{2} I_2^2 R_L \tag{8.6.86}$$

$$P_{in} = \frac{1}{2} I_1^2 R_{in} \tag{8.6.87}$$

$$P(z) = \frac{1}{2} |U(z)| |I(z)| \cos\varphi \tag{8.6.88}$$

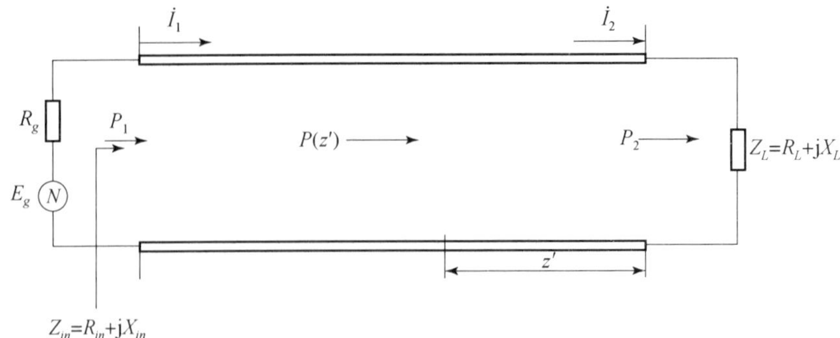

图 8-34　传输功率的计算

式中：φ 为 z 点处电压与电流的相位差。由于波节点和波腹点的输入阻抗为纯电阻，故其电压与电流的相位差 $\varphi=0$，故有

$$P(z)=\frac{1}{2}|U|_{\max}|I|_{\min}=\frac{1}{2}|U|_{\min}|I|_{\max} \tag{8.6.89}$$

由 $|U(z)|=|U|_{\max}=|U_2^+||1+|\Gamma_2||$ 和 $|I(z)|=|I|_{\max}=\left|\frac{U_2^+}{Z_0}\right||1+|\Gamma_2||$，有

$$\frac{|U|_{\max}}{|I|_{\max}}=\frac{|U|_{\min}}{|I|_{\min}}=Z_0 \tag{8.6.90}$$

由式（8.6.85），有

$$\frac{|U|_{\max}}{|U|_{\min}}=\frac{|I|_{\max}}{|I|_{\min}}=\rho \tag{8.6.91}$$

于是得

$$P(z)=\frac{1}{2}\frac{|U|_{\max}^2}{Z_0\rho}=\frac{1}{2}\frac{|U|_{\max}^2}{Z_0}K=\frac{1}{2}|I|_{\max}Z_0K \tag{8.6.92}$$

由此可见，当传输线的耐压一定或所能载的电流一定时，行波系数 K 越大，所能传输的功率就越大。

另一方面，由式 $|U(z)|=|U|_{\max}=|U_2^+||1+|\Gamma_2||$ 和式 $|I(z)|=|I|_{\max}=\left|\frac{U_2^+}{Z_0}\right||1+|\Gamma_2||$，有

$$\begin{aligned}P_l&=\frac{1}{2}|U|_{\max}|I|_{\min}\\&=\frac{1}{2}|U_2^+|(1+|\Gamma_2|)|I_2^+|(1-|\Gamma_2|)\\&=\frac{1}{2}|U_2^+||I_2^+|(1-|\Gamma_2|^2)\\&=\frac{1}{2}|U_2^+||I_2^+|-\frac{1}{2}|\Gamma_2||U_2^+||\Gamma_2||I_2^+|\\&=\frac{1}{2}|U_2^+||I_2^+|-\frac{1}{2}|U_2^-||I_2^-|=P^+-P^-\end{aligned} \tag{8.6.93}$$

式中

$$P^{+}=\frac{1}{2}|U_2^{+}||I_2^{+}| \tag{8.6.94}$$

为入射波传输到负载的平均功率。

$$P^{-}=\frac{1}{2}|U_2^{-}||I_2^{-}| \tag{8.6.95}$$

为负载反射的功率。因此，负载吸收的功率为入射波功率与反射波功率之差。

2. 传输线的功率容量

传输线传输功率时，允许传播的最大功率将受到击穿电压的限制，即存在一个功率容量问题。所谓功率容量，是在不发生电压击穿条件下，传输线上能传输的最大功率。由式（8.6.92），有

$$P_l=\frac{1}{2}\frac{|U|_{\max}^2}{Z_0\rho}=\frac{1}{2}\frac{|U|_{\max}^2}{Z_0}K \tag{8.6.96}$$

设 U_{br}代表击穿电压，则功率容量为

$$P_{br}=\frac{1}{2}\frac{U_{br}^2}{Z_0\rho}=\frac{U_{br}^2}{2Z_0}K \tag{8.6.97}$$

可见，功率容量不仅与击穿电压有关（由电线的结构、材料决定），而且与传输线的工作状态有关。驻波系数 ρ 越小（越接近于 1），即传输线越接近于行波状态，则功率容量越大。因此，从功率容量的角度来说，传输线的最佳工作状态为行波状态。

3. 传输线的传输效率

传输线的传输效率定义为负载吸收功率 P_l 与输入功率 P_{in}之比，即

$$\eta=\frac{P_l}{P_{in}} \tag{8.6.98}$$

根据前面的分析，对于无损耗线，由于 $P_l=P_{in}$，因此

$$\eta=\frac{P_l}{P_{in}}=1 \tag{8.6.99}$$

而对于损耗线，传输功率由式（8.6.83）和式（8.6.84）得

$$P_{in}(z)=\mathrm{Re}\,\frac{1}{2}[U(z)I^{*}(z)]=\frac{1}{2}Z_0|I_2^{+}|^2(e^{2\alpha z}-|\Gamma_2|^2e^{-2\alpha z}) \tag{8.6.100}$$

而负载的吸收功率由式（8.6.93），有

$$P_l=\frac{1}{2}Z_0|I_2^{+}|^2(1-|\Gamma_2|^2) \tag{8.6.101}$$

于是

$$\eta=\frac{P_l}{P_{in}}=\frac{1-|\Gamma_2|^2}{e^{2\alpha z}-|\Gamma_2|^2e^{-2\alpha z}} \tag{8.6.102}$$

设传输线长为 l，则

$$\eta=\frac{1-|\Gamma_2|^2}{e^{2\alpha l}-|\Gamma_2|^2e^{-2\alpha l}}=\frac{1}{\mathrm{ch}2\alpha l+\frac{1}{2}\left(\rho+\frac{1}{\rho}\right)\mathrm{sh}2\alpha l} \tag{8.6.103}$$

当传输线的损耗很小时，即 $\alpha l\ll 1$，则式（8.6.103）变为

$$\eta=1-\left(\rho+\frac{1}{\rho}\right)\alpha l \tag{8.6.104}$$

可见，传输线的效率与线的衰减常数 α、线长 l 及工作状态有关。当 αl 一定时，ρ 越小效率越高。当 $\rho=1$ 时（行波工作状态），η 有最大值，即

$$\eta=\eta_{\max}\approx 1-2\alpha l\approx e^{-2\alpha l} \tag{8.6.105}$$

例 8.6.6：传输线负载的吸收功率。有一特性阻抗为 $Z_0=50\Omega$ 的传输线，其长度为 10cm，工作频率为 15GHz，终端负载为 $Z_L=(50-j25)\Omega$，若传输线入射波的功率 $P^+(z=15)=10W$，求：

（1）无损耗时，负载的吸收功率是多少？

（2）设衰减常数 $\alpha=0.02dB/cm$ 时，负载的吸收功率又是多少？

解：（1）无损耗时，负载的吸收功率，

$$P_l(0)=\frac{1}{2}|U_2^+||I_2^+|(1-|\Gamma_2|^2)=P^+(z=0)(1-|\Gamma_2|^2)$$

对于无损耗线，$P^+(z=0)=P^+(z=10)=10W$，故

$$P_l=10(1-|\Gamma_2|^2)$$

式中

$$\Gamma_2=\frac{Z_L-Z_0}{Z_L+Z_0}=\frac{-j25}{100-j25}=0.24e^{-j75.97^\circ}$$

所以

$$P_l=10(1-0.24^2)=9.42W$$

（2）有损耗时

$$\alpha=0.02dB/cm,\ \alpha l=0.2dB=0.023Np$$

$$P^+(0)=P^+(10)e^{-2\alpha l}=10e^{-0.046}=9.55W$$

负载吸收功率为

$$P_l(z=0)=P^+(0)(1-|\Gamma_2|^2)=9.55(1-0.24^2)=9.0W$$

例 8.6.7：传输线的损耗功率和传输效率。某传输线的特性阻抗为 75Ω，终端负载为 $Z_L=75-j50(\Omega)$，单位长度的衰减常数为 0.15dB/m。求传输线长度为 20m 时损耗在传输线上的功率和传输线效率（设 $z=0$ 处的功率 P_2 为已知）。

解：终端反射系数为

$$|\Gamma_2|=\left|\frac{Z_L-Z_0}{Z_L+Z_0}\right|=\left|\frac{-j50}{150-j50}\right|=0.316$$

负载吸收的功率为

$$P(z=0)=P_2=P^+(z=0)[1-|\Gamma_2|^2]=P^+(z=0)[1-0.316^2]$$

故负载处入射波的功率为

$$P^+(z=0)=\frac{P_2}{1-0.316^2}=\frac{P_2}{0.9}=1.11P_2$$

设输入端 $z=20m$ 处的入射波功率为 $P^+(z=20)$，则

$$P^+(z=0)=P^+(z=20)e^{-2\alpha l}=1.11P_2$$

由上式（$\alpha l=3dB=0.346Np$）得

$$P^+(z=00)=1.11P_2e^{2\alpha l}=1.11P_2e^{0.692}=2.22P_2$$

输入端的功率为

$$P(z=20)=P^{+}(z=20)-P^{-}(z=20)$$

式中：$P^{+}(z=20)$和$P^{-}(z=20)$分别代表输入端入射波和反射波的功率，而

$$\begin{aligned}P^{-}(z=20)&=P^{-}(z=20)e^{-2\alpha l}=P^{+}(z=0)|\Gamma_2|^2e^{-2\alpha l}\\&=P^{+}(z=20)e^{-2\alpha l}|\Gamma_2|^2e^{-2\alpha l}=P^{+}(z=20)|\Gamma_2|^2e^{-4\alpha l}\end{aligned}$$

所以

$$\begin{aligned}P(z=20)&=P^{+}(z=20)-P^{-}(z=20)\\&=P^{+}(z=20)[1-|\Gamma_2|^2e^{-4\alpha l}]\\&=2.22P_2[1-0.316^2e^{-1.384}]=2.16P_2\end{aligned}$$

故损耗在传输线上的功率为

$$P(z=20)-P(z=0)=1.16P_2$$

效率为

$$\eta=\frac{P(z=0)}{P(z=20)}=\frac{P_2}{2.16P_2}=46.3\%$$

若由式（8.6.103）可直接求得效率为

$$\eta=\frac{1-|\Gamma_2|^2}{e^{2\alpha l}-|\Gamma_2|^2e^{-2\alpha l}}=\frac{1-0.316^2}{e^{0.692}-0.316^2e^{-0.692}}\approx46.3\%$$

8.6.7　传输线的阻抗匹配

根据前面的讨论知道，传输线处于行波工作状态时，其传输功率达到最大值，这就要求传输线的负载阻抗 Z_L 等于其特性阻抗 Z_0，以及达到匹配状态。此时对于信息传输而言的信号失真也可消除。本小节讨论几种无损耗传输线的阻抗匹配方法。

1. λ/4 阻抗变换器

$\lambda/4$ 阻抗变换器是一种实现纯电阻负载 $Z_L=R_L$ 与无损耗传输线的特性阻抗 Z_0 相匹配的简单方法。在负载与主传输线之间接入一段特性阻抗为 Z_{01}的 $\lambda/4$ 线段作为阻抗变换器，并使

$$Z_{01}=\sqrt{Z_0R_L}\tag{8.6.106}$$

这实际上就是前面讨论传输线输入阻抗时已得到的式（8.6.44）的结果。两种常用的传输线接入 $\lambda/4$ 阻抗变换器，如图 8－35 所示。

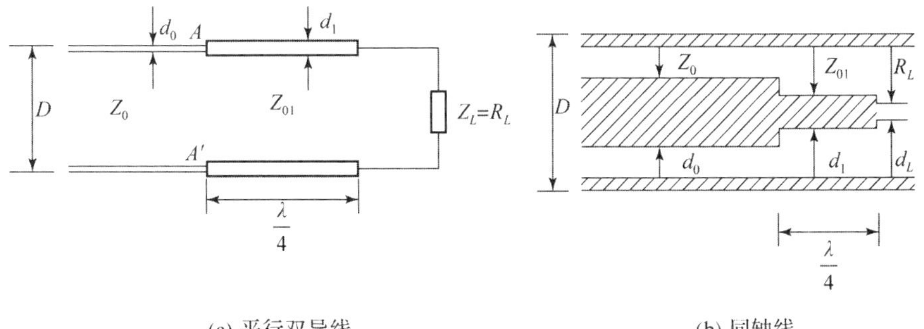

(a) 平行双导线　　(b) 同轴线

图 8－35　λ/4 阻抗变换器

由于 $\lambda/4$ 的长度取决于波长，故这种匹配方法对频率十分敏感，它只对一个频率得到理想匹配。当频率变化时，匹配被破坏，主传输线上的反射系数将增大。

如图 8－35（a）所示，AA'端的输入阻抗当 $f=f_0$ 时，有

$$Z_{AA'}=\frac{Z_{01}^2}{R_L}=Z_0 \tag{8.6.107}$$

当 $f\neq f_0$ 时，则为

$$Z_{AA'}=Z_{01}\frac{R_L+\mathrm{j}Z_{01}\tan\beta z}{Z_{01}+\mathrm{j}R_L\tan\beta z}=Z_{01}\frac{R_L+\mathrm{j}Z_{01}\tan\left(\frac{2\pi}{\lambda}\cdot\frac{\lambda_0}{4}\right)}{Z_{01}+\mathrm{j}R_L\tan\left(\frac{2\pi}{\lambda}\cdot\frac{\lambda_0}{4}\right)}=Z_{01}\frac{R_L+\mathrm{j}Z_{01}\tan\left(\frac{\pi}{2}\frac{f}{f_0}\right)}{Z_{01}+\mathrm{j}R_L\tan\left(\frac{\pi}{2}\frac{f}{f_0}\right)} \tag{8.6.108}$$

由此可得到主传输线上在任意频率下的反射系数为

$$|\Gamma_{AA'}|=\left|\frac{Z_{AA'}-Z_0}{Z_{AA'}+Z_0}\right|=\frac{\left|\frac{R_L}{Z_0}-1\right|}{\sqrt{\left(\frac{R_L}{Z_0}+1\right)^2+4\left(\frac{R_L}{Z_0}\right)\tan^2\left(\frac{\pi}{2}\cdot\frac{f}{f_0}\right)}} \tag{8.6.109}$$

可见，当频率在给定范围内变化时，若反射系数或驻波系数增加较慢，则匹配的频率特性越好。另外，若阻抗变换系数$\left(\frac{R_L}{Z_0}、\frac{Z_0}{R_L}\right)$越大，则满足给定的驻波系数的频带越窄，频率特性越差。因此，为了使匹配效果好，阻抗变换系数不宜过大，可采用两节或多节 $\lambda/4$ 线进行匹配。以两段 $\lambda/4$ 线为例讨论其频率特性。在图 8－36 中 Z_{01} 和 Z_{02} 应满足阻抗变换关系，即

$$Z_2=\frac{Z_{02}^2}{R_L} \tag{8.6.110}$$

$$Z_0=Z_1=\frac{Z_{01}^2}{Z_2} \tag{8.6.111}$$

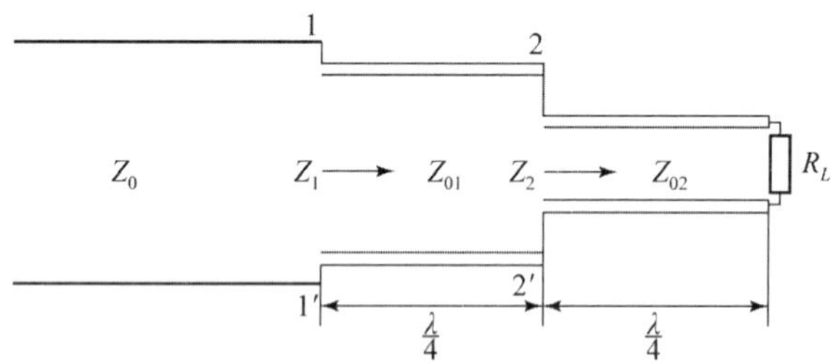

图 8－36　两节 $\lambda/4$ 匹配线

设两节 $\lambda/4$ 线变化比相同，即

$$\frac{Z_2}{R_L}=\frac{Z_0}{Z_2} \tag{8.6.112}$$

联立求解式（8.6.110）～式（8.6.112），得

$$Z_{01}=\sqrt[4]{Z_0^3R_L}=\sqrt[4]{\frac{R_L}{Z_0}}Z_0 \tag{8.6.113}$$

$$Z_{02}=\sqrt[4]{Z_0\cdot R_L^3}=\sqrt[4]{\frac{Z_0}{R_L}}\cdot R_L \tag{8.6.114}$$

当$f\neq f_0$时，22′端的输入阻抗由式（8.6.114），得在11′端的输入阻抗为

$$Z_1=Z_{01}\frac{Z_2+\mathrm{j}Z_{01}\tan\left(\frac{\pi}{2}\frac{f}{f_0}\right)}{Z_{01}+\mathrm{j}Z_2\tan\left(\frac{\pi}{2}\frac{f}{f_0}\right)} \tag{8.6.115}$$

$$Z_2=Z_{02}\cdot\frac{R_L+\mathrm{j}Z_{02}\tan\left(\frac{\pi}{2}\frac{f}{f_0}\right)}{Z_{02}+\mathrm{j}R_L\tan\left(\frac{\pi}{2}\frac{f}{f_0}\right)} \tag{8.6.116}$$

将式（8.6.115）代入式（8.6.116）得11′端以左的主传输线上的反射系数为

$$|\varGamma_{11'}|=\left|\frac{Z_1-Z_0}{Z_1+Z_0}\right|=\frac{\left|\frac{R_L}{Z_0}-1\right|\cot^2\left(\frac{\pi}{2}\frac{f}{f_0}\right)}{\sqrt{\left[\left(\frac{R_L}{Z_0}+1\right)\cot^2\left(\frac{\pi}{2}\frac{f}{f_0}\right)-2\sqrt{\frac{R_L}{Z_0}}\right]^2+4\sqrt{\frac{R_L}{Z_0}}\left(\sqrt{\frac{Z_L}{Z_0}}+1\right)^2\cot^2\left(\frac{\pi}{2}\frac{f}{f_0}\right)}} \tag{8.6.117}$$

由式（8.6.109）和式（8.6.117）可绘出在不同$\frac{R_L}{Z_0}$值下主传输线的反射系数及驻波系数与$\frac{f}{f_0}$的关系曲线，如图 8－37 和图 8－38 所示。比较这两幅图可以看出，用两段$\lambda/4$线匹配时，满足一定驻波系数的工作频带比用一节$\lambda/4$线时要宽得多。由此可以推断：如用三节、四节甚至更多节$\lambda/4$线匹配时，可获得更宽的频带。

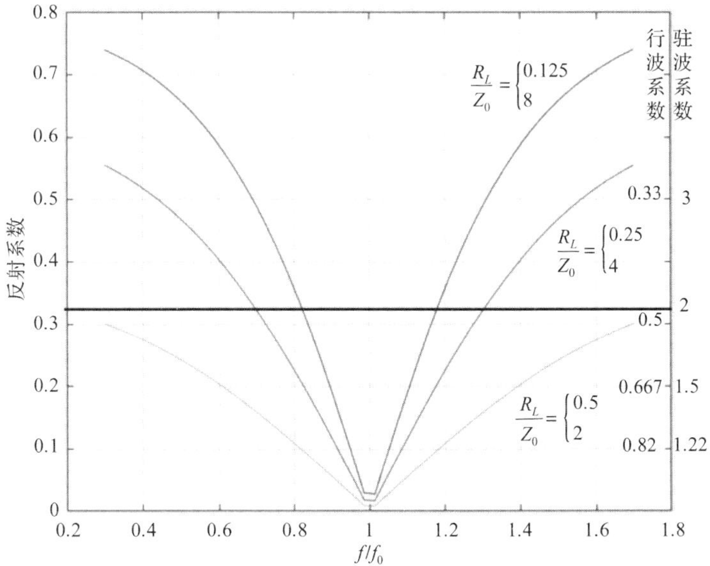

图 8－37　单节 λ/4 匹配线的频率特性

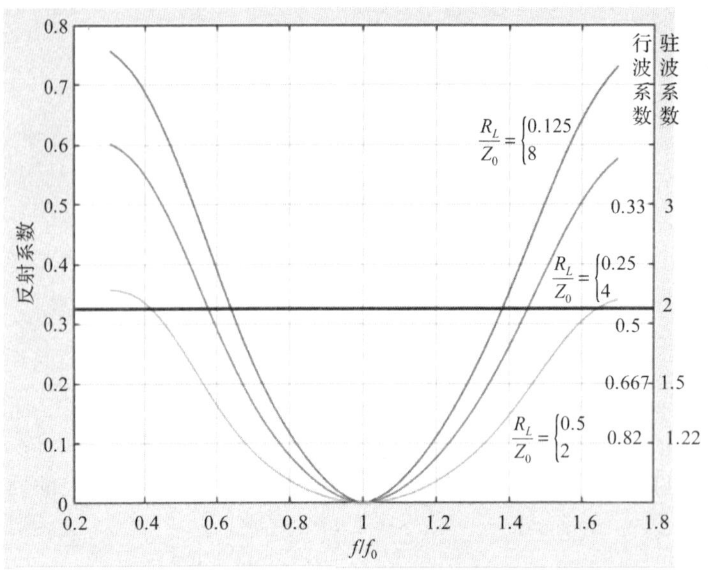

图 8－38　两 λ/4 节匹配线的频率特性

2. 单短截线匹配器

对于负载阻抗为 $Z_L=R_L+\mathrm{j}X_L$ 和主传输线特性阻抗为 Z_0 的匹配，可采用在主传输线上并联一段特性阻抗为 Z_0 的单短截线来实现（图 8－39），这种方法称为单短截线匹配法。为此，可调节单短截线距负载的位置 l_1 和单短截线的长度 l_2，匹配时的阻抗关系为

$$\frac{1}{Z_0}=\frac{1}{Z_{in1}}+\frac{1}{Z_{in2}} \tag{8.6.118}$$

为使式（8.6.118）满足，首先调节 l_1 的长度，使

$$\frac{1}{Z_{in1}}=\frac{1}{Z_0}+\mathrm{j}B_{in1} \tag{8.6.119}$$

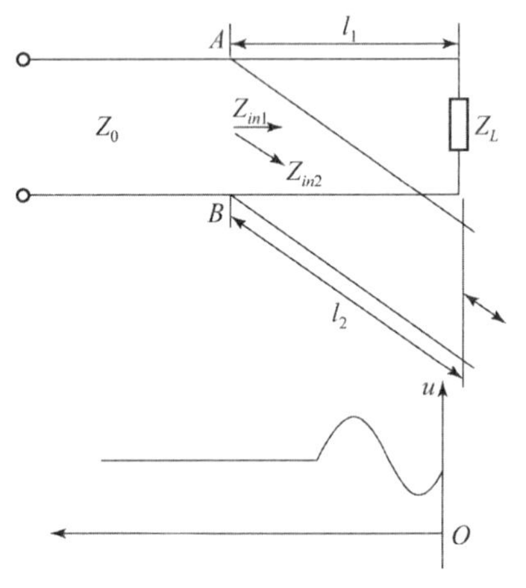

图 8－39　单短截线阻抗匹配

然后调节 l_2 的长度，使

$$\frac{1}{Z_{in2}}=\mathrm{j}B_{in2}=-\mathrm{j}B_{in1} \tag{8.6.120}$$

这样式（8.6.118）成立，达到匹配目的。

单短截线阻抗匹配法实质是用接入短截线后附加的反射波来抵消主传输线上原来的反射波，以实现匹配。这种方法同样对频率十分敏感，当频率变化时，l_1、l_2 都需要重新调节。在实际应用中，还有双短截线和多短截线匹配法。

8.7　应用实例

8.7.1　喇叭天线

喇叭天线是一种应用广泛的微波天线，优点是结构简单、频带宽、功率容量大、调整与使用方便。合理地选择喇叭天线尺寸，可以获得很好的辐射特性、相当尖锐的主瓣、较小副瓣和较高增益。因此，喇叭天线应用非常广泛，是一种常见的天线增益测试用的标准天线。

喇叭天线就其结构来讲，可以看成由两大部分构成：一是波导管部分，横截面有矩形，也有圆形；二是真正的喇叭天线部分。波导部分相当于线天线中的馈线，是供给喇叭天线信号和能量的部分。对工作于厘米或毫米波段内的面天线，如采用线状馈线，将因馈线自身的辐射损耗太大而不能把能量传送到面天线上，所以必须采用自身屏蔽效果很好的波导管作馈线。普通喇叭天线结构原理如图 8－40 所示。

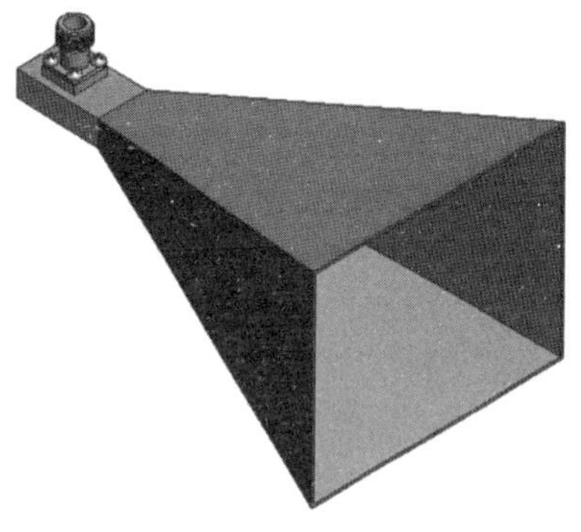

图 8－40　喇叭天线结构原理

设计原理：最通用的矩形喇叭天线形式是角锥喇叭，角锥形喇叭一般也是由 TE_{10} 模激励的矩形波导来馈电。它是 H－面和 E－面扩展而成的，这种形状将在两个主平面均产生窄波瓣，因而形成笔状波瓣。

对于最佳 H 面扇形喇叭，可由 $G_{EOP}=D_{EOP}=\frac{4\pi}{\lambda^2}0.64aA$ 确定口径宽度 A，然后由最佳条件 $A=\sqrt{3\lambda R_1}$ 确定喇叭长度 R_1。

对于最佳 E 面扇形喇叭，可由 $G_{EOP}=D_{EOP}=\frac{4\pi}{\lambda^2}0.64aB$ 确定口径高度 B，然后由最佳条件 $B=\sqrt{2\lambda R_2}$ 确定喇叭长度 R_2。

角锥喇叭必须设计能与馈电波导装备在一起。为了具有可实现的结构 $R_E=R_H=R_P$，角锥喇叭通常设计成最佳增益喇叭。在喇叭长度一定时，使相对增益取得最大值的口面尺寸称为最佳口面尺寸。由最佳尺寸确定得喇叭称为最佳喇叭，最佳角锥喇叭的口径效率约是 50%。

典型问题是给定增益 G，要求确定 A，B 和 R_P，设计公式为

$$A=\sqrt{3\lambda R_1}\approx\sqrt{3\lambda l_H} \tag{8.7.1}$$

$$B=\sqrt{3\lambda R_2}\approx\sqrt{3\lambda l_E} \tag{8.7.2}$$

$$G=\frac{4\pi}{\lambda^2}\frac{1}{2}(AB) \tag{8.7.3}$$

$$\left(\sqrt{2\sigma}-\frac{b}{\lambda}\right)^2(2\sigma-1)=\left(\frac{1}{2\sqrt{2}\pi\sqrt{\sigma}}-\frac{a}{\lambda}\right)^2\left(\frac{G^2}{18\pi^2\sigma}-1\right) \tag{8.7.4}$$

$$\sigma=\frac{l_E}{\lambda} \tag{8.7.5}$$

式中：波导尺寸 a，b 和 G 已知，从而求出 l_E；然后 B 由式（8.7.2）求出，A 由式（8.7.3）求出；l_H 由式（8.7.1）求出；$R_P=R_H=R_E$ 由式 $R_E=(B-b)\sqrt{\left(\frac{l_E}{B}\right)-\frac{1}{4}}$确定。

$$D=0.5\frac{4\pi AB}{\lambda^2}\approx 6\frac{AB}{\lambda^2} \tag{8.7.6}$$

$$2\theta_{\mathrm{HPH}} = 78\ \frac{\lambda}{A} \tag{8.7.7}$$

$$2\theta_{\mathrm{HPH}} = 54\ \frac{\lambda}{B} \tag{8.7.8}$$

最佳角锥喇叭为

$$A/B = 1.2 \sim 1.35 \tag{8.7.9}$$

8.7.2 车内进气系统的消声原理

随着人们环境意识的不断提高，车辆噪声问题已引起全社会的高度重视。车内噪声控制须以相关环保法规及标准为依据，且提高车辆噪声控制水平已成新的竞争焦点和技术发展方向。影响车内噪声的因素有很多，如整车密封性、排气噪声、系统共振噪声、空调噪声、进气噪声等。因此，进气噪声的优化对改善整车车内噪声品质、提高乘坐舒适性意义重大。四分之一波长管是旁支管消声器的一种，是历史悠久的消声器，在现代汽车的进气系统中应用广泛，对于降低进气系统窄频带、高频噪声起到了重要作用，且效果明显。

1. 四分之一波长管的设计

四分之一波长管是由一个安装在主管道上的一个封闭的管子组成的，如图 8－41 所示。当声波从主管道进入旁支管后，声波被封闭端反射回到主管，某些频率的声波与主管中同样频率的声波由于相位相反而相互抵消，从而达到消音的目的。

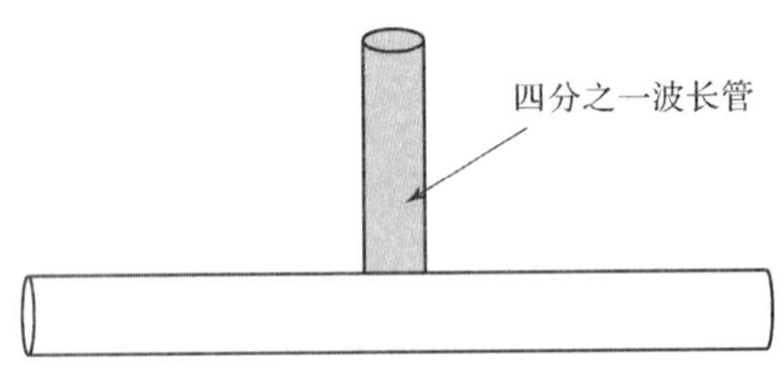

图 8－41　封闭的四分之一波长管

旁支管的传递损失为

$$TL = 10\log\left[1 + \frac{1}{4}\left(m\tan\frac{2\pi L}{\lambda}\right)^2\right] \tag{8.7.10}$$

式中：L 是四分之一波长管的长度，而 m 是主管截面积与波长管截面积的比值，在公式（8.7.10）中，当

$$\frac{2\pi L}{\lambda} = \frac{2n-1}{2}\pi,\ n = 1,2,3\cdots \tag{8.7.11}$$

时，传递损失达到最大。这时旁支管的长度为

$$L = \frac{2n-1}{4}\lambda \tag{8.7.12}$$

即当旁支管的长度为 $\lambda/4, 3\lambda/4, 5\lambda/4, \cdots$ 时，传递损失最大。当 $n = 1$ 时，旁支管的长度为波长的四分之一，即

$$L = \frac{1}{4}\lambda \tag{8.7.13}$$

四分之一波长管共振的频率为

$$f_0 = \frac{(2n-1)c}{4L} \tag{8.7.14}$$

从公式（8.7.14）知道，这种旁支管的频率只取决于管道的长度。管道越长，频率越低。

四分之一波长管的一端是开口的，另一端是闭口的。在开口处的声波会像活塞一样运动，存在辐射声阻抗。因此管道的实际工作长度增加。通过对开口端的修正，四分之一波长管的实际长度应该为

$$L_0 = L - \frac{8r}{3\pi} \tag{8.7.15}$$

式中：L 和 L_a 分别是实际长度和计算长度。

修正频率为

$$f_0 = \frac{c}{4L_a} \tag{8.7.16}$$

2. 四分之一波长管的应用

1）问题提出

某微型客车在 3 挡全油门加速过程中，出现车内噪声偏高现象。经测试发现，进气噪声对其有一定量的贡献，通过对进气系统噪声频率的分析，发现主要是频率在 260Hz 的高频、窄频带噪声。

2）解决措施

针对噪声频谱我们设计了一款四分之一波长管（图 8－42），布置在进气系统。其中波长管长度 $L = 335\text{mm} = 0.335\text{m}$，连接管直径 26mm，截面积 $S = 530\text{mm}^2$，通过计算 $f_0 = 254\text{Hz}$，基本符合要求。

图 8－42　四分之一波长管实例

3）试验验证

根据设计图纸，制作了四分之一波长管，并布置在连接空滤器和发动机节气门的发动机进气软管上；然后进行整车噪声测试，试验工况为三挡全油门加速过程中的车内噪声，具体测试结果如图 8－43 所示。

4）试验结果分析

原始状态指进气系统未安装波长管，优化后指系统安装波长管。对三挡全油门加速工况进行测试，并记录噪声频谱如图 8－43 所示。通过噪声频谱可以看出，在车驾驶员右耳位置，在 3100rpm 附近峰值有所降低，车内噪声在 3 挡全油门加速工况时达到目标线要求，车内噪声有明显降低。

3. 小结

进气噪声是整车噪声的重要组成部分，不断降低噪声、提升整车车内噪声品质，从而提升整车品质。四分之一波长管对于降低高频、窄频带噪声方面具有针对性强、效果明显的优点，是进气系统降噪常用部件。

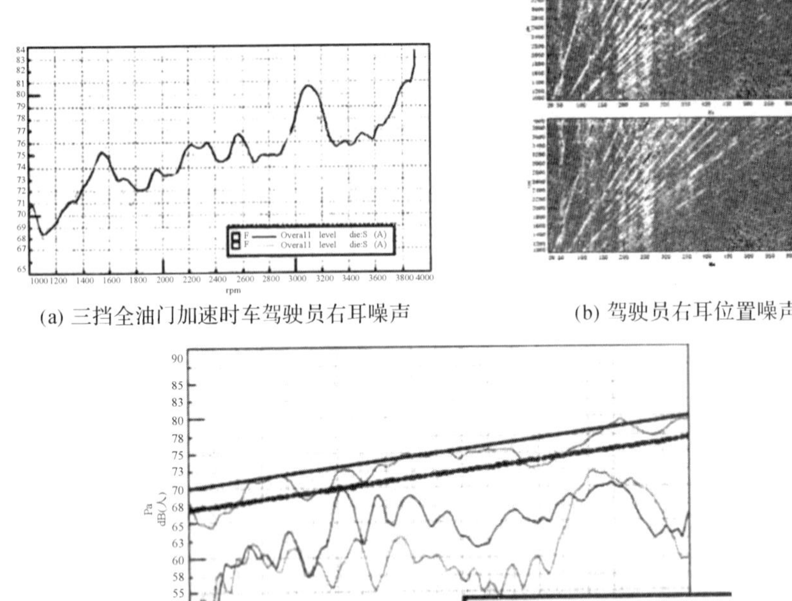

(a) 三挡全油门加速时车驾驶员右耳噪声

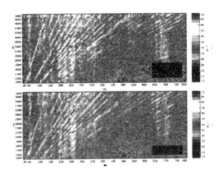

(b) 驾驶员右耳位置噪声频谱对比

(c) 三挡全油门加速时车驾驶员右耳噪声

图 8-43 测试结果

通过以上问题分析、设计匹配和最后的试验验证，此四分之一波长管设计满足要求。

8.7.3 复杂系统场-线-路耦合问题分析

随着电力电子技术日益发展，现代舰船、飞机、卫星和车辆等复杂系统中电磁兼容性问题越来越突出。在实际系统中，往往伴随着外界电磁场的激励，这种由外界电磁辐射源产生的强干扰信号会在线缆表面感应出电压与电流，沿着线缆传输从而对终端电路构成严重威胁。这些外界电磁辐射源可能是机场监控雷达、AM/FM 广播站发射机，以及自然界中的雷电，高功率的核爆脉冲。

针对复杂结构内部线缆上电磁干扰分析的问题，需要对电磁场结构进行分析。最近几年，时域积分方程（time-domain integral equation，TDIE）方法求解电磁场麦克斯韦方程组得到快速发展，其稳定性和求解速度也得到极大发展，所以能够将其与传输线和电路分析方法混合来分析系统电磁兼容问题。其具体思路如下：

将复杂的场-线-路系统分为外部系统和内部系统。外部系统由外部电磁场结构与线缆屏蔽层构成；内部系统由同轴线的内芯和屏蔽层的内表面构成。对于外部系统采用全波分析方法进行处理，电磁场结构使用三角形 RWG 面基函数剖分离散，屏蔽线采用线基函数进行模拟。对于内部系统采用 TEM 波的线缆求解器。内部系统和外部系统之间通过外表层的电流和屏蔽层的转移阻抗、转移导纳建立耦合关系，计算出内芯上的等效分布电压源和等效分布电流源。所以可以写出场－线－路耦合矩阵如式（8.7.17）所示。

$$\begin{bmatrix} \boldsymbol{Z}_0^{EM} & 0 & 0 \\ 0 & \boldsymbol{Y}^{CKT} & \boldsymbol{C}^{ch} \\ 0 & \boldsymbol{C}^{tc} & \boldsymbol{G}_0^{z} \end{bmatrix} \begin{bmatrix} \boldsymbol{I}_l^{EM} \\ V_l^{CKT} \\ I_l^{CBL} \end{bmatrix} = \begin{bmatrix} V_l^{ei} \\ \boldsymbol{I}_l^{CKT} \\ V_l^{p} \end{bmatrix} \tag{8.7.17}$$

式中：$\boldsymbol{Z}_0^{EM}$ 表示面、线、线面结合基函数的时域阻抗矩阵；$\boldsymbol{Y}^{CKT}$ 表示电路导纳矩阵；$\boldsymbol{C}^{tc}$、$\boldsymbol{C}^{ch}$ 为耦合矩阵；$\boldsymbol{G}_0^{Z}$ 表示传输线的时域阻抗矩阵；$\boldsymbol{I}_l^{EM}$ 表示为电磁场方程的解向量；V_l^{CKT} 表示为电路中节点电压和电压源电流；I_l^{CBL} 表示为传输线方程的解；V_l^{ei} 表示为外部的电磁场；$\boldsymbol{I}_l^{CKT}$ 是由独立的源贡献构成的矢量；V_l^{p} 表示传输线上外部激励源产生的等效电压源、等效电流源。

假设线缆尺寸与系统腔体结构尺寸相比无限小，或者线缆存在于具有大开口结构的系统中，忽略线缆的二次辐射对周围场的贡献。首先忽略系统内部的线缆网络，采用 TDIE 方法计算外界强电磁脉冲通过不同耦合路径进入系统内部的线缆位置的场分布；然后通过转移导纳、转移阻抗求得传输线上的等效电压源、等效电流源；最后，通过节点电路分析方法，结合端口等效原理，完成整个复杂系统的干扰分析。

将整个求解过程拆分为三部分：场计算（TIDE 场求解器）、传输线计算（TDIE 线缆求解器）、电路计算（MNA 求解器），如图 8－44 所示。该方法的最大优点在于可根据不同的系统结构、线缆结构以及电路结构，分别采用不同方法，完成场、线、路的独立求解，并通过耦合电场，受控电压源，受控电流源建立耦合关系，实现复杂平台问题的快速瞬态分析。

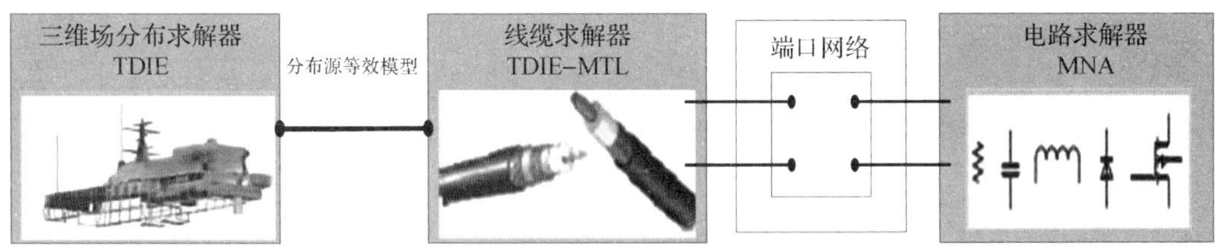

图 8－44　场－线－路混合求解示意图

分析一个复杂模型中的场－线－路耦合问题。图 8－45（a）所示为物理尺寸 4.5m × 1.5m × 1.2m 的简易汽车模型，在汽车底盘上存在同轴传输线，型号为 RG－58，同轴线长度为 2.5m，距离地面高度 0.02m，屏蔽层外半径为 2mm，内半径为 1.40mm，芯线半径为 0.85mm，编织股数 $l=12$，每股铜丝数 $N=9$，金属丝直径 $d=0.127$mm，编织角度 $\alpha=27.7°$，电缆内部填充介质相对介电常数 ε_r 为 1.85，内部特征阻抗 $Z_0=50\Omega$。屏蔽层和汽车底盘上左端接 100Ω 电阻，右端接 50Ω 电阻。屏蔽层和内芯上左右两端均接 50Ω 电阻。入射电场为调制高斯平面波、电场幅值 1000V、中心频率 150MHz、最高频率 300MHz、脉冲宽度 0.95lm，传播时延 10lm。图 8－46 给出了汽车在中心频点处的表面电流图。图 8－47 给出了传输线两端第一部分和第二部分的感应电压。

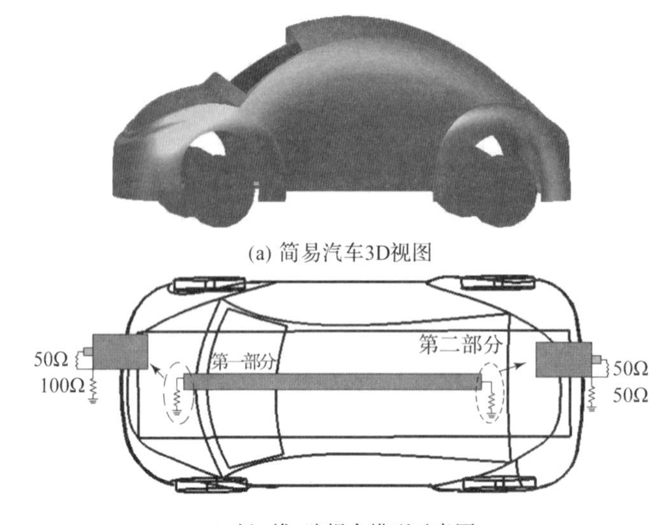

(a) 简易汽车3D视图

(b) 场-线-路耦合模型示意图

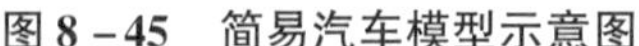

图 8-45　简易汽车模型示意图

图 8-46　150MHz 频率下汽车表面电流图

从图 8-47 的对比结果可以看出，在外界电磁干扰的情况下，同轴线缆的屏蔽层端口感应出很高的浪涌电压，而通过屏蔽层的转移阻抗和转移导纳耦合到同轴内芯上的电压被压制在 mV 级别。这说明：如果实际结构中的起重要传输作用的线缆不采取屏蔽措施或屏蔽指标达不到规定要求，就会构成严重的传导干扰。

将右端负载部分增加一个由两个二极管构成的限幅器，如图 8-48 所示，二极管的非线性的伏安特性为

$$I = 1.0\times 10^{-8}(e^{40V}-1) \tag{8.7.18}$$

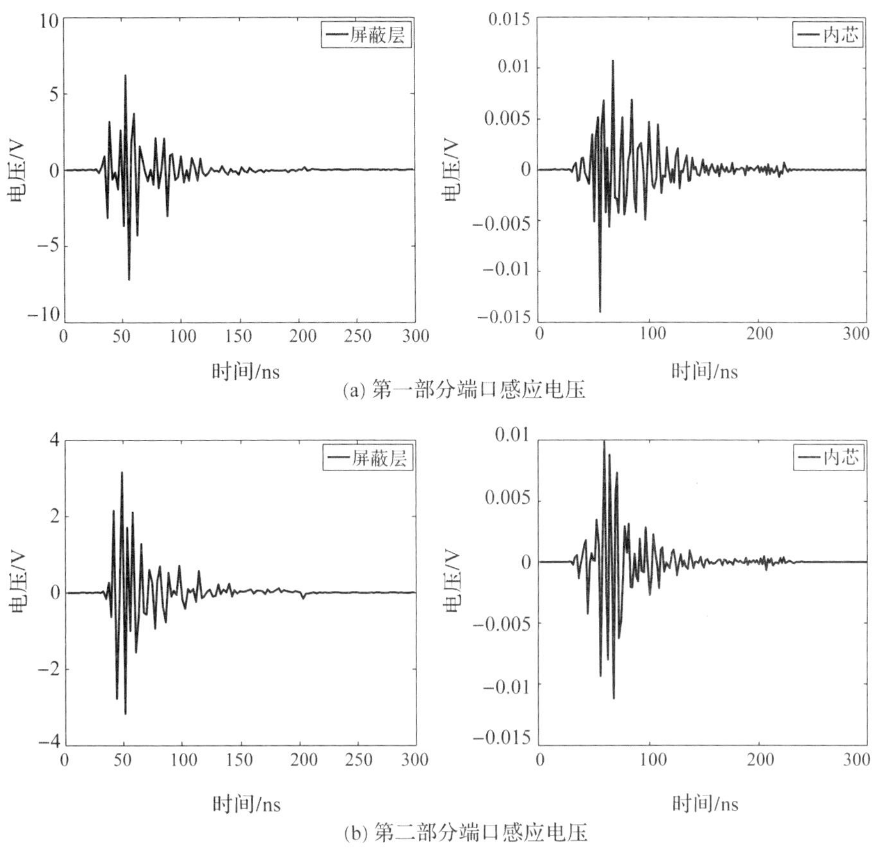

图 8－47　传输线两端电压对比

比较有无限幅器电路情况下的第二部分端口的电压幅值大小。其对比结果如图 8－49 所示，可以看出第二部分端口的感应电压明显下降，体现了限幅器对于干扰信号的抑制作用。

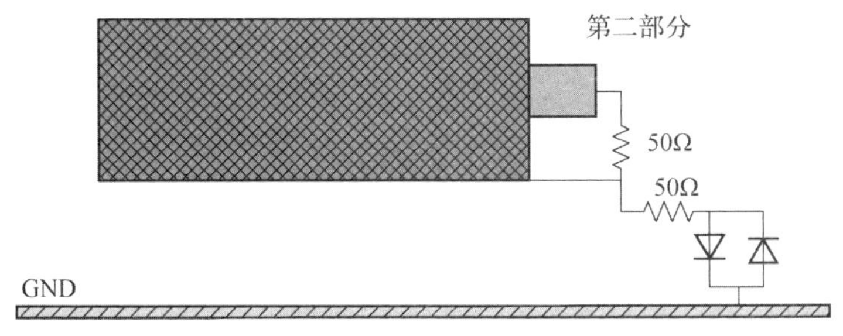

图 8－48　第二部分端口限幅器电路示意图

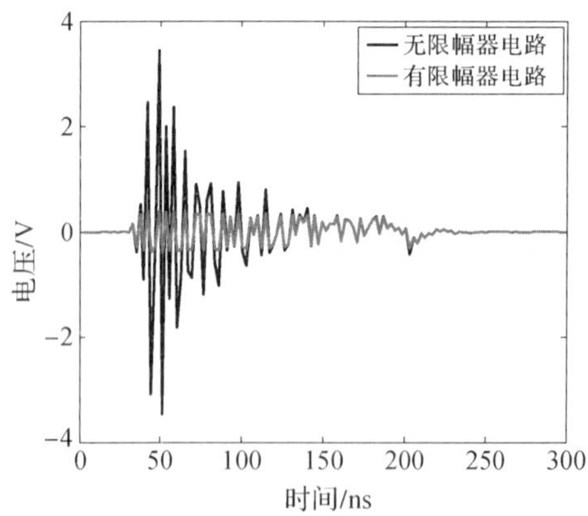

图 8-49　第二部分端口有无限幅器电压对比

习　　题

8-1　下列二矩形波导具有相同的工作波长，试比较它们工作在 TE_{mn} 模式的截止频率。

（1）$a \times b = 23 \times 10\text{mm}^2$；

（2）$a \times b = 16.5 \times 16.5\text{mm}^2$。

8-2　试推导在矩形波导中传输 $\lambda = 5\text{cm}$ 波时的传输功率。

8-3　试设计一工作波长 $\lambda = 10\text{cm}$ 的矩形波导。材料用紫铜，内充空气，并且要求 TE_{10} 模的工作频率至少有 30% 的安全因子，即 $0.7f_{c2} \geqslant f \geqslant 1.3f_{c1}$，此处 f_{c1} 和 f_{c2} 分别表示 $\varepsilon_r = 2.25$ 波和相邻高阶模式的截止频率。

8-4　试设计一工作波长 $\lambda = 5\text{cm}$ 的圆柱形波导，材料用紫铜，内充空气，并要求 TE_{11} 波的工作频率应有一定的安全因子。

8-5　同轴线的外导体半径 $b = 23\text{mm}$，内导体半径 $a = 10\text{mm}$，填充媒质分别为空气和 $\varepsilon_r = 2.25$ 的无耗媒质，试计算其特性阻抗。

8-6　在构造均匀传输线时，用聚乙烯（$\varepsilon_r = 2.25$）作为电介质（假设不计损耗）。

（1）对于 300Ω 的平行双线，若导线的半径为 0.6mm，则线间距应选多少？

（2）对于 75Ω 的同轴线，若内导体的半径为 0.6mm，则外导体的半径应选多少？

8-7　试以传输线输入电压 U_1 和电流 I_1，以及传输线的传播系数 Γ 和特性阻抗 Z_0 表示线上任意一点的电压分布 $U(z)$ 和电流分布 $I(z)$。

（1）用指数形式表示；

（2）用双曲函数表示。

8-8　一根 75Ω 的无损耗线，终端接有负载阻抗 $Z_L = R_L + jX_L$。

（1）欲使线上的电压驻波比等于 3，则 R_L 和 X_L 有什么关系？

（2）若 $R_L = 150\Omega$，求 X_L 等于多少？

（3）求在本题（2）情况下，距负载最近的电压最小点位置。

8-9　考虑一根无损耗传输线：

（1）当负载阻抗 $Z_L = (40 - j30)\Omega$ 时，欲使线上驻波比最小，则线的特性阻抗应为多少？

（2）求出该最小的驻波比及相应的电压反射系数；

（3）确定距负载最近的电压最小点位置。

8－10　矩形波导截面尺寸 $u_p=2.6\times10^8$ m/s，$b=3$cm，工作频率 20GHz。若电场 Z 分量幅值为 600V/m，决定相位常数，和对 TM 主模，计算 $x=1$cm，$y=1.5$cm 和 $z=50$cm 处的电场和磁场分量。

8－11　一 2cm 正方形波导，以 TM_{11} 模和 12GHz 频率工作。决定截止频率、截止波长、波导波长、相速和群速。写出场的一般表达式及面电流密度和面电荷密度。

8－12　空心矩形波导 TM_{21} 模的相位常数为 165rad/m。若波导激励频率较工作模式的截止频率高 10%，计算波导波长。

8－13　空心无耗矩形波导 $a=2$cm，$b=1$cm，工作于 TE_{10} 模及 15GHz。若波导传送的平均功率为 1kW，请计算外加电场和磁场的幅值，写出时域和相量形式的场表达式，以及面电流密度和面电荷密度。

8－14　1m 长，截面为 3cm × 1cm 的空心波导工作于 12GHz，TE_{10} 模。计算由不完全导体和介质引起的波导衰减常数，设介质的损耗正切为 10^{-4}，导体的电导率为 5.8×10^7 S/m。

8－15　立方形谐振腔谐振频率为 9GHz，若激励模为 TE_{101}，计算谐振腔尺寸。

8－16　矩形谐振腔主模工作。计算谐振频率、品质因数和储存能量（若 $H_{zm}=2A$/m）。谐振腔由铜壁组成 $\sigma_{Cu}=5.8\times10^7$ S/m，尺寸为 $a=3$cm，$b=1$cm，$l=5$cm。

8－17　一条 2cm 长的无损耗传输线的 $H_{zm}=2A$/m，$u_p=2.6\times10^8$ m/s，$Z_L=(120+\mathrm{j}90)\,\Omega$。若在时域内的负载工作电压为 $v_R(t)=150\cos(1.26\times10^8 t)$ V。计算反射系数$\rho(z)$，发送端电压与电流在时域的前向波与后向波，VSWR，电压降，前向波和后向波在任何点的平均功率，以及线的效率。

附录　重要的矢量公式

一、矢量恒等式

$$\boldsymbol{A}\cdot(\boldsymbol{B}\times\boldsymbol{C})=\boldsymbol{B}\cdot(\boldsymbol{C}\times\boldsymbol{A})=\boldsymbol{C}\cdot(\boldsymbol{A}\times\boldsymbol{B}) \tag{A.1}$$

$$\boldsymbol{A}\times(\boldsymbol{B}\times\boldsymbol{C})=\boldsymbol{B}(\boldsymbol{A}\cdot\boldsymbol{C})-\boldsymbol{C}(\boldsymbol{A}\cdot\boldsymbol{B}) \tag{A.2}$$

$$\nabla(uv)=u\nabla v+v\nabla u \tag{A.3}$$

$$\nabla\cdot(u\boldsymbol{A})=u\nabla\cdot\boldsymbol{A}+\boldsymbol{A}\cdot\nabla u \tag{A.4}$$

$$\nabla\times(u\boldsymbol{A})=u\nabla\times\boldsymbol{A}+\nabla u\times\boldsymbol{A} \tag{A.5}$$

$$\nabla\cdot(\boldsymbol{A}\times\boldsymbol{B})=\boldsymbol{B}\cdot\nabla\times\boldsymbol{A}-\boldsymbol{A}\cdot\nabla\times\boldsymbol{B} \tag{A.6}$$

$$\nabla(\boldsymbol{A}\cdot\boldsymbol{B})=(\boldsymbol{A}\cdot\nabla)\boldsymbol{B}+(\boldsymbol{B}\cdot\nabla)\boldsymbol{A}+\boldsymbol{A}\times\nabla\times\boldsymbol{B}+\boldsymbol{B}\times\nabla\times\boldsymbol{A} \tag{A.7}$$

$$\nabla\times(\boldsymbol{A}\times\boldsymbol{B})=\boldsymbol{A}\,\nabla\cdot\boldsymbol{B}-\boldsymbol{B}\,\nabla\cdot\boldsymbol{A}+(\boldsymbol{B}\cdot\nabla)\boldsymbol{A}-(\boldsymbol{A}\cdot\nabla)\boldsymbol{B} \tag{A.8}$$

$$\nabla\times(\nabla u)=0 \tag{A.9}$$

$$\nabla\cdot(\nabla\times\boldsymbol{A})=0 \tag{A.10}$$

$$\nabla\cdot(\nabla u)=\nabla^2 u \tag{A.11}$$

$$\nabla\times(\nabla\times\boldsymbol{A})=\nabla(\nabla\cdot\boldsymbol{A})-\nabla^2\boldsymbol{A} \tag{A.12}$$

$$\int_V \nabla\cdot\boldsymbol{A}\mathrm{d}V=\oint_S\boldsymbol{A}\cdot\mathrm{d}\boldsymbol{S} \tag{A.13}$$

$$\int_S \nabla\times\boldsymbol{A}\cdot\mathrm{d}\boldsymbol{S}=\oint_C\boldsymbol{A}\cdot\mathrm{d}\boldsymbol{l} \tag{A.14}$$

$$\int_V \nabla\times\boldsymbol{A}\mathrm{d}V=\oint_S\boldsymbol{e}_n\times\boldsymbol{A}\mathrm{d}S \tag{A.15}$$

$$\int_V \nabla u\mathrm{d}V=\oint_S\boldsymbol{e}_n u\mathrm{d}S \tag{A.16}$$

$$\int_S \boldsymbol{e}_n\times\nabla u\mathrm{d}S=\oint_C u\mathrm{d}\boldsymbol{l} \tag{A.17}$$

$$\int_V (u\nabla^2 v+\nabla u\cdot\nabla v)\mathrm{d}V=\oint_S u\frac{\partial v}{\partial n}\mathrm{d}S \tag{A.18}$$

$$\int_V (u\nabla^2 v-v\nabla^2 u)\mathrm{d}V=\oint_S\left(u\frac{\partial v}{\partial n}-v\frac{\partial u}{\partial n}\right)\mathrm{d}S \tag{A.19}$$

二、三种坐标系的梯度、散度、旋度和拉普拉斯运算

1. 直角坐标系

$$\nabla u=\boldsymbol{e}_x\frac{\partial u}{\partial x}+\boldsymbol{e}_y\frac{\partial u}{\partial y}+\boldsymbol{e}_z\frac{\partial u}{\partial z} \tag{A.20}$$

$$\nabla\cdot\boldsymbol{A}=\frac{\partial A_x}{\partial x}+\frac{\partial A_y}{\partial y}+\frac{\partial A_z}{\partial z} \tag{A.21}$$

$$\nabla\times\boldsymbol{A}=\begin{vmatrix}\boldsymbol{e}_x & \boldsymbol{e}_y & \boldsymbol{e}_z\\ \dfrac{\partial}{\partial x} & \dfrac{\partial}{\partial y} & \dfrac{\partial}{\partial z}\\ A_x & A_y & A_z\end{vmatrix} \tag{A.22}$$

$$\nabla^2 u=\frac{\partial^2 u}{\partial x^2}+\frac{\partial^2 u}{\partial y^2}+\frac{\partial^2 u}{\partial z^2} \tag{A.23}$$

2. 圆柱坐标系

$$\nabla u=\boldsymbol{e}_\rho\frac{\partial u}{\partial\rho}+\boldsymbol{e}_\phi\frac{\partial u}{\rho\,\partial\phi}+\boldsymbol{e}_z\frac{\partial u}{\partial z} \tag{A.24}$$

$$\nabla\cdot\boldsymbol{A}=\frac{1}{\rho}\frac{\partial}{\partial\rho}(\rho A_\rho)+\frac{1}{\rho}\frac{\partial A_\phi}{\partial\phi}+\frac{\partial A_z}{\partial z} \tag{A.25}$$

$$\nabla\times\boldsymbol{A}=\frac{1}{\rho}\begin{vmatrix}\boldsymbol{e}_\rho & \rho\boldsymbol{e}_\phi & \boldsymbol{e}_z\\ \dfrac{\partial}{\partial\rho} & \dfrac{\partial}{\partial\phi} & \dfrac{\partial}{\partial z}\\ \boldsymbol{A}_\rho & \rho\boldsymbol{A}_\phi & \boldsymbol{A}_z\end{vmatrix} \tag{A.26}$$

$$\nabla^2 u=\frac{1}{\rho}\frac{\partial}{\partial\rho}\left(\rho\frac{\partial u}{\partial\rho}\right)+\frac{1}{\rho^2}\frac{\partial^2 u}{\partial\phi^2}+\frac{\partial^2 u}{\partial z^2} \tag{A.27}$$

3. 球坐标系

$$\nabla u=\boldsymbol{e}_r\frac{\partial u}{\partial r}+\boldsymbol{e}_\theta\frac{1}{r}\frac{\partial u}{\partial\theta}+\boldsymbol{e}_\phi\frac{1}{r\sin\theta}\frac{\partial u}{\partial\phi} \tag{A.28}$$

$$\nabla\cdot\boldsymbol{A}=\frac{1}{r^2}\frac{\partial}{\partial r}(r^2A_r)+\frac{1}{r\sin\theta}\frac{\partial}{\partial\theta}(\sin\theta A_\theta)+\frac{1}{r\sin\theta}\frac{\partial A_\phi}{\partial\phi} \tag{A.29}$$

$$\nabla\times\boldsymbol{A}=\frac{1}{r^2\sin\theta}\begin{vmatrix}\boldsymbol{e}_r & r\boldsymbol{e}_\theta & r\sin\theta\boldsymbol{e}_\phi\\ \dfrac{\partial}{\partial r} & \dfrac{\partial}{\partial\theta} & \dfrac{\partial}{\partial\phi}\\ A_r & rA_\theta & r\sin\theta A_\phi\end{vmatrix} \tag{A.30}$$

$$\nabla^2 u=\frac{1}{r^2}\frac{\partial}{\partial r}\left(r^2\frac{\partial u}{\partial r}\right)+\frac{1}{r^2\sin\theta}\frac{\partial}{\partial\theta}\left(\sin\theta\frac{\partial u}{\partial\theta}\right)+\frac{1}{r^2\sin^2\theta}\frac{\partial^2 u}{\partial\phi^2} \tag{A.31}$$

参考文献

[1] 谢处方，饶克谨，杨显清，等. 电磁场与电磁波［M］. 5版. 北京：高等教育出版社，2019.
[2] 陈抗生. 电磁场与电磁波［M］. 2版. 北京：高等教育出版社，2017.
[3] 韩荣苍. 电磁场与电磁波［M］. 北京：电子工业出版社，2023.
[4] 郭辉萍，刘学观. 电磁场与电磁波［M］. 6版. 西安：西安电子科技大学出版社，2021.
[5] 张瑜，王旭，林方丽，等. 电磁场与电磁波基础［M］. 2版. 西安：西安电子科技大学出版社，2022.
[6] 姜兴，姜彦南. 电磁场与电磁波基础［M］. 2版. 西安：西安电子科技大学出版社，2022.
[7] 张洪欣，沈远茂，韩宇南. 电磁场与电磁波［M］. 3版. 北京：清华大学出版社，2022.
[8] 刘文楷. 电磁场与电磁波简明教程［M］. 2版. 北京：北京邮电大学出版社，2020.
[9] 杨儒贵. 电磁场与电磁波［M］. 3版. 北京：高等教育出版社，2019.
[10] 陈立甲，李红梅，宗华，等. 电磁场与电磁波［M］. 2版. 哈尔滨：哈尔滨工业大学出版社，2020.
[11] 谭阳红. 磁场与电磁波［M］. 北京：机械工业出版社，2021.
[12] 徐立勤，曹伟. 电磁场与电磁波理论［M］. 3版. 北京：科学出版社，2018.
[13] 赵小翔，沈玲玲. 电磁场与电磁波的教学改革研究［J］. 科技视界，2013（35）：58.
[14] 陈波. 地下多层介质涂覆导体圆柱电磁散射的解析解及隐身优化研究［D］. 杭州：杭州电子科技大学，2022.
[15] 张晓旋. 地下各向同性介质球电磁散射的解析解研究［D］. 杭州：杭州电子科技大学，2019.
[16] 吴良杰. 地下同心双层球电磁散射的解析解研究［D］. 杭州：杭州电子科技大学，2022.
[17] 曾平华. LED灯具的多物理场仿真分析方法研究［D］. 桂林：桂林电子科技大学，2014.
[18] 段慧玲. 纳米结构粒子及其悬浮液的太阳能吸收特性和调控方法研究［D］. 南京：南京理工大学，2014.
[19] 孙斌. 基于OFDM的水下非接触式通信技术研究［D］. 杭州：浙江大学，2018.
[20] 朱彦龙. 极化探地雷达时域瞬态响应分析及其应用研究［D］. 桂林：桂林电子科技大学，2015.
[21] 夏文新. K型热电偶热端封装响应延迟解决方案［J］. 科技资讯，2013（11）：114－116.
[22] 冯虹，武志强，刘振宇. 脉冲电场处理液态介质中能量和电场力的分析与研究［J］. 山西农业大学学报（自然科学版），2017，037（010）：743－748.
[23] 马凤翔. 双导体系统电容的计算［J］. 物理与工程，2010，20（6）：56－57.
[24] 邵小桃，李一玫. 静态场部分电容和互感的测量［J］. 电气电子教学学报，2009，31（2）：83－85.
[25] 安爱民，张爱华，张浩琛，等. 平行双导线电磁场特性可视化模拟实现［J］. 电气电子教学学报，2015，37（2）：81－84.
[26] 汪宁璋. 列车机车谐波电流测量及电磁兼容性评估研究［D］. 北京：北京交通大学，2015.
[27] 蔡芷媚. 14纳米FinFET工艺寄生电容的研究［D］. 杭州：浙江大学，2020.
[28] 杨辉. 硅的氧化层及电容边缘效应对微加速度计性能的影响［D］. 成都：电子科技大学，2014.
[29] 王彬，陈德智. 浅论亥姆霍兹定理在电磁场理论中的贯穿作用［J］. 物理与工程，2007，017（005）：18－21.
[30] 田国伟. 基于特征模理论的微带贴片天线研究［D］. 桂林：桂林电子科技大学，2021.
[31] 王伟. 热障涂层无损检测中多参数反演方法研究［D］. 长沙：国防科学技术大学，2020.
[32] 文菡. 共形超宽带天线与天线罩的一体化设计与实现［D］. 哈尔滨：哈尔滨工业大学，2020.
[33] 孙新宇. 基于磁法的双衬层填埋场HDPE膜破损检测研究［D］. 烟台：山东工商学院，2018.
[34] 唐炼，邵长金，孙明礼. 利用ANSYS求解静态电磁场［J］. 物理与工程，2004，014（001）：22－25.
[35] 孙云旭. 有漏电容的计算：恒定电磁场与静电场的辨析［J］. 科教导刊，2021（23）：43－46.

[36] 马凤翔，陈晓阳. 导电媒质电阻的四种计算方法 [J]. 物理与工程，2011，21 (1)：21 – 24.

[37] 马建文. 地铁站台土建结构板上设置站台门绝缘的原理及方法 [J]. 城市轨道交通研究，2021 (5)：175 – 178.

[38] 江苏联群电子科技有限公司. 一种阻值可变电阻：中国，202121303706.7 [P]. 2021 – 06 – 10.

[39] 田国伟. 基于特征模理论的微带贴片天线研究 [D]. 桂林：桂林电子科技大学，2021.

[40] 李长胜，周震，冯丽爽. 重视矢量场定理在电磁场理论教学中的应用 [J]. 物理与工程，2019，29 (2)：39 – 44.

[41] 刘世明. 均匀外磁场中磁介质球磁化的初等分析法 [J]. 濮阳职业技术学院学报，2007，020 (001)：16 – 17.

[42] 周昊天. 基于改进简化 PSO 的吸波材料优化设计研究 [D]. 镇江：江苏科技大学，2013.

[43] 黄冬丽. 电磁场对心肌细胞膜电压变化及人类健康长寿的影响研究 [D]. 南宁：广西大学，2013.

[44] 河北医科大学第四医院（河北省肿瘤医院）. 一种基于可控磁场引导的 PICC 置管方法：中国，202010237527.1 [P]. 2020 – 03 – 30.

[45] 南京理工大学. 一种多尺度量子电磁耦合的含时计算方法：中国，201910972291.3 [P]. 2020 – 02 – 11.

[46] 邵程. 比例电磁铁吸力特性参数化仿真与分析 [D]. 武汉：武汉科技大学，2015.

[47] 张辉. 井中瞬变电磁大功率脉冲场源设计 [D]. 荆州：长江大学，2012.

[48] 唐春森，钟良亮，吴新刚，等. 基于阻抗特性的电动汽车无线充电系统异物检测方法 [J]. 电气技术，2018，19 (6)：7 – 13.

[49] 李立芳. 集磁式光纤电流传感器 [D]. 成都：电子科技大学，2007.

[50] 杨国记. 人体胃肠道取样微机器人磁定位研究 [D]. 广州：华南理工大学，2006.

[51] 黄海凤. 内置式梯度磁场产生装置的设计与研究 [D]. 成都：西南交通大学，2006.

[52] 常州格优微磁磁材有限责任公司. 隔磁材料及其制备方法和应用：中国，201810469668.9 [P]. 2020 – 05 – 12.

[53] 张翀. VLCC 货油装卸主系统安全运行监控研究 [D]. 大连：大连理工大学，2005.

[54] 马雪燕，王康安，崔福耀. 真空中的恒定磁场 [J]. 工业设计，2011 (6)：223.

[55] 朱岩. Halbach 永磁电机气隙磁密分布的研究 [D]. 北京：中国科学院电工研究所，2006.

[56] 兰州交通大学. 一种微波加热仿真分析方法：中国，CN202110388063.9 [P]. 2021 – 04 – 12.

[57] 刘福国. 电磁平衡头结构优化设计及应用研究 [D]. 北京：北京化工大学，2016.

[58] 张磊. 金属纳米颗粒等离增强及非线性的表面积分方程方法分析 [D]. 南京：南京理工大学，2020.

[59] 周林. 解析法及有限差分法在静电场中的部分应用 [D]. 重庆：重庆师范大学，2008.

[60] 冀文慧，杨洪涛，呼和满都拉. 浅谈镜像法的理论基础及解题步骤 [J]. 中国科技纵横，2015 (03)：206，208.

[61] 陆爱萍. 镜像法唯一性定理的应用 [J]. 湖南工业职业技术学院学报，2006 (3)：26 – 28.

[62] 曹蓉，汪梦雅，夏杰桢，等. Mathematica 在镜像法求解静电场边值问题中的应用 [J]. 大学物理实验，2021，34 (1)：92 – 99，127.

[63] 史慧萍. 基于人工磁导体的低剖面偶极子天线设计 [D]. 南京：东南大学，2016.

[64] 喻莉，杨植宗，何艳. 线电荷与圆柱导体间的相互作用 [J]. 物理通报，2011 (2)：15 – 16，22.

[65] 谢志祥. 基于模式展开理论的无相位天线近场测量方法研究 [D]. 武汉：武汉大学，2020.

[66] 张晓旋. 地下各向同性介质球电磁散射的解析解研究 [D]. 杭州：杭州电子科技大学，2019.

[67] 丁昱文. 分形结构超材料空间电磁传输特性研究 [D]. 苏州：苏州大学，2016.

[68] 林巧文. 地下金属球电磁散射的解析解研究 [D]. 杭州：杭州电子科技大学，2018.

[69] 石峰，王国东，王昊，等. 基于慕课的电磁场与波翻转课堂的教学改革与实践 [J]. 教育教学论坛，2020 (8)：206 – 207.

[70] 郭清营，崔兴毅，邹跃，等. 新型电子式电能表用锰铜分流器的设计方法 [J]. 电测与仪表，2014，51 (3)：20 – 23.

[71] 连丽丽. 输油管道电磁感应加热器的优化设计 [D]. 天津：河北工业大学，2013.

[72] 王刚. 鲍店煤矿钻孔植入光栅监测地层沉降系统波长分析 [D]. 西安：西安科技大学，2012.

[73] 鲁瑶. 移动源电磁勘探成像方法与应用 [D]. 荆州：长江大学，2014.

[74] 叶珍. 微波管输入输出窗及任意结构腔体有限元理论与 CAD 技术 [D]. 成都：电子科技大学，2011.

[75] 骆斌. 基于金属目标特性的探测技术研究 [D]. 杭州：杭州电子科技大学，2021.
[76] 吴伟. 波导散热孔的电磁屏蔽特性及应用研究 [D]. 成都：电子科技大学，2017.
[77] 谭晓华. 高速 PCB 辐射控制的建模与数值分析 [D]. 厦门：集美大学，2015.
[78] 刘博. 周期结构材料中的衍射电磁波的场模拟算法研究 [D]. 成都：电子科技大学，2011.
[79] 戴雨尧. 电磁能量相关问题的探讨及可能应用 [D]. 南京：南京邮电大学，2020.
[80] 杨汝，刘浩祥，陈健玮，等. 一种反激式变压器的调节方法，系统及存储介质：中国，202010826529.4 [P]，2020-08-17.
[81] 朱建洪. 高中物理"磁场"一章情境教学研究 [D]. 苏州：苏州大学，2010.
[82] 郭纪源，刘旭东. 基于生活科技的大学物理绪论教学研究与实践 [J]. 高等继续教育学报，2013 (2)：24-27.
[83] 李立毅，罗光耀，李小鹏. 新型推进技术的基本原理及其应用前景 [J]. 电气应用，2003 (4)：39-43.
[84] 付磊. 线圈感应型电磁推进系统加速电枢的研究 [D]. 成都：西南交通大学，2011.
[85] 罗耀新. 基于时间反演电磁波传输的无线传感器网络的信道模型研究 [D]. 成都：电子科技大学，2015.
[86] 高艳东. 等离子体对空间通信的影响 [D]. 秦皇岛：燕山大学，2006.
[87] 王志国. 等离子体介质中线极化电磁波对带电粒子的加速 [D]. 北京：北京化工大学，2016.
[88] 莫文东. 宽带和宽轴比波束圆极化天线的研究 [D]. 太原：山西大学，2018.
[89] 蔡俊. 基于空间映射算法的圆极化微带天线研究 [D]. 镇江：江苏科技大学，2016.
[90] 陈玉莹. 具有抗杂波性能的无芯片 RFID 传感器标签的研究与设计 [D]. 太原：山西大学，2021.
[91] 高明亮. 电磁场与电磁波，教学中的创新理念 [J]. 江苏科技信息，2013 (7)：24-25.
[92] 李尊良. 全极化毫米波辐射计关键技术研究 [D]. 南京：南京理工大学，2013.
[93] 李泽坤. 基于 Fabry-Perot 谐振腔的微带天线阵列技术研究 [D]. 成都：电子科技大学，2020.
[94] 周娟，朱晓东，沈莹，等. 一种全双工认识无线电的天线位置布局方法：中国，202010131295.1 [P]. 2020-02-28.
[95] 刘海霞，张英杰. 电磁波在导电媒质中传播时的 MATLAB 仿真 [J]. 广东通信技术，2019 (03)：67-68，79.
[96] 郑强，杨日杰. 电磁波在海水中的传播特性研究 [J]. 电声技术，2013，037 (002)：33-35，39.
[97] 曾文博. 同轴光栅 Smith-Purcell 效应 THz 辐射源的研究 [D]. 成都：电子科技大学，2012.
[98] 陈玫瑰. 低温微波技术在栅介质中的应用研究 [D]. 上海：复旦大学，2014.
[99] 刘博. 周期结构材料中的衍射电磁波的场模拟算法研究 [D]. 成都：电子科技大学，2011.
[100] 苗曙光. 基于 GPR 与 ESR 的煤岩性状识别方法研究 [D]. 徐州：中国矿业大学，2019.
[101] 柴子为. 基于星载雷达的海表面盐度的遥感反演研究：以珠江口为例 [D]. 广州：中山大学，2008.
[102] 杨如意. 原油含水率微波测量系统设计 [D]. 南京：南京航空航天大学，2011.
[103] 郝汀. 临近空间高超声速飞行器电磁特性的有限元：边界元分析 [D]. 南京：南京理工大学，2014.
[104] 刘艳华. 机载激光扫描测高数据的应用与试验 [D]. 太原：太原理工大学，2006.
[105] 林能清. 一种应用于 DC/DC 转换器的伪随机频率抖动技术的研究 [D]. 成都：电子科技大学，2018.
[106] 侯哲. 复合材料内部缺陷的微波检测技术研究 [D]. 太原：太原理工大学，2014.
[107] 赵盼盼. 宽带极化器技术研究 [D]. 北京：中国科学院大学，2014.
[108] 兰尧. 基片集成波导的应用和仿真研究 [D]. 成都：电子科技大学，2006.
[109] 周斌. 基于同轴波导缝隙结构的高增益全向圆极化天线研究 [D]. 上海：上海交通大学，2016.
[110] 蔡捷. 一种雷达有源标定器：中国，202211278248.5 [P]. 2023-01-31.
[111] 信美华，肖宪东. 喇叭天线设计与应用 [J]. 信息通信，2013 (003)：24-25.
[112] 白要辉，段胜杰. 四分之一波长管在某微型客车进气系统中的应用 [C]//第十届河南省汽车工程科学技术研讨会. 郑州：[出版者不详]，2013.
[113] 张晓宇，宋志涛. 整车进气系统的开发 [C]//第十届河南省汽车工程科学技术研讨会. 郑州：[出版者不详]，2013.
[114] 朱琦. 场-线-路耦合问题的时域积分方程方法分析 [D]. 南京：南京理工大学，2016.